표준 주기율표
(Periodic Table of The Elements)

표기법:

원자 번호
기호
원소명(국문)
원소명(영문)
일반 원자량
표준 원자량

1	2	3	4	5	6	7	8	9	10	11	12	13	14	15	16	17	18
1 **H** 수소 hydrogen 1.008 [1.0078, 1.0082]																	2 **He** 헬륨 helium 4.0026
3 **Li** 리튬 lithium 6.94 [6.938, 6.997]	4 **Be** 베릴륨 beryllium 9.0122											5 **B** 붕소 boron 10.81 [10.806, 10.821]	6 **C** 탄소 carbon 12.011 [12.009, 12.012]	7 **N** 질소 nitrogen 14.007 [14.006, 14.008]	8 **O** 산소 oxygen 15.999 [15.999, 16.000]	9 **F** 플루오린 fluorine 18.998	10 **Ne** 네온 neon 20.180
11 **Na** 소듐 sodium 22.990	12 **Mg** 마그네슘 magnesium 24.305 [24.304, 24.307]											13 **Al** 알루미늄 aluminium 26.982	14 **Si** 규소 silicon 28.085 [28.084, 28.086]	15 **P** 인 phosphorus 30.974	16 **S** 황 sulfur 32.06 [32.059, 32.076]	17 **Cl** 염소 chlorine 35.45 [35.446, 35.457]	18 **Ar** 아르곤 argon 39.95 [39.792, 39.963]
19 **K** 포타슘 potassium 39.098	20 **Ca** 칼슘 calcium 40.078(4)	21 **Sc** 스칸듐 scandium 44.956	22 **Ti** 타이타늄 titanium 47.867	23 **V** 바나듐 vanadium 50.942	24 **Cr** 크로뮴 chromium 51.996	25 **Mn** 망가니즈 manganese 54.938	26 **Fe** 철 iron 55.845(2)	27 **Co** 코발트 cobalt 58.933	28 **Ni** 니켈 nickel 58.693	29 **Cu** 구리 copper 63.546(3)	30 **Zn** 아연 zinc 65.38(2)	31 **Ga** 갈륨 gallium 69.723	32 **Ge** 저마늄 germanium 72.630(8)	33 **As** 비소 arsenic 74.922	34 **Se** 셀레늄 selenium 78.971(8)	35 **Br** 브로민 bromine 79.904 [79.901, 79.907]	36 **Kr** 크립톤 krypton 83.798(2)
37 **Rb** 루비듐 rubidium 85.468	38 **Sr** 스트론튬 strontium 87.62	39 **Y** 이트륨 yttrium 88.906	40 **Zr** 지르코늄 zirconium 91.224(2)	41 **Nb** 나이오븀 niobium 92.906	42 **Mo** 몰리브데넘 molybdenum 95.95	43 **Tc** 테크네튬 technetium	44 **Ru** 루테늄 ruthenium 101.07(2)	45 **Rh** 로듐 rhodium 102.91	46 **Pd** 팔라듐 palladium 106.42	47 **Ag** 은 silver 107.87	48 **Cd** 카드뮴 cadmium 112.41	49 **In** 인듐 indium 114.82	50 **Sn** 주석 tin 118.71	51 **Sb** 안티모니 antimony 121.76	52 **Te** 텔루륨 tellurium 127.60(3)	53 **I** 아이오딘 iodine 126.90	54 **Xe** 제논 xenon 131.29
55 **Cs** 세슘 caesium 132.91	56 **Ba** 바륨 barium 137.33	57-71 란타넘족 lanthanoids	72 **Hf** 하프늄 hafnium 178.49(2)	73 **Ta** 탄탈럼 tantalum 180.95	74 **W** 텅스텐 tungsten 183.84	75 **Re** 레늄 rhenium 186.21	76 **Os** 오스뮴 osmium 190.23(3)	77 **Ir** 이리듐 iridium 192.22	78 **Pt** 백금 platinum 195.08	79 **Au** 금 gold 196.97	80 **Hg** 수은 mercury 200.59	81 **Tl** 탈륨 thallium 204.38 [204.38, 204.39]	82 **Pb** 납 lead 207.2	83 **Bi** 비스무트 bismuth 208.98	84 **Po** 폴로늄 polonium	85 **At** 아스타틴 astatine	86 **Rn** 라돈 radon
87 **Fr** 프랑슘 francium	88 **Ra** 라듐 radium	89-103 악티늄족 actinoids	104 **Rf** 러더포듐 rutherfordium	105 **Db** 두브늄 dubnium	106 **Sg** 시보귬 seaborgium	107 **Bh** 보륨 bohrium	108 **Hs** 하슘 hassium	109 **Mt** 마이트너륨 meitnerium	110 **Ds** 다름슈타튬 darmstadtium	111 **Rg** 뢴트게늄 roentgenium	112 **Cn** 코페르니슘 copernicium	113 **Nh** 니호늄 nihonium	114 **Fl** 플레로븀 flerovium	115 **Mc** 모스코븀 moscovium	116 **Lv** 리버모륨 livermorium	117 **Ts** 테네신 tennessine	118 **Og** 오가네손 oganesson

57 **La** 란타넘 lanthanum 138.91	58 **Ce** 세륨 cerium 140.12	59 **Pr** 프라세오디뮴 praseodymium 140.91	60 **Nd** 네오디뮴 neodymium 144.24	61 **Pm** 프로메튬 promethium	62 **Sm** 사마륨 samarium 150.36(2)	63 **Eu** 유로퓸 europium 151.96	64 **Gd** 가돌리늄 gadolinium 157.25(3)	65 **Tb** 터븀 terbium 158.93	66 **Dy** 디스프로슘 dysprosium 162.50	67 **Ho** 홀뮴 holmium 164.93	68 **Er** 어븀 erbium 167.26	69 **Tm** 툴륨 thulium 168.93	70 **Yb** 이터븀 ytterbium 173.05	71 **Lu** 루테튬 lutetium 174.97
89 **Ac** 악티늄 actinium	90 **Th** 토륨 thorium 232.04	91 **Pa** 프로트악티늄 protactinium 231.04	92 **U** 우라늄 uranium 238.03	93 **Np** 넵투늄 neptunium	94 **Pu** 플루토늄 plutonium	95 **Am** 아메리슘 americium	96 **Cm** 퀴륨 curium	97 **Bk** 버클륨 berkelium	98 **Cf** 캘리포늄 californium	99 **Es** 아인슈타이늄 einsteinium	100 **Fm** 페르뮴 fermium	101 **Md** 멘델레븀 mendelevium	102 **No** 노벨륨 nobelium	103 **Lr** 로렌슘 lawrencium

※표준 원자량은 2011년 IUPAC에서 결정한 새로운 형식을 따른 것으로 [ ] 안에 표시된 숫자는 2종류 이상의 안정한 동위원소가 존재하는 경우에 각각 시료에서 발견되는 자연 존재비의 분포를 고려한 표준 원자량의 범위를 나타낸 것임.

화학용어 변경사항 정리

표준화 지침에 따라 화학용어가 일부 변경되었습니다.
본 도서는 바뀐 화학용어로 표기되어 있으나, 시험에 변경 전 용어로 출제될 수도 있어 수험생들의 완벽한 시험 대비를 위해 변경 전/후의 화학용어를 정리해 두었습니다.
학습하시는 데 참고하시기 바랍니다.

변경 후	변경 전	변경 후	변경 전
염화 이온	염소 이온	메테인	메탄
염화바이닐	염화비닐	에테인	에탄
이산화황	아황산가스	프로페인	프로판
사이안	시안	뷰테인	부탄
알데하이드	알데히드	헥세인	헥산
황산철(Ⅱ)	황산제일철	셀레늄	셀렌
산화크로뮴(Ⅲ)	삼산화제이크롬	테트라플루오로에틸렌	사불화에틸렌
크로뮴	크롬	실리카젤	실리카겔
다이크로뮴산	중크롬산	할로젠	할로겐
브로민	브롬	녹말	전분
플루오린	불소, 플루오르	아이소뷰틸렌	이소부틸렌
다이클로로메테인	디클로로메탄	아이소사이아누르산	이소시아눌산
1,1-다이클로로에테인	1,1-디클로로에탄	싸이오	티오
1,2-다이클로로에테인	1,2-디클로로에탄	다이	디
클로로폼	클로로포름	트라이	트리
스타이렌	스틸렌	설폰 / 설폭	술폰 / 술폭
1,3-뷰타다이엔	1,3-부타디엔	나이트로 / 나이트릴	니트로 / 니트릴
아크릴로나이트릴	아크릴로니트릴	하이드로	히드로
트라이클로로에틸렌	트리클로로에틸렌	하이드라	히드라
N,N-다이메틸폼아마이드	N,N-디메틸포름아미드	퓨란	푸란
다이에틸헥실프탈레이트	디에틸헥실프탈레이트	아이오딘	요오드
바이닐아세테이트	비닐아세테이트	란타넘	란탄
하이드라진	히드라신	에스터	에스테르
망가니즈	망간	에터	에테르
알케인	알칸	60분+방화문, 60분 방화문	갑종방화문
알카인	알킨	30분 방화문	을종방화문

한번에 합격하기 합격플래너

위험물기능사 기출문제집 필기

저자추천! 3회독 완벽플랜

Plan 1 46일 완벽코스

구분	내용	1회독	2회독	3회독
핵심 써머리	필기시험 대비 주제별 필수이론	☐ DAY 1	☐ DAY 32	☐ DAY 41
과년도 출제문제	**2019년** 제1회 위험물기능사 필기	☐ DAY 2	☐ DAY 33	☐ DAY 42
	2019년 제2회 위험물기능사 필기	☐ DAY 3		
	2019년 제3회 위험물기능사 필기	☐ DAY 4		
	2019년 제4회 위험물기능사 필기	☐ DAY 5		
	2020년 제1회 위험물기능사 필기	☐ DAY 6	☐ DAY 34	
	2020년 제2회 위험물기능사 필기	☐ DAY 7		
	2020년 제3회 위험물기능사 필기	☐ DAY 8		
	2020년 제4회 위험물기능사 필기	☐ DAY 9		
	2021년 제1회 위험물기능사 필기	☐ DAY 10	☐ DAY 35	☐ DAY 43
	2021년 제2회 위험물기능사 필기	☐ DAY 11		
	2021년 제3회 위험물기능사 필기	☐ DAY 12		
	2021년 제4회 위험물기능사 필기	☐ DAY 13		
	2022년 제1회 위험물기능사 필기	☐ DAY 14	☐ DAY 36	
	2022년 제2회 위험물기능사 필기	☐ DAY 15		
	2022년 제3회 위험물기능사 필기	☐ DAY 16		
	2022년 제4회 위험물기능사 필기	☐ DAY 17		
	2023년 제1회 위험물기능사 필기	☐ DAY 18	☐ DAY 37	☐ DAY 44
	2023년 제2회 위험물기능사 필기	☐ DAY 19		
	2023년 제3회 위험물기능사 필기	☐ DAY 20		
	2023년 제4회 위험물기능사 필기	☐ DAY 21		
	2024년 제1회 위험물기능사 필기	☐ DAY 22	☐ DAY 38	
	2024년 제2회 위험물기능사 필기	☐ DAY 23		
	2024년 제3회 위험물기능사 필기	☐ DAY 24		
	2024년 제4회 위험물기능사 필기	☐ DAY 25		
	2025년 제1회 위험물기능사 필기	☐ DAY 26	☐ DAY 39	☐ DAY 45
	2025년 제2회 위험물기능사 필기	☐ DAY 27		
	2025년 제3회 위험물기능사 필기	☐ DAY 28		
	2025년 제4회 위험물기능사 필기	☐ DAY 29		
중요 빈출문제	CBT 시행 이후 자주 출제되는 중요 기출문제	☐ DAY 30 ☐ DAY 31	☐ DAY 40	
CBT 온라인모의고사 제1회, 제2회, 제3회, 제4회				☐ DAY 46
핵심 써머리 **필기시험 대비 주제별 필수이론** (시험 전 최종 마무리로 한번 더 반복학습)				

한번에 합격하기 합격플래너

위험물기능사 기출문제집 필기

단기완성! 1회독 맞춤플랜

구분	내용	Plan2 33일 꼼꼼코스	Plan3 20일 집중코스	Plan4 10일 속성코스
핵심 써머리	필기시험 대비 주제별 필수이론	☐ DAY 1	☐ DAY 1	☐ DAY 1
과년도 출제문제	**2019년** 제1회 위험물기능사 필기	☐ DAY 2	☐ DAY 2	☐ DAY 2
	2019년 제2회 위험물기능사 필기	☐ DAY 3		
	2019년 제3회 위험물기능사 필기	☐ DAY 4	☐ DAY 3	
	2019년 제4회 위험물기능사 필기	☐ DAY 5		
	2020년 제1회 위험물기능사 필기	☐ DAY 6	☐ DAY 4	☐ DAY 3
	2020년 제2회 위험물기능사 필기	☐ DAY 7		
	2020년 제3회 위험물기능사 필기	☐ DAY 8	☐ DAY 5	
	2020년 제4회 위험물기능사 필기	☐ DAY 9		
	2021년 제1회 위험물기능사 필기	☐ DAY 10	☐ DAY 6	☐ DAY 4
	2021년 제2회 위험물기능사 필기	☐ DAY 11		
	2021년 제3회 위험물기능사 필기	☐ DAY 12	☐ DAY 7	
	2021년 제4회 위험물기능사 필기	☐ DAY 13		
	2022년 제1회 위험물기능사 필기	☐ DAY 14	☐ DAY 8	☐ DAY 5
	2022년 제2회 위험물기능사 필기	☐ DAY 15		
	2022년 제3회 위험물기능사 필기	☐ DAY 16	☐ DAY 9	
	2022년 제4회 위험물기능사 필기	☐ DAY 17		
	2023년 제1회 위험물기능사 필기	☐ DAY 18	☐ DAY 10	☐ DAY 6
	2023년 제2회 위험물기능사 필기	☐ DAY 19		
	2023년 제3회 위험물기능사 필기	☐ DAY 20	☐ DAY 11	
	2023년 제4회 위험물기능사 필기	☐ DAY 21		
	2024년 제1회 위험물기능사 필기	☐ DAY 22	☐ DAY 12	☐ DAY 7
	2024년 제2회 위험물기능사 필기	☐ DAY 23		
	2024년 제3회 위험물기능사 필기	☐ DAY 24	☐ DAY 13	
	2024년 제4회 위험물기능사 필기	☐ DAY 25		
	2025년 제1회 위험물기능사 필기	☐ DAY 26	☐ DAY 14	☐ DAY 8
	2025년 제2회 위험물기능사 필기	☐ DAY 27	☐ DAY 15	
	2025년 제3회 위험물기능사 필기	☐ DAY 28	☐ DAY 16	
	2025년 제4회 위험물기능사 필기	☐ DAY 29	☐ DAY 17	
중요 빈출문제	CBT 시행 이후 자주 출제되는 중요 기출문제	☐ DAY 30	☐ DAY 18	☐ DAY 9
		☐ DAY 31	☐ DAY 19	
CBT 온라인모의고사	제1회, 제2회, 제3회, 제4회	☐ DAY 32	☐ DAY 20	☐ DAY 10
핵심 써머리	**필기시험 대비 주제별 필수이론** (시험 전 최종 마무리로 한번 더 반복학습)	☐ DAY 33		

한번에 합격하기 합격플래너

위험물기능사 기출문제집 필기

유일무이! 나만의 합격플랜

Plan5 나의 합격코스

구분	내용	날짜	1회독	2회독	3회독	MEMO
핵심 써머리	필기시험 대비 주제별 필수이론	월 일	☐	☐	☐	
과년도 출제문제	**2019년** 제1회 위험물기능사 필기	월 일	☐	☐	☐	
	2019년 제2회 위험물기능사 필기	월 일	☐	☐	☐	
	2019년 제3회 위험물기능사 필기	월 일	☐	☐	☐	
	2019년 제4회 위험물기능사 필기	월 일	☐	☐	☐	
	2020년 제1회 위험물기능사 필기	월 일	☐	☐	☐	
	2020년 제2회 위험물기능사 필기	월 일	☐	☐	☐	
	2020년 제3회 위험물기능사 필기	월 일	☐	☐	☐	
	2020년 제4회 위험물기능사 필기	월 일	☐	☐	☐	
	2021년 제1회 위험물기능사 필기	월 일	☐	☐	☐	
	2021년 제2회 위험물기능사 필기	월 일	☐	☐	☐	
	2021년 제3회 위험물기능사 필기	월 일	☐	☐	☐	
	2021년 제4회 위험물기능사 필기	월 일	☐	☐	☐	
	2022년 제1회 위험물기능사 필기	월 일	☐	☐	☐	
	2022년 제2회 위험물기능사 필기	월 일	☐	☐	☐	
	2022년 제3회 위험물기능사 필기	월 일	☐	☐	☐	
	2022년 제4회 위험물기능사 필기	월 일	☐	☐	☐	
	2023년 제1회 위험물기능사 필기	월 일	☐	☐	☐	
	2023년 제2회 위험물기능사 필기	월 일	☐	☐	☐	
	2023년 제3회 위험물기능사 필기	월 일	☐	☐	☐	
	2023년 제4회 위험물기능사 필기	월 일	☐	☐	☐	
	2024년 제1회 위험물기능사 필기	월 일	☐	☐	☐	
	2024년 제2회 위험물기능사 필기	월 일	☐	☐	☐	
	2024년 제3회 위험물기능사 필기	월 일	☐	☐	☐	
	2024년 제4회 위험물기능사 필기	월 일	☐	☐	☐	
	2025년 제1회 위험물기능사 필기	월 일	☐	☐	☐	
	2025년 제2회 위험물기능사 필기	월 일	☐	☐	☐	
	2025년 제3회 위험물기능사 필기	월 일	☐	☐	☐	
	2025년 제4회 위험물기능사 필기	월 일	☐	☐	☐	
중요 빈출문제	CBT 시행 이후 자주 출제되는 중요 기출문제	월 일	☐	☐	☐	
CBT 온라인모의고사	제1회, 제2회, 제3회, 제4회	월 일	☐	☐	☐	
핵심 써머리	**필기시험 대비 주제별 필수이론** (시험 전 최종 마무리로 한번 더 반복학습)	월 일	☐	☐	☐	

저자쌤의 합격 플래너 활용 Tip.

01. Choice

시험대비를 위해 여유 있는 시간을 확보해 제대로 공부하여 시험합격은 물론 고득점을 노리는 수험생들은 **Plan 1. 46일 완벽코스**를, 폭넓고 깊은 학습은 불가능해도 꼼꼼하게 공부해 한번에 시험합격을 원하시는 수험생들은 **Plan 2. 33일 꼼꼼코스**를, 시험준비를 늦게 시작하였으나 짧은 기간에 온전히 학습할 수 있는 많은 시간확보가 가능한 수험생들은 **Plan 3. 20일 집중코스**를, 부족한 시간이지만 열심히 공부하여 60점만 넘어 합격의 영광을 누리고 싶은 수험생들은 **Plan 4. 10일 속성코스**가 적합합니다!

단, 저자쌤은 위의 학습플랜 중 충분한 학습기간을 가지고 제대로 시험대비를 할 수 있는 **Plan 1**을 추천합니다!!!

02. Plus

Plan 1~4까지 중 나에게 맞는 학습플랜이 없을 시, **Plan 5에 나에게 꼭~ 맞는 나만의 학습계획**을 스스로 세워보거나, 또는 **Plan 2 + Plan 3**, **Plan 2 + Plan 4**, **Plan 3 + Plan 4** 등 제시된 코스를 활용하여 나의 시험준비기간에 잘~ 맞는 학습계획을 세워보세요!

03. Unique

유일무이! 나만의 합격 플랜에는 계획에 따라 3회독까지 학습체크를 할 수 있는 공란과, 처음 1회독 시 학습한 날짜를 기입할 수 있는 공간을 따로 두었습니다!

04. Pass

책의 앞부분에 있는 **제1장. 핵심 써머리** 부분은 분철하여 플래너의 학습일과 상관없이 기출문제를 풀 때 옆에 두고 수시로 참고할 수도 있으며, 모든 학습이 끝난 후 한번 더 반복하여 봐주시기 바랍니다!

※ "합격플래너"를 활용해 계획적으로 시험대비를 하여 필기시험에 합격하신 수험생분께는 「문화상품권(2만원)」을 보내드립니다(단, 선착순(10명)이며, 온라인서점에 플래너 활용사진을 포함한 도서리뷰 or 합격후기를 올려주신 후 인증사진을 보내주신 분에 한합니다). (☎ 문의 : 031-950-6349)

한번에
합격하기

한번에 합격하는 위험물기능사 기출문제집 필기

박수경 지음

BM (주)도서출판 성안당

■ 도서 A/S 안내

성안당에서 발행하는 모든 도서는 저자와 출판사, 그리고 독자가 함께 만들어 나갑니다.

좋은 책을 펴내기 위해 많은 노력을 기울이고 있습니다. 혹시라도 내용상의 오류나 오탈자 등이 발견되면 **"좋은 책은 나라의 보배"**로서 우리 모두가 함께 만들어 간다는 마음으로 연락주시기 바랍니다. 수정 보완하여 더 나은 책이 되도록 최선을 다하겠습니다.

성안당은 늘 독자 여러분들의 소중한 의견을 기다리고 있습니다. 좋은 의견을 보내 주시는 분께는 성안당 쇼핑몰의 포인트(3,000포인트)를 적립해 드립니다.

잘못 만들어진 책이나 부록 등이 파손된 경우에는 교환해 드립니다.

저자 문의 e-mail : antidanger@kakao.com(박수경)
본서 기획자 e-mail : coh@cyber.co.kr(최옥현)
홈페이지 : http://www.cyber.co.kr 전화 : 031) 950-6300

머리말

안녕하십니까?

석유화학단지가 밀집되어 있는 울산이나 여수 지역은 다른 지역에 비해 위험물자격에 대한 수요가 많은 것이 사실입니다. 이는 위험물을 취급할 수 있는 자에 대한 자격을 법으로 정하고 있어 회사가 위험물자격증을 취득한 사람을 채용해야 하는 의무를 가지고 있기 때문입니다. 하지만 사회전반에 걸쳐 안전에 대한 요구가 증가하고 있어, 안전과 관련된 자격증의 수요가 지역적으로 점차 확산되고 있는 추세입니다. 특히 화학공장에서 발생하는 사고의 규모는 매우 크기 때문에 이에 대한 규제를 더 강화하고 있는 실정이며, 위험물자격 취득의 수요는 앞으로 계속 늘어날 수밖에 없을 것입니다.

대한민국에서 시행되고 있는 기능사를 모두 불러 모아 "가장 어려운 기능사 손들어보세요." 하면, 가장 먼저 손드는 것이 위험물기능사일겁니다. 물론, 어려운 만큼 그 값어치를 하는 자격증임에 틀림없습니다.

국가기술자격 공부를 위해 **책을 선택하는 기준**은 크게 두 가지로 볼 수 있습니다.

첫 번째, **문제에 대한 해설이 이해하기 쉽게 되어 있는 책**을 선택해야 합니다.
기출문제는 같아도 그 문제에 대한 풀이는 책마다 다를 수밖에 없으며, 해설의 길이가 길고 짧음을 떠나 얼마나 이해하기 쉽고 전달력 있게 풀이하고 있는지가 더 중요합니다.

두 번째, **최근 개정된 법령이 반영되어 있는 책**인지를 확인해야 합니다.
위험물안전관리법은 자주 개정되는 편은 아니지만, 개정 시점에는 꼭 개정된 부분에 대해 출제되는 경향이 있습니다. 그렇다고 해서 수험생 여러분들이 개정된 법까지 찾아가며 공부하는 것은 힘든 일이기 때문에 믿고 공부할 수 있는 수험서를 선택해야 합니다.

해마다 도서의 내용을 수정, 보완하고 기출문제를 추가해 나가고 있습니다. 정성을 다하여 하고 있으나 수험생분들이 시험대비를 하는 데 부족한 부분이 있을까 염려됩니다. 혹시라도 내용의 오류나 학습하시는 데 불편한 부분이 있다면 언제든지 말씀해 주시면 개정판 작업 시 반영하여 좀더 나은 수험서로 거듭날 수 있도록 노력하겠습니다.

마지막으로 이 책을 출간하기까지 여러 가지로 도움을 주신 모든 분들께 감사의 말씀을 드립니다.

저자

시험안내

위험물기능사는 석유화학단지 필수 자격증으로서 위험물을 취급하는 모든 사업장은 위험물기능사 이상의 자격증을 取(취)득한 자를 위험물안전관리자로 선임해야 하는 법적 의무가 있기 때문에 기업에서 필수로 요구하는 자격증이다.

(위험물안전관리법 제15조) 제조소등의 관계인은 위험물의 안전관리에 관한 직무를 수행하게 하기 위하여 제조소등마다 대통령령이 정하는 위험물의 취급에 관한 자격이 있는 자(이하 "위험물취급자격자"라 한다)를 위험물안전관리자(이하 "안전관리자"라 한다)로 선임하여야 한다.

① 연도별 응시인원 및 합격률

연 도	필 기			실 기		
	응시자	합격자	합격률	응시자	합격자	합격률
2024	16,981명	6,396명	37.7%	7,864명	3,599명	45.8%
2023	16,542명	6,668명	40.3%	8,735명	3,249명	37.2%
2022	14,100명	5,932명	42.1%	8,238명	3,415명	41.5%
2021	16,322명	7,150명	43.8%	9,188명	4,070명	44.3%
2020	13,464명	6,156명	45.7%	9,140명	3,482명	38.1%
2019	19,498명	8,433명	43.3%	12,342명	4,656명	37.7%
2018	17,658명	7,432명	42.1%	11,065명	4,226명	38.19%
2017	17,426명	7,133명	40.9%	9,266명	3,723명	40.2%
2016	17,615명	5,472명	31.1%	7,380명	3,109명	42.1%
2015	17,107명	4,951명	28.9%	7,380명	3,578명	48.5%

② 응시자격

위험물기능사는 남녀노소 누구나 원하면 응시할 수 있는 자격제한이 없는 국가기술자격증이다.(단, 실기시험은 필기시험에 합격한 자로서 필기시험에 합격한 날로부터 2년이 지나지 않아야 한다.)

③ 원서접수 방법

시행기관인 한국산업인력공단에서 운영하는 홈페이지 큐넷(http://www.q-net.or.kr)에 회원가입 후, 원하는 지역을 선택하여 원서접수를 할 수 있다.

④ 원서접수 시간

원서접수 기간의 첫날 10:00부터 마지막 날 18:00까지이다.

5 ····· 시험 수수료

〈필기〉 14,500원
〈실기〉 17,200원

> 2025년 12월 기준이므로 추후 변동될 수 있습니다!

6 ····· 시험 시 준비물

신분증, 수험표(또는 수험번호), 수정테이프(실기시험 시), 계산기(공학용의 경우 기종의 제한이 있으니 미리 확인바람)

7 ····· 시험 시간

필기시험은 약 1주의 기간 동안 진행되는데 그 중 원하는 날짜와 원하는 시간을 선택할 수 있으며 한 회당 한 번만 응시할 수 있다.

– 1부(09:30까지 입실) ~ 10부(16:30까지 입실)

> 시험장 입실 시간은 시험 시작 20분 전이고, 문제를 빨리 풀면 즉시 완료하고 언제든지 시험장에서 나올 수 있습니다.

8 ····· 시험문제 형식(CBT 형식)

문제은행에서 무작위로 선별된 문제들로 구성되며, 응시자 모두가 다른 형태로 구성된 문제를 풀게 된다.

> 문제 구성은 공평한 난이도로 이뤄지기 때문에 어려운 문제들만 집중되지 않을까 걱정하지 마세요.

9 ····· 합격 여부

CBT 시험은 시험을 완료하면 화면을 통해 본인의 점수를 즉시 확인할 수 있다.

10 ····· 진로 및 전망

- 위험물 제조, 저장, 취급 전문업체, 도료 제조, 고무 제조, 금속 제련, 유기합성물 제조, 염료 제조, 화장품 제조, 인쇄잉크 제조 등 지정수량 이상의 위험물 취급업체 및 위험물 안전관리 대행기관에 종사할 수 있다.
- 상위직으로 승진하기 위해서는 관련분야의 상위자격을 취득하거나 기능을 인정받을 수 있는 경험이 있어야 한다.
- 유사직종의 자격을 취득하여 독극물 취급, 소방설비, 열관리, 보일러 환경분야로 전직할 수 있다.

[시험 접수에서 자격증 수령까지 안내]

☑ 원서접수 안내 및 유의사항입니다.

- 원서접수 확인 및 수험표 출력기간은 접수당일부터 시험시행일까지 출력 가능(이외 기간은 조회불가)합니다. 또한 출력장애 등을 대비하여 사전에 출력 보관하시기 바랍니다.
- 원서접수는 온라인(인터넷, 모바일앱)에서만 가능합니다.
- 스마트폰, 태블릿 PC 사용자는 모바일앱 프로그램을 설치한 후 접수 및 취소/환불 서비스를 이용하시기 바랍니다.

STEP 01 필기시험 원서접수

- 필기시험은 온라인 접수만 가능
- Q-net(www.q-net.or.kr) 사이트 회원 가입
- 응시자격 자가진단 확인 후 원서 접수 진행
- 반명함 사진 등록 필요 (6개월 이내 촬영/3.5cm×4.5cm)

STEP 02 필기시험 응시

- 입실시간 미준수 시 시험 응시 불가 (시험시작 20분 전에 입실 완료)
- 수험표, 신분증, 계산기 지참

STEP 03 필기시험 합격자 확인

- CBT 형식으로 치러지므로 시험 완료 즉시 본인점수 확인 가능
- 인터넷에 게시 공고, ARS를 통한 확인 (단, CBT 시험은 인터넷 게시 공고)

STEP 04 실기시험 원서접수

- Q-net(www.q-net.or.kr) 사이트에서 원서 접수
- 응시자격서류 제출 후 심사에 합격 처리된 사람에 한하여 원서 접수 가능 (응시자격서류 미제출 시 필기시험 합격예정 무효)

★ 필기/실기 시험 시 허용되는 공학용 계산기 기종

1. 카시오(CASIO) FX-901~999
2. 카시오(CASIO) FX-501~599
3. 카시오(CASIO) FX-301~399
4. 카시오(CASIO) FX-80~120
5. 샤프(SHARP) EL-501-599
6. 샤프(SHARP) EL-5100, EL-5230, EL-5250, EL-5500
7. 캐논(CANON) F-715SG, F-788SG, F-792SGA
8. 유니원(UNIONE) UC-400M, UC-600E, UC-800X
9. 모닝글로리(MORNING GLORY) ECS-101

※ 1. 직접 초기화가 불가능한 계산기는 사용 불가
2. 사칙연산만 가능한 일반계산기는 기종에 상관없이 사용 가능
3. 허용군 내 기종 번호 말미의 영어 표기(ES, MS, EX 등)는 무관

★ 실기 시험정보

1. **문항 수 및 문제당 배점**
   20문제(한 문제당 5점)로 출제되며, 출제방식에 따라 문항 수와 배점이 달라질 수 있습니다.
2. **시험시간**
   1시간 30분이며, 시험시간의 2분의 1이 지나 퇴실할 수 있습니다.
3. **가답안 공개여부**
   시험문제 및 가답안은 공개되지 않습니다.

STEP 05 실기시험 응시

- 수험표, 신분증, 필기구, 공학용 계산기, 종목별 수험자 준비물 지참
  (공학용 계산기(일반 계산기도 가능)는 허용된 종류에 한하여 사용 가능하며 반드시 포맷 사용)

STEP 06 실기시험 합격자 확인

- 문자 메시지, SNS 메신저를 통해 합격 통보
  (합격자만 통보)
- Q-net(www.q-net.or.kr) 사이트 및 ARS(1666-0100)를 통해서 확인 가능

STEP 07 자격증 교부 신청

- 상장형 자격증, 수첩형 자격증 형식 신청 가능
- Q-net(www.q-net.or.kr) 사이트를 통해 신청

STEP 08 자격증 수령

- 상장형 자격증은 합격자 발표 당일부터 인터넷으로 발급 가능
  (직접 출력하여 사용)
- 수첩형 자격증은 인터넷 신청 후 우편수령만 가능
  (수수료 : 3,100원 / 배송비 : 3,300원)

* 자세한 사항은 Q-net 홈페이지(www.q-net.or.kr)를 참고하시기 바랍니다.

CBT 안내

CBT란 Computer Based Test의 약자로, 컴퓨터 기반 시험을 의미한다.
정보기기운용기능사, 정보처리기능사, 굴삭기운전기능사, 지게차운전기능사, 제과기능사, 제빵기능사, 한식조리기능사, 양식조리기능사, 일식조리기능사, 중식조리기능사, 미용사(일반), 미용사(피부) 등 12종목은 이미 오래 전부터 CBT 시험을 시행하고 있으며, **위험물기능사는 2016년 5회 시험부터 CBT 시험이 시행**되었다.

【CBT 시험 과정】

한국산업인력공단에서 운영하는 홈페이지 **큐넷(Q-net)**에서는 누구나 쉽게 **CBT 시험**을 볼 수 있도록 실제 자격시험 환경과 동일하게 구성한 **가상 웹 체험 서비스를 제공**하고 있으며, 그 과정을 요약한 내용은 아래와 같다.

① 시험시작 전 신분 확인절차

수험자가 자신에게 배정된 좌석에 앉아 있으면 신분 확인절차가 진행된다.
이것은 시험장 감독위원이 컴퓨터에 나온 수험자 정보와 신분증이 일치하는지를 확인하는 단계이다.

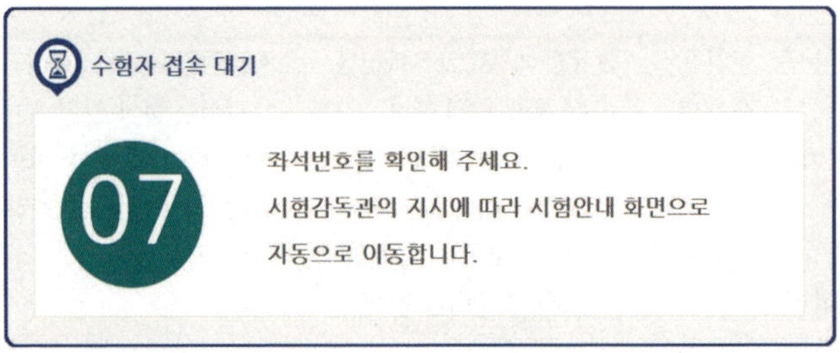

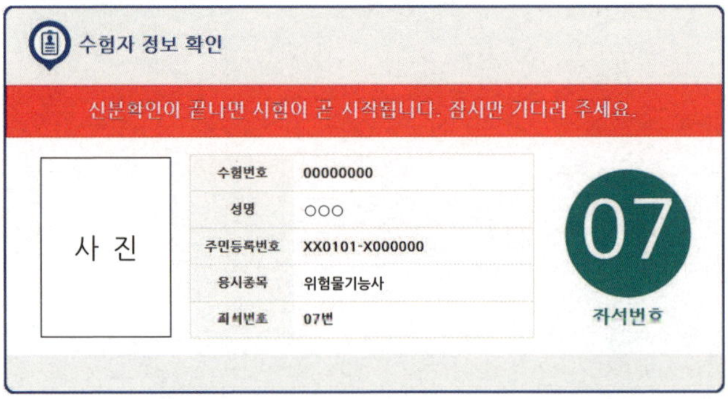

② CBT 시험안내 진행

신분 확인이 끝난 후 시험시작 전 CBT 시험안내가 진행된다.

안내사항 > 유의사항 > 메뉴 설명 > 문제풀이 연습 > 시험준비 완료

(1) 시험 [안내사항]을 확인한다.

- 시험은 총 5문제로 구성되어 있으며, 5분간 진행된다.
  ※ 자격종목별로 시험문제 수와 시험시간은 다를 수 있다.(위험물기능사 필기 - 60문제/1시간)
- 시험도중 수험자 PC 장애 발생 시 손을 들어 시험감독관에게 알리면 긴급장애조치 또는 자리이동을 할 수 있다.
- 시험이 끝나면 합격여부를 바로 확인할 수 있다.

(2) 시험 [유의사항]을 확인한다.

시험 중 금지되는 행위 및 저작권 보호에 관한 유의사항이 제시된다.

(3) 문제풀이 [메뉴 설명]을 확인한다.

문제풀이 기능 설명을 유의해서 읽고 기능을 숙지해야 한다.

(4) 자격검정 CBT [문제풀이 연습]을 진행한다.

실제 시험과 동일한 방식의 문제풀이 연습을 통해 CBT 시험을 준비한다.

- CBT 시험 문제화면의 기본 글자크기는 150%이다. 글자가 크거나 작을 경우 크기를 변경할 수 있다.
- 화면배치는 1단 배치가 기본 설정이다. 더 많은 문제를 볼 수 있는 2단 배치와 한 문제씩 보기 설정이 가능하다.

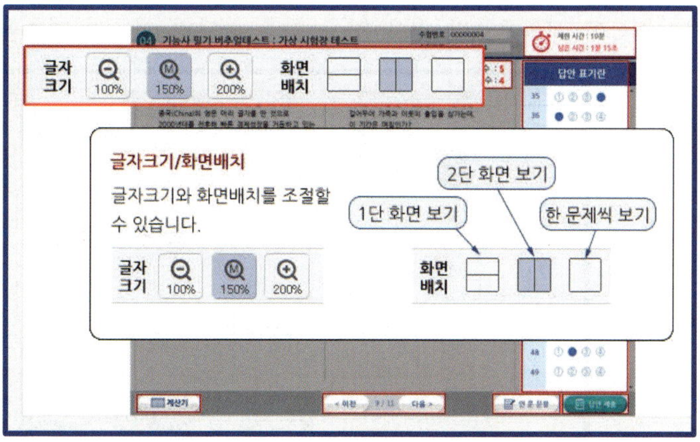

- 답안은 문제의 보기번호를 클릭하거나 답안표기 칸의 번호를 클릭하여 입력할 수 있다.
- 입력된 답안은 문제화면 또는 답안표기 칸의 보기번호를 클릭하여 변경할 수 있다.

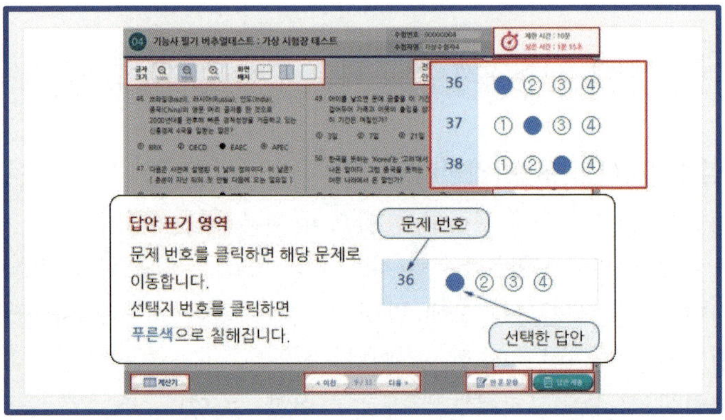

- 페이지 이동은 아래의 페이지 이동 버튼 또는 답안표기 칸의 문제번호를 클릭하여 이동할 수 있다.

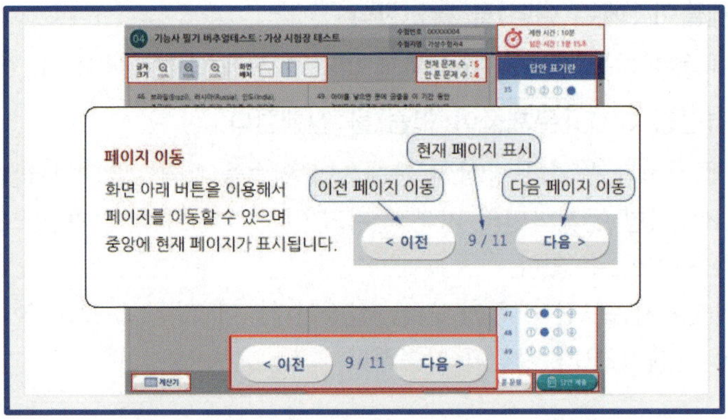

- 응시종목에 계산문제가 있을 경우 좌측 하단의 계산기 기능을 이용할 수 있다.

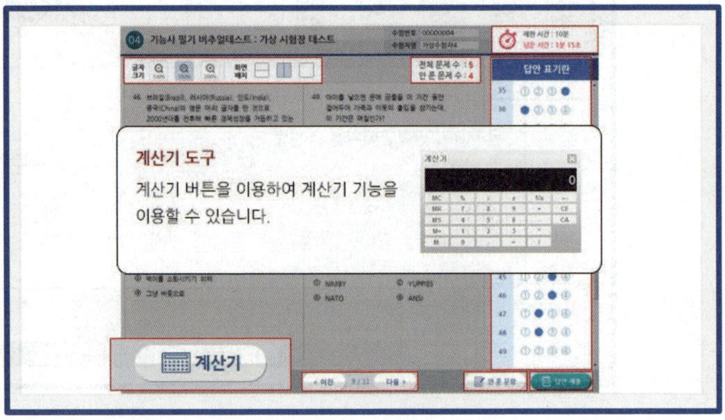

- 안 푼 문제 확인은 답안 표기란 좌측에 안 푼 문제 수를 확인하거나 답안 표기란 하단 [안 푼 문제] 버튼을 클릭하여 확인할 수 있다. 안 푼 문제번호 보기 팝업창에 안 푼 문제번호가 표시된다. 번호를 클릭하면 해당 문제로 이동한다.

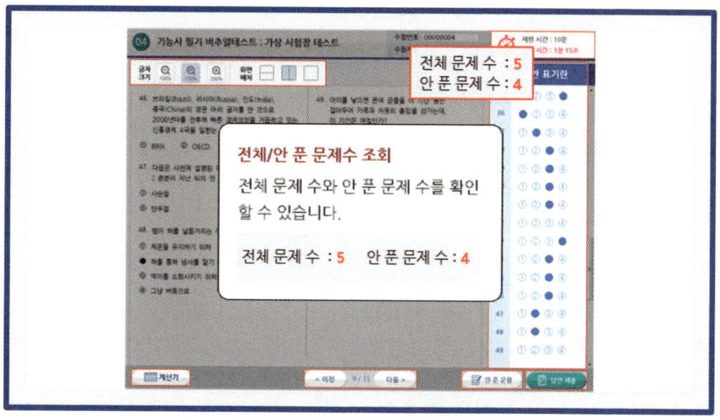

- 시험문제를 다 푼 후 답안 제출을 하거나 시험시간이 모두 경과되었을 경우 시험이 종료되며 시험결과를 바로 확인할 수 있다.
- [답안 제출] 버튼을 클릭하면 답안 제출 승인 알림창이 나온다. 시험을 마치려면 [예] 버튼을 클릭하고 시험을 계속 진행하려면 [아니오] 버튼을 클릭하면 된다. 답안 제출은 실수 방지를 위해 두 번의 확인 과정을 거친다. 이상이 없으면 [예] 버튼을 한 번 더 클릭하면 된다.

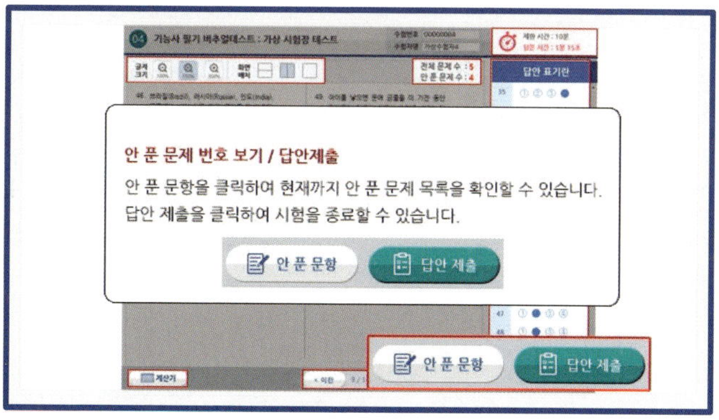

(5) [시험준비 완료]를 한다.

시험 안내사항 및 문제풀이 연습까지 모두 마친 수험자는 [시험준비 완료] 버튼을 클릭한 후 잠시 대기한다.

③ CBT 시험 시행

④ 답안 제출 및 합격 여부 확인

출제기준

- **자격종목** : 위험물기능사
- **직무/중직무 분야** : 화학/위험물
- **직무내용** : 위험물제조소 등에서 위험물을 저장 · 취급하고, 각 설비에 대한 점검과 재해 발생 시 응급조치 등의 안전관리 업무를 수행
- **검정방법/시험시간** : 〈필기〉 객관식(4지택일형)/1시간(60문제)
  〈실기〉 필답형/1시간 30분

1 필기 출제기준

- 적용기간 : 2025.1.1. ~ 2029.12.31.
- 필기 과목명 : 위험물의 성질 및 안전관리

주요항목	세부항목	세세항목
1 화재 및 소화	(1) 물질의 화학적 성질	① 물질의 상태 및 성질 ② 화학의 기초법칙 ③ 유 · 무기화합물의 특성
	(2) 화재 및 소화이론의 이해	① 연소이론의 이해 ② 화재 분류 및 특성 ③ 폭발 종류 및 특성 ④ 소화이론의 이해
	(3) 소화약제 및 소방시설의 기초	① 화재예방의 기초 ② 화재발생 시 조치방법 ③ 소화약제의 종류 ④ 소화약제별 소화원리 ⑤ 소화기 원리 및 사용법 ⑥ 소화, 경보, 피난설비의 종류 ⑦ 소화설비의 적응 및 사용
2 제1류 위험물 취급	(1) 성상 및 특성	① 제1류 위험물의 종류 ② 제1류 위험물의 성상 ③ 제1류 위험물의 위험성 · 유해성
	(2) 저장 및 취급방법의 이해	① 제1류 위험물의 저장방법 ② 제1류 위험물의 취급방법
	(3) 소화방법	① 제1류 위험물의 소화원리 ② 제1류 위험물의 화재예방 및 진압대책
3 제2류 위험물 취급	(1) 성상 및 특성	① 제2류 위험물의 종류 ② 제2류 위험물의 성상 ③ 제2류 위험물의 위험성 · 유해성
	(2) 저장 및 취급방법의 이해	① 제2류 위험물의 저장방법 ② 제2류 위험물의 취급방법
	(3) 소화방법	① 제2류 위험물의 소화원리 ② 제2류 위험물의 화재예방 및 진압대책

주요항목	세부항목	세세항목
4 제3류 위험물 취급	(1) 성상 및 특성	① 제3류 위험물의 종류 ② 제3류 위험물의 성상 ③ 제3류 위험물의 위험성 · 유해성
	(2) 저장 및 취급방법의 이해	① 제3류 위험물의 저장방법 ② 제3류 위험물의 취급방법
	(3) 소화방법	① 제3류 위험물의 소화원리 ② 제3류 위험물의 화재예방 및 진압대책
5 제4류 위험물 취급	(1) 성상 및 특성	① 제4류 위험물의 종류 ② 제4류 위험물의 성상 ③ 제4류 위험물의 위험성 · 유해성
	(2) 저장 및 취급방법의 이해	① 제4류 위험물의 저장방법 ② 제4류 위험물의 취급방법
	(3) 소화방법	① 제4류 위험물의 소화원리 ② 제4류 위험물의 화재예방 및 진압대책
6 제5류 위험물 취급	(1) 성상 및 특성	① 제5류 위험물의 종류 ② 제5류 위험물의 성상 ③ 제5류 위험물의 위험성 · 유해성
	(2) 저장 및 취급방법의 이해	① 제5류 위험물의 저장방법 ② 제5류 위험물의 취급방법
	(3) 소화방법	① 제5류 위험물의 소화원리 ② 제5류 위험물의 화재예방 및 진압대책
7 제6류 위험물 취급	(1) 성상 및 특성	① 제6류 위험물의 종류 ② 제6류 위험물의 성상 ③ 제6류 위험물의 위험성 · 유해성
	(2) 저장 및 취급방법의 이해	① 제6류 위험물의 저장방법 ② 제6류 위험물의 취급방법
	(3) 소화방법	① 제6류 위험물의 소화원리 ② 제6류 위험물의 화재예방 및 진압대책
8 위험물 운송 · 운반	(1) 위험물 운송기준	① 위험물운송자의 자격 및 업무 ② 위험물 운송방법 ③ 위험물 운송 안전조치 및 준수사항 ④ 위험물 운송차량 위험성 경고 표지
	(2) 위험물 운반기준	① 위험물운반자의 자격 및 업무 ② 위험물 용기기준, 적재방법 ③ 위험물 운반방법 ④ 위험물 운반 안전조치 및 준수사항 ⑤ 위험물 운반차량 위험성 경고 표지
9 위험물제조소 등의 유지관리	(1) 위험물제조소	① 제조소의 위치기준 ② 제조소의 구조기준 ③ 제조소의 설비기준 ④ 제조소의 특례기준

주요항목	세부항목	세세항목
	(2) 위험물저장소	① 옥내저장소의 위치, 구조, 설비 기준 ② 옥외탱크저장소의 위치, 구조, 설비 기준 ③ 옥내탱크저장소의 위치, 구조, 설비 기준 ④ 지하탱크저장소의 위치, 구조, 설비 기준 ⑤ 간이탱크저장소의 위치, 구조, 설비 기준 ⑥ 이동탱크저장소의 위치, 구조, 설비 기준 ⑦ 옥외저장소의 위치, 구조, 설비 기준 ⑧ 암반탱크저장소의 위치, 구조, 설비 기준
	(3) 위험물취급소	① 주유취급소의 위치, 구조, 설비 기준 ② 판매취급소의 위치, 구조, 설비 기준 ③ 이송취급소의 위치, 구조, 설비 기준 ④ 일반취급소의 위치, 구조, 설비 기준
	(4) 제조소등의 소방시설 점검	① 소화난이도 등급 ② 소화설비 적응성 ③ 소요단위 및 능력단위 산정 ④ 옥내소화전설비 점검 ⑤ 옥외소화전설비 점검 ⑥ 스프링클러설비 점검 ⑦ 물분무소화설비 점검 ⑧ 포소화설비 점검 ⑨ 불활성가스 소화설비 점검 ⑩ 할로젠화물소화설비 점검 ⑪ 분말소화설비 점검 ⑫ 수동식 소화기설비 점검 ⑬ 경보설비 점검 ⑭ 피난설비 점검
10 위험물 저장 · 취급	(1) 위험물 저장기준	① 위험물 저장의 공통기준 ② 위험물 유별 저장의 공통기준 ③ 제조소등에서의 저장기준
	(2) 위험물 취급기준	① 위험물 취급의 공통기준 ② 위험물 유별 취급의 공통기준 ③ 제조소등에서의 취급기준
11 위험물 안전관리 감독 및 행정처리	(1) 위험물시설 유지관리 감독	① 위험물시설 유지관리 감독 ② 예방규정 작성 및 운영 ③ 정기검사 및 정기점검 ④ 자체소방대 운영 및 관리
	(2) 위험물안전관리법상 행정사항	① 제조소등의 허가 및 완공검사 ② 탱크안전 성능검사 ③ 제조소등의 지위승계 및 용도폐지 ④ 제조소등의 사용정지, 허가취소 ⑤ 과징금, 벌금, 과태료, 행정명령

2 실기 출제기준

- 적용기간 : 2025.1.1. ~ 2029.12.31.
- 실기 과목명 : 위험물 취급 실무

주요항목	세부항목	
1 제4류 위험물 취급	(1) 성상 및 특성 (3) 취급방법 파악하기	(2) 저장방법 확인하기 (4) 소화방법 수립하기
2 제1류, 제6류 위험물 취급	(1) 성상 및 특성 (3) 취급방법 파악하기	(2) 저장방법 확인하기 (4) 소화방법 수립하기
3 제2류, 제5류 위험물 취급	(1) 성상 및 특성 (3) 취급방법 파악하기	(2) 저장방법 확인하기 (4) 소화방법 수립하기
4 제3류 위험물 취급	(1) 성상 및 특성 (3) 취급방법 파악하기	(2) 저장방법 확인하기 (4) 소화방법 수립하기
5 위험물 운송 · 운반 시설 기준 파악	(1) 운송기준 파악하기 (2) 운송시설 파악하기 (3) 운반기준 파악하기	
6 위험물 저장	(1) 저장기준 조사하기 (2) 탱크저장소에 저장하기 (3) 옥내저장소에 저장하기 (4) 옥외저장소에 저장하기	
7 위험물 취급	(1) 취급기준 조사하기 (2) 제조소에서 취급하기 (3) 저장소에서 취급하기 (4) 취급소에서 취급하기	
8 위험물제조소 유지관리	(1) 제조소의 시설 기술기준 조사하기 (2) 제조소의 위치 점검하기 (3) 제조소의 구조 점검하기 (4) 제조소의 설비 점검하기 (5) 제조소의 소방시설 점검하기	
9 위험물저장소 유지관리	(1) 저장소의 시설 기술기준 조사하기 (2) 저장소의 위치 점검하기 (3) 저장소의 구조 점검하기 (4) 저장소의 설비 점검하기 (5) 저장소의 소방시설 점검하기	
10 위험물취급소 유지관리	(1) 취급소의 시설 기술기준 조사하기 (2) 취급소의 위치 점검하기 (3) 취급소의 구조 점검하기 (4) 취급소의 설비 점검하기 (5) 취급소의 소방시설 점검하기	

차 례

Chapter 2 중요 빈출문제 (필기시험 대비 CBT 기출문제)

※ 위험물기능사 필기시험은 2016년 5회부터 CBT 방식으로 시행되고 있으며, 문제은행식으로 시험문제가 출제되어 같은 회차라도 개인별 문제가 상이합니다. 이 장에서는 CBT 시행 이후 자주 출제되는 문제를 선별하여 정확하고 자세한 해설을 함께 수록하였습니다.

Chapter 3 과년도 출제문제 (CBT 기출복원문제)

차 례

※ 위험물기능사 필기시험은 2016년 제5회부터 CBT(Computer Based Test)로 시행되고 있으므로 본 도서에 수록된 과년도 출제문제는 기출복원문제임을 알려드립니다.

제1장

핵심 써머리

1. 위험물의 유별에 따른 필수 암기사항
2. 위험물의 종류와 지정수량
3. 위험물의 유별에 따른 대표적 성질
4. 위험물과 소화약제의 중요 반응식
5. 시험에 자주 나오는 소화이론
6. 시험에 자주 나오는 위험물안전관리법 내용

Craftsman Hazardous material

핵심 써머리

PLAY ▶ 무료 특강

1. 위험물의 유별에 따른 필수 암기사항

유 별 (성질)	위험 등급	품 명		지정 수량	소화방법	주의사항 (운반용기 외부)	주의사항 (제조소등)
제1류 위험물 (산화성 고체)	Ⅰ	아염소산염류 염소산염류 과염소산염류		50kg	냉각소화	화기 · 충격주의, 가연물접촉주의	게시판 필요 없음
		무기 과산화물	알칼리금속의 과산화물		질식소화	물기엄금, 화기 · 충격주의, 가연물접촉주의	물기엄금
			그 밖의 것		냉각소화	화기 · 충격주의, 가연물접촉주의	게시판 필요 없음
	Ⅱ	브로민산염류 질산염류 아이오딘산염류		300kg	냉각소화	화기 · 충격주의, 가연물접촉주의	게시판 필요 없음
	Ⅲ	과망가니즈산염류 다이크로뮴산염류		1,000kg			
제2류 위험물 (가연성 고체)	Ⅱ	황화인 적린 황		100kg	냉각소화	화기주의	화기주의
	Ⅲ	철분 금속분 마그네슘		500kg	질식소화	화기주의, 물기엄금	
		인화성 고체		1,000kg	냉각소화	화기엄금	화기엄금
제3류 위험물 (자연 발화성 및 금수성 물질)	Ⅰ	칼륨 나트륨 알킬리튬 알킬알루미늄		10kg	질식소화	물기엄금	물기엄금
		황린		20kg	냉각소화	화기엄금, 공기접촉엄금	화기엄금
	Ⅱ	알칼리금속 및 알칼리토금속 (칼륨, 나트륨 제외) 유기금속화합물 (알킬리튬, 알킬알루미늄 제외)		50kg	질식소화	물기엄금	물기엄금
	Ⅲ	금속의 수소화물 금속의 인화물 칼슘 또는 알루미늄의 탄화물		300kg			

유 별 (성질)	위험 등급	품 명	지정 수량	소화방법	주의사항 (운반용기 외부)	주의사항 (제조소등)
제4류 위험물 (인화성 액체)	Ⅰ	특수인화물	50L	질식소화	화기엄금	화기엄금
	Ⅱ	제1석유류(비수용성)	200L			
		제1석유류(수용성) 알코올류	400L			
	Ⅲ	제2석유류(비수용성)	1,000L			
		제2석유류(수용성)	2,000L			
		제3석유류(비수용성)	2,000L			
		제3석유류(수용성)	4,000L			
		제4석유류	6,000L			
		동식물유류	10,000L			
제5류 위험물 (자기 반응성 물질)	Ⅰ, Ⅱ	유기과산화물 질산에스터류 나이트로화합물 나이트로소화합물 아조화합물 다이아조화합물 하이드라진유도체 하이드록실아민 하이드록실아민염류	제1종 : 10kg, 제2종 : 100kg	냉각소화	화기엄금, 충격주의	화기엄금
제6류 위험물 (산화성 액체)	Ⅰ	과염소산 과산화수소 질산	300kg	냉각소화	가연물접촉주의	게시판 필요 없음

※ 주의사항(제조소등) 게시판 – 물기엄금(**청색**바탕 백색문자)/화기주의, 화기엄금(**적색**바탕 백색문자)

행정안전부령이 정하는 위험물

유 별	품 명	지정수량
제1류 위험물	과아이오딘산염류, 과아이오딘산, 크로뮴 · 납 또는 아이오딘의 산화물, 아질산염류, 염소화아이소사이아누르산, 퍼옥소이황산염류, 퍼옥소붕산염류	300kg
	차아염소산염류	50kg
제3류 위험물	염소화규소화합물	300kg
제5류 위험물	금속의 아지화합물, 질산구아니딘	제1종 : 10kg, 제2종 : 100kg
제6류 위험물	할로젠간화합물	300kg

2. 위험물의 종류와 지정수량

제1류 위험물의 종류와 지정수량

품 명	물질명	지정수량
아염소산염류	아염소산나트륨	50kg
염소산염류	염소산칼륨 염소산나트륨 염소산암모늄	50kg
과염소산염류	과염소산칼륨 과염소산나트륨 과염소산암모늄	50kg
무기과산화물	과산화칼륨 과산화나트륨 과산화리튬	50kg
브로민산염류	브로민산칼륨 브로민산나트륨	300kg
질산염류	질산칼륨 질산나트륨 질산암모늄	300kg
아이오딘산염류	아이오딘산칼륨	300kg
과망가니즈산염류	과망가니즈산칼륨	1,000kg
다이크로뮴산염류	다이크로뮴산칼륨 다이크로뮴산암모늄	1,000kg

제2류 위험물의 종류와 지정수량

품 명	물질명	지정수량
황화인	삼황화인 오황화인 칠황화인	100kg
적린	적린	100kg
황	황	100kg
철분	철분	500kg
금속분	알루미늄분 아연분	500kg
마그네슘	마그네슘	500kg
인화성 고체	고형알코올	1,000kg

제3류 위험물의 종류와 지정수량

품 명	물질명	상 태	지정수량
칼륨	칼륨	고체	10kg
나트륨	나트륨	고체	10kg
알킬알루미늄	트라이메틸알루미늄 트라이에틸알루미늄	액체	10kg
알킬리튬	메틸리튬 에틸리튬	액체	10kg
황린	황린	고체	20kg
알칼리금속 (칼륨 및 나트륨 제외) 및 알칼리토금속	리튬 칼슘	고체	50kg
유기금속화합물 (알킬알루미늄 및 알킬리튬 제외)	다이메틸마그네슘 에틸나트륨	고체 또는 액체	50kg
금속의 수소화물	수소화칼륨 수소화나트륨 수소화리튬 수소화알루미늄	고체	300kg
금속의 인화물	인화칼슘 인화알루미늄	고체	300kg
칼슘 또는 알루미늄의 탄화물	탄화칼슘 탄화알루미늄	고체	300kg

제4류 위험물의 종류와 지정수량

구 분	물질명	수용성 여부	지정수량
특수인화물	다이에틸에터 이황화탄소 **아세트알데하이드** **산화프로필렌** **아이소프로필아민**	비수용성 비수용성 **수용성** **수용성** **수용성**	50L 50L **50L** **50L** **50L**
제1석유류	휘발유 벤젠 톨루엔 사이클로헥세인 에틸벤젠 메틸에틸케톤	비수용성 비수용성 비수용성 비수용성 비수용성 비수용성	200L 200L 200L 200L 200L 200L

구 분	물질명	수용성 여부	지정수량
	초산메틸	비수용성	200L
	초산에틸	비수용성	200L
	의산에틸	비수용성	200L
	염화아세틸	비수용성	200L
	아세톤	**수용성**	**400L**
	피리딘	**수용성**	**400L**
	사이안화수소	**수용성**	**400L**
	의산메틸	**수용성**	**400L**
알코올류	**메틸알코올**	**수용성**	**400L**
	에틸알코올	**수용성**	**400L**
	프로필알코올	**수용성**	**400L**
제2석유류	등유	비수용성	1,000L
	경유	비수용성	1,000L
	송정유	비수용성	1,000L
	송근유	비수용성	1,000L
	크실렌	비수용성	1,000L
	클로로벤젠	비수용성	1,000L
	스타이렌	비수용성	1,000L
	뷰틸알코올	비수용성	1,000L
	폼산	**수용성**	**2,000L**
	아세트산	**수용성**	**2,000L**
	하이드라진	**수용성**	**2,000L**
	아크릴산	**수용성**	**2,000L**
제3석유류	중유	비수용성	2,000L
	크레오소트유	비수용성	2,000L
	아닐린	비수용성	2,000L
	나이트로벤젠	비수용성	2,000L
	메타크레졸	비수용성	2,000L
	글리세린	**수용성**	**4,000L**
	에틸렌글리콜	**수용성**	**4,000L**
제4석유류	기어유(윤활유)	비수용성	6,000L
	실린더유	비수용성	6,000L
동식물유류	건성유	-	10,000L
	반건성유		10,000L
	불건성유		10,000L

제5류 위험물의 종류와 지정수량

품 명	물질명	상태	지정수량
유기과산화물	과산화벤조일 과산화메틸에틸케톤 아세틸퍼옥사이드	고체 액체 고체	제1종 : 10kg, 제2종 : 100kg
질산에스터류	질산메틸 질산에틸 나이트로글리콜 나이트로글리세린 나이트로셀룰로스 셀룰로이드	액체 액체 액체 액체 고체 고체	
나이트로화합물	트라이나이트로페놀(피크린산) 트라이나이트로톨루엔(TNT) 테트릴	고체 고체 고체	
나이트로소화합물	파라다이나이트로소벤젠 다이나이트로소레조르신	고체 고체	
아조화합물	아조다이카본아마이드 아조비스아이소뷰티로나이트릴	고체 고체	
다이아조화합물	다이아조아세토나이트릴 다이아조다이나이트로페놀	액체 고체	
하이드라진유도체	염산하이드라진 황산하이드라진	고체 고체	
하이드록실아민	하이드록실아민	액체	
하이드록실아민염류	황산하이드록실아민 나트륨하이드록실아민	고체 고체	

※ 위의 표에서 '나이트로소화합물' 이후의 품명들은 지금까지의 시험에 자주 출제되지는 않았음을 알려드립니다.

제6류 위험물의 종류와 지정수량

품 명	물질명	지정수량
과염소산	과염소산	300kg
과산화수소	과산화수소	300kg
질산	질산	300kg

3. 위험물의 유별에 따른 대표적 성질

(1) 제1류 위험물

① 성질
- ㉠ 모두 물보다 무거움
- ㉡ 가열하면 열분해하여 산소 발생
- ㉢ 알칼리금속의 과산화물은 초산 또는 염산 등의 산과 반응 시 제6류 위험물인 과산화수소 발생

② 색상
- ㉠ 과망가니즈산염류 : 흑자색(흑색과 보라색의 혼합)
- ㉡ 다이크로뮴산염류 : 등적색(오렌지색)
- ㉢ 그 밖의 것 : 무색 또는 백색

③ 소화방법
- ㉠ 알칼리금속의 과산화물(과산화칼륨, 과산화나트륨, 과산화리튬) : 탄산수소염류 분말소화약제, 마른모래, 팽창질석 또는 팽창진주암으로 질식소화
- ㉡ 그 밖의 것 : 냉각소화

(2) 제2류 위험물

① 위험물의 조건
- ㉠ 황 : 순도 60중량% 이상
- ㉡ 철분 : 철의 분말로서 53마이크로미터의 표준체를 통과하는 것이 50중량% 이상인 것
- ㉢ 금속분 : 금속의 분말로서 150마이크로미터의 체를 통과하는 것이 50중량% 이상인 것으로서 니켈(Ni)분 및 구리(Cu)분은 제외
- ㉣ 마그네슘 : 직경이 2mm 이상이거나 2mm의 체를 통과하지 못하는 덩어리상태를 제외
- ㉤ 인화성 고체 : 고형알코올, 그 밖에 1기압에서 인화점이 40℃ 미만인 고체

② 성질
- ㉠ 모두 물보다 무거움
- ㉡ 오황화인(P_2S_5) : 연소 시 이산화황을 발생하고 물과 반응 시 황화수소 발생
- ㉢ 적린(P) : 연소 시 오산화인(P_2O_5)이라는 백색 기체 발생
- ㉣ 황(S) : 사방황, 단사황, 고무상황 3가지의 동소체가 존재하며, 연소 시 이산화황 발생
- ㉤ 철분, 마그네슘, 금속분 : 물과 반응 시 수소 발생

③ 소화방법

㉠ 철분, 금속분, 마그네슘 : 탄산수소염류 분말소화약제, 마른모래, 팽창질석 또는 팽창진주암으로 질식소화

㉡ 그 밖의 것 : 냉각소화

(3) 제3류 위험물

① 위험물의 구분

㉠ 자연발화성 물질 : 황린(P_4)

㉡ 금수성 물질 : 그 밖의 것

② 보호액

㉠ 칼륨(K) 및 나트륨(Na) : 석유(등유, 경유, 유동파라핀)

㉡ 황린(P_4) : pH 9인 약알칼리성의 물

③ 성질

㉠ 비중 : 칼륨, 나트륨, 리튬, 알킬리튬, 알킬알루미늄, 금속의 수소화물은 물보다 가볍고, 그 외의 물질은 물보다 무거움

㉡ 불꽃 반응색 : 칼륨은 보라색, 나트륨은 황색, 리튬은 적색

㉢ 트라이에틸알루미늄[$(C_2H_5)_3Al$] : 물과 반응 시 에테인(C_2H_6)가스 발생

㉣ 황린 : 연소 시 오산화인(P_2O_5)이라는 백색 기체 발생

④ 물과 반응 시 발생 기체

㉠ 칼륨 및 나트륨 : 수소(H_2)

㉡ 수소화칼륨(KH) 및 수소화나트륨(NaH) : 수소(H_2)

㉢ 인화칼슘(Ca_3P_2) : 포스핀(PH_3)

㉣ 탄화칼슘(CaC_2) : 아세틸렌(C_2H_2)

㉤ 탄화알루미늄(Al_4C_3) : 메테인(CH_4)

⑤ 소화방법

㉠ 황린 : 냉각소화

㉡ 그 밖의 것 : 탄산수소염류 분말소화약제, 마른모래, 팽창질석 또는 팽창진주암으로 질식소화

(4) 제4류 위험물

① 품명의 구분

㉠ 특수인화물 : 이황화탄소, 다이에틸에터, 그 밖에 발화점 100℃ 이하이거나 인화점 -20℃ 이하이고 비점 40℃ 이하인 것

㉡ 제1석유류 : 아세톤, 휘발유, 그 밖에 인화점 21℃ 미만인 것

㉢ 제2석유류 : 등유, 경유, 그 밖에 인화점 21℃ 이상 70℃ 미만인 것

㉣ 제3석유류 : 중유, 크레오소트유, 그 밖에 인화점 70℃ 이상 200℃ 미만인 것

ⓜ 제4석유류 : 기어유, 실린더유, 그 밖에 인화점 200℃ 이상 250℃ 미만인 것
ⓑ 동식물유류 : 인화점 250℃ 미만인 것

② 성질
㉠ 대부분 물보다 가볍고, 발생하는 증기는 공기보다 무거움
㉡ 다이에틸에터 : 아이오딘화칼륨 10% 용액을 첨가하여 과산화물 검출
㉢ 이황화탄소 : 물보다 무겁고 비수용성으로 물속에 보관
㉣ 벤젠 : 비수용성으로 독성이 강함
㉤ 알코올 : 대부분 수용성
㉥ 동식물유류 : 아이오딘값의 범위에 따라 건성유, 반건성유, 불건성유로 구분

③ 중요 인화점
㉠ 특수인화물
ⓐ 다이에틸에터($C_2H_5OC_2H_5$) : −45℃
ⓑ 이황화탄소(CS_2) : −30℃
㉡ 제1석유류
ⓐ 아세톤(CH_3COCH_3) : −18℃
ⓑ 휘발유(C_8H_{18}) : −43~−38℃
ⓒ 벤젠(C_6H_6) : −11℃
ⓓ 톨루엔($C_6H_5CH_3$) : 4℃
㉢ 알코올류
ⓐ 메틸알코올(CH_3OH) : 11℃
ⓑ 에틸알코올(C_2H_5OH) : 13℃
㉣ 제3석유류
ⓐ 아닐린($C_6H_5NH_2$) : 75℃
ⓑ 에틸렌글리콜[$C_2H_4(OH)_2$] : 111℃

④ 소화방법
이산화탄소, 할로젠화합물, 분말, 포소화약제를 이용하여 질식소화

(5) 제5류 위험물

① 액체와 고체의 구분
㉠ 액체
ⓐ 질산메틸(CH_3ONO_2) : 품명은 질산에스터류이며, 분자량은 77
ⓑ 질산에틸($C_2H_5ONO_2$) : 품명은 질산에스터류이며, 분자량은 91
ⓒ 나이트로글리세린[$C_3H_5(ONO_2)_3$] : 품명은 질산에스터류이며, 규조토에 흡수시켜 다이너마이트 제조

㉡ 고체

ⓐ 과산화벤조일[$(C_6H_5CO)_2O_2$] : 품명은 유기과산화물이며, 수분함유 시 폭발성 감소

ⓑ 나이트로셀룰로스 : 품명은 질산에스터류이며, 함수알코올에 습면시켜 취급

ⓒ 피크린산[$C_6H_2OH(NO_2)_3$] : 트라이나이트로페놀이라고 불리는 물질로서 품명은 나이트로화합물이며, 단독으로는 마찰, 충격 등에 안정하지만 금속과 반응하면 위험

ⓓ TNT[$C_6H_2CH_3(NO_2)_3$] : 트라이나이트로톨루엔이라고 불리는 물질로서 품명은 나이트로화합물이며, 폭발력의 표준으로 사용

② 성질

㉠ 모두 물보다 무겁고 물에 녹지 않음

㉡ 고체들은 저장 시 물에 습면시키면 안정함

㉢ '나이트로'를 포함하는 물질의 명칭이 많음

③ 소화방법

냉각소화

(6) 제6류 위험물

① 위험물의 조건

㉠ 과산화수소 : 농도 36중량% 이상

㉡ 질산 : 비중 1.49 이상

② 성질

㉠ 물보다 무겁고 물에 잘 녹으며, 가열하면 분해하여 산소 발생

㉡ 불연성과 부식성이 있으며, 물과 반응 시 열을 발생

㉢ 과염소산 : 열분해 시 독성가스인 염화수소(HCl) 발생

㉣ 과산화수소

ⓐ 저장용기에 미세한 구멍이 뚫린 마개를 사용하며, 인산, 요산 등의 분해방지 안정제 첨가

ⓑ 물, 에터, 알코올에는 녹지만, 벤젠과 석유에는 녹지 않음

㉤ 질산

ⓐ 열분해 시 이산화질소(NO_2)라는 적갈색 기체와 산소(O_2) 발생

ⓑ 염산 3, 질산 1의 부피비로 혼합하면 왕수(금과 백금도 녹임) 생성

ⓒ 철(Fe), 코발트(Co), 니켈(Ni), 크로뮴(Cr), 알루미늄(Al)에서 부동태함

ⓓ 피부에 접촉 시 단백질과 반응하여 노란색으로 변하는 크산토프로테인반응을 일으킴

③ 소화방법

냉각소화

4. 위험물과 소화약제의 중요 반응식

제1류 위험물

물질명 (지정수량)	반응의 종류	반응식
염소산칼륨 [$KClO_3$] (50kg)	열분해반응식	$2KClO_3 \rightarrow 2KCl + 3O_2$ 염소산칼륨 염화칼륨 산소
과산화칼륨 [K_2O_2] (50kg)	열분해반응식	$2K_2O_2 \rightarrow 2K_2O + O_2$ 과산화칼륨 산화칼륨 산소
	물과의 반응식	$2K_2O_2 + 2H_2O \rightarrow 4KOH + O_2$ 과산화칼륨 물 수산화칼륨 산소
	탄산가스(이산화탄소)와의 반응식	$2K_2O_2 + 2CO_2 \rightarrow 2K_2CO_3 + O_2$ 과산화칼륨 이산화탄소 탄산칼륨 산소
	초산과의 반응식	$K_2O_2 + 2CH_3COOH \rightarrow 2CH_3COOK + H_2O_2$ 과산화칼륨 초산 초산칼륨 과산화수소
질산칼륨 [KNO_3] (300kg)	열분해반응식	$2KNO_3 \rightarrow 2KNO_2 + O_2$ 질산칼륨 아질산칼륨 산소
질산암모늄 [NH_4NO_3] (300kg)	열분해반응식	$2NH_4NO_3 \rightarrow 2N_2 + 4H_2O + O_2$ 질산암모늄 질소 물 산소
과망가니즈산칼륨 [$KMnO_4$] (1,000kg)	열분해반응식 (240℃)	$2KMnO_4 \rightarrow K_2MnO_4 + MnO_2 + O_2$ 과망가니즈산칼륨 망가니즈산칼륨 이산화망가니즈 산소
다이크로뮴산칼륨 [$K_2Cr_2O_7$] (1,000kg)	열분해반응식 (500℃)	$4K_2Cr_2O_7 \rightarrow 4K_2CrO_4 + 2Cr_2O_3 + 3O_2$ 다이크로뮴산칼륨 크로뮴산칼륨 산화크로뮴(Ⅲ) 산소

제2류 위험물

물질명 (지정수량)	반응의 종류	반응식
삼황화인 [P_4S_3] (100kg)	연소반응식	$P_4S_3 + 8O_2 \rightarrow 3SO_2 + 2P_2O_5$ 삼황화인 산소 **이산화황** **오산화인**
오황화인 [P_2S_5] (100kg)	연소반응식	$2P_2S_5 + 15O_2 \rightarrow 10SO_2 + 2P_2O_5$ 오황화인 산소 **이산화황** 오산화인
	물과의 반응식	$P_2S_5 + 8H_2O \rightarrow 5H_2S + 2H_3PO_4$ 오황화인 물 **황화수소** 인산
적린 [P] (100kg)	연소반응식	$4P + 5O_2 \rightarrow 2P_2O_5$ 적린 산소 **오산화인**
황 [S] (100kg)	연소반응식	$S + O_2 \rightarrow SO_2$ 황 산소 **이산화황**
철 [Fe] (500kg)	물과의 반응식	$Fe + 2H_2O \rightarrow Fe(OH)_2 + H_2$ 철 물 수산화철(Ⅱ) **수소**
	염산과의 반응식	$Fe + 2HCl \rightarrow FeCl_2 + H_2$ 철 염산 염화철(Ⅱ) **수소**
알루미늄 [Al] (500kg)	물과의 반응식	$2Al + 6H_2O \rightarrow 2Al(OH)_3 + 3H_2$ 알루미늄 물 수산화알루미늄 **수소**
	염산과의 반응식	$2Al + 6HCl \rightarrow 2AlCl_3 + 3H_2$ 알루미늄 염산 염화알루미늄 **수소**
마그네슘 [Mg] (500kg)	물과의 반응식	$Mg + 2H_2O \rightarrow Mg(OH)_2 + H_2$ 마그네슘 물 수산화마그네슘 **수소**
	염산과의 반응식	$Mg + 2HCl \rightarrow MgCl_2 + H_2$ 마그네슘 염산 염화마그네슘 **수소**

제3류 위험물

물질명 (지정수량)	반응의 종류	반응식
칼륨[K] (10kg)	물과의 반응식	$2K + 2H_2O \rightarrow 2KOH + H_2$ 칼륨 물 수산화칼륨 수소
	연소반응식	$4K + O_2 \rightarrow 2K_2O$ 칼륨 산소 산화칼륨
	에틸알코올과의 반응식	$2K + 2C_2H_5OH \rightarrow 2C_2H_5OK + H_2$ 칼륨 에틸알코올 칼륨에딜레이트 수소
	탄산가스와의 반응식	$4K + 3CO_2 \rightarrow 2K_2CO_3 + C$ 칼륨 이산화탄소 탄산칼륨 탄소
나트륨[Na] (10kg)	물과의 반응식	$2Na + 2H_2O \rightarrow 2NaOH + H_2$ 나트륨 물 수산화나트륨 수소
트라이에틸알루미늄 **[$(C_2H_5)_3Al$]** (10kg)	물과의 반응식	$(C_2H_5)_3Al + 3H_2O \rightarrow Al(OH)_3 + 3C_2H_6$ 트라이에틸알루미늄 물 수산화알루미늄 **에테인**
	연소반응식	$2(C_2H_5)_3Al + 21O_2 \rightarrow 12CO_2 + Al_2O_3 + 15H_2O$ 트라이에틸알루미늄 산소 이산화탄소 산화알루미늄 물
	에틸알코올과의 반응식	$(C_2H_5)_3Al + 3C_2H_5OH \rightarrow (C_2H_5O)_3Al + 3C_2H_6$ 트라이에틸알루미늄 에틸알코올 알루미늄에틸레이트 **에테인**
황린[P_4] (20kg)	연소반응식	$P_4 + 5O_2 \rightarrow 2P_2O_5$ 황린 산소 **오산화인**
칼슘[Ca] (50kg)	물과의 반응식	$Ca + 2H_2O \rightarrow Ca(OH)_2 + H_2$ 칼슘 물 수산화칼슘 수소
수소화칼륨[KH] (300kg)	물과의 반응식	$KH + H_2O \rightarrow KOH + H_2$ 수소화칼륨 물 수산화칼륨 수소
인화칼슘[Ca_3P_2] (300kg)	물과의 반응식	$Ca_3P_2 + 6H_2O \rightarrow 3Ca(OH)_2 + 2PH_3$ 인화칼슘 물 수산화칼슘 **포스핀**
탄화칼슘[CaC_2] (300kg)	물과의 반응식	$CaC_2 + 2H_2O \rightarrow Ca(OH)_2 + C_2H_2$ 탄화칼슘 물 수산화칼슘 **아세틸렌**
	아세틸렌가스와 구리의 반응식	$C_2H_2 + Cu \rightarrow CuC_2 + H_2$ 아세틸렌 구리 구리아세틸라이드 수소
탄화알루미늄[Al_4C_3] (300kg)	물과의 반응식	$Al_4C_3 + 12H_2O \rightarrow 4Al(OH)_3 + 3CH_4$ 탄화알루미늄 물 수산화알루미늄 **메테인**

제4류 위험물

물질명 (지정수량)	반응의 종류	반응식
다이에틸에터[$C_2H_5OC_2H_5$] (50L)	제조법	$2C_2H_5OH \xrightarrow[\text{탈수}]{c-H_2SO_4} C_2H_5OC_2H_5 + H_2O$ 에틸알코올 → 다이에틸에터 + 물
이황화탄소[CS_2] (50L)	연소반응식	$CS_2 + 3O_2 \rightarrow CO_2 + 2SO_2$ 이황화탄소 + 산소 → 이산화탄소 + 이산화황
	물과의 반응식 (150℃ 가열 시)	$CS_2 + 2H_2O \rightarrow CO_2 + 2H_2S$ 이황화탄소 + 물 → 이산화탄소 + 황화수소
아세트알데하이드[CH_3CHO] (50L)	산화를 이용한 제조법	$C_2H_4 \xrightarrow{+O} CH_3CHO$ 에틸렌 → 아세트알데하이드
벤젠[C_6H_6] (200L)	연소반응식	$2C_6H_6 + 15O_2 \rightarrow 12CO_2 + 6H_2O$ 벤젠 + 산소 → 이산화탄소 + 물
톨루엔[$C_6H_5CH_3$] (200L)	연소반응식	$C_6H_5CH_3 + 9O_2 \rightarrow 7CO_2 + 4H_2O$ 톨루엔 + 산소 → 이산화탄소 + 물
초산메틸[CH_3COOCH_3] (200L)	제조법	$CH_3COOH + CH_3OH \rightarrow CH_3COOCH_3 + H_2O$ 초산 + 메틸알코올 → 초산메틸 + 물
의산메틸[$HCOOCH_3$] (400L)	제조법	$HCOOH + CH_3OH \rightarrow HCOOCH_3 + H_2O$ 의산 + 메틸알코올 → 의산메틸 + 물
메틸알코올[CH_3OH] (400L)	산화반응식	$CH_3OH \xrightarrow{-H_2} HCHO \xrightarrow{+O} HCOOH$ 메틸알코올 → 폼알데하이드 → 폼산
에틸알코올[C_2H_5OH] (400L)	산화반응식	$C_2H_5OH \xrightarrow{-H_2} CH_3CHO \xrightarrow{+O} CH_3COOH$ 에틸알코올 → 아세트알데하이드 → 아세트산

제5류 위험물

물질명	반응의 종류	반응식
질산메틸 [CH_3ONO_2]	제조법	$HNO_3 + CH_3OH \rightarrow CH_3ONO_2 + H_2O$ 질산 + 메틸알코올 → 질산메틸 + 물
트라이나이트로톨루엔 [$C_6H_2CH_3(NO_2)_3$]	제조법	$C_6H_5CH_3 + 3HNO_3 \xrightarrow[\text{탈수}]{c-H_2SO_4} C_6H_2CH_3(NO_2)_3 + 3H_2O$ 톨루엔 + 질산 → 트라이나이트로톨루엔 + 물

제6류 위험물

물질명 (지정수량)	반응의 종류	반응식
과염소산 [$HClO_4$] (300kg)	열분해반응식	$HClO_4 \rightarrow HCl + 2O_2$ 과염소산 염화수소 **산소**
과산화수소 [H_2O_2] (300kg)	열분해반응식	$2H_2O_2 \rightarrow 2H_2O + O_2$ 과산화수소 물 **산소**
질산 [HNO_3] (300kg)	열분해반응식	$4HNO_3 \rightarrow 2H_2O + 4NO_2 + O_2$ 질산 물 이산화질소 **산소**

소화약제의 반응식

소화기 및 소화약제	반응의 종류	반응식
화학포소화기	화학포소화기의 반응식	$6NaHCO_3 + Al_2(SO_4)_3 \cdot 18H_2O$ 탄산수소나트륨 황산알루미늄 수화물 $\rightarrow 3Na_2SO_4 + 2Al(OH)_3 + 6CO_2 + 18H_2O$ 황산나트륨 수산화알루미늄 **이산화탄소** 물
분말소화기	제1종 분말 열분해반응식	$2NaHCO_3 \rightarrow Na_2CO_3 + CO_2 + H_2O$ 탄산수소나트륨 탄산나트륨 **이산화탄소** 물
	제2종 분말 열분해반응식	$2KHCO_3 \rightarrow K_2CO_3 + CO_2 + H_2O$ 탄산수소칼륨 탄산칼륨 **이산화탄소** 물
	제3종 분말 열분해반응식	$NH_4H_2PO_4 \rightarrow HPO_3 + NH_3 + H_2O$ 인산암모늄 **메타인산** **암모니아** 물
산·알칼리소화기	산·알칼리소화기의 반응식	$2NaHCO_3 + H_2SO_4 \rightarrow Na_2SO_4 + 2CO_2 + 2H_2O$ 탄산수소나트륨 황산 황산나트륨 **이산화탄소** 물
할로젠화합물소화기	연소반응식	$2CCl_4 + O_2 \rightarrow 2COCl_2 + 2Cl_2$ 사염화탄소 산소 **포스겐** 염소
	물과의 빈응식	$CCl_4 + H_2O \rightarrow COCl_2 + 2HCl$ 사염화탄소 물 **포스겐** 염화수소

5. 시험에 자주 나오는 소화이론

(1) 가연물이 될 수 있는 조건
① 발열량이 클 것
② 열전도율이 작을 것
③ 필요한 활성화에너지가 작을 것
④ 산소와 친화력이 좋고 표면적이 넓을 것

(2) 정전기 제거방법
① 접지할 것
② 공기 중 상대습도를 70% 이상으로 할 것
③ 공기를 이온화할 것

(3) 고체의 연소형태
① 분해연소 : 석탄, 종이, 목재, 플라스틱
② 표면연소 : 목탄(숯), 코크스, 금속분
③ 증발연소 : 황, 나프탈렌, 양초(파라핀)
④ 자기연소 : 피크린산, TNT 등의 제5류 위험물

(4) 자연발화의 방지법
① 습도가 높은 곳을 피할 것
② 저장실의 온도를 낮출 것
③ 통풍을 잘 시킬 것
④ 퇴적 및 수납할 때 열이 쌓이지 않게 할 것

(5) 분진폭발
① 분진폭발을 일으키는 물질 : 밀가루, 담배가루, 커피가루, 석탄분, 금속분
② 분진폭발을 일으키지 않는 물질 : 시멘트분말, 대리석분말, 가성소다(NaOH)분말

소요단위 및 능력단위

(1) 소요단위

구 분	외벽이 내화구조	외벽이 비내화구조
제조소 또는 취급소	연면적 100m^2	연면적 50m^2
저장소	연면적 150m^2	연면적 75m^2
위험물	지정수량의 10배	

(2) 소화설비의 능력단위

소화설비	용 량	능력단위
소화전용 물통	8L	0.3
수조(소화전용 물통 3개 포함)	80L	1.5
수조(소화전용 물통 6개 포함)	190L	2.5
마른모래(삽 1개 포함)	50L	0.5
팽창질석 또는 팽창진주암(삽 1개 포함)	160L	1.0

방호대상물로부터 수동식 소화기까지의 보행거리

① 수동식 소형소화기 : 20m 이하

② 수동식 대형소화기 : 30m 이하

소화설비의 기준

구 분	옥내소화전설비	옥외소화전설비
수원의 양	옥내소화전이 가장 많이 설치되어 있는 층의 소화전의 수(소화전의 수가 5개 이상이면 최대 5개의 옥내소화전 수)×7.8m^3	옥외소화전의 수(소화전의 수가 4개 이상이면 최대 4개의 옥외소화전 수)×13.5m^3
방수량	260L/min 이상	450L/min 이상
방수압	350kPa 이상	350kPa 이상
호스 접속구까지의 수평거리	25m 이하	40m 이하
비상전원	45분 이상	45분 이상
방사능력 범위	-	건축물의 1층 및 2층
옥외소화전과 소화전함의 거리	-	5m 이내

분말소화약제

분 류	약제의 주성분	색 상	화학식	적응화재
제1종 분말	탄산수소나트륨	백색	$NaHCO_3$	B, C
제2종 분말	탄산수소칼륨	보라색	$KHCO_3$	B, C
제3종 분말	인산암모늄	담홍색	$NH_4H_2PO_4$	A, B, C
제4종 분말	탄산수소칼륨+요소의 부산물	회색	$KHCO_3+(NH_2)_2CO$	B, C

할로젠화합물소화약제의 화학식

① Halon 1301 : CF_3Br

② Halon 2402 : $C_2F_4Br_2$

③ Halon 1211 : CF_2ClBr

소화설비의 소화약제 방사시간

① 분말소화약제 및 할로젠화합물소화약제

㉠ 전역방출방식 : 30초 이내 ㉡ 국소방출방식 : 30초 이내

② 이산화탄소소화약제

㉠ 전역방출방식 : 60초 이내 ㉡ 국소방출방식 : 30초 이내

불활성가스소화약제

① 불활성가스소화약제의 종류

㉠ IG-100(질소 100%)

㉡ IG-55(질소 50%, 아르곤 50%)

㉢ IG-541(질소 52%, 아르곤 40%, 이산화탄소 8%)

② 불활성가스소화약제 저장용기의 설치기준

㉠ 방호구역 외의 장소에 설치할 것

㉡ 온도가 40℃ 이하이고 온도 변화가 적은 장소에 설치할 것

㉢ 직사일광 및 빗물이 침투할 우려가 적은 장소에 설치할 것

㉣ 저장용기에는 안전장치를 설치할 것

㉤ 저장용기의 외면에 소화약제의 종류와 양, 제조년도 및 제조자를 표시할 것

이산화탄소소화설비

① 이산화탄소소화설비의 분사헤드의 방사압력

㉠ 고압식(20℃로 저장) : 2.1MPa 이상

㉡ 저압식(-18℃ 이하로 저장) : 1.05MPa 이상

② 이산화탄소소화약제의 저장용기의 충전비

㉠ 고압식 : 1.5 이상 1.9 이하

㉡ 저압식 : 1.1 이상 1.4 이하

③ 이산화탄소소화약제의 저압식 저장용기의 기준
  ㉠ 액면계 및 압력계를 설치
  ㉡ 2.3MPa 이상의 압력 및 1.9MPa 이하의 압력에서 작동하는 압력경보장치를 설치
  ㉢ 용기 내부의 온도를 영하 20℃ 이상 영하 18℃ 이하로 유지할 수 있는 자동냉동기를 설치
  ㉣ 파괴판을 설치
  ㉤ 방출밸브를 설치

포소화약제의 혼합장치

① **펌프프로포셔너 방식** : 펌프의 토출관과 흡입관 사이의 배관 도중에 설치한 흡입기에 펌프에서 토출된 물의 일부를 보내고 농도조절밸브에서 조정된 포소화약제의 필요량을 포소화약제 탱크에서 펌프 흡입측으로 보내어 이를 혼합하는 방식
② **프레셔프로포셔너 방식** : 펌프와 발포기의 중간에 설치된 벤투리관의 벤투리작용과 펌프가압수의 포소화약제 저장탱크에 대한 압력에 의하여 포소화약제를 흡입 및 혼합하는 방식
③ **라인프로포셔너 방식** : 펌프와 발포기의 중간에 설치된 벤투리관의 벤투리작용에 의하여 포소화약제를 흡입 및 혼합하는 방식
④ **프레셔사이드프로포셔너 방식** : 펌프의 토출관에 압입기를 설치하여 포소화약제 압입용 펌프로 포소화약제를 압입시켜 혼합하는 방식

6. 시험에 자주 나오는 위험물안전관리법 내용

위험물제조소등의 시설·설비의 신고

(1) 시·도지사에게 신고해야 하는 경우

① **제조소등의 위치·구조 또는 설비의 변경 없이 위험물의 품명·수량 또는 지정수량의 배수를 변경하고자 하는 자** : 변경하고자 하는 날의 1일 전까지 신고
② **제조소등의 설치자의 지위를 승계한 자** : 승계한 날부터 30일 이내에 신고
③ **제조소등의 용도를 폐지한 때** : 제조소등의 용도를 폐지한 날부터 14일 이내에 신고

(2) 허가나 신고 없이 제조소등을 설치하거나 위치·구조 또는 설비를 변경할 수 있고 위험물의 품명·수량 또는 지정수량의 배수를 변경할 수 있는 경우

① 주택의 난방시설(공동주택의 중앙난방시설을 제외한다)을 위한 저장소 또는 취급소
② 농예용·축산용 또는 수산용으로 필요한 난방시설 또는 건조시설을 위한 지정수량 20배 이하의 저장소

안전관리자의 선임 및 해임의 신고기간

① 안전관리자가 해임되거나 퇴직한 때에는 해임되거나 퇴직한 날로부터 30일 이내에 다시 안전관리자를 선임해야 한다(대리자는 30일 이내).

② 안전관리자를 선임한 때에는 14일 이내 신고해야 한다.

안전관리자 대리자의 자격

① 안전교육을 받은 자

② 제조소등의 위험물안전관리 업무에 있어서 안전관리자를 지휘·감독하는 직위에 있는 자

자체소방대의 기준

(1) 자체소방대의 설치기준

제4류 위험물을 지정수량의 3천배 이상 취급하는 제조소 또는 일반취급소와 50만배 이상 저장하는 옥외탱크저장소에 설치

(2) 자체소방대에 두는 화학소방자동차와 자체소방대원의 수의 기준

사업소의 구분	화학소방자동차의 수	자체소방대원의 수
제조소 또는 일반취급소에서 취급하는 제4류 위험물의 최대수량의 합이 지정수량의 3천배 이상 12만배 미만인 사업소	1대	5인
제조소 또는 일반취급소에서 취급하는 제4류 위험물의 최대수량의 합이 지정수량의 12만배 이상 24만배 미만인 사업소	2대	10인
제조소 또는 일반취급소에서 취급하는 제4류 위험물의 최대수량의 합이 지정수량의 24만배 이상 48만배 미만인 사업소	3대	15인
제조소 또는 일반취급소에서 취급하는 제4류 위험물의 최대수량의 합이 지정수량의 48만배 이상인 사업소	4대	20인
옥외탱크저장소에서 저장하는 제4류 위험물의 최대수량이 지정수량의 50만배 이상인 사업소	2대	10인

(3) 화학소방자동차(소방차)에 갖추어야 하는 소화능력 및 설비의 기준

소방차의 구분	소화능력 및 설비의 기준
포수용액방사차	포수용액의 방사능력이 매분 2,000L 이상일 것
	소화약액탱크 및 소화약액혼합장치를 비치할 것
	10만L 이상의 포수용액을 방사할 수 있는 양의 소화약제를 비치할 것
분말방사차	분말의 방사능력이 매초 35kg 이상일 것
	분말탱크 및 가압용 가스설비를 비치할 것
	1,400kg 이상의 분말을 비치할 것
할로젠화합물방사차	할로젠화합물의 방사능력이 매초 40kg 이상일 것
	할로젠화합물탱크 및 가압용 가스설비를 비치할 것
	1,000kg 이상의 할로젠화합물을 비치할 것
이산화탄소방사차	이산화탄소의 방사능력이 매초 40kg 이상일 것
	이산화탄소 저장용기를 비치할 것
	3,000kg 이상의 이산화탄소를 비치할 것
제독차	가성소다 및 규조토를 각각 50kg 이상 비치할 것

※ 포수용액을 방사하는 화학소방자동차의 대수는 화학소방자동차 대수의 3분의 2 이상으로 하여야 한다.

탱크의 종류별 공간용적 구분

① **일반탱크** : 탱크의 내용적의 100분의 5 이상 100분의 10 이하

② **소화약제 방출구를 탱크 안의 윗부분에 설치한 탱크** : 소화약제 방출구 아래의 0.3m 이상 1m 미만 사이의 면으로부터 윗부분의 용적

③ **암반탱크** : 탱크 안에 용출하는 7일간의 지하수의 양에 상당하는 용적과 그 탱크 내용적의 100분의 1의 용적 중에서 보다 큰 용적

예방규정 작성대상

① 지정수량의 10배 이상의 위험물을 취급하는 제조소

② 지정수량의 100배 이상의 위험물을 저장하는 옥외저장소

③ 지정수량의 150배 이상의 위험물을 저장하는 옥내저장소

④ 지정수량의 200배 이상의 위험물을 저장하는 옥외탱크저장소

⑤ 암반탱크저장소

⑥ 이송취급소

⑦ 지정수량의 10배 이상의 위험물을 취급하는 일반취급소

보유공지

(1) 제조소의 보유공지

위험물의 지정수량의 배수	보유공지의 너비
지정수량의 10배 이하	3m 이상
지정수량의 10배 초과	5m 이상

(2) 옥내저장소의 보유공지

위험물의 지정수량의 배수	보유공지의 너비	
	벽·기둥·바닥이 내화구조인 건축물	그 밖의 건축물
지정수량의 5배 이하	-	0.5m 이상
지정수량의 5배 초과 10배 이하	1m 이상	1.5m 이상
지정수량의 10배 초과 20배 이하	2m 이상	3m 이상
지정수량의 20배 초과 50배 이하	3m 이상	5m 이상
지정수량의 50배 초과 200배 이하	5m 이상	10m 이상
지정수량의 200배 초과	10m 이상	15m 이상

(3) 옥외탱크저장소의 보유공지

위험물의 지정수량의 배수	보유공지의 너비
지정수량의 500배 이하	3m 이상
지정수량의 500배 초과 1,000배 이하	5m 이상
지정수량의 1,000배 초과 2,000배 이하	9m 이상
지정수량의 2,000배 초과 3,000배 이하	12m 이상
지정수량의 3,000배 초과 4,000배 이하	15m 이상

(4) 옥외저장소의 보유공지

위험물의 지정수량의 배수	보유공지의 너비
지정수량의 10배 이하	3m 이상
지정수량의 10배 초과 20배 이하	5m 이상
지정수량의 20배 초과 50배 이하	9m 이상
지정수량의 50배 초과 200배 이하	12m 이상
지정수량의 200배 초과	15m 이상

안전거리

건축물의 구분	안전거리
주거용 건축물	10m 이상
학교·병원·극장	30m 이상
지정문화유산, 천연기념물	50m 이상
고압가스·액화석유가스 취급시설	20m 이상
7,000V 초과 35,000V 이하의 특고압가공전선	3m 이상
35,000V 초과하는 특고압가공전선	5m 이상

※ **안전거리를 제외할 수 있는 조건**

① 제6류 위험물을 취급하는 제조소, 취급소 또는 저장소
② 주유취급소
③ 판매취급소
④ 지하탱크저장소
⑤ 옥내탱크저장소
⑥ 이동탱크저장소
⑦ 간이탱크저장소
⑧ 암반탱크저장소

건축물의 구조

구 분	제조소	옥내저장소
내화구조로 해야 하는 것	연소의 우려가 있는 외벽	벽, 기둥, 바닥
불연재료로 할 수 있는 것	벽, 기둥, 바닥, 보, 서까래, 계단	보, 서까래, 계단

환기설비 및 배출설비

제조소와 옥내저장소에 동일한 기준으로 설치한다.

구 분	환기설비	배출설비
환기·배출 방식	자연배기방식	강제배기방식
급기구의 수 및 면적	바닥면적 150m^{2}마다 급기구는 면적 800cm^2 이상의 것 1개 이상 설치	환기설비와 동일
급기구의 위치/장치	낮은 곳에 설치/인화방지망 설치	높은 곳에 설치/인화방지망 설치
환기구 및 배출구 높이	지상 2m 이상 높이에 설치	환기설비와 동일

위험물의 종류에 따른 옥내저장소의 바닥면적

바닥면적 1,000m² 이하에 저장 가능한 위험물	
제1류 위험물	아염소산염류, 염소산염류, 과염소산염류, 무기과산화물
제3류 위험물	칼륨, 나트륨, 알킬알루미늄, 알킬리튬, 황린
제4류 위험물	특수인화물, 제1석유류, 알코올류
제5류 위험물	유기과산화물, 질산에스터류
제6류 위험물	모든 제6류 위험물
바닥면적 2,000m² 이하에 저장 가능한 위험물	
바닥면적 1,000m² 이하에 저장 가능한 위험물 이외의 것	

옥내저장탱크의 기준

(1) 옥내저장탱크의 구조

① 탱크의 두께 : 3.2mm 이상의 강철판

② 옥내저장탱크와 전용실과의 간격 및 옥내저장탱크 상호간의 간격 : 0.5m 이상

(2) 옥내저장탱크의 용량

① 단층 건물에 탱크전용실을 설치하는 경우 : 지정수량의 40배 이하
(단, 제4석유류 및 동식물유류 외의 제4류 위험물의 저장탱크는 당해 수량이 20,000L를 초과할 때는 20,000L 이하)

② 단층 건물 외의 건축물에 탱크전용실을 설치하는 경우

㉠ 1층 이하의 층에 탱크전용실을 설치하는 경우 : 지정수량의 40배 이하
(단, 제4석유류 및 동식물유류 외의 제4류 위험물의 저장탱크는 당해 수량이 20,000L를 초과할 때는 20,000L 이하)

㉡ 2층 이상의 층에 탱크전용실을 설치하는 경우 : 지정수량의 10배 이하
(단, 제4석유류 및 동식물유류 외의 제4류 위험물의 저장탱크는 당해 수량이 5,000L를 초과할 때는 5,000L 이하)

옥외저장소의 저장기준

(1) 덩어리상태의 황만을 경계표시의 안쪽에 저장하는 기준

경계표시의 구분	적용기준
하나의 경계표시의 내부면적	100m² 이하
2 이상의 경계표시 내부면적의 합	1,000m² 이하
인접하는 경계표시와 경계표시와의 간격	보유공지 너비의 1/2 이상
경계표시의 높이	1.5m 이하

(2) 옥외저장소에 저장 가능한 위험물

① 제2류 위험물 : 황 또는 인화성 고체(인화점이 섭씨 0도 이상인 것에 한함)

② 제4류 위험물

㉠ 제1석유류(인화점이 섭씨 0도 이상인 것에 한함)

㉡ 알코올류

㉢ 제2석유류

㉣ 제3석유류

㉤ 제4석유류

㉥ 동식물유류

③ 제6류 위험물

④ 시·도조례로 정하는 제2류 또는 제4류 위험물

⑤ 국제해상위험물규칙(IMDG Code)에 적합한 용기에 수납된 위험물

옥외저장탱크 통기관의 기준

(1) 밸브 없는 통기관

① 지름은 30mm 이상으로 할 것

② 끝부분은 수평면보다 45도 이상 구부려 빗물 등의 침투를 막을 것

③ 인화점이 38℃ 미만인 위험물만을 저장, 취급하는 탱크의 통기관에는 화염방지장치를 설치하고, 그 외의 위험물을 저장, 취급하는 탱크의 통기관에는 40mesh 이상인 구리망으로 된 인화방지장치를 설치할 것(다만, 인화점 70℃ 이상의 위험물만을 해당 위험물의 인화점 미만의 온도로 저장 또는 취급하는 탱크의 통기관에는 인화방지장치를 설치하지 않아도 됨)

(2) 대기밸브부착 통기관

5kPa 이하의 압력 차이로 작동할 수 있을 것

제조소의 위험물취급탱크의 방유제 기준

(1) 위험물제조소의 옥외에 설치하는 위험물취급탱크의 방유제 용량

① 하나의 취급탱크의 방유제 용량 : 탱크 용량의 50% 이상

② 2개 이상의 취급탱크의 방유제 용량 : 탱크 중 용량이 최대인 것의 50%에 나머지 탱크 용량 합계의 10%를 가산한 양 이상

(2) 위험물제조소의 옥내에 설치하는 위험물취급탱크의 방유턱 용량

① 하나의 취급탱크의 방유턱 용량 : 탱크에 수납하는 위험물의 양의 전부

② 2개 이상의 취급탱크의 방유턱 용량 : 탱크 중 실제로 수납하는 위험물의 양이 최대인 탱크의 양의 전부

옥외저장탱크 방유제의 기준

(1) 옥외탱크저장소의 방유제

방유제의 용량	인화성 액체 위험물 저장탱크	하나의 탱크	탱크 용량의 110% 이상
		2개 이상의 탱크	탱크 중 용량이 최대인 것의 110% 이상
	비인화성 액체 위험물 저장탱크	하나의 탱크	탱크 용량의 100% 이상
		2개 이상의 탱크	탱크 중 용량이 최대인 것의 100% 이상
방유제의 높이			0.5m 이상 3m 이하
방유제의 면적			8만m^2 이하
방유제의 두께			0.2m 이상
방유제의 지하매설깊이			1m 이상

(2) 하나의 방유제 내에 설치하는 옥외저장탱크의 수

개수 무제한	인화점 200℃ 이상인 위험물을 저장하는 경우
20개 이하	인화점 70℃ 이상 200℃ 미만인 위험물을 전체 용량의 합이 20만 L 이하가 되도록 저장하는 경우
10개 이하	그 외의 경우

(3) 소방차 및 자동차의 통행을 위한 도로 설치기준

방유제 외면의 2분의 1 이상은 3m 이상의 폭을 확보한 도로를 설치해야 함

(4) 방유제로부터 옥외저장탱크의 옆판까지의 거리

탱크의 지름	방유제로부터 옥외저장탱크의 옆판까지의 거리
15m 미만	탱크 높이의 3분의 1 이상
15m 이상	탱크 높이의 2분의 1 이상

(5) 간막이둑의 기준

용량이 1,000만L 이상인 옥외저장탱크에는 간막이둑을 설치

① 간막이둑의 높이 : 0.3m 이상(방유제 높이보다 0.2m 이상 낮게)

② 간막이둑의 용량 : 탱크 용량의 10% 이상

(6) 계단 또는 경사로의 기준

높이가 1m를 넘는 방유제의 안팎에는 약 50m마다 계단을 설치

지하탱크저장소

① 전용실의 내부에는 입자지름 5mm 이하의 마른자갈분 또는 마른모래를 채움

② 지면으로부터 지하탱크의 윗부분까지의 거리 : 0.6m 이상

③ 지하탱크를 2개 이상 인접해 설치할 때 상호거리 : 1m 이상
(탱크 용량의 합계가 지정수량의 100배 이하일 경우 : 0.5m 이상)

④ 지하탱크와 탱크전용실과의 간격

㉠ 지하의 벽, 가스관, 대지경계선으로부터 탱크전용실 바깥쪽과의 간격 : 0.1m 이상

㉡ 지하저장탱크와 탱크전용실 안쪽과의 간격 : 0.1m 이상

⑤ 탱크전용실의 기준 : 벽, 바닥 및 뚜껑은 두께 0.3m 이상의 철근콘크리트로 할 것

간이탱크저장소의 기준

① 하나의 간이탱크저장소에 설치할 수 있는 간이탱크의 수 : 3개 이하

② 하나의 간이탱크 용량 : 600L 이하

③ 간이탱크의 밸브 없는 통기관의 지름 : 25mm 이상

이동탱크저장소의 기준

(1) 이동탱크의 두께 및 수압시험압력

① 압력탱크 : 최대상용압력의 1.5배의 압력으로 10분간 실시

② 압력탱크 외의 탱크 : 70kPa의 압력으로 10분간 실시

③ 맨홀 및 이동탱크의 두께 : 3.2mm 이상의 강철판

(2) 칸막이/방파판/방호틀의 기준

구 분	칸막이	방파판	방호틀
두께	3.2mm 이상의 강철판	1.6mm 이상의 강철판	2.3mm 이상의 강철판
기타 기준	하나의 구획된 칸막이 용량은 4,000L 이하	하나의 구획부분에 2개 이상의 방파판 설치	정상부분은 부속장치보다 50mm 이상 높게 유지

(3) 표지 및 게시판의 기준

구 분	위 치	규격 및 색상	내 용	실제 모양
표지	이동탱크저장소의 전면 상단 및 후면 상단	60cm 이상×30cm 이상의 가로형 사각형으로 흑색 바탕에 황색 문자	위험물	위험물
UN번호	이동탱크저장소의 후면 및 양 측면	30cm 이상×12cm 이상의 가로형 사각형으로 흑색 테두리선(굵기 1cm)과 오렌지색 바탕에 흑색 문자	UN번호의 숫자 (글자 높이 6.5cm 이상)	1223
그림문자	이동탱크저장소의 후면 및 양 측면	25cm 이상×25cm 이상의 마름모꼴로 분류기호에 따라 바탕과 문자의 색을 다르게 할 것	심벌 및 분류 · 구분의 번호 (글자 높이 2.5cm 이상)	

주유취급소의 기준

(1) 주유공지

너비 15m 이상, 길이 6m 이상

(2) 주유취급소의 탱크 용량

① 고정주유설비 및 고정급유설비에 직접 접속하는 전용탱크 : 각각 50,000L 이하
② 보일러 등에 직접 접속하는 전용탱크 : 10,000L 이하
③ 폐유, 윤활유 등의 위험물을 저장하는 탱크 : 2,000L 이하
④ 고정주유설비 또는 고정급유설비용 간이탱크 : 600L 이하의 탱크 3기 이하
⑤ 고속도로의 주유취급소 탱크 : 60,000L 이하

(3) 주유관의 길이

① 고정식 주유관 : 5m 이내

② 현수식 주유관 : 지면 위 0.5m의 수평면에 수직으로 내려 만나는 점을 중심으로 반경 3m 이내

(4) 고정주유설비의 설치기준

① 주유설비의 중심선으로부터 도로경계선까지의 거리 : 4m 이상

② 주유설비의 중심선으로부터 부지경계선, 담 및 벽까지의 거리 : 2m 이상

③ 주유설비의 중심선으로부터 개구부가 없는 벽까지의 거리 : 1m 이상

(5) 게시판

① 내용 : 주유 중 엔진정지

② 색상 : 황색바탕, 흑색문자

③ 규격 : 한 변의 길이 0.3m 이상, 다른 한 변의 길이 0.6m 이상

판매취급소

제1종 판매취급소와 제2종 판매취급소를 구분하는 기준은 지정수량의 배수이다.

구 분	제1종 판매취급소	제2종 판매취급소
저장·취급하는 위험물의 수량	지정수량의 20배 이하	지정수량의 40배 이하

※ 제1종 판매취급소의 기준

① 설치위치 : 건축물의 1층에 설치할 것

② 위험물 배합실의 기준

㉠ 바닥면적 : $6m^2$ 이상 $15m^2$ 이하

㉡ 내화구조 또는 불연재료로 된 벽으로 구획

㉢ 바닥은 적당한 경사를 두고 집유설비를 할 것

㉣ 출입구에는 자동폐쇄식 60분+방화문 또는 60분 방화문을 설치할 것

㉤ 출입구 문턱의 높이는 바닥면으로부터 0.1m 이상으로 할 것

㉥ 가연성의 증기 또는 미분을 지붕 위로 방출하는 설비를 할 것

소화난이도등급

구 분	소화난이도등급 Ⅰ의 제조소등	소화난이도등급 Ⅱ의 제조소등
제조소 및 일반취급소	• 연면적 1,000m^2 이상인 것 • 지정수량의 100배 이상 취급하는 것 • 지반면으로부터 6m 이상의 높이에 위험물 취급설비가 있는 것	• 연면적 600m^2 이상인 것 • 지정수량의 10배 이상 취급하는 것
옥내저장소	• 연면적 150m^2를 초과하는 것 • 지정수량의 150배 이상 취급하는 것 • 처마높이 6m 이상인 단층건물의 것	지정수량의 10배 이상 취급하는 것
옥외탱크저장소 및 옥내탱크저장소 (제6류 위험물을 저장하는 것 제외)	• 액표면적이 40m^2 이상인 것 • 지반면으로부터 탱크 옆판의 상단까지의 높이가 6m 이상인 것	소화난이도등급 Ⅰ 이외의 것
옥외저장소	덩어리상태의 황을 저장하는 것으로서 경계표시 내부의 면적이 100m^2 이상인 것(2개 이상의 경계표시 포함)	덩어리상태의 황을 저장하는 것으로서 경계표시 내부의 면적이 5m^2 이상 100m^2 미만인 것
암반탱크저장소 (제6류 위험물을 저장하는 것 제외)	액표면적이 40m^2 이상인 것	–
주유취급소	직원 외의 자가 출입하는 부분의 면적의 합이 500m^2를 초과하는 것	옥내주유취급소
이송취급소	모든 대상	–
판매취급소	–	제2종 판매취급소

제조소등의 경보설비

(1) 경보설비의 종류

① 자동화재탐지설비
② 자동화재속보설비
③ 비상경보설비
④ 확성장치
⑤ 비상방송설비

(2) 경보설비의 설치기준

① 자동화재탐지설비만을 설치하는 경우

제조소 및 일반취급소	옥내저장소	옥내탱크저장소	주유취급소
• 연면적이 $500m^2$ 이상인 것 • 지정수량의 100배 이상을 취급하는 것	• 지정수량의 100배 이상을 저장하는 것 • 연면적이 $150m^2$를 초과하는 것 • 처마높이가 6m 이상인 단층건물의 것	단층 건물 외의 건축물에 있는 옥내탱크저장소로서 소화난이도등급 Ⅰ에 해당하는 것	옥내주유취급소

② 자동화재탐지설비 및 자동화재속보설비를 설치해야 하는 경우
특수인화물, 제1석유류 및 알코올류를 저장 또는 취급하는 탱크의 용량이 1,000만L 이상인 옥외탱크저장소

③ 경보설비(자동화재속보설비 제외) 중 1개 이상을 설치하는 경우
지정수량의 10배 이상을 취급하는 것

자동화재탐지설비의 설치기준

① 건축물의 2 이상의 층에 걸치지 아니하도록 함(단, 하나의 경계구역이 $500m^2$ 이하는 제외)

② 하나의 경계구역의 면적은 $600m^2$ 이하로 함(단, 건축물의 주요한 출입구에서 그 내부 전체를 볼 수 있는 경우는 면적 $1,000m^2$ 이하)

③ 경계구역의 한 변의 길이는 50m(광전식분리형 감지기를 설치한 경우에는 100m) 이하로 함

④ 자동화재탐지설비의 감지기는 지붕 또는 벽의 옥내에 면한 부분에 유효하게 화재의 발생을 감지할 수 있도록 설치

⑤ 자동화재탐지설비에는 비상전원을 설치

소화설비의 적응성

소화설비의 구분			건축물 · 그 밖의 공작물	전기설비	제1류 위험물		제2류 위험물			제3류 위험물		제4류 위험물	제5류 위험물	제6류 위험물
					알칼리금속의 과산화물등	그 밖의 것	철분 · 금속분 · 마그네슘 등	인화성 고체	그 밖의 것	금수성 물품	그 밖의 것			
옥내소화전 또는 옥외소화전 설비			○			○		○	○		○		○	○
스프링클러설비			○			○		○	○		○	△	○	○
물분무 등 소화설비	물분무소화설비		○	○		○		○	○		○	○	○	○
물분무 등 소화설비	포소화설비		○			○		○	○		○	○	○	○
물분무 등 소화설비	불활성가스소화설비			○				○				○		
물분무 등 소화설비	할로젠화합물소화설비			○				○				○		
물분무 등 소화설비	분말소화설비	인산염류등	○	○		○		○	○			○		○
물분무 등 소화설비	분말소화설비	탄산수소염류등		○	○		○	○		○		○		
물분무 등 소화설비	분말소화설비	그 밖의 것			○		○			○				
대형 · 소형 수동식 소화기	봉상수(棒狀水)소화기		○			○		○	○		○		○	○
대형 · 소형 수동식 소화기	무상수(霧狀水)소화기		○	○		○		○	○		○		○	○
대형 · 소형 수동식 소화기	봉상강화액소화기		○			○		○	○		○		○	○
대형 · 소형 수동식 소화기	무상강화액소화기		○	○		○		○	○		○	○	○	○
대형 · 소형 수동식 소화기	포소화기		○			○		○	○		○	○	○	○
대형 · 소형 수동식 소화기	이산화탄소소화기			○				○				○		△
대형 · 소형 수동식 소화기	할로젠화합물소화기			○				○				○		
대형 · 소형 수동식 소화기	분말소화기	인산염류소화기	○	○		○		○	○			○		○
대형 · 소형 수동식 소화기	분말소화기	탄산수소염류소화기		○	○		○	○		○		○		
대형 · 소형 수동식 소화기	분말소화기	그 밖의 것			○		○			○				
기타	물통 또는 수조		○			○		○	○		○		○	○
기타	건조사				○	○	○	○	○	○	○	○	○	○
기타	팽창질석 또는 팽창진주암				○	○	○	○	○	○	○	○	○	○

※ '○'는 소화설비의 적응성이 있다는 의미이고, '△'는 경우에 따라 적응성이 있다는 의미이다.

유별을 달리하는 위험물의 저장기준

(1) 유별이 다른 위험물끼리 동일한 저장소에 저장할 수 있는 경우

옥내저장소 또는 옥외저장소에서는 서로 다른 유별끼리 함께 저장할 수 없지만 다음의 조건을 만족하면서 유별로 정리하여 서로 1m 이상의 간격을 두는 경우에는 저장할 수 있음

① 제1류 위험물(알칼리금속의 과산화물 제외)과 제5류 위험물
② 제1류 위험물과 제6류 위험물
③ 제1류 위험물과 제3류 위험물 중 자연발화성 물질(황린)
④ 제2류 위험물 중 인화성 고체와 제4류 위험물
⑤ 제3류 위험물 중 알킬알루미늄등과 제4류 위험물(알킬알루미늄 또는 알킬리튬을 함유한 것)
⑥ 제4류 위험물 중 유기과산화물과 제5류 위험물 중 유기과산화물

(2) 유별이 같은 위험물이라도 동일한 저장소에 저장할 수 없는 경우

제3류 위험물 중 황린과 금수성 물질

옥내저장소 또는 옥외저장소의 저장용기를 쌓는 높이의 기준

① 기계에 의하여 하역하는 구조로 된 용기 : 6m 이하
② 제4류 위험물 중 제3석유류, 제4석유류 및 동식물유류의 용기 : 4m 이하
③ 그 밖의 경우 : 3m 이하
④ 옥외저장소에서 용기를 선반에 저장하는 경우 : 6m 이하

탱크에 저장할 때 위험물의 저장온도

구 분	옥외저장탱크, 옥내저장탱크, 지하저장탱크		이동저장탱크	
	압력탱크에 저장하는 경우	압력탱크 외의 탱크에 저장하는 경우	보냉장치가 있는 이동저장탱크에 저장하는 경우	보냉장치가 없는 이동저장탱크에 저장하는 경우
아세트알데하이드등	40℃ 이하	15℃ 이하	비점 이하	40℃ 이하
다이에틸에터등	40℃ 이하	(산화프로필렌 포함) 30℃ 이하	비점 이하	40℃ 이하

운반용기의 수납률

① 고체 위험물 : 운반용기 내용적의 95% 이하
② 액체 위험물 : 운반용기 내용적의 98% 이하(55℃에서 누설되지 않도록 공간용적 유지)
③ 알킬알루미늄 또는 알킬리튬 : 운반용기 내용적의 90% 이하(50℃에서 5% 이상의 공간용적 유지)

운반 시 피복기준

차광성 피복	방수성 피복
① 제1류 위험물 ② 제3류 위험물 중 자연발화성 물질 ③ 제4류 위험물 중 특수인화물 ④ 제5류 위험물 ⑤ 제6류 위험물	① 제1류 위험물 중 알칼리금속의 과산화물 ② 제2류 위험물 중 철분, 금속분, 마그네슘 ③ 제3류 위험물 중 금수성 물질

유별을 달리하는 위험물의 혼재기준(운반기준)

위험물의 구분	제1류	제2류	제3류	제4류	제5류	제6류
제1류		×	×	×	×	○
제2류	×		×	○	○	×
제3류	×	×		○	×	×
제4류	×	○	○		○	×
제5류	×	○	×	○		×
제6류	○	×	×	×	×	

※ 이 [표]는 지정수량의 1/10 이하의 위험물에 대하여는 적용하지 않는다.

현실이라는 땅에 두 발을 딛고
이상인 하늘의 별을 향해 두 손을 뻗어
착실히 올라가야 한다.

- 반기문 -

꿈꾸는 사람은 행복합니다.
그러나 꿈만 좇다 보면 자칫 불행해집니다. 가시밭에 넘어지고 웅덩이에 빠져 허우적거릴 뿐, 꿈을 현실화할 수 없기 때문이죠.
꿈을 이루기 위해서는, 냉엄한 현실을 바탕으로 한 치밀한 전략, 그리고 뜨거운 열정이라는 두 발이 필요합니다. 그러지 못하면 넘어지기 십상이지요.
우선 그 두 발로 현실을 딛고, 하늘의 별을 따기 위해 한 계단 한 계단 올라가 보십시오. 그러면 어느 순간 여러분도 모르게 하늘의 별이 여러분의 손에 쥐어져 있을 것입니다.

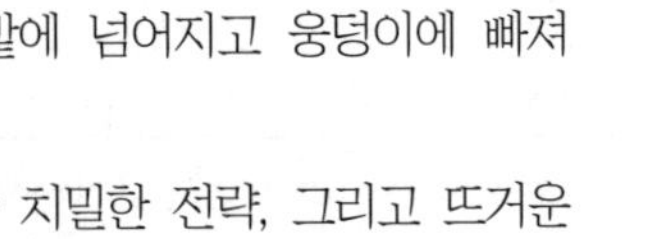

제2장

중요 빈출문제

CBT 시행 이후 자주 출제되는 기출문제 200제

Craftsman Hazardous material

위험물기능사 필기

위험물기능사 필기시험은 2016년 5회부터 CBT(Computer Based Test) 방식으로 시행되고 있으며, 문제은행식으로 시험문제가 출제되어 같은 회차라도 개인별 문제가 상이합니다. 여기에는 CBT 시행 이후 자주 출제되는 기출문제를 선별하여 정확하고 자세한 해설을 함께 수록하였습니다.

CBT

CBT 시행 이후 자주 출제되는 기출문제

중요 빈출문제

01 분말소화약제 중 인산염류를 주성분으로 하는 것은 제 몇 종 분말인가?

① 제1종 분말
② 제2종 분말
③ 제3종 분말
④ 제4종 분말

PLAY▶ 풀이

》》 ① 제1종 분말 : 탄산수소나트륨($NaHCO_3$)
② 제2종 분말 : 탄산수소칼륨($KHCO_3$)
③ **제3종 분말 : 인산암모늄($NH_4H_2PO_4$)**
※ 염류의 종류 : K, Na, NH_4 등
④ 제4종 분말 : 탄산수소칼륨($KHCO_3$) + 요소[$(NH_2)_2CO$]의 부산물

02 마그네슘을 저장 및 취급하는 장소에 설치하는 소화기는 무엇인가?

① 포소화기
② 이산화탄소 소화기
③ 할로젠화합물 소화기
④ 탄산수소염류 분말소화기

》》 제1류 위험물 중 알칼리금속의 과산화물, 제2류 위험물 중 철분, 금속분, **마그네슘**, 제3류 위험물 중 금수성 물질의 화재 시에는 **탄산수소염류 분말소화기** 또는 마른모래, 팽창질석 및 팽창진주암만 가능하다.

03 과산화수소에 대한 설명으로 옳은 것은?

① 강산화제이지만 환원제로 사용한다.
② 알코올, 에터에는 용해되지 않는다.
③ 20~30% 용액을 옥시돌(Oxydol)이라 한다.
④ 알칼리성 용액에서는 분해가 안 된다.

》》 **과산화수소**는 제6류 위험물로서 **강한 산화제이지만 환원제로 작용**할 때도 있다.
② 물, 알코올, 에터에 잘 녹지만, 석유, 벤젠에는 녹지 않는다.
③ 농도가 3%인 옥시돌(옥시풀)을 소독약으로 사용한다.
④ 알칼리성 용액에서 분해가 잘 일어나 약산성으로 만들어 산소가 분해되어 나오는 것을 억제하기 위해 인산, 요산 등의 분해방지안정제를 첨가한다.
– 분해반응식

$$2H_2O_2 \rightarrow 2H_2O + O_2$$

과산화수소 물 산소

04 제6류 위험물 위험성에 대한 설명으로 틀린 것은?

① 질산을 가열할 때 발생하는 적갈색 증기는 무해하지만 가연성이며 폭발성이 강하다.
② 고농도의 과산화수소는 충격, 마찰에 의해서 단독으로도 분해 폭발할 수 있다.
③ 과염소산은 유기물과 접촉 시 발화 또는 폭발할 위험이 있다.
④ 과산화수소는 햇빛에 의해서 분해되며, 촉매(MnO_2)하에서 분해가 촉진된다.

》》 ① 질산을 가열할 때 발생하는 적갈색 증기인 이산화질소는 **인체에 유해**하다.
– 질산의 분해반응식

$$4HNO_3 \rightarrow 2H_2O + 4NO_2 + O_2$$

질산 물 이산화질소 산소

05 과산화나트륨의 저장 및 취급 시 주의사항에 관한 설명 중 틀린 것은?

① 가열, 충격을 피한다.
② 유기물질의 혼입을 막는다.
③ 가연물과의 접촉을 피한다.
④ 화재예방을 위해 물분무소화설비 또는 스프링클러설비가 설치된 곳에 보관한다.

정답 01. ③ 02. ④ 03. ① 04. ① 05. ④

》 제1류 위험물의 알칼리금속의 과산화물은 물과 반응 시 산소와 많은 열을 발생하기 때문에 물을 소화약제로 이용하는 **물분무소화설비 또는 스프링클러설비는 적응성이 없다.**
– 과산화나트륨의 물과의 반응식
$2Na_2O_2 + 2H_2O \rightarrow 4NaOH + O_2$
과산화나트륨 물 수산화나트륨 산소

06 다음 중 운반차량에 함께 적재할 수 있는 유별을 올바르게 연결한 것은? (단, 지정수량 이상을 적재한 경우이다.)

① 제1류 – 제2류 ② 제1류 – 제3류
③ 제1류 – 제4류 ④ 제1류 – 제6류

》 운반 시 **제1류 위험물**은 **제6류 위험물**만 혼재할 수 있다.

07 탄화칼슘 취급 시 주의해야 할 사항은?

① 산화성 물질과 혼합하여 저장할 것
② 물의 접촉을 피할 것
③ 은, 구리 등의 금속용기에 저장할 것
④ 화재발생 시 이산화탄소 소화약제를 사용할 것

》 탄화칼슘(제3류 위험물)은 물과 반응 시 아세틸렌(C_2H_2)가스를 발생하므로 **물의 접촉을 피해야 한다.**
– 탄화칼슘과 물과의 반응식
$CaC_2 + 2H_2O \rightarrow Ca(OH)_2 + C_2H_2$
탄화칼슘 물 수산화칼슘 아세틸렌

08 다음 ( ) 안에 적합한 숫자는 무엇인가?

> 자연발화성 물질 중 알킬알루미늄등은 운반용기 내용적의 ( )% 이하의 수납률로 수납하되, 50℃ 의 온도에서 ( )% 이상의 공간용적을 유지하도록 한다.

① 90, 5
② 90, 10
③ 95, 5
④ 95, 10

PLAY▶ 풀이

》 운반용기의 수납률
1) 고체 위험물 : 운반용기 내용적의 95% 이하
2) 액체 위험물 : 운반용기 내용적의 98% 이하 (55℃에서 누설되지 않도록 공간용적을 유지)
3) 알킬알루미늄등 : 운반용기 내용적의 **90% 이하**(50℃에서 **5% 이상**의 공간용적을 유지)

09 질산암모늄에 대한 설명으로 틀린 것은?

① 열분해하여 산화이질소가 발생한다.
② 폭약제조 시 산소공급제로 사용된다.
③ 물에 녹을 때 많은 열을 발생한다.
④ 무취의 결정이다.

》 ③ 물, 알코올에 잘 녹으며 **물에 녹을 때 열을 흡수한다.**
※ 1. 질산암모늄의 제1차 열분해반응식
$NH_4NO_3 \rightarrow N_2O + 2H_2O$
질산암모늄 산화이질소 물
2. 질산암모늄의 최종 열분해반응식
$2NH_4NO_3 \rightarrow 2N_2 + O_2 + 4H_2O$
질산암모늄 질소 산소 물

10 그림과 같이 가로로 설치한 원통형 위험물탱크에 대하여 탱크 용적을 구하면 약 몇 m^3인가? (단, 공간용적은 탱크 내용적의 100분의 5로 한다.)

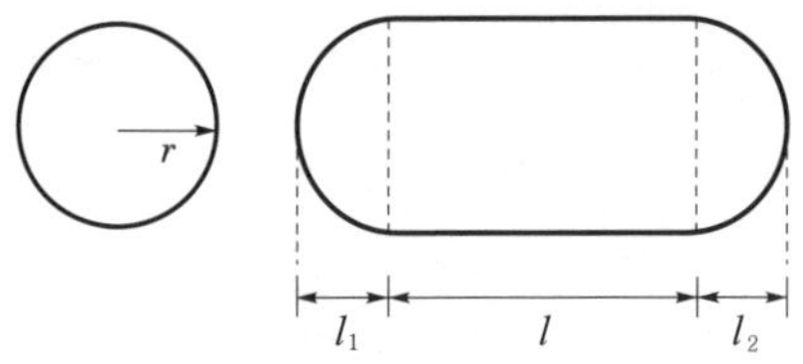

($r = 5m$, $l = 10m$, $l_1 = 5m$, $l_2 = 5m$의 양쪽으로 볼록한 탱크)

① $196.25m^3$
② $261.60m^3$
③ $785.00m^3$
④ $994.84m^3$

PLAY▶ 풀이

》 $내용적 = \pi \times r^2 \times \left(l + \frac{l_1 + l_2}{3}\right)$
탱크의 용적은 공간용적 5%를 뺀 내용적의 95%이다.
$\therefore 탱크\ 용적 = \pi \times 5^2 \times \left(10 + \frac{5+5}{3}\right) \times 0.95$
$= 994.84m^3$

정답 06. ④ 07. ② 08. ① 09. ③ 10. ④

11 위험물시설에 설치하는 소화설비와 관련한 소요단위의 산출방법에 관한 설명 중 옳은 것은?

① 제조소등의 옥외에 설치된 공작물은 외벽이 내화구조인 것으로 간주한다.
② 위험물은 지정수량의 20배를 1소요단위로 한다.
③ 취급소의 건축물은 외벽이 내화구조인 것은 연면적 $75m^2$를 1소요단위로 한다.
④ 제조소의 건축물은 외벽이 내화구조인 것은 연면적 $150m^2$를 1소요단위로 한다.

제조소의 외벽과 제조소 옥외에 설치된 공작물의 외벽은 기본적으로 내화구조로 간주한다.
소화설비의 설치대상이 되는 건축물 또는 그 밖의 공작물의 규모나 위험물량의 기준단위를 1소요단위라고 정하며, 그 기준은 아래의 [표]와 같다.

구 분	외벽이 내화구조	외벽이 비내화구조
위험물 제조소 및 취급소	연면적 $100m^2$	연면적 $50m^2$
위험물 저장소	연면적 $150m^2$	연면적 $75m^2$
위험물	지정수량의 10배	

② 위험물은 지정수량의 10배를 1소요단위로 한다.
③ 취급소의 건축물은 외벽이 내화구조인 것은 연면적 $100m^2$를 1소요단위로 한다.
④ 제조소의 건축물은 외벽이 내화구조인 것은 연면적 $100m^2$를 1소요단위로 한다.

12 나이트로셀룰로스에 관한 설명으로 옳은 것은?

① 용제에는 전혀 녹지 않는다.
② 질화도가 클수록 위험성이 증가한다.
③ 물과 작용하여 수소를 발생한다.
④ 화재발생 시 질식소화가 가장 적합하다.

질산의 함량에 따라 질화도를 구분하며, **질화도가 클수록 폭발성도 커진다.**
① 나이트로셀룰로스(제5류 위험물)는 물에 녹지 않고 용제에는 잘 녹는다.
③ 물 또는 알코올에 습면시켜 보관하는 물질이므로 물과 작용해 수소를 발생하지 않는다.
④ 제5류 위험물은 자체적으로 가연물과 산소공급원을 포함하고 있으므로 냉각소화가 적합하다.

13 다음 중 발화점이 가장 낮은 것은 어느 것인가?

① 황
② 삼황화인
③ 황린
④ 아세톤

제3류 위험물 중 **황린**은 자연발화성 물질이며 발화점이 **34℃**로 매우 낮다.
① 황 : 232℃
② 삼황화인 : 100℃
③ 황린 : 34℃
④ 아세톤 : 465℃

14 과산화바륨에 대한 설명 중 틀린 것은 무엇인가?

① 약 840℃의 고온에서 산소를 발생한다.
② 알칼리금속의 과산화물에 해당된다.
③ 비중은 1보다 크다.
④ 유기물과의 접촉을 피한다.

바륨(Ba)이라는 알칼리토금속에 속하는 원소를 포함한 과산화물이므로 **알칼리토금속의 과산화물**에 해당한다.

15 다음 중 제5류 위험물이 아닌 것은 어느 것인가?

① 염화벤조일 ② 아지화나트륨
③ 질산구아니딘 ④ 아세틸퍼옥사이드

① : 제4류 위험물
②, ③, ④ : 제5류 위험물

정답 11. ① 12. ② 13. ③ 14. ② 15. ①

16 다이에틸에터의 안전관리에 관한 설명 중 틀린 것은?

① 증기는 마취성이 있으므로 증기 흡입에 주의한다.
② 폭발성의 과산화물 생성을 아이오딘화칼륨 수용액으로 확인한다.
③ 물에 잘 녹으므로 대규모 화재 시 집중주수하여 소화한다.
④ 정전기불꽃에 의한 발화에 주의한다.

》 **다이에틸에터**는 제4류 위험물의 특수인화물로서 화재 시 물을 이용하게 되면 연소면을 확대할 위험이 있으므로 **물을 사용할 수 없고**, 이산화탄소·할로젠화합물·분말·포 소화약제 등을 이용한 질식소화가 효과적이다.

17 이황화탄소를 물속에 저장하는 이유는?

① 불순물을 물에 용해시키기 위해
② 가연성 증기의 발생을 억제하기 위해
③ 상온에서 수소가스를 발생시키기 때문에
④ 공기와 접촉하면 즉시 폭발하기 때문에

》 **이황화탄소**는 물보다 무겁고, 물에 녹지 않는다. 이황화탄소의 증기는 가연성이며 독성이 매우 강하므로 **가연성의 증기 발생 방지**를 위해 물속에 넣어 보관한다.

18 연면적이 1,000m^2이고 지정수량의 80배의 위험물을 취급하며 지반면으로부터 5m 높이에 위험물취급설비가 있는 제조소의 소화난이도등급은?

① 소화난이도등급 Ⅰ
② 소화난이도등급 Ⅱ
③ 소화난이도등급 Ⅲ
④ 제시된 조건으로 판단할 수 없음

》 아래 4개의 조건 중 1개라도 만족하면 **소화난이도등급** Ⅰ에 해당하는 제조소이다.
1) **연면적 1,000m^2** 이상인 것
2) 지정수량의 100배 이상인 것(고인화점 위험물만을 100℃ 미만의 온도에서 취급하는 것은 제외)
3) 지반면으로부터 6m 이상의 높이에 위험물취급설비가 있는 것(고인화점 위험물만을 100℃ 미만의 온도에서 취급하는 것은 제외)
4) 일반취급소로 사용되는 부분 외의 부분을 갖는 건축물에 설치된 것(내화구조로 개구부 없이 구획된 것 및 고인화점 위험물만을 100℃ 미만의 온도에서 취급하는 것은 제외)

19 제5류 위험물의 운반용기 외부에 표시하여야 하는 주의사항은?

① 물기주의 및 화기주의
② 물기엄금 및 화기엄금
③ 화기주의 및 충격엄금
④ 화기엄금 및 충격주의

》 운반용기 외부에 표시하는 주의사항은 유별에 따라 다음과 같이 구분된다.
1) 제1류 위험물
㉠ 알칼리금속의 과산화물 : 화기충격주의, 물기엄금, 가연물접촉주의
㉡ 그 밖의 제1류 위험물 : 화기충격주의, 가연물접촉주의
2) 제2류 위험물
㉠ 철분, 금속분, 마그네슘 : 화기주의, 물기엄금
㉡ 인화성 고체 : 화기엄금
㉢ 그 밖의 제2류 위험물 : 화기주의
3) 제3류 위험물
㉠ 자연발화성 물질 : 화기엄금, 공기접촉엄금
㉡ 금수성 물질 : 물기엄금
4) 제4류 위험물 : 화기엄금
5) **제5류 위험물 : 화기엄금, 충격주의**
6) 제6류 위험물 : 가연물접촉주의

20 무색의 액체로 융점이 -112℃이고 물과 접촉하면 심하게 발열하는 제6류 위험물은?

① 과산화수소
② 과염소산
③ 질산
④ 오플루오린화아이오딘

》 **과염소산(제6류 위험물)**의 성질
1) **융점 -112℃**, 비중 1.7인 무색 액체이다.
2) 대부분 제6류 위험물은 **물과 반응 시 발열반응**을 일으킨다.
3) 산화력이 강하며 염소산 중 가장 강한 산이다.

정답 16. ③ 17. ② 18. ① 19. ④ 20. ②

21 아세톤에 관한 설명 중 틀린 것은?

① 무색이고 휘발성이 강한 액체이다.
② 조해성이 있으며, 물과 반응 시 발열한다.
③ 겨울철에도 인화의 위험성이 있다.
④ 증기는 공기보다 무거우며 액체는 물보다 가볍다.

》》 ② **수용성이며, 물과 발열반응하지 않는다.**
③ 인화점이 −18℃이므로 겨울철에도 인화할 수 있다.
④ 액체상태의 제4류 위험물은 대부분 물보다 가볍지만 발생하는 증기는 대부분 공기보다 무겁다.

22 아염소산염류 500kg과 질산염류 3,000kg을 저장하는 경우 위험물의 소요단위는?

① 2
② 4
③ 6
④ 8

PLAY▶ 풀이

》》 위험물의 1소요단위는 지정수량의 10배이다.

$$\therefore \frac{500\text{kg}}{50\text{kg} \times 10} + \frac{3{,}000\text{kg}}{300\text{kg} \times 10} = 2$$

23 다음 중 정전기의 발생요인에 대한 설명으로 틀린 것은?

① 접촉면적이 클수록 정전기 발생량은 많아진다.
② 분리속도가 빠를수록 정전기의 발생량은 많아진다.
③ 대전서열에서 먼 위치에 있을수록 정전기의 발생량은 많아진다.
④ 접촉과 분리가 반복됨에 따라 정전기의 발생량은 증가한다.

》》 접촉면적이 크고 접촉과 분리속도가 빠를수록 정전기 발생량은 많아지지만 **접촉과 분리의 반복으로는 정전기의 발생량은 증가하지 않으며** 대전(전기를 띠는)서열에서 먼 위치에 있는 물질(비전도체)의 정전기 발생량은 많아진다.

24 위험물제조소등에 설치하여야 하는 자동화재탐지설비의 설치기준에 대한 설명으로 틀린 것은?

① 자동화재탐지설비의 경계구역은 건축물, 그 밖의 공작물의 2 이상의 층에 걸치도록 할 것
② 하나의 경계구역에서 그 한 변의 길이는 50m(광전식 분리형 감지기를 설치할 경우에는 100m) 이하로 할 것
③ 자동화재탐지설비의 감지기는 지붕 또는 벽의 옥내에 면한 부분에 유효하게 화재의 발생을 감지할 수 있도록 설치할 것
④ 자동화재탐지설비에는 비상전원을 설치할 것

PLAY▶ 풀이

》》 ① 자동화재탐지설비의 경계구역은 **건축물의 2 이상의 층에 걸치지 아니하도록 한다**(다만, 하나의 경계구역의 면적이 $500m^2$ 이하이면 그러하지 아니하다).
② 하나의 경계구역에서 한 변의 길이는 50m(광전식 분리형 감지기의 경우에는 100m) 이하로 하고, 하나의 경계구역의 면적은 $600m^2$ 이하로 하며, 건축물의 주요한 출입구에서 그 내부 전체를 볼 수 있는 경우는 면적을 $1{,}000m^2$ 이하로 한다.
③ 자동화재탐지설비의 감지기는 지붕 또는 벽의 옥내에 면한 부분에 화재발생을 감지할 수 있도록 설치한다.
④ 자동화재탐지설비에는 비상전원을 설치한다.

25 B급 화재의 표시색상은?

① 백색
② 황색
③ 청색
④ 초록

PLAY▶ 풀이

》》 B급 화재는 유류화재이며, 소화기에 **황색** 원형 표시를 부착해야 한다.
* A급 화재(일반화재) : 백색
C급 화재(전기화재) : 청색
D급 화재(금속화재) : 무색

정답 21. ② 22. ① 23. ④ 24. ① 25. ②

26 다음 중 황린의 취급에 관한 설명으로 옳은 것은?

① 보호액의 pH를 측정한다.
② 1기압, 25℃의 공기에서 보관한다.
③ 주수에 의한 소화는 절대로 금한다.
④ 더 이상 분해되지 않는다.

» 자연발화 방지 및 포스핀가스 발생 방지를 위해 물에 소량의 $Ca(OH)_2$을 첨가하여 **물의 성분을 pH가 9인 약알칼리성으로 만들어야 한다.**
② 제3류 위험물의 자연발화성 물질로서 공기 중에서 자연발화할 수 있기 때문에 물속에 보관해야 한다.
③ 물에 안전한 물질로서 소화할 때에도 물로 주수소화한다.
④ 공기를 차단하고 260℃로 가열하면 적린이 된다.
- 황린의 분해반응식
$P_4 \rightarrow 4P$
황린 적린

27 종류(유별)가 다른 위험물을 동일한 옥내저장소의 동일한 실에 같이 저장하는 경우에 대한 설명으로 틀린 것은?

① 제1류 위험물과 황린은 동일한 옥내저장소에 저장할 수 있다.
② 제1류 위험물과 제6류 위험물은 동일한 옥내저장소에 저장할 수 있다.
③ 제1류 위험물 중 알칼리금속의 과산화물과 제5류 위험물은 동일한 옥내저장소에 저장할 수 있다.
④ 유별을 달리하는 위험물을 유별로 모아서 저장하는 한편 상호간에 1m 이상 간격을 두어야한다.

» 유별이 다른 위험물끼리 동일한 저장소에 저장할 수 있는 경우는 다음과 같다.
(유별로 정리하여 서로 1m 이상의 간격을 두는 경우에 가능)
1) **제1류 위험물(알칼리금속의 과산화물 제외)과 제5류 위험물**
2) 제1류 위험물과 제6류 위험물
3) 제1류 위험물과 제3류 위험물 중 자연발화성 물질(황린)
4) 제2류 위험물 중 인화성 고체와 제4류 위험물
5) 제3류 위험물 중 알킬알루미늄등과 제4류 위험물(알킬알루미늄 또는 알킬리튬을 함유한 것)
6) 제4류 위험물 중 유기과산화물과 제5류 위험물 중 유기과산화물

28 인화칼슘이 물과 반응하여 발생하는 가스는 무엇인가?

① PH_3
② H_2
③ CO_2
④ N_2

PLAY ▶ 풀이

» 인화칼슘의 물과의 반응식
$Ca_3P_2 + 6H_2O \rightarrow 3Ca(OH)_2 + \mathbf{2PH_3}$
인화칼슘 물 수산화칼슘 포스핀
※ 포스핀은 인화수소라고도 불린다.

29 다음 중 팽창질석(삽 1개 포함) 160L의 소화능력단위는?

① 0.5 ② 1.0
③ 1.5 ④ 2.0

» 기타 소화설비의 능력단위기준은 다음 [표]와 같다.

소화설비	용 량	능력단위
소화전용 물통	8L	0.3
수조 (소화전용 물통 3개 포함)	80L	1.5
수조 (소화전용 물통 6개 포함)	190L	2.5
마른모래 (삽 1개 포함)	50L	0.5
팽창질석 또는 팽창진주암 (삽 1개 포함)	**160L**	**1.0**

30 이동탱크저장소의 위험물 운송에 있어서 운송책임자의 감독·지원을 받아 운송하여야 하는 위험물의 종류에 해당하는 것은?

① 칼륨 ② 알킬알루미늄
③ 질산에스터류 ④ 아염소산염류

» 이동탱크저장소의 위험물 운송에 있어서 운송책임자의 감독·지원을 받아 운송하여야 하는 위험물은 **알킬알루미늄**과 알킬리튬이다.

정답 26. ① 27. ③ 28. ① 29. ② 30. ②

31 적린의 위험성에 대한 설명으로 옳은 것은?

① 물과 반응하여 발화 및 폭발한다.
② 공기 중에 방치하면 자연발화한다.
③ 염소산칼륨과 혼합하면 마찰에 의한 발화의 위험이 있다.
④ 황린보다 불안정하다.

» **염소산칼륨**은 제1류 위험물로서 산소공급원 역할을 하므로 **마찰에 의한 발화의 위험이 있다.**
① 적린(제2류 위험물)은 물에 녹지 않고 물과 안정한 물질이다.
② 발화점이 260℃로 공기 중에서 발화하지 않는다.
④ 황린은 자연발화성 물질로 적린보다 더 불안정한 물질이다.

32 위험물제조소의 연면적이 몇 m^2 이상일 경우 경보설비 중 자동화재탐지설비를 설치하여야 하는가?

① $400m^2$　② $500m^2$
③ $600m^2$　④ $800m^2$

» 제조소 및 일반취급소는 연면적 **$500m^2$ 이상**이거나 지정수량의 100배 이상이면 자동화재탐지설비를 설치해야 한다.

33 옥내에서 지정수량의 100배 이상을 취급하는 일반취급소에 설치하여야 하는 경보설비는? (단, 고인화점 위험물만을 취급하는 경우는 제외한다.)

① 비상경보설비
② 자동화재탐지설비
③ 비상방송설비
④ 비상벨설비 및 확성장치

» **자동화재탐지설비**를 설치해야 하는 제조소 및 일반취급소
1) 연면적 $500m^2$ 이상인 것
2) **지정수량의 100배 이상을 취급하는 것**

34 과산화칼륨에 대한 설명으로 틀린 것은?

① 융점은 약 490℃이다.
② 무색 또는 오렌지색 분말이다.
③ 물과 반응하여 주로 수소를 발생한다.
④ 물보다 무겁다.

» 제1류 위험물 중에서도 **과산화칼륨은 물과 반응 시 산소를 발생**하는 물질이다.
– 과산화칼륨과 물과의 반응식

$$\underset{\text{과산화칼륨}}{2K_2O_2} + \underset{\text{물}}{2H_2O} \rightarrow \underset{\text{수산화칼륨}}{4KOH} + \underset{\text{산소}}{O_2}$$

똑똑한 풀이비법

일반적으로, 제1류 위험물의 반응에서는 폭발성인 수소가스는 발생하지 않는다.

35 $C_6H_5CH_3$의 일반적인 성질이 아닌 것은?

① 벤젠보다 독성이 매우 강하다.
② 질산과 황산으로 나이트로화하면 TNT가 된다.
③ 비중은 약 0.86이다.
④ 물에 녹지 않는다.

» ① 톨루엔($C_6H_5CH_3$, 제4류 위험물)의 **독성은 벤젠의 1/10 정도**로 벤젠보다 약하다.

36 황화인에 대한 설명으로 옳지 않은 것은?

① 삼황화인은 황색 결정으로 공기 중 약 100℃에서 발화할 수 있다.
② 오황화인은 담황색 결정으로 조해성이 있다.
③ 오황화인은 물과 접촉하여 황화수소를 발생할 위험이 있다.
④ 삼황화인은 차가운 물에도 잘 녹으므로 주의해야 한다.

» 1) **삼황화인**(P_4S_3) : **찬 물에는 녹지 않고** 뜨거운 물, 이황화탄소, 질산 등에 녹으며 발화점 100℃이다.
2) 오황화인(P_2S_5) : 조해성이 있으며 물과 반응 시 황화수소(H_2S)를 발생시키고 연소 시에는 이산화황(SO_2)을 발생시킨다.
– 물과의 반응식

$$\underset{\text{오황화인}}{P_2S_5} + \underset{\text{물}}{8H_2O} \rightarrow \underset{\text{황화수소}}{5H_2S} + \underset{\text{인산}}{2H_3PO_4}$$

– 연소반응식

$$\underset{\text{오황화인}}{2P_2S_5} + \underset{\text{산소}}{15O_2} \rightarrow \underset{\text{이산화황}}{10SO_2} + \underset{\text{오산화인}}{2P_2O_5}$$

정답　31. ③　32. ②　33. ②　34. ③　35. ①　36. ④

37 다음 중 제2류 위험물이 아닌 것은?

① 황화인 ② 황
③ 마그네슘 ④ 칼륨

》 ①, ②, ③ : 제2류 위험물
④ : 제3류 위험물

38 인화점이 가장 낮은 것은?

① CH_3COCH_3
② $C_2H_5OC_2H_5$
③ $CH_3(CH_2)_3OH$
④ CH_3OH

》 ① CH_3COCH_3(아세톤, 제1석유류) : −18℃
② **$C_2H_5OC_2H_5$**(다이에틸에터, 특수인화물) : **−45℃**
③ $CH_3(CH_2)_3OH$(뷰틸알코올, 제2석유류) : 35℃
④ CH_3OH(메틸알코올, 알코올류) : 11℃

39 아세트알데하이드의 일반적 성질에 대한 설명 중 틀린 것은?

① 은거울반응을 한다.
② 물에 잘 녹는다.
③ 구리, 마그네슘의 합금과 반응한다.
④ 무색무취의 액체이다.

》 아세트알데하이드(제4류 위험물의 특수인화물)의 성질
1) 물보다 가벼운 무색 액체로 물에 잘 녹으며 **자극적인 냄새**가 난다.
2) 환원력이 강하여 은거울반응과 펠링용액반응을 한다.
3) 수은, 은, 구리, 마그네슘과 반응하여 폭발성인 금속아세틸라이드를 만들기 때문에 이 물질의 저장용기 재질로는 사용하면 안 된다.

40 주유취급소 건축물 2층에 휴게음식점 용도로 사용하는 것에 있어 그 건축물 2층으로부터 직접 주유취급소의 부지 밖으로 통하는 출입구와 그 출입구로 통하는 통로 및 계단에 설치해야 하는 것은?

① 비상경보설비 ② 유도등
③ 비상조명등 ④ 확성장치

》 통로 및 계단에는 화재 시 부지 밖으로 나올 수 있는 통로 등에 **유도등**을 설치하여야 한다.

41 위험물안전관리자의 선임 등에 대한 설명으로 옳은 것은?

① 안전관리자는 국가기술자격 취득자 중에서만 선임하여야 한다.
② 안전관리자를 해임한 때에는 14일 이내에 다시 선임하여야 한다.
③ 제조소등의 관계인은 안전관리자가 일시적으로 직무를 수행할 수 없는 경우에는 14일 이내의 범위에서 안전관리자의 대리자를 지정하여 직무를 대행하게 하여야 한다.
④ 안전관리자를 선임한 때는 14일 이내에 신고하여야 한다.

》 ① 안전관리자는 국가기술자격 취득자 또는 위험물안전관리자 교육이수자 또는 소방공무원 경력 3년 이상인 자 중에서 선임하여야 한다.
② 안전관리자가 해임되거나 퇴직한 때에는 해임되거나 퇴직한 날부터 30일 이내에 다시 안전관리자를 선임하여야 한다.
③ 안전관리자가 일시적으로 직무를 수행할 수 없거나 안전관리자의 해임 또는 퇴직과 동시에 다른 안전관리자를 선임하지 못하는 경우에는 대리자를 지정하여 30일 이내로만 대행하게 하여야 한다.

42 트라이나이트로페놀의 성상에 대한 설명 중 틀린 것은?

① 융점은 약 61℃이고 비점은 약 120℃이다.
② 쓴맛이 있으며 독성이 있다.
③ 단독으로는 마찰, 충격에 비교적 안정하다.
④ 알코올, 에터, 벤젠에 녹는다.

정답 37. ④ 38. ② 39. ④ 40. ② 41. ④ 42. ①

》① 트라이나이트로페놀(제5류 위험물의 나이트로화합물)의 발화점은 300℃, **융점은 121℃, 비점은 240℃**이다.

43 다음 중 산을 가하면 이산화염소를 발생시키는 물질은?

① 아염소산나트륨
② 브로민산나트륨
③ 옥소산칼륨
④ 다이크로뮴산나트륨

》**아염소산염류** 및 염소산염류(제1류 위험물)는 염산 또는 황산과의 반응으로 **이산화염소(ClO_2)를 발생**한다.
– 아염소산나트륨과 염산과의 반응식

$3NaClO_2 + 2HCl \rightarrow 3NaCl + 2ClO_2 + H_2O_2$

아염소산나트륨 염산 염화나트륨 이산화염소 과산화수소

44 다음 중 정기점검대상에 해당하지 않는 것은 어느 것인가?

① 지정수량 15배의 제조소
② 지정수량 40배의 옥내탱크저장소
③ 지정수량 50배의 이동탱크저장소
④ 지정수량 20배의 지하탱크저장소

》정기점검의 대상이 되는 제조소등

PLAY▶풀이

1) 예방규정을 정해야 하는 제조소등
㉠ 지정수량 10배 이상의 제조소 및 일반취급소
㉡ 지정수량 100배 이상의 옥외저장소
㉢ 지정수량 150배 이상의 옥내저장소
㉣ 지정수량 200배 이상의 옥외탱크저장소
㉤ 암반탱크저장소 및 이송취급소
2) 이동탱크저장소
3) 지하탱크저장소
4) 지하에 매설된 탱크가 있는 제조소, 주유취급소 또는 일반취급소

45 벤젠의 성질에 대한 설명 중 틀린 것은 무엇인가?

① 무색의 액체로서 휘발성이 있다.
② 불을 붙이면 그을음을 낸다.
③ 증기는 공기보다 무겁다.
④ 물에 잘 녹는다.

》1) **벤젠**(제4류 위험물)은 제1석유류의 **비수용성 물질**이다.
※ 벤젠을 포함한 물질은 대부분 물에 잘 녹지 않는다.
2) 벤젠에 불을 붙이면 그을음이 발생하는 이유는 탄소의 함량이 많기 때문이다.

46 제1종 판매취급소의 위치, 구조 및 설비의 기준으로 틀린 것은?

① 천장을 설치하는 경우에는 천장을 불연재료로 할 것
② 창 및 출입구에는 60분+방화문·60분 방화문 또는 30분 방화문을 설치할 것
③ 건축물의 지하 또는 1층에 설치할 것
④ 위험물배합실은 바닥면적 $6m^2$ 이상 $15m^2$ 이하로 할 것

》① 보와 천장은 불연재료로 하고 그 외 건축물의 부분은 내화구조 또는 불연재료로 할 것
② 창 및 출입구에는 60분+방화문·60분 방화문 또는 30분 방화문을 설치할 것
③ **건축물의 1층에 설치**할 것
④ 위험물배합실의 바닥면적은 $6m^2$ 이상 $15m^2$ 이하로 하고 내화구조 또는 불연재료로 된 벽으로 구획할 것

47 금속염의 불꽃반응실험 결과 보라색의 불꽃이 나타났다. 다음 중 이 금속염에 포함된 금속은 어느 것인가?

① Cu ② K
③ Na ④ Li

》① Cu : 청색
② **K : 보라색**
③ Na : 황색
④ Li : 적색

정답 43. ① 44. ② 45. ④ 46. ③ 47. ②

48 다음 중 옥외탱크저장소의 제4류 위험물의 저장탱크에 설치하는 통기관에 관한 설명으로 틀린 것은?

① 제4류 위험물을 저장하는 압력탱크 외에 탱크에는 밸브 없는 통기관 또는 대기밸브부착 통기관을 설치하여야 한다.

② 밸브 없는 통기관은 직경을 30mm 미만으로 하고, 끝부분은 수평면보다 45도 이상 구부려 빗물 등의 침투를 막는 구조로 한다.

③ 인화점 70℃ 이상의 위험물만을 해당 위험물의 인화점 미만의 온도로 저장 또는 취급하는 탱크에 설치하는 통기관에는 인화방지장치를 설치하지 않아도 된다.

④ 옥외저장탱크 중 압력탱크란 탱크의 최대상용압력이 부압 또는 정압 5kPa을 초과하는 탱크를 말한다.

» ② **직경은 30mm 이상**으로 하고, 끝부분은 수평면보다 45도 이상 구부려 빗물 등의 침투를 막는 구조로 한다.

49 질산에 대한 설명 중 틀린 것은?

① 환원성 물질과 혼합하면 발화할 수 있다.

② 분자량은 63이다.

③ 비중이 1.82 이상인 것이 위험물이다.

④ 분해하면 인체에 해로운 가스가 발생한다.

» 질산은 **비중 1.49 이상**이 위험물의 조건이다.

50 위험물제조소를 설치하고자 하는 경우 제조소와 초등학교 사이에는 몇 m 이상의 안전거리를 두는가?

① 50m

② 40m

③ 30m

④ 20m

PLAY ▶ 풀이

» 제조소등으로부터의 안전거리는 다음의 거리 이상으로 해야 한다.

1) 주거용 건축물 : 10m
2) **학교**, 병원, 극장 : **30m**
3) 지정문화유산, 천연기념물 : 50m
4) 고압가스·석유액화가스·도시가스 시설 : 20m
5) 7,000V 초과 35,000V 이하의 특고압가공전선 : 3m
6) 35,000V 초과의 특고압가공전선 : 5m

51 위험물제조소등에 설치해야 하는 각 소화설비의 설치기준에 있어서 각 노즐 또는 헤드 끝부분의 방사압력기준이 나머지 셋과 다른 설비는?

① 옥내소화전설비

② 옥외소화전설비

③ 스프링클러설비

④ 물분무소화설비

» ①, ②, ④ : 350kPa
③ : 100kPa

52 위험물안전관리법령에 따른 스프링클러헤드의 설치방법에 대한 설명으로 옳지 않은 것은?

① 개방형 헤드는 반사판으로부터 하방으로 0.45m, 수평방향으로 0.3m의 공간을 보유할 것

② 폐쇄형 헤드는 가연성 물질 수납부분에 설치 시 반사판으로부터 하방으로 0.9m, 수평방향으로 0.4m의 공간을 확보할 것

③ 폐쇄형 헤드 중 개구부에 설치하는 것은 해당 개구부의 상단으로부터 높이 0.15m 이내의 벽면에 설치할 것

④ 폐쇄형 헤드 설치 시 급배기용 덕트의 긴 변의 길이가 1.2m를 초과하는 것이 있는 경우에는 해당 덕트의 윗부분에만 헤드를 설치할 것

정답 48. ② 49. ③ 50. ③ 51. ③ 52. ④

≫ 1) 개방형 스프링클러헤드
스프링클러헤드의 반사판으로부터 보유공간 : 하방으로 0.45m, 수평방향으로 0.3m의 공간을 보유해야 한다.
2) 폐쇄형 스프링클러헤드
㉠ 스프링클러헤드의 반사판과 헤드의 부착면과의 거리 : 0.3m 이하이어야 한다.
㉡ 스프링클러헤드는 가연성 물질 수납부분에 설치 시 반사판으로부터 하방으로 0.9m, 수평방향으로 0.4m의 공간을 확보할 것
㉢ 스프링클러헤드 중 개구부에 설치하는 것은 해당 개구부의 상단으로부터 높이 0.15m 이내의 벽면에 설치할 것
㉣ **해당 덕트 등의 아래면에도 스프링클러헤드를 설치**해야 하는 경우 : **급배기용 덕트 등의 긴 변의 길이가 1.2m를 초과하는 것이 있는 경우**이다.

53 위험물안전관리법령에 따라 제조소등의 관계인이 화재예방과 재해발생 시 비상조치를 위해 작성하는 예방규정에 관한 설명으로 틀린 것은?

① 제조소의 관계인은 제조소에서 지정수량 5배 위험물을 취급할 때 예방규정을 작성하여야 한다.
② 지정수량의 200배 위험물 저장하는 옥외저장소 관계인은 예방규정을 작성하여 제출하여야 한다.
③ 위험물시설의 운전 또는 조작에 관한 사항, 위험물 취급작업의 기준에 관한 사항은 예방규정에 포함되어야 한다.
④ 제조소등의 예방규정은 산업안전보건법의 규정에 의한 안전보건관리규정과 통합하여 작성할 수 있다.

≫ 예방규정을 정해야 하는 제조소등
1) **지정수량의 10배 이상의 위험물을 취급하는 제조소**
2) 지정수량의 100배 이상의 위험물을 저장하는 옥외저장소
3) 지정수량의 150배 이상의 위험물을 저장하는 옥내저장소
4) 지정수량의 200배 이상의 위험물을 저장하는 옥외탱크저장소
5) 암반탱크저장소
6) 이송취급소
7) 지정수량의 10배 이상의 위험물을 취급하는 일반취급소

54 옥외저장소에서 지정수량 200배 초과의 위험물을 저장할 경우 보유공지의 너비는 몇 m 이상으로 하여야 하는가? (단, 제4석유류와 제6류 위험물은 제외한다.)

① 0.5m ② 2.5m
③ 10m ④ 15m

≫ 옥외저장소의 보유공지

저장 또는 취급하는 위험물의 최대수량	공지의 너비
지정수량의 10배 이하	3m 이상
지정수량의 10배 초과 20배 이하	5m 이상
지정수량의 20배 초과 50배 이하	9m 이상
지정수량의 50배 초과 200배 이하	12m 이상
지정수량의 200배 초과	**15m 이상**

※ 보유공지를 공지 너비의 1/3로 단축할 수 있는 위험물의 종류
1) 제4류 위험물 중 제4석유류
2) 제6류 위험물

55 위험물제조소등의 전기설비에 적응성이 있는 소화설비는?

① 봉상수소화기
② 포소화설비
③ 옥외소화전설비
④ 물분무소화설비

PLAY ▶ 풀이

≫ 위험물제조소등의 전기설비에 적응성이 있는 소화설비는 **물분무소화설비**, 이산화탄소 소화설비, 할로젠화합물 소화설비, 분말소화설비 등이 있다.

56 나트륨의 저장방법으로 옳은 것은?

① 에탄올 속에 넣어 저장한다.
② 물속에 넣어 저장한다.
③ 젖은 모래 속에 넣어 저장한다.
④ 경유 속에 넣어 저장한다.

≫ 나트륨(제3류 위험물)은 비중이 작으므로 석유(등유, **경유**, 유동파라핀) 속에 보관한다.

정답 53. ① 54. ④ 55. ④ 56. ④

57 다음 중 분진폭발의 위험성이 가장 낮은 것은 어느 것인가?

① 밀가루 ② 알루미늄분말
③ 모래 ④ 석탄

» **모래**는 소화약제로 사용되는 것으로, **폭발하지 않는다.**

58 다음 ( ) 안에 알맞은 수치를 올바르게 나열한 것은?

위험물 암반탱크의 공간용적은 그 탱크 내에 용출하는 ( )일 동안의 지하수량에 상당하는 용적과 그 탱크 내용적의 100분의 ( )의 용적 중에서 보다 큰 용적을 공간용적으로 한다.

① 1, 7
② 3, 5
③ 5, 3
④ 7, 1

PLAY 풀이

» 암반탱크의 공간용적은 탱크 내에 용출하는 **7일** 동안의 지하수량에 상당하는 용적과 탱크의 내용적의 **100분의 1**의 용적 중 더 큰 용적으로 정한다.

59 다음 중 염소산칼륨의 성질에 대한 설명으로 옳은 것은?

① 가연성 액체이다.
② 강력한 산화제이다.
③ 물보다 가볍다.
④ 열분해하면 수소를 발생한다.

» **염소산칼륨**은 제1류 위험물로서 산소공급원을 가지므로 **강력한 산화제**(가연물을 태우는 성질의 물질)이다.
① 산화성 고체이다.
③ 모든 제1류 위험물은 물보다 무겁다.
④ 모든 제1류 위험물은 열분해하면 산소를 발생한다.
– 염소산칼륨의 분해반응식

$$2KClO_3 \rightarrow 2KCl + 3O_2$$

염소산칼륨 염화칼륨 산소

60 건축물 화재 시 성장기에서 최성기로 진행될 때 실내온도가 급격히 상승하기 시작하면서 화염이 실내 전체로 급격히 확대되는 연소현상은?

① 슬롭오버(slop over)
② 플래시오버(flash over)
③ 보일오버(boil over)
④ 프로스오버(froth over)

» 플래시오버란 건축물 내에서 화재가 진행되어 실내온도가 상승하면서 축적되어 있던 열이 실내 전체로 급격히 확대되는 연소현상을 말한다.

61 다음 중 주된 연소형태가 표면연소인 것은 무엇인가?

① 숯 ② 목재
③ 플라스틱 ④ 나프탈렌

» 1) **표면연소** : **숯(목탄)**, 코크스(C), 금속분
2) 분해연소 : 석탄, 나무, 플라스틱 등
3) 자기연소 : 피크린산, TNT 등의 제5류 위험물
4) 증발연소 : 황, 나프탈렌, 양초(파라핀)

62 다음 중 위험물의 유별과 성질을 잘못 연결한 것은?

① 제2류 – 가연성 고체
② 제3류 – 자연발화성 및 금수성 물질
③ 제5류 – 자기반응성 물질
④ 제6류 – 산화성고체

» ④ 제6류 – 산화성 **액체**
※ 산화성 고체는 제1류 위험물의 성질이다.

PLAY 풀이

63 위험물제조소를 설치하고자 하는 경우 제조소와 지정문화유산 사이에는 몇 m 이상의 안전거리를 두는가?

① 50m ② 40m
③ 30m ④ 20m

정답 57. ③ 58. ④ 59. ② 60. ② 61. ① 62. ④ 63. ①

≫ 제조소등으로부터의 안전거리는 다음의 거리 이상으로 해야 한다.
1) 주거용 건축물 : 10m
2) 학교, 병원, 극장 : 30m
3) **지정문화유산**, 천연기념물 : **50m**
4) 고압가스·석유액화가스·도시가스 시설 : 20m
5) 7,000V 초과 35,000V 이하의 특고압가공전선 : 3m
6) 35,000V 초과의 특고압가공전선 : 5m

64 물과 친화력이 있는 수용성 용매의 화재에 보통의 포소화약제를 사용하면 포가 파괴되기 때문에 소화효과를 잃게 된다. 이러한 단점을 보완한 소화약제로 가연성인 수용성 용매의 화재에 유효한 효과를 가지고 있는 것은?

① 알코올형포 소화약제
② 단백포 소화약제
③ 합성계면활성제포 소화약제
④ 수성막포 소화약제

≫ 수용성 물질의 화재 시 일반 포를 사용하면 소포성으로 인해 포가 파괴되기 때문에 소화효과가 없다. 따라서 **수용성 물질의 화재**에는 내알코올포 소화약제 또는 **알코올형포 소화약제를 사용**해야 한다.

65 유기과산화물의 화재예방상 주의사항으로 틀린 것은?

① 열원으로부터 멀리한다.
② 직사광선을 피해야 한다.
③ 용기의 파손에 의해 누출되면 위험하므로 정기적으로 점검하여야 한다.
④ 산화제와 격리하고 환원제와 접촉시켜야 한다.

≫ 유기과산화물(제5류 위험물)은 자체적으로 가연물과 산소공급원을 동시에 포함하고 있으므로 **산화제(산소공급원)와 환원제(가연물)를 모두 격리**해야 한다.

66 제6류 위험물에 속하는 것은?

① 염소화아이소사이아누르산
② 퍼옥소이황산염류
③ 질산구아니딘
④ 할로젠간화합물

≫ ① 염소화아이소사이아누르산 : 행정안전부령으로 정하는 제1류 위험물
② 퍼옥소이황산염류 : 행정안전부령으로 정하는 제1류 위험물
③ 질산구아니딘 : 행정안전부령으로 정하는 제5류 위험물
④ **할로젠간화합물** : 행정안전부령으로 정하는 **제6류 위험물**

67 위험물제조소등에 자체소방대를 두어야 할 대상으로 옳은 것은?

① 지정수량의 300배 이상의 제4류 위험물을 취급하는 저장소
② 지정수량의 300배 이상의 제4류 위험물을 취급하는 제조소
③ 지정수량의 3,000배 이상의 제4류 위험물을 취급하는 저장소
④ 지정수량의 3,000배 이상의 제4류 위험물을 취급하는 제조소

≫ 자체소방대를 설치해야 하는 기준은 제4류 위험물을 지정수량의 **3천배 이상** 취급하는 **제조소** 또는 **일반취급소**이다.

PLAY▶풀이

68 불활성가스 소화설비의 소화약제 저장용기 설치장소로 적합하지 않은 것은?

① 방호구역 외의 장소
② 온도가 40℃ 이하이고 온도변화가 적은 장소
③ 빗물이 침투할 우려가 적은 장소
④ 직사일광이 잘 들어오는 장소

≫ 불활성가스 소화약제 용기의 설치장소(전역방출방식과 국소방출방식 공통)
1) 방호구역 외부에 설치한다.
2) 온도변화가 적고 40℃ 이하인 장소
3) **직사광선 및 빗물이 침투할 우려가 없는 장소**
4) 용기의 설치장소에는 해당 용기가 설치된 곳임을 표시하는 표지를 설치한다.

정답 64. ① 65. ④ 66. ④ 67. ④ 68. ④

69 제조소의 옥외에 모두 3기의 휘발유취급탱크를 설치하고 그 주위에 방유제를 설치하고자 한다. 방유제 안에 설치하는 각 취급탱크의 용량이 60,000L, 20,000L, 10,000L일 때 필요한 방유제의 용량은 몇 L 이상인가?

① 66,000L
② 60,000L
③ 33,000L
④ 30,000L

PLAY 풀이

≫ 제조소 옥외의 위험물취급탱크의 방유제 용량은 다음의 기준으로 정한다.

1) 하나의 방유제 안에 위험물취급탱크 1개 포함 : 취급탱크 용량의 50% 이상
2) 하나의 방유제 안에 **위험물취급탱크 2개 이상** 포함 : **가장 용량이 큰 취급탱크 용량의 50% 이상에 나머지 탱크들을 합한 용량의 10%를 가산한 양 이상**

문제에서 총 3기의 휘발유취급탱크를 설치한다 하였으므로,
60,000L × 1/2 = 30,000L
(20,000L + 10,000L) × 0.1 = 3,000L
∴ 30,000L + 3,000L = 33,000L

70 화재 시 이산화탄소를 방출하여 산소의 농도를 13vol%로 낮추어 소화하기 위해서는 혼합기체 중 이산화탄소는 몇 vol%가 되어야 하는가?

① 28.1vol%
② 38.1vol%
③ 42.86vol%
④ 48.36vol%

PLAY 풀이

≫ 이산화탄소 소화약제의 질식소화 원리

산소 21%	

⇩

이산화탄소 8%	산소 13%

이산화탄소는 공기 중에 포함된 산소의 농도에만 영향을 미친다.
산소 21%의 공간 안에 이산화탄소가 8% 들어오면 산소는 13%만 남게 된다.
문제는 이산화탄소와 산소의 농도를 합산한 농도 중 이산화탄소가 차지하는 비율을 구하는 것이므로 다음과 같이 구한다.

$$\frac{\text{이산화탄소}}{\text{이산화탄소} + \text{산소}} \times 100 = \frac{8}{8+13} \times 100$$
$$= 38.1\text{vol\%}$$

71 지하탱크저장소 탱크전용실의 안쪽과 지하저장탱크 사이는 몇 m 이상의 간격을 유지하여야 하는가?

① 0.1m
② 0.2m
③ 0.3m
④ 0.5m

≫ 지하탱크저장소에서 탱크전용실의 바깥쪽과 지하의 벽, 가스관, 대지경계선과의 사이 및 탱크전용실의 안쪽과 지하탱크와의 사이에는 각각 **0.1m 이상**의 간격을 유지해야 한다.

72 지정과산화물을 저장하는 옥내저장소의 저장창고를 일정 면적마다 구획하는 격벽의 설치기준에 해당하지 않는 것은?

① 저장창고 상부의 지붕으로부터 50cm 이상 돌출하도록 하여야 한다.
② 저장창고 양측의 외벽으로부터 1m 이상 돌출하도록 하여야 한다.
③ 철근콘크리트조의 경우 두께가 30cm 이상이어야 한다.
④ 바닥면적 $250m^2$ 이내마다 완전하게 구획하여야 한다.

≫ 지정과산화물(제5류 중 유기과산화물로서 지정수량이 10kg인 물질)을 저장하는 옥내저장소 격벽의 설치기준

1) 바닥면적 **$150m^2$ 이내마다 격벽으로 완전하게 구획**하여야 한다.
2) 격벽은 저장창고 상부의 지붕으로부터 50cm 이상 돌출하도록 하여야 한다.
3) 격벽은 저장창고 양측의 외벽으로부터 1m 이상 돌출하도록 하여야 한다.
4) 격벽의 두께는 철근콘크리트조의 경우 30cm 이상이어야 한다.
5) 격벽의 두께는 보강콘크리트블록조의 경우 40cm 이상이어야 한다.

정답 69. ③ 70. ② 71. ① 72. ④

73 제조소등의 허가청이 제조소등의 관계인에게 제조소등의 사용정지처분 또는 허가취소처분을 할 수 있는 사유가 아닌 것은?

① 소방서장으로부터 변경허가를 받지 아니하고 제조소등의 위치, 구조 또는 설비를 변경한 때
② 소방서장의 수리, 개조 또는 이전의 명령을 위반한 때
③ 정기점검을 하지 아니한 때
④ 소방서장의 출입검사를 정당한 사유 없이 거부한 때

④ **소방서장의 출입검사를 거부한 때에는 1년 이하의 징역이나 1천만원 이하의 벌금**에 처한다.
※ 제조소등의 허가를 취소하거나 제조소등의 사용정지처분을 6개월 이내로 할 수 있는 경우는 다음과 같다.
1) 수리·개조 또는 이전의 명령을 위반한 때
2) 저장·취급 기준 준수명령을 위반한 때
3) 완공검사를 받지 아니하고 제조소등을 사용한 때
4) 위험물안전관리자를 선임하지 아니한 때
5) 변경허가를 받지 아니하고 제조소등의 위치·구조 또는 설비를 변경한 때
6) 대리자를 지정하지 아니한 때
7) 정기점검을 실시하지 아니한 때
8) 정기검사를 받지 아니한 때

74 화학포 소화기에서 탄산수소나트륨과 황산알루미늄이 반응하여 생성되는 기체의 주성분은 다음 중 어느 것인가?

① CO
② CO_2
③ N_2
④ Ar

일반적으로 소화약제의 반응으로 질식을 위한 CO_2와 냉각을 위한 H_2O가 발생한다.

$6NaHCO_3 + Al_2(SO_4)_3 \cdot 18H_2O$
탄산수소나트륨 황산알루미늄 수화물
$\rightarrow 3Na_2SO_4 + 2Al(OH)_3 + 6\mathbf{CO_2} + 18H_2O$
황산나트륨 수산화알루미늄 이산화탄소 물

75 질산칼륨을 약 400℃에서 가열하여 열분해시킬 때 주로 생성되는 물질은?

① 질산과 산소
② 질산과 칼륨
③ 아질산칼륨과 산소
④ 아질산칼륨과 질소

질산칼륨은 열분해 시 **아질산칼륨과 산소가 발생**한다.
– 질산칼륨의 열분해반응식
$2KNO_3 \rightarrow 2KNO_2 + O_2$
질산칼륨 아질산칼륨 산소

76 고온층(hot zone)이 형성된 유류화재의 탱크 밑면에 물이 고여 있는 경우, 화재의 진행에 따라 바닥의 물이 급격히 증발하여 불 붙은 기름을 분출시키는 위험현상을 무엇이라 하는가?

① 파이어볼(fire ball)
② 플래시오버(flash over)
③ 슬롭오버(slop over)
④ 보일오버(boil over)

보일오버란 탱크 밑면의 유류 아래쪽에 고여 있는 수분이 화재의 진행에 따라 급격히 증발하여 부피가 팽창함으로써 상부의 기름을 탱크 밖으로 분출시키는 현상이다.

77 요리용 기름의 화재 시 비누화반응을 일으켜 질식효과와 재발화 방지효과를 나타내는 소화약제는?

① $NaHCO_3$
② $KHCO_3$
③ $BaCl_2$
④ $NH_4H_2PO_4$

제1종 분말소화약제의 소화원리 : 식용유화재에 지방을 가수분해하는 **비누화현상으로 거품을 생성하여 질식소화**하는 원리이다.
※ 비누($C_nH_{2n+1}COONa$)와 제1종 분말소화약제($NaHCO_3$)는 Na을 공통적으로 포함한다는 점을 응용한다.

정답 73. ④ 74. ② 75. ③ 76. ④ 77. ①

78 탱크의 지름이 10m, 높이가 15m라고 할 때 방유제는 탱크 옆판으로부터 몇 m 이상의 거리를 유지하여야 하는가? (단, 인화점 200℃ 미만의 위험물을 저장한다.)

① 2m　　② 3m
③ 4m　　④ 5m

» 방유제로부터 옥외저장탱크 옆판까지의 거리는 다음의 기준으로 한다.
1) 탱크 지름이 15m 미만 : 탱크 높이의 3분의 1 이상
2) 탱크 지름이 15m 이상 : 탱크 높이의 2분의 1 이상
탱크 지름이 10m이므로, 탱크 높이에 1/3을 곱하여 15m×1/3=5m 이상으로 한다.

79 메탄올에 관한 설명으로 옳지 않은 것은?

① 인화점은 약 11℃이다.
② 술의 원료로 사용된다.
③ 휘발성이 강하다.
④ 최종 산화물은 의산(폼산)이다.

» ② **술의 원료는 에탄올**이며, 메탄올은 시신경장애를 일으키는 독성 물질이다.
※ 메탄올의 산화

$$\underset{\text{메탄올}}{CH_3OH} \underset{}{\overset{-H_2(\text{산화})}{\rightleftharpoons}} \underset{\text{폼알데하이드}}{HCHO} \overset{+O(\text{산화})}{\rightleftharpoons} \underset{\text{폼산}}{HCOOH}$$

80 다음은 위험물안전관리법령상 특수인화물의 정의이다. ( ) 안에 알맞은 수치를 차례대로 나열한 것은?

> '특수인화물'은 이황화탄소, 다이에틸에터, 그 밖에 1기압에서 발화점이 섭씨(　)도 이하인 것 또는 인화점이 섭씨 영하 (　)도 이하이고 비점이 섭씨 40도 이하인 것을 말한다.

① 100, 20
② 25, 0
③ 100, 0
④ 25, 20

PLAY▶ 풀이

» 제4류 위험물의 특수인화물은 이황화탄소, 다이에틸에터, 그 밖에 1기압에서 발화점이 섭씨 **100도 이하**인 것 또는 인화점이 섭씨 **영하 20도 이하**이고 비점이 섭씨 40도 이하인 것을 말한다.

81 제조소등의 위치, 구조 또는 설비의 변경 없이 그 제조소등에서 취급하는 위험물의 품명을 변경하고자 하는 자는 변경하고자 하는 날의 며칠(또는 몇 개월) 전까지 신고하여야 하는가?

① 1일
② 14일
③ 1개월
④ 6개월

» 제조소등의 위치·구조 또는 설비의 변경 없이 위험물의 품명·수량 또는 지정수량의 배수를 변경하고자 하는 자는 변경하고자 하는 날의 **1일 이내**에 시·도지사에게 신고하여야 한다.

똑똑한 풀이비법

신고기간은 일반적으로 14일이 대부분이지만, 이 경우에 있어서는 변경하고자 하는 날의 1일 이내에 해야 한다.

82 소화설비의 설치기준으로 옳은 것은?

① 제4류 위험물을 저장 또는 취급하는 소화난이도등급Ⅰ인 옥외탱크저장소에는 대형수동식 소화기 및 소형수동식 소화기 등을 각각 1개 이상 설치할 것
② 소화난이도등급Ⅱ인 옥내탱크저장소는 소형수동식 소화기 등을 2개 이상 설치할 것
③ 소화난이도등급 Ⅲ인 지하탱크저장소는 능력단위의 수치가 2 이상인 소형수동식 소화기 등을 2개 이상 설치할 것
④ 제조소등에 전기설비(전기배선, 조명기구 등은 제외한다)가 설치된 경우에는 해당 장소의 면적 $100m^2$마다 소형수동식 소화기를 1개 이상 설치할 것

정답　78. ④ 79. ② 80. ① 81. ① 82. ④

» ① 제4류 위험물을 저장 또는 취급하는 소화난이도등급Ⅰ인 옥외탱크저장소 또는 옥내탱크저장소에는 소형수동식 소화기 등을 2개 이상 설치하여야 한다.
② 소화난이도등급Ⅱ인 옥내탱크저장소에는 대형수동식 소화기 및 소형수동식 소화기 등을 각각 1개 이상 설치하여야 한다.
③ 소화난이도등급Ⅲ인 지하탱크저장소에는 능력단위의 수치가 3 이상인 소형수동식 소화기 등을 2개 이상 설치하여야 한다.

83 위험물제조소에서 국소방식 배출설비의 배출능력은 1시간당 배출장소용적의 몇 배 이상인 것으로 하는가?

① 5배
② 10배
③ 15배
④ 20배

PLAY ▶ 풀이

» 위험물제조소의 배출설비별 배출능력은 다음과 같다.
1) **국소방식** : 일정 구역을 배출장소용적으로 정해놓고 1시간 안에 그 배출장소용적의 **20배 이상**의 양을 배출시킬 수 있는 능력을 갖추어야 하는 방식
2) 전역방식 : 위험물제조소의 전체 구역에 대해 바닥면적 $1m^2$당 $18m^3$ 이상의 양을 배출시킬 수 있는 능력을 갖추어야 하는 방식

84 옥외저장소에 덩어리상태의 황만을 지반면에 설치한 경계표시의 안쪽에서 저장할 경우 하나의 경계표시의 내부면적은 몇 m^2 이하로 하여야 하는가?

① $75m^2$
② $100m^2$
③ $300m^2$
④ $500m^2$

» 옥외저장소에 덩어리상태의 황만 경계표시의 안쪽에 저장할 경우 그 경계표시의 내부 면적은 **$100m^2$ 이하**로 해야 한다.

85 위험물제조소에서 연소 우려가 있는 외벽은 기산점이 되는 선으로부터 3m(2층 이상의 층에 대해서는 5m) 이내에 있는 외벽을 말하는데, 이 기산점이 되는 선에 해당하지 않는 것은?

① 동일부지 내의 다른 건축물과 제조소 부지 간의 중심선
② 제조소등에 인접한 도로의 중심선
③ 제조소등이 설치된 부지의 경계선
④ 제조소등의 외벽과 동일부지 내 다른 건축물의 외벽 간의 중심선

» 연소의 우려가 있는 외벽의 기산점
1) 제조소등이 설치된 부지의 경계선
2) 제조소등에 인접한 도로의 중심선
3) 제조소등의 외벽과 동일부지 내의 다른 건축물과의 외벽 간의 중심선

86 이동탱크저장소에 의한 위험물의 운송 시 준수하여야 하는 기준에서 다음 중 어떤 위험물을 운송할 때 위험물운송자는 위험물안전카드를 휴대하여야 하는가?

① 특수인화물, 제1석유류
② 알코올류, 제2석유류
③ 제3석유류 및 동식물유류
④ 제4석유류

» 위험물안전카드를 휴대해야 하는 위험물
1) 제1류 위험물
2) 제2류 위험물
3) 제3류 위험물
4) 제4류 위험물(**특수인화물 및 제1석유류만 해당**)
5) 제5류 위험물
6) 제6류 위험물

PLAY ▶ 풀이

똑똑한 풀이비법

위험할수록 안전카드가 필요하기 때문에 이 문제에서 제4류 위험물 중 가장 위험한 품명을 찾으면 된다.

정답 83. ④ 84. ② 85. ① 86. ①

87 화학식과 Halon번호를 맞게 연결한 것은?

① CBr_2F_2 – 1202
② $C_2Br_2F_2$ – 2422
③ $CBrClF_2$ – 1102
④ $C_2Br_2F_4$ – 1242

PLAY▶ 풀이

할론번호는 화학식에서의 F, Cl, Br의 위치에 관계없이 C–F–Cl–Br의 순서대로 원소의 개수를 읽어준다.
② $C_2Br_2F_2$ – 존재하지 않는 화학식이다.
③ $CBrClF_2$ – 1211
④ $C_2Br_2F_4$ – 2402

88 액화 이산화탄소 1kg이 25℃, 2atm에서 방출되어 모두 기체가 되었다. 방출된 기체상의 이산화탄소 부피는 약 몇 L인가?

① 278L
② 556L
③ 1,111L
④ 1,985L

PLAY▶ 풀이

$CO_2(l) \rightarrow CO_2(g)$
이상기체방정식 : $PV = nRT$
여기서, P : 압력(atm)
V : 부피(L)
n : 몰수(mol)
R : 기체상수(0.082atm·L/mol·K)
T : 온도(K=273+섭씨온도)

$n = \dfrac{\text{주어진 질량(g)}}{\text{분자량(g/mol)}}$, 이산화탄소($CO_2$) 1mol의 분자량=12g(C)+16g(O)×2=44g/mol임을 이용한다.

$\therefore$ $2\text{atm} \times V(\text{L}) = \left(1{,}000\text{g } CO_2 \times \dfrac{1\text{mol } CO_2}{44\text{g } CO_2}\right) \times 0.082\text{atm}\cdot\text{L/mol}\cdot\text{K} \times (273+25)\text{K}$

방출된 기체상의 이산화탄소 부피=277.68L

89 위험물안전관리법에 따른 소화설비의 구분에서 물분무등소화설비에 속하지 않는 것은?

① 불활성가스 소화설비
② 포소화설비
③ 스프링클러설비
④ 분말소화설비

PLAY▶ 풀이

물분무등소화설비의 종류 : 물분무소화설비, **포소화설비**, **불활성가스 소화설비**, 할로젠화합물 소화설비, **분말소화설비**

90 소화난이도등급 Ⅰ의 옥내탱크저장소(인화점 70℃ 이상의 제4류 위험물만을 저장·취급하는 것)에 설치하여야 하는 소화설비가 아닌 것은?

① 고정식 포소화설비
② 이동식 외의 할로젠화합물 소화설비
③ 스프링클러설비
④ 물분무소화설비

소화난이도등급 Ⅰ의 옥내탱크저장소에 설치해야 하는 소화설비
1) 황만을 저장·취급하는 것 : 물분무소화설비
2) **인화점 70℃ 이상의 제4류 위험물만을 저장·취급하는 것** : 물분무소화설비, 고정식 포소화설비, 이동식 이외의 불활성가스 소화설비, 이동식 이외의 할로젠화합물 소화설비 또는 이동식 이외의 분말소화설비
3) 그 밖의 것 : 고정식 포소화설비, 이동식 이외의 불활성가스 소화설비, 이동식 이외의 할로젠화합물 소화설비 또는 이동식 이외의 분말소화설비
※ 일반적으로 스프링클러는 옥내탱크저장소등의 탱크에는 설치하지 않는다.

91 다음 중 물과 반응하여 산소를 발생하는 것은 무엇인가?

① $KClO_3$ ② $NaNO_3$
③ Na_2O_2 ④ $KMnO_4$

제1류 위험물은 가열, 충격, 마찰 등에 의해 분해하여 산소를 발생하지만 제1류 위험물 중 알칼리금속의 과산화물(과산화칼륨, **과산화나트륨**, 과산화리튬)은 가열, 충격, 마찰뿐만 아니라 물과 반응 시에도 산소를 발생한다.
① $KClO_3$: 염소산칼륨
② $NaNO_3$: 질산나트륨
③ **Na_2O_2 : 과산화나트륨**
④ $KMnO_4$: 과망가니즈산칼륨
– 과산화나트륨과 물과의 반응식
$2Na_2O_2 + 2H_2O \rightarrow 4NaOH + O_2$
과산화나트륨 물 수산화나트륨 산소

정답 87. ① 88. ① 89. ③ 90. ③ 91. ③

92 HO-CH_2CH_2-OH의 지정수량은 몇 L인가?

① 1,000L ② 2,000L
③ 4,000L ④ 6,000L

≫ HO-CH_2CH_2-OH → $C_2H_4(OH)_2$: 에틸렌글리콜 제4류 위험물 중 제3석유류의 수용성, **지정수량 4,000L**

93 폭굉유도거리(DID)가 짧아지는 경우는?

① 정상연소속도가 작은 혼합가스일수록 짧아진다.
② 압력이 높을수록 짧아진다.
③ 관 속에 방해물이 있거나 관 지름이 넓을수록 짧아진다.
④ 점화원의 에너지가 약할수록 짧아진다.

≫ ① 정상연소속도가 큰 혼합가스일수록 짧아진다.
③ 관 속에 방해물이 있거나 관 지름이 좁을수록 짧아진다.
④ 점화원의 에너지가 강할수록 짧아진다.

94 과산화벤조일의 위험성에 대한 설명으로 틀린 것은?

① 상온에서 분해되며 수분이 흡수되면 폭발성을 가지므로 건조된 상태로 보관·운반한다.
② 강산에 의해 분해 폭발의 위험이 있다.
③ 충격, 마찰에 의해 분해되어 폭발할 위험이 있다.
④ 가연성 물질과 접촉하면 발화의 위험이 높다.

≫ 과산화벤조일(제5류 위험물)은 **수분이 흡수되면 폭발성이 현저히 감소**되는 성질을 가지고 있다.

95 위험물안전관리법령에 따른 위험물의 운송에 관한 설명 중 틀린 것은?

① 알킬리튬과 알킬알루미늄 또는 이 중 어느 하나 이상을 함유한 것은 운송책임자의 감독·지원을 받아야 한다.
② 이동탱크저장소에 의하여 위험물을 운송할 때의 운송책임자에는 법정의 교육이수자도 포함된다.
③ 서울에서 부산까지 금속의 인화물 300kg을 1명의 운전자가 휴식 없이 운송해도 규정위반이 아니다.
④ 운송책임자의 감독 또는 지원의 방법에는 동승하는 방법과 별도의 사무실에서 대기하면서 규정된 사항을 이행하는 방법이 있다.

≫ ③ 서울에서 부산까지의 거리는 413km이기 때문에 제3류 위험물 중 금속의 인화물의 운송은 **2명 이상의 운전자**로 해야 한다.
1) 위험물운송자를 2명 이상으로 해야 하는 경우
㉠ 고속국도에 있어서 340km 이상에 걸치는 운송을 하는 때
㉡ 일반도로에 있어서 200km 이상 걸치는 운송을 하는 때
2) 1명의 운전자로 할 수 있는 경우
㉠ 운송책임자를 동승시킨 경우
㉡ 제2류 위험물, 제3류 위험물(칼슘 또는 알루미늄의 탄화물에 한한다) 또는 제4류 위험물(특수인화물 제외)을 운송하는 경우
㉢ 운송 도중에 2시간 이내마다 20분 이상씩 휴식하는 경우

96 위험물안전관리법상 위험물이 아닌 것은?

① CCl_4 ② BrF_3
③ BrF_5 ④ IF_5

≫ ① CCl_4(사염화탄소)는 **할로젠화합물 소화약제**이다.
②, ③, ④는 할로젠원소(F, Cl, Br, I)끼리의 화합물로, 할로젠간화합물이라 불리는 행정안전부령으로 정하는 제6류 위험물이다.

97 일반적으로 폭굉파의 전파속도는?

① 0.1~10m/s
② 100~350m/s
③ 1,000~3,500m/s
④ 10,000~35,000m/s

≫ 1) 폭발의 전파속도 : 0.1~10m/sec
2) **폭굉의 전파속도 : 1,000~3,500m/sec**

정답 92. ③ 93. ② 94. ① 95. ③ 96. ① 97. ③

98 한국소방산업기술원이 시·도지사로부터 위탁받아 수행하는 탱크 안전성능검사 업무와 관계 없는 액체위험물탱크는?

① 암반탱크

② 지하탱크저장소의 이중벽탱크

③ 100만L 용량의 지하저장탱크

④ 옥외에 있는 50만L 용량의 취급탱크

》 1) 한국소방산업기술원이 시·도지사로부터 위탁받아 수행하는 **탱크 안전성능검사 업무에 해당하는 탱크**

㉠ **암반탱크**

㉡ **지하저장탱크 중 이중벽의 위험물탱크**

㉢ **용량이 100만L 이상인 액체위험물 저장탱크**

2) 한국소방산업기술원이 시·도지사로부터 위탁받아 수행하는 탱크의 설치 또는 변경에 따른 완공검사 업무에 해당하는 제조소등

㉠ 지정수량의 1천배 이상의 위험물을 취급하는 제조소 또는 일반취급소

㉡ 50만L 이상의 옥외탱크저장소

㉢ 암반탱크저장소

99 위험물안전관리법령상 위험물옥외저장소에 저장할 수 있는 품명은?

① 특수인화물

② 무기과산화물

③ 알코올류

④ 칼륨

》 옥외저장소에 저장할 수 있는 위험물

1) 제2류 위험물

㉠ 황

㉡ 인화성 고체(인화점이 섭씨 0도 이상)

2) 제4류 위험물

㉠ 제1석유류(인화점이 섭씨 0도 이상)

㉡ **알코올류**

㉢ 제2석유류

㉣ 제3석유류

㉤ 제4석유류

㉥ 동식물유류

3) 제6류 위험물

4) 시·도 조례로 정하는 제2류 또는 제4류 위험물

5) 국제해상위험물규칙(IMDG Code)에 적합한 용기에 수납된 위험물

100 다음 중 위험물안전관리법이 적용되는 영역은 어느 것인가?

① 항공기에 의한 대한민국 영공에서의 위험물의 저장·취급 및 운반

② 궤도에 의한 위험물의 저장·취급 및 운반

③ 철도에 의한 위험물의 저장·취급 및 운반

④ 자가용승용차에 의한 지정수량 이하 위험물의 저장·취급 및 운반

》 **육상**에서 지정수량 이상의 **위험물의 저장·취급 및 운반(지정수량 미만을 포함)**은 **위험물안전관리법의 적용**을 받지만 항공기, 선박, 철도 및 궤도에 의한 위험물의 저장·취급 및 운반은 위험물안전관리법의 적용을 받지 않는다.

101 자연발화가 잘 일어나는 경우와 가장 거리가 먼 것은?

① 주변의 온도가 높을 것

② 습도가 높을 것

③ 표면적이 넓을 것

④ 열전도율이 클 것

PLAY▶풀이

》 ④ **열전도율이 작아**야 한다.

※ 열전도율이 크면 가지고 있는 열을 상대에게 주는 의미가 되므로 자연발화는 발생하기 어렵다.

102 주유취급소에 다음과 같이 전용탱크를 설치하였다. 최대로 저장·취급할 수 있는 용량은 얼마인가? (단, 고속도로 외의 주유취급소인 경우이다.)

- 간이탱크 : 2기
- 폐유탱크등 : 1기
- 고정주유설비 및 고정급유설비 접속 전용탱크 : 2기

① 103,200L ② 104,600L

③ 123,200L ④ 124,200L

정답 98. ④ 99. ③ 100. ④ 101. ④ 102. ①

» 1) 고정주유설비 및 고정급유설비용 탱크 용량 : 각각 50,000L 이하
2) 보일러 등에 직접 접속하는 전용탱크 용량 : 10,000L 이하
3) 폐유, 윤활유 등의 위험물을 저장하는 탱크 용량 : 2,000L 이하
4) 고정주유설비 또는 고정급유설비용 간이탱크 용량 : 600L, 3기 이하

간이탱크 1개의 용량은 600L이므로 2개는 1,200L이고 폐유탱크는 1개이므로 용량은 2,000L, 고정주유설비 및 고정급유설비용 탱크는 각각 50,000L씩 2개이다.

∴ 1,200L + 2,000L + 50,000L + 50,000L
= 103,200L

103 **오황화인이 물과 반응하였을 때 생성된 가스를 연소시키면 발생하는 독성이 있는 가스는?**

① 이산화질소
② 포스핀
③ 염화수소
④ 이산화황

PLAY ▶ 풀이

» 물과 반응 시 발생하는 가스는 H_2S이며, 이를 **연소시킬 경우 SO_2이 발생**한다.
1) 오황화인과 물과의 반응식
$P_2S_5 + 8H_2O \rightarrow 5H_2S + 2H_3PO_4$
오황화인 물 황화수소 인산
2) 황화수소의 연소반응식
$2H_2S + 3O_2 \rightarrow 2H_2O + 2SO_2$
황화수소 산소 물 이산화황

104 **다음 중 할로젠화합물 소화약제의 가장 주된 소화효과에 해당하는 것은?**

① 제거소화 ② 억제소화
③ 냉각소화 ④ 질식소화

» 할로젠화합물 소화약제의 가장 주된 소화효과는 **억제효과**이다.

105 **질산의 비중이 1.5일 때 1소요단위는 몇 L인가?**

① 150L
② 200L
③ 1,500L
④ 2,000L

PLAY ▶ 풀이

» 비중 = $\frac{\text{물질의 밀도(g/mL)}}{\text{4℃ 물의 밀도(g/mL)}}$

질산의 밀도 : 1.5g/mL=1.5kg/L
(∵ 4℃ 물의 밀도=1g/mL)
1소요단위=위험물의 지정수량×10, 질산의 지정수량은 300kg이므로 질산의 1소요단위는 300kg×10=3,000kg이다.

∴ $3{,}000\text{kg } HNO_3 \times \frac{1\text{L } HNO_3}{1.5\text{kg } HNO_3}$
$= 2{,}000\text{L } HNO_3$

106 **벤젠을 저장하는 옥외탱크저장소가 액표면적이 $45m^2$인 경우 소화난이도등급은?**

① 소화난이도등급 Ⅰ
② 소화난이도등급 Ⅱ
③ 소화난이도등급 Ⅲ
④ 제시된 조건으로 판단할 수 없음

» **소화난이도등급 Ⅰ**에 해당하는 옥외탱크저장소의 기준
1) **액표면적이 $40m^2$ 이상**인 것(제6류 위험물을 저장하는 것 및 고인화점 위험물만을 100℃ 미만의 온도에서 저장하는 것은 제외)
2) 지면으로부터 탱크 옆판 상단까지 높이가 6m 이상인 것(제6류 위험물을 저장하는 것 및 고인화점 위험물만을 100℃ 미만의 온도에서 저장하는 것은 제외)

※ 1)과 2) 중 어느 하나의 조건에 만족하는 경우 소화난이도등급 Ⅰ에 해당하는 옥외탱크저장소로 간주한다.

107 **공기포 소화약제의 혼합방식 중 펌프의 토출관과 흡입관 사이의 배관 도중에 설치된 흡입기에 펌프에서 토출된 물의 일부를 보내고 농도조절밸브에서 조정된 포소화약제의 필요량을 포소화약제 탱크에서 펌프의 흡입 측으로 보내어 이를 혼합하는 방식은 무엇인가?**

① 프레셔 프로포셔너방식
② 펌프 프로포셔너방식
③ 프레셔사이드 프로포셔너방식
④ 라인 프로포셔너방식

» 농도조절밸브를 이용해 펌프의 흡입 측으로 포소화약제를 보내는 방식은 **펌프 프로포셔너방식**이다.

정답 103. ④ 104. ② 105. ④ 106. ① 107. ②

108 대형수동식 소화기의 설치기준은 방호대상물의 각 부분으로부터 하나의 대형수동식 소화기까지의 보행거리가 몇 m 이하가 되도록 설치하여야 하는가?

① 10m
② 20m
③ 30m
④ 40m

수동식 소화기는 층마다 설치하되 소방대상물의 각 부분으로부터 소형 소화기는 보행거리 20m 이하마다 1개 이상, 대형 소화기는 **30m 이하**마다 1개 이상 설치한다.

109 고온체의 색상이 휘적색일 경우의 온도는 약 몇 ℃ 정도인가?

① 500℃ ② 950℃
③ 1,300℃ ④ 1,500℃

고온체의 색상별 온도
1) 암적색 : 700℃
2) 적색 : 850℃
3) **휘적색 : 950℃**
4) 황적색 : 1,100℃
5) 백적색 : 1,300℃

110 위험물 이동저장탱크의 외부도장 색상으로 적합하지 않은 것은?

① 제2류 – 적색 ② 제3류 – 청색
③ 제5류 – 황색 ④ 제6류 – 회색

위험물 유별 이동탱크의 외부도장 색상
1) 제1류 위험물 : 회색
2) 제2류 위험물 : 적색
3) 제3류 위험물 : 청색
4) 제4류 위험물 : 적색(색상에 대한 제한은 없으나 적색을 권장)
5) 제5류 위험물 : 황색
6) **제6류 위험물 : 청색**

111 위험물 운반용기에 수납하여 적재할 때 차광성 있는 피복으로 가려야 하는 위험물이 아닌 것은?

① 제1류 위험물 ② 제2류 위험물
③ 제5류 위험물 ④ 제6류 위험물

운반 시 위험물의 성질에 따른 피복기준
1) **차광성 피복** : **제1류** 위험물, 제3류 위험물 중 자연발화성 물질, 제4류 위험물 중 특수인화물, **제5류** 위험물, **제6류** 위험물
2) 방수성 피복 : 제1류 위험물 중 알칼리금속의 과산화물, 제2류 위험물 중 철분, 금속분, 마그네슘, 제3류 위험물 중 금수성 물질

112 질산나트륨의 성상으로 옳은 것은?

① 황색 결정이다.
② 물에 잘 녹는다.
③ 흑색화약의 원료이다.
④ 상온에서 자연분해한다.

질산나트륨은 **물**, 글리세린에 **잘 녹고**, 무수알코올에는 안 녹는다.
① 백색 고체이다.
③ 흑색화약의 원료는 질산칼륨과 숯, 황을 혼합하여 만들 수 있다.
④ 약 300℃까지 가열하면 분해한다.
– 질산나트륨의 분해반응식

$$\underset{\text{질산나트륨}}{2NaNO_3} \rightarrow \underset{\text{아질산나트륨}}{2NaNO_2} + \underset{\text{산소}}{O_2}$$

113 1몰의 이황화탄소와 고온의 물이 반응하여 생성되는 유독한 기체물질의 부피는 표준상태에서 몇 L인가?

① 22.4L
② 44.8L
③ 67.2L
④ 134.4L

이황화탄소(CS_2)는 물속에 보관하는 물질이지만 물에 저장한 상태에서 150℃ 이상의 열로 가열하면 유독성의 황화수소(H_2S)가스가 발생하므로 차가운 물에 보관해야 한다.
– 이황화탄소와 물과의 반응식(150℃ 이상)

$$\underset{\text{이황화탄소}}{CS_2} + \underset{\text{물}}{2H_2O} \rightarrow \underset{\text{황화수소}}{2H_2S} + \underset{\text{이산화탄소}}{CO_2}$$

표준상태에서 기체 1mol의 부피=22.4L임을 이용한다.

$$\therefore 1mol\ CS_2 \times \frac{2mol\ H_2S}{1mol\ CS_2} \times \frac{22.4L}{1mol\ H_2S} = 44.8L$$

정답 108. ③ 109. ② 110. ④ 111. ② 112. ② 113. ②

114 위험물탱크의 용량은 탱크의 내용적에서 공간용적을 뺀 용적으로 한다. 이 경우 소화약제 방출구를 탱크 안의 윗부분에 설치하는 탱크의 공간용적은 해당 소화설비의 소화약제 방출구 아래 어느 범위의 면으로부터 윗부분의 용적으로 하는가?

① 0.1m 이상 0.5m 미만 사이의 면
② 0.3m 이상 1m 미만 사이의 면
③ 0.5m 이상 1m 미만 사이의 면
④ 0.5m 이상 1.5m 미만 사이의 면

PLAY ▶ 풀이

≫ 소화설비(소화약제 방출구를 탱크 안의 윗부분에 설치하는 것에 한한다)를 설치하는 탱크의 공간용적은 그 소화설비의 소화약제 방출구 아래 **0.3m 이상 1m 미만 사이의 면**으로부터 윗부분의 용적으로 한다.

115 위험물제조소에 설치하는 안전장치 중 위험물의 성질에 따라 안전밸브의 작동이 곤란한 가압설비에 한하여 설치하는 것은?

① 파괴판
② 안전밸브를 병용하는 경보장치
③ 감압 측에 안전밸브를 부착한 감압밸브
④ 연성계

≫ 제조소에 설치하는 안전장치의 종류
1) 압력계
2) 자동압력상승 정지장치
3) 안전밸브를 부착한 감압밸브
4) 안전밸브를 병용하는 경보장치
5) **파괴판(안전밸브 작동이 곤란한 가압설비에 설치)**

116 이산화탄소 소화기 사용 시 줄 – 톰슨 효과에 의해 생성되는 물질은?

① 포스겐 ② 일산화탄소
③ 드라이아이스 ④ 수성 가스

≫ 줄 – 톰슨 효과란 이산화탄소약제를 방출할 때 액체 이산화탄소가 가는 관을 통과하게 되는데 이때 압력과 온도의 급감으로 인해 **드라이아이스가 관 내에 생성**됨으로써 노즐이 막히는 현상을 의미한다.

117 다음의 위험물을 위험등급 Ⅰ, Ⅱ, Ⅲ의 순서로 나열한 것으로 맞는 것은?

황린, 수소화나트륨, 리튬

① 황린, 수소화나트륨, 리튬
② 황린, 리튬, 수소화나트륨
③ 수소화나트륨, 황린, 리튬
④ 수소화나트륨, 리튬, 황린

≫ 1) 황린 : 위험등급 Ⅰ
2) 수소화나트륨 : 위험등급 Ⅲ
3) 리튬 : 위험등급 Ⅱ

118 위험물제조소의 환기설비의 기준에서 급기구가 설치된 실의 바닥면적 150m²마다 1개 이상 설치하는 급기구의 크기는 몇 cm² 이상이어야 하는가? (단, 바닥면적이 150m² 미만인 경우는 제외한다.)

① 200cm² ② 400cm²
③ 600cm² ④ 800cm²

≫ 위험물제조소의 급기구(외부의 공기를 건물 내부로 유입시키는 통로)는 바닥면적 150m²마다 1개 이상으로 하고 급기구의 크기는 **800cm² 이상**으로 해야 한다.

119 소화약제 중 오존파괴지수(ODP)가 가장 큰 것은?

① IG-541 ② Halon 2402
③ Halon 1211 ④ Halon 1301

≫ $$\text{오존파괴지수(ODP)} = \frac{\text{물질 1kg이 파괴하는 오존량}}{\text{CFC-11 1kg이 파괴하는 오존량}}$$
으로 정의되고 CFC-11은 기준물질이며 화학식은 $CFCl_3$이다.
① IG-541 : 0
② Halon 2402 : 6
③ Halon 1211 : 3
④ **Halon 1301 : 10**
오존파괴지수 : Halon 1301 > Halon 2402 > Halon 1211

정답 114. ② 115. ① 116. ③ 117. ② 118. ④ 119. ④

120 인화성 액체 위험물을 저장 또는 취급하는 옥외탱크저장소의 방유제 내에 용량이 10만L와 5만L인 옥외저장탱크 2기를 설치하는 경우 방유제의 용량은?

① 50,000L 이상
② 80,000L 이상
③ 100,000L 이상
④ 110,000L 이상

PLAY ▶ 풀이

» 인화성이 있는 위험물 옥외저장탱크의 방유제 용량
1) 하나의 옥외저장탱크 방유제 용량 : 탱크 용량의 110% 이상
2) **2개 이상**의 옥외저장탱크 방유제 용량 : 탱크 중 **용량이 최대**인 것의 **110% 이상**
3) 이황화탄소 옥외저장탱크 : 방유제가 필요 없으며 벽 및 바닥의 두께가 0.2m 이상인 철근콘크리트의 수조에 넣어 보관한다.

문제에서 가장 큰 탱크의 용량은 10만L이므로, 방유제의 용량은
100,000L×1.1＝110,000L 이상이 된다.

121 위험물안전관리법령상 염소화규소화합물은 제 몇 류 위험물에 해당하는가?

① 제1류
② 제2류
③ 제3류
④ 제5류

» 염소화규소화합물은 행정안전부령으로 정하는 **제3류 위험물**이다.

122 압력수조를 이용한 옥내소화전설비의 가압송수장치에서 압력수조의 최소압력(MPa)은? (단, 소방용 호스의 마찰손실수두압은 3MPa, 배관의 마찰손실수두압은 1MPa, 낙차의 환산수두압은 1.35MPa이다.)

① 5.35MPa
② 5.70MPa
③ 6.00MPa
④ 6.35MPa

» 압력수조를 이용한 가압송수장치 압력수조의 압력은 다음의 식을 이용하여 구한다.

$P = p_1 + p_2 + p_3 + 0.35\text{MPa}$

여기서, P : 필요한 압력(MPa)
p_1 : 소방용 호스의 마찰손실수두압(MPa)
p_2 : 배관의 마찰손실수두압(MPa)
p_3 : 낙차의 환산수두압(MPa)

∴ 3MPa＋1MPa＋1.35MPa＋0.35MPa
＝5.70MPa

똑똑한 풀이비법

1) 문제에서 단위가 [MPa]이면 주어진 수치를 모두 더한 후 그 값에 0.35를 더한다.
2) 문제에서 단위가 [m]이면 주어진 수치를 모두 더한 후 그 값에 35를 더한다.

123 저장 또는 취급하는 위험물의 최대수량이 지정수량의 500배 이하일 때 옥외저장탱크의 측면으로부터 몇 m 이상의 보유공지를 확보하여야 하는가?

① 1m ② 2m
③ 3m ④ 4m

» 옥외저장탱크의 보유공지

저장 또는 취급하는 위험물의 최대수량	공지의 너비
지정수량의 500배 이하	**3m 이상**
지정수량의 500배 초과 1,000배 이하	5m 이상
지정수량의 1,000배 초과 2,000배 이하	9m 이상
지정수량의 2,000배 초과 3,000배 이하	12m 이상
지정수량의 3,000배 초과 4,000배 이하	15m 이상
지정수량의 4,000배 초과	1. 탱크의 지름과 높이 중 큰 것 이상으로 한다. 2. 최소 15m 이상으로 하고 최대 30m 이하로 한다.

똑똑한 풀이비법

옥외탱크저장소의 보유공지 너비는 구구단 3단의 변형 3m, 5m, 9m, 12m, 15m의 패턴을 가진다.

정답 120. ④ 121. ③ 122. ② 123. ③

124 위험물안전관리법령상 자동화재탐지설비를 설치하지 않고 비상경보설비로 대신할 수 있는 것은?

① 일반취급소로서 연면적 $600m^2$인 것
② 지정수량 20배를 저장하는 옥내저장소로서 처마높이가 8m인 단층 건물
③ 단층 건물 외에 건축물에 설치된 지정수량 15배의 옥내탱크저장소로서 소화난이도등급 Ⅱ에 속하는 것
④ 지정수량 20배를 저장·취급하는 옥내주유취급소

» 경보설비의 종류 중 **자동화재탐지설비만을 설치해야 하는 경우**
1) 제조소 및 일반취급소로서 연면적 $500m^2$ 이상인 것
2) 옥내저장소로서 지정수량의 100배 이상을 저장하거나 처마높이가 6m 이상인 단층 건물의 것
3) 옥내탱크저장소로서 단층 건물 외의 건축물에 설치된 **옥내탱크저장소로서 소화난이도등급 Ⅰ**에 해당하는 것
4) 주유취급소로서 옥내주유취급소에 해당하는 것

125 제4류 위험물 운반용기의 외부에 표시해야 하는 사항이 아닌 것은?

① 규정에 의한 주의사항
② 위험물의 품명 및 위험등급
③ 위험물의 관리자 및 지정수량
④ 위험물의 화학명

» **위험물 운반용기의 외부에 표시**해야 하는 사항
1) **품명**, **위험등급**, **화학명** 및 수용성
2) 위험물의 수량
3) 위험물에 따른 **주의사항**

126 과산화수소의 운반용기 외부에 표시해야 하는 주의사항은?

① 화기주의
② 충격주의
③ 물기엄금
④ 가연물접촉주의

PLAY▶풀이

» **과산화수소는 제6류 위험물**이며, 운반용기 외부에 표시하는 주의사항은 유별로 다음과 같이 구분된다.
1) 제1류 위험물
   ㉠ 제1류 위험물 중 알칼리금속의 과산화물 : 화기충격주의, 물기엄금, 가연물접촉주의
   ㉡ 그 밖의 제1류 위험물 : 화기충격주의, 가연물접촉주의
2) 제2류 위험물
   ㉠ 제2류 위험물 중 철분, 금속분, 마그네슘 : 화기주의, 물기엄금
   ㉡ 제2류 위험물 중 인화성 고체 : 화기엄금
   ㉢ 그 밖의 제2류 위험물 : 화기주의
3) 제3류 위험물
   ㉠ 제3류 위험물 중 자연발화성 물질 : 화기엄금, 공기접촉엄금
   ㉡ 제3류 위험물 중 금수성 물질 : 물기엄금
4) 제4류 위험물 : 화기엄금
5) 제5류 위험물 : 화기엄금, 충격주의
6) **제6류 위험물 : 가연물접촉주의**

127 주택, 학교 등 보호대상물과의 사이에 안전거리를 두지 않아도 되는 위험물시설은?

① 옥내저장소 ② 옥내탱크저장소
③ 옥외저장소 ④ 일반취급소

» 안전거리를 제외할 수 있는 제조소등
1) 제6류 위험물을 취급하는 제조소, 취급소, 저장소
2) 주유취급소, 판매취급소
3) 지하탱크저장소, **옥내탱크저장소**, 이동탱크저장소, 간이탱크저장소, 암반탱크저장소

128 위험물안전관리법에서 규정하고 있는 내용으로 틀린 것은?

① 민사집행법에 의한 경매, 국세징수법 또는 지방세법에 의한 압류재산의 매각절차에 따라 제조소등의 시설의 전부를 인수한 자는 그 설치자의 지위를 승계한다.
② 금치산자나 한정치산자, 탱크시험자의 등록이 취소된 날로부터 2년이 지나지 아니한 자의 탱크시험자로 등록하거나 탱크시험자의 업무에 종사할 수 없다.

정답 124. ③ 125. ③ 126. ④ 127. ② 128. ③

③ 농예용·축산용으로 필요한 난방시설 또는 건조시설물을 위한 지정수량 20배 이하의 취급소는 신고를 하지 아니하고 위험물의 품명 및 수량을 변경할 수 있다.

④ 법정의 완공검사를 받지 아니하고 제조소등을 사용한 때 시·도지사는 허가를 취소하거나 6월 이내의 기간을 정하여 사용정지를 명할 수 있다.

» 다음에 해당하는 제조소등의 경우에는 허가를 받지 않고 제조소등을 설치하거나 위치·구조 또는 설비를 변경할 수 있고 신고를 하지 아니하고 위험물의 품명·수량 또는 지정수량의 배수를 변경할 수 있다.

1) 주택의 난방시설(공동주택의 중앙난방시설을 제외한다)을 위한 저장소 또는 취급소
2) 농예용·축산용 또는 수산용으로 필요한 난방시설 또는 건조시설을 위한 **지정수량 20배 이하의 저장소**

129 다음은 아세톤의 완전연소반응식이다. ( ) 안에 알맞은 계수를 차례대로 나열한 것은 어느 것인가?

$CH_3COCH_3 + (\quad)O_2 \rightarrow (\quad)CO_2 + 3H_2O$

① 3, 4
② 4, 3
③ 6, 3
④ 3, 6

PLAY 풀이

» 1단계) 탄소(C)의 수 맞추기
$\underline{C}H_3\underline{C}O\underline{C}H_3 + (\quad)O_2 \rightarrow (\ 3\ )\underline{C}O_2 + (\quad)H_2O$
화살표 왼쪽 C의 수는 3개이므로, 화살표 오른쪽 C의 수를 3으로 맞춘다.
2단계) 수소(H)의 수 맞추기
$C\underline{H_3}COC\underline{H_3} + (\quad)O_2 \rightarrow (\ 3\ )CO_2 + (\ 3\ )\underline{H_2}O$
화살표 왼쪽 H의 수는 6개이므로, 화살표 오른쪽 H의 수를 6으로 맞춘다.
3단계) 산소(O)의 수 맞추기
$CH_3C\underline{O}CH_3 + (\ \mathbf{4}\ )\underline{O_2} \rightarrow (\ \mathbf{3}\ )C\underline{O_2} + (\ 3\ )H_2\underline{O}$
화살표 오른쪽 O의 수는 9개이므로, 화살표 왼쪽 O의 수를 9로 맞춘다.

130 금속은 덩어리상태보다 분말상태일 때 연소위험성이 증가하기 때문에 금속분을 제2류 위험물로 분류하고 있다. 연소위험성이 증가하는 이유로 잘못된 것은?

① 비표면적이 증가하여 반응면적이 증대되기 때문에
② 비열이 증가하여 열축적이 용이하기 때문에
③ 복사열의 흡수율이 증가하여 열의 축적이 용이하기 때문에
④ 대전성이 증가하여 정전기가 발생되기 쉽기 때문에

» ② 비열은 물질 1g(kg)의 온도를 1℃ 올리는 데 필요한 열량으로, **비열이 증가하면** 온도를 올리는 데 많은 열을 필요로 하기 때문에 **열축적은 어려워지고** 연소위험성은 낮아지게 된다.

131 고정지붕구조를 가진 높이 15m의 원통 세로형 옥외저장탱크 안의 탱크 상부로부터 아래로 1m 지점에 포방출구가 설치되어 있다. 이 조건의 탱크를 신설하는 경우 최대허가량은 얼마인가? (단, 탱크의 단면적은 $100m^2$이고, 탱크 내부에는 별다른 구조물이 없으며, 공간용적 기준을 만족하는 것으로 가정한다.)

① $1,400m^3$
② $1,370m^3$
③ $1,350m^3$
④ $1,300m^3$

» 소화설비(소화약제 방출구를 탱크 안의 윗부분에 설치하는 것에 한한다)를 설치하는 탱크의 공간용적은 그 소화설비의 소화약제 방출구 아래로 0.3m 이상 1m 미만 사이의 면으로부터 윗부분의 용적으로 한다. 탱크의 높이가 15m이므로, 포방출구가 설치된 지점은 탱크의 상부로부터 아래로 1m 지점, 즉 지상으로부터 14m의 높이다. 이 지점으로부터 0.3m 아래의 지점은 지상으로부터 14m－0.3m＝13.7m의 높이다. 이때 탱크 용량이 공간용적을 최소로 한 용량이므로 최대허가량이 된다. 탱크 용량은 단면적×탱크의 높이로서 $100m^2 \times 13.7m = 1,370m^3$가 된다.

정답 129. ② 130. ② 131. ②

132 옥내저장탱크의 상호간에는 특별한 경우를 제외하고 최소 몇 m 이상의 간격을 유지하여야 하는가?

① 0.1m
② 0.2m
③ 0.3m
④ 0.5m

》 옥내저장탱크는 전용실의 안쪽 면과 탱크 사이의 거리 및 2개 이상 탱크 사이의 상호거리를 모두 **0.5m 이상**으로 해야 한다.

133 복수의 성상을 가지는 위험물에 대한 유별 지정의 기준상 유별의 연결이 틀린 것은 어느 것인가?

① 산화성 고체의 성상 및 가연성 고체의 성상을 가지는 경우 : 가연성 고체
② 산화성 고체의 성상 및 자기반응성 물질의 성상을 가지는 경우 : 자기반응성 물질
③ 가연성 고체의 성상과 자연발화성 물질 및 금수성 물질의 성상을 가지는 경우 : 자연발화성 물질 및 금수성 물질
④ 인화성 액체의 성상 및 자기반응성 물질의 성상을 가지는 경우 : 인화성 액체

》 복수의 성상을 가지는 위험물(하나의 물질이 2가지의 위험물 성질을 동시에 가지고 있는 것)의 유별 기준

PLAY▶ 풀이

공식 : 제1류＜제2류＜제4류＜제3류＜제5류
① 산화성 고체(제1류)＜가연성 고체(제2류) : 가연성 고체
② 산화성 고체(제1류)＜자기반응성 물질(제5류) : 자기반응성 물질
③ 가연성 고체(제2류)＜자연발화성 물질 및 금수성 물질(제3류) : 자연발화성 물질 및 금수성 물질
④ **인화성 액체(제4류)＜자기반응성 물질(제5류) : 자기반응성 물질**

134 하나의 위험물저장소에 다음과 같이 2가지 위험물을 저장하고 있다. 지정수량 이상에 해당하는 것은?

① 브로민산칼륨 80kg, 염소산칼륨 40kg
② 질산 100kg, 과산화수소 150kg
③ 질산칼륨 120kg, 다이크로뮴산나트륨 500kg
④ 휘발유 20L, 윤활유 2,000L

》 2가지 위험물의 **지정수량 배수의 합이 1 이상이어야 지정수량 이상**이 된다.
각 〈보기〉의 지정수량 배수는 다음과 같다.

① $\frac{80kg}{300kg} + \frac{40kg}{50kg} = 1.07$

② $\frac{100kg}{300kg} + \frac{150kg}{300kg} = 0.83$

③ $\frac{120kg}{300kg} + \frac{500kg}{1,000kg} = 0.9$

④ $\frac{20L}{200L} + \frac{2,000L}{6,000L} = 0.43$

135 위험물제조소등에 설치하는 고정식 포소화설비의 기준에서 포헤드방식의 포헤드는 방호대상물의 표면적 몇 m^2당 1개 이상의 헤드를 설치하여야 하는가?

① $3m^2$　② $9m^2$
③ $15m^2$　④ $30m^2$

》 포헤드방식의 포헤드 기준
1) 설치해야 할 헤드 수 : 방호대상물의 **표면적 $9m^2$당 1개 이상**이어야 한다.
2) 방호대상물의 표면적 $1m^2$당의 방사량 : 6.5L/min 이상이어야 한다.
3) 방사구역 : $100m^2$ 이상(방호대상물의 표면적이 $100m^2$ 미만인 경우에는 그 표면적)이어야 한다.

136 산화프로필렌에 대한 설명 중 틀린 것은?

① 연소범위는 가솔린보다 넓다.
② 물에는 잘 녹지만 알코올, 벤젠에는 녹지 않는다.
③ 비중은 1보다 작고, 증기비중은 1보다 크다.
④ 증기압이 높으므로 상온에서 위험한 농도까지 도달할 수 있다.

정답　132. ④　133. ④　134. ①　135. ②　136. ②

>>> 산화프로필렌의 성질
1) 인화점 -37℃, 발화점 465℃, 비점 34℃이다.
2) 연소범위는 2.5~38.5%이며 가솔린의 연소범위(1.4~7.6%)보다 넓다.
3) 증기의 흡입으로 폐부종(폐에 물이 차는 병)이 발생할 수 있다.
4) 증기압이 높아 위험하다.
5) 수은, 은, 구리, 마그네슘과 반응하여 폭발성인 금속아세틸라이드를 만들기 때문에 이 물질의 저장용기 재질로 사용하면 안 된다.
6) 액체의 비중은 1보다 작지만 증기의 비중은 1보다 크다.
7) **수용성 물질이며 알코올, 벤젠 등에도 잘 녹는다.**

137 **알킬알루미늄등 또는 아세트알데하이드등을 취급하는 제조소의 특례기준으로 옳은 것은?**

① 알킬알루미늄등을 취급하는 설비에는 불활성 기체 또는 수증기를 봉입하는 장치를 설치한다.
② 알킬알루미늄등을 취급하는 설비는 은, 수은, 동, 마그네슘을 성분으로 하는 것으로 만들지 않는다.
③ 아세트알데하이드등을 취급하는 탱크에는 냉각장치 또는 보냉장치 및 불활성 기체 봉입장치를 설치한다.
④ 아세트알데하이드등을 취급하는 설비의 주위에는 누설범위를 국한하기 위한 설비와 누설되었을 때 안전한 장소에 설치된 저장실에 유입시킬 수 있는 설비를 갖춘다.

>>> 위험물의 성질에 따른 각종 제조소의 특례
1) 알킬알루미늄등을 취급하는 제조소
㉠ 알킬알루미늄등을 취급하는 설비에는 불활성 기체를 봉입하는 장치를 갖출 것
㉡ 알킬알루미늄등을 취급하는 설비의 주위에는 누설범위를 국한하기 위한 설비와 누설된 알킬알루미늄등을 안전한 장소에 설치된 저장실에 유입시킬 수 있는 설비를 갖출 것
※ 알킬알루미늄은 금수성 물질이라 수증기와 반응하여 가연성 가스를 발생한다.
2) 아세트알데하이드등을 취급하는 제조소등의 설비
㉠ 아세트알데하이드등을 취급하는 제조소의 설비에는 은, 수은, 구리(동), 마그네슘을 성분으로 하는 합금으로 만들지 아니할 것
㉡ 아세트알데하이드등을 취급하는 제조소의 설비에는 연소성 혼합기체의 폭발을 방지하기 위한 불활성 기체 또는 수증기 봉입장치를 갖출 것
㉢ **아세트알데하이드등을 저장하는 탱크에는 냉각장치 또는 보냉장치**(냉방을 유지하는 장치) **및 불활성 기체 봉입장치를 갖출 것**
㉣ 아세트알데하이드등을 저장하는 탱크에는 하나의 냉각장치 또는 보냉장치가 고장난 때에도 일정 온도를 유지할 수 있도록 비상전원을 갖출 것

138 **위험물안전관리법상 제4류 인화성 액체의 판정을 위한 인화점 시험방법의 설명으로 틀린 것은?**

① 태그밀폐식 인화점측정기에 의한 시험을 실시하여 측정결과가 0℃ 미만인 경우에는 해당 측정결과를 인화점으로 한다.
② 태그밀폐식 인화점측정기에 의한 시험을 실시하여 측정결과가 0℃ 이상 80℃ 이하인 경우에는 동점도를 측정하여 동점도가 $10mm^2/s$ 미만인 경우에는 측정결과를 인화점으로 한다.
③ 태그밀폐식 인화점측정기에 의한 시험을 실시하여 측정결과가 0℃ 이상 80℃ 이하인 경우에는 동점도를 측정하여 동점도가 $10mm^2/s$ 이상인 경우에는 신속평형법 인화점측정기에 의한 시험을 한다.
④ 태그밀폐식 인화점측정기에 의한 시험을 실시하여 측정결과가 80℃를 초과하는 경우에는 클리브랜드밀폐식 인화점측정기에 의한 실험을 한다.

>>> 인화점 측정시험의 종류
1) 태그밀폐식 인화점측정기
㉠ 측정결과가 0℃ 미만인 경우에는 그 측정결과를 인화점으로 할 것

정답 137. ③ 138. ④

ⓛ 측정결과가 0℃ 이상 80℃ 이하인 경우에는 동점도 측정을 하여 동점도가 $10mm^2/s$ 미만인 경우에는 그 측정결과를 인화점으로 할 것

2) 신속평형법(세타밀폐식) 인화점측정기
- 측정결과가 0℃ 이상 80℃ 이하인 경우에는 동점도 측정을 하여 동점도가 $10mm^2/s$ 이상인 경우에는 그 측정결과를 인화점으로 할 것

3) **클리브랜드개방컵 인화점측정기**
- **측정결과가 80℃를 초과하는 경우에는 그 측정결과를 인화점으로 할 것**

139 위험물안전관리법령상 간이탱크저장소에 대한 설명 중 틀린 것은?

① 간이저장탱크의 용량은 600L 이하여야 한다.
② 하나의 간이탱크저장소에 설치하는 간이저장탱크는 5개 이하여야 한다.
③ 간이저장탱크는 두께 3.2mm 이상의 강판으로 흠이 없도록 제작하여야 한다.
④ 간이저장탱크는 70kPa의 압력으로 10분간의 수압시험을 실시하여 새거나 변형되지 않아야 한다.

≫ ② 하나의 간이탱크저장소에 설치할 수 있는 간이저장탱크의 수는 **3개 이하**이다.

140 다음 중 제3류 위험물에 해당하는 것은 어느 것인가?

① 염소화규소화합물
② 금속의 아지화합물
③ 질산구아니딘
④ 할로젠간화합물

≫ ① **염소화규소화합물** : 행정안전부령으로 정하는 **제3류 위험물**
② 금속의 아지화합물 : 행정안전부령으로 정하는 제5류 위험물
③ 질산구아니딘 : 행정안전부령으로 정하는 제5류 위험물
④ 할로젠간화합물 : 행정안전부령으로 정하는 제6류 위험물

141 제2류 위험물 중 지정수량이 500kg인 물질에 의한 화재는?

① A급
② B급
③ C급
④ D급

≫ 제2류 위험물 중 지정수량이 500kg인 물질은 철분, 금속분, 마그네슘이며, 이들은 금속화재(**D급**)이다.

142 다음 중 제거소화의 예가 아닌 것은 어느 것인가?

① 가스화재 시 가스공급을 차단하기 위해 밸브를 닫아 소화시킨다.
② 유전화재 시 폭약을 사용하여 폭풍에 의해 가연성 증기를 날려 소화시킨다.
③ 연소하는 가연물을 밀폐시켜 공기공급을 차단하여 소화한다.
④ 촛불을 입으로 바람을 불어서 소화시킨다.

≫ 제거소화는 가연물을 제거하여 소화하는 방법이다. **연소하는 가연물을 밀폐시켜 공기공급을 차단하여 소화하는 방법은 질식소화**에 해당한다.

143 위험물안전관리법령상 제조소등의 위치·구조 또는 설비 가운데 행정안전부령이 정하는 사항을 변경허가를 받지 아니하고 제조소등의 위치·구조 또는 설비를 변경한 때 1차 행정처분기준으로 옳은 것은?

① 사용정지 15일
② 경고 또는 사용정지 15일
③ 사용정지 30일
④ 경고 또는 업무정지 30일

정답 139. ② 140. ① 141. ④ 142. ③ 143. ②

≫ 제조소등에 대한 행정처분기준

위반사항	행정처분기준		
	1차	2차	3차
수리 · 개조 또는 이전의 명령에 위반한 때	사용정지 30일	사용정지 90일	허가취소
저장 · 취급 기준 준수명령을 위반한 때	사용정지 30일	사용정지 60일	허가취소
완공검사를 받지 아니하고 제조소등을 사용한 때	사용정지 15일	사용정지 60일	허가취소
위험물안전관리자를 선임하지 아니한 때			
변경허가를 받지 아니하고 제조소등의 위치, 구조 또는 설비를 변경한 때	**경고 또는 사용정지 15일**	사용정지 60일	허가취소
대리자를 지정하지 아니한 때	사용정지 10일	사용정지 30일	허가취소
정기점검을 하지 아니한 때			
정기검사를 받지 아니한 때			

144 다음 제4류 위험물 중 품명이 나머지 셋과 다른 하나는?

① 아세트알데하이드
② 다이에틸에터
③ 나이트로벤젠
④ 이황화탄소

≫ ①, ②, ④ : 특수인화물
③ : 제3석유류

145 금속분의 화재 시 주수해서는 안 되는 이유로 가장 옳은 것은?

① 산소가 발생하기 때문에
② 수소가 발생하기 때문에
③ 질소가 발생하기 때문에
④ 유독가스가 발생하기 때문에

≫ 금속분(제2류 위험물)은 물과 반응 시 **수소가스가 발생**한다.
– 알루미늄과 물과의 반응식

$$2Al + 6H_2O \rightarrow 2Al(OH)_3 + 3H_2$$

알루미늄 물 수산화알루미늄 수소

PLAY ▶ 풀이

146 위험물안전관리법령상 위험물의 품명별 지정수량의 단위에 관한 설명 중 옳은 것은?

① 액체인 위험물은 지정수량의 단위를 '리터'로 하고 고체인 위험물은 지정수량의 단위를 '킬로그램'으로 한다.
② 액체만 포함된 유별은 '리터'로 하고, 고체만 포함된 유별은 '킬로그램'으로 하고, 액체와 고체가 포함된 유별은 '리터'로 한다.
③ 산화성인 위험물은 '킬로그램'으로 하고, 가연성인 위험물은 '리터'로 한다.
④ 자기반응성 물질과 산화성 물질은 액체와 고체의 구분에 관계없이 '킬로그램'으로 한다.

≫ ① 액체인 제6류 위험물은 지정수량의 단위를 '킬로그램'으로 한다.
② 액체만 포함된 제6류 위험물은 지정수량의 단위를 '킬로그램'으로 한다.
③ 산화성 위험물의 지정수량의 단위는 '킬로그램', 가연성 고체인 제2류 위험물의 지정수량의 단위도 '킬로그램'이다.
④ 인화성 액체인 제4류 위험물의 지정수량의 단위만 '리터'로 하며, 나머지 **자기반응성 물질**(제5류 위험물)과 **산화성 물질**(제1류 및 제6류 위험물)은 액체와 고체의 구분 없이 **지정수량의 단위를 '킬로그램'**으로 한다.

147 에터(ether)의 일반식으로 옳은 것은?

① ROR ② RCHO
③ RCOR ④ RCOOH

≫ 에터의 일반식을 R(알킬)–O–R′ (알킬)로 표시하는 이유는 O의 앞뒤로 서로 다른 종류의 R(알킬)이 붙을 수 있기 때문인데, 문제의 〈보기〉에서는 동일한 종류의 R(알킬)이 붙은 것으로 가정하고 ROR의 형태로 나타낸 것이다. 즉, **R–O–R′와 ROR은 동일한 의미**라고 할 수 있다.

정답 144. ③ 145. ② 146. ④ 147. ①

※ 일반식의 종류
1) R–O–R′ : 에테르
2) RCHO : 알데하이드
3) R–CO–R′ : 케톤
4) RCOOH : 카복실산

148 하이드록실아민을 취급하는 제조소에 두어야 하는 최소한의 안전거리(D)를 구하는 식으로 옳은 것은? (단, N은 해당 제조소에서 취급하는 하이드록실아민의 지정수량 배수를 나타낸다.)

① $D=51.1 \cdot N$
② $D=51.1 \cdot \sqrt[3]{N}$
③ $D=31.1 \cdot N$
④ $D=31.1 \cdot \sqrt[3]{N}$

» 하이드록실아민 제조소의 안전거리
$D=51.1 \cdot \sqrt[3]{N}$
여기서, D : 안전거리(m)
N : 취급하는 하이드록실아민의 지정수량의 배수

149 옥외저장탱크 중 압력탱크에 저장하는 다이에틸에터등의 저장온도는 몇 ℃ 이하이어야 하는가?

① 60℃
② 40℃
③ 30℃
④ 15℃

» 탱크에 저장할 경우 위험물의 저장온도
1) 옥외저장탱크, 옥내저장탱크 또는 지하저장탱크 중 압력탱크 외의 탱크에 저장하는 경우
㉠ 아세트알데하이드 : 15℃ 이하
㉡ 산화프로필렌과 다이에틸에터 : 30℃ 이하
2) 옥외저장탱크, 옥내저장탱크 또는 지하저장탱크 중 **압력탱크에 저장하는 경우**
– 아세트알데하이드와 **다이에틸에터 : 40℃ 이하**
3) 보냉장치가 있는 이동저장탱크에 저장하는 경우
– 아세트알데하이드와 다이에틸에터 : 비점 이하
4) 보냉장치가 없는 이동저장탱크에 저장하는 경우
– 아세트알데하이드와 다이에틸에터 : 40℃ 이하

150 위험물안전관리법령상 스프링클러설비가 제4류 위험물에 대하여 적응성을 갖는 경우는?

① 연기가 충만할 우려가 없는 경우
② 방사밀도(살수밀도)가 일정 수치 이상인 경우
③ 지하층의 경우
④ 수용성 위험물인 경우

» 스프링클러설비는 제4류 위험물 화재에는 사용할 수 없지만 취급장소의 살수기준면적에 따라 스프링클러설비의 **살수밀도가 일정 기준 이상이면 제4류 위험물 화재에도 사용할 수 있다.**

151 위험물안전관리법령상 다음 ( ) 안에 알맞은 수치는?

옥내저장소에서 위험물을 저장하는 경우 기계에 의하여 하역하는 구조로 된 용기만을 겹쳐 쌓는 경우에 있어서는 ( )m 높이를 초과하여 용기를 겹쳐 쌓지 아니하여야 한다.

① 2
② 4
③ 6
④ 8

PLAY ▶ 풀이

» 옥내저장소 또는 옥외저장소의 저장용기를 쌓는 높이의 기준
1) 기계에 의해 하역하는 구조로 된 용기 : **6m 이하**
2) 제4류 위험물 중 제3석유류, 제4석유류 및 동식물유 용기 : 4m 이하
3) 그 밖의 경우 : 3m 이하
4) 옥외저장소에서 용기를 선반에 저장하는 경우 : 6m 이하

152 취급하는 제4류 위험물의 수량이 지정수량의 30만배인 일반취급소가 있는 사업장에 자체소방대를 설치함에 있어서 전체 화학소방차 중 포수용액을 방사하는 화학소방차는 몇 대 이상 두어야 하는가?

① 필수적인 것 아님 ② 1대
③ 2대 ④ 3대

정답 148. ② 149. ② 150. ② 151. ③ 152. ③

자체소방대에 두는 화학소방자동차 및 자체소방대원 수의 기준은 다음 [표]와 같다.

사업소의 구분	화학소방자동차의 수	자체소방대원의 수
제조소 또는 일반취급소에서 취급하는 제4류 위험물의 최대수량의 합이 지정수량의 3천배 이상 12만배 미만인 사업소	1대	5인
제조소 또는 일반취급소에서 취급하는 제4류 위험물의 최대수량의 합이 지정수량의 12만배 이상 24만배 미만인 사업소	2대	10인
제조소 또는 일반취급소에서 취급하는 제4류 위험물의 최대수량의 합이 지정수량의 24만배 이상 48만배 미만인 사업소	3대	15인
제조소 또는 일반취급소에서 취급하는 제4류 위험물의 최대수량의 합이 지정수량의 48만배 이상인 사업소	4대	20인
옥외탱크저장소에서 저장하는 제4류 위험물의 최대수량이 지정수량의 50만배 이상인 사업소	2대	10인

포수용액을 방사하는 화학소방자동차의 대수는 화학소방자동차 대수의 3분의 2 이상으로 하여야 한다. 따라서, 지정수량의 30만배라면 필요한 화학소방자동차의 대수는 3대인데 그 중 포수용액을 방사하는 **화학소방차는 전체 대수의 3분의 2 이상으로 해야 하므로 2대 이상**은 되어야 한다.

153 가연성 액화가스의 탱크 주위에서 화재가 발생한 경우에 탱크의 가열로 인하여 그 부분의 강도가 약해져 탱크가 파열됨으로 내부의 가열된 액화가스가 급속히 팽창하면서 폭발하는 현상은?

① 블레비(BLEVE) 현상
② 보일오버(Boil Over) 현상
③ 플래시백(Flash Back) 현상
④ 백드래프트(Back Draft) 현상

② 보일오버(Boil Over) 현상 : 중질유의 탱크에서 장시간 조용히 연소하다 탱크 내 잔존 기름 아래의 수분이 끓어 부피의 팽창으로 기름이 갑자기 분출하는 현상
③ 플래시백(Flash Back) 현상 : 연소하고 있던 화염이 버너 내부의 가스, 공기와 혼합하여 혼합기를 만드는 혼합기에까지 되돌아오는 현상
④ 백드래프트(Back Draft) 현상 : 연소에 필요한 산소가 부족하여 실내에 산소가 갑자기 다량 공급될 때 연소가스가 순간적으로 발화하는 현상

154 위험물안전관리법령에서 정한 주유취급소의 고정주유설비 주위에 보유하여야 하는 주유공지의 기준은?

① 너비 10m 이상, 길이 6m 이상
② 너비 15m 이상, 길이 6m 이상
③ 너비 10m 이상, 길이 10m 이상
④ 너비 15m 이상, 길이 10m 이상

주유취급소에는 주유를 받으려는 자동차 등이 출입할 수 있도록 고정주유설비 주위에 **너비 15m 이상, 길이 6m 이상**의 주유공지를 두어야 한다.

155 주유취급소의 벽(담)에 유리를 부착할 수 있는 기준에 대한 설명으로 옳은 것은?

① 유리 부착위치는 주입구, 고정주유설비로부터 2m 이상 이격되어야 한다.
② 지반면으로부터 50cm를 초과하는 부분에 한하여 설치하여야 한다.
③ 하나의 유리판 가로의 길이는 2m 이내로 한다.
④ 유리의 구조는 기준에 맞는 강화유리로 하여야 한다.

① 유리 부착위치는 주입구, 고정주유설비로부터 4m 이상 이격되어야 한다.
② 지반면으로부터 70cm를 초과하는 부분에 한하여 설치하여야 한다.
④ 유리의 구조는 기준에 맞는 접합유리로 하여야 한다.

156 위험물안전관리법령상 제4석유류를 저장하는 옥내저장탱크의 용량은 지정수량의 몇 배 이하이어야 하는가? (단, 단층 건물에 탱크 전용실을 설치하는 경우에 한한다.)

① 20배 ② 40배
③ 100배 ④ 150배

정답 153. ① 154. ② 155. ③ 156. ②

1) 단층 건물 또는 1층 이하의 층에 설치한 탱크전용실의 옥내저장탱크의 용량
   - 지정수량의 40배 이하 (단, 제4석유류 및 동식물유류 외의 제4류 위험물은 당해 수량이 20,000L를 초과하는 경우 20,000L 이하)
2) 2층 이상의 층에 설치한 탱크전용실의 옥내저장탱크의 용량
   - 지정수량의 10배 이하 (단, 제4석유류 및 동식물유류 외의 제4류 위험물은 당해 수량이 5,000L를 초과하는 경우 5,000L 이하)

157 위험물안전관리법령상 위험물 옥외탱크저장소의 방화에 관하여 필요한 사항을 게시한 게시판에 기재하여야 하는 내용이 아닌 것은?

① 위험물의 지정수량의 배수
② 위험물의 저장최대수량
③ 위험물의 품명
④ 위험물의 성질

방화에 관하여 필요한 사항을 게시한 **게시판**의 기준
1) 위치 : 제조소 주변의 보기 쉬운 곳에 설치하는 것 외에 특별한 규정은 없다.
2) 내용 : 위험물의 유별 · **품명**, **저장최대수량** 또는 취급최대수량, **지정수량의 배수**, 안전관리자의 성명 또는 직명
3) 크기 : 한 변 0.3m 이상, 다른 한 변 0.6m 이상인 직사각형
4) 색상 : 백색 바탕, 흑색 문자

158 지방족 탄화수소가 아닌 것은?

① 톨루엔
② 아세트알데하이드
③ 아세톤
④ 다이에틸에터

1) 지방족(사슬족) : 구조식으로 표현했을 때 사슬형으로 연결되어 있는 물질로서 아세톤(CH_3COCH_3), 다이에틸에터($C_2H_5OC_2H_5$), 아세트알데하이드(CH_3CHO) 등의 종류가 있다.
2) **방향족**(벤젠족) : 구조식으로 표현했을 때 고리형으로 연결되어 있는 물질로서 벤젠(C_6H_6), **톨루엔**($C_6H_5CH_3$), 크실렌[$C_6H_4(CH_3)_2$] 등의 종류가 있다.

159 화학적으로 알코올을 분류할 때 3가 알코올에 해당하는 것은?

① 에틸알코올
② 메틸알코올
③ 에틸렌글리콜
④ 글리세린

알코올은 알킬(C_nH_{2n+1})과 OH를 결합한 것으로 OH의 수에 따라 1가 알코올, 2가 알코올, 3가 알코올로 구분한다.
① 에틸알코올(C_2H_5OH) : 1가 알코올
② 메틸알코올(CH_3OH) : 1가 알코올
③ 에틸렌글리콜[$C_2H_4(OH)_2$] : 2가 알코올
④ **글리세린**[$C_3H_5(OH)_3$] : **3가 알코올**

160 위험물안전관리법령상 제4류 위험물의 품명에 따른 위험등급과 옥내저장소 하나의 저장창고 바닥면적 기준을 올바르게 나열한 것은? (단, 전용의 독립된 단층건물에 설치하며, 구획된 실이 없는 하나의 저장창고인 경우에 한한다.)

① 제1석유류 : 위험등급 Ⅰ, 최대 바닥면적 $1,000m^2$
② 제2석유류 : 위험등급 Ⅰ, 최대 바닥면적 $2,000m^2$
③ 제3석유류 : 위험등급 Ⅱ, 최대 바닥면적 $2,000m^2$
④ 알코올류 : 위험등급 Ⅱ, 최대 바닥면적 $1,000m^2$

① 제1석유류 : 위험등급 Ⅱ, 최대 바닥면적 $1,000m^2$
② 제2석유류 : 위험등급 Ⅲ, 최대 바닥면적 $2,000m^2$
③ 제3석유류 : 위험등급 Ⅲ, 최대 바닥면적 $2,000m^2$
하나의 옥내저장소의 바닥면적과 위험물의 저장 기준은 다음과 같다.
1) **바닥면적 $1,000m^2$ 이하에 저장**해야 하는 물질
   ㉠ 제1류 위험물 중 아염소산염류, 염소산염류, 과염소산염류, 무기과산화물, 그 밖에 지정수량이 50kg인 위험물(위험등급 Ⅰ)
   ㉡ 제3류 위험물 중 칼륨, 나트륨, 알킬알루미늄, 알킬리튬, 그 밖에 지정수량이 10kg인 위험물 및 황린(위험등급 Ⅰ)

정답 157. ④ 158. ① 159. ④ 160. ④

ⓒ 제4류 위험물 중 특수인화물(위험등급 I), 제1석유류 및 **알코올류(위험등급 Ⅱ)**
ⓓ 제5류 위험물 중 유기과산화물, 질산에스터류, 그 밖에 지정수량이 10kg인 위험물(위험등급 I)
ⓔ 제6류 위험물(위험등급 I)

2) 바닥면적 2,000m^2 이하에 저장할 수 있는 물질 – 바닥면적 1,000m^2 이하에 저장할 수 있는 물질 이외의 것

똑똑한 풀이비법

옥내저장소의 바닥면적은 위험등급을 이용하여 기억하자!

1) 바닥면적 1,000m^2 이하에 저장해야 하는 물질
㉠ 제4류 위험물 중 위험등급 I, 위험등급 Ⅱ
㉡ 제4류 위험물을 제외한 그 밖의 위험물 중 위험등급 I

2) 바닥면적 2,000m^2 이하에 저장할 수 있는 물질 – 그 밖의 위험등급

161 위험물의 품명, 수량 또는 지정수량 배수의 변경신고에 대한 설명으로 옳은 것은?

① 허가청과 협의하여 설치한 군용 위험물시설의 경우에도 적용된다.
② 변경신고는 변경한 날로부터 7일 이내에 완공검사필증을 첨부하여 신고하여야 한다.
③ 위험물의 품명이나 수량의 변경을 위해 제조소등의 위치, 구조 또는 설비를 변경하는 경우에 신고한다.
④ 위험물의 품명, 수량 및 지정수량의 배수를 모두 변경할 때에는 신고를 할 수 없고 허가를 신청하여야 한다.

① 허가청과 협의하여 설치한 군용 위험물시설이라 하더라도 **위험물의 품명, 수량 또는 지정수량의 배수의 변경신고는 별도로 해야 한다.**
② 변경신고는 변경한 날이 아닌, 변경하고자 하는 날의 1일 전까지 완공검사필증을 첨부하여 신고하여야 한다.
③ 제조소등의 위치, 구조 또는 설비를 변경하는 경우에는 변경신고가 아닌 변경신청을 해야 한다.
④ 위험물의 품명, 수량 및 지정수량의 배수를 모두 변경할 때에도 변경신청이 아닌 변경신고를 해야 한다.

똑똑한 풀이비법

제조소등의 위치, 구조 또는 설비를 변경할 때에는 **변경신청**을 해야 하고, 품명, 수량 또는 지정수량의 배수를 변경할 때에는 **변경신고**를 해야 한다.

162 위험물제조소등에 설치하는 옥외소화전설비의 기준에서 옥외소화전함은 옥외소화전으로부터 보행거리 몇 m 이하의 장소에 설치하여야 하는가?

① 1.5m
② 5m
③ 7.5m
④ 10m

PLAY 풀이

옥외소화전함은 옥외소화전으로부터 보행거리 **5m 이하**의 장소에 설치해야 한다.

163 제5류 위험물에 관한 내용으로 틀린 것은?

① $C_2H_5ONO_2$: 상온에서 액체이다.
② $C_6H_2OH(NO_2)_3$: 공기 중 자연분해가 잘된다.
③ $C_6H_3(NO_2)_2CH_3$: 담황색의 결정이다.
④ $C_3H_5(ONO_2)_3$: 혼산 중에 글리세린을 반응시켜 제조한다.

② $C_6H_2OH(NO_2)_3$: 피크린산
단독으로는 마찰·충격에 둔감하여 공기 중에서 자연분해되지 않지만 구리, 아연 등 금속염류와의 혼합물은 피크린산 염을 생성하여 마찰·충격 등에 위험해진다.
※ ① $C_2H_5ONO_2$: 질산에틸
② $C_6H_3(NO_2)_2CH_3$: 다이나이트로톨루엔
③ $C_3H_5(ONO_2)_3$: 나이트로글리세린

164 제4류 위험물의 옥외저장탱크에 대기밸브부착 통기관을 설치할 때 몇 kPa 이하의 압력차이로 작동하여야 하는가?

① 5kPa
② 10kPa
③ 15kPa
④ 20kPa

PLAY 풀이

옥외저장탱크에 설치하는 대기밸브부착 통기관은 **5kPa 이하**의 압력차이로 작동하여야 한다.

정답 161. ① 162. ② 163. ② 164. ①

165 제조소등에서 위험물을 유출시켜 사람의 신체 또는 재산에 위험을 발생시킨 자에 대한 벌칙기준으로 옳은 것은?

① 1년 이상 3년 이하의 징역
② 1년 이상 5년 이하의 징역
③ 1년 이상 7년 이하의 징역
④ 1년 이상 10년 이하의 징역

≫ 1) 제조소등에서 위험물을 유출·방출 또는 확산시켜 **사람의 생명, 신체 또는 재산에 대하여 위험을 발생시킨 자는 1년 이상 10년 이하의 징역**에 처한다.
2) 제조소등에서 위험물을 유출·방출 또는 확산시켜 사람을 상해에 이르게 한 때에는 무기 또는 3년 이상의 징역에 처하며, 사망에 이르게 한 때에는 무기 또는 5년 이상의 징역에 처한다.

166 오황화인과 칠황화인이 물과 반응했을 때 공통으로 나오는 물질은?

① 이산화황 ② 황화수소
③ 인화수소 ④ 삼산화황

≫ 오황화인(P_2S_5)과 칠황화인(P_4S_7)은 제2류 위험물로서 둘 다 황(S)을 포함하고 있어 물과 반응 시 물에 포함된 수소(H)와 반응하여 **황화수소(H_2S)**를 발생한다.
– 오황화인과 물과의 반응식

$P_2S_5 + 8H_2O \rightarrow 5H_2S + 2H_3PO_4$

오황화인 물 황화수소 인산

167 과산화칼륨이 물 또는 이산화탄소와 반응할 경우 공통적으로 발생하는 물질은?

① 산소 ② 과산화수소
③ 수산화칼륨 ④ 수소

≫ 과산화칼륨(제1류 위험물 중 알칼리금속의 과산화물)은 물 또는 이산화탄소와 반응하여 **산소를 발생**한다.
– 과산화칼륨과 물과의 반응식

$2K_2O_2 + 2H_2O \rightarrow 4KOH + O_2$

과산화칼륨 물 수산화칼륨 산소

– 과산화칼륨과 이산화탄소와의 반응식

$2K_2O_2 + 2CO_2 \rightarrow 2K_2CO_3 + O_2$

과산화칼륨 이산화탄소 탄산칼륨 산소

168 액체 위험물을 운반용기에 수납할 때 내용적 몇 % 이하의 수납률로 수납하여야 하는가?

① 95%
② 96%
③ 97%
④ 98%

PLAY▶풀이

≫ 운반용기 수납률의 기준
1) 고체 위험물 : 운반용기 내용적의 95% 이하
2) **액체 위험물 : 운반용기 내용적의 98% 이하**
(55℃에서 누설되지 않도록 공간용적을 유지)
3) 알킬알루미늄등 : 운반용기의 내용적의 90% 이하(50℃에서 5% 이상의 공간용적을 유지)

169 벤젠 1몰을 충분한 산소가 공급되는 표준상태에서 완전연소시켰을 때 발생하는 이산화탄소의 양은 몇 L인가?

① 22.4L
② 134.4L
③ 168.8L
④ 224.0L

PLAY▶풀이

≫ 아래의 연소반응식에서 알 수 있듯이 벤젠 1몰 연소 시 이산화탄소 6몰이 발생하므로 표준상태에서 이산화탄소 6몰의 부피는 6×22.4L=134.4L이다.
– 벤젠의 연소반응식

$2C_6H_6 + 15O_2 \rightarrow 12CO_2 + 6H_2O$

벤젠 산소 이산화탄소 물

170 다음은 위험물안전관리법령에서 정의한 동식물유에 관한 내용이다. ( ) 안에 알맞은 수치는?

동물의 지육 등 또는 식물의 종자나 과육으로부터 추출한 것으로서 1기압에서 인화점이 섭씨 ( )도 미만인 것을 말한다.

① 21 ② 200
③ 250 ④ 300

≫ 위험물안전관리법령에서 정의한 제4류 위험물 중 동식물유류의 인화점은 섭씨 **250도 미만**이다.

정답 165. ④ 166. ② 167. ① 168. ④ 169. ② 170. ③

171 위험물안전관리법상 제6류 위험물이 아닌 것은?

① H_3PO_4
② IF_5
③ BrF_5
④ BrF_3

① H_3PO_4 : 인산으로, **위험물이 아니다.**
② IF_5 : 오플루오린화아이오딘(할로젠간화합물인 제6류 위험물)
③ BrF_5 : 오플루오린화브로민(할로젠간화합물인 제6류 위험물)
④ BrF_3 : 삼플루오린화브로민(할로젠간화합물인 제6류 위험물)

172 제5류 위험물 나이트로화합물에 속하지 않는 것은?

① 나이트로벤젠
② 테트릴
③ 트라이나이트로톨루엔
④ 피크린산

① **나이트로벤젠($C_6H_5NO_2$)은 제4류 위험물 중 제3석유류**에 속하는 물질이다.

173 과산화나트륨 78g과 충분한 양의 물이 반응하여 생성되는 기체의 종류와 생성량을 올바르게 나타낸 것은?

① 수소, 1g
② 산소, 16g
③ 수소, 2g
④ 산소, 32g

과산화나트륨과 물과의 반응식

$$2Na_2O_2 + 2H_2O \rightarrow 4NaOH + O_2$$

(과산화나트륨, 물, 수산화나트륨, 산소)

과산화나트륨(Na_2O_2) 1mol의 분자량=23g(Na)×2+16g(O)×2=78g/mol임을 이용한다.

$$\therefore\ 78g\ Na_2H_2 \times \frac{1mol\ Na_2H_2}{78g\ Na_2H_2} \times \frac{1mol\ O_2}{2mol\ Na_2H_2} \times \frac{32g\ O_2}{1mol\ O_2} = 16g\ O_2$$

174 주된 연소형태가 나머지 셋과 다른 하나는?

① 아연분
② 양초
③ 코크스
④ 목탄

① 아연분 : 표면연소
② **양초 : 증발연소**
③ 코크스 : 표면연소
④ 목탄 : 표면연소

175 위험물안전관리법령상 제조소등의 관계인은 제조소등의 화재예방과 재해발생 시 비상조치에 필요한 사항을 서면으로 작성하여 허가청에 제출하여야 한다. 이는 무엇에 관한 설명인가?

① 예방규정 ② 소방계획서
③ 비상계획서 ④ 화재영향평가서

제조소등의 화재예방과 재해발생 시의 비상조치에 필요한 사항을 서면으로 작성하여 허가청에 제출하는 서류를 **예방규정**이라 한다.

176 다음 물질 중에서 위험물안전관리법상 지정수량 이상인 위험물의 범위에 포함되는 것은?

① 농도가 40중량%인 과산화수소 350kg
② 비중이 1.40인 질산 350kg
③ 직경 2.5mm의 막대모양인 마그네슘 500kg
④ 순도가 55중량%인 황 50kg

① 농도가 36중량% 이상의 과산화수소는 제6류 위험물의 기준에 해당하며 지정수량은 300kg이므로 **농도가 40중량%인 과산화수소** 350kg은 지정수량 이상의 **위험물에 해당하는 조건**이다.
② 비중이 1.49 이상의 질산은 제6류 위험물의 기준에 해당하며 지정수량은 300kg이므로 비중이 1.40인 질산 350kg은 지정수량 이상은 맞지만 위험물에는 해당하지 않는 조건이다.
③ 직경 2mm 이상의 막대모양인 마그네슘은 제2류 위험물에서 제외되는 조건이므로 직경 2.5mm의 막대모양인 마그네슘은 위험물에 해당하지 않는 조건이다.

정답 171. ① 172. ① 173. ② 174. ② 175. ① 176. ①

④ 순도가 60중량% 이상인 황은 제2류 위험물의 기준에 해당하며 지정수량은 100kg이므로 순도가 55중량%인 황 50kg은 지정수량 미만이고 위험물에도 해당하지 않는 조건이다.

177 질화면을 강면약과 약면약으로 구분하는 기준은?

① 물질의 경화도　② 수산기의 수
③ 질산기의 수　④ 탄소 함유량

» 질산에스터류에 속하는 나이트로셀룰로스(제5류 위험물)는 질화면이라 불리는 물질로서 **질산기의 수에 따라 강면약과 약면약으로 구분**되며 강면약일수록 폭발력이 강하다.

178 에틸렌글리콜의 성질로 옳지 않은 것은?

① 갈색의 액체로 방향성이 있고 쓴맛이 난다.
② 물, 알코올 등에 잘 녹는다.
③ 분자량은 약 62이고 비중은 약 1.1이다.
④ 부동액의 원료로 사용된다.

» ① **무색**의 액체로 방향성이 있고 **단맛**이 난다.
② 2가 알코올로서 독성이 있으며 물, 알코올 등에 잘 녹는다.
③ 화학식은 $C_2H_4(OH)_2$이므로 분자량은 약 62이고 비중은 약 1.1이다.

179 위험물안전관리법령상 위험물의 운반에 관한 기준에 따르면 알코올류의 위험등급은?

① 위험등급 Ⅰ　② 위험등급 Ⅱ
③ 위험등급 Ⅲ　④ 위험등급 Ⅳ

» 제4류 위험물의 위험등급
1) 위험등급 Ⅰ : 특수인화물
2) **위험등급 Ⅱ** : 제1석유류, **알코올류**
3) 위험등급 Ⅲ : 제2석유류, 제3석유류, 제4석유류, 동식물유류

180 다음은 어떤 화합물의 구조식인가?

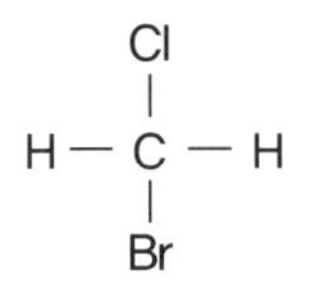

① 할론 1301　② 할론 1201
③ 할론 1011　④ 할론 2402

» C 1개, F 0개, Cl 1개, Br 1개이므로 **할론 1011**이라고 한다. 이때 수소의 개수는 할론번호에는 포함하지 않는다.

181 다음은 위험물안전관리법령에 따른 판매취급소에 대한 정의이다. ( ) 안에 알맞은 말은?

판매취급소라 함은 점포에서 위험물을 용기에 담아 판매하기 위하여 지정수량의 (A)배 이하의 위험물을 (B)하는 장소를 말한다.

① A : 20, B : 취급
② A : 40, B : 취급
③ A : 20, B : 저장
④ A : 40, B : 저장

» 판매취급소라 함은 점포에서 위험물을 용기에 담아 판매하기 위하여 지정수량의 **40배 이하**의 위험물을 **취급**하는 장소를 말한다.

182 인화성 액체 위험물을 저장하는 옥외탱크저장소에 설치하는 방유제의 높이기준은?

① 0.5m 이상 1m 이하
② 0.5m 이상 3m 이하
③ 0.3m 이상 1m 이하
④ 0.3m 이상 3m 이하

» 옥외탱크저장소의 방유제의 높이는 **0.5m 이상 3m 이하**로 해야 한다.

PLAY 풀이

183 위험물저장탱크의 공간용적은 탱크 내용적의 얼마 이상, 얼마 이하로 하는가?

① 2/100 이상, 3/100 이하
② 2/100 이상, 5/100 이하
③ 5/100 이상, 10/100 이하
④ 10/100 이상, 20/100 이하

» 위험물저장탱크의 공간용적은 탱크 내용적의 **5/100 이상, 10/100 이하**로 한다.

정답　177. ③ 178. ① 179. ② 180. ③ 181. ② 182. ② 183. ③

184 BCF(Bromochlorodifluoromethane) 소화약제의 화학식으로 옳은 것은?

① CCl_4
② CH_2ClBr
③ CF_3Br
④ CF_2ClBr

BCF의 의미 : **탄소를 포함하면서 B(Br), C(Cl), F를 모두 포함**하는 것이다.

185 다음 중 제2석유류에 해당하는 물질로만 짝지어진 것은?

① 등유, 경유
② 등유, 중유
③ 글리세린, 기계유
④ 글리세린, 장뇌유

① **등유**(제4류 위험물 중 **제2석유류**), **경유**(제4류 위험물 중 **제2석유류**)
② 등유(제4류 위험물 중 제2석유류), 중유(제4류 위험물 중 제3석유류)
③ 글리세린(제4류 위험물 중 제3석유류), 기계유(제4류 위험물 중 제4석유류)
④ 글리세린(제4류 위험물 중 제3석유류), 장뇌유(제4류 위험물 중 제2석유류)

186 사이클로헥세인에 관한 설명으로 가장 거리가 먼 것은?

① 고리형 분자구조를 가진 방향족 탄화수소화합물이다.
② 화학식은 C_6H_{12}이다.
③ 비수용성 위험물이다.
④ 제4류 제1석유류에 속한다.

① 방향족 탄화수소란 이중결합구조의 고리형 분자구조를 가지고 있는 벤젠을 포함하는 것인데 **사이클로헥세인**은 단일결합구조의 고리형 분자구조를 가진 물질이기 때문에 **방향족 탄화수소로 분류되지 않는다.**

※ 사이클로헥세인(C_6H_{12})은 제4류 위험물 중 제1석유류에 해당하는 비수용성 물질이다.

187 0.99atm, 55℃에서 이산화탄소의 밀도는 약 몇 g/L인가?

① 0.62g/L ② 1.62g/L
③ 9.65g/L ④ 12.65g/L

이상기체방정식 : $PV = nRT = \frac{w}{M}RT$ 식을 변형하면 밀도$(d) = \frac{w}{V} = \frac{PM}{RT}$

여기서, P : 압력(atm)
V : 부피(L)
n : 몰수(mol)
R : 기체상수(0.082atm·L/mol·K)
T : 온도(K=273+섭씨온도)
w : 주어진 질량(g)
M : 분자량(g/mol)
d : 밀도(g/L)

$$\therefore d = \frac{0.99\text{atm} \times 44\text{g/mol}}{0.082\text{atm}\cdot\text{L/mol}\cdot\text{K} \times (273+55)\text{K}} = 1.62\text{g/L}$$

188 과산화수소의 성질에 대한 설명으로 옳지 않은 것은?

① 산화성이 강한 무색투명한 액체이다.
② 위험물안전관리법령상 일정 비중 이상일 때 위험물로 취급한다.
③ 가열에 의해 분해하면 산소가 발생한다.
④ 소독약으로 사용할 수 있다.

1) 일정 **농도(36중량%) 이상 : 과산화수소가 위험물이 되는 조건**
2) 일정 비중(1.49) 이상 : 질산이 위험물이 되는 조건

189 지정수량 10배 이상의 위험물을 취급하는 제조소에는 피뢰침을 설치하여야 하지만 제 몇 류 위험물을 취급하는 경우에는 이를 제외할 수 있는가?

① 제2류 위험물 ② 제4류 위험물
③ 제5류 위험물 ④ 제6류 위험물

지정수량의 10배 이상의 위험물을 취급하는 제조소에는 피뢰설비를 설치해야 한다. 다만, **제6류 위험물제조소는 제외**할 수 있다.

정답 184. ④ 185. ① 186. ① 187. ② 188. ② 189. ④

190 다음은 위험물안전관리법령에서 정한 내용이다. ( ) 안에 알맞은 용어는?

> ( )라 함은 고형 알코올, 그 밖에 1기압에서 인화점이 섭씨 40도 미만인 고체를 말한다.

① 가연성 고체
② 산화성 고체
③ 인화성 고체
④ 자기반응성 고체

» 제2류 위험물 중 **인화성 고체**라 함은 고형 알코올, 그 밖에 1기압에서 인화점이 섭씨 40도 미만인 고체를 말한다.

191 전기불꽃에 의한 에너지식을 바르게 나타낸 것은 무엇인가? (단, E는 전기불꽃에너지(J), C는 전기용량(F), Q는 전기량(C), V는 방전전압(V)이다.)

① $E=\frac{1}{2}QV$　② $E=\frac{1}{2}QV^2$
③ $E=\frac{1}{2}CV$　④ $E=\frac{1}{2}VQ^2$

» 전기불꽃에너지(E)
$$E=\frac{1}{2}QV=\frac{1}{2}CV^2$$

192 위험물의 운반에 관한 기준에서 다음 ( ) 안에 알맞은 온도는 몇 ℃인가?

> 적재하는 제5류 위험물 중 ( )℃ 이하의 온도에서 분해될 우려가 있는 것은 보냉 컨테이너에 수납하는 등 적정한 온도관리를 하여야 한다.

① 40　② 50
③ 55　④ 60

» 적재하는 제5류 위험물 중 **55℃ 이하**의 온도에서 분해될 우려가 있는 것은 보냉 컨테이너에 수납하는 등 적정한 온도관리를 하여야 한다.

193 위험물제조소등에 설치하는 옥내소화전설비의 설치기준으로 옳은 것은?

① 옥내소화전은 건축물의 층마다 그 층의 각 부분에서 하나의 호스 접속구까지의 수평거리가 25m 이하가 되도록 설치하여야 한다.
② 해당 층의 모든 옥내소화전(5개 이상인 경우는 5개)을 동시에 사용할 경우 각 노즐 끝부분에서의 방수량은 130L/min 이상이어야 한다.
③ 해당 층의 모든 옥내소화전(5개 이상인 경우는 5개)을 동시에 사용할 경우 각 노즐 끝부분에서의 방수압력은 250kPa 이상이어야 한다.
④ 수원의 수량은 옥내소화전이 가장 많이 설치된 층의 옥내소화전 설치개수(5개 이상인 경우는 5개)에 $2.6m^3$를 곱한 양 이상이 되도록 설치하여야 한다.

» ② 해당 층의 모든 옥내소화전(5개 이상인 경우는 5개)을 동시에 사용할 경우 각 노즐 끝부분에서의 방수량은 260L/min 이상이어야 한다.
③ 해당 층의 모든 옥내소화전(5개 이상인 경우는 5개)을 동시에 사용할 경우 각 노즐 끝부분에서의 방수압력은 350kPa 이상이어야 한다.
④ 수원의 수량은 옥내소화전이 가장 많이 설치된 층의 옥내소화전 설치개수(5개 이상인 경우는 5개)에 $7.8m^3$를 곱한 양 이상이 되도록 설치하여야 한다.

194 이송취급소에 설치하는 경보설비의 기준에 따라 이송기지에 설치하여야 하는 경보설비로만 이루어진 것은?

① 확성장치, 비상벨장치
② 비상방송설비, 비상경보설비
③ 확성장치, 비상방송설비
④ 비상방송설비, 자동화재탐지설비

» 이송취급소의 이송기지에 설치해야 하는 경보설비의 종류는 **비상벨장치** 및 **확성장치**이다.

정답 190. ③ 191. ① 192. ③ 193. ① 194. ①

195 위험물을 취급함에 있어서 정전기가 발생할 우려가 있는 설비에 정전기를 유효하게 제거할 수 있는 방법에 해당하지 않는 것은?

① 위험물의 유속을 높이는 방법
② 공기를 이온화하는 방법
③ 공기 중의 상대습도를 70% 이상으로 하는 방법
④ 접지에 의한 방법

① 위험물의 **유속을 높이면** 마찰 등으로 인해 **정전기의 발생확률이 높아진다.**

PLAY▶ 풀이

※ 정전기 발생 방지법
1) 공기를 이온화하는 방법
2) 공기 중의 상대습도를 70% 이상으로 하는 방법
3) 접지에 의한 방법

196 주유취급소에서 자동차 등에 위험물을 주유할 때 자동차 등의 원동기를 정지시켜야 하는 위험물의 인화점 기준은 몇 ℃ 미만인가? (단, 연료탱크에 위험물을 주유하는 동안 방출되는 가연성 증기 회수설비가 부착되지 않은 고정주유설비의 경우이다.)

① 20℃ ② 30℃
③ 40℃ ④ 50℃

주유취급소에서 자동차 등에 위험물을 주유할 때 자동차 등의 원동기를 정지시켜야 하는 위험물의 인화점 기준은 **40℃ 미만**이다.

197 위험물저장탱크 중 부상지붕구조로 탱크의 직경이 53m 이상 60m 미만인 경우 고정식 포소화설비의 포방출구 종류 및 수량으로 옳은 것은?

① Ⅰ형 8개 이상
② Ⅱ형 8개 이상
③ Ⅲ형 8개 이상
④ 특형 10개 이상

탱크에 설치하는 고정식 포소화설비의 포방출구

탱크지붕의 구분	포방출구 형태	포주입법
고정지붕 구조의 탱크	Ⅰ형 방출구	상부포주입법(고정포방출구를 탱크 옆판의 상부에 설치하여 액표면상에 포를 방출하는 방법)
	Ⅱ형 방출구	
	Ⅲ형 방출구	저부포주입법(탱크의 액면하에 설치된 포방출구로부터 포를 탱크 내에 주입하는 방법)
	Ⅳ형 방출구	
부상지붕 구조의 탱크	**특형 방출구**	상부포주입법(고정포방출구를 탱크 옆판의 상부에 설치하여 액표면상에 포를 방출하는 방법)

부상지붕구조의 탱크에 설치하는 고정식 포소화설비의 포방출구 종류는 특형밖에 없다.

198 일반적으로 알려진 황화인의 3종류에 속하지 않는 것은?

① P_4S_3
② P_2S_5
③ P_4S_7
④ P_2S_9

PLAY▶ 풀이

황화인(제2류 위험물)의 3가지 종류
1) 삼황화인(P_4S_3)
2) 오황화인(P_2S_5)
3) 칠황화인(P_4S_7)

199 제조소등의 관계인이 위험물제조소등에 대해 기술기준에 적합한지의 여부를 판단하는 최소 정기점검주기는?

① 주 1회 이상 ② 월 1회 이상
③ 6개월에 1회 이상 ④ 연 1회 이상

위험물제조소등에 대해 기술기준에 적합한지 여부를 판단하는 최소 정기점검주기는 **연 1회 이상**이다.

200 흑색화약의 원료로 사용되는 위험물의 유별을 올바르게 나타낸 것은?

① 제1류, 제2류 ② 제1류, 제4류
③ 제2류, 제4류 ④ 제4류, 제5류

흑색화약의 원료로 사용되는 물질은 질산칼륨, 숯, 황이며, 이 중 질산칼륨은 **제1류 위험물**이고 황은 **제2류 위험물**이다.

정답 195. ① 196. ③ 197. ④ 198. ④ 199. ④ 200. ①

제3장

과년도 출제문제

Craftsman Hazardous material

Craftsman Hazardous material

2019 CBT 기출복원문제 제1회 위험물기능사

01 비전도성 액체가 관이나 탱크 내에서 움직일 때 정전기가 발생하기 쉬운 조건으로 가장 거리가 먼 것은?

① 흐름의 낙차가 클 때
② 느린 유속으로 흐를 때
③ 심한 와류가 생길 때
④ 필터를 통과할 때

» ② 빠른 유속으로 흐를 때에는 정전기가 발생하기 쉽다.

02 위험물의 화재위험에 관한 제반조건을 설명한 것으로 옳은 것은?

① 인화점이 높을수록, 연소범위가 넓을수록 위험하다.
② 인화점이 낮을수록, 연소범위가 좁을수록 위험하다.
③ 인화점이 높을수록, 연소범위가 좁을수록 위험하다.
④ 인화점이 낮을수록, 연소범위가 넓을수록 위험하다.

» 화재위험이 높아지는 조건
1) **인화점이 낮을수록**
2) 발화점이 낮을수록
3) **연소범위가 넓을수록**
4) 연소하한이 낮을수록
5) 온도 및 압력이 높을수록

03 다음 중 발화점이 낮아지는 경우는?

① 화학적 활성도가 낮을 때
② 발열량이 클 때
③ 산소와의 친화력이 나쁠 때
④ CO_2와의 친화력이 높을 때

» 발화점이 낮아지는 경우는 낮은 온도에서도 불이 쉽게 붙을 수 있다는 의미로서, 소화약제인 이산화탄소와 친화력이 높다는 것은 불이 오히려 잘 꺼진다는 의미를 갖는다.

04 0.99atm, 55℃에서 이산화탄소의 밀도는 몇 g/L인가?

① 0.62g/L
② 1.62g/L
③ 9.65g/L
④ 12.65g/L

PLAY ▶ 풀이

» 이상기체방정식 : $PV = nRT = \frac{w}{M}RT$ 식을 변형하면 밀도$(d) = \frac{w}{V} = \frac{PM}{RT}$

여기서, P : 압력(atm)
V : 부피(L)
n : 몰수(mol)
R : 기체상수(0.082atm·L/mol·K)
T : 온도(K)=273+섭씨온도
w : 주어진 질량(g)
M : 분자량(g/mol)
d : 밀도(g/L)

$$\therefore d = \frac{0.99\text{atm} \times 44\text{g/mol}}{0.082\text{atm}\cdot\text{L/mol}\cdot\text{K} \times (273+55)\text{K}} = 1.62\text{g/L}$$

05 분진폭발의 위험성이 가장 낮은 것은?

① 밀가루　② 알루미늄분말
③ 모래　④ 석탄

» ③ 마른모래는 소화약제이다.
※ 분진폭발이 불가능한 물질
시멘트분말, 대리석분말, 가성소다(NaOH)분말 등

06 다음 중 화학식과 Halon 번호를 올바르게 연결한 것은?

① CBr_2F_2 − 1202　② $C_2Br_2F_2$ − 2422
③ $CBrClF_2$ − 1102　④ $C_2Br_2F_4$ − 1242

정답　01. ②　02. ④　03. ②　04. ②　05. ③　06. ①

≫ 할론 번호는 화학식에서의 F, Cl, Br의 위치에 관계없이 C–F–Cl–Br의 순서대로 원소의 개수를 읽어준다.
② $C_2Br_2F_2$ – 존재하지 않는 화학식이다.
③ $CBrClF_2$ – 1211
④ $C_2Br_2F_4$ – 2402

07 물의 소화능력을 향상시키고 동절기 또는 한랭지에서도 사용할 수 있도록 탄산칼륨 등의 알칼리금속염을 첨가한 소화약제는 어느 것인가?

① 강화액 소화약제
② 할로젠화합물 소화약제
③ 이산화탄소 소화약제
④ 포(foam) 소화약제

≫ **강화액 소화약제**는 탄산칼륨(K_2CO_3) 등의 금속염을 첨가하여 물의 소화능력을 향상시키고 동절기 또는 한랭지에서도 사용할 수 있도록 만든 소화약제이다.

08 다음 중 소화약제에 따른 주된 소화효과로 틀린 것은?

① 수성막포 소화약제 : 질식효과
② 제2종 분말소화약제 : 탈수·탄화효과
③ 이산화탄소 소화약제 : 질식효과
④ 할로젠화합물 소화약제 : 화학억제효과

≫ 소화효과별 소화약제의 구분
1) **질식효과** : 포소화약제, 이산화탄소 소화약제, **분말소화약제**
2) 억제효과 : 할로젠화합물 소화약제
3) 냉각효과 : 물을 이용한 소화약제

09 소화기에 "A-2"가 표시되어 있었다면 숫자 '2'가 의미하는 것은 무엇인가?

① 소화기의 제조번호
② 소화기의 소요단위
③ 소화기의 능력단위
④ 소화기의 사용순위

≫ A-2에서 'A'는 소화기의 적응화재를 의미하고 '2'는 소화기의 능력단위를 의미한다.

10 위험물제조소등의 전기설비에 적응성이 있는 소화설비는?

① 봉상수소화기
② 포소화설비
③ 옥외소화전설비
④ 물분무소화설비

≫ 위험물제조소등의 전기설비에 적응성이 있는 소화설비는 물분무소화설비, 이산화탄소 소화설비, 할로젠화합물 소화설비, 분말소화설비 등이 있다.

11 위험물안전관리법령상 스프링클러헤드는 부착장소의 평상시 최고주위온도가 28℃ 미만인 경우 몇 ℃의 표시온도를 갖는 것을 설치하여야 하는가?

① 58℃ 미만
② 58℃ 이상 79℃ 미만
③ 79℃ 이상 121℃ 미만
④ 121℃ 이상 162℃ 미만

≫ 스프링클러헤드는 그 부착장소의 평상시 최고주위온도에 따라 다음 [표]에 정한 표시온도를 갖는 것을 설치해야 한다.

부착장소의 최고주위온도(℃)	표시온도(℃)
28 미만	**58 미만**
28 이상 39 미만	58 이상 79 미만
39 이상 64 미만	79 이상 121 미만
64 이상 106 미만	121 이상 162 미만
106 이상	162 이상

똑똑한 풀이비법

부착장소의 최고주위온도 × 2의 값에 1 또는 2를 더한 값이 오른쪽의 표시온도라고 암기하세요.

12 황린과 적린의 공통성질이 아닌 것은?

① 물에 녹지 않는다.
② 이황화탄소에 잘 녹는다.
③ 연소 시 오산화인을 생성한다.
④ 화재 시 물을 사용하여 소화를 할 수 있다.

≫ 적린(P)은 이황화탄소에 녹지 않고, 황린(P_4)은 이황화탄소에 잘 녹는다.

정답 07. ① 08. ② 09. ③ 10. ④ 11. ① 12. ②

13 다음 중 지정수량이 가장 큰 것은?

① 과염소산칼륨 ② 인화칼슘
③ 황린 ④ 황

① 과염소산칼륨(제1류 위험물) : 50kg
② 인화칼슘(제3류 위험물) : 300kg
③ 황린(제3류 위험물) : 20kg
④ 황(제2류 위험물) : 100kg

14 위험물의 유별과 성질을 잘못 연결한 것은?

① 제2류 – 가연성 고체
② 제3류 – 자연발화성 및 금수성 물질
③ 제5류 – 자기반응성 물질
④ 제6류 – 산화성 고체

④ 제6류 – 산화성 액체
※ 산화성 고체는 제1류 위험물의 성질이다.

15 염소산염류에 대한 설명으로 옳은 것은?

① 염소산칼륨은 환원제이다.
② 염소산나트륨은 조해성이 있다.
③ 염소산암모늄은 위험물이 아니다.
④ 염소산칼륨은 냉수와 알코올에 잘 녹는다.

① 염소산칼륨은 산화제이다.
③ 염소산암모늄은 제1류 위험물이다.
④ 염소산칼륨은 냉수와 알코올에는 녹지 않고 온수 및 글리세린에 잘 녹는다.

16 분자량이 약 169인 백색의 정방정계 분말로서 알칼리토금속의 과산화물 중 매우 안정한 물질이며 테르밋의 점화제 용도로 사용되는 제1류 위험물은?

① 과산화칼슘
② 과산화바륨
③ 과산화마그네슘
④ 과산화칼륨

① 과산화칼슘(CaO_2) : 40(Ca) + 16(O) × 2 = 72
② 과산화바륨(BaO_2) : 137(Ba) + 16(O) × 2 = 169
③ 과산화마그네슘(MgO_2) : 24(Mg) + 16(O) × 2 = 56
④ 과산화칼륨(K_2O_2) : 39(K) × 2 + 16(O) × 2 = 110

17 $KMnO_4$의 지정수량은 몇 kg인가?

① 50kg ② 100kg
③ 300kg ④ 1,000kg

과망가니즈산칼륨($KMnO_4$)은 제1류 위험물로서 지정수량은 1,000kg이다.

18 제1류 위험물인 과산화나트륨의 보관용기에 화재가 발생하였다. 소화약제로 가장 적당한 것은?

① 포소화약제
② 물
③ 마른모래
④ CO_2 소화약제

과산화나트륨(제1류 위험물)은 알칼리금속의 과산화물로서 **마른모래**, 팽창질석, 팽창진주암, 탄산수소염류 분말소화약제로 질식소화한다.

19 질산칼륨의 성질에 해당하는 것은?

① 무색 또는 흰색 결정이다.
② 물과 반응하면 폭발의 위험이 있다.
③ 물에 녹지 않으나 알코올에 잘 녹는다.
④ 황산, 목분과 혼합하면 흑색화약이 된다.

질산칼륨의 성질
1) 초석이라고도 불린다.
2) 분해온도 400℃, 비중 2.1이다.
3) **무색 결정 또는 백색 분말**이다.
4) 물, 글리세린에 잘 녹고 알코올에는 안 녹는다.
5) 흡습성 및 조해성이 없다.
6) 질산칼륨과 숯, 황을 혼합하면 흑색화약이 되며 이는 불꽃놀이 등에 사용된다.
7) 열분해 시 산소가 발생한다.
8) 소화방법은 물로 냉각소화하는 것이다.

20 제2류 위험물이 아닌 것은?

① 황화인 ② 적린
③ 황린 ④ 철분

①, ②, ④ : 제2류 위험물
③ : 제3류 위험물

정답 13. ② 14. ④ 15. ② 16. ② 17. ④ 18. ③ 19. ① 20. ③

21 분말형태로서 150μm의 체를 통과하는 것이 50중량% 이상인 것만 위험물로 취급되는 것은?

① Fe ② Sn

③ Ni ④ Cu

'금속분'이라 함은 알칼리금속·알칼리토금속·철 및 마그네슘 외의 금속의 분말을 말하고, 구리분·니켈분 및 150μm의 체를 통과하는 것이 50중량% 미만인 것은 제외한다.

① Fe(철분) : 53μm의 표준체를 통과하는 것이 50중량% 미만인 것은 제외한다.

② Sn(주석) : **금속분에 해당**한다.

③, ④ Ni(니켈)과 Cu(구리) : 입자의 크기에 관계없이 무조건 위험물에 포함되지 않는다.

22 제2류 위험물 중 지정수량이 잘못 연결된 것은?

① 황 – 100kg

② 철분 – 500kg

③ 금속분 – 500kg

④ 인화성 고체 – 500kg

④ 인화성 고체 – 1,000kg

23 적린에 관한 설명 중 틀린 것은?

① 물에 잘 녹는다.

② 화재 시 물로 냉각소화한다.

③ 황린에 비해 안정하다.

④ 황린과 동소체이다.

① 물, 이황화탄소에 녹지 않고 PBr_3(삼브로민화인)에 녹는다.

24 서로 반응할 때 수소가 발생하지 않는 것은?

① 리튬 + 염산

② 탄화칼슘 + 물

③ 수소화칼슘 + 물

④ 루비듐 + 물

① $2Li + 2HCl \rightarrow 2LiCl + H_2$
리튬 염산 염화리튬 수소

② $CaC_2 + 2H_2O \rightarrow Ca(OH)_2 + C_2H_2$
탄화칼슘 물 수산화칼슘 아세틸렌

③ $CaH_2 + 2H_2O \rightarrow Ca(OH)_2 + 2H_2$
수소화칼슘 물 수산화칼슘 수소

④ $2Rb + H_2O \rightarrow Rb_2O + H_2$
루비듐 물 산화루비듐 수소

25 금속나트륨의 올바른 취급으로 가장 거리가 먼 것은?

① 보호액 속에서 노출되지 않도록 저장한다.

② 수분 또는 습기와 접촉되지 않도록 주의한다.

③ 용기에서 꺼낼 때는 손을 깨끗이 닦고 만져야 한다.

④ 다량 연소하면 소화가 어려우므로 가급적 소량으로 나누어 저장한다.

③ **피부와 접촉 시 화상의 위험**이 있다.

26 트라이에틸알루미늄의 화재 시 사용할 수 있는 소화약제(설비)가 아닌 것은?

① 마른모래

② 팽창질석

③ 팽창진주암

④ 이산화탄소

트라이에틸알루미늄은 제3류 위험물의 금수성 물질로 적응성이 있는 소화약제로는 탄산수소염류 분말소화약제와 마른모래, 팽창질석, 팽창진주암이 있다.

똑똑한 풀이비법

마른모래, 팽창질석, 팽창진주암은 모든 위험물에 적응성을 가진다.

27 다음 중 금속칼륨에 대한 초기 소화약제로 적합한 것은?

① 물 ② 마른모래

③ CCl_4 ④ CO_2

금속칼륨(제3류 위험물)의 소화약제는 **마른모래**, 팽창질석, 팽창진주암, 탄산수소염류 분말소화약제이다.

정답 21. ② 22. ④ 23. ① 24. ② 25. ③ 26. ④ 27. ②

28 위험물안전관리법령에서 제3류 위험물에 해당하지 않는 것은?

① 알칼리금속
② 칼륨
③ 황화인
④ 황린

» ①, ②, ④ : 제3류 위험물
③ : 제2류 위험물

29 위험물의 운반에 관한 기준에 따르면 아세톤의 위험등급은 얼마인가?

① 위험등급 Ⅰ
② 위험등급 Ⅱ
③ 위험등급 Ⅲ
④ 위험등급 Ⅳ

» 아세톤은 제4류 위험물의 제1석유류로서 위험등급 Ⅱ에 속하는 물질이다.

30 메틸알코올의 연소범위를 더 좁게 하기 위하여 첨가하는 물질이 아닌 것은?

① 질소
② 산소
③ 이산화탄소
④ 아르곤

» 연소범위를 좁게 하는 것은 불연성 가스나 불활성 가스(질소, 이산화탄소, 아르곤)를 첨가하는 경우이고 산소를 첨가하면 연소를 촉진시켜 연소범위는 더 넓어진다.

31 다음 중 이황화탄소에 대한 설명으로 틀린 것은?

① 순수한 것은 황색을 띠고 냄새가 없다.
② 증기는 유독하며 신경계통에 장애를 준다.
③ 물에 녹지 않는다.
④ 연소 시 유독성의 가스를 발생한다.

» ① 순수한 이황화탄소는 **무색을 띠고 자극성 냄새**를 가지고 있다.

32 위험물의 성질에 관한 설명 중 옳은 것은?

① 벤젠과 톨루엔 중 인화온도가 낮은 것은 톨루엔이다.
② 다이에틸에터는 휘발성이 높으며 마취성이 있다.
③ 에틸알코올은 물이 조금이라도 섞이면 불연성 액체가 된다.
④ 휘발유는 전기양도체이므로 정전기 발생이 위험하다.

» ① 벤젠의 인화점은 −11℃, 톨루엔의 인화점은 4℃이므로 인화점이 낮은 것은 벤젠이다.
③ 물이 섞여 있더라도 농도가 60중량% 이상인 에틸알코올은 위험물로 분류된다.
④ 휘발유는 전기불량도체이므로 정전기 발생의 위험이 있다.

33 인화점이 100℃보다 낮은 물질은?

① 아닐린 ② 에틸렌글리콜
③ 글리세린 ④ 실린더유

» ① **아닐린(제4류 위험물의 제3석유류) : 75℃**
② 에틸렌글리콜(제4류 위험물의 제3석유류) : 111℃
③ 글리세린(제4류 위험물의 제3석유류) : 160℃
④ 실린더유(제4류 위험물의 제4석유류) : 200℃ 이상 250℃ 미만

34 다음 중 물에 대한 용해도가 가장 낮은 것은 어느 것인가?

① 아크릴산 ② 아세트알데하이드
③ 벤젠 ④ 글리세린

» 벤젠(제4류 위험물)은 대표적인 비수용성 물질이다.
①, ②, ④ : 수용성
③ : 비수용성

35 다음 중 제4석유류에 해당하는 것은?

① 위험등급 Ⅰ의 위험물
② 위험등급 Ⅱ의 위험물
③ 위험등급 Ⅲ의 위험물
④ 위험등급 Ⅳ의 위험물

정답 28. ③ 29. ② 30. ② 31. ① 32. ② 33. ① 34. ③ 35. ③

>>> 제4류 위험물의 위험등급 구분
1) 특수인화물 : 위험등급 Ⅰ
2) 제1석유류 및 알코올류 : 위험등급 Ⅱ
3) 제2석유류, 제3석유류, **제4석유류**, 동식물유류 : **위험등급 Ⅲ**

36 제5류 위험물이 아닌 것은?

① 염화벤조일 ② 아지화나트륨
③ 질산구아니딘 ④ 아세틸퍼옥사이드

>>> ① 염화벤조일 : 제4류 위험물의 제3석유류
② 아지화나트륨 : 제5류 위험물의 금속의 아지화합물
③ 질산구아니딘 : 제5류 위험물의 질산구아니딘
④ 아세틸퍼옥사이드 : 제5류 위험물의 유기과산화물

37 상온에서 액체인 물질로만 조합된 것은?

① 질산에틸, 나이트로글리세린
② 피크린산, 질산메틸
③ 트라이나이트로톨루엔, 다이나이트로벤젠
④ 나이트로글리콜, 테트릴

>>> ① **질산에틸**(제5류 위험물의 질산에스터류 – **액체**), **나이트로글리세린**(제5류 위험물의 질산에스터류 – **액체**)
② 피크린산(제5류 위험물의 나이트로화합물 – 고체), 질산메틸(제5류 위험물의 질산에스터류 – 액체)
③ 트라이나이트로톨루엔(제5류 위험물의 나이트로화합물 – 고체), 다이나이트로벤젠(제5류 위험물의 나이트로화합물 – 고체)
④ 나이트로글리콜(제5류 위험물의 질산에스터류 – 액체), 테트릴(제5류 위험물의 나이트로화합물 – 고체)

38 자기반응성 물질의 화재예방법으로 가장 거리가 먼 것은?

① 마찰을 피한다.
② 불꽃의 접근을 피한다.
③ 고온체로 건조시켜 보관한다.
④ 운반용기 외부에 '화기엄금' 및 '충격주의'를 표시한다.

>>> ③ 자기반응성 물질은 화재예방을 위해 고온체와의 접근을 피해야 한다.

39 다음 중 나이트로셀룰로스에 관한 설명으로 옳은 것은?

① 용제에는 전혀 녹지 않는다.
② 질화도가 클수록 위험성이 증가한다.
③ 물과 작용하여 수소를 발생한다.
④ 화재발생 시 질식소화가 가장 적합하다.

>>> ① 물에 녹지 않지만 용제(기름)에는 잘 녹는다.
③ 물과 반응하지 않으며, 건조하면 발화위험이 있으므로 함수알코올에 습면시켜 저장한다.
④ 자체적으로 산소공급원을 가지므로 질식소화 효과는 없고 냉각소화를 해야 한다.

40 과염소산의 저장 및 취급 방법으로 틀린 것은?

① 종이, 나무부스러기 등과의 접촉을 피한다.
② 직사광선을 피하고 통풍이 잘되는 장소에 보관한다.
③ 금속분과의 접촉을 피한다.
④ 분해방지제로 NH_3 또는 $BaCl_2$를 사용한다.

>>> ④ 암모니아(NH_3)는 가연성 가스이기 때문에 분해안정제로 사용할 수 없다.
※ 과염소산의 저장·취급 방법
1) 제6류 위험물로서 산소공급원 역할을 하므로 가연물 및 금속분과의 접촉을 피한다.
2) 직사광선을 피하고 통풍이 잘되는 장소에 보관한다.

41 과산화수소에 대한 설명으로 틀린 것은?

① 불연성 물질이다.
② 농도가 약 3wt%이면 단독으로 분해 폭발한다.
③ 산화성 물질이다.
④ 점성이 있는 액체로 물에 용해된다.

>>> ② 농도가 약 36wt%이면 위험물로 분류되며, **농도가 60wt%이면 단독으로 분해 폭발**한다. 소독제로 농도가 3%인 과산화수소(옥시돌)를 사용한다.

정답 36. ① 37. ① 38. ③ 39. ② 40. ④ 41. ②

42 공기 중에서 갈색 연기를 내는 물질은?

① 다이크로뮴산암모늄
② 톨루엔
③ 벤젠
④ 질산

질산(제6류 위험물)은 분해 시 이산화질소(NO_2)라는 적갈색 연기를 발생한다.
– 질산의 분해반응식

$$4HNO_3 \rightarrow 2H_2O + 4NO_2 + O_2$$

질산 물 이산화질소 산소

43 위험물 운반 시 혼재가 가능한 것은?

① 제1류 – 제6류 ② 제2류 – 제3류
③ 제3류 – 제5류 ④ 제5류 – 제1류

제1류 위험물과 제6류 위험물은 운반 시 혼재가 가능하다.

44 차량 등에 적재하는 위험물의 성질에 따라 강구하는 조치로 틀린 것은?

① 제5류, 제6류는 방수성 피복으로 덮는다.
② 제2류 중 철분, 마그네슘은 방수성 피복으로 덮는다.
③ 제1류의 알칼리금속의 과산화물은 차광성과 방수성이 모두 있는 피복으로 덮는다.
④ 제5류 위험물 중 55℃ 이하의 온도에서 분해 우려가 있는 것은 보냉컨테이너에 수납하는 등의 방법으로 적당한 온도관리를 유지한다.

운반 시 위험물의 성질에 따른 피복기준
1) **차광성 피복** : 제1류 위험물, 제3류 위험물 중 자연발화성 물질, 제4류 위험물 중 특수인화물, **제5류 위험물**, **제6류 위험물**
2) 방수성 피복 : 제1류 위험물 중 알칼리금속의 과산화물, 제2류 위험물 중 철분, 금속분, 마그네슘, 제3류 위험물 중 금수성 물질
※ 이 중 제1류 위험물의 알칼리금속의 과산화물은 차광성과 방수성이 모두 있는 피복으로 덮는다.
3) 제5류 위험물 중 55℃ 이하의 온도에서 분해될 우려가 있는 것은 보냉컨테이너에 수납하는 등 적정한 온도관리를 해야 한다.

45 다음은 위험물탱크의 공간용적에 관한 내용이다. ( ) 안에 숫자를 차례대로 나열한 것으로 옳은 것은? (단, 소화설비를 설치하는 경우와 암반탱크는 제외한다.)

> 탱크 공간용적은 내용적의 $\frac{(\ \ )}{100}$ ~ $\frac{(\ \ )}{100}$ 로 할 수 있다.

① 5, 10 ② 5, 15
③ 10, 15 ④ 10, 20

탱크의 공간용적은 탱크의 내용적의 **100분의 5 이상, 100분의 10 이하**로 한다.

46 위험물제조소에서 지정수량 이상의 위험물을 취급하는 건축물(시설)에는 원칙상 최소 몇 m 이상의 보유공지를 확보하여야 하는가? (단, 최대수량은 지정수량의 10배이다.)

① 1m ② 3m
③ 5m ④ 7m

위험물제조소의 보유공지

지정수량의 배수	공지의 너비
지정수량의 10배 이하	**3m 이상**
지정수량의 10배 초과	5m 이상

47 위험물의 운반에 관한 기준에서 적재방법 기준으로 틀린 것은?

① 고체 위험물은 운반용기 내용적의 95% 이하의 수납률로 수납할 것
② 액체 위험물은 운반용기 내용적의 98% 이하의 수납률로 수납할 것
③ 알킬알루미늄은 운반용기 내용적의 95% 이하의 수납률로 수납하되, 50℃의 온도에서 5% 이상의 공간용적을 유지할 것
④ 제3류 위험물 중 자연발화성 물질에 있어서는 불활성 기체를 봉입하여 밀봉하는 등 공기와 접하지 아니하도록 할 것

정답 42. ④ 43. ① 44. ① 45. ① 46. ② 47. ③

③ 알킬알루미늄등 : 운반용기의 내용적의 **90% 이하**(50℃에서 5% 이상의 공간용적을 유지)

48 다음 중 위험물제조소 내의 위험물을 취급하는 배관에 대한 설명으로 옳지 않은 것은 어느 것인가?

① 배관을 지하에 매설하는 경우 접합부분에는 점검구를 설치하여야 한다.
② 배관을 지하에 매설하는 경우 금속성 배관의 외면에는 부식방지조치를 하여야 한다.
③ 최대상용압력의 1.5배 이상의 압력으로 수압시험을 실시하여 이상이 없어야 한다.
④ 지상에 설치하는 경우에는 안전한 구조의 지지물로 지면에 밀착하여 설치하여야 한다.

④ 배관을 지상에 설치하는 경우에는 지면에 밀착해서는 안된다.

49 위험물안전관리법령에 따른 이동저장탱크의 구조기준에 대한 설명으로 틀린 것은?

① 압력탱크는 최대상용압력의 1.5배의 압력으로 10분간 수압시험을 하여 새지 않을 것
② 사용압력이 20kPa을 초과하는 탱크의 안전장치는 상용압력의 1.5배 이하의 압력에서 작동할 것
③ 방파판은 두께 1.6mm 이상의 강철판 또는 이와 동등 이상의 강도, 내식성 및 내열성이 있는 금속성의 것으로 할 것
④ 탱크는 두께 3.2mm 이상의 강철판으로 할 것

② 사용압력이 20kPa을 초과하는 탱크의 안전장치는 상용압력의 1.1배 이하의 압력에서 작동해야 한다.

50 다음 중 위험물 판매취급소에 관한 설명으로 틀린 것은?

① 위험물을 배합하는 실의 바닥면적은 $6m^2$ 이상 $15m^2$ 이하이어야 한다.
② 제1종 판매취급소는 건축물의 1층에 설치하여야 한다.
③ 페인트점, 화공약품점이 이에 해당한다.
④ 취급하는 위험물의 종류에 따라 제1종과 제2종으로 구분된다.

판매취급소의 기준

1. 제1종 판매취급소(저장 또는 취급하는 위험물의 수량이 지정수량의 20배 이하)와 제2종 판매취급소(저장 또는 취급하는 위험물의 수량이 지정수량의 40배 이하)의 구분은 저장 또는 취급하는 **위험물의 지정수량의 배수로 구분**한다.
2. 페인트점, 화공약품점이 이에 해당한다.
3. 건축물의 1층에 설치한다.
4. 위험물 배합실의 기준
   1) 바닥면적 : $6m^2$ 이상 $15m^2$ 이하
   2) 내화구조 또는 불연재료로 된 벽으로 구획
   3) 바닥은 적당한 경사를 두고 집유설비를 할 것
   4) 출입구에는 자동폐쇄식 60분+방화문 또는 60분 방화문을 설치할 것
   5) 출입구 문턱의 높이는 바닥면으로부터 0.1m 이상으로 할 것
   6) 가연성의 증기 또는 미분을 지붕 위로 방출하는 설비를 할 것

51 위험물안전관리법령상 소화난이도등급 I 에 해당하는 제조소의 연면적기준은 얼마 이상인가?

① $1,000m^2$
② $800m^2$
③ $700m^2$
④ $500m^2$

소화난이도등급 I 에 해당하는 제조소의 기준

1) **연면적 $1,000m^2$ 이상인 것**
2) 지정수량의 100배 이상인 것
3) 지반면으로부터 6m 이상의 높이에 위험물 취급설비가 있는 것

정답 48. ④ 49. ② 50. ④ 51. ①

52 위험물의 성질에 따라 강화된 기준을 적용하는 지정과산화물을 저장하는 옥내저장소에서 지정과산화물에 대한 설명으로 옳은 것은?

① 지정과산화물이란 제5류 위험물 중 유기과산화물 또는 이를 함유한 것으로서 지정수량이 10kg인 것을 말한다.

② 지정과산화물에는 제4류 위험물에 해당하는 것도 포함된다.

③ 지정과산화물이란 유기과산화물과 알킬알루미늄을 말한다.

④ 지정과산화물이란 유기과산화물 중 소방청장이 고시로 지정한 물질을 말한다.

» 지정과산화물이란 제5류 위험물 중 유기과산화물 또는 이를 함유한 것으로 지정수량이 10kg인 것을 말한다.

53 위험물제조소등별로 설치하여야 하는 경보설비의 종류에 해당하지 않는 것은?

① 비상방송설비

② 비상조명등설비

③ 자동화재탐지설비

④ 비상경보설비

» ② 비상조명등설비는 피난설비에 해당한다.
※ 위험물제조소등의 경보설비의 종류
1) 비상방송설비
2) 자동화재속보설비
3) 비상경보설비
4) 확성장치
5) 자동화재탐지설비

54 인화점 70℃ 이상의 제4류 위험물을 저장하는 옥외탱크저장소에 설치하여야 하는 소화설비로만 이루어진 것은? (단, 소화난이도등급 Ⅰ에 해당한다.)

① 물분무소화설비 또는 고정식 포소화설비

② 불활성가스 소화설비 또는 물분무소화설비

③ 할로젠화합물 소화설비 또는 불활성가스 소화설비

④ 고정식 포소화설비 또는 할로젠화합물 소화설비

» 소화난이도등급 Ⅰ의 옥외탱크저장소(지중탱크 또는 해상탱크외의 것)에 설치해야 하는 소화설비
1) 황만을 저장 · 취급하는 것 : 물분무소화설비
2) **인화점 70℃ 이상의 제4류 위험물만을 저장 · 취급하는 것 : 물분무소화설비** 또는 **고정식 포소화설비**
3) 그 밖의 것 : 고정식 포소화설비(포소화설비가 적응성이 없는 경우에는 분말소화설비)

55 위험물제조소의 연면적이 몇 m^2 이상이면 경보설비 중 자동화재탐지설비를 설치해야 하는가?

① $400m^2$

② $500m^2$

③ $600m^2$

④ $800m^2$

» 경보설비의 종류 중 자동화재탐지설비만을 설치해야 하는 제조소
1) **연면적 $500m^2$ 이상인 것**
2) 지정수량의 100배 이상을 취급하는 것

56 위험물안전관리법령에서 정한 소화설비의 소요단위 산정방법에 대한 설명 중 옳은 것은?

① 위험물은 지정수량의 100배를 1소요단위로 함

② 저장소용 건축물로 외벽이 내화구조인 것은 연면적 $100m^2$를 1소요단위로 함

③ 제조소용 건축물로 외벽이 내화구조가 아닌 것은 연면적 $50m^2$를 1소요단위로 함

④ 저장소용 건축물로 외벽이 내화구조가 아닌 것은 연면적 $25m^2$를 1소요단위로 함

» ① 위험물은 지정수량의 10배를 1소요단위로 함
② 저장소용 건축물로 외벽이 내화구조인 것은 연면적 $150m^2$를 1소요단위로 함
④ 저장소용 건축물로 외벽이 내화구조가 아닌 것은 연면적 $75m^2$를 1소요단위로 함

정답 52. ① 53. ② 54. ① 55. ② 56. ③

57 용량 50만L 이상의 옥외탱크저장소에 대하여 변경허가를 받고자 할 때 한국소방산업기술원으로부터 탱크의 기초, 지반 및 탱크 본체에 대한 기술검토를 받아야 한다. 다만, 소방청장이 고시하는 부분적인 사항을 변경하는 경우에는 기술검토가 면제되는데, 다음 중 기술검토가 면제되는 경우가 아닌 것은?

① 노즐, 맨홀을 포함한 동일한 형태의 지붕판 교체
② 탱크 밑판에 있어서 밑판 표면적의 50% 미만의 육성보수공사
③ 탱크 옆판 중 최하단 옆판에 있어서 옆판 표면적의 30% 이내의 교체
④ 옆판 중심선의 600mm 이내의 밑판에 있어서 밑판의 원주길이 10% 미만에 해당하는 밑판의 교체

» 한국소방산업기술원으로부터 받아야 하는 탱크의 기초, 지반 및 탱크 본체에 대한 기술검토가 면제되는 경우
1) 옥외저장탱크의 지붕판(노즐, 맨홀 등을 포함한다)의 교체(동일한 형태의 것으로 교체하는 경우에 한한다)
2) **옥외저장탱크의 옆판(노즐, 맨홀 등을 포함한다)의 교체 중 다음의 어느 하나에 해당하는 경우**
㉠ **최하단 옆판을 교체하는 경우에는 옆판 표면적의 10% 이내의 교체**
㉡ 최하단 외의 옆판을 교체하는 경우에는 옆판 표면적의 30% 이내의 교체
3) 옥외저장탱크의 밑판(옆판의 중심선으로부터 600mm 이내의 밑판에 있어서는 해당 밑판 원주길이의 10% 미만에 해당하는 밑판에 한한다)의 교체

58 위험물제조소등에 자체소방대를 두어야 할 대상의 위험물안전관리법령상 기준으로 옳은 것은? (단, 원칙적인 경우에 한한다.)

① 지정수량 3,000배 이상의 위험물을 저장하는 저장소 또는 제조소
② 지정수량 3,000배 이상의 위험물을 취급하는 제조소 또는 일반취급소
③ 지정수량 3,000배 이상의 제4류 위험물을 저장하는 저장소 또는 제조소
④ 지정수량 3,000배 이상의 제4류 위험물을 취급하는 제조소 또는 일반취급소

» 제4류 위험물을 지정수량의 3,000배 이상 취급하는 제조소 또는 일반취급소와 50만배 이상 저장하는 옥외탱크저장소에는 자체소방대를 두어야 한다.

59 위험물안전관리법령에 대한 설명 중 옳지 않은 것은?

① 군부대가 지정수량 이상의 위험물을 군사목적으로 임시로 저장 또는 취급하는 경우는 제조소등이 아닌 장소에서 지정수량 이상의 위험물을 취급할 수 있다.
② 철도 및 궤도에 의한 위험물의 저장 · 취급 및 운반에 있어서는 위험물안전관리법령을 적용하지 아니한다.
③ 지정수량 미만인 위험물의 저장 또는 취급에 관한 기술상의 기준은 국가화재안전기준으로 정한다.
④ 업무상 과실로 제조소등에서 위험물을 유출, 방출 또는 확산시켜 사람의 생명, 신체 또는 재산에 대하여 위험을 발생시킨 자는 7년 이하의 금고 또는 7천만원 이하의 벌금에 처한다.

» ① 위험물을 군사목적으로 임시로 저장 또는 취급하는 경우는 제조소등이 아닌 장소에서도 지정수량 이상의 양을 취급할 수 있다.
② 항공, 선박, 철도 및 궤도에 의한 위험물의 저장 · 취급 및 운반에 있어서는 위험물안전관리법령을 적용하지 아니한다.
③ 지정수량 미만인 위험물의 저장 또는 취급에 관한 기술상의 기준은 **시 · 도조례**로 정한다.
④ 업무상 과실로 제조소등에서 위험물을 유출, 방출 또는 확산시켜 사람의 생명, 신체 또는 재산에 대하여 위험을 발생시킨 자는 7년 이하의 금고 또는 7천만원 이하의 벌금에 처한다.

정답 57. ③ 58. ④ 59. ③

60 이동탱크저장소에 의한 위험물의 운송에 있어서 운송책임자의 감독 · 지원을 받아야 하는 위험물은?

① 금속분
② 알킬알루미늄
③ 아세트알데하이드
④ 하이드록실아민

≫ 위험물의 운송에 있어서 운송책임자의 감독 · 지원을 받아야 하는 위험물은 알킬리튬과 **알킬알루미늄**이다.

정답 60. ②

2019

CBT 기출복원문제

제2회 위험물기능사

01 금속화재에 대한 설명으로 틀린 것은?

① 마그네슘과 같은 가연성 금속화재를 말한다.
② 주수소화 시 물과 반응하여 가연성 가스를 발생하는 경우가 있다.
③ 화재 시 금속화재용 분말소화기 사용이 가능하다.
④ D급 화재라고 표시하는 색상은 청색이다.

④ D급 화재에 적응성 있는 소화기에 표시하는 색상은 무색이다.

적응 화재	화재의 종류	소화기의 표시색상
A급 (일반 화재)	나무, 섬유, 종이, 고무, 플라스틱류와 같은 일반가연물이 타고 나서 재가 남는 화재	백색
B급 (유류 화재)	인화성 액체, 가연성 액체, 석유 및 인화성 가스와 같은 유류가 타고 나서 재가 남지 않는 화재	황색
C급 (전기 화재)	전류가 흐르고 있는 전기기기, 배선과 관련된 화재	청색
D급 (금속 화재)	마그네슘, 합금 등 가연성 금속에서 일어나는 화재	무색

02 가연성 고체의 미세한 분말이 일정 농도 이상 공기 중에 분산되어 있을 때 점화원에 의하여 연소 폭발되는 현상은?

① 분진폭발 ② 산화폭발
③ 분해폭발 ④ 중합폭발

② 산화폭발 : 공기 또는 산소가 가연물과의 혼합에 의해 폭발하는 현상
③ 분해폭발 : 공기 또는 산소의 혼합 없이도 가연성 가스 자체의 분해반응열에 의해 폭발하는 현상
④ 중합폭발 : 중합반응을 일으킬 때 발생하는 중합열에 의해 폭발하는 현상

03 연소의 종류와 가연물을 잘못 연결한 것은 어느 것인가?

① 증발연소 – 가솔린, 알코올
② 표면연소 – 코크스, 목탄
③ 분해연소 – 목재, 종이
④ 자기연소 – 에터, 나프탈렌

① 증발연소 – 제4류 위험물의 특수인화물, 제1석유류(가솔린), 알코올류(알코올), 제2석유류
② 표면연소 – 코크스, 목탄, 금속분
③ 분해연소 – 목재, 종이, 석탄, 플라스틱
④ 자기연소 – 제5류 위험물
※ 에터는 특수인화물(제4류 위험물), 나프탈렌은 특수가연물(비위험물)에 해당한다.

04 위험물안전관리법령에 의해 위험물을 취급함에 있어서 발생하는 정전기를 유효하게 제거하는 방법으로 옳지 않은 것은?

① 인화방지망 설치
② 접지 실시
③ 공기 이온화
④ 상대습도를 70% 이상으로 유지

정전기 제거방법
1) 접지한다.
2) 공기를 이온화시킨다.
3) 공기 중 상대습도를 70% 이상으로 유지한다.

05 유류화재의 급수와 색상은?

① A급, 백색 ② B급, 백색
③ A급, 황색 ④ B급, 황색

유류화재는 **B급** 화재이며, 소화기에는 **황색** 원형 표시를 해야 한다.

정답 01. ④ 02. ① 03. ④ 04. ① 05. ④

06 다음 중 팽창질석(삽 1개 포함) 160L의 소화능력단위는?

① 0.5 ② 1.0
③ 1.5 ④ 2.0

≫ 소화설비의 능력단위기준

소화설비	용 량	능력단위
소화전용 물통	8L	0.3
수조 (소화전용 물통 3개 포함)	80L	1.5
수조 (소화전용 물통 6개 포함)	190L	2.5
마른모래 (삽 1개 포함)	50L	0.5
팽창질석 또는 팽창진주암 (삽 1개 포함)	**160L**	**1.0**

07 이산화탄소 소화기의 특징에 대한 설명으로 틀린 것은?

① 소화약제에 의한 오손이 거의 없다.
② 약제방출 시 소음이 없다.
③ 전기화재에 유효하다.
④ 장시간 저장해도 물성의 변화가 거의 없다.

≫ ② 이산화탄소 소화기의 작동 시 큰 소음이 발생하게 된다.

08 다음 중 화재 시 사용하면 독성의 $COCl_2$가스를 발생시킬 위험이 가장 높은 소화약제는 어느 것인가?

① 액화 이산화탄소
② 제1종 분말
③ 사염화탄소
④ 공기포

≫ ③ 사염화탄소는 연소 및 물과의 반응을 통해 공통적으로 독성인 포스겐($COCl_2$)을 발생한다.

1) 사염화탄소의 연소반응식

$$2CCl_4 + O_2 \rightarrow 2COCl_2 + 2Cl_2$$

(사염화탄소, 산소, 포스겐, 염소)

2) 사염화탄소와 물과의 반응식

$$CCl_4 + H_2O \rightarrow COCl_2 + 2HCl$$

(사염화탄소, 물, 포스겐, 염산)

09 A급, B급, C급 화재에 모두 적용이 가능한 소화약제는?

① 제1종 분말소화약제
② 제2종 분말소화약제
③ 제3종 분말소화약제
④ 제4종 분말소화약제

≫ 분말소화약제의 종류 및 성질

분말의 종류	주성분	화학식	적응 화재	착색
제1종 분말	탄산수소 나트륨	$NaHCO_3$	B, C	백색
제2종 분말	탄산수소 칼륨	$KHCO_3$	B, C	보라색
제3종 분말	인산 암모늄	$NH_4H_2PO_4$	**A, B, C**	담홍색
제4종 분말	탄산수소 칼륨과 요소의 반응 생성물	$KHCO_3 + (NH_2)_2CO$	B, C	회색

10 위험물관리법령상 소화설비의 적응성에서 소화설비의 종류가 아닌 것은?

① 물분무소화설비
② 방화설비
③ 옥내소화전설비
④ 물통

≫ 소화설비의 종류는 옥내소화전설비, 옥외소화전설비, 스프링클러설비, 물분무소화설비 외에도 물통과 수조, 마른 모래, 팽창질석, 팽창진주암 등이 있다.

11 고정식 포소화설비의 기준에서 포헤드방식의 포헤드는 방호대상물의 표면적 몇 m^2당 1개 이상의 헤드를 설치하여야 하는가?

① $3m^2$ ② $9m^2$
③ $15m^2$ ④ $30m^2$

≫ 포소화설비의 포헤드방식의 포헤드기준에서 방호대상물의 **표면적 $9m^2$**마다 헤드를 1개 이상 설치해야 한다.

정답 06. ② 07. ② 08. ③ 09. ③ 10. ② 11. ②

12 위험물의 저장 및 취급 방법에 대한 설명으로 틀린 것은?

① 적린은 화기와 멀리하고 가열, 충격이 가해지지 않도록 한다.

② 황린은 자연발화성이 있으므로 물속에 저장한다.

③ 마그네슘은 산화제와 혼합되지 않도록 취급한다.

④ 알루미늄분은 분진폭발의 위험이 있으므로 분무주수하여 저장한다.

» 알루미늄분(제2류 위험물)은 분진폭발의 위험이 있긴 하지만 물과 반응 시 수소가스를 발생시키므로 주수하여 소화하거나 취급할 수 없다.

13 물과 반응하여 가연성 가스를 발생하지 않는 것은?

① 나트륨 ② 과산화나트륨
③ 탄화알루미늄 ④ 트라이에틸알루미늄

» ① 나트륨과 물과의 반응 : 수소가스 발생

$2Na + 2H_2O \rightarrow 2NaOH + H_2$
나트륨 물 수산화나트륨 수소

② 과산화나트륨과 물과의 반응 : **산소가스 발생**

$2Na_2O_2 + 2H_2O \rightarrow 4NaOH + O_2$
과산화나트륨 물 수산화나트륨 산소

③ 탄화알루미늄과 물과의 반응 : 메테인가스 발생

$Al_4C_3 + 12H_2O \rightarrow 4Al(OH)_3 + 3CH_4$
탄화알루미늄 물 수산화알루미늄 메테인

④ 트라이에틸알루미늄과 물과의 반응 : 에테인가스 발생

$(C_2H_5)_3Al + 3H_2O \rightarrow Al(OH)_3 + 3C_2H_6$
트라이에틸알루미늄 물 수산화알루미늄 에테인

14 위험물을 보관하는 방법에 대한 설명 중 틀린 것은?

① 염소산나트륨 : 철재용기의 사용을 피한다.

② 산화프로필렌 : 저장 시 구리용기에 질소 등 불활성 기체를 충전한다.

③ 트라이에틸알루미늄 : 용기는 밀봉하고 질소 등 불활성 기체를 충전한다.

④ 황화인 : 냉암소에 저장한다.

» ① 염소산나트륨 : 제1류 위험물로서 산소공급원을 포함하고 있으므로 부식의 위험성 때문에 철재용기의 사용을 피한다.

② **산화프로필렌** : 저장 시 수은, 은, **구리**, 마그네슘 재질의 용기와 반응하여 **폭발성 물질을 생성**하기 때문에 구리용기는 사용할 수 없다.

③ 트라이에틸알루미늄 : 제3류 위험물로서 공기 중 수분과 반응 시 에테인이라는 가연성 가스를 발생하므로 용기는 밀봉하고 질소 등 불활성 기체를 충전한다.

④ 황화인 : 제2류 위험물로서 냉암소에 저장해야 한다.

15 알칼리금속의 과산화물에 적응성이 있는 소화설비는?

① 할로젠화합물 소화설비

② 탄산수소염류 분말소화설비

③ 물분무소화설비

④ 스프링클러설비

» 제1류 위험물 중 **알칼리금속의 과산화물**, 제2류 위험물 중 철분, 마그네슘, 금속분, 제3류 위험물 중 금수성 물질에 적응성이 있는 소화설비는 건조사 및 팽창질석, 팽창진주암, **탄산수소염류 분말소화설비**이다.

16 과망가니즈산칼륨의 일반적인 성질에 관한 설명 중 틀린 것은?

① 강한 살균력과 산화력이 있다.

② 금속성 광택이 있는 무색의 결정이다.

③ 가열 분해시키면 산소를 방출한다.

④ 비중은 약 2.7이다.

» ② **흑자색**(흑색과 보라색)의 **결정**이다.

17 다음 중 물과 접촉하면 열과 산소가 발생하는 것은?

① $NaClO_2$

② $NaClO_3$

③ $KMnO_4$

④ Na_2O_2

정답 12. ④ 13. ② 14. ② 15. ② 16. ② 17. ④

» 제1류 위험물 중 물과 접촉 시 열과 산소가 발생하는 위험물은 알칼리금속의 과산화물이며, 그 종류로는 과산화칼륨(K_2O_2), 과산화나트륨(Na_2O_2), 과산화리튬(Li_2O_2) 등이 있다.

18 제1류 위험물의 저장방법에 대해 틀린 것은?

① 조해성 물질은 방습에 주의한다.
② 무기과산화물은 물속에 보관한다.
③ 분해를 촉진하는 물품과 접촉을 피해 저장한다.
④ 복사열이 없고 환기가 잘되는 서늘한 곳에 저장한다.

» ② 무기과산화물(알칼리금속의 과산화물 포함)은 물과 반응 시 발열하고 산소를 발생시키므로 물과의 접촉을 금지해야 한다.

19 과염소산나트륨의 성질이 아닌 것은?

① 수용성이다.
② 조해성이 있다.
③ 분해온도는 약 482℃이다.
④ 물보다 가볍다.

» ① 과염소산염류(제1류 위험물) 중에서는 과염소산칼륨은 비수용성이고 과염소산나트륨과 과염소산암모늄은 수용성이다.
② 제1류 위험물 중 나트륨을 포함하고 있는 것은 대부분 조해성을 갖는다.
③ 약 482℃에서 분해하여 산소를 발생한다.
– 과염소산나트륨의 분해반응식
$NaClO_4 \rightarrow NaCl + 2O_2$
과염소산나트륨 염화나트륨 산소

똑똑한 풀이비법
제1류 위험물은 무조건 물보다 무겁다.

20 착화점이 232℃에 가장 가까운 위험물은?

① 삼황화인 ② 오황화인
③ 적린 ④ 황

» ① 삼황화인 : 100℃
② 오황화인 : 142℃
③ 적린 : 260℃
④ **황 : 232℃**

21 금속분의 화재 시 주수해서는 안 되는 이유로 가장 옳은 것은?

① 산소가 발생하기 때문에
② 수소가 발생하기 때문에
③ 질소가 발생하기 때문에
④ 유독가스가 발생하기 때문에

» 금속분(제2류 위험물)은 물과 반응 시 **수소**가스를 발생한다.

22 화재 시 물을 이용한 냉각소화를 할 경우 오히려 위험성이 증가하는 물질은?

① 질산에틸 ② 마그네슘
③ 적린 ④ 황

» ② 마그네슘(제2류 위험물)을 물과 반응시키면 수소가 발생하여 위험성이 증가한다.
– 마그네슘과 물과의 반응식
$Mg + 2H_2O \rightarrow Mg(OH)_2 + H_2$
마그네슘 물 수산화마그네슘 수소

23 다이에틸에터의 보관 · 취급에 관한 설명으로 틀린 것은?

① 용기는 밀봉하여 보관한다.
② 환기가 잘되는 곳에 보관한다.
③ 정전기가 발생하지 않도록 취급한다.
④ 저장용기에 빈 공간이 없게 가득 채워 보관한다.

» ④ 다이에틸에터(제4류 위험물)는 보관 · 취급 시 저장용기에 공간용적을 2% 이상 두어야 한다.

24 다음 중 칼륨의 저장 시 사용하는 보호물질로 가장 적합한 것은?

① 에탄올
② 사염화탄소
③ 등유
④ 이산화탄소

» 칼륨, 나트륨의 보호액은 석유류로서 그 종류는 등유, 경유, 유동파라핀 등이 있다.

정답 18. ② 19. ④ 20. ④ 21. ② 22. ② 23. ④ 24. ③

25 알킬알루미늄을 저장하는 용기에 봉입하는 가스로 다음 중 가장 적합한 것은?

① 포스겐
② 인화수소
③ 질소가스
④ 아황산가스

≫ 알킬알루미늄(제3류 위험물)은 공기 중의 수분과 접촉하여 가연성 가스를 발생하므로 이를 방지하기 위해 **질소** 또는 아르곤 등의 불연성 가스를 용기의 상부에 채워준다.

26 황린에 대한 설명으로 옳지 않은 것은?

① 연소하면 악취가 있는 검은색 연기를 낸다.
② 공기 중에서 자연발화할 수 있다.
③ 수중에 저장하여야 한다.
④ 자체 증기도 유독하다.

≫ ① 연소하면 오산화인이라는 **백색 연기**를 낸다.

27 다음 중 탄화칼슘에 대한 설명으로 틀린 것은 어느 것인가?

① 시판품은 흑회색이며, 불규칙한 형태의 고체이다.
② 물과 작용하여 산화칼슘과 아세틸렌을 만든다.
③ 고온에서 질소와 반응하여 칼슘사이안아마이드(석회질소)가 생성된다.
④ 비중은 약 2.2이다.

≫ ② 물과의 반응으로 **수산화칼슘**(소석회)과 아세틸렌을 생성한다.
– 탄화칼슘과 물과의 반응식

$$\underset{\text{탄화칼슘}}{CaC_2} + \underset{\text{물}}{2H_2O} \rightarrow \underset{\text{수산화칼슘}}{Ca(OH)_2} + \underset{\text{아세틸렌}}{C_2H_2}$$

28 Ca_3P_2 600kg을 저장하려 한다. 지정수량의 배수는 얼마인가?

① 2배 ② 3배
③ 4배 ④ 5배

≫ 제3류 위험물인 인화칼슘(Ca_3P_2)의 지정수량은 300kg이다. 문제의 조건에서 600kg을 저장한다 하였으므로 600kg을 300kg으로 나누면 지정수량의 2배가 된다.

29 메탄올과 에탄올의 공통점에 대한 설명으로 틀린 것은?

① 증기비중이 같다.
② 무색투명한 액체이다.
③ 비중이 1보다 작다.
④ 물에 잘 녹는다.

≫ ① 증기비중은 물질의 분자량을 공기의 평균분자량인 29로 나눈 값이다. 증기비중이 같으려면 분자량이 같아야 하는데 메탄올(CH_3OH)의 분자량은 12(C)+1(H)×4+16(O)=32이고 에탄올(C_2H_5OH)의 분자량은 12(C)×2+1(H) ×6+16(O)=46으로, 서로 다르기 때문에 이 두 물질의 증기비중도 서로 다르다.

30 다음 중 휘발유에 대한 설명으로 옳지 않은 것은?

① 전기양도체이므로 정전기 발생에 주의해야 한다.
② 빈 드럼통이라도 가연성 가스가 남아 있을 수 있으므로 취급에 주의해야 한다.
③ 취급·저장 시 환기를 시켜야 한다.
④ 직사광선을 피해 통풍이 잘되는 곳에 저장한다.

≫ ① 휘발유(제4류 위험물)는 전기불량도체로 정전기가 발생할 수 있으므로 주의해야 한다.

31 다음 위험물 중 착화온도가 가장 낮은 것은 어느 것인가?

① 이황화탄소
② 다이에틸에터
③ 아세톤
④ 아세트알데하이드

정답 25. ③ 26. ① 27. ② 28. ① 29. ① 30. ① 31. ①

» ① **이황화탄소 : 90℃**
② 다이에틸에터 : 180℃
③ 아세톤 : 465℃
④ 아세트알데하이드 : 185℃

32 휘발유, 등유, 경유 등 제4류 위험물에 화재가 발생하였을 때 소화방법으로 가장 옳은 것은?

① 포소화설비로 질식소화시킨다.
② 다량의 물을 위험물에 직접 주수하여 소화한다.
③ 강산화성 소화제를 사용하여 중화시켜 소화한다.
④ 염소산칼륨 또는 염화나트륨이 주성분인 소화약제로 표면을 덮어 소화한다.

» ① 제4류 위험물은 포, 이산화탄소, 분말 등의 소화약제를 이용하여 질식소화하여야 한다.

33 다음은 위험물안전관리법령상 특수인화물의 정의이다. ( ) 안에 알맞은 수치를 차례대로 올바르게 나열한 것은?

> '특수인화물'이라 함은 이황화탄소, 다이에틸에터, 그 밖에 1기압에서 발화점이 섭씨 ( )도 이하인 것 또는 인화점이 섭씨 영하 ( )도 이하이고 비점이 섭씨 40도 이하인 것을 말한다.

① 100, 20　　② 25, 0
③ 100, 0　　④ 25, 20

» '특수인화물'이라 함은 이황화탄소, 다이에틸에터, 그 밖에 1기압에서 **발화점이 섭씨 100도 이하**인 것 또는 인화점이 섭씨 영하 20도 이하이고 **비점이 섭씨 40도 이하**인 것을 말한다.

34 알코올에 관한 설명으로 옳지 않은 것은?

① 1가 알코올은 OH기의 수가 1개인 알코올을 말한다.
② 2차 알코올은 1차 알코올이 산화된 것이다.
③ 2차 알코올이 수소를 잃으면 케톤이 된다.
④ 알데하이드가 환원되면 1차 알코올이 된다.

» ① 1가 알코올은 OH의 수가 1개인 것이고, 2가 알코올은 OH의 수가 2개인 것이다.
② 2차 알코올은 알킬의 수가 2개인 것이고, 1차 알코올은 알킬의 수가 1개인 것이다. 1차 알코올이 산화(수소를 잃거나 산소를 얻는 것) 하더라도 알킬의 수는 변하지 않으므로 **1차 알코올의 산화와 2차 알코올과는 아무런 연관성이 없다.**
③ 2차 알코올인 $(CH_3)_2CHOH$(아이소프로필알코올)이 수소를 잃으면 CH_3COCH_3(다이메틸케톤＝아세톤)이 된다.
④ CH_3CHO(아세트알데하이드)가 환원(수소를 얻는다)되면 1차 알코올인 C_2H_5OH(에틸알코올)이 된다.

35 제4류 위험물의 성질에 대한 설명으로 틀린 것은?

① 발생증기가 가연성이며, 공기보다 무겁다.
② 정전기에 의하여도 인화할 수 있다.
③ 상온에서 액체이다.
④ 전기도체이다.

» ④ 제4류 위험물은 **전기불량도체**이므로 정전기를 축적하기 쉽다.

36 위험물안전관리법령상 품명이 질산에스터류에 속하지 않는 것은?

① 질산에틸
② 나이트로글리세린
③ 나이트로톨루엔
④ 나이트로셀룰로스

» ③ 나이트로톨루엔은 제4류 위험물 중 제3석유류에 해당한다.
※ 제5류 위험물 중 질산에스터류의 종류
1) 질산메틸
2) 질산에틸
3) 나이트로글리콜
4) 나이트로글리세린
5) 나이트로셀룰로스
6) 셀룰로이드

정답 32. ① 33. ① 34. ② 35. ④ 36. ③

37 유기과산화물의 화재예방상 주의사항으로 틀린 것은?

① 열원으로부터 멀리한다.
② 직사광선을 피해야 한다.
③ 용기의 파손에 의해 누출되면 위험하므로 정기적으로 점검하여야 한다.
④ 산화제와 격리하고 환원제와 접촉시켜야 한다.

④ 유기과산화물(제5류 위험물)은 자체적으로 가연물과 산소공급원을 동시에 포함하고 있으므로 산화제(산소공급원)와 환원제(가연물) 모두를 격리해야 한다.

38 위험물안전관리법령상 품명이 나머지 셋과 다른 하나는?

① 트라이나이트로톨루엔
② 나이트로글리세린
③ 나이트로글리콜
④ 셀룰로이드

① : 나이트로화합물
②, ③, ④ : 질산에스터류

39 CH_3ONO_2의 소화방법에 대한 설명으로 옳은 것은?

① 물을 주수하여 냉각소화를 한다.
② 이산화탄소 소화기로 질식소화를 한다.
③ 할로젠화합물 소화기로 질식소화를 한다.
④ 건조사로 냉각소화를 한다.

제5류 위험물인 질산메틸(CH_3ONO_2)의 소화방법은 물을 이용한 냉각소화이다.

40 제6류 위험물에 대한 설명으로 틀린 것은?

① 위험등급 I에 속한다.
② 자신이 산화되는 산화성 물질이다.
③ 지정수량이 300kg이다.
④ 오플루오린화브로민은 제6류 위험물이다.

② 제6류 위험물은 자신은 환원되고 다른 물질을 산화(연소)시키는 산화성 물질이다.

41 과염소산에 대한 설명 중 틀린 것은?

① 산화제로 이용된다.
② 휘발성이 강한 가연성 물질이다.
③ 철, 아연, 구리와 격렬하게 반응한다.
④ 증기비중이 약 3.5이다.

② 제6류 위험물은 산화제이며, 자신은 **불연성 물질**이다.
④ 분자량은 100.5이고 증기비중은 $\frac{100.5}{29}$ =3.5이다.

42 제6류 위험물에 대한 설명으로 옳은 것은?

① 과염소산은 독성은 없지만 폭발의 위험이 있으므로 밀폐하여 보관한다.
② 과산화수소는 농도가 3% 이상일 때 단독으로 폭발하므로 취급에 주의한다.
③ 질산은 자연발화의 위험이 높으므로 저온으로 보관한다.
④ 할로젠간화합물의 지정수량은 300kg이다.

① 과염소산은 독성이 강하지만 폭발의 위험은 없다.
② 과산화수소는 농도가 60% 이상일 때 단독으로 폭발한다.
③ 질산은 불연성 물질로 자연발화의 위험은 없다.

43 제6류 위험물을 수납한 용기에 표시하는 주의사항은?

① 가연물접촉주의
② 화기엄금
③ 화기·충격 주의
④ 물기엄금

제6류 위험물 운반용기의 주의사항 : **가연물접촉주의**

정답 37. ④ 38. ① 39. ① 40. ② 41. ② 42. ④ 43. ①

44 세로로 세워진 탱크에서 공간용적이 10%라면 탱크의 용량은? (단, $r=2$m, $l=10$m이다.)

① $113.04m^3$
② $124.34m^3$
③ $129.06m^3$
④ $138.16m^3$

PLAY▶풀이

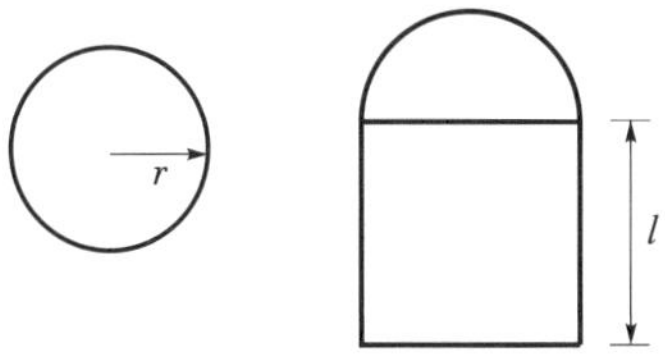

탱크 내용적$=\pi r^2 l$
공간용적이 10%이므로 탱크 용량은 탱크 내용적의 90%를 적용해야 한다.
∴ 탱크 용량$=\pi\times2^2\times10\times0.9=113.04m^3$

45 위험물을 유별로 정리하여 상호 1m 이상의 간격을 유지하는 경우에도 동일한 옥내저장소에 저장할 수 없는 것은?

① 제1류 위험물(알칼리금속의 과산화물 또는 이를 함유한 것을 제외한다)과 제5류 위험물
② 제1류 위험물과 제6류 위험물
③ 제1류 위험물과 제3류 위험물 중 황린
④ 인화성 고체를 제외한 제2류 위험물과 제4류 위험물

유별이 다른 위험물끼리 동일한 저장소에 저장할 수 있는 경우(단, 각각 모아서 간격은 1m 이상 두어야 한다.)
1) 제1류 위험물(알칼리금속의 과산화물 제외)과 제5류 위험물
2) 제1류 위험물과 제6류 위험물
3) 제1류 위험물과 제3류 위험물 중 자연발화성 물질(황린)
4) **제2류 위험물 중 인화성 고체와 제4류 위험물**
5) 제3류 위험물 중 알킬알루미늄등과 제4류 위험물(알킬알루미늄 또는 알킬리튬을 함유한 것)
6) 제4류 위험물 중 유기과산화물과 제5류 위험물 중 유기과산화물

46 위험물안전관리법령에 따른 위험물의 운송에 관한 설명 중 틀린 것은?

① 알킬리튬과 알킬알루미늄 또는 이 중 어느 하나 이상을 함유한 것은 운송책임자의 감독·지원을 받아야 한다.
② 이동탱크저장소에 의하여 위험물을 운송할 때의 운송책임자에는 법정의 교육을 이수하고 관련 업무에 2년 이상 경력이 있는 자도 포함된다.
③ 서울에서 부산까지 금속의 인화물 300kg을 1명의 운전자가 휴식 없이 운송해도 규정위반이 아니다.
④ 운송책임자의 감독 또는 지원의 방법에는 동승하는 방법과 별도의 사무실에서 대기하면서 규정된 사항을 이행하는 방법이 있다.

③ 서울에서 부산까지의 거리는 413km이기 때문에 제3류 위험물 중 금속의 인화물의 운송은 2명 이상의 운전자로 해야 한다.
1. 2명 이상의 운전자로 해야 하는 경우
 1) 고속국도에 있어서 340km 이상 걸리는 운송을 하는 때
 2) 일반도로에 있어서 200km 이상 걸리는 운송을 하는 때
2. 1명의 운전자로 할 수 있는 경우
 1) 운송책임자를 동승시킨 경우
 2) 제2류 위험물, 제3류 위험물(칼슘 또는 알루미늄의 탄화물에 한한다) 또는 제4류 위험물(특수인화물 제외)을 운송하는 경우
 3) 운송 도중에 2시간 이내마다 20분 이상씩 휴식하는 경우

47 위험물 옥외저장소에서 지정수량 200배를 초과하는 위험물을 저장할 경우 보유공지의 너비는 몇 m 이상으로 하여야 하는가? (단, 제4석유류와 제6류는 제외한다.)

① 0.5m
② 2.5m
③ 10m
④ 15m

정답 44. ① 45. ④ 46. ③ 47. ④

≫ 옥외저장소의 보유공지

저장 또는 취급하는 위험물의 최대수량	공지의 너비
지정수량의 10배 이하	3m 이상
지정수량의 10배 초과 20배 이하	5m 이상
지정수량의 20배 초과 50배 이하	9m 이상
지정수량의 50배 초과 200배 이하	12m 이상
지정수량의 200배 초과	**15m 이상**

48 저장하는 위험물의 최대수량이 지정수량의 15배일 경우, 건축물의 벽, 기둥 및 바닥이 내화구조로 된 옥내저장소 보유공지는 몇 m 이상이어야 하는가?

① 0.5m ② 1m

③ 2m ④ 3m

≫ 옥내저장소의 보유공지

저장 또는 취급하는 위험물의 최대수량	공지의 너비	
	벽·기둥 및 바닥이 내화구조로 된 건축물	그 밖의 건축물
지정수량의 5배 이하	–	0.5m 이상
지정수량의 5배 초과 10배 이하	1m 이상	1.5m 이상
지정수량의 10배 초과 20배 이하	**2m 이상**	3m 이상
지정수량의 20배 초과 50배 이하	3m 이상	5m 이상
지정수량의 50배 초과 200배 이하	5m 이상	10m 이상
지정수량의 200배 초과	10m 이상	15m 이상

49 위험물안전관리법령에 명시된 아세트알데하이드의 옥외저장탱크에 필요한 설비가 아닌 것은?

① 보냉장치

② 냉각장치

③ 동합금배관

④ 불활성 기체를 봉입하는 장치

≫ 아세트알데하이드등의 옥외탱크저장소

1) 설비는 은, 수은, **구리(동)**, 마그네슘을 성분으로 하는 **합금으로 만들지 아니할 것**

2) 옥외저장탱크에는 냉각장치 또는 보냉장치(냉방을 유지하는 장치) 및 불활성 기체 봉입장치를 갖출 것

50 위험물안전관리법령상 지하탱크저장소의 위치, 구조 및 설비의 기준에 따라 다음 ( ) 안에 들어갈 수치로 옳은 것은?

> 탱크전용실은 지하의 가장 가까운 벽, 피트, 가스관 등의 시설물 및 대지경계선으로부터 (A)m 이상 떨어진 곳에 설치하고, 지하저장탱크와 탱크전용실의 안쪽과의 사이는 (B)m 이상의 간격을 유지하도록 하며, 해당 탱크 주위에 마른모래 또는 습기 등에 의하여 응고되지 아니하는 입자지름 (C)mm 이하의 마른자갈분을 채워야 한다.

① A : 0.1, B : 0.1, C : 5

② A : 0.1, B : 0.3, C : 5

③ A : 0.1, B : 0.1, C : 10

④ A : 0.1, B : 0.3, C : 10

≫ 지하탱크저장소 탱크전용실의 설치기준

1) 지하의 벽, 가스관, 대지경계선과의 사이 : **0.1m** 이상

2) 지하저장탱크와 탱크전용실 안쪽과의 사이 : **0.1m** 이상

3) 전용실 내부의 탱크 주위에 마른모래 또는 입자지름 **5mm 이하**의 마른자갈분을 채운다.

51 위험물안전관리법령상 지하탱크저장소에 설치하는 강제이중벽탱크에 관한 설명으로 틀린 것은?

① 탱크 본체와 외벽 사이에는 3mm 이상의 감지층을 둔다.

② 스페이서는 탱크 본체와 재질을 다르게 하여야 한다.

③ 탱크전용실 없이 지하에 직접 매설할 수도 있다.

④ 탱크의 외면에는 최대시험압력을 지워지지 않도록 표시하여야 한다.

정답 48. ③ 49. ③ 50. ① 51. ②

>>> 강제이중벽탱크의 구조

1. 외벽은 완전용입용접 또는 양면겹침이음용접으로 틈이 없도록 제작한다.
2. 탱크의 본체와 외벽의 사이에 3mm 이상의 감지층을 둔다.
3. 탱크 본체와 외벽 사이의 감지층 간격을 유지하기 위한 스페이서를 설치한다.
   1) 스페이서는 탱크의 고정밴드 위치 및 기초대 위치에 설치할 것
   2) **스페이서의 재질은 원칙적으로 탱크 본체와 동일한 재료로 할 것**
   3) 스페이서와 탱크 본체와의 용접은 전주필렛용접 또는 부분용접으로 하되, 부분용접으로 하는 경우에는 한 변의 용접비드는 25mm 이상으로 할 것
   4) 스페이서 크기는 두께 3mm, 폭 50mm, 길이 380mm 이상일 것
4. 탱크전용실 없이 지하에 직접 매설할 수도 있다.
5. 탱크의 외면에는 최대시험압력을 지워지지 않도록 표시하여야 한다.

52 위험물취급소의 건축물은 외벽이 내화구조인 경우 연면적 몇 m^2를 1소요단위로 하는가?

① $50m^2$

② $100m^2$

③ $150m^2$

④ $200m^2$

>>> 소요단위

구 분	외벽이 내화구조	외벽이 비내화구조
위험물 제조소 및 취급소	**연면적 $100m^2$**	연면적 $50m^2$
위험물 저장소	연면적 $150m^2$	연면적 $75m^2$
위험물	지정수량의 10배	

53 위험물별로 설치하는 소화설비 중 적응성이 없는 것으로 연결된 것은?

① 제3류 중 금수성 물질 외의 것 – 할로젠화합물 소화설비, 불활성가스 소화설비

② 제4류 – 물분무소화설비, 불활성가스 소화설비

③ 제5류 – 포소화설비, 스프링클러설비

④ 제6류 – 옥내소화전설비, 물분무소화설비

>>> ① **제3류 중 금수성 물질 외의 것은 황린이므로 물로 냉각소화를 해야 하며 할로젠화합물 소화설비의 억제소화나 불활성가스 소화설비의 질식소화는 효과 없다.**

② 제4류 위험물은 물분무소화설비, 불활성가스 소화설비의 질식소화가 효과있다.

③ 제5류 위험물은 포소화설비, 스프링클러설비의 냉각소화가 효과있다.

④ 제6류 위험물은 옥내소화전설비, 물분무소화설비의 냉각소화가 효과있다.

소화설비의 구분 \ 대상물의 구분	건축물·그 밖의 공작물	전기설비	제1류 위험물: 알칼리금속의 과산화물등	제1류 위험물: 그 밖의 것	제2류 위험물: 철분·금속분·마그네슘 등	제2류 위험물: 인화성 고체	제2류 위험물: 그 밖의 것	제3류 위험물: 금수성 물품	제3류 위험물: 그 밖의 것	제4류 위험물	제5류 위험물	제6류 위험물
옥내소화전 또는 옥외소화전 설비	○			○		○	○		○		○	○
스프링클러설비	○			○		○	○		○	△	○	○
물분무등 소화설비: 물분무소화설비	○	○		○		○	○		○	○	○	○
물분무등 소화설비: 포소화설비	○			○		○	○		○	○	○	○
물분무등 소화설비: 불활성가스 소화설비		○				○			×	○		
물분무등 소화설비: 할로젠화합물 소화설비		○				○			×	○		
물분무등 소화설비: 분말소화설비: 인산염류등	○	○		○		○	○			○		○
물분무등 소화설비: 분말소화설비: 탄산수소염류등		○	○		○	○		○		○		
물분무등 소화설비: 분말소화설비: 그 밖의 것			○		○			○				

54 지정수량의 100배 이상을 저장 또는 취급하는 옥내저장소에 설치하여야 하는 경보설비는? (단, 고인화점 위험물만을 저장 또는 취급하는 것은 제외한다.)

① 비상경보설비 ② 자동화재탐지설비

③ 비상방송설비 ④ 비상조명등설비

>>> 경보설비의 종류 중 자동화재탐지설비만을 설치해야 하는 경우

1. 제조소 및 일반취급소
   1) 연면적 $500m^2$ 이상인 것
   2) 지정수량의 100배 이상을 취급하는 것
2. **옥내저장소**
   1) **지정수량의 100배 이상을 저장하는 것**
   2) 연면적이 $150m^2$를 초과하는 것
   3) 처마높이가 6m 이상인 단층 건물의 것

정답 52. ② 53. ① 54. ②

55 다음 중 소화난이도등급 I에 해당하는 위험물제조소등이 아닌 것은 어느 것인가? (단, 원칙적인 경우에 한하며 다른 조건은 고려하지 않는다.)

① 모든 이송취급소
② 연면적 $600m^2$의 제조소
③ 지정수량의 150배인 옥내저장소
④ 액표면적이 $40m^2$인 옥외탱크저장소

》 소화난이도등급 I에 해당하는 제조소등

제조소등의 구분	제조소등의 규모, 저장 또는 취급하는 위험물의 품명 및 최대수량 등
제조소 및 일반취급소	**연면적 $1,000m^2$ 이상인 것**
	지정수량의 100배 이상인 것(고인화점 위험물만을 100℃ 미만의 온도에서 취급하는 것은 제외)
	지반면으로부터 6m 이상의 높이에 위험물 취급설비가 있는 것(고인화점 위험물만을 100℃ 미만의 온도에서 취급하는 것은 제외)
옥내저장소	지정수량의 150배 이상인 것(고인화점 위험물만을 저장하는 것은 제외)
	연면적 $150m^2$를 초과하는 것($150m^2$ 이내마다 불연재료로 개구부 없이 구획된 것 및 인화성 고체 외의 제2류 위험물 또는 인화점 70℃ 이상의 제4류 위험물만을 저장하는 것은 제외)
	처마높이가 6m 이상인 단층 건물의 것
옥외탱크저장소	액표면적이 $40m^2$ 이상인 것(제6류 위험물을 저장하는 것 및 고인화점 위험물만을 100℃ 미만의 온도에서 저장하는 것은 제외)
	지반면으로부터 탱크 옆판의 상단까지 높이가 6m 이상인 것(제6류 위험물을 저장하는 것 및 고인화점 위험물만을 100℃ 미만의 온도에서 저장하는 것은 제외)
이송취급소	모든 대상

56 지정수량 10배 이상의 위험물을 취급하는 제조소에는 피뢰침을 설치하여야 하지만 제 몇 류 위험물을 취급하는 경우에는 이를 제외할 수 있는가?

① 제2류 위험물　② 제4류 위험물
③ 제5류 위험물　④ 제6류 위험물

》 지정수량의 10배 이상의 위험물을 취급하는 제조소(단, **제6류 위험물제조소는 제외**)에는 피뢰설비를 설치해야 한다.

57 위험물안전관리법의 규제에 대해 틀린 것은?

① 지정수량 미만 위험물의 저장 · 취급 및 운반은 시 · 도조례에 의해 규제한다.
② 항공기에 의한 위험물의 저장 · 취급 및 운반은 위험물안전관리법의 규제대상이 아니다.
③ 궤도에 의한 위험물의 저장 · 취급 및 운반은 위험물안전관리법의 규제대상이 아니다.
④ 선박법의 선박에 의한 위험물의 저장 · 취급 및 운반은 위험물안전관리법의 규제대상이 아니다.

》 ① 지정수량 미만의 위험물의 저장 · 취급은 시 · 도조례에 의해 규제하지만, **지정수량 미만의 위험물의 운반은 위험물안전관리법으로 규제**한다.
항공기, 선박법의 선박, 철도 및 궤도에 의한 위험물의 저장 · 취급 및 운반은 위험물안전관리법의 규제대상이 아니다.

58 다음은 위험물안전관리법령에서 정한 정의이다. 무엇의 정의인가?

> 인화성 또는 발화성 등의 성질을 가지는 것으로서 대통령령이 정하는 물품을 말한다.

① 위험물　② 가연물
③ 특수인화물　④ 제4류 위험물

》 위험물이란 인화성 또는 발화성 등의 성질을 가지는 것으로서 대통령령이 정하는 물품을 말한다.

정답　55. ②　56. ④　57. ①　58. ①

59 위험물제조소 화재예방 등 위험물 안전관리에 관한 직무를 수행하는 위험물안전관리자의 선임시기는?

① 위험물제조소등의 완공검사를 받은 후 즉시
② 위험물제조소등의 허가신청 전
③ 위험물제조소등의 설치를 마치고 완공검사를 신청하기 전
④ 위험물제조소에서 위험물을 저장 · 취급하기 전

≫ ④ 위험물안전관리자의 선임시기는 위험물제조소등에서 위험물을 저장 · 취급하기 전이다.

60 다음 중 정기점검대상 제조소등에 해당하지 않는 것은?

① 이동탱크저장소
② 지정수량 120배의 위험물을 저장하는 옥외저장소
③ 지정수량 120배의 위험물을 저장하는 옥내저장소
④ 이송취급소

≫ 정기점검대상의 제조소등
1) 예방규정대상에 해당하는 것
㉠ 지정수량의 10배 이상의 위험물을 취급하는 제조소
㉡ 지정수량의 100배 이상의 위험물을 저장하는 옥외저장소
㉢ **지정수량의 150배 이상의 위험물을 저장하는 옥내저장소**
㉣ 지정수량의 200배 이상의 위험물을 저장하는 옥외탱크저장소
㉤ 암반탱크저장소
㉥ 이송취급소
㉦ 지정수량의 10배 이상의 위험물을 취급하는 일반취급소
2) 지하탱크저장소
3) 이동탱크저장소
4) 위험물을 취급하는 탱크로서 지하에 매설된 탱크가 있는 제조소, 주유취급소 또는 일반취급소

정답 59. ④ 60. ①

| 2019년 7월 13일 시행 |

2019 CBT 기출복원문제 제3회 위험물기능사

01 연소반응이 일어날 수 있는 가능성이 가장 큰 물질은?

① 산소와의 친화력이 작고 활성화에너지가 작은 물질
② 산소와의 친화력이 크고 활성화에너지가 큰 물실
③ 산소와의 친화력이 작고 활성화에너지가 큰 물질
④ 산소와의 친화력이 크고 활성화에너지가 작은 물질

≫ 연소가 잘 되려면 산소와 친화력이 크고 활성화에너지(물질을 활성화시키는 데 필요한 에너지의 크기)는 작아야 한다. 다시말해 산소를 잘 받아들이고 작은 에너지로도 물질을 활성화시킬 수 있는 물질이 연소가 잘된다는 의미이다.

02 화재의 종류 중 금속화재에 해당하는 것은?

① A급 ② B급
③ C급 ④ D급

≫ ① A급 : 일반화재
② B급 : 유류화재
③ C급 : 전기화재
④ **D급 : 금속화재**

03 위험물을 취급함에 있어서 정전기가 발생할 우려가 있는 설비에 정전기를 유효하게 제거할 수 있는 방법에 해당하지 않는 것은?

① 위험물의 유속을 높이는 방법
② 공기를 이온화하는 방법
③ 공기 중의 상대습도를 70% 이상으로 하는 방법
④ 접지에 의한 방법

≫ ① 위험물의 유속을 높이면 마찰 등으로 인해 정전기의 발생확률이 높아진다.
※ 정전기 제거방법
1) 공기를 이온화하는 방법
2) 공기 중의 상대습도를 70% 이상으로 하는 방법
3) 접지에 의한 방법

04 메테인 1g이 완전연소하면 발생되는 이산화탄소는 몇 g인가?

① 1.25g
② 2.75g
③ 14g
④ 44g

≫ 메테인의 연소반응식
$CH_4 + 2O_2 \rightarrow CO_2 + 2H_2O$
메테인 산소 이산화탄소 물
메테인(CH_4) 1mol의 분자량 = 12g(C) + 1g(H) × 4 = 16g/mol이고, 이산화탄소(CO_2) 1mol의 분자량 = 12g(C) + 16g(O) × 2 = 44g/mol임을 이용한다.
$\therefore 1g\ CH_4 \times \frac{1mol\ CH_4}{16g\ CH_4} \times \frac{1mol\ CO_2}{1mol\ CH_4} \times \frac{44g\ CO_2}{1mol\ CO_2} = 2.75g\ CO_2$

05 다음 중 할로젠화합물 소화약제의 가장 주된 소화효과에 해당하는 것은?

① 제거소화 ② 억제소화
③ 냉각소화 ④ 질식소화

≫ 할로젠화합물 소화약제의 가장 주된 소화효과는 **억제효과** 또는 **부촉매효과**이다.

06 열의 이동원리 중 '복사'에 관한 예로 적당하지 않은 것은?

① 그늘이 시원한 이유
② 더러운 눈이 빨리 녹는 현상
③ 보온병 내부를 거울병으로 만드는 것
④ 해풍과 육풍이 일어나는 원리

정답 01. ④ 02. ④ 03. ① 04. ② 05. ② 06. ④

» ①, ②, ③ : 복사
④ : 대류
※ 열의 이동원리
1) 전도 : 각기 다른 온도를 가지고 있는 물체의 접촉으로 인한 분자들 간의 충돌로 발생하는 열의 전달방식
2) 대류 : 액체와 기체의 온도가 상승하면 분자들이 가벼워지면서 위로 상승하게 되고 위에 있던 분자들을 밀어내는 순환방식에 의한 열전달
3) 복사 : 매개체 없이도 열이 전달되는 방식의 열전달

07 액화 이산화탄소 1kg이 25℃, 2atm에서 방출되어 모두 기체가 되었다. 방출된 기체상의 이산화탄소 부피는 약 몇 L인가?

① 278L
② 556L
③ 1,111L
④ 1,985L

» $CO_2(l) \rightarrow CO_2(g)$
이상기체방정식 : $PV = nRT$
여기서, P : 압력(atm)
V : 부피(L)
n : 몰수(mol)
R : 기체상수(0.082atm·L/mol·K)
T : 온도(K)=273+섭씨온도

$n = \dfrac{\text{주어진 질량(g)}}{\text{분자량(g/mol)}}$, 이산화탄소($CO_2$) 1mol의 분자량=12g(C)+16g(O)×2=44g/mol임을 이용한다.

$$\therefore\ 2\text{atm} \times V(\text{L}) = \left(1{,}000\text{g } CO_2 \times \frac{1\text{mol } CO_2}{44\text{g } CO_2}\right) \times 0.082\text{atm}\cdot\text{L/mol}\cdot\text{K} \times (273+25)\text{K}$$

방출된 기체상의 이산화탄소 부피
=277.68L

08 소화전용 물통 8L의 능력단위는 얼마인가?

① 0.1　② 0.3
③ 0.5　④ 1.0

»

소화설비	용 량	능력단위
소화전용 물통	**8L**	**0.3**
수조 (소화전용 물통 3개 포함)	80L	1.5
수조 (소화전용 물통 6개 포함)	190L	2.5
마른모래 (삽 1개 포함)	50L	0.5
팽창질석 또는 팽창진주암 (삽 1개 포함)	160L	1.0

09 강화액 소화기에 대한 설명이 아닌 것은?

① 알칼리금속염류가 포함된 고농도의 수용액이다.
② A급 화재에 적응성이 있다.
③ 어는점이 낮아서 동절기에도 사용이 가능하다.
④ 물의 표면장력을 강화시킨 것으로 심부화재에 효과적이다.

» 강화액 소화기의 특징
1) 탄산칼륨이라는 알칼리금속염류가 포함된 고농도의 수용액으로 pH가 12인 강알칼리성이다.
2) A급 화재에 적응성이 있으며, 무상주수의 경우 A·B·C급 화재에도 적응성이 있다.
3) 어는점이 낮아서 동절기에도 사용이 가능하다.

10 물분무소화설비의 방사구역은 몇 m^2 이상이어야 하는가? (단, 방호대상물의 표면적이 $300m^2$이다.)

① $100m^2$　② $150m^2$
③ $300m^2$　④ $450m^2$

» 물분무소화설비의 방사구역은 **$150m^2$ 이상**(방호대상물의 바닥면적이 $150m^2$ 미만인 경우에는 그 바닥면적)으로 해야 한다.

11 위험등급이 나머지 셋과 다른 것은?

① 알칼리토금속
② 아염소산염류
③ 다이에틸에터
④ 제6류 위험물

정답　07. ①　08. ②　09. ④　10. ②　11. ①

>>> ① **알칼리토금속**(제3류 위험물) : 지정수량 50kg으로 **위험등급 Ⅱ**
② 아염소산염류(제1류 위험물) : 지정수량 50kg으로 위험등급 Ⅰ
③ 다이에틸에터(제4류 위험물) : 지정수량 50L로 위험등급 Ⅰ
④ 제6류 위험물 : 지정수량 300kg으로 위험등급 Ⅰ

12 위험물안전관리법령에서 규정하고 있는 옥내소화전설비의 설치기준에 관한 내용 중 옳은 것은?

① 제조소등 건축물의 층마다 해당 층의 각 부분에서 하나의 호스접속구까지의 수평거리가 25m 이하가 되도록 설치한다.
② 수원의 수량은 옥내소화전이 가장 많이 설치된 층의 옥내소화전 설치개수(설치개수가 5개 이상인 경우는 5개)에 $18.6m^3$를 곱한 양 이상이 되도록 설치한다.
③ 옥내소화전설비는 각 층을 기준으로 하여 해당 층의 모든 옥내소화전(설치개수가 5개 이상인 경우는 5개의 옥내소화전)을 동시에 사용할 경우에 각 노즐 끝부분의 방수압력이 170kPa 이상의 성능이 되도록 한다.
④ 옥내소화전설비는 각 층을 기준으로 하여 해당 층의 모든 옥내소화전(설치개수가 5개 이상인 경우는 5개의 옥내소화전)을 동시에 사용할 경우에 각 노즐 끝부분의 방수량이 분당 130L 이상의 성능이 되도록 한다.

>>> ② 수원의 수량은 옥내소화전이 가장 많이 설치된 층의 옥내소화전 설치개수(설치개수가 5개 이상인 경우는 5개)에 $7.8m^3$를 곱한 양 이상이 되도록 설치하여야 한다.
③ 옥내소화전설비는 각 층을 기준으로 하여 그 층의 모든 옥내소화전(설치개수가 5개 이상인 경우는 5개의 옥내소화전)을 동시에 사용할 경우에 각 노즐 끝부분의 방수압력이 350kPa 이상의 성능이 되도록 한다.
④ 옥내소화전설비는 각 층을 기준으로 하여 그 층의 모든 옥내소화전(설치개수가 5개 이상인 경우는 5개의 옥내소화전)을 동시에 사용할 경우에 각 노즐 끝부분의 방수량이 분당 260L 이상의 성능이 되도록 한다.

13 위험물의 성질에 대한 설명으로 틀린 것은?

① 인화칼슘은 물과 반응 시 유독가스를 발생한다.
② 금속나트륨은 물과 반응하여 산소를 발생시키고 발열한다.
③ 아세트알데하이드는 연소하여 이산화탄소와 물을 발생한다.
④ 질산에틸은 물에 녹지 않고 인화되기 쉽다.

>>> ① 인화칼슘은 물과 반응 시 포스핀이라는 유독가스를 발생한다.
– 인화칼슘과 물과의 반응식
$Ca_3P_2 + 6H_2O \rightarrow 3Ca(OH)_2 + 2PH_3$
인화칼슘 물 수산화칼슘 포스핀
② **금속나트륨**은 물과 반응하여 **수소를 발생**시키고 발열한다.
– 나트륨과 물과의 반응식
$2Na + 2H_2O \rightarrow 2NaOH + H_2$
나트륨 물 수산화나트륨 수소
③ 아세트알데하이드는 연소하여 이산화탄소와 물을 발생한다.
– 아세트알데하이드의 연소반응식
$2CH_3CHO + 5O_2 \rightarrow 4CO_2 + 4H_2O$
아세트알데하이드 산소 이산화탄소 물

14 상온에서 액상인 것으로만 나열된 것은?

① 나이트로셀룰로스, 나이트로글리세린
② 질산에틸, 나이트로글리세린
③ 질산에틸, 피크린산
④ 나이트로셀룰로스, 셀룰로이드

>>> ① 나이트로셀룰로스(고체), 나이트로글리세린(액체)
② **질산에틸(액체), 나이트로글리세린(액체)**
③ 질산에틸(액체), 피크린산(고체)
④ 나이트로셀룰로스(고체), 셀룰로이드(고체)

15 다음 중 지정수량이 300kg인 위험물에 해당하는 것은?

① $NaBrO_3$ ② CaO_2
③ $KClO_4$ ④ $NaClO_2$

정답 12. ① 13. ② 14. ② 15. ①

» ① : 지정수량 300kg
②, ③, ④ : 지정수량 50kg

16 다음 과산화바륨의 취급에 대한 설명 중 틀린 것은?

① 직사광선을 피하고, 냉암소에 둔다.
② 유기물, 산 등의 접촉을 피한다.
③ 피부와 직접적인 접촉을 피한다.
④ 화재 시 주수소화가 가장 효과적이다.

» 과산화바륨(BaO_2)은 제1류 위험물 중 알칼리토금속의 과산화물로서 물과 반응 시 산소와 약간의 열을 발생하므로 주수소화가 가능하나 가장 효과적인 것은 아니다.

17 다음 중 산을 가하면 이산화염소를 발생시키는 물질은?

① 아염소산나트륨
② 브로민산나트륨
③ 아이오딘산칼륨
④ 다이크로뮴산나트륨

» 제1류 위험물 중 아염소산염류, 염소산염류, 과염소산염류들은 황산, 질산, 염산 등과 반응하여 독성의 이산화염소(ClO_2)를 발생한다.
– 아염소산나트륨과 염산과의 반응식

$$3NaClO_2 + 2HCl \rightarrow 3NaCl + 2ClO_2 + H_2O_2$$

아염소산나트륨 염산 염화수소 이산화염소 과산화수소

18 과염소산칼륨의 일반적인 성질에 대한 설명 중 틀린 것은?

① 강한 산화제이다.
② 불연성 물질이다.
③ 과일향이 나는 보라색 결정이다.
④ 가열하여 완전 분해시키면 산소를 발생한다.

» ③ 과염소산칼륨은 **무취의 무색결정이다.**

19 산화성 고체의 저장 · 취급 방법으로 옳지 않은 것은?

① 가연물과 접촉 및 혼합을 피한다.
② 분해를 촉진하는 물품의 접근을 피한다.
③ 조해성 물질의 경우 물속에 보관하고, 과열, 충격, 마찰 등을 피하여야 한다.
④ 알칼리금속의 과산화물은 물과의 접촉을 피하여야 한다.

» ③ 조해성 물질은 수분을 흡수하여 녹는 성질이 있으므로 물속에 보관하여서는 안 된다.

20 철분, 마그네슘, 금속분에 적응성이 있는 소화설비는?

① 스프링클러설비
② 할로젠화합물 소화설비
③ 대형수동식 포소화기
④ 건조사

» 제1류 위험물 중 알칼리금속의 과산화물, 제2류 위험물 중 **철분, 마그네슘, 금속분**, 제3류 위험물 중 금수성 물질에 적응성이 있는 소화설비는 **건조사** 및 팽창질석, 팽창진주암 또는 탄산수소염류 분말소화설비이다.

똑똑한 풀이비법

건조사는 모든 위험물에 적응성이 있으므로, 〈보기〉에 건조사가 있으면 무조건 답이 된다.

21 제2류 위험물과 산화제를 혼합하면 위험한 이유로 가장 적합한 것은?

① 제2류 위험물이 가연성 액체이기 때문에
② 제2류 위험물이 환원제로 작용하기 때문에
③ 제2류 위험물은 자연발화의 위험이 있기 때문에
④ 제2류 위험물은 물, 습기를 잘 머금고 있기 때문에

» ② 제2류 위험물은 직접 탈 수 있는 가연성 고체(환원제)이므로 산화제(산소공급원)와 반응 시 연소의 위험이 있다.

정답 16. ④ 17. ① 18. ③ 19. ③ 20. ④ 21. ②

22 금속분의 연소 시 주수소화하면 위험한 원인으로 옳은 것은?

① 물에 녹아 산이 된다.
② 물과 작용하여 유독가스를 발생한다.
③ 물과 작용하여 수소가스를 발생한다.
④ 물과 작용하여 산소가스를 발생한다.

≫ 제2류 위험물의 금속분(알루미늄, 아연 등)은 물과 반응 시 수소를 발생한다.

23 적린의 성질에 대한 설명 중 틀린 것은?

① 물이나 이황화탄소에 녹지 않는다.
② 발화온도는 약 260℃ 정도이다.
③ 연소할 때 인화수소가스가 발생한다.
④ 산화제가 섞이면 마찰에 의해 착화하기 쉽다.

≫ ③ **연소하면 오산화인(P_2O_5)의 흰색 연기가 발생**한다.
– 적린의 연소반응식
$$\underset{\text{적린}}{4P} + \underset{\text{산소}}{5O_2} \rightarrow \underset{\text{오산화인}}{2P_2O_5}$$

24 CaC_2의 저장장소로 적합한 곳은?

① 가스가 발생하므로 밀전하지 않고 공기 중에 보관한다.
② HCl 수용액 속에 저장한다.
③ CCl_4 분위기의 수분이 많은 장소에 보관한다.
④ 건조하고 환기가 잘되는 장소에 보관한다.

≫ 탄화칼슘(CaC_2)의 저장방법 : 공기 중 수분과 접촉하면 아세틸렌가스를 발생시키므로 건조하고 환기가 잘되는 장소에 밀전시켜 보관해야 한다.

25 다음 중 제3류 위험물에 해당하는 것은?

① NaH ② Al
③ Mg ④ P_4S_3

≫ **① NaH(수소화나트륨) : 제3류 위험물**
② Al(알루미늄) : 제2류 위험물
③ Mg(마그네슘) : 제2류 위험물
④ P_4S_3(삼황화인) : 제2류 위험물

26 제3류 위험물인 칼륨의 성질이 아닌 것은?

① 물과 반응하여 수산화물과 수소를 만든다.
② 원자가전자가 2개로 쉽게 2가의 양이온이 되어 반응한다.
③ 원자량은 약 39이다.
④ 은백색 광택을 가지는 연하고 가벼운 고체로 칼로 쉽게 잘라진다.

≫ ② 칼륨은 +1가 원소이므로 원자가전자가 1개이며 쉽게 1가의 양이온이 되어 반응한다.

27 금속나트륨, 금속칼륨 등을 보호액 속에 저장하는 이유를 가장 올바르게 설명한 것은?

① 온도를 낮추기 위하여
② 승화하는 것을 막기 위하여
③ 공기와의 접촉을 막기 위하여
④ 운반 시 충격을 적게 하기 위하여

≫ 금속나트륨, 금속칼륨은 공기 중 수분과 반응하여 수소를 발생하거나 산소와 반응하여 산화하기 때문에 공기와의 접촉을 막기 위해 등유나 경유 등의 보호액 속에 저장해야 한다.

28 다음의 위험물을 위험등급 Ⅰ, 위험등급 Ⅱ, 위험등급 Ⅲ의 순서로 올바르게 나열한 것은?

황린, 인화칼슘, 리튬

① 황린, 인화칼슘, 리튬
② 황린, 리튬, 인화칼슘
③ 인화칼슘, 황린, 리튬
④ 인화칼슘, 리튬, 황린

≫ 1) 황린(지정수량 20kg) : 위험등급 Ⅰ
2) 리튬(알칼리금속으로서 지정수량 50kg) : 위험등급 Ⅱ
3) 인화칼슘(금속의 인화물로서 지정수량 300kg) : 위험등급 Ⅲ

정답 22. ③ 23. ③ 24. ④ 25. ① 26. ② 27. ③ 28. ②

29 다음 중 인화점이 가장 낮은 것은?

① 아이소펜테인
② 아세톤
③ 다이에틸에터
④ 이황화탄소

≫ ① **아이소펜테인 : −51℃**
② 아세톤 : −18℃
③ 다이에틸에터 : −45℃
④ 이황화탄소 : −30℃

30 메탄올과 비교한 에탄올의 성질에 대한 설명 중 틀린 것은?

① 인화점이 낮다.
② 발화점이 낮다.
③ 증기비중이 크다.
④ 비점이 높다.

≫ 메탄올과 에탄올의 성질을 비교해보면 다음 [표]와 같다.

구 분	메탄올(CH_3OH)	에탄올(C_2H_5OH)
인화점	**11℃**	**13℃**
발화점	464℃	363℃
증기비중	32/29＝1.1	46/29＝1.59
비점	65℃	80℃

31 옥외저장탱크에 연소성 혼합기체의 생성에 의한 폭발을 방지하기 위하여 불활성의 기체를 봉입하는 장치를 설치하여야 하는 위험물질은?

① $CH_3COC_2H_5$　② C_5H_5N
③ CH_3CHO　④ C_6H_5Cl

≫ 아세트알데하이드(CH_3CHO)등을 취급하는 제조소의 설비
1) 은, 수은, 구리(동), 마그네슘을 성분으로 하는 합금으로 만들지 아니할 것
2) 연소성 혼합기체의 폭발을 방지하기 위한 불활성 기체 또는 수증기 봉입장치를 갖출 것
3) 아세트알데하이드등을 저장하는 탱크에는 냉각장치 또는 보냉장치(냉방을 유지하는 장치) 및 불활성 기체 봉입장치를 갖출 것

32 다음은 위험물안전관리법령에서 정의한 동식물유류에 관한 내용이다. ( ) 안에 알맞은 수치는?

> 동물의 지육 등 또는 식물의 종자나 과육으로부터 추출한 것으로서 1기압에서 인화점이 섭씨 ( )도 미만인 것을 말한다.

① 21　② 200
③ 250　④ 300

≫ 위험물안전관리법령에서 정의한 동식물유류의 인화점은 섭씨 **250도 미만**이다.

33 석유류가 연소할 때 발생하는 가스로 강한 자극성 냄새가 나며 취급하는 장치를 부식시키는 것은?

① H_2
② CH_4
③ NH_3
④ SO_2

≫ 〈보기〉의 가스 중에서 부식성을 갖는 가스는 아황산가스(SO_2)밖에 없다.

34 크레오소트유에 대한 설명으로 틀린 것은?

① 제3석유류에 속한다.
② 무취이고 증기는 독성이 없다.
③ 상온에서 액체이다.
④ 물보다 무겁고 물에 녹지 않는다.

≫ ② 타르유라고도 불리며, 자극성 냄새가 나고, 증기는 독성을 갖는다.

35 다음 중 제5류 위험물에 대한 설명으로 옳지 않은 것은?

① 대표적인 성질은 자기반응성이다.
② 피크린산은 나이트로화합물이다.
③ 모두 산소를 포함하고 있다.
④ 나이트로화합물은 나이트로기가 많을수록 폭발력이 커진다.

정답　29. ①　30. ①　31. ③　32. ③　33. ④　34. ②　35. ③

③ 하이드라진유도체의 염산하이드라진(N_2H_4HCl)이나 금속의 아지화합물의 아지화납[$Pb(N_3)_2$], 아지화나트륨(NaN_3) 등의 화학식 자체에는 산소를 포함하지 않는다.

36 위험물에 대한 설명으로 옳은 것은?

① 이황화탄소는 연소 시 유독성 황화수소 가스를 발생한다.
② 다이에틸에터는 물에 잘 녹지 않지만 유지 등을 잘 녹이는 용제이다.
③ 등유는 가솔린보다 인화점이 높으나, 인화점이 0℃ 미만이므로 인화의 위험성은 매우 높다.
④ 경유는 등유와 비슷한 성질을 가지지만 증기비중이 공기보다 가볍다는 차이점이 있다.

① 이황화탄소는 연소 시 유독성의 이산화황(아황산)가스를 발생한다.
– 이황화탄소의 연소반응식

$$CS_2 + 3O_2 \rightarrow CO_2 + 2SO_2$$

이황화탄소 산소 이산화탄소 이산화황

③ 등유는 제2석유류이므로 제1석유류인 가솔린보다 인화점이 높고 인화점의 범위는 21℃ 이상 70℃ 미만이다.
④ 경유는 등유와 비슷한 성질을 가지며 둘 다 증기비중이 1 이상으로, 공기보다 무거운 물질이다.

37 분자 내의 나이트로기와 같이 쉽게 산소를 유리할 수 있는 기를 가지고 있는 화합물의 연소 형태는?

① 표면연소 ② 분해연소
③ 증발연소 ④ 자기연소

일반적으로 나이트로기($-NO_2$)를 가지고 있는 위험물은 제5류 위험물이며, 제5류 위험물의 연소 형태는 자기연소에 해당한다.

38 과산화벤조일의 위험성에 대한 설명으로 틀린 것은?

① 상온에서 분해되며 수분이 흡수되면 폭발성을 가지므로 건조된 상태로 보관·운반한다.
② 강산에 의해 분해 폭발의 위험이 있다.
③ 충격, 마찰에 의해 분해되어 폭발할 위험이 있다.
④ 가연성 물질과 접촉하면 발화의 위험이 높다.

① 과산화벤조일(제5류 위험물)은 수분이 흡수되면 폭발성이 감소되는 성질을 가지고 있다.

39 트라이나이트로톨루엔에 대한 설명으로 가장 거리가 먼 것은?

① 물에 녹지 않으나 알코올에는 녹는다.
② 직사광선에 노출되면 다갈색으로 변한다.
③ 공기 중에 노출되면 쉽게 가수분해한다.
④ 이성질체가 존재한다.

트라이나이트로톨루엔(제5류 위험물)은 물에 녹지 않으며 또한 가수분해(물입자들의 작용으로 인해 발생하는 반응)도 하지 않는 물질이다.

40 제6류 위험물의 화재예방 및 진압대책으로 옳은 것은?

① 과산화수소 화재 시 주수소화를 금한다.
② 질산은 소량의 화재 시 다량의 물로 희석한다.
③ 과염소산은 폭발방지를 위해 철제용기에 저장한다.
④ 제6류 화재 시에는 건조사만 사용하여 진압할 수 있다.

제6류 위험물은 산소를 포함하고 있어 철제용기를 부식시키므로 사용할 수 없고 화재 시에는 물 또는 마른 모래로 소화한다.

41 과산화수소에 대한 설명으로 틀린 것은?

① 불연성이다.
② 물보다 무겁다.
③ 산화성 액체이다.
④ 지정수량은 300L이다.

④ 과산화수소(제6류 위험물)의 **지정수량은 300kg**이다.

정답 36. ② 37. ④ 38. ① 39. ③ 40. ② 41. ④

42 제6류 위험물의 위험성에 대한 설명으로 틀린 것은?

① 질산을 가열할 때 발생하는 적갈색 증기는 무해하지만 가연성이며 폭발성이 강하다.
② 고농도의 과산화수소는 충격, 마찰에 의해서 단독으로도 분해 폭발할 수 있다.
③ 과염소산은 유기물과 접촉 시 발화 또는 폭발할 위험이 있다.
④ 과산화수소는 햇빛에 의해서 분해되며 촉매(MnO_2)하에서 분해가 촉진된다.

» ① 질산을 가열할 때 발생하는 **적갈색 증기는 인체에 유해**하다.
– 질산의 분해반응식
$4HNO_3 \rightarrow 2H_2O + 4NO_2 + O_2$
질산 물 이산화질소 산소

43 다음 중 위험물안전관리에 관하여 세부 기준에서 정한 위험물의 유별에 따른 위험성 시험방법을 올바르게 연결한 것은 어느 것인가?

① 제1류 – 가열분해성 시험
② 제2류 – 작은 불꽃 착화시험
③ 제5류 – 충격민감성 시험
④ 제6류 – 낙구타격감도 시험

» ① 제1류 위험물
1) 산화성 시험 : 연소시험
2) 충격민감성 시험 : 낙구타격감도 시험
② **제2류 위험물**
1) 착화의 위험성 시험 : **작은 불꽃 착화시험**
2) 고체의 인화 위험성 시험 : 인화점 측정시험
③ 제5류 위험물
1) 폭발성 시험 : 열분석 시험
2) 가열분해성 시험 : 압력용기 시험
④ 제6류 위험물
– 연소시간의 측정시험

44 다음 ( ) 안에 알맞은 수치를 올바르게 나열한 것은?

> 위험물 암반탱크의 공간용적은 그 탱크 내에 용출하는 ( )일 동안의 지하수량에 상당하는 용적과 그 탱크 내용적의 100분의 ( )의 용적 중에서 보다 큰 용적을 공간용적으로 한다.

① 1, 7　　② 3, 5
③ 5, 3　　④ 7, 1

» 암반탱크의 공간용적 : 탱크 내에 용출하는 **7일** 동안의 지하수량에 상당하는 용적과 탱크의 내용적의 **100분의 1**의 용적 중 더 큰 용적으로 정한다.

45 금수성 물질의 저장시설에 설치하는 주의사항 게시판의 바탕색과 문자색을 올바르게 나타낸 것은?

① 적색 바탕에 백색 문자
② 백색 바탕에 적색 문자
③ 청색 바탕에 백색 문자
④ 백색 바탕에 청색 문자

» 금수성 물질(제3류 위험물)은 물을 금지해야 하는 성질이므로 '물기엄금'(**청색 바탕에 백색 문자**)의 주의사항 게시판이 필요하다.

46 위험물안전관리법상 위험물의 운반에 관한 기준에 따르면 지정수량 얼마 이하의 위험물에 대하여는 '유별을 달리하는 위험물의 혼재기준'을 적용하지 아니하여도 되는가?

① 1/2
② 1/3
③ 1/5
④ 1/10

» 지정수량의 **1/10 이하**의 위험물의 양에 대해서는 운반에 관한 유별을 달리하는 위험물의 혼재기준을 적용하지 않는다.

정답 42. ① 43. ② 44. ④ 45. ③ 46. ④

47 주유취급소에서 자동차 등에 위험물을 주유할 때 자동차 등의 원동기를 정지시켜야 하는 위험물의 인화점 기준은 몇 ℃ 미만인가? (단, 연료탱크에 위험물을 주유하는 동안 방출되는 가연성 증기 회수설비가 부착되지 않은 고정주유설비의 경우이다.)

① 20℃ ② 30℃
③ 40℃ ④ 50℃

≫ 주유취급소에서 자동차 등에 위험물을 주유할 때 자동차 등의 원동기를 정지시켜야 하는 위험물의 인화점 기준은 **40℃ 미만**이다.

48 경유를 저장하는 옥외저장탱크의 반지름이 2m이고 높이가 12m일 때 탱크 옆판으로부터 방유제까지의 거리는 몇 m 이상이어야 하는가?

① 4m ② 5m
③ 6m ④ 7m

≫ 방유제로부터 옥외저장탱크의 옆판까지의 거리는 다음의 기준으로 한다.
1) **탱크 지름이 15m 미만 : 탱크 높이의 3분의 1 이상**
2) 탱크 지름이 15m 이상 : 탱크 높이의 2분의 1 이상

<문제>의 조건인 탱크 지름 4m(반지름 2m)는 15m 미만의 값이므로 탱크 높이 12m에 1/3을 곱한 값인 4m 이상을 탱크의 옆판으로부터 방유제까지의 거리로 한다.

49 지하탱크저장소에서 인접한 2개의 지하저장탱크 용량의 합계가 지정수량의 100배일 경우 탱크 상호간의 최소거리는?

① 0.1m ② 0.3m
③ 0.5m ④ 1m

≫ 지하탱크저장소의 각종 거리기준
1) 지하의 벽, 가스관, 대지경계선으로부터 지하탱크전용실 외벽까지의 거리 : 0.1m 이상
2) 지하저장탱크와 탱크전용실 안쪽과의 사이 : 0.1m 이상
3) 지면으로부터 지하탱크의 윗부분까지의 거리 : 0.6m 이상
4) 지하탱크를 2개 이상 인접해 설치할 때 상호거리 : 1m 이상(**탱크 용량의 합계가 지정수량의 100배 이하일 경우 : 0.5m 이상)**

50 위험물안전관리법령상 옥외저장소에 저장할 수 있는 위험물의 품명은?

① 특수인화물
② 무기과산화물
③ 알코올류
④ 칼륨

≫ 옥외저장소에 저장할 수 있는 위험물
1. 제2류 위험물
   1) 황
   2) 인화성 고체(인화점이 섭씨 0도 이상)
2. 제4류 위험물
   1) 제1석유류(인화점이 섭씨 0도 이상)
   2) **알코올류**
   3) 제2석유류
   4) 제3석유류
   5) 제4석유류
   6) 동식물유류
3. 제6류 위험물

51 위험물판매취급소에 대한 설명 중 틀린 것은?

① 제1종 판매취급소라 함은 저장 또는 취급하는 위험물의 수량이 지정수량의 20배 이하인 판매취급소를 말한다.
② 위험물을 배합하는 실의 바닥면적은 $6m^2$ 이상 $15m^2$ 이하이어야 한다.
③ 판매취급소에서는 도료류 외의 제1석유류를 배합하거나 옮겨 담는 작업을 할 수 없다.
④ 제1종 판매취급소는 건축물의 2층까지만 설치가 가능하다.

≫ ④ 제1종 판매취급소는 **건축물의 1층에 설치**해야 한다.
※ 판매취급소의 배합실에서 배합하거나 옮겨 담는 작업을 할 수 있는 위험물은 다음과 같다.
   1) 도료류
   2) 제1류 위험물 중 염소산염류
   3) 황
   4) 인화점이 38℃ 이상인 제4류 위험물

정답 47. ③ 48. ① 49. ③ 50. ③ 51. ④

52 위험물안전관리법령에 따른 자동화재탐지설비의 설치기준에서 하나의 경계구역 면적은 얼마 이하로 하여야 하는가? (단, 해당 건축물, 그 밖의 공작물의 주요한 출입구에서 그 내부 전체를 볼 수 없는 경우이다.)

① $500m^2$
② $600m^2$
③ $800m^2$
④ $1,000m^2$

≫ 자동화재탐지설비의 경계구역
1) 자동화재탐지설비의 경계구역은 건축물의 2 이상의 층에 걸치지 아니하도록 한다(다만, 하나의 경계구역의 면적이 $500m^2$ 이하이면 그러하지 아니하다).
2) **하나의 경계구역의 면적은 $600m^2$ 이하**로 하고, 건축물의 주요한 출입구에서 그 내부 전체를 볼 수 있는 경우는 면적을 $1,000m^2$ 이하로 한다.
3) 하나의 경계구역에서 한 변의 길이는 50m(광전식 분리형 감지기를 설치한 경우에는 100m) 이하로 한다.
4) 자동화재탐지설비의 감지기는 지붕 또는 벽의 옥내에 면한 부분에 화재발생을 감지할 수 있도록 설치한다.
5) 자동화재탐지설비에는 비상전원을 설치한다.

53 위험물안전관리법령에 따른 소화설비의 적응성에 관한 다음 내용 중 ( ) 안에 적합한 내용은?

> 제6류 위험물을 저장 · 취급하는 장소로서 폭발의 위험이 없는 장소에 한하여 ( ) 가(이) 제6류 위험물에 대하여 적응성이 있다.

① 할로젠화합물 소화기
② 분말소화기–탄산수소염류 소화기
③ 분말소화기–그 밖의 것
④ 이산화탄소 소화기

≫ 이산화탄소 소화기는 제6류 위험물을 저장 · 취급하는 장소에서는 사용할 수 없지만, 폭발의 위험이 없는 장소에 한하여는 **이산화탄소소화기**도 제6류 위험물에 대해 적응성이 있다.

54 일반취급소의 형태가 옥외의 공작물로 되어 있는 경우에 있어서 그 최대수평투영면적이 $500m^2$일 때 설치하여야 하는 소화설비의 소요단위는 몇 단위인가?

① 5단위
② 10단위
③ 15단위
④ 20단위

≫ 소요단위

구 분	외벽이 내화구조	외벽이 비내화구조
위험물 제조소 및 취급소	연면적 $100m^2$	연면적 $50m^2$
위험물저장소	연면적 $150m^2$	연면적 $75m^2$
위험물	지정수량의 10배	

일반취급소의 옥외에 설치된 공작물은 외벽이 내화구조인 것으로 간주하고 **공작물의 최대수평투영면적을 연면적으로 간주**하기 때문에, 소요단위는 $500m^2/100m^2=5$단위가 된다.

55 주유취급소 중 건축물의 2층에 휴게음식점의 용도로 사용하는 것에 있어 해당 건축물의 2층으로부터 직접 주유취급소의 부지 밖으로 통하는 출입구와 그 출입구로 통하는 통로, 계단에 설치하여야 하는 것은?

① 비상경보설비
② 유도등
③ 비상조명등
④ 확성장치

≫ 건축물의 2층으로부터 직접 주유취급소의 부지 밖으로 통하는 출입구와 그 출입구로 통하는 통로, 계단에는 **유도등**을 설치하여야 한다.

정답 52. ② 53. ④ 54. ① 55. ②

56 위험물안전관리법령상 옥내주유취급소의 소화난이도등급은?

① Ⅰ　② Ⅱ
③ Ⅲ　④ Ⅳ

주유취급소의 소화난이도등급
1) 소화난이도등급 Ⅰ : 주유취급소의 직원 외의 자가 출입하는 부분의 면적 합이 $500m^2$를 초과하는 것
2) **소화난이도등급 Ⅱ** : **옥내주유취급소**로서 소화난이도등급 Ⅰ의 제조소등에 해당하지 아니하는 것
3) 소화난이도등급 Ⅲ : 옥내주유취급소 외의 것으로서 소화난이도등급 Ⅰ의 제조소등에 해당하지 아니하는 것

57 복수의 성상을 가지는 위험물에 대한 유별 지정의 기준상 유별의 연결이 틀린 것은 어느 것인가?

① 산화성 고체의 성상 및 가연성 고체의 성상을 가지는 경우 : 가연성 고체
② 산화성 고체의 성상 및 자기반응성 물질의 성상을 가지는 경우 : 자기반응성 물질
③ 가연성 고체의 성상과 자연발화성 물질 및 금수성 물질의 성상을 가지는 경우 : 자연발화성 물질 및 금수성 물질
④ 인화성 액체의 성상 및 자기반응성 물질의 성상을 가지는 경우 : 인화성 액체

복수의 성상을 가지는 위험물(하나의 물질이 2가지의 위험물 성질을 동시에 가지고 있는 것)의 유별 기준
※ 공식 : 제1류 < 제2류 < 제4류 < 제3류 < 제5류
① 산화성 고체(제1류) < 가연성 고체(제2류) : 가연성 고체
② 산화성 고체(제1류) < 자기반응성 물질(제5류) : 자기반응성 물질
③ 가연성 고체(제2류) < 자연발화성 물질 및 금수성 물질(제3류) : 자연발화성 물질 및 금수성 물질
④ **인화성 액체(제4류) < 자기반응성 물질(제5류) : 자기반응성 물질**

58 다음 중 위험물안전관리법령에 의한 위험물 운송에 관한 규정으로 틀린 것은 어느 것인가?

① 이동탱크저장소에 의하여 위험물을 운송하는 자는 그 위험물을 취급할 수 있는 국가기술자격자 또는 안전교육을 받은 자여야 한다.
② 안전관리자, 탱크시험자, 위험물운반자, 위험물운송자 등 위험물의 안전관리와 관련된 업무를 수행하는 자는 시·도지사가 실시하는 안전교육을 받아야 한다.
③ 운송책임자의 범위, 감독 또는 지원의 방법 등에 관한 구체적인 기준은 행정안전부령으로 정한다.
④ 위험물운송자는 행정안전부령이 정하는 기준을 준수하는 등 해당 위험물의 안전확보를 위해 세심한 주의를 기울여야 한다.

안전관리자, 탱크시험자, 위험물운반자, 위험물운송자 등 위험물의 안전관리에 관련된 업무를 수행하는 자는 **소방청장이 실시하는 안전교육**을 받아야 한다. 하지만, 소방청장은 안전관리자와 위험물운송자 등의 안전교육은 한국소방안전원에 위탁하고 탱크시험자의 기술인력으로 종사하는 자에 대한 교육은 한국소방산업기술원에 위탁하므로 실질적인 교육은 한국소방안전원장과 한국소방산업기술원장이 실시한다.

59 위험물안전관리법령상 운송책임자의 감독·지원을 받아 운송해야 하는 위험물은 어느 것인가?

① 특수인화물
② 알킬리튬
③ 질산구아니딘
④ 하이드라진유도체

운송책임자의 감독·지원을 받아 운송하여야 하는 위험물은 **알킬리튬**과 알킬알루미늄이다.

정답　56. ②　57. ④　58. ②　59. ②

60 위험물안전관리법령상 예방규정을 정하여야 하는 제조소등에 해당하지 않는 것은?

① 지정수량 10배 이상의 위험물을 취급하는 제조소
② 이송취급소
③ 암반탱크저장소
④ 지정수량의 200배 이상의 위험물을 저장하는 옥내탱크저장소

» 예방규정을 정해야 하는 제조소등
1) 지정수량의 10배 이상의 위험물을 취급하는 제조소
2) 지정수량의 100배 이상의 위험물을 저장하는 옥외저장소
3) 지정수량의 150배 이상의 위험물을 저장하는 옥내저장소
4) 지정수량의 200배 이상의 위험물을 저장하는 옥외탱크저장소
5) 암반탱크저장소
6) 이송취급소
7) 지정수량의 10배 이상의 위험물을 취급하는 일반취급소

정답 60. ④

| 2019년 9월 28일 시행 |

2019 CBT 기출복원문제
제4회 위험물기능사

01 연료의 일반적인 연소형태에 대한 설명 중 틀린 것은?

① 목재와 같은 고체 연료는 연소 초기에는 불꽃을 내면서 연소하나 후기에는 점점 불꽃이 없어져 무염(無炎) 연소형태로 연소한다.
② 알코올과 같은 액체 연료는 증발에 의해 생긴 증기가 공기 중에서 연소하는 증발연소의 형태로 연소한다.
③ 기체 연료는 액체 연료, 고체 연료와 다르게 비정상적 연소인 폭발현상이 나타나지 않는다.
④ 석탄과 같은 고체 연료는 열분해하여 발생한 가연성 기체가 공기 중에서 연소하는 분해연소형태로 연소한다.

≫ ③ 기체 연료는 대부분 비정상적인 연소로 인해 폭발현상이 잘 나타난다.

02 공장 창고에 보관되었던 톨루엔이 유출되어 미상의 점화원에 의해 착화되어 화재가 발생하였다면 이 화재의 분류로 옳은 것은?

① A급 화재 ② B급 화재
③ C급 화재 ④ D급 화재

≫ 톨루엔은 물보다 가볍고 비수용성인 제4류 위험물이므로 유류화재인 B급화재에 해당한다.

03 공정 및 장치에서 분진폭발을 예방하기 위한 조치로서 가장 거리가 먼 것은?

① 플랜트는 공정별로 구분하고 폭발의 파급을 피할 수 있도록 분진취급공정을 습식으로 한다.
② 분진이 물과 반응하는 경우는 물 대신 휘발성이 적은 유류를 사용하는 것이 좋다.
③ 배관의 연결부위나 기계가동에 의해 분진이 누출될 염려가 있는 곳은 흡인이나 밀폐를 철저히 한다.
④ 가연성 분진을 취급하는 장치류는 밀폐하지 말고 분진이 외부로 누출되도록 한다.

≫ ④ 가연성 분진을 취급하는 장치는 분진이 외부로 누출되지 않도록 해야 한다.

04 15℃의 기름 100g에 8,000J의 열량을 주면 기름의 온도는 몇 ℃가 되겠는가? (단, 기름의 비열은 2J/g · ℃이다.)

① 25℃
② 45℃
③ 50℃
④ 55℃

PLAY ▶ 풀이

≫ $Q = c \times m \times \Delta t$
여기서, Q : 열량(J)
c : 비열(J/g · ℃)
m : 질량(g)
Δt : 최종온도 – 초기온도(℃)
기름의 비열=2J/g · ℃, 최종온도를 t로 두면
$\Delta t = t - 15$(℃)
∴ 8,000J = 2J/g · ℃ × 100g × (t – 15)℃
t = 55℃

05 정전기를 제거하려 할 때 공기 중 상대습도는 몇 % 이상으로 해야 하나?

① 50% ② 60%
③ 70% ④ 80%

≫ 정전기 제거방법
1) 접지할 것
2) 공기 중 상대습도를 **70% 이상**으로 할 것
3) 공기를 이온화시킬 것

정답 01. ③ 02. ② 03. ④ 04. ④ 05. ③

06 메틸알코올 8,000L에 대한 소화능력으로 삽을 상비한 마른모래를 몇 L 설치해야 하는가?

① 100L
② 200L
③ 300L
④ 400L

메틸알코올의 지정수량은 400L이며, 소요단위는 지정수량의 10배인 4,000L이다. 메틸알코올 4,000L마다 소화설비 1단위씩 필요하므로 8,000L라면 소화설비 2단위가 필요하다. 따라서 마른모래 0.5단위는 50L이므로 마른모래 1단위는 100L이며, 앞에서 소화설비 2단위가 필요하다고 했으므로 마른모래는 200L가 필요하다.

07 BCF 소화기의 약제를 화학식으로 올바르게 나타낸 것은?

① CCl_4
② CH_2ClBr
③ CF_3Br
④ CF_2ClBr

BCF(bromochlorodifluoromethane)는 화학식은 CF_2ClBr으로 탄소(C)와 함께 Br, Cl, F를 모두 포함하고 있는 소화약제를 의미한다.

08 물의 소화능력을 강화시키기 위해 개발된 것으로 한랭지 또는 겨울철에도 사용할 수 있는 소화기에 해당하는 것은?

① 산·알칼리 소화기
② 강화액 소화기
③ 포소화기
④ 할로젠화합물 소화기

강화액 소화기의 특징
1) 물의 소화능력을 강화시키기 위한 소화제이다.
2) 물에 탄산칼륨 등을 용해시킨 수용액이다.
3) 수용액의 비중은 1보다 크며, 액의 성분은 강알칼리성(pH 12)으로서 농도가 진하고 잘 얼지 않으므로 **한랭지에서나 겨울철용**으로 많이 쓰인다.

09 소화기의 사용방법으로 잘못된 것은?

① 적응화재에 따라 사용할 것
② 성능에 따라 방출거리 내에서 사용할 것
③ 바람을 마주보며 소화할 것
④ 양옆으로 비로 쓸듯이 방사할 것

바람을 등지고 풍상에서 풍하 방향으로 소화할 것

10 위험물안전관리에 관한 세부기준에 따르면 불활성가스 소화설비 저장용기는 온도가 몇 ℃ 이하인 장소에 설치하여야 하는가?

① 35℃
② 40℃
③ 45℃
④ 50℃

불활성가스 소화약제 용기의 설치장소(전역방출방식과 국소방출방식 공통)
1) 방호구역 외부
2) 온도변화가 적고 **40℃ 이하**의 장소
3) 직사광선 및 빗물이 침투할 우려가 없는 장소

11 물분무소화설비의 설치기준으로 적합하지 않은 것은?

① 고압의 전기설비가 있는 장소에는 그 전기설비와 분무헤드 및 배관과 사이에 전기절연을 위하여 필요한 공간을 보유한다.
② 스트레이너 및 일제개방밸브는 제어밸브의 하류 측 부근에 스트레이너, 일제개방밸브의 순으로 설치한다.
③ 물분무소화설비에 2 이상의 방사구역을 두는 경우에는 화재를 유효하게 소화할 수 있도록 인접하는 방사구역이 상호 중복되도록 한다.
④ 수원의 수위가 수평회전식 펌프보다 낮은 위치에 있는 가압송수장치의 물올림 장치는 타 설비와 겸용하여 설치한다.

④ 기본적으로 소방시설은 전용으로 설치해야 하는 것이 원칙이다. 왜냐하면 타 설비와 겸용하여 설치하면 화재가 발생하였을 때 타 설비의 사용으로 인해 소방시설 사용에 지장을 초래할 우려가 있기 때문이다.

정답 06. ② 07. ④ 08. ② 09. ③ 10. ② 11. ④

12 같은 위험등급의 위험물로만 이루어지지 않은 것은?

① Fe, Sb, Mg
② Zn, Al, S
③ 황화인, 적린, 칼슘
④ 메탄올, 에탄올, 벤젠

» ① Fe(제2류 위험물, 지정수량 500kg) : 위험등급 Ⅲ, Sb(제2류 위험물, 지정수량 500kg) : 위험등급 Ⅲ, Mg(제2류 위험물, 지정수량 500kg) : 위험등급 Ⅲ
② Zn(제2류 위험물, 지정수량 500kg) : **위험등급** Ⅲ, Al(제2류 위험물, 지정수량 500kg) : **위험등급** Ⅲ, S(제2류 위험물, 지정수량 100kg) : **위험등급** Ⅱ
③ 황화인(제2류 위험물, 지정수량 100kg) : 위험등급 Ⅱ, 적린(제2류 위험물, 지정수량 100kg) : 위험등급 Ⅱ, 칼슘(제3류 위험물, 지정수량 50kg) : 위험등급 Ⅱ
④ 메탄올(제4류 위험물, 지정수량 400L) : 위험등급 Ⅱ, 에탄올(제4류 위험물, 지정수량 400L) : 위험등급 Ⅱ, 벤젠(제4류 위험물, 지정수량 200L) : 위험등급 Ⅱ

13 위험물안전관리법상 위험물에 해당하는 것은?

① 아황산
② 비중이 1.41인 질산
③ 53μm의 표준체를 통과하는 것이 50중량% 이상인 철의 분말
④ 농도가 15중량%인 과산화수소

» ① 아황산 : 위험물이 아니다.
② 질산 : 비중 1.49 이상인 것이 위험물이다.
④ 과산화수소 : 농도 36중량% 이상인 것이 위험물이다.

14 특수인화물 200L와 제4석유류 12,000L를 저장할 때 각각의 지정수량 배수의 합은 얼마인가?

① 3 ② 4
③ 5 ④ 6

» 특수인화물의 지정수량은 50L, 제4석유류의 지정수량은 6,000L이므로 지정수량 배수의 합은 다음과 같다.

$$\therefore \frac{200L}{50L} + \frac{12{,}000L}{6{,}000L} = 6$$

15 아염소산나트륨의 저장 및 취급 시 주의사항으로 가장 거리가 먼 것은?

① 물속에 넣어 냉암소에 저장한다.
② 강산류와의 접촉을 피한다.
③ 취급 시 충격, 마찰을 피한다.
④ 가연성 물질과 접촉을 피한다.

» 물속에 저장하는 위험물은 제3류 위험물 중 황린과 제4류 위험물 중 이황화탄소밖에 없으며, 아염소산나트륨과 같은 제1류 위험물 중에는 물속에 저장하는 물질은 없다.

16 다음 중 위험물의 지정수량이 나머지 셋과 다른 하나는?

① $NaClO_4$ ② MgO_2
③ KNO_3 ④ NH_4ClO_3

» ①, ②, ④ : 지정수량 50kg
③ : 지정수량 300kg

17 제1류 위험물에 해당하지 않는 것은?

① 납의 산화물
② 질산구아니딘
③ 퍼옥소이황산염류
④ 염소화아이소사이아누르산

» ①, ③, ④ : 행정안전부령으로 정한 제1류 위험물
② 질산구아니딘 : 행정안전부령으로 정한 제5류 위험물

18 과산화바륨의 성질에 대한 설명 중 틀린 것은?

① 고온에서 열분해하여 산소를 발생한다.
② 황산과 반응하여 과산화수소를 만든다.
③ 비중은 약 4.96이다.
④ 온수와 접촉하면 수소가스를 발생한다.

» ④ 과산화바륨(제1류 위험물)은 물과 반응 시 산소가 발생하며 이와 같은 제1류 위험물에서는 어떠한 반응을 하더라도 수소는 발생하지 않는다.

정답 12. ② 13. ③ 14. ④ 15. ① 16. ③ 17. ② 18. ④

19 질산암모늄의 일반적인 성질에 대한 설명으로 옳은 것은?

① 조해성이 없다.
② 무색무취의 액체이다.
③ 물에 녹을 때에는 발열한다.
④ 급격한 가열에 의한 폭발의 위험이 있다.

≫ ① 제1류 위험물로서 조해성이 있다.
② 무색무취의 고체이다.
③ 물에 녹을 때에는 흡열한다.
④ 제1류 위험물이지만 예외적으로 **급격한 가열에 의한 폭발의 위험**이 있다.

20 제2류 위험물에 대한 설명 중 틀린 것은?

① 황은 물에 녹지 않는다.
② 오황화인은 CS_2에 녹는다.
③ 삼황화인은 가연성 물질이다.
④ 칠황화인은 더운 물에 분해되어 이산화황을 발생한다.

≫ ④ 칠황화인은 오황화인과 성질이 비슷하여 더운 물에 분해되어 **황화수소가스를 발생**한다.
– 칠황화인과 물과의 반응식

$$P_4S_7 + 13H_2O \rightarrow H_3PO_4 + 3H_3PO_3 + 7H_2S$$

칠황화인 물 인산 아인산 황화수소

21 위험물의 품명과 지정수량이 잘못 짝지어진 것은?

① 황화인 – 100kg
② 마그네슘 – 500kg
③ 알킬알루미늄 – 10kg
④ 황린 – 10kg

≫ ④ 황린 – 20kg

22 다음 위험물의 화재 시 물에 의한 소화방법이 가장 부적합한 것은?

① 황린
② 적린
③ 마그네슘분
④ 황분

≫ 제2류 위험물 중 철분, 금속분, **마그네슘분**의 경우 **물과 반응할 경우 수소가 발생**하므로 마른모래, 팽창질석, 팽창진주암, 탄산수소염류 분말소화약제 등으로 질식소화한다.
– 마그네슘과 물과의 반응식

$$Mg + 2H_2O \rightarrow Mg(OH)_2 + H_2$$

마그네슘 물 수산화마그네슘 수소

23 적린과 황의 공통성질이 아닌 것은?

① 비중이 1보다 크다.
② 연소하기 쉽다.
③ 산화되기 쉽다.
④ 물에 잘 녹는다.

≫ 적린과 황은 모두 제2류 위험물로서 물보다 무겁고 연소하기 쉽지만 둘 다 물에 녹지 않는다.

24 지정수량이 나머지 셋과 다른 하나는?

① 칼슘 ② 나트륨아마이드
③ 인화아연 ④ 바륨

≫ ①, ②, ④ : 지정수량 50kg
③ : 지정수량 300kg

25 다음 중 상온에서 CaC_2를 장기간 보관할 때 사용하는 물질로 가장 적합한 것은?

① 물 ② 알코올수용액
③ 질소가스 ④ 아세틸렌가스

≫ 탄화칼슘(CaC_2)은 제3류 위험물의 금수성 물질이며, 공기 중의 수분과 접촉하여 아세틸렌가스를 발생하기 때문에 이 가스의 발생을 방지하기 위해 **질소** 또는 아르곤 등의 불연성 가스를 탄화칼슘의 용기 상부에 채워 보관한다.
– 탄화칼슘과 물과의 반응식

$$CaC_2 + 2H_2O \rightarrow Ca(OH)_2 + C_2H_2$$

탄화칼슘 물 수산화칼슘 아세틸렌

26 제3류 위험물 중 금수성 물질을 제외한 위험물에 적응성이 있는 소화설비가 아닌 것은?

① 분말소화설비 ② 스프링클러설비
③ 팽창질석 ④ 포소화설비

정답 19. ④ 20. ④ 21. ④ 22. ③ 23. ④ 24. ③ 25. ③ 26. ①

» 제3류 위험물 중 금수성 물질을 제외한 위험물은 황린이며 이 물질은 물에 저장하는 위험물로서 물을 포함한 소화약제가 적응성이 있다. 〈보기〉 중 스프링클러설비, 포소화설비처럼 물을 포함하고 있는 약제와 팽창질석은 적응성이 있지만 분말소화설비는 적응성이 없다.

27 제3류 위험물 중 은백색 광택이 있고 노란색 불꽃을 내며 연소하며 비중이 약 0.97, 융점이 약 97.7℃인 물질의 지정수량은 몇 kg인가?

① 10kg ② 20kg
③ 50kg ④ 300kg

» 나트륨(Na)은 제3류 위험물로서 **지정수량은 10kg**이고, 연소 시 황색 불꽃을 내며 탄다.

28 수소화나트륨 소화약제로 적당하지 않은 것은?

① 물
② 건조사
③ 팽창질석
④ 팽창진주암

» 수소화나트륨(제3류 위험물)은 금수성 물질이므로 마른모래, 팽창질석, 팽창진주암, 탄산수소염류 분말소화약제만이 적응성이 있으며 물과 반응 시 수소를 발생하므로 물을 소화약제로 사용하면 안 된다.
– 수소화나트륨과 물과의 반응식

$$NaH + H_2O \rightarrow NaOH + H_2$$

수소화나트륨 물 수산화나트륨 수소

29 다음 중 화재 시 내알코올포 소화약제를 사용하는 것이 가장 적합한 위험물은?

① 아세톤 ② 휘발유
③ 경유 ④ 등유

» 제4류 위험물 중 수용성 물질의 화재 시 일반 포는 포가 소멸되기 때문에 효과가 없다. 따라서 소멸되지 않는 내알코올포 소화약제를 사용한다.
※ 아세톤은 대표적인 수용성 물질이다.

30 다음 중 발화점이 가장 낮은 것은?

① 이황화탄소 ② 산화프로필렌
③ 휘발유 ④ 메탄올

» ① **이황화탄소 : 90℃**
② 산화프로필렌 : 465℃
③ 휘발유 : 300℃
④ 메탄올 : 464℃

31 다음 산화프로필렌의 성상에 대한 설명 중 틀린 것은?

① 청색의 휘발성이 강한 액체이다.
② 인화점이 낮은 인화성 액체이다.
③ 물에 잘 녹는다.
④ 에터와 같은 냄새를 가진다.

» ① 산화프로필렌과 같은 제4류 위험물은 무색의 휘발성이 강한 액체이다.

32 위험물안전관리법상 제3석유류의 액체상태의 판단기준은?

① 1기압과 섭씨 20도에서 액상인 것
② 1기압과 섭씨 25도에서 액상인 것
③ 기압에 무관하게 섭씨 20도에서 액상인 것
④ 기압에 무관하게 섭씨 25도에서 액상인 것

» 인화성 액체 : 액체(제3석유류, 제4석유류 및 동식물유류에 있어서는 **1기압과 섭씨 20도(상온)에서 액상**인 것에 한한다)로서 인화의 위험성이 있는 것을 말한다.

33 다음 중 아세톤의 성질에 관한 설명으로 옳은 것은?

① 비중은 1.02이다.
② 물에 불용이고, 에터에 잘 녹는다.
③ 증기 자체는 무해하나 피부에 탈지작용이 있다.
④ 인화점이 0℃보다 낮다.

» ① 비중은 0.79로 1보다 작다.
② 물에 잘 녹는 수용성이고 에터에도 잘 녹는다.
④ 인화점은 –18℃로 0℃보다 낮다.

정답 27. ① 28. ① 29. ① 30. ① 31. ① 32. ① 33. ④

34 다음 중 이황화탄소의 성질에 대한 설명으로 틀린 것은?

① 연소할 때 주로 황화수소를 발생한다.
② 증기비중은 약 2.6이다.
③ 보호액으로 물을 사용한다.
④ 인화점이 약 -30℃이다.

≫ ① **연소할 때 이산화황을 발생**한다.
– 이황화탄소의 연소반응식
$CS_2 + 3O_2 \rightarrow CO_2 + 2SO_2$
이황화탄소 산소 이산화탄소 이산화황

35 무색투명한 휘발성 액체로서 물에 녹지 않고 물보다 무거워서 물속에 보관하는 위험물은?

① 경유
② 황린
③ 황
④ 이황화탄소

≫ **액체이면서 물속에 보관하는 물질은 제4류 위험물의 이황화탄소**이며, 고체이면서 물속에 보관하는 물질은 제3류 위험물의 황린이다.

36 셀룰로이드의 품명으로 옳은 것은?

① 나이트로화합물
② 아조화합물
③ 유기과산화물
④ 질산에스터류

≫ 셀룰로이드(제5류 위험물)의 품명은 질산에스터류이다.

37 나이트로셀룰로스에 대한 설명으로 틀린 것은?

① 다이너마이트의 원료로 사용된다.
② 물과 혼합하면 위험성이 감소된다.
③ 셀룰로스에 진한 질산과 진한 황산을 작용시켜 만든다.
④ 품명이 나이트로화합물이다.

≫ ④ 나이트로셀룰로스는 제5류 위험물로서 **품명은 질산에스터류**이다.

38 제5류 위험물 중 유기과산화물을 함유한 것으로서 위험물에서 제외되는 것의 기준이 아닌 것은?

① 과산화벤조일의 함유량이 35.5중량% 미만인 것으로서 전분가루, 황산칼슘2수화물 또는 인산수소칼슘2수화물과의 혼합물
② 비스(4-클로로벤조일)퍼옥사이드의 함유량이 30중량% 미만인 것으로서 불활성 고체와의 혼합물
③ 1·4비스(2-터셔리뷰틸퍼옥시아이소프로필)벤젠의 함유량이 40중량% 미만인 것으로서 불활성 고체와의 혼합물
④ 사이클로헥산온퍼옥사이드의 함유량이 40중량% 미만인 것으로서 불활성 고체와의 혼합물

≫ 제5류 위험물의 물품에 있어서는 유기과산화물을 함유하는 것 중에서 불활성 고체를 함유하는 것으로서 다음의 어느 하나에 해당하는 것은 제외한다.
1) 과산화벤조일의 함유량이 35.5중량% 미만인 것으로서 전분가루, 황산칼슘2수화물 또는 인산수소칼슘2수화물과의 혼합물
2) 비스(4-클로로벤조일)퍼옥사이드의 함유량이 30중량% 미만인 것으로서 불활성 고체와의 혼합물
3) 과산화다이쿠밀의 함유량이 40중량% 미만인 것으로서 불활성 고체와의 혼합물
4) 1·4비스(2-터셔리뷰틸퍼옥시아이소프로필)벤젠의 함유량이 40중량% 미만인 것으로서 불활성 고체와의 혼합물
5) **사이클로헥산온퍼옥사이드의 함유량이 30중량% 미만인 것으로서 불활성 고체와의 혼합물**

39 제5류 위험물이 아닌 것은?

① 클로로벤젠
② 과산화벤조일
③ 염산하이드라진
④ 아조벤젠

≫ ① 클로로벤젠 : 제4류 위험물 중 제2석유류

정답 34. ① 35. ④ 36. ④ 37. ④ 38. ④ 39. ①

40 무색 또는 옅은 청색의 액체로 농도가 36wt% 이상인 것을 위험물로 간주하는 것은?

① 과산화수소
② 과염소산
③ 질산
④ 초산

» 제6류 위험물 중 **과산화수소는 농도가 36중량(wt)% 이상**이 위험물의 조건이고, 질산은 비중이 1.49 이상이 위험물의 조건이다.

41 다음 중 산화성 액체 위험물의 화재예방상 가장 주의해야 할 점은?

① 0℃ 이하로 냉각시킨다.
② 공기와의 접촉을 피한다.
③ 가연물과의 접촉을 피한다.
④ 금속용기에 저장한다.

» 산화성 액체(제6류 위험물)는 산소공급원이기 때문에 가장 주의해야 할 점은 가연물과의 접촉이다.

42 다음 중 제6류 위험물에 해당하지 않는 것은 어느 것인가?

① 농도가 50wt%인 과산화수소
② 비중이 1.5인 질산
③ 과아이오딘산
④ 삼플루오린화브로민

» ③ 과아이오딘산(HIO_4)은 행정안전부령으로 정하는 제1류 위험물이다.
※ 제6류 위험물의 종류
1) 과염소산($HClO_4$)
2) 농도가 36wt% 이상인 과산화수소(H_2O_2)
3) 비중이 1.49 이상인 질산(HNO_3)
4) 할로젠간화합물(F, Cl, Br, I 간의 화합물)

43 옥내저장소에서 위험물을 유별로 정리하고 서로 1m 이상의 간격을 두는 경우 유별을 달리하는 위험물을 동일한 저장소에 저장할 수 있는 것은?

① 과산화나트륨과 과산화벤조일
② 과염소산나트륨과 질산
③ 황린과 트라이에틸알루미늄
④ 황과 아세톤

» ① 과산화나트륨과 과산화벤조일 : 제1류 위험물(알칼리금속의 과산화물)과 제5류 위험물은 함께 저장할 수 없다.
② 과염소산나트륨과 질산 : 제1류 위험물과 제6류 위험물은 함께 저장할 수 있다.
③ 황린과 트라이에틸알루미늄 : 동일한 제3류 위험물의 물속에 저장하는 물품과 금수성 물질은 함께 저장할 수 없다.
④ 황과 아세톤 : 제2류 위험물과 제4류 위험물은 함께 저장할 수 없다.

1. 유별이 다른 위험물끼리 동일한 저장소에 저장할 수 있는 경우
   1) 제1류 위험물(알칼리금속의 과산화물 제외)과 제5류 위험물
   2) **제1류 위험물과 제6류 위험물**
   3) 제1류 위험물과 제3류 위험물 중 자연발화성 물질(황린)
   4) 제2류 위험물 중 인화성 고체와 제4류 위험물
   5) 제3류 위험물 중 알킬알루미늄등과 제4류 위험물(알킬알루미늄 또는 알킬리튬을 함유한 것)
   6) 제4류 위험물 중 유기과산화물과 제5류 위험물 중 유기과산화물
2. 유별이 같은 위험물이라도 동일한 저장소에 저장할 수 없는 경우
   – 제3류 위험물 중 황린과 같이 물속에 저장하는 물품과 금수성 물질은 동일한 저장소에서 저장하지 아니해야 한다.

44 다음과 같은 예방조치를 해야 하는 위험물은 어느 것인가?

> • 운반용기의 외부에 '화기엄금' 및 '충격주의'를 표시한다.
> • 적재하는 경우 차광성 피복으로 가린다.
> • 55℃ 이하에서 분해될 우려가 있는 경우는 보냉컨테이너에 수납하여 적정한 온도관리를 한다.

① 제1류 ② 제2류
③ 제3류 ④ 제5류

» 제5류 위험물의 운반기준을 설명한 것이다.

정답 40. ① 41. ③ 42. ③ 43. ② 44. ④

45 지정수량의 10배의 위험물을 운반할 때 혼재가 가능한 것은?

① 제1류 위험물과 제2류 위험물
② 제1류 위험물과 제4류 위험물
③ 제4류 위험물과 제5류 위험물
④ 제5류 위험물과 제3류 위험물

◀ 위험물의 혼재기준

≫ 유별을 달리하는 위험물의 혼재기준은 다음 [표]와 같다.

위험물의 구분	제1류	제2류	제3류	제4류	제5류	제6류
제1류		×	×	×	×	○
제2류	×		×	○	○	×
제3류	×	×		○	×	×
제4류	×	○	○		○	×
제5류	×	○	×	◎		×
제6류	○	×	×	×	×	

46 다음 [그림]과 같은 위험물저장탱크의 내용적은 약 몇 m^3인가? (단, r=10m, l=18m, l_1=3m, l_2=3m이다.)

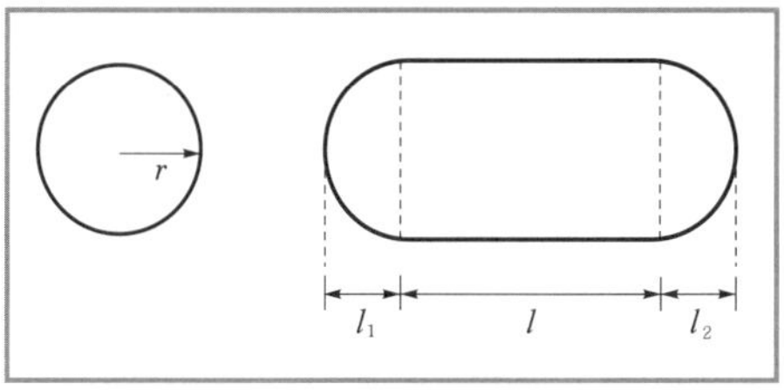

① 4,681m^3
② 5,482m^3
③ 6,283m^3
④ 7,080m^3

PLAY▶풀이

≫ 내용적 $= \pi \times r^2 \times \left(l + \frac{l_1 + l_2}{3}\right)$

$= \pi \times 10^2 \times \left(18 + \frac{3+3}{3}\right)$

$= 6,283m^3$

47 위험물 옥외탱크저장소와 병원과는 안전거리를 얼마 이상 두어야 하는가?

① 10m
② 20m
③ 30m
④ 50m

≫ 제조소로부터 다음 건축물 또는 공작물의 외벽(외측) 사이에는 다음과 같이 안전거리를 두어야 한다.
1) 주거용 건축물(제조소의 동일부지 외에 있는 것) : 10m 이상
2) 학교 · **병원** · 극장(300명 이상), 다수인 수용시설 : **30m 이상**
3) 지정문화유산, 천연기념물 : 50m 이상
4) 고압가스, 액화석유가스 등의 저장 · 취급시설 : 20m 이상
5) 사용전압 7,000V 초과 35,000V 이하의 특고압가공전선 : 3m 이상
6) 사용전압 35,000V를 초과하는 특고압가공전선 : 5m 이상

48 위험물을 저장하는 간이탱크저장소의 구조 및 설비의 기준으로 옳은 것은?

① 탱크의 두께 2.5mm 이상, 용량 600L 이하
② 탱크의 두께 2.5mm 이상, 용량 800L 이하
③ 탱크의 두께 3.2mm 이상, 용량 600L 이하
④ 탱크의 두께 3.2mm 이상, 용량 800L 이하

≫ 1) 간이저장탱크의 **두께 : 3.2mm 이상**의 강철판
2) 간이저장탱크의 **용량 : 600L 이하**

49 이송취급소의 배관이 하천을 횡단하는 경우 하천 밑에 매설하는 배관의 외면과 계획하상(계획하상이 최심하상보다 높은 경우에는 최심하상)과의 거리는 몇 m 이상인가?

① 1.2m ② 2.5m
③ 3.0m ④ 4.0m

정답 45. ③ 46. ③ 47. ③ 48. ③ 49. ④

≫ 하천 또는 수로의 밑에 배관을 매설하는 경우 배관의 외면과 계획하상(계획하상이 최심하상보다 높은 경우에는 최심하상)과의 거리(여기서 계획하상이란, 하천의 설계시점에 결정되었던 하천 바닥을 말하며 최심하상이란 하천의 가장 깊은 바닥을 말한다.)

1. **하천을 횡단하는 경우 : 4.0m**
2. 수로를 횡단하는 경우
   1) 하수도 또는 운하 : 2.5m
   2) 좁은 수로 : 1.2m

50 다음은 위험물안전관리법에 따른 이동저장탱크의 구조에 관한 기준이다. ( ) 안에 알맞은 수치는?

> 이동저장탱크는 그 내부에 (A)L 이하마다 (B)mm 이상의 강철판 또는 이와 동등 이상의 강도, 내열성 및 내식성이 있는 금속성의 것으로 칸막이를 설치하여야 한다. 다만, 고체인 위험물을 저장하거나 고체인 위험물을 가열하여 액체상태로 저장하는 경우에는 그러하지 아니하다.

① A : 2,000, B : 1.6
② A : 2,000, B : 3.2
③ A : 4,000, B : 1.6
④ A : 4,000, B : 3.2

≫ 이동저장탱크는 그 내부에 **4,000L** 이하마다 **3.2mm** 이상의 강철판 또는 이와 동등 이상의 강도, 내열성 및 내식성이 있는 금속성의 것으로 칸막이를 설치하여야 한다.

51 소화난이도등급 Ⅰ의 옥내탱크저장소에 설치하는 소화설비가 아닌 것은? (단, 인화점이 70℃ 이상인 제4류 위험물만을 저장 · 취급하는 장소이다.)

① 물분무소화설비, 고정식 포소화설비
② 이동식 외 불활성가스 소화설비, 고정식 포소화설비
③ 이동식 분말소화설비, 스프링클러설비
④ 이동식 외 할로젠화합물 소화설비, 물분무소화설비

≫ 소화난이도등급 Ⅰ의 옥내탱크저장소에 설치해야 하는 소화설비

1) 황만을 저장 · 취급하는 것 : 물분무소화설비
2) **인화점 70℃ 이상의 제4류 위험물만을 저장 · 취급하는 것 : 물분무소화설비, 고정식 포소화설비, 이동식 이외의 불활성가스 소화설비, 이동식 이외의 할로젠화합물 소화설비 또는 이동식 이외의 분말소화설비**
3) 그 밖의 것 : 고정식 포소화설비, 이동식 이외의 불활성가스 소화설비, 이동식 이외의 할로젠화합물 소화설비 또는 이동식 이외의 분말소화설비

52 건물의 외벽이 내화구조로서 연면적 300m² 의 옥내저장소에 필요한 소화기의 소요단위는 몇 단위인가?

① 1단위
② 2단위
③ 3단위
④ 4단위

≫ 소요단위

구 분	외벽이 내화구조	외벽이 비내화구조
위험물 제조소 및 취급소	연면적 $100m^2$	연면적 $50m^2$
위험물저장소	**연면적 $150m^2$**	연면적 $75m^2$
위험물	지정수량의 10배	

외벽이 내화구조인 옥내저장소는 연면적 $150m^2$가 1소요단위이므로 연면적 $300m^2$는

$\frac{300m^2}{150m^2}$=2단위이다.

53 소화난이도등급 Ⅰ에 해당하지 않는 제조소 등은?

① 제1석유류 위험물을 제조하는 제조소로서 연면적 $1,000m^2$ 이상인 것
② 제1석유류 위험물을 저장하는 옥외탱크저장소로서 액표면적이 $40m^2$ 이상인 것
③ 모든 이송취급소
④ 제6류 위험물을 저장하는 암반탱크저장소

정답 50. ④ 51. ③ 52. ② 53. ④

소화난이도등급 I에 해당하는 제조소등

제조소등의 구분	제조소등의 규모, 저장 또는 취급하는 위험물의 품명 및 최대수량 등
제조소 및 일반취급소	연면적 1,000m^2 이상인 것
	지정수량의 100배 이상인 것(고인화점 위험물만을 100℃ 미만의 온도에서 취급하는 것은 제외)
	지반면으로부터 6m 이상의 높이에 위험물 취급설비가 있는 것(고인화점 위험물만을 100℃ 미만의 온도에서 취급하는 것은 제외)
옥외탱크 저장소	액표면적이 40m^2 이상인 것(제6류 위험물을 저장하는 것 및 고인화점 위험물만을 100℃ 미만의 온도에서 저장하는 것은 제외)
	지반면으로부터 탱크 옆판 상단까지의 높이가 6m 이상인 것(제6류 위험물을 저장하는 것 및 고인화점 위험물만을 100℃ 미만의 온도에서 저장하는 것은 제외)
암반탱크 저장소	액표면적이 40m^2 이상인 것(**제6류 위험물을 저장하는 것 및 고인화점 위험물만을 100℃ 미만의 온도에서 저장하는 것은 제외**)
	고체 위험물만을 저장하는 것으로서 지정수량의 100배 이상인 것
이송취급소	모든 대상

54 위험물안전관리법령상 주유취급소의 소화설비기준과 관련한 설명 중 틀린 것은?

① 직원 외의 자가 출입하는 부분의 면적의 합이 500m^2를 초과하는 주유취급소는 소화난이도 등급 I 에 속한다.

② 소화난이도등급 Ⅲ에 해당하는 주유취급소에는 대형수동식 소화기 및 소형수동식 소화기 등을 설치하여야 한다.

③ 소화난이도등급 Ⅲ에 해당하는 주유취급소에는 소형수동식 소화기 등을 설치하여야 하며, 위험물의 소요단위 산정은 지하탱크저장소의 기준을 준용한다.

④ 모든 주유취급소의 소화설비 설치를 위해서는 위험물의 소요단위를 산출하여야 한다.

③ 주유취급소의 소형 소화기 등의 설치기준은 지하탱크저장소의 기준이 아닌 **능력단위의 수치가 건축물, 그 밖의 공작물 및 위험물의 소요단위의 수치에 이르도록 설치**하는 것이다.

55 제조소등의 소화설비 설치 시 소요단위 산정에 관한 내용으로 다음 ( ) 안에 알맞은 수치를 차례대로 나열한 것은?

> 제조소 또는 취급소의 건축물은 외벽이 내화구조인 것은 연면적 ( )m^2를 1소요단위로 하며, 외벽이 내화구조가 아닌 것은 연면적 ( )m^2를 1소요단위로 한다.

① 200, 100
② 150, 100
③ 150, 50
④ 100, 50

소요단위

구 분	외벽이 내화구조	외벽이 비내화구조
위험물 제조소 및 취급소	**연면적 100m^2**	**연면적 50m^2**
위험물저장소	연면적 150m^2	연면적 75m^2
위험물	지정수량의 10배	

56 운송책임자 감독·지원을 받아 운송하는 위험물은?

① 알킬알루미늄
② 금속나트륨
③ 메틸에틸케톤
④ 트라이나이트로톨루엔

운송책임자의 감독·지원을 받아 운송하는 위험물은 **알킬알루미늄**과 알킬리튬이다.

정답 54. ③ 55. ④ 56. ①

57 제6류 위험물을 저장하는 제조소등에 적응성이 없는 소화설비는?

① 옥외소화전설비
② 탄산수소염류 분말소화설비
③ 스프링클러설비
④ 포소화설비

소화설비의 구분 \ 대상물의 구분	건축물·그 밖의 공작물	전기설비	제1류 위험물: 알칼리금속의 과산화물등	제1류 위험물: 그 밖의 것	제2류 위험물: 철분·금속분·마그네슘 등	제2류 위험물: 인화성 고체	제2류 위험물: 그 밖의 것	제3류 위험물: 금수성 물품	제3류 위험물: 그 밖의 것	제4류 위험물	제5류 위험물	제6류 위험물
옥내소화전 또는 옥외소화전 설비	○			○		○	○		○		○	○
스프링클러설비	○			○		○	○		○	△	○	○
물분무등 소화설비: 물분무소화설비	○	○		○		○	○		○	○	○	○
물분무등 소화설비: 포소화설비	○			○		○	○		○	○	○	○
물분무등 소화설비: 불활성가스소화설비		○				○				○		
물분무등 소화설비: 할로젠화합물소화설비		○				○				○		
물분무등 소화설비: 분말소화설비: 인산염류등	○	○		○		○	○			○		○
물분무등 소화설비: 분말소화설비: 탄산수소염류등		○	○		○	○		○		○		×
물분무등 소화설비: 분말소화설비: 그 밖의 것			○		○			○				

58 다음 중 위험물안전관리법상 제조소등의 허가, 취소 또는 사용정지의 사유에 해당하지 않는 것은?

① 안전교육대상자가 교육을 받지 아니한 때
② 완공검사를 받지 않고 제조소등을 사용한 때
③ 위험물안전관리자를 선임하지 아니한 때
④ 제조소등의 정기검사를 받지 아니한 때

① 소방서장은 교육대상자가 교육을 받지 아니한 때에는 교육을 받을 때까지 그 자격으로 행하는 행위를 제한할 수 있다.

※ 시·도지사는 다음에 해당하는 때에는 허가를 취소하거나 6월 이내의 기간을 정하여 제조소등의 전부 또는 일부의 사용정지를 명할 수 있다.

1) 수리·개조 또는 이전의 명령을 위반한 때
2) 저장·취급 기준 준수명령을 위반한 때
3) 완공검사를 받지 아니하고 제조소등을 사용한 때
4) 위험물안전관리자를 선임하지 아니한 때
5) 변경허가를 받지 아니하고 제조소등의 위치·구조 또는 설비를 변경한 때
6) 대리자를 지정하지 아니한 때
7) 정기점검을 실시하지 않거나 정기검사를 받지 아니한 때

59 위험물안전관리법령에 근거하여 자체소방대에 두어야 하는 제독차의 경우 가성소다 및 규조토를 각각 몇 kg 이상 비치하여야 하는가?

① 30kg ② 50kg
③ 60kg ④ 100kg

화학소방자동차에 갖추어야 하는 소화 능력 및 설비

소방차의 구분	소화 능력 및 설비의 기준
포수용액 방사차	포수용액의 방사능력이 매분 2,000L 이상일 것
	소화약액탱크 및 소화약액혼합장치를 비치할 것
	10만L 이상의 포수용액을 방사할 수 있는 양의 소화약제를 비치할 것
분말 방사차	분말의 방사능력이 매초 35kg 이상일 것
	분말탱크 및 가압용 가스설비를 비치할 것
	1,400kg 이상의 분말을 비치할 것
할로젠화합물 방사차	할로젠화합물의 방사능력이 매초 40kg 이상일 것
	할로젠화합물탱크 및 가압용 가스설비를 비치할 것
	1,000kg 이상의 할로젠화합물을 비치할 것
이산화탄소 방사차	이산화탄소의 방사능력이 매초 40kg 이상일 것
	이산화탄소 저장용기를 비치할 것
	3,000kg 이상의 이산화탄소를 비치할 것
제독차	**가성소다 및 규조토를 각각 50kg 이상 비치할 것**

정답 57. ② 58. ① 59. ②

60 위험물안전관리법령상 예방규정을 정하여야 하는 제조소등의 관계인은 위험물제조소등에 대하여 기술기준에 적합한지의 여부를 정기적으로 점검을 하여야 한다. 법적 최소점검주기에 해당하는 것은? (단, 100만L 이상의 옥외탱크저장소는 제외한다.)

① 주 1회 이상
② 월 1회 이상
③ 6개월에 1회 이상
④ 연 1회 이상

≫ 제조소등의 관계인은 위험물제조소등에 대하여 기술기준에 적합한지의 여부를 **연 1회 이상** 정기적으로 점검을 하여야 한다.

정답 60. ④

인생의 희망은

늘 괴로운 언덕길 너머에서 기다린다.

-폴 베를렌(Paul Verlaine)-

☆

어쩌면 지금이 언덕길의 마지막 고비일지도 모릅니다.

다시 힘을 내서 힘차게 넘어보아요.

희망이란 녀석이 우릴 기다리고 있을 테니까요.^^

2020 CBT 기출복원문제 제1회 위험물기능사

01 나이트로화합물과 같은 가연성 물질이 자체 내에 산소를 함유하고 있어 공기 중의 산소를 필요로 하지 않고 자체의 산소에 의해서 연소되는 현상은?

① 자기연소
② 등심연소
③ 훈소연소
④ 분해연소

≫ 제5류 위험물은 가연성 물질이면서 자체적으로 산소를 함유하고 있으므로 연소형태는 자기연소이다.

02 다음 중 발화점이 달라지는 요인으로 가장 거리가 먼 것은?

① 가연성 가스와 공기의 조성비
② 발화를 일으키는 공간의 형태와 크기
③ 가열속도와 가열시간
④ 가열도구와 내구연한

≫ 발화점이 달라지는 요인과 가열도구의 종류, 내구연한은 관계 없다.

03 다음 중 화재별 급수에 따른 화재의 종류 및 표시색상을 모두 올바르게 나타낸 것은 어느 것인가?

① A급 : 유류화재 – 황색
② B급 : 유류화재 – 황색
③ A급 : 유류화재 – 백색
④ B급 : 유류화재 – 백색

≫ 화재별 급수에 따른 화재의 종류 및 표시색상
1) A급 : 일반화재 – 백색
2) **B급 : 유류화재 – 황색**
3) C급 : 전기화재 – 청색
4) D급 : 금속화재 – 무색

04 가연물에 따른 화재의 종류 및 표시색상의 연결이 옳은 것은?

① 폴리에틸렌 – 유류화재 – 백색
② 석탄 – 일반화재 – 청색
③ 시너 – 유류화재 – 청색
④ 나무 – 일반화재 – 백색

≫ ① 폴리에틸렌 – 일반화재 – 백색
② 석탄 – 일반화재 – 백색
③ 시너 – 유류화재 – 황색

05 소화작용에 대한 설명으로 옳지 않은 것은?

① 냉각소화 : 물을 뿌려서 온도를 저하시키는 방법
② 질식소화 : 불연성 포말로 연소물을 덮어 씌우는 방법
③ 제거소화 : 가연물을 제거하여 소화시키는 방법
④ 희석소화 : 산·알칼리를 중화시켜 연쇄반응을 억제시키는 방법

≫ ④ 희석소화 : 가연물의 농도를 낮추어 소화시키는 방법

06 다음 중 제1종 분말소화약제의 적응화재급수는?

① A급
② B · C급
③ A · B급
④ A · B · C급

정답 01. ① 02. ④ 03. ② 04. ④ 05. ④ 06. ②

⋙ 분말소화약제의 종류 및 성질

분말의 종류	주성분	화학식	적응 화재	착색
제1종 분말	탄산수소 나트륨	$NaHCO_3$	**B, C**	백색
제2종 분말	탄산수소 칼륨	$KHCO_3$	B, C	보라색
제3종 분말	인산 암모늄	$NH_4H_2PO_4$	A, B, C	담홍색
제4종 분말	탄산수소 칼륨과 요소의 반응 생성물	$KHCO_3 + (NH_2)_2CO$	B, C	회색

07 유류화재 소화 시 분말소화약제를 사용할 경우 소화 후에 재발화현상이 가끔씩 발생할 수 있다. 이러한 현상을 예방하기 위하여 병용하여 사용하면 가장 효과적인 포소화약제는?

① 단백포 소화약제
② 수성막포 소화약제
③ 알코올형포 소화약제
④ 합성계면활성제포 소화약제

⋙ 수성막포 소화약제의 현상을 설명하고 있는 문제이다.

08 다음 중 이산화탄소 소화기의 장점으로 옳은 것은?

① 전기설비화재에 유용하다.
② 마그네슘과 같은 금속분의 화재 시 유용하다.
③ 자기반응성 물질의 화재 시 유용하다.
④ 알칼리금속의 과산화물의 화재 시 유용하다.

⋙ ① **전기설비화재** : **이산화탄소** · 할로젠화합물 · 분말 소화기
② 마그네슘과 같은 금속분의 화재 : 탄산수소염류 분말소화기, 마른모래, 팽창질석 및 팽창진주암
③ 지기반응성 물질의 화재 : 물, 포소화기 등
④ 알칼리금속의 과산화물의 화재 : 탄산수소염류 분말소화기, 마른모래, 팽창질석 및 팽창진주암

09 단백포 소화약제의 제조공정에서 부동제로 사용하는 것은?

① 에틸렌글리콜
② 물
③ 가수분해단백질
④ 황산철(Ⅱ)

⋙ 포소화약제의 부동제(부동액)로 사용하는 것은 제4류 위험물의 제3석유류인 **에틸렌글리콜**이다.

10 다음 중 소화설비의 주된 소화효과를 올바르게 설명한 것은?

① 옥내 · 옥외 소화전설비 : 질식소화
② 스프링클러설비, 물분무소화설비 : 억제소화
③ 포 · 분말 소화설비 : 억제소화
④ 할로젠화합물 소화설비 : 억제소화

⋙ ① 옥내 · 옥외 소화전설비 : 냉각소화
② 스프링클러설비, 물분무소화설비 : 냉각소화, 질식소화
③ 포 · 분말 소화설비 : 질식소화

11 물과 접촉하면 위험성이 증가하므로 주수소화를 할 수 없는 물질은?

① $C_6H_2CH_3(NO_2)_3$ ② $NaNO_3$
③ $(C_2H_5)_3Al$ ④ $(C_6H_5CO)_2O_2$

⋙ ① $C_6H_2CH_3(NO_2)_3$(트라이나이트로톨루엔) : 제5류 위험물 – 주수소화
② $NaNO_3$(질산나트륨) : 제1류 위험물 – 주수소화
③ **$(C_2H_5)_3Al$**(트라이에틸알루미늄) : 제3류 위험물 – 마른모래 등으로 **질식소화**
④ $(C_6H_5CO)_2O_2$(과산화벤조일) : 제5류 위험물 – 주수소화

12 위험물저장탱크 중 부상지붕구조로 탱크의 직경이 53m 이상 60m 미만인 경우 고정식 포소화설비의 포방출구 형태로 옳은 것은?

① Ⅰ형 방출구 ② Ⅱ형 방출구
③ Ⅲ형 방출구 ④ 특형 방출구

정답 07. ② 08. ① 09. ① 10. ④ 11. ③ 12. ④

» 탱크에 설치하는 고정식 포소화설비의 포방출구

탱크지붕의 구분	포방출구 형태	포주입법
고정지붕 구조의 탱크	Ⅰ형 방출구	상부포주입법(고정포방출구를 탱크 옆판의 상부에 설치하여 액표면상에 포를 방출하는 방법)
	Ⅱ형 방출구	
	Ⅲ형 방출구	저부포주입법(탱크의 액면하에 설치된 포방출구로부터 포를 탱크 내에 주입하는 방법)
	Ⅳ형 방출구	
부상지붕 구조의 탱크	**특형 방출구**	상부포주입법(고정포방출구를 탱크 옆판의 상부에 설치하여 액표면상에 포를 방출하는 방법)

부상지붕구조의 탱크에 설치하는 포방출구의 종류는 탱크의 직경에 상관없이 특형밖에 없다.

13 질산에틸과 아세톤의 공통적인 성질 및 취급방법으로 옳은 것은?

① 휘발성이 낮기 때문에 마개 없는 병에 보관하여도 무방하다.
② 점성이 커서 다른 용기에 옮길 때 가열하여 더운 상태에서 옮긴다.
③ 통풍이 잘되는 곳에 보관하고 불꽃 등의 화기를 피하여야 한다.
④ 인화점이 높으나 증기압이 낮으므로 햇빛에 노출된 곳에 저장이 가능하다.

» 질산에틸(제5류 위험물)은 제4류 위험물의 성질을 가지기 때문에 불꽃 등의 화기를 멀리해야 하고, 용기는 밀전·밀봉해야 하며, 통풍이 잘되는 차갑고 어두운 장소에 보관해야 한다.

14 과산화수소와 산화프로필렌의 공통점은?

① 특수인화물이다.
② 분해 시 질소를 발생한다.
③ 끓는점이 100℃ 이하이다.
④ 수용액 상태에서도 자연발화 위험이 있다.

» 1. 과산화수소의 성질
   1) 제6류 위험물로서 자신은 불연성이다.
   2) 분해 시 산소를 발생한다.
   3) **비점(끓는점)은 84℃**이다.
   4) 불연성이므로 자연발화 위험은 없다.
2. 산화프로필렌의 성질
   1) 제4류 위험물의 특수인화물이다.
   2) **비점(끓는점)이 34℃**이다.
   3) 발화점 465℃로서 자연발화 위험은 없다.

15 다음 위험물 품명 중 지정수량이 나머지 셋과 다른 것은?

① 염소산염류　② 질산염류
③ 무기과산화물　④ 과염소산염류

» ①, ③, ④ : 지정수량 50kg
② : 지정수량 300kg

16 제1류 위험물 일반적 성질에 해당하지 않는 것은?

① 고체상태이다.
② 분해하여 산소를 발생한다.
③ 가연성 물질이다.
④ 산화제이다.

» ③ 제1류 위험물은 산화성 고체로 불연성 물질이다.

17 염소산나트륨과 반응하여 ClO_2가스를 발생시키는 것은?

① 글리세린　② 질소
③ 염산　④ 산소

» 염소산나트륨(제1류 위험물)은 **염산**, 황산, 질산 등의 산과 반응 시 이산화염소(ClO_2)를 발생한다.
– 염소산나트륨과 염산과의 반응식

$$\underset{\text{염소산나트륨}}{2NaClO_3} + \underset{\text{염산}}{2HCl} \rightarrow \underset{\text{염화나트륨}}{2NaCl} + \underset{\text{이산화염소}}{2ClO_2} + \underset{\text{과산화수소}}{H_2O_2}$$

18 과산화리튬의 화재현장에서 주수소화가 불가능한 이유는?

① 수소가 발생하기 때문에
② 산소가 발생하기 때문에
③ 이산화탄소가 발생하기 때문에
④ 일산화탄소가 발생하기 때문에

» 과산화리튬(제1류 위험물 중 알칼리금속의 과산화물)은 물과 반응 시 산소가 발생하기 때문에 위험하다.

정답 13. ③ 14. ③ 15. ② 16. ③ 17. ③ 18. ②

– 과산화리튬과 물과의 반응식

$2Li_2O_2 + 2H_2O \rightarrow 4LiOH + O_2$

과산화리튬 물 수산화리튬 산소

19 제조소에서 다음과 같이 위험물을 취급하고 있는 경우 각 지정수량 배수의 총합은 얼마인가?

> • 브로민산나트륨 300kg
> • 과산화나트륨 150kg
> • 다이크로뮴산나트륨 500kg

① 3.5 ② 4.0
③ 4.5 ④ 5.0

1) 브로민산나트륨 : 지정수량 300kg
2) 과산화나트륨 : 지정수량 50kg
3) 다이크로뮴산나트륨 : 지정수량 1,000kg

$\therefore \frac{300kg}{300kg} + \frac{150kg}{50kg} + \frac{500kg}{1,000kg} = 4.5$

20 황의 성질로 옳은 것은?

① 전기양도체이다.
② 물에는 매우 잘 녹는다.
③ 이산화탄소와 반응한다.
④ 미분은 분진폭발의 위험성이 있다.

① 비금속성의 물질로서 전기불량도체이다.
② 황은 물에는 녹지 않고 고무상황을 제외한 그 외의 황은 이황화탄소에 녹는다.
③ 이산화탄소는 불연성 가스이므로 반응하지 않는다.

21 오황화인이 물과 작용했을 때의 발생기체는?

① 포스핀 ② 포스겐
③ 황산가스 ④ 황화수소

오황화인과 물과의 반응식

$P_2S_5 + 8H_2O \rightarrow 5\mathbf{H_2S} + 2H_3PO_4$

오황화인 물 황화수소 인산

22 다음 알루미늄분의 위험성에 대한 설명 중 틀린 것은?

① 할로젠원소와 접촉 시 자연발화의 위험이 있다.
② 산과 반응하여 가연성 가스인 수소를 발생한다.
③ 발화하면 다량의 열이 발생한다.
④ 뜨거운 물과 격렬히 반응하여 산화알루미늄을 발생한다.

④ 뜨거운 물과 격렬히 반응하여 **수산화알루미늄**[$Al(OH)_3$]과 수소(H_2)가스를 발생한다.

– 알루미늄과 물과의 반응식

$2Al + 6H_2O \rightarrow 2Al(OH)_3 + 3H_2$

알루미늄 물 수산화알루미늄 수소

23 제2류 위험물의 일반적 성질에 대한 설명으로 가장 거리가 먼 것은?

① 가연성 고체 물질이다.
② 연소 시 연소열이 크고 연소속도가 빠르다.
③ 산소를 포함하여 조연성 가스의 공급 없이 연소가 가능하다.
④ 비중이 1보다 크고 물에 녹지 않는다.

③ 산소를 포함하고 있어 조연성 가스의 공급 없이 연소가 가능한 물질은 자기반응성인 제5류 위험물이다.

24 표준상태에서 수소화나트륨 240g과 충분한 물이 완전 반응하였을 때 발생하는 수소의 부피는?

① 22.4L
② 224L
③ 22.4m^3
④ 224m^3

PLAY 풀이

수소화나트륨과 물과의 반응식

$NaH + H_2O \rightarrow NaOH + H_2$

수소화나트륨 물 수산화나트륨 수소

수소화나트륨(NaH) 1mol의 분자량=23g(Na)+1g(H)=24g/mol, 표준상태에서 기체 1mol의 부피=22.4L임을 이용한다.

$\therefore 240g\ NaH \times \frac{1mol\ NaH}{24g\ NaH} \times \frac{1mol\ H_2}{1mol\ NaH} \times \frac{22.4L\ H_2}{1mol\ H_2}$

$=224L\ H_2$

25 금속칼륨의 보호액으로서 적당하지 않은 것은?

① 등유 ② 유동파라핀
③ 경유 ④ 에탄올

정답 19. ③ 20. ④ 21. ④ 22. ④ 23. ③ 24. ② 25. ④

④ 에탄올은 칼륨과 반응하여 수소가스를 발생하므로 보호액으로 사용할 수 없다.
※ 칼륨(제3류 위험물)의 보호액은 석유류(등유, 경유, 유동파라핀 등)이다.

26 다음 위험물 중 발화점이 가장 낮은 것은?

① 황　　② 삼황화인
③ 황린　　④ 아세톤

제3류 위험물인 황린은 자연발화성 물질로서 위험물 중 발화점이 가장 낮다.
① 황 : 232℃
② 삼황화인 : 100℃
③ **황린 : 34℃**
④ 아세톤 : 465℃

27 탄화알루미늄이 물과 반응하여 폭발의 위험이 있는 것은 어떤 가스가 발생하기 때문인가?

① 수소　　② 메테인
③ 아세틸렌　　④ 암모니아

탄화알루미늄과 물과의 반응식

$Al_4C_3 + 12H_2O \rightarrow 4Al(OH)_3 + 3CH_4$
탄화알루미늄　물　수산화알루미늄　메테인

28 다음 중 제3류 위험물에 대한 설명으로 옳지 않은 것은?

① 황린은 공기 중에 노출되면 자연발화하므로 물속에 저장하여야 한다.
② 나트륨은 물보다 무거우며 석유 등의 보호액 속에 저장하여야 한다.
③ 트라이에틸알루미늄은 상온에서 액체이다.
④ 인화칼슘은 물과 반응하여 유독성의 포스핀을 발생한다.

② **나트륨은 물보다 가볍고** 석유(등유, 경유, 유동파라핀 등)의 보호액 속에 저장하여야 한다.

29 위험물안전관리법령상 위험등급이 나머지 셋과 다른 하나는?

① 알코올류　　② 제2석유류
③ 제3석유류　　④ 동식물유류

제4류 위험물의 위험등급 구분
1) 특수인화물 : 위험등급 Ⅰ
2) 제1석유류 및 **알코올류 : 위험등급 Ⅱ**
3) 제2석유류, 제3석유류, 제4석유류, 동식물유류 : 위험등급 Ⅲ

30 휘발유에 대한 설명으로 옳지 않은 것은?

① 지정수량은 200L이다.
② 전기의 불량도체로서 정전기의 축적이 용이하다.
③ 원유의 성질, 상태, 처리방법에 따라 탄화수소의 혼합비율이 다르다.
④ 발화점은 −43~−38℃ 정도이다.

④ 휘발유의 인화점은 −43~−38℃, 발화점은 300℃이다.

31 다음 위험물 중 인화점이 가장 낮은 것은?

① 아세톤　　② 이황화탄소
③ 클로로벤젠　　④ 다이에틸에터

① 아세톤(제4류 위험물, 제1석유류) : −18℃
② 이황화탄소(제4류 위험물, 특수인화물) : −30℃
③ 클로로벤젠(제4류 위험물, 제2석유류) : 32℃
④ **다이에틸에터(제4류 위험물, 특수인화물) : −45℃**

똑똑한 풀이비법

인화점은 특수인화물과 제1석유류, 알코올류까지만 암기하고 나머지 석유류들은 품명에 따른 인화점의 범위만 알고 있어도 된다.

32 다음 중 분자량이 약 74, 비중이 약 0.71인 물질로서 에탄올 두 분자에서 물이 빠지면서 축합반응이 일어나 생성되는 물질은?

① $C_2H_5OC_2H_5$
② C_2H_5OH
③ C_6H_5Cl
④ CS_2

PLAY ▶ 풀이

두 분자의 에탄올($2C_2H_5OH$)은 에틸(C_2H_5)과 수산기(OH)를 각각 2개씩 가지고 있다. 이 중 물(H_2O)을 빼면 에틸(C_2H_5) 2개와 산소(O) 1개만 남게 되므로 다이에틸에터($C_2H_5OC_2H_5$)를 생성하게 된다.

정답 26. ③ 27. ② 28. ② 29. ① 30. ④ 31. ④ 32. ①

33 벤젠에 관한 설명 중 틀린 것은?

① 인화점은 약 -11℃ 정도이다.
② 이황화탄소보다 착화온도가 높다.
③ 벤젠 증기는 마취성은 있으나 독성은 없다.
④ 취급할 때 정전기 발생을 조심해야 한다.

» 벤젠은 인화점 -11℃, 착화점 498℃로 이황화탄소의 착화점 90℃보다 높고 그 증기는 마취성과 함께 **맹독성**을 갖는다.

34 다음 중 착화온도가 가장 낮은 것은?

① 등유 ② 가솔린
③ 아세톤 ④ 톨루엔

» 등유의 탄소수는 10개 이상 17개 이하로서 〈보기〉 중 탄소수가 가장 많고 착화점이 가장 낮으며, 일반적으로 탄소수가 많을수록 인화점은 높아지고 착화점은 낮아진다.

35 다음 중 증기비중이 가장 큰 것은?

① 벤젠 ② 등유
③ 메틸알코올 ④ 산소

» 증기비중 $= \dfrac{\text{분자량}}{\text{공기의 평균분자량(29)}}$ 이므로

분자량이 가장 큰 물질이 증기비중도 가장 크다. 〈보기〉 중 등유는 탄소수가 10개 이상 17개 이하로서 분자량, 즉 증기비중이 가장 크다.

36 셀룰로이드에 대한 설명으로 옳은 것은?

① 질소 함유 유기물이다.
② 질소 함유 무기물이다.
③ 유기의 염화물이다.
④ 무기의 염화물이다.

» 셀룰로이드는 제5류 위험물의 질산에스터류에 해당하는 물질로서 질소를 함유하고 있으면서 동시에 탄소를 함유한 유기물이다.

37 다음 위험물 중 상온에서 액체인 것은?

① 질산에틸
② 드라이나이트로톨루엔
③ 셀룰로이드
④ 피크린산

» ① **질산에틸**(제5류 위험물의 질산에스터류) : **액체**
② 트라이나이트로톨루엔(제5류 위험물의 나이트로화합물) : 고체
③ 셀룰로이드(제5류 위험물의 질산에스터류) : 고체
④ 피크린산(제5류 위험물의 나이트로화합물) : 고체

38 $C_6H_2(NO_2)_3OH$와 $C_2H_5NO_3$의 공통성질에 해당하는 것은?

① 나이트로화합물이다.
② 인화성과 폭발성이 있는 액체이다.
③ 무색의 방향성 액체이다.
④ 에탄올에 녹는다.

» 1. $C_6H_2(NO_2)_3OH$(피크린산)의 성질
 1) 품명은 나이트로화합물이다.
 2) 황색 고체 물질이다.
 3) 물에 녹지 않고 **알코올에 잘 녹는다.**
2. $C_2H_5NO_3$(질산에틸)의 성질
 1) 품명은 질산에스터류이다.
 2) 무색투명한 액체이다.
 3) 물에 녹지 않고 **알코올에 잘 녹는다.**

39 과산화벤조일과 품명이 같은 것은?

① 셀룰로이드 ② 아세틸퍼옥사이드
③ 질산메틸 ④ 나이트로글리세린

» 제5류 위험물인 과산화벤조일의 품명은 유기과산화물이다.
① 셀룰로이드 : 질산에스터류
② 아세틸퍼옥사이드 : 유기과산화물
③ 질산메틸 : 질산에스터류
④ 나이트로글리세린 : 질산에스터류

40 질산이 공기 중에서 분해되어 발생하는 유독한 갈색 증기의 분자량은?

① 16 ② 40
③ 46 ④ 71

» 질산이 분해하여 발생하는 갈색 증기는 이산화질소(NO_2)이며, 분자량은 14(N)+16(O)×2=46이다.
- 질산의 분해반응식

$$\underset{\text{질산}}{4HNO_3} \rightarrow \underset{\text{물}}{2H_2O} + \underset{\text{이산화질소}}{4NO_2} + \underset{\text{산소}}{O_2}$$

정답 33. ③ 34. ① 35. ② 36. ① 37. ① 38. ④ 39. ② 40. ③

41 위험물안전관리법령상 산화성 액체에 해당하지 않는 것은?

① 과염소산 ② 과산화수소
③ 과염소산나트륨 ④ 질산

③ 과염소산나트륨($NaClO_4$)은 제1류 위험물(산화성 고체)이다.
※ 제6류 위험물(산화성 액체)의 종류
1) 과염소산($HClO_4$)
2) 과산화수소(H_2O_2)
3) 질산(HNO_3)

42 과산화수소의 위험성으로 옳지 않은 것은?

① 산화제로서 불연성 물질이지만 산소를 함유하고 있다.
② 이산화망가니즈 촉매하에서 분해가 촉진된다.
③ 분해를 막기 위해 하이드라진을 안정제로 사용할 수 있다.
④ 고농도의 것은 피부에 닿으면 화상의 위험이 있다.

③ 과산화수소(제6류 위험물)는 분해를 막기 위해 인산, 요산 등의 분해방지안정제를 사용한다.
※ 하이드라진(N_2H_4)은 제4류 위험물의 제2석유류이기 때문에 안정제로 사용할 수 없다.

43 [그림]과 같이 가로로 설치한 원형 탱크의 용량은 약 몇 m^3인가? (단, 공간용적은 내용적의 100분의 10이다.)

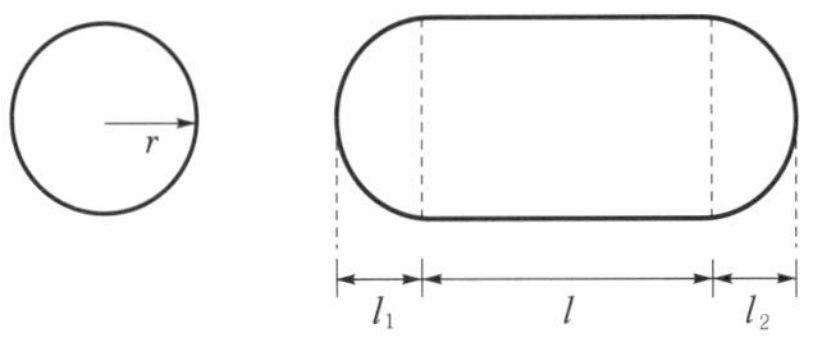

($r=5m$, $l=15m$, $l_1=3m$, $l_2=3m$)

① $1,690.9m^3$
② $1,335.1m^3$
③ $1,268.4m^3$
④ $1,201.7m^3$

PLAY ▶ 풀이

내용적 $= \pi \times 5^2 \times \left(15+\frac{3+3}{3}\right) = 1,335.18m^3$
공간용적이 내용적의 100분의 10 즉, 10%인 탱크의 용량은 내용적의 90%이므로
$1,335.18m^3 \times 0.9 = 1,201.7m^3$이다.

44 위험물의 운반 시 혼재가 가능한 것은? (단, 지정수량 10배의 위험물인 경우이다.)

① 제1류 위험물과 제2류 위험물
② 제2류 위험물과 제3류 위험물
③ 제4류 위험물과 제5류 위험물
④ 제5류 위험물과 제6류 위험물

◀ 위험물의 혼재기준

유별을 달리하는 위험물의 혼재기준은 다음 [표]와 같다.

위험물의 구분	제1류	제2류	제3류	제4류	제5류	제6류
제1류		×	×	×	×	○
제2류	×		×	○	○	×
제3류	×	×		○	×	×
제4류	×	○	○		○	×
제5류	×	○	×	◎		×
제6류	○	×	×	×	×	

※ 이 표는 지정수량의 1/10 이하의 위험물에 대하여는 적용하지 아니한다.

45 위험물을 운반용기에 수납하여 적재할 때 차광성 피복으로 가려야 하는 위험물이 아닌 것은?

① 제1류 ② 제2류
③ 제5류 ④ 제6류

1) 차광성 피복으로 가려야 하는 위험물 : 제1류 위험물, 제3류 위험물 중 자연발화성 물질, 제4류 위험물 중 특수인화물, 제5류 위험물, 제6류 위험물
2) 방수성 피복으로 가려야 하는 위험물 : 제1류 위험물 중 알칼리금속의 과산화물, 제2류 위험물 중 철분, 금속분, 마그네슘, 제3류 위험물 중 금수성 물질

정답 41. ③ 42. ③ 43. ④ 44. ③ 45. ②

46 위험물제조소의 게시판에 '화기주의'라고 쓰여 있다. 몇 류 위험물제조소인가?

① 제1류
② 제2류
③ 제3류
④ 제4류

유별에 따른 주의사항

유 별	구 분	운반용기의 주의사항	위험물 제조소등의 주의사항
제1류	알칼리금속의 과산화물	화기·충격주의, 가연물충격주의, 물기엄금	물기엄금 (청색 바탕, 백색 문자)
	그 밖의 것	화기·충격주의, 가연물 충격주의	필요 없음
제2류	철분, 금속분, 마그네슘	화기주의, 물기엄금	**화기주의** (적색 바탕, 백색 문자)
	인화성 고체	화기엄금	화기엄금 (적색 바탕, 백색 문자)
	그 밖의 것	화기주의	**화기주의** (적색 바탕, 백색 문자)
제3류	금수성 물질	물기엄금	물기엄금 (청색 바탕, 백색 문자)
	자연발화성 물질	화기엄금, 공기접촉엄금	화기엄금 (적색 바탕, 백색 문자)
제4류	인화성 액체	화기엄금	화기엄금 (적색 바탕, 백색 문자)
제5류	자기반응성 물질	화기엄금, 충격주의	화기엄금 (적색 바탕, 백색 문자)
제6류	산화성 액체	가연물 접촉주의	필요 없음

47 위험물안전관리법령상 옥외저장탱크 중 압력탱크 외의 탱크에 통기관을 설치하여야 할 때 밸브 없는 통기관인 경우 통기관의 직경은 몇 mm 이상으로 하여야 하는가?

① 10mm
② 15mm
③ 20mm
④ 30mm

◀ 밸브 없는 통기관

밸브 없는 통기관의 기준
1) **직경은 30mm 이상**으로 한다.
2) 끝부분은 수평면보다 45도 이상 구부려 빗물 등의 침투를 막는다.
3) 인화점이 38℃ 미만인 위험물만을 저장, 취급하는 탱크의 통기관에는 화염방지장치를 설치하고, 그 외의 위험물을 저장, 취급하는 탱크의 통기관에는 40mesh 이상인 구리망으로 된 인화방지장치를 설치한다.
4) 인화점 70℃ 이상의 위험물만을 해당 위험물의 인화점 미만의 온도로 저장 또는 취급하는 탱크에 설치하는 통기관에는 인화방지장치를 설치하지 않아도 된다.
5) 가연성 증기 회수를 목적으로 밸브를 통기관에 설치할 때 밸브는 개방되어 있어야 하며 닫혔을 경우 10kPa 이하의 압력에서 개방되는 구조로 한다(개방부분의 단면적은 777.15mm^2 이상).

48 이송취급소의 교체밸브, 제어밸브 등의 설치 기준으로 틀린 것은?

① 밸브는 원칙적으로 이송기지 또는 전용부지 내에 설치할 것
② 밸브는 그 개폐상태를 설치장소에서 쉽게 확인할 수 있도록 할 것
③ 밸브를 지하에 설치하는 경우에는 점검상자 안에 설치할 것
④ 밸브는 그 밸브의 관리에 관계하는 자가 아니면 수동으로만 개폐할 수 있도록 할 것

④ 이송취급소의 밸브는 그 밸브의 관리에 관계하는 자 외의 자가 수동으로 개폐할 수 없도록 한다.

정답 46. ② 47. ④ 48. ④

49 위험물제조소의 안전거리기준으로 틀린 것은?

① 초 · 중등교육법 및 고등교육법에 의한 학교 – 20m 이상
② 의료법에 의한 병원급 의료기관 – 30m 이상
③ 문화유산보호법 규정에 의한 지정문화유산 – 50m 이상
④ 사용전압이 35,000V를 초과하는 특고압가공전선 – 5m 이상

》 제조소로부터 다음 건축물 또는 공작물의 외벽(외측) 사이에는 다음과 같이 안전거리를 두어야 한다.
1) 주거용 건축물(제조소의 동일부지 외에 있는 것) : 10m 이상
2) **학교** · 병원 · 극장(300명 이상), 다수인 수용시설 : **30m 이상**
3) 지정문화유산, 천연기념물 : 50m 이상
4) 고압가스, 액화석유가스 등의 저장 · 취급 시설 : 20m 이상
5) 사용전압 7,000V 초과 35,000V 이하의 특고압가공전선 : 3m 이상
6) 사용전압 35,000V를 초과하는 특고압가공전선 : 5m 이상

50 옥내저장소의 저장창고에 150m^2 이내마다 일정 규격의 격벽을 설치하여 저장하여야 하는 위험물은?

① 지정과산화물
② 알킬알루미늄등
③ 아세트알데하이드등
④ 하이드록실아민등

》 지정과산화물(제5류 위험물 중 유기과산화물로서 지정수량이 10kg인 것) 옥내저장소의 격벽 기준
1) 바닥면적 **150m^2 이내마다 격벽으로 구획**
2) 격벽의 두께
㉠ 철근콘크리트조 또는 철골철근콘크리트조 : 30cm 이상
㉡ 보강콘크리트블록조 : 40cm 이상
3) 격벽의 돌출길이
㉠ 창고 양측의 외벽으로부터 1m 이상
㉡ 창고 상부의 지붕으로부터 50cm 이상

51 위험물 이동저장탱크의 외부도장 색상으로 적합하지 않은 것은?

① 제2류 – 적색 ② 제3류 – 청색
③ 제5류 – 황색 ④ 제6류 – 회색

》 이동저장탱크의 외부도장 색상
1) 제1류 위험물 : 회색
2) 제2류 위험물 : 적색
3) 제3류 위험물 : 청색
4) 제4류 위험물 : 적색(색상에 대한 제한은 없으나 적색을 권장)
5) 제5류 위험물 : 황색
6) **제6류 위험물 : 청색**

52 위험물안전관리법령상 자동화재탐지설비의 경계구역 하나의 면적은 몇 m^2 이하이어야 하는가? (단, 원칙적인 경우에 한한다.)

① 250m^2 ② 300m^2
③ 400m^2 ④ 600m^2

》 자동화재탐지설비의 경계구역
1) 건축물의 2 이상의 층에 걸치지 아니하도록 할 것(경계구역의 면적이 500m^2 이하이면 그러하지 아니하다)
2) **하나의 경계구역의 면적은 600m^2 이하**로 할 것
3) 한 변의 길이는 50m(광전식 분리형 감지기의 경우에는 100m) 이하로 할 것
4) 건축물의 주요한 출입구에서 그 내부 전체를 볼 수 있는 경우는 면적을 1,000m^2 이하로 할 것
5) 자동화재탐지설비의 감지기는 지붕 또는 벽의 옥내에 면한 부분에 화재발생을 감지할 수 있도록 설치할 것
6) 자동화재탐지설비에는 비상전원을 설치할 것

53 위험물안전관리법상 경보설비로 자동화재탐지설비를 설치해야 하는 위험물제조소 규모의 기준에 대한 설명으로 옳은 것은?

① 연면적 500m^2 이상인 것
② 연면적 1,000m^2 이상인 것
③ 연면적 1,500m^2 이상인 것
④ 연면적 2,000m^2 이상인 것

정답 49. ① 50. ① 51. ④ 52. ④ 53. ①

》 제조소 및 일반취급소에서 경보설비의 종류 중 자동화재탐지설비만을 설치해야 하는 경우
1) **연면적 500m^2 이상**인 것
2) 지정수량의 100배 이상을 취급하는 것

54 소화난이도등급 I 의 옥내저장소에 설치하여야 하는 소화설비에 해당하지 않는 것은?

① 옥외소화전설비
② 연결살수설비
③ 스프링클러설비
④ 물분무소화설비

》 ② **연결살수설비**는 소화설비가 아닌 **소화활동설비에 해당**한다.
④ 물분무소화설비는 물분무등소화설비의 종류 중 하나에 해당하므로 소화난이도등급 I 의 옥내저장소에 설치해야 하는 소화설비이다.
소화난이도등급 I 의 옥내저장소에 설치해야 하는 소화설비는 다음과 같이 구분한다.
1) 처마높이가 6m 이상인 단층 건물 또는 다른 용도의 부분이 있는 건축물에 설치한 옥내저장소 : 스프링클러설비 또는 이동식 외의 물분무등소화설비
2) 그 밖의 것 : 옥외소화전설비, 스프링클러설비, 이동식 외의 물분무등소화설비 또는 이동식 포소화설비(포소화전을 옥외에 설치하는 것에 한한다)

55 제6류 위험물을 저장하는 옥내탱크저장소로서 단층 건물에 설치된 것의 소화난이도 등급은?

① I 등급
② II 등급
③ III 등급
④ 해당 없음

》 ④ 탱크전용실이 단층 건물 외의 건축물에 설치되어 있는 것은 소화난이도등급 I 의 옥내탱크저장소에 해당한다. 이 문제의 조건은 옥내탱크저장소로서 탱크전용실이 단층 건물에 설치된 것이므로 소화난이도등급 I 이 아닌 소화난이도등급 II 의 옥내탱크저장소에 해당한다. 하지만, 소화난이도등급 II 의 옥내탱크저장소의 조건에 제6류 위험물만을 저장하는 것은 제외하므로 **이 문제의 조건은 어떤 소화난이도등급에도 해당하지 않는다.**
※ 옥내탱크저장소의 소화난이도등급
1. 소화난이도등급 I
 1) 액표면적이 40m^2 이상인 것(제6류 위험물을 저장하는 것 및 고인화점 위험물만을 100℃ 미만의 온도에서 저장하는 것은 제외)
 2) 바닥면으로부터 탱크 옆판의 상단까지 높이가 6m 이상인 것(제6류 위험물을 저장하는 것 및 고인화점 위험물만을 100℃ 미만의 온도에서 저장하는 것은 제외)
 3) 탱크전용실이 단층 건물 외의 건축물에 설치되어 있는 것으로서 인화점 38℃ 이상 70℃ 미만의 위험물을 지정수량의 5배 이상 저장하는 것(내화구조로 개구부 없이 구획된 것은 제외)
2. 소화난이도등급 II : 소화난이도등급 I 의 제조소등 외의 것(고인화점 위험물만을 100℃ 미만의 온도로 저장하는 것 및 제6류 위험물만을 저장하는 것은 제외)
3. 소화난이도등급 III : 해당 없음

56 시 · 도의 조례가 정하는 바에 따라 관할 소방서장의 승인을 받아 지정수량 이상의 위험물을 제조소등이 아닌 장소에서 임시로 저장 또는 취급하는 기간은 최대 며칠 이내인가?

① 30일
② 60일
③ 90일
④ 120일

》 시 · 도의 조례가 정하는 바에 따라 관할 소방서장의 승인을 받아 지정수량 이상의 위험물을 제조소등이 아닌 장소에서 임시로 저장 또는 취급할 수 있는 조건
1) 시 · 도의 조례가 정하는 바에 따라 관할 소방서장의 승인을 받아 지정수량 이상의 위험물을 **90일 이내**의 기간 동안 임시로 저장 또는 취급하는 경우
2) 군부대가 지정수량 이상의 위험물을 군사목적으로 임시로 저장 또는 취급하는 경우

정답 54. ② 55. ④ 56. ③

57 다음 위험물 중에서 이동탱크저장소에 의하여 위험물을 운송할 때 운송책임자의 감독 · 지원을 받아야 하는 위험물은?

① 알킬리튬
② 아세트알데하이드
③ 금속의 수소화물
④ 마그네슘

≫ 이동탱크저장소에 의하여 위험물을 운송할 때 운송책임자의 감독 · 지원을 받아야 하는 위험물은 **알킬리튬**과 알킬알루미늄이다.

58 위험물의 품명, 수량 또는 지정수량 배수의 변경신고에 대한 설명으로 옳은 것은?

① 허가청과 협의하여 설치한 군용 위험물시설의 경우에도 적용된다.
② 변경신고는 변경한 날로부터 7일 이내에 완공검사필증을 첨부하여 신고하여야 한다.
③ 위험물의 품명이나 수량의 변경을 위해 제조소등의 위치, 구조 또는 설비를 변경하는 경우에 신고한다.
④ 위험물의 품명, 수량 및 지정수량의 배수를 모두 변경할 때에는 신고를 할 수 없고 허가를 신청하여야 한다.

≫ ① 협의를 통해 제조소등의 설치허가를 받은 군용 위험물시설이라 하더라도 **위험물의 품명, 수량 또는 지정수량의 배수의 변경신고는 별도로 해야 한다.**
② 변경신고는 변경한 날이 아닌, 변경하고자 하는 날의 1일 전까지 완공검사필증을 첨부하여 신고하여야 한다.
③ 제조소등의 위치, 구조 또는 설비를 변경하는 경우에는 변경신고가 아닌 변경허가를 받아야 한다.
④ 위험물의 품명, 수량 및 지정수량의 배수를 모두 변경하더라도 변경허가는 필요없고 변경신고만 하면 된다.

똑똑한 풀이비법

제조소등의 위치, 구조 또는 설비를 변경할 때에는 변경허가를 받아야 하고, 품명, 수량 또는 지정수량의 배수를 변경할 때에는 변경신고만 하면 된다.

59 위험물안전관리법에서 규정하고 있는 사항으로 옳지 않은 것은?

① 위험물저장소를 경매에 의해 시설의 전부를 인수한 경우에는 30일 이내에, 저장소의 용도를 폐지한 경우에는 14일 이내에 시 · 도지사에게 그 사실을 신고하여야 한다.
② 제조소등의 위치, 구조 및 설비 기준을 위반하여 사용한 때에 시 · 도지사는 허가취소, 전부 또는 일부의 사용정지를 명할 수 있다.
③ 경유 20,000L를 수산용 건조시설에 사용하는 경우에는 위험물법의 허가는 받지 아니하고 저장소를 설치할 수 있다.
④ 위치, 구조 또는 설비의 변경 없이 저장소에서 저장하는 위험물 지정수량의 배수를 변경하고자 하는 경우에는 변경하고자 하는 날의 1일 전까지 시 · 도지사에게 신고하여야 한다.

≫ ② 제조소등의 위치, 구조 및 설비 기준을 위반하여 사용한 경우 모두에 대해 허가취소나 사용정지를 명하는 것은 아니다.
※ 시 · 도지사는 다음에 해당하는 때에는 허가를 취소하거나 6월 이내의 기간을 정하여 제조소등의 전부 또는 일부의 사용정지를 명할 수 있다.
1) 수리 · 개조 또는 이전의 명령을 위반한 때
2) 저장 · 취급 기준 준수명령을 위반한 때
3) 완공검사를 받지 아니하고 제조소등을 사용한 때
4) 위험물안전관리자를 선임하지 아니한 때
5) 변경허가를 받지 아니하고 제조소등의 위치 · 구조 또는 설비를 변경한 때
6) 대리자를 지정하지 아니한 때
7) 정기점검을 실시하지 않거나 정기검사를 받지 아니한 때

정답 57. ① 58. ① 59. ②

60 **제조소등의 관계인이 예방규정을 정하여야 하는 제조소등이 아닌 것은?**

① 지정수량 100배의 위험물을 저장하는 옥외탱크저장소
② 지정수량 150배의 위험물을 저장하는 옥내저장소
③ 지정수량 10배의 위험물을 취급하는 제조소
④ 지정수량 5배의 위험물을 취급하는 이송취급소

» 예방규정을 정해야 하는 제조소등
1) 지정수량 10배 이상의 위험물을 취급하는 제조소
2) 지정수량 100배 이상의 위험물을 저장하는 옥외저장소
3) 지정수량 150배 이상의 위험물을 저장하는 옥내저장소
4) **지정수량 200배 이상의 위험물을 저장하는 옥외탱크저장소**
5) 암반탱크저장소
6) 이송취급소
7) 지정수량 10배 이상의 위험물을 취급하는 일반취급소

정답 60. ①

2020 CBT 기출복원문제
제2회 위험물기능사

01 고온체의 색상이 휘적색일 경우의 온도는 약 몇 ℃ 정도인가?

① 500℃ ② 950℃
③ 1,300℃ ④ 1,500℃

>>> 고온체의 색상별 온도의 구분
1) 암적색 : 700℃
2) 적색 : 850℃
3) **휘적색 : 950℃**
4) 황적색 : 1,100℃
5) 백적색 : 1,300℃

02 연소형태가 표면연소인 것을 올바르게 나타낸 것은?

① 중유, 알코올
② 코크스, 숯
③ 목재, 종이
④ 석탄, 플라스틱

>>> 고체의 연소형태
1) **표면연소** : 연소물의 표면에서 산소와 산화반응을 하여 연소하는 반응이다.
예 **코크스**(탄소), 목탄(**숯**), 금속분
2) 분해연소 : 고체 가연물이 점화에너지를 공급받게 되면 공급된 에너지에 의해 열분해반응이 일어나게 되는데 이때 발생된 가연성 증기가 공기와 혼합되면서 발생된 혼합기체가 연소하는 형태를 의미한다.
예 목재, 종이, 석탄, 플라스틱, 합성수지 등
3) 자기연소(내부연소) : 고체 가연물은 자체적으로 산소공급원을 가지고 있어서 외부로부터 공기 또는 산소공급원의 유입 없이도 연소할 수 있는 형태로서 연소속도가 폭발적인 연소형태이다.
예 제5류 위험물
4) 증발연소 : 고체 가연물이 점화에너지를 받아 액체형태로 상태변화를 일으키면서 가연성 증기를 증발시켜 이 가연성 증기가 공기와 혼합하여 연소하는 형태이다.
예 황(S), 나프탈렌($C_{10}H_8$), 양초(파라핀) 등

03 점화원으로 작용할 수 있는 정전기를 방지하기 위한 예방대책이 아닌 것은?

① 정전기 발생이 우려되는 장소에 접지시설을 한다.
② 실내의 공기를 이온화하여 정전기 발생을 억제한다.
③ 정전기는 습도가 낮을 때 많이 발생하므로 상대습도를 70% 이상으로 한다.
④ 전기의 저항이 큰 물질은 대전이 용이하므로 비전도체 물질을 사용한다.

>>> ④ 비전도체는 전기를 통과시키지 않으므로 오히려 정전기를 발생시킨다.
※ 정전기 제거방법
1) 접지할 것
2) 공기를 이온화시킬 것
3) 공지 중 상대습도를 70% 이상으로 할 것

04 나이트로셀룰로스의 자연발화는 일반적으로 무엇에 기인한 것인가?

① 산화열 ② 중합열
③ 흡착열 ④ 분해열

>>> 나이트로셀룰로스(제5류 위험물)는 질산에스터류에 속하며 운반 시 함수알코올에 습면시키는 물질로서 **분해열**에 의해 자연발화할 수 있다.

05 연소에 필요한 산소공급원을 단절하는 것은?

① 제거소화 ② 질식소화
③ 희석소화 ④ 억제소화

>>> ① 제거소화 : 가연물을 제거하는 것
② 질식소화 : 산소공급원을 제거하는 것
③ 희석소화 : 가연물의 농도를 낮추어 소화하는 것
④ 억제소화 : 반응속도를 빠르게 하는 정촉매의 역할을 억제시키는 것

정답 01. ② 02. ② 03. ④ 04. ④ 05. ②

06 이산화탄소의 특성에 대한 설명으로 옳지 않은 것은?

① 전기전도성이 우수하다.
② 냉각, 압축에 의하여 액화된다.
③ 과량 존재 시 질식할 수 있다.
④ 상온, 상압에서 무색무취의 불연성 기체이다.

» ① 이산화탄소는 전기불량도체이므로 전기전도성은 없다.

07 분말소화기의 소화약제로 사용되지 않은 것은?

① 탄산수소나트륨
② 탄산수소칼륨
③ 과산화나트륨
④ 인산암모늄

» ③ 과산화나트륨은 소화약제가 아닌 제1류 위험물이다.

08 제조소등에 전기설비(전기배선, 조명기구 등은 제외)가 설치된 경우에는 면적 몇 m^2 마다 소형수동식 소화기를 1개 이상 설치하여야 하는가?

① $50m^2$　　② $100m^2$
③ $150m^2$　　④ $200m^2$

» 전기설비가 설치된 제조소등에는 **면적 $100m^2$마다** 소형수동식 소화기를 1개 이상 설치한다.

09 이산화탄소 소화기 사용 시 줄-톰슨 효과에 의해서 생성되는 물질은?

① 포스겐
② 일산화탄소
③ 드라이아이스
④ 수성가스

» 줄-톰슨 효과란 이산화탄소 소화기 내에서 약제를 방출할 때 액체 이산화탄소가 가는 관을 통과하게 되는데 이때 압력과 온도의 급감으로 인해 **드라이아이스**(이산화탄소의 고체상태)가 관내에 생성됨으로써 노즐이 막히는 현상을 말한다.

10 위험물안전관리법상 소화설비에 해당하지 않는 것은?

① 옥외소화전설비
② 스프링클러설비
③ 할로젠화합물 소화설비
④ 연결살수설비

» 연결살수설비는 소화활동설비에 해당한다.

11 위험물안전관리법에 따른 옥외소화전설비의 설치기준에 대해 다음 ( ) 안에 알맞은 수치를 차례대로 나타낸 것은?

> 옥외소화전설비는 모든 옥외소화전(설치개수가 4개 이상인 경우는 4개)을 동시에 사용할 경우에 각 노즐 끝부분의 방수압력이 (　)kPa 이상이고, 방수량이 1분당 (　)L 이상의 성능이 되도록 할 것

① 350, 260　　② 300, 260
③ 350, 450　　④ 300, 450

» 옥외소화전설비의 설치기준
1) 옥외소화전은 건축물의 1층 및 2층의 부분만을 방사범위로 한다.
2) 제조소등 건축물의 층마다 그 층의 각 부분에서 하나의 호스 접속구까지의 수평거리가 40m 이하가 되도록 설치해야 한다.
3) 수원의 양은 옥외소화전의 수에 $13.5m^3$를 곱한 양 이상으로 하면 되는데 소화전의 수가 4개 이상이면 최대 4개의 옥외소화전 수만 곱해주면 된다.
4) 방수압력은 **350kPa 이상**으로 해야 한다.
5) 방수량은 **450L/min 이상**으로 해야 한다.
6) 비상전원은 45분 이상 작동해야 한다.
7) 옥외소화전은 옥외소화전함과 떨어져 있는데 상호거리는 5m 이내이어야 한다.

12 고형 알코올 2,000kg과 철분 1,000kg의 지정수량 배수의 총합은 얼마인가?

① 3　　② 4
③ 5　　④ 6

정답 06. ① 07. ③ 08. ② 09. ③ 10. ④ 11. ③ 12. ②

고형 알코올(제2류 위험물)은 인화성 고체에 해당하므로 지정수량은 1,000kg이며, 철분(제2류 위험물)의 지정수량은 500kg이다.

$\therefore \frac{2,000kg}{1,000kg} + \frac{1,000kg}{500kg} = 4$

13 다음 중 화재별 소화방법으로 옳지 않은 것은 어느 것인가?

① 황린 – 분무주수에 의한 냉각소화
② 인화칼슘 – 분무주수에 의한 냉각소화
③ 톨루엔 – 포에 의한 질식소화
④ 질산메틸 – 주수에 의한 냉각소화

② **인화칼슘 – 물과 반응 시 포스핀이라는 독성이고 가연성인 가스가 발생**하므로 분무주수에 의한 냉각소화는 불가능하다.

14 다음 중 지정수량이 50kg이 아닌 위험물은 어느 것인가?

① 염소산나트륨
② 리튬
③ 과산화나트륨
④ 나트륨

①, ②, ③ : 지정수량 50kg
④ : 지정수량 10kg

15 염소산나트륨의 성상에 대한 설명으로 옳지 않은 것은?

① 자신은 불연성 물질이지만 강한 산화제이다.
② 유리를 녹이므로 철제용기에 저장한다.
③ 열분해하여 산소를 발생한다.
④ 산과 반응하면 유독성의 이산화염소를 발생한다.

② **철제용기를 부식시키므로 유리용기에 저장한다.**
③ 열을 가해 분해시키면 산소를 발생한다.
– 염소산나트륨의 분해반응식

$2NaClO_3 \rightarrow 2NaCl + 3O_2$
(염소산나트륨 → 염화나트륨 + 산소)

④ 황산, 염산 등과 반응하면 유독성의 이산화염소(ClO_2)를 발생한다.
– 염소산나트륨과 염산과의 반응식

$NaClO_3 + HCl \rightarrow 2NaCl + 2ClO_2 + H_2O_2$
(염소산나트륨 + 염산 → 염화나트륨 + 이산화염소 + 과산화수소)

16 다음 중 질산나트륨의 성상으로 옳은 것은 어느 것인가?

① 황색 결정이다.
② 물에 잘 녹는다.
③ 흑색화약의 원료이다.
④ 상온에서 자연분해한다.

① 백색 고체이다.
③ 흑색화약의 원료는 질산칼륨과 숯, 황을 혼합한 것이다.
④ 약 300℃까지 가열하면 분해한다.

17 다이크로뮴산칼륨에 대한 설명으로 틀린 것은?

① 열분해하여 산소를 발생한다.
② 물과 알코올에 잘 녹는다.
③ 등적색의 결정으로 쓴맛이 있다.
④ 산화제, 의약품 등에 사용된다.

② 다이크로뮴산칼륨($K_2Cr_2O_7$)은 물에 녹으며 **알코올에는 녹지 않는다.**

18 아이오딘산아연의 성질에 대한 설명으로 가장 거리가 먼 것은?

① 결정성 분말이다.
② 유기물과 혼합 시 연소위험이 있다.
③ 환원력이 강하다.
④ 제1류 위험물이다.

③ 아이오딘산아연은 제1류 위험물의 아이오딘산 염류에 해당하는 산화성 고체로 **산화력이 강하다.**

정답 13. ② 14. ④ 15. ② 16. ② 17. ② 18. ③

19 과염소산나트륨 설명으로 옳지 않은 것은?

① 가열하면 분해하여 산소를 방출한다.
② 환원제이며 수용액은 강한 환원성이 있다.
③ 수용성이며 조해성이 있다.
④ 제1류 위험물이다.

>>> ② 과염소산나트륨(제1류 위험물)은 산화제이며 수용액은 강한 산화성이 있다.

20 삼황화인과 오황화인의 공통점이 아닌 것은?

① 물과 접촉하여 인화수소가 발생한다.
② 가연성 고체이다.
③ 분자식이 P와 S로 이루어져 있다.
④ 연소 시 오산화인과 이산화황이 생성된다.

>>> 1. 삼황화인(P_4S_3)과 오황화인(P_2S_5)의 공통성질
1) 가연성 고체이다.
2) 분자식이 P와 S로 이루어져 있다.
3) 연소 시 오산화인(P_2O_5)과 이산화황(SO_2)이 생성된다.
2. 삼황화인(P_4S_3)의 성질
– 물과 반응하지 않는다.
3. 오황화인(P_2S_5)의 성질
– 물과 접촉하여 황화수소(H_2S)가 발생한다.

21 위험물안전관리법령상 제2류 위험물에 속하지 않는 것은?

① P_4S_3 ② Al
③ Mg ④ Li

>>> ① P_4S_3(삼황화인) : 제2류 위험물
② Al(알루미늄) : 제2류 위험물
③ Mg(마그네슘) : 제2류 위험물
④ **Li(리튬) : 제3류 위험물**

22 다음 중 위험물안전관리법령에서 정한 지정수량이 500kg인 것은?

① 황화인 ② 금속분
③ 인화성 고체 ④ 황

>>> ① 황화인(제2류 위험물) : 100kg
② **금속분(제2류 위험물) : 500kg**
③ 인화성 고체(제2류 위험물) : 1,000kg
④ 황(제2류 위험물) : 100kg

23 황의 성질에 대한 설명 중 틀린 것은?

① 물에 녹지 않으나 이황화탄소에 녹는다.
② 공기 중에서 연소하여 아황산가스를 발생한다.
③ 전도성 물질이므로 정전기 발생에 유의하여야 한다.
④ 분진폭발의 위험성에 주의하여야 한다.

>>> ① 물에는 녹지 않고 고무상황을 제외한 그 외의 황은 이황화탄소에 녹는다.
② 공기 중에서 연소하면 아황산가스(SO_2)를 발생한다.
– 황의 연소반응식
$S + O_2 \rightarrow SO_2$
황 산소 이산화황(아황산가스)
③ **비전도성 물질**이므로 정전기 발생에 유의하여야 한다.
④ 가연물인 황은 분진폭발이 가능하므로 주의하여야 한다.

24 탄화칼슘을 습한 공기 중에 보관하면 위험한 이유로 가장 옳은 것은?

① 아세틸렌과 공기가 혼합된 폭발성 가스가 생성될 수 있으므로
② 에틸렌과 공기 중 질소가 혼합된 폭발성 가스가 생성될 수 있으므로
③ 분진폭발의 위험성이 증가하기 때문에
④ 포스핀과 같은 독성 가스가 발생하기 때문에

>>> 탄화칼슘(제3류 위험물)은 습한 공기 중에 포함된 수분과 반응하여 아세틸렌가스를 발생하고 이 가스와 공기가 혼합되어 폭발을 일으키므로 습한 공기 중에 보관하면 위험하다.

25 제3류 위험물 중 금수성 물질에 적응할 수 있는 소화설비는?

① 포소화설비
② 불활성가스 소화설비
③ 탄산수소염류 분말소화설비
④ 할로젠화합물 소화설비

정답 19. ② 20. ① 21. ④ 22. ② 23. ③ 24. ① 25. ③

⋙ 제3류 위험물의 금수성 물질에 적응성이 있는 소화설비는 탄산수소염류 분말소화설비이다.

26 다음 중 위험물안전관리법령에 따른 지정수량이 나머지 셋과 다른 하나는?

① 황린　② 칼륨
③ 나트륨　④ 알킬리튬

⋙ ① : 지정수량 20kg
②, ③, ④ : 지정수량 10kg

27 금속나트륨과 금속칼륨의 공통적인 성질에 대한 설명으로 옳은 것은?

① 불연성 고체이다.
② 물과 반응하여 산소를 발생한다.
③ 은백색의 매우 단단한 금속이다.
④ 물보다 가벼운 금속이다.

⋙ ① 모두 제3류 위험물의 금수성 물질이며 가연성 고체이다.
② 모두 물과 반응 시 수소를 발생한다.
③ 모두 은백색의 무른 경금속이다.
④ **모두 물보다 가벼운 금속이다.**

28 위험물안전관리법령상 제3류 위험물에 속하는 담황색의 고체로서 물속에 보관해야 하는 것은?

① 황린　② 적린
③ 황　④ 나이트로글리세린

⋙ 황린(제3류 위험물)은 자연발화를 방지하기 위해 pH 9인 약알칼리성의 물속에 보관해야 하는 물질이다.

29 벤젠의 저장 및 취급 시 주의사항에 대한 설명으로 틀린 것은?

① 정전기 발생에 주의한다.
② 피부에 닿지 않도록 주의한다.
③ 증기는 공기보다 가벼워 높은 곳에 체류하므로 환기에 주의한다.
④ 통풍이 잘되는 서늘하고 어두운 곳에 저장한다.

⋙ ③ 벤젠을 포함한 대부분의 제4류 위험물의 증기는 공기보다 무거워 낮게 체류하기 쉽다.

30 위험물안전관리법상 제6류 위험물이 아닌 것은?

① H_3PO_4　② IF_5
③ BrF_5　④ BrF_3

⋙ ① **H_3PO_4 : 인산(비위험물)**
② IF_5 : 오플루오린화아이오딘(할로젠간화합물로서 행정안전부령이 정하는 제6류 위험물)
③ BrF_5 : 오플루오린화브로민(할로젠간화합물로서 행정안전부령이 정하는 제6류 위험물)
④ BrF_3 : 삼플루오린화브로민(할로젠간화합물로서 행정안전부령이 정하는 제6류 위험물)

31 다이에틸에터에 관한 설명 중 틀린 것은?

① 비전도성이므로 정전기를 발생하지 않는다.
② 무색투명한 유동성의 액체이다.
③ 휘발성이 매우 높고, 마취성을 가진다.
④ 공기와 장시간 접촉하면 폭발성의 과산화물이 생성된다.

⋙ ① 제4류 위험물로서 비전도성이므로 정전기를 발생한다.

32 1기압 20℃에서 액상이며 인화점이 200℃ 이상인 물질은?

① 벤젠　② 톨루엔
③ 글리세린　④ 실린더유

⋙ ① 벤젠(제1석유류) : 인화점 21℃ 미만
② 톨루엔(제1석유류) : 인화점 21℃ 미만
③ 글리세린(제3석유류) : 인화점 70℃ 이상 200℃ 미만
④ **실린더유(제4석유류) : 인화점 200℃ 이상 250℃ 미만**

33 다음 위험물 중 특수인화물이 아닌 것은?

① 메틸에틸케톤퍼옥사이드
② 산화프로필렌
③ 아세트알데하이드
④ 이황화탄소

정답 26. ① 27. ④ 28. ① 29. ③ 30. ① 31. ① 32. ④ 33. ①

》① 메틸에틸케톤퍼옥사이드 : 제5류 위험물의 유기과산화물
② 산화프로필렌 : 제4류 위험물의 특수인화물
③ 아세트알데하이드 : 제4류 위험물의 특수인화물
④ 이황화탄소 : 제4류 위험물의 특수인화물

34 가솔린의 연소범위에 가장 가까운 것은?

① 1.4~7.6% ② 2.0~23.0%
③ 1.8~36.5% ④ 1.0~50.0%

》가솔린의 연소범위는 **1.4~7.6%**이다.

35 메탄올과 에탄올의 공통점을 설명한 내용으로 틀린 것은?

① 휘발성의 무색 액체이다.
② 인화점이 0℃ 이하이다.
③ 증기는 공기보다 무겁다.
④ 비중이 물보다 작다.

》② 메탄올의 인화점은 11℃, 에탄올의 인화점은 13℃이므로, 모두 인화점은 0℃ 이상이다.

36 다음 중 제5류 위험물의 성질에 대한 설명으로 틀린 것은?

① 자기연소를 일으키며, 연소속도가 빠르다.
② 무기물이므로 폭발의 위험이 있다.
③ 운반용기 외부에 '화기엄금' 및 '충격주의' 주의사항 표시를 하여야 한다.
④ 강산화제나 강산류와 접촉 시 위험성이 증가한다.

》② 제5류 위험물은 자기반응성 물질로 대부분 탄소와 수소를 포함하는 유기물에 해당한다.

37 트라이나이트로페놀의 성상에 대한 설명 중 틀린 것은?

① 융점은 약 61℃이고 비점은 약 120℃이다.
② 쓴맛이 있으며 독성이 있다.
③ 단독으로는 마찰, 충격에 비교적 안정하다.
④ 알코올, 에터, 벤젠에 녹는다.

》트라이나이트로페놀의 성질
1) 발화점 300℃, **융점 121℃**, 비중 1.8이다.
2) 황색의 침상결정(바늘 모양의 고체)인 고체상태로 존재한다.
3) 제5류 위험물이므로 찬물에는 안 녹고 온수, 알코올, 벤젠, 에터에는 잘 녹는다.
4) 쓴맛이 있고 독성이 있다.
5) 단독으로는 충격, 마찰 등에 둔감하나 구리, 아연 등의 금속염류와의 혼합물은 피크린산염을 생성하여 마찰, 충격 등에 위험해진다.
6) 고체 물질이므로 건조하면 위험하고 약한 습기에 저장하면 안정하다.
7) 주수하여 냉각소화 해야 한다.

38 유기과산화물의 화재예방상 주의사항으로 틀린 것은?

① 직사광선을 피하고 냉암소에 저장한다.
② 불꽃, 불티 등의 화기, 열원으로부터 멀리한다.
③ 산화제와 접촉하지 않도록 주의한다.
④ 대형 화재 시 분말소화기를 이용한 질식소화가 유효하다.

》유기과산화물(제5류 위험물)은 자체적으로 산소공급원을 가지므로 질식소화는 효과가 없고 물로 냉각소화하는 것이 효과적이다.

39 위험물안전관리법령에 따른 소화설비의 적응성에 관한 다음 내용 중 ( ) 안에 적합한 내용은?

> 제6류 위험물을 저장 · 취급하는 장소로서 폭발의 위험이 없는 장소에 한하여 ( )가(이) 제6류 위험물에 대하여 적응성이 있다.

① 할로젠화합물 소화기
② 분말소화기-탄산수소염류 소화기
③ 분말소화기-그 밖의 것
④ 이산화탄소 소화기

》이산화탄소 소화기는 제6류 위험물을 저장 · 취급하는 장소에서는 사용할 수 없지만, 폭발의 위험이 없는 장소에 한하여는 **이산화탄소소화기**도 제6류 위험물에 대해 적응성이 있다.

정답 34. ① 35. ② 36. ② 37. ① 38. ④ 39. ④

40 위험물안전관리법령에 따른 제6류 위험물의 특성에 대한 설명 중 틀린 것은?

① 과염소산은 유기물과 접촉 시 발화의 위험이 있다.
② 과염소산은 불안정하며 강력한 산화성 물질이다.
③ 과산화수소는 알코올, 에터에 녹지 않는다.
④ 질산은 부식성이 강하고 햇빛에 의해 분해된다.

≫ ③ 과산화수소(제6류 위험물)는 물, 에터, 알코올에 잘 녹고 벤젠과 석유에 녹지 않는다.

41 옥내저장소에 질산 600L를 저장하고 있다. 저장하고 있는 질산은 지정수량의 몇 배인가? (단, 질산의 밀도는 1.5g/mL이다.)

① 1배
② 2배
③ 3배
④ 4배

PLAY▶풀이

≫ 밀도 $= \dfrac{\text{질량}}{\text{부피}}$, 단위는 g/mL 또는 kg/L이다.

질산의 저장수량 $600\text{L} \times \dfrac{1.5\text{kg}}{1\text{L}} = 900\text{kg}$임을 이용한다.

∴ 질산의 지정수량은 300kg이므로, $\dfrac{900\text{kg}}{300\text{kg}} = 3$배이다.

42 다음 중 과염소산에 대한 설명으로 틀린 것은 어느 것인가?

① 물과 접촉하면 발열한다.
② 불연성이지만 유독성이 있다.
③ 증기비중은 약 3.5이다.
④ 산화제이므로 쉽게 산화할 수 있다.

≫ ④ 과염소산은 산화제로서 다른 물질을 산화시키고 **자신은 환원하는 성질**을 갖고 있다.

43 제조소의 게시판 사항 중 위험물의 종류에 따른 주의사항이 올바르게 연결된 것은?

① 제2류 위험물(인화성 고체 제외) – 화기엄금
② 제3류 위험물 중 금수성 물질 – 물기엄금
③ 제4류 위험물 – 화기주의
④ 제5류 위험물 – 물기엄금

≫ ① 제2류 위험물(인화성 고체 제외) – 화기주의
③ 제4류 위험물 – 화기엄금
④ 제5류 위험물 – 화기엄금

44 다음 괄호 안에 들어갈 알맞은 단어는?

보냉장치가 있는 이동저장탱크에 저장하는 아세트알데하이드등 또는 다이에틸에터등의 온도는 해당 위험물의 ( ) 이하로 유지하여야 한다.

① 비점　② 인화점
③ 융해점　④ 발화점

≫ 1) 보냉장치가 있는 이동저장탱크에 저장하는 아세트알데하이드와 다이에틸에터의 저장온도 : 모두 비점 이하
2) 보냉장치가 없는 이동저장탱크에 저장하는 아세트알데하이드와 다이에틸에터의 저장온도 : 모두 40℃ 이하

45 반지름 5m, 직선 10m, 곡선 5m인 양쪽으로 볼록한 탱크의 공간용적이 5%라면 탱크 용량은 몇 m^3인가?

① $196.3m^3$
② $261.6m^3$
③ $785.0m^3$
④ $994.8m^3$

PLAY▶풀이

≫ 내용적 $= \pi \times r^2 \times \left(l + \dfrac{l_1 + l_2}{3}\right)$

탱크의 공간용적이 5%이면 탱크 용량은 탱크 내용적의 95%이다.

∴ 탱크 용량 $= \pi \times 5^2 \times \left(10 + \dfrac{5+5}{3}\right) \times 0.95$
$= 994.84m^3$

정답 40. ③ 41. ③ 42. ④ 43. ② 44. ① 45. ④

46 인화성 액체 위험물을 저장 또는 취급하는 옥외탱크저장소의 방유제 내에 용량 10만L와 5만L인 옥외저장탱크 2기를 설치하는 경우에 확보하여야 하는 방유제의 용량은?

① 50,000L 이상
② 80,000L 이상
③ 110,000L 이상
④ 150,000L 이상

PLAY▶풀이

인화성이 있는 위험물의 옥외저장탱크의 방유제 용량
1) 하나의 옥외저장탱크 방유제 용량 : 탱크 용량의 110% 이상
2) **2개 이상의 옥외저장탱크 방유제 용량 : 탱크 중 용량이 최대인 것의 110% 이상**
3) 이황화탄소 옥외저장탱크 : 방유제가 필요 없으며 벽 및 바닥의 두께가 0.2m 이상인 철근콘크리트의 수조에 넣어 보관한다.
이 중 가장 큰 탱크의 용량은 100,000L이므로, 100,000L×1.1=110,000L가 된다.

47 인화성 액체 위험물을 저장하는 옥외탱크저장소에 설치하는 방유제의 높이기준은?

① 0.5m 이상 1m 이하
② 0.5m 이상 3m 이하
③ 0.3m 이상 1m 이하
④ 0.3m 이상 3m 이하

옥외탱크저장소의 방유제 높이는 0.5m 이상 3m 이하이다.

48 높이 15m, 지름 20m인 옥외저장탱크에 보유공지의 단축을 위해서 물분무설비로 방호조치를 하는 경우 수원의 양은 약 몇 L 이상으로 하여야 하는가?

① 46,496L
② 58,090L
③ 70,259L
④ 95,880L

PLAY▶풀이

옥외저장탱크의 보유공지에 1/2을 곱한 값 이상의 너비(최소 3m 이상)로 할 수 있는 물분무설비에 필요한 수원의 양은 탱크의 원주(원의 둘레=π×탱크의 지름)길이 1m에 대해 분당 37L 이상으로 하고 20분 이상 방사할 수 있어야 한다.
∴ 수원의 양=π ×20m×37L/min×20min
=46,496L

49 다음은 위험물안전관리법령에 따른 이동탱크저장소에 대한 기준이다. ( ) 안에 알맞은 수치를 차례대로 나열한 것은?

> 이동저장탱크는 그 내부에 (A)L 이하마다 (B)mm 이상의 강철판 또는 이와 동등 이상의 강도, 내열성 및 내식성이 있는 금속성의 것으로 칸막이를 설치하여야 한다.

① A : 2,500, B : 3.2
② A : 2,500, B : 4.8
③ A : 4,000, B : 3.2
④ A : 4,000, B : 4.8

이동저장탱크는 그 내부에 **4,000L** 이하마다 **3.2mm** 이상의 강철판 또는 이와 동등 이상의 강도, 내열성 및 내식성이 있는 금속성의 것으로 칸막이를 설치하여야 한다.

50 옥외탱크저장소의 소화설비를 검토 및 적용할 때 소화난이도등급 I에 해당되는지를 검토하는 탱크높이의 측정기준으로 적합한 것은?

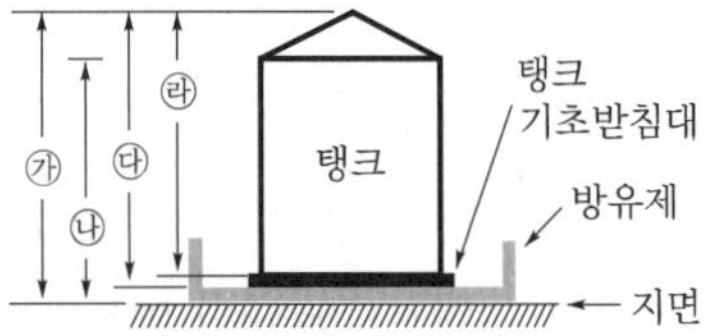

㉮ 지면으로부터 탱크의 지붕 위까지의 높이
㉯ 지면으로부터 지붕을 제외한 탱크까지의 높이
㉰ 방유제의 바닥으로부터 탱크의 지붕 위까지의 높이
㉱ 탱크 기초받침대를 제외한 탱크의 바닥으로부터 탱크의 지붕 위까지의 높이

① ㉮ ② ㉯
③ ㉰ ④ ㉱

정답 46. ③ 47. ② 48. ① 49. ③ 50. ②

⋙ 소화난이도등급 I 에 해당하는 옥외탱크저장소의 조건은 **지면으로부터 지붕을 제외한 탱크 옆판의 상단까지 높이가 6m 이상인 것**(제6류 위험물을 저장하는 것 및 고인화점 위험물만을 100℃ 미만의 온도에서 저장하는 것은 제외)이다.

51 주유취급소의 고정주유설비에서 펌프기기의 주유관 끝부분에서 최대배출량으로 틀린 것은?

① 휘발유는 분당 50L 이하
② 경유는 분당 180L 이하
③ 등유는 분당 80L 이하
④ 제1석유류(휘발유 제외)는 분당 100L 이하

⋙ ④ 제1석유류 : 분당 50L 이하

52 아염소산염류 500kg과 질산염류 3,000kg을 함께 저장하는 경우 위험물의 소요단위는 얼마인가?

① 2 ② 4
③ 6 ④ 8

⋙ 아염소산염류의 지정수량은 50kg, 질산염류의 지정수량은 300kg이고, 위험물의 1소요단위는 지정수량의 10배이다. 〈문제〉에서 주어진 아염소산염류 500kg과 질산염류 3,000kg은 각각 지정수량의 10배, 즉 각각 1소요단위를 나타내므로 두 물질을 함께 저장하는 경우는 2소요단위이다.

53 위험물안전관리법령에서 정한 자동화재탐지설비에 대한 기준으로 틀린 것은? (단, 원칙적인 경우에 한한다.)

① 경계구역은 건축물, 그 밖의 공작물의 2 이상의 층에 걸치지 아니하도록 할 것
② 하나의 경계구역의 면적은 $600m^2$ 이하로 할 것
③ 하나의 경계구역의 한 변 길이는 30m 이하로 할 것
④ 자동화재탐지설비에는 비상전원을 설치할 것

⋙ 자동화재탐지설비의 경계구역
1) 건축물의 2 이상의 층에 걸치지 아니하도록 할 것(경계구역의 면적이 $500m^2$ 이하이면 그러하지 아니하다)
2) 하나의 경계구역의 면적은 $600m^2$ 이하로 할 것
3) **한 변의 길이는 50m**(광전식 분리형 감지기의 경우에는 100m) **이하**로 할 것
4) 건축물의 주요한 출입구에서 그 내부 전체를 볼 수 있는 경우는 면적을 $1,000m^2$ 이하로 할 것
5) 자동화재탐지설비의 감지기는 지붕 또는 벽의 옥내에 면한 부분에 화재발생을 감지할 수 있도록 설치할 것
6) 자동화재탐지설비에는 비상전원을 설치할 것

54 피난설비를 설치하여야 하는 위험물제조소 등에 해당하는 것은?

① 건축물의 2층 부분을 자동차 정비소로 사용하는 주유취급소
② 건축물의 2층 부분을 전시장으로 사용하는 주유취급소
③ 건축물의 1층 부분을 자동차 주유사무소로 사용하는 주유취급소
④ 건축물의 1층 부분을 관계자의 주거시설로 사용하는 주유취급소

⋙ 피난설비는 그 장소의 구조를 잘 알지 못하는 사람에게 출입구의 위치를 알려주는 역할을 하기 때문에 주유취급소 중 **2층 이상**을 점포, 휴게음식점 또는 **전시장 용도로 사용**할 때는 건축물의 2층 이상으로부터 주유취급소 밖으로 통하는 출입구와 출입구로 통하는 통로, 계단 및 출입구에 피난설비인 유도등을 설치한다.

55 소화설비의 설치기준에서 알킬알루미늄 1,000kg은 몇 소요단위에 해당하는가?

① 10
② 20
③ 100
④ 200

⋙ 위험물의 1소요단위는 지정수량의 10배이다. 알킬알루미늄(제3류 위험물)의 지정수량은 10kg이고, 10kg × 10 = 100kg이 1소요단위이므로 1,000kg은 10소요단위가 된다.

정답 51. ④ 52. ① 53. ③ 54. ② 55. ①

56 주유취급소 일반점검표의 점검항목에 따른 점검내용 중 점검방법이 육안점검이 아닌 것은?

① 가연성 증기 검지경보설비 – 손상의 유무
② 피난설비의 비상전원 – 정전 시의 점등상황
③ 간이탱크의 가연성 증기 회수밸브 – 작동상황
④ 배관의 전기방식설비 – 단자의 탈락 유무

» ① 가연성 증기 검지경보설비 – 손상의 유무 : 육안점검
② **피난설비의 비상전원 – 정전 시의 점등상황 : 작동확인**
③ 간이탱크의 가연성 증기 회수밸브 – 작동상황 : 육안점검
④ 배관의 전기방식설비 – 단자의 탈락 유무 : 육안점검

57 위험물안전관리법령상 제조소등의 정기점검 대상에 해당하지 않는 것은?

① 지정수량 15배의 제조소
② 지정수량 40배의 옥내탱크저장소
③ 지정수량 50배의 이동탱크저장소
④ 지정수량 20배의 지하탱크저장소

» 정기점검대상의 제조소등
1) 예방규정대상에 해당하는 것
㉠ 지정수량의 10배 이상의 위험물을 취급하는 제조소
㉡ 지정수량의 100배 이상의 위험물을 저장하는 옥외저장소
㉢ 지정수량의 150배 이상의 위험물을 저장하는 옥내저장소
㉣ 지정수량의 200배 이상의 위험물을 저장하는 옥외탱크저장소
㉤ 암반탱크저장소
㉥ 이송취급소
㉦ 지정수량의 10배 이상의 위험물을 취급하는 일반취급소
2) 지하탱크저장소
3) 이동탱크저장소
4) 위험물을 취급하는 탱크로서 지하에 매설된 탱크가 있는 제조소, 주유취급소 또는 일반취급소

58 위험물안전관리법령에서 규정하고 있는 사항으로 틀린 것은?

① 법정의 안전교육을 받아야 하는 사람은 안전관리자로 선임된 자, 탱크시험자의 기술인력으로 종사하는 자, 위험물운송자로 종사하는 자이다.
② 지정수량 150배 이상의 위험물을 저장하는 옥내저장소는 관계인이 예방규정을 정하여야 하는 제조소등에 해당한다.
③ 정기검사의 대상이 되는 것은 액체 위험물을 저장 또는 취급하는 10만L 이상의 옥외탱크저장소, 암반탱크저장소, 이송취급소이다.
④ 법정의 안전관리자교육이수자와 소방공무원으로 근무한 경력이 3년 이상인 자는 제4류 위험물에 대한 위험물취급자격자가 될 수 있다.

» ③ 정기검사대상의 제조소등은 특정 · 준특정 옥외탱크저장소(위험물을 저장 또는 취급하는 50만L 이상의 옥외탱크저장소)이다.

59 위험물안전관리법령에 따른 위험물의 운송에 관한 설명 중 틀린 것은?

① 알킬리튬과 알킬알루미늄 또는 이 중 어느 하나 이상을 함유한 것은 운송책임자의 감독 · 지원을 받아야 한다.
② 이동탱크저장소에 의하여 위험물을 운송할 때의 운송책임자에는 법정의 교육을 이수하고 관련 업무에 2년 이상 경력이 있는 자도 포함된다.
③ 서울에서 부산까지 금속의 인화물 300kg을 1명의 운전자가 휴식 없이 운송해도 규정 위반이 아니다.
④ 운송책임자의 감독 또는 지원 방법에는 동승하는 방법과 별도의 사무실에서 대기하면서 규정된 사항을 이행하는 방법이 있다.

정답 56. ② 57. ② 58. ③ 59. ③

③ 서울에서 부산까지의 거리는 413km이기 때문에 제3류 위험물 중 금속의 인화물의 운송은 2명 이상의 운전자로 해야 한다.

※ 위험물운송자는 다음의 경우 2명 이상의 운전자로 해야 한다.

1) 고속국도에 있어서 340km 이상에 걸치는 운송을 하는 때
2) 일반도로에 있어서 200km 이상 걸치는 운송을 하는 때
3) 1명의 운전자로 할 수 있는 경우
   ㉠ 운송책임자를 동승시킨 경우
   ㉡ 제2류 위험물, 제3류 위험물(칼슘 또는 알루미늄의 탄화물에 한한다) 또는 제4류 위험물(특수인화물 제외)을 운송하는 경우
   ㉢ 운송 도중에 2시간 이내마다 20분 이상씩 휴식하는 경우

60 위험물안전관리법령상 제조소등의 관계인은 제조소등의 화재예방과 재해발생 시 비상조치에 필요한 사항을 서면으로 작성하여 허가청에 제출하여야 한다. 이는 무엇에 관한 설명인가?

① 예방규정
② 소방계획서
③ 비상계획서
④ 화재영향평가서

제조소등의 화재예방과 재해발생 시의 비상조치에 필요한 사항을 서면으로 작성하여 시 · 도지사에게 제출하는 서류를 **예방규정**이라 한다.

정답 60. ①

| 2020년 6월 28일 시행 |

2020 CBT 기출복원문제
제3회 위험물기능사

01 연소속도와 의미가 가장 가까운 것은?

① 기화열의 발생속도
② 환원속도
③ 착화속도
④ 산화속도

» 연소속도는 산화속도와 같은 의미이다.

02 다음 중 폭발범위가 가장 넓은 물질은?

① 메테인 ② 톨루엔
③ 에틸알코올 ④ 에터

» ① 메테인 : 5~15%
② 톨루엔 : 1.4~6.7%
③ 에틸알코올 : 4~19%
④ **에터 : 1.9~48%**

똑똑한 풀이비법

에터(다이에틸에터)는 제4류 위험물 중 특수인화물이기 때문에 폭발범위도 대단히 넓다.

03 탱크 화재현상 중 BLEVE(Boiling Liquid Expanding Vapor Explosion)에 대한 설명으로 옳은 것은?

① 기름탱크에서의 수증기 폭발현상이다.
② 비등상태의 액화가스가 기화하여 팽창하고 폭발하는 현상이다.
③ 화재 시 기름 속의 수분이 급격히 증발하여 기름거품이 되고 팽창해서 기름탱크에서 밖으로 내뿜어져 나오는 현상이다.
④ 고점도의 기름 속에 수증기를 포함한 볼 형태의 물방울이 형성되어 탱크 밖으로 넘치는 현상이다.

» BLEVE(블레비)란 탱크 내에서 비등상태의 액화가스가 기화하여 팽창하고 폭발하는 현상이다.

04 아세톤의 위험도를 구하면 얼마인가? (단, 아세톤의 연소범위는 2~13vol%이다.)

① 0.846 ② 1.23
③ 5.5 ④ 7.5

» $\text{위험도}(H) = \dfrac{\text{연소상한}(U) - \text{연소하한}(L)}{\text{연소하한}(L)}$

연소범위의 낮은 점을 연소하한(2%), 높은 점을 연소상한(13%)이라고 한다.

$\therefore H = \dfrac{13-2}{2} = 5.5$

05 다음 중 가연물이 연소할 때 공기 중의 산소 농도를 떨어뜨려 연소를 중단시키는 소화방법은?

① 제거소화 ② 질식소화
③ 냉각소화 ④ 억제소화

» 질식소화 : 공기 중 산소의 농도는 21%를 차지하는데, 이 농도를 15% 이하로 낮춰 불을 끄는 소화방법이다.

06 분말소화약제 중 제1종과 제2종 분말이 각각 열분해될 때 공통적으로 생성되는 물질은 어느 것인가?

① N_2, CO_2 ② N_2, O_2
③ H_2O, CO_2 ④ H_2O, N_2

» 1) 제1종 분말소화약제의 열분해반응식

$2NaHCO_3 \rightarrow Na_2CO_3 + \mathbf{CO_2} + \mathbf{H_2O}$

탄산수소나트륨 → 탄산나트륨 + 이산화탄소 + 물

2) 제2종 분말소화약제의 열분해반응식

$2KHCO_3 \rightarrow K_2CO_3 + \mathbf{CO_2} + \mathbf{H_2O}$

탄산수소칼륨 → 탄산칼륨 + 이산화탄소 + 물

똑똑한 풀이비법

대부분의 소화약제의 반응에서는 CO_2, H_2O가 발생하여 CO_2는 질식작용, H_2O는 냉각작용을 한다.

정답 01. ④ 02. ④ 03. ② 04. ③ 05. ② 06. ③

07 화재 시 이산화탄소를 방출하여 산소의 농도를 12.5%로 낮추어 소화하려고 한다. 혼합 기체 중 이산화탄소의 농도는 약 몇 vol%로 해야 하는가?

① 30.7vol%
② 32.8vol%
③ 40.5vol%
④ 68.0vol%

PLAY▶풀이

» 이산화탄소 소화약제의 질식소화 원리

산소 21%	
⇩	
이산화탄소 8.5%	산소 12.5%

이산화탄소는 공기 중에 포함된 산소의 농도에만 영향을 미친다. 산소 21%의 공간 안에 이산화탄소가 8.5% 들어오면 산소는 12.5%만 남게 된다. 문제의 질문은 이산화탄소와 산소의 농도를 합산한 농도 중 이산화탄소가 차지하는 비율을 구하는 것이므로

$$\frac{\text{이산화탄소}}{\text{이산화탄소}+\text{산소}}\times 100=\frac{8.5}{8.5+12.5}\times 100$$
$$=40.5\%$$

08 이산화탄소가 소화약제로 사용되는 이유에 대한 설명으로 가장 옳은 것은?

① 산소와의 반응이 느리기 때문이다.
② 산소와 반응하지 않기 때문이다.
③ 착화되어도 불이 곧 꺼지기 때문이다.
④ 산화반응이 되어도 열 발생이 없기 때문이다.

» 이산화탄소는 산소와 반응하지 않기 때문에 산소공급원을 차단시키는 소화약제로 사용된다.

09 건축물의 1층 및 2층 부분만을 방사능력범위로 하고 지하층 및 3층 이상의 층에 대하여 다른 소화설비를 설치해야 하는 소화설비는?

① 스프링클러 소화설비
② 포소화설비
③ 옥외소화전설비
④ 물분무소화설비

» ③ 옥외소화전은 건축물의 1층 및 2층 부분만을 방사능력범위로 한다.

10 8L 용량의 소화전용 물통의 능력단위는?

① 0.3 ② 0.5
③ 1.0 ④ 1.5

»

소화설비	용 량	능력단위
소화전용 물통	**8L**	**0.3**
수조 (소화전용 물통 3개 포함)	80L	1.5
수조 (소화전용 물통 6개 포함)	190L	2.5
마른모래 (삽 1개 포함)	50L	0.5
팽창질석 또는 팽창진주암 (삽 1개 포함)	160L	1.0

11 불활성가스 소화설비의 기준에서 저장용기 설치기준에 관한 내용으로 틀린 것은?

① 방호구역 외의 장소에 설치할 것
② 온도가 50℃ 이하이고 온도변화가 적은 장소에 설치할 것
③ 직사일광 및 빗물이 침투할 우려가 적은 장소에 설치할 것
④ 저장용기에는 안전장치를 설치할 것

» 불활성가스 소화약제 용기의 설치장소
1) 방호구역 외부에 설치한다.
2) 온도가 40℃ 이하이고 온도변화가 적은 장소
3) 직사광선 및 빗물이 침투할 우려가 없는 장소
4) 저장용기에는 안전장치를 설치한다.
5) 용기 외면에 소화약제의 종류와 양, 제조년도 및 제조자를 표시한다.

12 위험물의 유별에 따른 성질과 해당 품명의 예가 잘못 연결된 것은?

① 제1류 : 산화성 고체 - 무기과산화물
② 제2류 : 가연성 고체 - 금속분
③ 제3류 : 자연발화성 물질 및 금수성 물질 - 황화인
④ 제5류 : 자기반응성 물질 - 하이드록실아민염류

» ③ 황화인은 제2류 위험물인 가연성 고체이다.

정답 07. ③ 08. ② 09. ③ 10. ① 11. ② 12. ③

13 다음 중 위험물의 저장방법에 대한 설명으로 옳은 것은?

① 황화인은 알코올, 과산화물에 저장하여 보관한다.
② 마그네슘은 건조하면 분진폭발의 위험성이 있으므로 물에 습윤하여 저장한다.
③ 적린은 화재예방을 위해 할로젠원소와 혼합하여 저장한다.
④ 수소화리튬은 저장용기에 아르곤과 같은 불활성 기체를 봉입한다.

① 황화인은 제2류 위험물인 가연성 고체이므로 산소공급원인 과산화물에 저장하면 안 된다.
② 마그네슘은 물과 반응 시 수소를 발생하므로 물에 습윤하는 것은 위험하다.
③ 제2류 위험물인 적린은 산소공급원인 할로젠원소와 혼합하면 위험하다.

14 위험물안전관리법령상 위험물에 해당하는 것은?

① 황산
② 비중이 1.41인 질산
③ 54μm의 표준체를 통과하는 것이 50중량% 미만인 철의 분말
④ 농도가 40중량%인 과산화수소

① 황산 : 비위험물이다.
② 질산 : 비중이 1.49 이상인 것이 위험물이다.
③ 철분 : 53μm(마이크로미터)의 표준체를 통과하는 것이 50중량% 이상인 것이 위험물이다.
④ **과산화수소** : **농도가 36중량% 이상**인 것이 위험물이다.

15 다음 중 주수소화를 하면 위험성이 증가하는 것은?

① 과산화칼륨 ② 과망가니즈산칼륨
③ 과염소산칼륨 ④ 브로민산칼륨

제1류 위험물 중 과산화칼륨, 과산화나트륨, 과산화리튬의 알칼리금속의 과산화물은 물과 반응 시 발열과 함께 산소를 발생하므로 주수(냉각)소화는 위험하다.

– 과산화칼륨과 물의 반응식

$$2K_2O_2 + 2H_2O \rightarrow 4KOH + O_2$$

과산화칼륨 물 수산화칼륨 산소

16 다음 중 과염소산나트륨의 성질이 아닌 것은 어느 것인가?

① 황색의 분말로 물과 반응하여 산소를 발생한다.
② 가열하면 분해되어 산소를 방출한다.
③ 융점은 약 482℃이고 물에 잘 녹는다.
④ 비중은 약 2.5로 물보다 무겁다.

과염소산나트륨($NaClO_4$)은 무색결정이며, 물과 반응하지 않는다.

17 다음 질산나트륨의 성상에 대한 설명 중 틀린 것은?

① 조해성이 있다.
② 강력한 환원제이며 물보다 가볍다.
③ 열분해하여 산소를 방출한다.
④ 가연물과 혼합 시 충격에 의해 발화할 수 있다.

② 질산나트륨($NaNO_3$)은 제1류 위험물이므로 강력한 산화제이며, 물보다 무겁다.

18 염소산나트륨의 저장 및 취급 시 주의할 사항으로 틀린 것은?

① 철제용기의 저장은 피해야 한다.
② 열분해 시 이산화탄소가 발생하므로 질식에 유의한다.
③ 조해성이 있으므로 방습에 유의한다.
④ 용기에 밀전하여 보관한다.

① 산소를 가지고 있어 철제용기를 부식시키므로 철제용기의 저장은 피해야 한다.
② **열분해 시 산소가 발생**하므로 유의한다.
– 염소산나트륨의 열분해반응식

$$2NaClO_3 \rightarrow 2NaCl + 3O_2$$

염소산나트륨 염화나트륨 산소

정답 13. ④ 14. ④ 15. ① 16. ① 17. ② 18. ②

19 과염소산칼륨과 아염소산나트륨의 공통성질이 아닌 것은?

① 지정수량이 50kg이다.
② 열분해 시 산소를 방출한다.
③ 강산화성 물질이며 가연성이다.
④ 상온에서 고체의 형태이다.

》 ③ 과염소산칼륨($KClO_4$)과 아염소산나트륨($NaClO_2$)은 제1류 위험물로서 강산화성 물질이지만 자신은 **불연성**이다.

20 가연성 고체 위험물의 일반적 성질로 틀린 것은?

① 비교적 저온에서 착화한다.
② 산화제와의 접촉 가열은 위험하다.
③ 연소속도가 빠르다.
④ 산소를 포함하고 있다.

》 가연성 고체(제2류 위험물)는 자체적으로 산소를 포함하고 있지 않으며 산소를 포함하고 있는 위험물은 제1류, 제5류, 제6류 위험물이다.

21 알루미늄분말 화재 시 주수하면 안 되는 가장 큰 이유는?

① 수소가 발생하여 연소가 확대되기 때문에
② 유독가스가 발생하여 연소가 확대되기 때문에
③ 산소의 발생으로 연소가 확대되기 때문에
④ 분말의 독성이 강하기 때문에

》 알루미늄분말(제2류 위험물 중 금속분)은 물과 반응 시 수소를 발생하여 연소가 확대되기 때문에 질식소화해야 한다.

22 황화인에 대한 설명 중 옳지 않은 것은?

① 삼황화인은 황색 결정으로 공기 중 약 100℃에서 발화할 수 있다.
② 오황화인은 담황색 결정으로 조해성이 있다.
③ 오황화인은 물과 접촉하여 유독성 가스를 발생할 위험이 있다.
④ 삼황화인은 연소하여 황화수소가스를 발생할 위험이 있다.

》 ④ 삼황화인은 연소 시 이산화황과 오산화인을 발생시키며 황화수소가스는 발생시키지 않는다.

1. 삼황화인(P_4S_3)은 황색 고체로서 착화점 100℃이며 물, 염산, 황산에 안 녹고 질산, 알칼리, 끓는물, 이황화탄소에는 녹는다.
   - 삼황화인의 연소반응식

     $P_4S_3 + 8O_2 \rightarrow 3SO_2 + 2P_2O_5$

     삼황화인 산소 이산화황 오산화인
2. 오황화인(P_2S_5)의 착화점 142℃이며 황색 고체로서 조해성이 있다.
   1) 오황화인의 연소반응식

      $2P_2S_5 + 15O_2 \rightarrow 10SO_2 + 2P_2O_5$

      오황화인 산소 이산화황 오산화인
   2) 오황화인과 물과의 반응식

      $P_2S_5 + 8H_2O \rightarrow 5H_2S + 2H_3PO_4$

      오황화인 물 황화수소 인산

23 위험물의 소화방법으로 적합하지 않은 것은?

① 적린은 다량의 물로 소화한다.
② 황화인의 소규모 화재 시에는 모래로 질식소화한다.
③ 알루미늄분은 다량의 물로 소화한다.
④ 황의 소규모 화재에는 모래로 질식소화한다.

》 ③ 알루미늄분(제2류 위험물)은 **물과 반응 시 수소를 발생**하므로 물은 사용하여서는 안 되고 마른모래, 팽창질석 · 팽창진주암, 탄산수소염류 분말소화약제 등으로 질식소화해야 한다.

24 황린의 저장 및 취급에 있어서 주의해야 할 사항 중 옳지 않은 것은?

① 독성이 있으므로 취급에 주의할 것
② 물과의 접촉을 피할 것
③ 산화제와의 접촉을 피할 것
④ 화기의 접근을 피할 것

》 황린(제3류 위험물)은 자연발화를 방지하기 위해 물속에 저장해야 한다.

정답 19. ③ 20. ④ 21. ① 22. ④ 23. ③ 24. ②

25 탄화알루미늄 1몰을 물과 반응시킬 때 발생하는 가연성 가스의 종류와 양은?

① 에테인, 4몰
② 에테인, 3몰
③ 메테인, 4몰
④ 메테인, 3몰

탄화알루미늄과 물의 반응식
$Al_4C_3 + 12H_2O \rightarrow 4Al(OH)_3 + 3CH_4$
탄화알루미늄 물 수산화알루미늄 메테인

26 위험물과 그 위험물이 물과 반응하여 발생하는 가스를 잘못 연결한 것은?

① 탄화알루미늄 – 메테인
② 탄화칼슘 – 아세틸렌
③ 인화칼슘 – 에테인
④ 수소화칼슘 – 수소

① 탄화알루미늄과 물과의 반응식
$Al_4C_3 + 12H_2O \rightarrow 4Al(OH)_3 + 3CH_4$
탄화알루미늄 물 수산화알루미늄 메테인
② 탄화칼슘과 물과의 반응식
$CaC_2 + 2H_2O \rightarrow Ca(OH)_2 + C_2H_2$
탄화칼슘 물 수산화칼슘 아세틸렌
③ **인화칼슘과 물과의 반응식**
$Ca_3P_2 + 6H_2O \rightarrow 3Ca(OH)_2 + 2PH_3$
인화칼슘 물 수산화칼슘 **포스핀**
④ 수소화칼슘과 물과의 반응식
$CaH_2 + 2H_2O \rightarrow Ca(OH)_2 + 2H_2$
수소화칼슘 물 수산화칼슘 수소

27 위험물안전관리법령상 염소화규소화합물은 제 몇 류 위험물에 해당하는가?

① 제1류 ② 제2류
③ 제3류 ④ 제5류

염소화규소화합물은 행정안전부령으로 정하는 **제3류 위험물**이다.

28 비중 0.86이고 은백색의 무른 경금속으로 보라색 불꽃을 내면서 연소하는 제3류 위험물은?

① 칼슘 ② 나트륨
③ 칼륨 ④ 리튬

비중이 0.86이고 은백색의 무른 경금속으로 보라색 불꽃을 내면서 연소하는 제3류 위험물은 **칼륨**이다.

29 다이에틸에터의 보관 · 취급에 관한 설명으로 틀린 것은?

① 용기는 밀봉하여 보관한다.
② 환기가 잘되는 곳에 보관한다.
③ 정전기가 발생하지 않도록 취급한다.
④ 저장용기에 빈 공간이 없게 가득 채워 보관한다.

④ 다이에틸에터(제4류 위험물)는 보관 · 취급 시 저장용기에 공간용적을 2% 이상 두어야 한다.

30 다음의 제4류 위험물 중 제1석유류에 속하는 것은?

① 에틸렌글리콜 ② 글리세린
③ 아세톤 ④ n–뷰탄올

① 에틸렌글리콜 : 제4류 위험물의 제3석유류
② 글리세린 : 제4류 위험물의 제3석유류
③ **아세톤** : 제4류 위험물의 **제1석유류**
④ n–뷰탄올 : 제4류 위험물의 제2석유류

31 다음 중 에틸알코올에 관한 설명으로 옳은 것은?

① 인화점은 0℃ 이하이다.
② 비점은 물보다 낮다.
③ 증기밀도는 메틸알코올보다 작다.
④ 수용성이므로 이산화탄소 소화기는 효과가 없다.

① 인화점 13℃, 발화점 363℃, 연소범위 4~19%이다.
② **에틸알코올의 비점은 80℃로서 물의 비점 100℃보다 낮다.**
③ 메틸알코올보다 분자량이 크므로 증기밀도는 메틸알코올보다 크다.
④ 수용성 또는 비수용성에 관계없이 이산화탄소 소화기는 효과가 있다.

32 다음 중 인화점이 가장 높은 것은?

① 나이트로벤젠 ② 클로로벤젠
③ 톨루엔 ④ 에틸벤젠

정답 25. ④ 26. ③ 27. ③ 28. ③ 29. ④ 30. ③ 31. ② 32. ①

>>> ① **나이트로벤젠(제4류 위험물의 제3석유류) : 70℃ 이상 200℃ 미만**
② 클로로벤젠(제4류 위험물의 제2석유류) : 21℃ 이상 70℃ 미만
③ 톨루엔(제4류 위험물의 제1석유류) : 21℃ 미만
④ 에틸벤젠(제4류 위험물의 제1석유류) : 21℃ 미만

33 아세트알데하이드와 아세톤의 공통성질에 대한 설명 중 틀린 것은?

① 증기는 공기보다 무겁다.
② 무색 액체로서 인화점이 낮다.
③ 물에 잘 녹는다.
④ 특수인화물로 반응성이 크다.

>>> ④ 아세트알데하이드는 특수인화물이며, **아세톤은 제1석유류**이다.

34 다음 중 휘발유에 대한 설명으로 옳은 것은 어느 것인가?

① 가연성 증기를 발생하기 쉬우므로 주의한다.
② 발생된 증기는 공기보다 가벼워서 주변으로 확산하기 쉽다.
③ 전기를 잘 통하는 도체이므로 정전기를 발생시키지 않도록 조치한다.
④ 인화점이 상온보다 높으므로 여름철에 각별한 주의가 필요하다.

>>> ② 발생된 증기는 공기보다 무거워 주변으로 확산하기 쉽다.
③ 전기를 잘 통하지 않는 전기불량도체이므로 정전기를 발생시키지 않도록 조치한다.
④ 인화점이 −43∼−38℃로 상온보다 낮으므로 여름철에 주의가 필요하다.

35 톨루엔에 대한 설명으로 틀린 것은?

① 벤젠의 수소원자 하나가 메틸기로 치환된 것이다.
② 증기는 벤젠보다 가볍고 휘발성은 더 높다.
③ 독특한 향기를 가진 무색의 액체이다.
④ 물에 녹지 않는다.

>>> ① 벤젠(C_6H_6)에서 H 원소 1개 대신 CH_3(메틸)을 치환시키면 $C_6H_5CH_3$가 된다.
② 벤젠(C_6H_6)의 증기비중은 78/29＝2.69이고 톨루엔($C_6H_5CH_3$)의 증기비중은 분자량은 92/29＝3.17이므로 **증기는 톨루엔이 벤젠보다 더 무겁고 휘발성은 더 낮다.**

36 나이트로셀룰로스의 저장·취급 방법으로 옳은 것은?

① 건조한 상태로 보관하여야 한다.
② 물 또는 알코올 등을 첨가하여 습윤시켜야 한다.
③ 물기에 접촉하면 위험하므로 제습제를 첨가한다.
④ 알코올에 접촉하면 자연발화의 위험이 있으므로 주의하여야 한다.

>>> ② 나이트로셀룰로스(제5류 위험물)는 건조하면 발화위험이 있으므로 함수알코올(수분 또는 알코올)을 습면시켜 저장한다.

37 트라이나이트로톨루엔의 작용기에 해당하는 것은?

① −NO
② $-NO_2$
③ $-NO_3$
④ $-NO_4$

>>> 트라이나이트로톨루엔(제5류 위험물)은 톨루엔에 **나이트로기($-NO_2$)가 3개 치환된 물질**이며 이와 같은 제5류 위험물 등의 폭발성 물질에는 나이트로기($-NO_2$)가 주로 포함되어 있다.

38 질산에스터류에 속하지 않는 것은?

① 나이트로셀룰로스
② 질산에틸
③ 나이트로글리세린
④ 다이나이트로페놀

>>> ①, ②, ③ : 질산에스터류
④ : 나이트로화합물

정답 33. ④ 34. ① 35. ② 36. ② 37. ② 38. ④

39 **나이트로셀룰로스 화재 시 가장 적합한 소화 방법은?**

① 할로젠화합물 소화기를 사용한다.
② 분말소화기를 사용한다.
③ 이산화탄소 소화기를 사용한다.
④ 다량의 물을 사용한다.

» 나이트로셀룰로스(제5류 위험물)의 화재 시에는 다량의 물로 냉각소화한다.

40 **위험물안전관리법상 제6류 위험물이 아닌 것은?**

① H_3PO_4 ② IF_5
③ BrF_5 ④ BrF_3

» **① H_3PO_4 : 인산(비위험물)**
② IF_5 : 오플루오린화아이오딘(할로젠간화합물로서 행정안전부령이 정하는 제6류 위험물)
③ BrF_5 : 오플루오린화브로민(할로젠간화합물로서 행정안전부령이 정하는 제6류 위험물)
④ BrF_3 : 삼플루오린화브로민(할로젠간화합물로서 행정안전부령이 정하는 제6류 위험물)

41 **제6류 위험물의 화재예방 및 진압대책으로 적합하지 않은 것은?**

① 가연물과의 접촉을 피한다.
② 과산화수소를 장기보존할 때는 유리용기를 사용하여 밀전한다.
③ 옥내소화전설비를 사용하여 소화할 수 있다.
④ 물분무소화설비를 사용하여 소화할 수 있다.

» 제6류 위험물의 취급방법
1) 산소공급원이므로 가연물과 접촉을 피해야 한다.
2) 부식성 때문에 철제용기는 사용할 수 없고 유리용기 등을 사용한다.
3) **과산화수소**는 분해되어 발생하는 산소의 압력으로 인한 용기의 폭발을 방지하기 위해 밀전하여서는 안 되고 **용기에 구멍이 뚫린 마개로 막는다.**
4) 화재 시 물을 이용한 냉각소화가 효과적이기 때문에 옥내 · 옥외 소화전설비 또는 물분무소화설비를 이용하여 소화한다.

42 **다음 중 제2류 위험물을 수납하는 운반용기의 외부에 표시하여야 하는 주의사항으로 옳은 것은?**

① 제2류 위험물 중 철분, 금속분, 마그네슘 또는 이들 중 어느 하나 이상을 함유한 것에 있어서는 '화기주의' 및 '물기주의', 인화성 고체에 있어서는 '화기엄금', 그 밖의 것에 있어서는 '화기주의'
② 제2류 위험물 중 철분, 금속분, 마그네슘 또는 이들 중 어느 하나 이상을 함유한 것에 있어서는 '화기주의' 및 '물기엄금', 인화성 고체에 있어서는 '화기주의', 그 밖의 것에 있어서는 '화기엄금'
③ 제2류 위험물 중 철분, 금속분, 마그네슘 또는 이들 중 어느 하나 이상을 함유한 것에 있어서는 '화기주의' 및 '물기엄금', 인화성 고체에 있어서는 '화기엄금', 그 밖의 것에 있어서는 '화기주의'
④ 제2류 위험물 중 철분, 금속분, 마그네슘 또는 이들 중 어느 하나 이상을 함유한 것에 있어서는 '화기엄금' 및 '물기엄금', 인화성 고체에 있어서는 '화기엄금', 그 밖의 것에 있어서는 '화기주의'

» 제2류 위험물의 운반용기 외부에 표시해야 하는 주의사항
1) 철분, 금속분, 마그네슘 또는 이들 중 어느 하나 이상을 함유한 것 : '화기주의' 및 '물기엄금'
2) 인화성 고체 : '화기엄금'
3) 그 밖의 것 : '화기주의'

43 **질산의 비중이 1.5일 때 1소요단위는 몇 L인가?**

① 150L
② 200L
③ 1,500L
④ 2,000L

PLAY ▶ 풀이

정답 39. ④ 40. ① 41. ② 42. ③ 43. ④

>>> 비중 = $\frac{\text{물질의 밀도(g/mL)}}{\text{4℃ 물의 밀도(g/mL)}}$

질산의 밀도 : 1.5g/mL=1.5kg/L

(∵ 4℃ 물의 밀도=1g/mL)

1소요단위=위험물의 지정수량×10, 질산의 지정수량은 300kg이므로 질산의 1소요단위는 300kg×10=3,000kg이다.

$\therefore 3{,}000\text{kg } HNO_3 \times \frac{1\text{L } HNO_3}{1.5\text{kg } HNO_3}$

$= 2{,}000\text{L } HNO_3$

44 주유취급소에 다음과 같이 전용탱크를 설치하였다. 최대로 저장·취급할 수 있는 용량은 얼마인가? (단, 고속도로 외의 주유취급소인 경우이다.)

- 간이탱크 : 2기
- 폐유탱크등 : 1기
- 고정주유설비 및 고정급유설비 접속 전용탱크 : 2기

① 103,200L
② 104,600L
③ 123,200L
④ 124,200L

>>> 1) 고정주유설비 및 고정급유설비용 탱크 : 각각 50,000L 이하
2) 보일러 등에 직접 접속하는 전용탱크 : 10,000L 이하
3) 폐유, 윤활유 등의 위험물을 저장하는 탱크 : 2,000L 이하
4) 고정주유설비 또는 고정급유설비용 간이탱크 : 3기 이하

간이탱크 1개의 용량은 600L이므로 2개는 1,200L이고 폐유탱크는 1개이므로 용량은 2,000L, 고정주유설비 및 고정급유설비용 탱크는 각각 50,000L씩 2개이다.

∴ 1,200L + 2,000L + 50,000L + 50,000L
= 103,200L

45 종류(유별)가 다른 위험물을 동일한 옥내저장소의 동일한 실에 같이 저장하는 경우에 대한 설명으로 틀린 것은? (단, 유별로 정리하여 서로 1m 이상의 간격을 두는 경우에 한한다.)

① 제1류 위험물과 황린은 동일한 옥내저장소에 저장할 수 있다.
② 제1류 위험물과 제6류 위험물은 동일한 옥내저장소에 저장할 수 있다.
③ 제1류 위험물 중 알칼리금속의 과산화물과 제5류 위험물은 동일한 옥내저장소에 저장할 수 있다.
④ 제2류 위험물 중 인화성 고체와 제4류 위험물을 동일한 옥내저장소에 저장할 수 있다.

>>> 유별이 다른 위험물끼리 동일한 저장소에 저장할 수 있는 경우(단, 간격을 1m 이상 두는 경우에 한한다.)

1) 제1류 위험물(**알칼리금속의 과산화물 제외**)과 제5류 위험물
2) 제1류 위험물과 제6류 위험물
3) 제1류 위험물과 제3류 위험물 중 자연발화성 물질(황린)
4) 제2류 위험물 중 인화성 고체와 제4류 위험물
5) 제3류 위험물 중 알킬알루미늄등과 제4류 위험물(알킬알루미늄 또는 알킬리튬을 함유한 것)
6) 제4류 위험물 중 유기과산화물과 제5류 위험물중 유기과산화물

46 질산암모늄의 일반적인 성질에 대한 설명으로 옳은 것은?

① 조해성이 없다.
② 무색무취의 액체이다.
③ 물에 녹을 때에는 발열한다.
④ 급격한 가열에 의한 폭발의 위험이 있다.

>>> ① 제1류 위험물로서 조해성이 있다.
② 무색무취의 고체이다.
③ 물에 녹을 때에는 흡열한다.
④ 제1류 위험물이지만 예외적으로 **급격한 가열에 의한 폭발의 위험**이 있다.

정답 44. ① 45. ③ 46. ④

47 위험물의 지하저장탱크 중 압력탱크 외의 탱크에 대해 수압시험을 실시할 때 몇 kPa의 압력으로 하여야 하는가? (단, 소방청장이 정하여 고시하는 기밀시험과 비파괴시험을 동시에 실시하는 방법으로 대신하는 경우는 제외한다.)

① 40kPa ② 50kPa
③ 60kPa ④ 70kPa

» 지하저장탱크의 시험압력
1) 압력탱크 : 최대상용압력(탱크에 최대로 사용할 수 있는 압력)의 1.5배의 압력으로 10분간 수압시험을 실시하여 새거나 변형되지 않을 것
2) **압력탱크 외의 탱크 : 70kPa**의 압력으로 10분간 수압시험을 실시하여 새거나 변형되지 않을 것

48 제4류 위험물의 옥외저장탱크에 대기밸브부착 통기관을 설치할 때 몇 kPa 이하의 압력차이로 작동하여야 하는가?

① 5kPa
② 10kPa
③ 15kPa
④ 20kPa

◀ 대기밸브부착 통기관의 모습

» 옥외저장탱크에 설치하는 대기밸브부착 통기관은 5kPa 이하의 압력차이로 작동하여야 한다.

49 지정과산화물을 저장 또는 취급하는 위험물 옥내저장소 저장창고의 기준에 대한 설명으로 틀린 것은?

① 서까래의 간격은 30cm 이하로 할 것
② 저장창고 출입구에는 60분+방화문 또는 60분 방화문을 설치할 것
③ 저장창고의 외벽을 철근콘크리트조로 할 경우 두께를 10cm 이상으로 할 것
④ 저장창고의 창은 바닥면으로부터 2m 이상의 높이에 둘 것

» 지정과산화물(제5류 위험물 중 유기과산화물로서 지정수량이 10kg인 것) 옥내저장소의 기준
1. 지정과산화물 옥내저장소의 격벽 기준
 1) 바닥면적 150m^2 이내마다 격벽으로 구획
 2) 격벽의 두께
  ㉠ 철근콘크리트조 또는 철골철근콘크리트조 : 30cm 이상
  ㉡ 보강콘크리트블록조 : 40cm 이상
 3) 격벽의 돌출길이
  ㉠ 창고 양측의 외벽으로부터 1m 이상
  ㉡ 창고 상부의 지붕으로부터 50cm 이상
2. **지정과산화물 옥내저장소의 외벽 두께**
 1) **철근콘크리트조** 또는 철골철근콘크리트조 : **20cm 이상**
 2) 보강콘크리트블록조 : 30cm 이상
3. 저장창고의 출입구에는 60분+방화문 또는 60분 방화문을 설치할 것
4. 저장창고의 창은 바닥으로부터 2m 이상 높이
5. 창 한 개의 면적 : 0.4m^2 이내
6. 벽면에 부착된 모든 창의 면적 : 벽면 면적의 80분의 1 이내
7. 저장창고 지붕의 서까래의 간격은 30cm 이하로 할 것

50 옥내탱크저장소 중 탱크전용실을 단층 건물 외의 건축물에 설치하는 경우 탱크전용실을 건축물의 1층 또는 지하층에만 설치하여야 하는 위험물이 아닌 것은?

① 제2류 위험물 중 덩어리 상태의 황
② 제3류 위험물 중 황린
③ 제4류 위험물 중 인화점이 38℃ 이상인 위험물
④ 제6류 위험물 중 질산

» ③ 제4류 위험물 중 인화점이 38℃ 이상인 위험물의 탱크전용실은 단층 건물 외의 건축물의 모든 층수에 관계없이 설치할 수 있다.
※ 옥내저장탱크의 전용실을 단층 건물이 아닌 건축물의 1층 또는 지하층에만 저장할 수 있는 위험물 : 황화인, 적린, 덩어리상태의 황, 황린, 질산

51 제조소등의 소요단위 산정 시 위험물은 지정수량의 몇 배를 1소요단위로 하는가?

① 5배 ② 10배
③ 20배 ④ 50배

» 제조소등의 소요단위 산정 시 위험물은 지정수량의 10배를 1소요단위로 한다.

정답 47. ④ 48. ① 49. ③ 50. ③ 51. ②

52 위험물안전관리법령상 다음 ( ) 안에 알맞은 수치는?

> 옥내저장소에서 위험물을 저장하는 경우 기계에 의하여 하역하는 구조로 된 용기만을 겹쳐 쌓는 경우에 있어서는 ( )m 높이를 초과하여 용기를 겹쳐 쌓지 아니하여야 한다.

① 2　　② 4
③ 6　　④ 8

≫ 옥내저장소 또는 옥외저장소의 저장용기를 쌓는 높이의 기준
1) 기계에 의하여 하역하는 구조로 된 용기 : **6m 이하**
2) 제4류 위험물 중 제3석유류, 제4석유류 및 동식물유류 용기 : 4m 이하
3) 그 밖의 경우 : 3m 이하
4) 옥외저장소에서 용기를 선반에 저장하는 경우 : 6m 이하

53 위험물제조소등에 설치하여야 하는 자동화재탐지설비의 설치기준에 대한 설명 중 틀린 것은?

① 자동화재탐지설비의 경계구역은 건축물, 그 밖의 공작물의 2 이상의 층에 걸치도록 할 것
② 하나의 경계구역에서 그 한 변의 길이는 50m(광전식 분리형 감지기를 설치할 경우에는 100m) 이하로 할 것
③ 자동화재탐지설비의 감지기는 지붕 또는 벽의 옥내에 면한 부분에 유효하게 화재의 발생을 감지할 수 있도록 설치할 것
④ 자동화재탐지설비에는 비상전원을 설치할 것

≫ 자동화재탐지설비의 경계구역
1) **건축물의 2 이상의 층에 걸치지 아니하도록 한다**(경계구역의 면적이 $500m^2$ 이하이면 그러하지 아니하다).
2) 하나의 경계구역의 면적은 $600m^2$ 이하로 한다.
3) 한 변의 길이는 50m(광전식 분리형 감지기의 경우에는 100m) 이하로 한다.
4) 건축물의 주요한 출입구에서 그 내부 전체를 볼 수 있는 경우는 면적을 $1,000m^2$ 이하로 한다.
5) 자동화재탐지설비의 감지기는 지붕 또는 벽의 옥내에 면한 부분에 화재발생을 감지할 수 있도록 설치한다.
6) 자동화재탐지설비에는 비상전원을 설치한다.

54 위험물안전관리법령에 따라, 다음 ( ) 안에 알맞은 용어는?

> 주유취급소 중 건축물의 2층 이상의 부분을 점포, 휴게음식점 또는 전시장의 용도로 사용하는 것에 있어서는 해당 건축물의 2층 이상으로부터 주유취급소의 부지 밖으로 통하는 출입구와 그 출입구로 통하는 통로, 계단 및 출입구에 ( )을(를) 설치하여야 한다.

① 피난사다리　　② 경보기
③ 유도등　　④ CCTV

≫ 주유취급소의 통로, 계단 및 출입구에는 **유도등**을 설치해야 한다.

55 위험물시설에 설치하는 자동화재탐지설비의 하나의 경계구역 면적과 그 한 변의 길이의 기준으로 옳은 것은? (단, 광전식 분리형 감지기를 설치하지 않은 경우이다.)

① $300m^2$ 이하, 50m 이하
② $300m^2$ 이하, 100m 이하
③ $600m^2$ 이하, 50m 이하
④ $600m^2$ 이하, 100m 이하

≫ 자동화재탐지설비의 설치기준
1) 건축물의 2 이상의 층에 걸치지 아니하도록 할 것(하나의 경계구역의 면적이 $500m^2$ 이하이면 그러하지 아니하다)
2) **하나의 경계구역의 면적은 $600m^2$ 이하**로 할 것
3) **한 변의 길이는 50m**(광전식 분리형 감지기의 경우에는 100m) **이하**로 할 것
4) 건축물의 주요한 출입구에서 그 내부 전체를 볼 수 있는 경우는 면적을 $1,000m^2$ 이하로 할 것
5) 자동화재탐지설비의 감지기는 지붕 또는 벽의 옥내에 면한 부분에 화재발생을 감지할 수 있도록 설치할 것
6) 자동화재탐지설비에는 비상전원을 설치할 것

정답 52. ③ 53. ① 54. ③ 55. ③

56 **다음은 위험물안전관리법령에서 정한 정의이다. 무엇의 정의인가?**

인화성 또는 발화성 등의 성질을 가지는 것으로서 대통령령이 정하는 물품을 말한다.

① 위험물 ② 가연물
③ 특수인화물 ④ 제4류 위험물

위험물이란 인화성 또는 발화성 등의 성질을 가지는 것으로서 대통령령이 정하는 물품을 말한다.

57 **위험물안전관리법의 적용 제외와 관련된 다음 내용에서 ( ) 안에 알맞은 것을 모두 나타낸 것은?**

위험물안전관리법은 ( )에 의한 위험물의 저장 · 취급 및 운반에 있어서는 이를 적용하지 아니한다.

① 항공기, 선박, 철도 및 궤도
② 항공기, 선박, 철도
③ 항공기, 철도 및 궤도
④ 철도 및 궤도

위험물안전관리법은 **항공기, 선박, 철도 및 궤도**에 의한 위험물의 저장 · 취급 및 운반에 있어서는 이를 적용하지 아니한다.

58 **위험물운송책임자의 감독 또는 지원의 방법으로 운송의 감독 또는 지원을 위하여 마련한 별도의 사무실에 운송책임자가 대기하면서 이행하는 사항에 해당하지 않는 것은?**

① 운송 후에 운송경로를 파악하여 관할 경찰관서에 신고하는 것
② 이동탱크저장소의 운전자에 대하여 수시로 안전확보 상황을 확인하는 것
③ 비상시의 응급처치에 관하여 조언을 하는 것
④ 위험물의 운송 중 안전확보에 관하여 필요한 정보를 제공하고 감독 또는 지원하는 것

① 경찰에 신고하는 것은 운송자가 범죄에 해당하는 행위를 한 경우로서 운송 후에 운송경로를 파악하여 관할 경찰관서에 신고하는 것은 운송책임자의 감독 또는 지원의 방법이 될 수 없다.

59 **위험물제조소등의 허가에 관계된 설명으로 옳은 것은?**

① 제조소등을 변경하고자 하는 경우에는 언제나 허가를 받아야 한다.
② 위험물의 품명을 변경하고자 하는 경우에는 언제나 허가를 받아야 한다.
③ 농예용으로 필요한 난방시설을 위한 지정수량 20배 이하의 저장소는 허가대상이 아니다.
④ 저장하는 위험물의 변경으로 지정수량의 배수가 달라지는 경우는 언제나 허가대상이 아니다.

① 제조소등에 대한 변경사항이 있을 때 변경허가를 받아야 하는 경우는 별도로 정해져 있으며 언제나 허가를 받아야 하는 것은 아니다.
② 위험물의 품명, 수량, 지정수량의 배수를 변경하고자 하는 경우에는 변경허가가 아닌 변경신고를 해야 한다.
③ 허가를 받지 않고 제조소등을 설치하거나 위치 · 구조 또는 설비를 변경할 수 있고 신고를 하지 아니하고 위험물의 품명 · 수량 또는 지정수량의 배수를 변경할 수 있는 경우는 다음과 같다.
1) 주택의 난방시설(공동주택의 중앙난방시설을 제외한다)을 위한 저장소 또는 취급소
2) **농예용** · 축산용 또는 수산용으로 필요한 **난방시설** 또는 건조시설을 위한 **지정수량 20배 이하의 저장소**
④ 위험물의 품명 등의 변경으로 지정수량의 배수가 달라지면서 제조소등의 위치 · 구조 또는 설비의 기준이 달라지는 경우는 변경허가를 받아야 한다.

정답 56. ① 57. ① 58. ① 59. ③

60 취급하는 제4류 위험물의 수량이 지정수량의 30만배인 일반취급소가 있는 사업장에 자체소방대를 설치함에 있어서 전체 화학소방차 중 포수용액을 방사하는 화학소방차는 몇 대 이상 두어야 하는가?

① 필수적인 것은 아니다.
② 1대
③ 2대
④ 3대

자체소방대에 두는 화학소방자동차 및 자체소방대원의 수의 기준

사업소의 구분	화학소방자동차의 수	자체소방대원의 수
제조소 또는 일반취급소에서 취급하는 제4류 위험물의 최대수량의 합이 지정수량의 3천배 이상 12만배 미만인 사업소	1대	5인
제조소 또는 일반취급소에서 취급하는 제4류 위험물의 최대수량의 합이 지정수량의 12만배 이상 24만배 미만인 사업소	2대	10인
제조소 또는 일반취급소에서 취급하는 제4류 위험물의 최대수량의 합이 **지정수량의 24만배 이상 48만배 미만**인 사업소	**3대**	**15인**
제조소 또는 일반취급소에서 취급하는 제4류 위험물의 최대수량의 합이 지정수량의 48만배 이상인 사업소	4대	20인
옥외탱크저장소에서 저장하는 제4류 위험물의 최대수량이 지정수량의 50만배 이상인 사업소	2대	10인

※ **포수용액을 방사하는 화학소방자동차의 대수는 화학소방자동차의 대수의 3분의 2 이상**으로 하여야 한다. 따라서, 지정수량의 30만배라면 필요한 화학소방자동차의 대수는 3대인데 그 중 포수용액을 방사하는 화학소방차는 전체 대수의 3분의 2 이상으로 해야 하므로 **2대 이상**은 되어야 한다.

정답 60. ③

2020

CBT 기출복원문제

제4회 위험물기능사

01 제2류 위험물인 황의 대표적인 연소형태는?

① 표면연소 ② 분해연소
③ 증발연소 ④ 자기연소

황(제2류 위험물)은 고체로서 연소형태는 증발연소에 해당한다.

02 자연발화를 방지하기 위한 방법으로 옳지 않은 것은?

① 습도를 가능한 한 높게 유지한다.
② 열 축적을 방지한다.
③ 저장실의 온도를 낮춘다.
④ 정촉매작용을 하는 물질을 피한다.

자연발화의 방지법
1) **습도를 낮춰야 한다.**
2) 저장온도를 낮춰야 한다.
3) 퇴적 및 수납 시 열이 쌓이지 않도록 해야 한다.
4) 통풍을 잘되게 해야 한다.
5) 분해를 촉진하는 정촉매물질을 피해야 한다.

03 금속분, 목탄, 코크스 등의 연소형태에 해당하는 것은?

① 자기연소 ② 증발연소
③ 분해연소 ④ 표면연소

고체의 연소형태와 물질
1) **표면연소 : 코크스**(탄소), **목탄**(숯), **금속분**
2) 분해연소 : 목재, 종이, 석탄, 플라스틱, 합성수지 등
3) 자기연소(내부연소) : 제5류 위험물
4) 증발연소 : 황(S), 나프탈렌($C_{10}H_8$), 양초(파라핀) 등

04 전기화재의 급수와 색상을 올바르게 나타낸 것은?

① C급 - 백색 ② D급 - 백색
③ C급 - 청색 ④ D급 - 청색

적응화재의 급수별 화재의 종류 및 소화기의 표시색상

화재의 등급 및 종류	화재의 구분	소화기의 표시색상
A급 (일반화재)	나무, 섬유, 종이, 고무, 플라스틱류와 같은 일반가연물이 타고 나서 재가 남는 화재	백색
B급 (유류화재)	인화성 액체, 가연성 액체, 석유 및 인화성 가스와 같은 유류가 타고 나서 재가 남지 않는 화재	황색
C급 (전기화재)	전류가 흐르고 있는 전기기기, 배선과 관련된 화재	**청색**
D급 (금속화재)	마그네슘, 합금 등 가연성 금속에서 일어나는 화재	무색

05 공기 중의 산소농도를 한계산소량 이하로 낮추어 연소를 중지시키는 소화방법은?

① 냉각소화 ② 제거소화
③ 억제소화 ④ 질식소화

산소농도를 낮추어 연소를 중지시키는 소화방법은 질식소화이다.

06 다음 중 오존층파괴지수가 가장 큰 것은?

① Halon 104 ② Halon 1211
③ Halon 1301 ④ Halon 2402

$$\text{오존파괴지수(ODP)} = \frac{\text{물질 1kg이 파괴하는 오존량}}{\text{CFC-11 1kg이 파괴하는 오존량}}$$

으로 정의되고 CFC-11은 기존물질이며 화학식은 $CFCl_3$이다.
① Halon 104 : 법적 사용금지
② Halon 1211 : 3
③ **Halon 1301 : 10**
④ Halon 2402 : 6

07 다음 중 분말소화약제의 식별 색상을 올바르게 나타낸 것은?

① $KHCO_3$: 백색
② $NH_4H_2PO_4$: 담홍색
③ $NaHCO_3$: 보라색
④ $KHCO_3 + (NH_2)_2CO$: 초록색

정답 01. ③ 02. ① 03. ④ 04. ③ 05. ④ 06. ③ 07. ②

» 분말소화약제의 종류 및 성질

분말의 종류	주성분	화학식	적응 화재	착 색
제1종 분말	탄산수소 나트륨	$NaHCO_3$	B, C	백색
제2종 분말	탄산수소 칼륨	$KHCO_3$	B, C	보라색
제3종 분말	인산 암모늄	**$NH_4H_2PO_4$**	A, B, C	**담홍색**
제4종 분말	탄산수소 칼륨과 요소의 반응 생성물	$KHCO_3 + (NH_2)_2CO$	B, C	회색

08 연쇄반응을 억제하여 소화하는 소화약제는?

① 할론 1301 ② 물
③ 이산화탄소 ④ 포

» 억제효과를 갖는 소화약제는 할로젠화합물 소화약제이고 〈보기〉 중 할론 1301(CF_3Br)이 할로젠화합물 소화약제의 종류이다.

09 다음과 같은 반응에서 5m^{3}의 탄산가스를 만들기 위해 필요한 탄산수소나트륨의 양은 약 몇 kg인가? (단, 표준상태이고 나트륨의 원자량은 23이다.)

$$2NaHCO_3 \rightarrow Na_2CO_3 + CO_2 + H_2O$$

① 18.75kg
② 37.5kg
③ 56.25kg
④ 75kg

PLAY▶풀이

» 탄산수소나트륨($NaHCO_3$) 1mol의 분자량 = 23g(Na)+1g(H)+12g(C)+16g(O)×3=84g/mol, 표준상태에서 기체 1mol의 부피=22.4L, 1,000L =1m^{3}임을 이용한다.

$$\therefore\ 5m^3\ CO_2 \times \frac{1{,}000L\ CO_2}{1m^3\ CO_2} \times \frac{1mol\ CO_2}{22.4L\ CO_2} \times \frac{2mol\ NaHCO_3}{1mol\ CO_2} \times \frac{84g\ NaHCO_3}{1mol\ NaHCO_3} \times \frac{1kg\ NaHCO_3}{1{,}000g\ NaHCO_3} = 37.5kg\ NaHCO_3$$

10 위험물제조소에 옥외소화전 5개가 설치되어 있다면 수원의 법정 최소량은 몇 m^{3}인가?

① 28m^3 ② 35m^3
③ 54m^3 ④ 67.5m^3

» 위험물제조소의 옥외소화전의 수원의 양은 13.5m^{3}에 옥외소화전의 개수(최대 4개)를 곱한 양 이상이 되도록 설치한다.
$\therefore$ 13.5m^3 × 4 = 54m^3

11 다음 중 폭굉유도거리가 짧아지는 경우는?

① 정상연소속도가 작은 가스일수록 짧아진다.
② 압력이 높을수록 짧아진다.
③ 관지름이 넓을수록 짧아진다.
④ 점화원의 에너지가 약할수록 짧아진다.

» ① 정상연소속도가 큰 혼합가스일수록 짧아진다.
③ 관속에 방해물이 있거나 관지름이 좁을수록 짧아진다.
④ 점화원의 에너지가 강할수록 짧아진다.

12 적린과 동소체 관계에 있는 위험물은?

① 오황화인 ② 인화알루미늄
③ 인화칼슘 ④ 황린

» 동소체란 단체로서 동일한 원소로 이루어져 있으며 성질은 다르지만 최종 연소생성물이 같은 물질을 말한다. 적린의 화학식은 P이고 황린의 화학식은 P_4인데 이 두 물질은 단체로서 성질은 서로 다르지만 두 물질 모두 연소 시 오산화인(P_2O_5)이라는 백색 연기를 발생하므로 서로 동소체의 관계에 있다.

13 위험물의 유별 구분이 나머지 셋과 다른 하나는 어느 것인가?

① 나이트로글리콜
② 벤젠
③ 아조벤젠
④ 다이나이트로벤젠

» ① 나이트로글리콜 : 제5류 위험물의 질산에스터류
② **벤젠 : 제4류 위험물**의 제1석유류
③ 아조벤젠 : 제5류 위험물의 아조화합물
④ 다이나이트로벤젠 : 제5류 위험물의 나이트로화합물

정답 08. ① 09. ② 10. ③ 11. ② 12. ④ 13. ②

14 하나의 위험물 저장소에 다음과 같이 2가지 위험물을 저장하고 있다. 지정수량 이상에 해당하는 것은?

① 브로민산칼륨 80kg, 염소산칼륨 40kg
② 질산 100kg, 과산화수소 150kg
③ 질산칼륨 120kg, 다이크로뮴산나트륨 500kg
④ 휘발유 20L, 윤활유 2,000L

≫ 2가지 위험물의 지정수량 배수의 합이 1 이상이면 그 상태를 지정수량 이상인 것으로 간주하며 각 〈보기〉의 지정수량 배수의 합은 다음과 같다.

① $\frac{80\text{kg}}{300\text{kg}}+\frac{40\text{kg}}{50\text{kg}}=1.07$

② $\frac{100\text{kg}}{300\text{kg}}+\frac{150\text{kg}}{300\text{kg}}=0.83$

③ $\frac{120\text{kg}}{300\text{kg}}+\frac{500\text{kg}}{1,000\text{kg}}=0.9$

④ $\frac{20\text{L}}{200\text{L}}+\frac{2,000\text{L}}{6,000\text{L}}=0.43$

15 염소산칼륨 20kg과 아염소산나트륨 10kg을 과염소산과 함께 저장하는 경우 지정수량의 1배로 저장하려면 과염소산은 얼마나 저장할 수 있는가?

① 20kg
② 40kg
③ 80kg
④ 120kg

PLAY▶풀이

≫ 염소산칼륨의 지정수량은 50kg, 아염소산나트륨의 지정수량은 50kg, 과염소산의 지정수량은 300kg이므로 다음과 같다.

$\frac{20\text{kg}}{50\text{kg}}+\frac{10\text{kg}}{50\text{kg}}+\frac{x(\text{kg})}{300\text{kg}}=1$

$0.4+0.2+\frac{x}{300}=1$

$\frac{x}{300}=1-0.4-0.2$

$\therefore x=0.4\times300=120\text{kg}$

16 과산화칼륨이 물 또는 이산화탄소와 반응할 경우 공통적으로 발생하는 물질은?

① 산소　② 과산화수소
③ 수산화칼륨　④ 수소

≫ 과산화칼륨(제1류 위험물 중 알칼리금속의 과산화물)은 물 또는 이산화탄소와 반응하여 산소를 발생한다.

17 과염소산암모늄의 위험성에 대한 설명으로 올바르지 않은 것은?

① 급격히 가열하면 폭발의 위험이 있다.
② 건조 시에 안정하나 수분 흡수 시에는 폭발한다.
③ 가연성 물질과 혼합하면 위험하다.
④ 강한 충격이나 마찰에 의해 폭발의 위험이 있다.

≫ 과염소산암모늄(제1류 위험물)은 예외적으로 급격한 가열 시 단독으로도 폭발의 위험이 있으나 **물에 녹을 때는** 열을 흡수하는 흡열반응을 하기 때문에 **폭발하지 않는다.**

18 2몰의 브로민산칼륨이 모두 열분해되어 생긴 산소의 양은 2기압 27℃에서 약 몇 L인가?

① 32.42L
② 36.92L
③ 41.34L
④ 45.64L

PLAY▶풀이

≫ 브로민산칼륨의 열분해반응식

$2KBrO_3 \rightarrow 2KBr + 3O_2$
브로민산칼륨　염화칼륨　산소

이상기체방정식 : $PV=nRT$

여기서, P : 압력(atm)
V : 부피(L)
n : 몰수(mol)
R : 기체상수(0.082atm · L/mol · K)
T : 온도(K)=273+섭씨온도

$\therefore$ 2atm× V(L)=(2mol $KBrO_3$ × $\frac{3\text{mol } O_2}{2\text{mol } KBrO_3}$)
×0.082atm · L/mol · K
×(173+27)K

생성된 산소의 부피=36.9L

19 물과 접촉 시 발열하면서 폭발 위험성이 증가하는 것은?

① 과산화칼륨　② 과망가니즈산나트륨
③ 아이오딘산칼륨　④ 과염소산칼륨

정답　14. ①　15. ④　16. ①　17. ②　18. ②　19. ①

≫ 제1류 위험물 중 물과 반응 시 발열과 함께 산소가 발생하여 폭발의 위험성이 있는 물질은 알칼리금속의 과산화물로 **과산화칼륨(K_2O_2)**, 과산화나트륨(Na_2O_2), 과산화리튬(Li_2O_2) 등이다.

20 제2류 위험물인 마그네슘의 위험성에 관한 설명 중 틀린 것은?

① 더운물과 작용시키면 산소가스를 발생한다.
② 이산화탄소 중에서도 연소한다.
③ 습기와 반응하여 열이 축적되면 자연발화의 위험이 있다.
④ 공기 중에 부유하면 분진폭발의 위험이 있다.

≫ ① **물과 반응 시 수소를 발생한다.**
– 마그네슘과 물과의 반응식

$$\underset{\text{마그네슘}}{Mg} + \underset{\text{물}}{2H_2O} \rightarrow \underset{\text{수산화마그네슘}}{Mg(OH)_2} + \underset{\text{수소}}{H_2}$$

21 오황화인과 칠황화인이 물과 반응했을 때 공통으로 나오는 물질은?

① 이산화황 ② 황화수소
③ 인화수소 ④ 삼산화황

≫ 오황화인(P_2S_5)과 칠황화인(P_4S_7)은 제2류 위험물로서 둘 다 황(S)을 포함하고 있어 물과 반응 시 물에 포함된 수소(H)와 반응하여 황화수소(H_2S)를 발생한다.
– 오황화인과 물과의 반응식

$$\underset{\text{오황화인}}{P_2S_5} + \underset{\text{물}}{8H_2O} \rightarrow \underset{\text{황화수소}}{5H_2S} + \underset{\text{인산}}{2H_3PO_4}$$

22 위험물의 화재 시 주수소화가 가능한 것은?

① 철분
② 마그네슘
③ 나트륨
④ 황

≫ 제2류 위험물인 철분, 마그네슘, 제3류 위험물인 나트륨은 물과 반응 시 수소를 발생하므로 주수소화는 안 되고 마른모래, 팽창질석, 팽창진주암, 탄산수소염류 분말소화약제를 사용하여야 한다.

23 금속은 덩어리상태보다 분말상태일 때 연소위험성이 증가하기 때문에 금속분을 제2류 위험물로 분류하고 있다. 연소위험성이 증가하는 이유로 잘못된 것은?

① 비표면적이 증가하여 반응면적이 증대되기 때문에
② 비열이 증가하여 열축적이 용이하기 때문에
③ 복사열의 흡수율이 증가하여 열의 축적이 용이하기 때문에
④ 대전성이 증가하여 정전기가 발생되기 쉽기 때문에

≫ ② 비열은 물질 1g의 온도를 1℃ 올리는 데 필요한 열량으로, 비열이 증가하면 온도를 올리는 데 많은 열을 필요로 하기 때문에 열축적은 어려워지고 연소위험성은 낮아지게 된다.

24 물과 작용하여 메테인과 수소를 발생시키는 것은?

① Al_4C_3 ② Mn_3C
③ Na_2C_2 ④ MgC_2

≫ Mn_3C(망가니즈카바이드)와 물과의 반응식

$$\underset{\text{망가니즈카바이드}}{Mn_3C} + \underset{\text{물}}{6H_2O} \rightarrow \underset{\text{수산화망가니즈}}{3Mn(OH)_2} + \underset{\text{메테인}}{CH_4} + \underset{\text{수소}}{H_2}$$

25 인화칼슘이 물과 반응하였을 때 발생하는 가스에 대한 설명으로 옳은 것은?

① 폭발성인 수소를 발생한다.
② 유독한 인화수소를 발생한다.
③ 조연성인 산소를 발생한다.
④ 가연성인 아세틸렌을 발생한다.

≫ 인화칼슘(제3류 위험물)은 물과 반응 시 가연성이며 맹독성인 포스핀(인화수소, PH_3)가스를 발생한다.
– 인화칼슘과 물과의 반응식

$$\underset{\text{인화칼슘}}{Ca_3P_2} + \underset{\text{물}}{6H_2O} \rightarrow \underset{\text{수산화칼슘}}{3Ca(OH)_2} + \underset{\text{포스핀}}{2PH_3}$$

정답 20. ① 21. ② 22. ④ 23. ② 24. ② 25. ②

26 다음 중 탄화칼슘에 대한 설명으로 옳은 것은 어느 것인가?

① 분자식은 CaC이다.
② 물과의 반응생성물에는 수산화칼슘이 포함된다.
③ 순수한 것은 흑회색의 불규칙한 덩어리이다.
④ 고온에서도 질소와는 반응하지 않는다.

》 ① 제3류 위험물로서 분자식은 CaC_2이다.
② **물과 반응하여 수산화칼슘**[$Ca(OH)_2$]과 아세틸렌(C_2H_2)가스를 **발생**한다.
– 탄화칼슘과 물과의 반응식
$CaC_2 + 2H_2O \rightarrow Ca(OH)_2 + C_2H_2$
탄화칼슘 물 수산화칼슘 아세틸렌
③ 순수한 것은 백색 결정이지만 시판품은 흑회색의 불규칙한 괴상으로 나타난다.
④ 고온에서 질소와 반응하여 석회질소를 생성한다.

27 저장용기에 물을 넣어 보관하고, $Ca(OH)_2$을 넣어 pH 9의 약알칼리성으로 유지시키면서 저장하는 물질은?

① 적린 ② 황린
③ 질산 ④ 황화인

》 자연발화성 물질인 황린(제3류 위험물)은 소량의 $Ca(OH)_2$을 첨가하여 만든 pH 9인 약알칼리성 물에 보관한다.

28 제4류 위험물만으로 나열된 것은?

① 특수인화물, 황산, 질산
② 알코올, 황린, 나이트로화합물
③ 동식물유류, 질산, 무기과산화물
④ 제1석유류, 알코올류, 특수인화물

》 ① 특수인화물(제4류 위험물), 황산(비위험물), 질산(제6류 위험물),
② 알코올(제4류 위험물), 황린(제3류 위험물), 나이트로화합물(제5류 위험물)
③ 동식물유류(제4류 위험물), 질산(제6류 위험물), 무기과산화물(제1류 위험물)
④ **제1석유류(제4류 위험물), 알코올류(제4류 위험물), 특수인화물(제4류 위험물)**

29 알킬알루미늄의 저장 및 취급 방법으로 옳은 것은?

① 용기는 완전밀봉하고 CH_4, C_3H_8 등을 봉입한다.
② C_6H_6 등의 희석제를 넣어준다.
③ 용기의 마개에 다수의 미세한 구멍을 뚫는다.
④ 통기구가 달린 용기를 사용하여 압력상승을 방지한다.

》 알킬알루미늄(제3류 위험물)은 용기 상부에 불연성 가스를 채워 벤젠(C_6H_6), 헥세인(C_6H_{14})과 같은 희석제를 첨가한다.
① 메테인(CH_4), 프로페인(C_3H_8)은 가연성 가스이므로 봉입하면 안 된다.
③, ④ 용기에 구멍이나 통기구를 설치하면 공기 또는 공기 중의 수분과 접촉하여 가연성 가스를 발생하므로 위험해진다.

30 아닐린에 대한 설명으로 옳은 것은?

① 특유의 냄새를 가진 기름상 액체이다.
② 인화점이 0℃ 이하여서 상온에서 인화의 위험이 높다.
③ 황산과 같은 강산화제와 접촉하면 중화되어 안정하게 된다.
④ 증기는 공기와 혼합하여 인화, 폭발의 위험이 없는 안정한 상태가 된다.

》 ② 인화점이 75℃인 제3석유류에 속한다.
③ 황산과 같은 강산화제와 인화성이 있는 아닐린이 접촉하면 위험하다.
④ 증기는 공기와 혼합하여 인화, 폭발의 위험이 커진다.

31 인화점이 낮은 것부터 높은 순서로 나열된 것은?

① 톨루엔 – 아세톤 – 벤젠
② 아세톤 – 톨루엔 – 벤젠
③ 톨루엔 – 벤젠 – 아세톤
④ 아세톤 – 벤젠 – 톨루엔

》 아세톤(–18℃) < 벤젠(–11℃) < 톨루엔(4℃)

정답 26. ② 27. ② 28. ④ 29. ② 30. ① 31. ④

32 에틸알코올의 증기비중은 약 얼마인가?

① 0.72 ② 0.91
③ 1.13 ④ 1.59

>>> 에틸알코올(C_2H_5OH)의 분자량 = 12(C)×2+1(H)×5+16(O)+1 = 46이다.

증기비중 = $\frac{분자량}{29}$ 이므로, $\frac{46}{29}$ = 1.59이다.

33 물보다 비중이 작은 것으로만 이루어진 것은?

① 에터, 이황화탄소
② 벤젠, 글리세린
③ 가솔린, 메탄올
④ 글리세린, 아닐린

>>> ① 에터(물보다 가볍다), 이황화탄소(물보다 무겁다)
② 벤젠(물보다 가볍다), 글리세린(물보다 무겁다)
③ **가솔린(물보다 가볍다), 메탄올(물보다 가볍다)**
④ 글리세린(물보다 무겁다), 아닐린(물보다 무겁다)

34 메탄올에 관한 설명으로 옳지 않은 것은?

① 인화점은 약 11℃이다.
② 술의 원료로 사용된다.
③ 휘발성이 강하다.
④ 최종 산화물은 의산(폼산)이다.

>>> ① 인화점은 11℃이다.
② **술의 원료는 에탄올**이며, 메탄올은 시신경장애를 일으키는 독성 물질이다.
③ 휘발성이 강하고 수용성이다.
④ 메탄올의 산화

$$\underset{메틸알코올}{CH_3OH} \xrightleftharpoons{-H_2(산화)} \underset{폼알데하이드}{HCHO} \xrightleftharpoons{+O(산화)} \underset{폼산}{HCOOH}$$

※ 산화 : 수소를 잃는 것, 산소를 얻는 것을 의미한다.

35 트라이나이트로톨루엔의 설명으로 옳지 않은 것은?

① 일광을 쪼이면 갈색으로 변한다.
② 녹는점은 약 81℃이다.
③ 아세톤에 잘 녹는다.
④ 비중은 약 1.8인 액체이다.

>>> ④ 트라이나이트로톨루엔은 비중이 약 1.66인 고체이다.

36 다이에틸에터에 대한 설명 중 틀린 것은?

① 강산화제와 혼합 시 안전하게 사용할 수 있다.
② 대량으로 저장 시 불활성 가스를 봉입한다.
③ 정전기 발생 방지를 위해 주의를 기울여야 한다.
④ 통풍, 환기가 잘되는 곳에 저장한다.

>>> ① 강산화제는 산소공급원이므로 다이에틸에터(제4류 위험물), 인화성 액체와 혼합 시 위험하다.

37 위험물의 지정수량이 나머지 셋과 다른 하나는?

① 메틸리튬 ② 수소화칼륨
③ 인화알루미늄 ④ 탄화칼슘

>>> ① 메틸리튬(제3류 위험물의 알킬알루미늄) : 10kg
② 수소화칼륨(제3류 위험물의 금속의 수소화물) : 300kg
③ 인화알루미늄(제3류 위험물의 금속의 인화물) : 300kg
④ 탄화칼슘(제3류 위험물의 칼슘 또는 알루미늄의 탄화물) : 300kg

38 위험물안전관리법상에 따른 다음에 해당하는 동식물유류의 규제에 관한 설명으로 틀린 것은?

> 행정안전부령이 정하는 용기기준과 수납·저장 기준에 따라 수납되어 저장·보관되고 용기의 외부에 물품의 통칭명, 수량 및 '화기엄금'(화기엄금과 동일한 의미를 갖는 표시를 포함한다)의 표시가 있는 경우

① 위험물에 해당하지 않는다.
② 제조소등이 아닌 장소에 지정수량 이상 저장할 수 있다.
③ 지정수량 이상을 저장하는 장소도 제조소등의 설치허가를 받을 필요가 없다.
④ 화물자동차에 적재하여 운반하는 경우 위험물안전관리법상 운반기준이 적용되지 않는다.

정답 32. ④ 33. ③ 34. ② 35. ④ 36. ① 37. ① 38. ④

④ 〈문제〉의 조건이 위험물에 해당하지 않는다 하더라도 이를 운반하는 경우 위험물안전관리법상 운반기준이 적용된다.
동식물유류라 하더라도 행정안전부령이 정하는 용기기준과 수납 · 저장 기준에 따라 수납되어 저장 · 보관되고 용기의 외부에 물품의 통칭명, 수량 및 '화기엄금'(화기엄금과 동일한 의미를 갖는 표시를 포함한다)의 표시가 있는 경우에는 동식물유류에서 제외된다.
따라서 〈보기〉에 해당하는 동식물유류는 제4류 위험물이 아니다. 위험물이 아니기 때문에 제조소등이 아닌 장소에서 지정수량 이상의 양을 저장할 수 있으며 제조소등의 설치허가를 받을 필요가 없다. 하지만 이를 저장 · 취급이 아닌 운반하는 경우에는 동식물유류가 〈보기〉에 해당하는 경우라 하더라도 위험물로 규제되어 위험물안전관리법의 운반기준의 적용을 받는다.

39 다음 중 질산에스터류에 속하는 것은?

① 피크린산
② 나이트로벤젠
③ 나이트로글리세린
④ 트라이나이트로톨루엔

① 피크린산 : 제5류 위험물의 나이트로화합물
② 나이트로벤젠 : 제4류 위험물의 제3석유류
③ 나이트로글리세린 : 제5류 위험물의 질산에스터류
④ 트라이나이트로톨루엔 : 제5류 위험물의 나이트로화합물

40 제6류 위험물로서 분자량이 약 63인 것은?

① 과염소산 ② 질산
③ 과산화수소 ④ 삼플루오린화브로민

① 과염소산($HClO_4$) : 1(H) + 35.5(Cl) + 16(O) × 4 = 100.5
② **질산**(HNO_3) : 1(H) + 14(N) + 16(O) × 3 = **63**
③ 과산화수소(H_2O_2) : 1(H) × 2 + 16(O) × 2 = 34
④ 삼플루오린화브로민(BrF_3) : 80(Br) + 19(F) × 3 = 137

41 과산화수소의 분해방지제로서 적합한 것은?

① 아세톤 ② 인산
③ 황 ④ 암모니아

과산화수소의 분해방지안정제로는 인산(H_3PO_4), 요산($C_5H_4N_4O_3$), 아세트아닐리드(C_8H_9NO) 등이 있다.

42 다음에서 설명하는 위험물에 해당하는 것은 어느 것인가?

- 지정수량은 300kg이다.
- 산화성 액체 위험물이다.
- 가열하면 분해하여 유독성 가스를 발생한다.
- 증기비중은 약 3.5이다.

① 브로민산칼륨 ② 클로로벤젠
③ 질산 ④ 과염소산

과염소산($HClO_4$)
1) 제6류 위험물인 산화성 액체로 지정수량은 300kg이다.
2) 가열하면 분해하여 유독성 가스인 염화수소(HCl)를 발생한다.
3) 분자량이 100으로 증기비중은 100/29 = 3.5이다.
– 과염소산의 분해반응식

$$2H_2O_2 \rightarrow 2H_2O + O_2$$

과산화수소 물 산소

43 위험물저장탱크의 공간용적은 탱크 내용적의 얼마 이상, 얼마 이하로 하는가?

① 2/100 이상, 3/100 이하
② 2/100 이상, 5/100 이하
③ 5/100 이상, 10/100 이하
④ 10/100 이상, 20/100 이하

탱크의 공간용적은 탱크 내용적의 100분의 5 이상 100분의 10 이하로 한다.

44 주유취급소에 설치하는 '주유중엔진정지' 표시를 한 게시판의 바탕과 문자의 색상을 차례대로 올바르게 나타낸 것은?

① 황색, 흑색
② 흑색, 황색
③ 백색, 흑색
④ 흑색, 백색

◀ 주유중 엔진정지 게시판

주유취급소의 '주유중엔진정지' 게시판의 색상은 황색 바탕에 흑색 문자이다.

정답 39. ③ 40. ② 41. ② 42. ④ 43. ③ 44. ①

45 위험물 운반 시 동일한 트럭에 제1류 위험물과 함께 적재할 수 있는 유별은? (단, 지정수량의 5배 이상인 경우이다.)

① 제3류
② 제4류
③ 제6류
④ 없음

◀ 위험물의 혼재기준

» 운반 시 제1류 위험물과 혼재할 수 있는 것은 제6류 위험물이다.

46 위험물안전관리법령에 따른 위험물의 적재방법에 대한 설명으로 옳지 않은 것은?

① 원칙적으로는 운반용기를 밀봉하여 수납할 것
② 고체 위험물은 용기 내용적의 95% 이하의 수납률로 수납할 것
③ 액체 위험물은 용기 내용적의 99% 이상의 수납률로 수납할 것
④ 하나의 외장용기에는 다른 종류의 위험물을 수납하지 않을 것

» 운반용기의 수납률
1) 고체 위험물 : 운반용기 내용적의 95% 이하
2) **액체 위험물** : 운반용기 내용적의 **98% 이하** (55℃에서 누설되지 않도록 공간용적을 유지)
3) 알킬알루미늄등 : 운반용기 내용적의 90% 이하(50℃에서 5% 이상의 공간용적을 유지)

47 제1종 판매취급소에 설치하는 위험물배합실의 기준으로 틀린 것은?

① 바닥면적은 $6m^2$ 이상 $15m^2$ 이하일 것
② 내화구조 또는 불연재료로 된 벽으로 구획할 것
③ 출입구는 수시로 열 수 있는 자동폐쇄식 60분+방화문 또는 60분 방화문으로 설치할 것
④ 출입구 문턱의 높이는 바닥면으로부터 0.2m 이상일 것

» 제1종 판매취급소에 설치하는 위험물배합실의 기준
1) 바닥면적 : $6m^2$ 이상 $15m^2$ 이하
2) 내화구조 또는 불연재료로 된 벽으로 구획할 것
3) 바닥은 적당한 경사를 두고 집유설비를 할 것
4) 출입구에는 자동폐쇄식 60분+방화문 또는 60분 방화문을 설치할 것
5) 출입구 문턱의 높이는 바닥면으로부터 **0.1m 이상**으로 할 것
6) 가연성의 증기 또는 미분을 지붕 위로 방출하는 설비를 할 것

48 옥내저장탱크의 상호간에는 특별한 경우를 제외하고 최소 몇 m 이상의 간격을 유지하여야 하는가?

① 0.1m ② 0.2m
③ 0.3m ④ 0.5m

» 옥내저장탱크는 전용실의 안쪽 면과 탱크 사이의 거리 및 2개 이상의 탱크 사이의 상호거리를 모두 0.5m 이상으로 해야 한다.

49 위험물저장소에 해당하지 않는 것은?

① 옥외저장소 ② 지하탱크저장소
③ 이동탱크저장소 ④ 판매저장소

» ④ 판매저장소는 존재하지 않으며, 화공약품점이나 페인트점과 같은 장소를 판매취급소라 부르며 이는 취급소의 종류에 포함된다.

※ 저장소의 종류

지정수량 이상의 위험물을 저장하기 위한 장소	저장소의 구분
1. 옥내(건축물 내부)에 위험물을 저장하는 장소	옥내 저장소
2. 옥외(건축물 외부)에 있는 탱크에 위험물을 저장하는 장소	옥외탱크 저장소
3. 옥내에 있는 탱크에 위험물을 저장하는 장소	옥내탱크 저장소
4. 지하에 매설한 탱크에 위험물을 저장하는 장소	지하탱크 저장소
5. 간이탱크에 위험물을 저장하는 장소	간이탱크 저장소
6. 차량에 고정된 탱크에 위험물을 저장하는 장소	이동탱크 저장소
7. 옥외에 위험물을 저장하는 장소	옥외저장소
8. 암반 내의 공간을 이용한 탱크에 액체의 위험물을 저장하는 장소	암반탱크 저장소

정답 45. ③ 46. ③ 47. ④ 48. ④ 49. ④

50 위험물제조소등에서 위험물안전관리법상 안전거리 규제대상이 아닌 것은?

① 제6류 위험물을 취급하는 제조소를 제외한 모든 제조소
② 주유취급소
③ 옥외저장소
④ 옥외탱크저장소

» 안전거리를 제외할 수 있는 장소
1) 제6류 위험물을 취급하는 제조소, 취급소 또는 저장소
2) **주유취급소**, 판매취급소
3) 지하탱크저장소
4) 옥내탱크저장소
5) 암반탱크저장소
6) 이동탱크저장소
7) 간이탱크저장소

51 지정수량 20배 이상의 제1류 위험물을 저장하는 옥내저장소에서 내화구조로 하지 않아도 되는 것은? (단, 원칙적인 경우에 한한다.)

① 바닥
② 보
③ 기둥
④ 벽

» 옥내저장소의 건축물 기준
1) 내화구조로 해야 하는 것 : 벽, 기둥, 바닥
2) **불연재료**로 해야 하는 것 : **보**, 서까래, 계단

52 위험물안전관리법령상 자동화재탐지설비를 설치하지 않고 비상경보설비로 대신할 수 있는 것은?

① 일반취급소로서 연면적 $600m^2$인 것
② 지정수량 20배를 저장하는 옥내저장소로서 처마높이가 8m인 단층 건물
③ 단층 건물 외에 건축물에 설치된 지정수량 15배의 옥내탱크저장소로서 소화난이도등급Ⅱ에 속하는 것
④ 지정수량 20배를 저장·취급하는 옥내주유취급소

» 경보설비의 종류 중 자동화재탐지설비만을 설치해야 하는 경우
1) 제조소 및 일반취급소로서 연면적 $500m^2$ 이상인 것
2) 옥내저장소로서 지정수량의 100배 이상을 저장하거나 처마높이가 6m 이상인 단층 건물의 것
3) 단층 건물 외의 건축물에 설치된 **옥내탱크저장소로서 소화난이도등급 I에 해당하는 것**
4) 주유취급소로서 옥내주유취급소에 해당하는 것

53 알코올류 20,000L에 대한 소화설비 설치 시 소요단위는?

① 5 ② 10
③ 15 ④ 20

» 위험물의 1소요단위는 지정수량의 10배이고 알코올류의 지정수량은 400L이다. 따라서 알코올류 1소요단위는 400L×10=4,000L이므로, 알코올류 20,000L는 $\frac{20,000L}{4,000L}$=5소요단위가 된다.

54 위험물안전관리법령상 지정수량 10배 이상의 위험물을 저장하는 제조소에 설치하여야 하는 경보설비의 종류가 아닌 것은?

① 자동화재탐지설비
② 자동화재속보설비
③ 휴대용 확성기
④ 비상방송설비

» 지정수량 10배 이상의 위험물을 저장 또는 취급하는 제조소 등에 설치하는 경보설비의 종류
1) 자동화재탐지설비
2) 비상방송설비
3) 비상경보설비
4) 확성장치(휴대용 확성기) 중 1가지 이상

55 건축물 외벽이 내화구조이며 연면적 $300m^2$인 위험물 옥내저장소의 건축물에 대하여 소화설비의 소화능력단위는 최소한 몇 단위 이상이 되어야 하는가?

① 1단위 ② 2단위
③ 3단위 ④ 4단위

정답 50. ② 51. ② 52. ③ 53. ① 54. ② 55. ②

»» 소요단위

구 분	외벽이 내화구조	외벽이 비내화구조
위험물 제조소 및 취급소	연면적 $100m^2$	연면적 $50m^2$
위험물저장소	**연면적 $150m^2$**	연면적 $75m^2$
위험물	지정수량의 10배	

$\therefore \frac{300m^2}{150m^2}=2$

56 위험물 관련 신고 및 선임에 관한 사항으로 옳지 않은 것은?

① 제조소의 위치 · 구조 변경 없이 위험물 품명 변경 시는 변경한 날로부터 7일 이내에 신고하여야 한다.

② 제조소 설치자의 지위를 승계한 자는 승계한 날로부터 30일 이내에 신고하여야 한다.

③ 위험물안전관리자가 해임 또는 퇴직한 경우에는 소방본부장이나 소방서장에게 그 사실을 알려 해임 및 퇴직 사실을 확인받을 수 있다.

④ 위험물안전관리자가 퇴직한 경우는 퇴직일로부터 30일 이내에 선임하여야 한다.

»» ① 제조소의 위치 · 구조 또는 설비의 변경 없이 위험물 품명 · 수량 또는 지정수량의 배수를 변경하고자 하는 자는 **변경하고자 하는 날**의 **1일** 이내에 시 · 도지사에게 신고하여야 한다.
② 제조소등의 설치자의 지위를 승계한 자는 승계한 날부터 30일 이내에 시 · 도지사에게 신고하여야 한다.
③ 위험물안전관리자 해임 · 퇴직 신고는 할 필요가 없으며, 소방본부장이나 소방서장에게 그 사실을 알려 해임이나 퇴직한 사실을 확인받을 수 있다.
④ 안전관리자가 해임되거나 퇴직한 때에는 해임되거나 퇴직한 날부터 30일 이내에 다시 안전관리자를 선임하여야 한다.

57 제조소에서 취급하는 제4류 위험물의 최대수량의 합이 지정수량의 24만배 이상 48만배 미만의 사업소의 자체소방대에 두는 화학소방자동차 수와 소방대원 수의 기준으로 옳은 것은?

① 2대, 4인 ② 2대, 12인
③ 3대, 15인 ④ 3대, 24인

»» 자체소방대에 두는 화학소방자동차 및 자체소방대원의 수의 기준

사업소의 구분	화학소방 자동차의 수	자체소방 대원의 수
제조소 또는 일반취급소에서 취급하는 제4류 위험물의 최대수량의 합이 지정수량의 3천배 이상 12만배 미만인 사업소	1대	5인
제조소 또는 일반취급소에서 취급하는 제4류 위험물의 최대수량의 합이 지정수량의 12만배 이상 24만배 미만인 사업소	2대	10인
제조소 또는 일반취급소에서 취급하는 제4류 위험물의 최대수량의 합이 **지정수량의 24만배 이상 48만배 미만**인 사업소	**3대**	**15인**
제조소 또는 일반취급소에서 취급하는 제4류 위험물의 최대수량의 합이 지정수량의 48만배 이상인 사업소	4대	20인
옥외탱크저장소에서 저장하는 제4류 위험물의 최대수량이 지정수량의 50만배 이상인 사업소	2대	10인

58 제조소등에서 위험물을 유출시켜 사람의 신체 또는 재산에 위험을 발생시킨 자에 대한 벌칙기준으로 옳은 것은?

① 1년 이상 3년 이하의 징역
② 1년 이상 5년 이하의 징역
③ 1년 이상 7년 이하의 징역
④ 1년 이상 10년 이하의 징역

정답 56. ① 57. ③ 58. ④

»» 1) 제조소등에서 위험물을 유출 · 방출 또는 확산시켜 사람의 생명, 신체 또는 재산에 대하여 위험을 발생시킨 자는 **1년 이상 10년 이하의 징역**에 처한다.
2) 제조소등에서 위험물을 유출 · 방출 또는 확산시켜 사람을 상해에 이르게 한 때에는 무기 또는 3년 이상의 징역에 처하며, 사망에 이르게 한 때에는 무기 또는 5년 이상의 징역에 처한다.

59 위험물안전관리법령상 제조소등에 대한 긴급 사용정지명령 등을 할 수 있는 권한이 없는 자는?

① 시 · 도지사 ② 소방본부장
③ 소방서장 ④ 소방청장

»» 제조소등에 대한 긴급 사용정지명령 등을 할 수 있는 권한이 있는 자는 **시 · 도지사, 소방본부장, 소방서장**이다.

똑똑한 풀이비법

소방청장은 직위가 너무 높아 이런 종류의 일은 하지 않는 것으로 이해하면 된다.

60 위험물안전관리법에서 정의하는 다음 용어는 무엇인가?

인화성 또는 발화성 등의 성질을 가지는 것으로서 대통령령이 정하는 물품을 말한다.

① 위험물
② 인화성 물질
③ 자연발화성 물질
④ 가연물

»» 인화성 또는 발화성 등의 성질을 가지는 것으로서 대통령령이 정하는 물품은 위험물의 정의이다.

정답 59. ④ 60. ①

| 2021년 1월 31일 시행 |

2021

CBT 기출복원문제

제1회 위험물기능사

01 다음 중 화재의 원인에 대한 설명으로 틀린 것은?

① 연소대상물의 열전도율이 좋을수록 연소가 잘된다.
② 온도가 높을수록 연소위험이 높아진다.
③ 화학적 친화력이 클수록 연소가 잘된다.
④ 산소와 접촉이 잘될수록 연소가 잘된다.

⋙ ① 연소대상물의 열전도율이 좋으면 가진 열을 상대에게 다 주게 되므로 연소가 어렵다.

02 다음 중 증발연소를 하는 물질이 아닌 것은?

① 황 ② 석탄
③ 파라핀 ④ 나프탈렌

⋙ ①, ③, ④ : 증발연소
② : 분해연소

03 탄화칼슘과 물이 반응하였을 때 발생하는 가연성 가스의 연소범위에 가장 가까운 것은?

① 2.1~9.5vol% ② 2.5~81vol%
③ 4.1~74.2vol% ④ 15.0~28vol%

⋙ 탄화칼슘(제3류 위험물)은 물과 반응하여 **연소범위가 2.5~81vol%**인 아세틸렌(C_2H_2)가스를 발생한다.
– 탄화칼슘과 물과의 반응식

$$\underset{\text{탄화칼슘}}{CaC_2} + \underset{\text{물}}{2H_2O} \rightarrow \underset{\text{수산화칼슘}}{Ca(OH)_2} + \underset{\text{아세틸렌}}{C_2H_2}$$

04 0.99atm, 55℃에서 이산화탄소의 밀도는 약 몇 g/L인가?

① 0.62g/L
② 1.62g/L
③ 9.65g/L
④ 12.65g/L

PLAY ▶ 풀이

⋙ 이상기체방정식 : $PV = nRT = \frac{w}{M}RT$ 식을 변형하면 밀도$(d) = \frac{w}{V} = \frac{PM}{RT}$

여기서, P : 압력(atm)
V : 부피(L)
n : 몰수(mol)
R : 기체상수(0.082atm·L/mol·K)
T : 온도(K)=273+섭씨온도
w : 주어진 질량(g)
M : 분자량(g/mol)
d : 밀도(g/L)

$$\therefore d = \frac{0.99\text{atm} \times 44\text{g/mol}}{0.082\text{atm} \cdot \text{L/mol} \cdot \text{K} \times (273+55)\text{K}}$$
$$= 1.62\text{g/L}$$

05 제거소화의 예가 아닌 것은?

① 가스화재 시 가스공급을 차단하기 위해 밸브를 닫아 소화시킨다.
② 유전화재 시 폭약을 사용하여 폭풍에 의해 가연성 증기를 날려 소화시킨다.
③ 연소하는 가연물을 밀폐시켜 공기공급을 차단하여 소화한다.
④ 촛불을 입으로 바람을 불어서 소화시킨다.

⋙ 제거소화는 가연물을 제거하여 소화하는 방법이다. 연소하는 가연물을 밀폐시켜 공기공급을 차단하여 소화하는 방법은 질식소화에 해당한다.

06 위험물제조소 분말소화설비의 기준에서 분말소화약제의 가압용 가스로 사용할 수 있는 것은?

① 헬륨 또는 산소
② 네온 또는 염소
③ 아르곤 또는 산소
④ 질소 또는 이산화탄소

⋙ 분말소화약제의 가압용 또는 축압용 가스로는 질소 또는 이산화탄소를 사용한다.

정답 01. ① 02. ② 03. ② 04. ② 05. ③ 06. ④

07 Halon 1301 소화약제에 대한 설명으로 틀린 것은?

① 저장용기에 액체상으로 충전한다.
② 화학식은 CF_3Br이다.
③ 비점이 낮아서 기화가 용이하다.
④ 공기보다 가볍다.

④ **공기보다 무거운 불연성 기체**상으로 방사된다.

08 화재 시 이산화탄소를 방출하여 산소의 농도를 13vol%로 낮추어 소화를 하려면 혼합 기체 중의 이산화탄소는 몇 vol%가 되어야 하는가?

① 28.1vol%
② 38.1vol%
③ 42.86vol%
④ 48.36vol%

PLAY▶풀이

이산화탄소 소화약제의 질식소화 원리

산소 21%	

⇩

이산화탄소 8%	산소 13%

이산화탄소는 공기 중에 포함된 산소의 농도에만 영향을 미친다. 산소 21%의 공간 안에 이산화탄소가 8% 들어오면 산소는 13%만 남게 된다. 문제는 이산화탄소와 산소의 농도를 합산한 농도 중 이산화탄소가 차지하는 비율을 구하는 것이므로

$$\frac{\text{이산화탄소}}{\text{이산화탄소}+\text{산소}}\times 100=\frac{8}{8+13}\times 100$$
$$=38.1\text{vol\%}$$

09 BCF(Bromochlorodifluoromethane) 소화약제의 화학식으로 옳은 것은?

① CCl_4
② CH_2ClBr
③ CF_3Br
④ CF_2ClBr

BCF(bromochlorodifluoromethane)의 화학식은 CF_2ClBr이며, 탄소(C)와 함께 Br, Cl, F를 모두 포함하는 할로젠화합물 소화약제를 의미한다.

10 위험물안전관리법령상 위험물제조소 등에서 전기설비가 있는 곳에 적응하는 소화설비는?

① 옥내소화전설비
② 스프링클러설비
③ 포소화설비
④ 할로젠화합물 소화설비

전기설비의 화재 시에는 질식 또는 억제 소화가 효과적이므로 〈보기〉 중에서는 억제소화효과를 가지는 할로젠화합물 소화설비가 적응성이 있다.

똑똑한 풀이비법

포소화설비는 제4류 위험물의 화재 시에는 질식효과가 있지만,
전기설비의 화재 시에는 수분이 포함되어 있어서 사용해서는 안 된다.

11 위험물제조소등에 옥내소화전설비를 설치할 경우 옥내소화전이 가장 많이 설치된 층의 소화전의 개수가 4개일 때 확보하여야 할 수원의 수량은?

① $10.4m^3$
② $20.8m^3$
③ $31.2m^3$
④ $41.6m^3$

옥내소화전에 필요한 수원의 양은 $7.8m^3$에 옥내소화전이 가장 많이 설치되어 있는 층의 소화전 개수를 곱한 양 이상으로 하되, 소화전 개수가 5개 이상이면 최대 5개의 옥내소화전의 수만 곱해주면 된다.
$\therefore\ 7.8m^3\times 4=31.2m^3$

12 다음 각 위험물의 지정수량의 총 합은 몇 kg인가?

알킬리튬, 리튬, 수소화나트륨, 인화칼슘, 탄화칼슘

① 820kg ② 900kg
③ 960kg ④ 1,260kg

정답 07. ④ 08. ② 09. ④ 10. ④ 11. ③ 12. ③

1) 알킬리튬 : 10kg
2) 리튬 : 50kg
3) 수소화나트륨 : 300kg
4) 인화칼슘 : 300kg
5) 탄화칼슘 : 300kg
∴ 10kg + 50kg + 300kg + 300kg + 300kg = 960kg

13 위험물 운반에 관한 기준 중 위험등급 I에 해당하는 위험물은?

① 황화인
② 피리딘
③ 과산화바륨
④ 질산나트륨

① 황화인(제2류 위험물, 지정수량 100kg) : 위험등급 Ⅱ
② 피리딘(제4류 위험물의 제1석유류, 지정수량 400L) : 위험등급 Ⅱ
③ **과산화바륨(제1류 위험물의 무기과산화물, 지정수량 50kg) : 위험등급 I**
④ 질산나트륨(제1류 위험물의 질산염류, 지정수량 300kg) : 위험등급 Ⅱ

14 다음 중 물과 반응하여 가연성 가스를 발생하지 않는 것은?

① 리튬 ② 나트륨
③ 황 ④ 칼슘

③ 황은 물과 반응하지 않는 물질이며 나머지 <보기>의 금속들은 물과 반응 시 수소를 발생한다.

15 염소산나트륨의 저장 및 취급 방법으로 옳지 않은 것은?

① 철제용기에 저장한다.
② 습기가 없는 찬 장소에 보관한다.
③ 조해성이 크므로 용기는 밀전한다.
④ 가열, 충격, 마찰을 피하고 점화원의 접근을 금한다.

① 제1류 위험물로서 산소공급원을 가지고 있어 철제용기를 부식시키므로 **철제용기에 저장할 수 없다.**

16 제1류 위험물 중 과산화칼륨을 다음과 같이 반응시켰을 때 공통적으로 발생되는 기체는 어느 것인가?

- 물과 반응을 시켰다.
- 가열하였다.
- 탄산가스와 반응시켰다.

① 수소 ② 이산화탄소
③ 산소 ④ 이산화황

제1류 위험물 중 **과산화칼륨**, 과산화나트륨, 과산화리튬 등의 알칼리금속의 과산화물은 물과의 반응은 물론 가열, 충격, 마찰 등 점화원의 유입 및 이산화탄소와 반응 시 모두 **산소를 발생**시킨다.

17 질산암모늄의 일반적 성질에 대한 설명 중 옳은 것은?

① 불안정한 물질이고 물에 녹을 때는 흡열 반응을 나타낸다.
② 물에 대한 용해도값이 매우 작아 물에 거의 불용이다.
③ 가열 시 분해하여 수소를 발생한다.
④ 과일향의 냄새가 나는 적갈색 비결정체이다.

② 물에 잘 녹는 수용성 물질이다.
③ 가열 시 분해하여 산소를 발생한다.
– 질산암모늄의 분해반응식
$$2NH_4NO_3 \rightarrow 2N_2 + O_2 + 4H_2O$$
질산암모늄 질소 산소 물(수증기)
④ 무색, 무취의 분말이다.

18 다음 중 위험물안전관리법령상 행정안전부령으로 정하는 제1류 위험물에 해당하지 않는 것은?

① 과아이오딘산
② 질산구아니딘
③ 차아염소산염류
④ 염소화아이소사이아누르산

정답 13. ③ 14. ③ 15. ① 16. ③ 17. ① 18. ②

≫ 행정안전부령이 정하는 위험물의 구분

유 별	품 명	지정수량
제1류	차아염소산염류	50kg
	과아이오딘산염류, 과아이오딘산, 크로뮴, 납 또는 아이오딘의 산화물, 아질산염류, 염소화아이소사이아누르산, 퍼옥소이황산염류, 퍼옥소붕산염류	300kg
제3류	염소화규소화합물	300kg
제5류	금속의 아지화합물, **질산구아니딘**	제1종 10kg, 제2종 100kg
제6류	할로젠간화합물	300kg

19 적린의 일반적인 성질에 대한 설명으로 틀린 것은?

① 비금속원소이다.
② 암적색의 분말이다.
③ 승화온도가 약 260℃이다.
④ 이황화탄소에 녹지 않는다.

≫ ③ 착화온도가 260℃이며 **승화**(고체에 열을 가했을 때 액체를 거치지 않고 바로 기체가 되는 상태)**온도는 400℃**이다.
④ 물, 이황화탄소에 녹지 않고 삼브로민화인에 녹는다.

20 다음 중 황 분말과 혼합했을 때 가열 또는 충격에 의해서 폭발할 위험이 가장 높은 것은?

① 질산암모늄 ② 물
③ 이산화탄소 ④ 마른모래

≫ 황(제2류 위험물)은 가연성 고체이며 이와 함께 연소하기 위해서는 점화원과 산소공급원이 필요한데 〈보기〉 중 제1류 위험물인 질산암모늄은 산소공급원 역할을 하므로 폭발의 위험이 가장 높다.

21 위험물안전관리법령상 제2류 위험물 중 지정수량이 500kg인 물질에 의한 화재는?

① A급 화재 ② B급 화재
③ C급 화재 ④ D급 화재

≫ 제2류 위험물 중 지정수량이 500kg인 것은 철분, 금속분, 마그네슘이며 이들에 의한 화재는 금속화재(D급 화재)이다.

22 금속나트륨에 대한 설명으로 옳지 않은 것은?

① 물과 격렬히 반응하여 발열하고 수소가스를 발생한다.
② 에틸알코올과 반응하여 나트륨에틸라이트와 수소가스를 발생한다.
③ 할로젠화합물 소화약제는 사용할 수 없다.
④ 은백색의 광택이 있는 중금속이다.

≫ ① 제3류 위험물 중 금수성 물질로서 물과 반응하여 발열하고 수소가스를 발생한다.
② 에틸알코올과 반응하여 나트륨에틸라이트와 수소가스를 발생한다.
③ 할로젠화합물 소화약제는 사용할 수 없고 마른모래, 팽창질석, 팽창진주암, 탄산수소염류 분말소화약제만 사용할 수 있다.
④ 은백색의 광택이 있는 **경금속**으로 칼로 자를 수 있을만큼 무르다.

23 위험물안전관리법령에 따른 제3류 위험물에 대한 화재예방 또는 소화의 대책으로 틀린 것은?

① 이산화탄소, 할로젠화합물, 분말 소화약제를 사용하여 소화한다.
② 칼륨은 석유, 등유의 보호액 속에 저장한다.
③ 알킬알루미늄은 헥세인, 톨루엔 등 탄화수소용제를 희석제로 사용한다.
④ 알킬알루미늄, 알킬리튬을 저장하는 탱크에는 불활성 가스의 봉입장치를 설치한다.

≫ ① 제3류 위험물 중 금수성 물질의 경우 화재 시 소화약제로 **이산화탄소, 할로젠화합물, 분말 소화약제는 효과가 없고** 마른모래, 팽창질석, 팽창진주암, 탄산수소염류 분말소화약제만 적응성이 있다.

정답 19. ③ 20. ① 21. ④ 22. ④ 23. ①

24 다음 중 황린의 위험성에 대한 설명으로 틀린 것은?

① 공기 중에서 자연발화의 위험성이 있다.
② 연소 시 발생되는 증기는 유독하다.
③ 화학적 활성이 커서 CO_2, H_2O와 격렬히 반응한다.
④ 강알칼리용액과 반응하여 독성 가스를 발생한다.

③ 화학적 활성이 크고 착화온도가 매우 낮아서 공기 중에서 자연발화를 할 수 있기 때문에 pH 9인 약알칼리성의 물속에 보관한다. 단, 강알칼리성의 물에서는 독성인 포스핀 가스를 발생한다.

25 트라이메틸알루미늄이 물과 반응 시 생성되는 물질은?

① 산화알루미늄
② 메테인
③ 메틸알코올
④ 에테인

트라이메틸알루미늄은 물과 반응 시 수산화알루미늄[$Al(OH)_3$]과 **메테인**(CH_4)이 발생한다.
– 트라이메틸알루미늄과 물과의 반응식

$$\underset{\text{트라이메틸알루미늄}}{(CH_3)_3Al} + \underset{\text{물}}{3H_2O} \rightarrow \underset{\text{수산화알루미늄}}{Al(OH)_3} + \underset{\text{메테인}}{3CH_4}$$

26 다음 중 제4류 위험물에 대한 설명으로 가장 옳은 것은?

① 물과 접촉하면 발열하는 것
② 자기연소성 물질
③ 많은 산소를 함유하는 강산화제
④ 상온에서 액상인 가연성 액체

① 물과 접촉하면 발열하는 것은 제1류 위험물의 알칼리금속의 과산화물, 제3류 위험물의 금수성 물질, 제6류 위험물의 성질이다.
② 자기연소성 물질은 제5류 위험물의 성질이다.
③ 많은 산소를 함유하는 강산화제는 제1류 위험물과 제6류 위험물의 성질이다.
④ **상온에서 액상인 가연성 액체는 제4류 위험물**(인화성 액체)의 성질이다.

27 1몰의 이황화탄소와 고온의 물이 반응하여 생성되는 독성 기체 물질의 질량(g)은?

① 34g
② 68g
③ 102g
④ 204g

이황화탄소(CS_2)는 물속에 보관하는 물질이지만 물에 저장한 상태에서 150℃ 이상의 열로 가열하면 유독성의 황화수소(H_2S)가스가 발생하므로 차가운 물에 보관해야 한다.
– 이황화탄소와 물과의 반응식(150℃ 이상)

$$\underset{\text{이황화탄소}}{CS_2} + \underset{\text{물}}{2H_2O} \rightarrow \underset{\text{황화수소}}{2H_2S} + \underset{\text{이산화탄소}}{CO_2}$$

표준상태에서 기체 1mol의 부피=22.4L임을 이용한다.

$$\therefore 1\text{mol } CS_2 \times \frac{2\text{mol } H_2S}{1\text{mol } CS_2} \times \frac{22.4\text{L}}{1\text{mol } H_2S} = 44.8\text{L}$$

28 아세트알데하이드의 저장·취급 시 주의사항으로 틀린 것은?

① 강산화제와의 접촉을 피한다.
② 취급설비에는 구리합금의 사용을 피한다.
③ 수용성이기 때문에 화재 시 물로 희석소화가 가능하다.
④ 옥외저장탱크에 저장 시 조연성 가스를 주입한다.

④ 옥외저장탱크에 저장 시 조연성 가스인 산소를 주입하면 위험해지기 때문에 질소 등의 **불연성 가스를 주입**해야 한다.

29 다음 중 질산메틸의 성질에 대한 설명으로 틀린 것은?

① 비점은 약 66℃이다.
② 증기는 공기보다 가볍다.
③ 무색투명한 액체이다.
④ 자기반응성 물질이다.

② 분자량이 77이므로 증기비중은 77/29=2.66으로 **증기는 공기보다 무겁다.**

정답 24. ③ 25. ② 26. ④ 27. ② 28. ④ 29. ②

30 이황화탄소기체는 수소기체보다 20℃, 1기압에서 몇 배 더 무거운가?

① 11배
② 22배
③ 32배
④ 38배

》 $증기비중 = \frac{물질의\ 분자량}{공기의\ 분자량(29)}$

두 기체의 분자량을 29로 각각 나누어주면 각 기체의 증기비중을 알 수 있지만 두 기체의 분자량의 차이가 바로 증기비중의 차이와 같은 값이므로 두 기체의 분자량의 배수를 구하면 된다.
이황화탄소(CS_2)의 분자량 : 12(C)+32(S)×2=76
수소(H_2)의 분자량 : 1(H)×2=2

$\therefore \frac{76}{2}$=38배

31 위험물안전관리법령상 위험물의 운반에 관한 기준에 따르면 알코올류의 위험등급은 얼마인가?

① 위험등급 Ⅰ
② 위험등급 Ⅱ
③ 위험등급 Ⅲ
④ 위험등급 Ⅳ

》 제4류 위험물의 위험등급
1) 위험등급 Ⅰ : 특수인화물
2) **위험등급 Ⅱ** : 제1석유류, **알코올류**
3) 위험등급 Ⅲ : 제2석유류, 제3석유류, 제4석유류, 동식물유류

32 경유에 대한 설명으로 틀린 것은?

① 물에 녹지 않는다.
② 비중은 1 이하이다.
③ 발화점이 인화점보다 높다.
④ 인화점은 상온 이하이다.

》 ④ 제4류 위험물의 제2석유류이므로 인화점은 21℃ 이상 70℃ 미만으로 **상온(20℃) 이상**이다.

33 트라이나이트로페놀에 대한 일반적인 설명으로 틀린 것은?

① 가연성 물질이다.
② 공업용은 보통 휘황색의 결정이다.
③ 알코올에 녹지 않는다.
④ 납과 화합하여 예민한 금속염을 만든다.

》 ③ 트라이나이트로페놀은 찬물에 안 녹고 온수, **알코올**, 벤젠, 에터에는 **잘 녹는다.**

34 규조토에 흡수시켜 다이너마이트를 제조할 때 사용되는 위험물은?

① 다이나이트로톨루엔
② 질산에틸
③ 나이트로글리세린
④ 나이트로셀룰로스

》 나이트로글리세린(제5류 위험물)을 규조토에 흡수시키면 다이너마이트를 제조할 수 있다.

35 순수한 것은 무색투명한 기름상의 액체이고 공업용은 담황색인 위험물로 충격, 마찰에는 매우 예민하며 겨울철에는 동결할 우려가 있는 것은?

① 펜트리트
② 트라이나이트로벤젠
③ 나이트로글리세린
④ 질산메틸

》 ③ 나이트로글리세린(제5류 위험물)은 질산에스터류에 해당하는 물질로서 상온에서 무색투명한 기름상의 액체이며, 액체상태에서는 매우 민감한 편이고, 고체상태에서는 비교적 충격이나 마찰에 둔감한 편이다.

36 질화면을 강면약과 약면약으로 구분하는 기준은?

① 물질의 경화도 ② 수산기의 수
③ 질산기의 수 ④ 탄소 함유량

정답 30. ④ 31. ② 32. ④ 33. ③ 34. ③ 35. ③ 36. ③

≫ 질산에스터류에 속하는 나이트로셀룰로스(제5류 위험물)는 질화면이라 불리는 물질로서 **질산기의 수에 따라 강면약과 약면약으로 구분**되며 강면약일수록 폭발력이 강하다.

37 다음 위험물 중 발화점이 가장 낮은 것은 어느 것인가?

① 피크린산
② TNT
③ 과산화벤조일
④ 나이트로셀룰로스

≫ ① 피크린산 : 300℃
② TNT : 300℃
③ **과산화벤조일 : 125℃**
④ 나이트로셀룰로스 : 180℃

38 다음의 위험물 중 비중이 물보다 큰 것은 모두 몇 개인가?

과염소산, 과산화수소, 질산

① 0
② 1
③ 2
④ 3

≫ 과염소산, 과산화수소, 질산은 모두 제6류 위험물이며, 모든 **제6류 위험물은 물보다 무겁고** 물에 잘 녹는다.

39 질산과 과염소산의 공통성질에 해당하지 않는 것은?

① 산소를 함유하고 있다.
② 불연성 물질이다.
③ 강산이다.
④ 비점이 상온보다 낮다.

≫ ④ 과염소산($HClO_4$)의 비점은 39℃이고, 질산(HNO_3)의 비점은 86℃로 모두 상온(20℃)보다 높다.

40 위험물안전관리법령에 따라 기계에 의하여 하역하는 구조로 된 운반용기의 외부에 행하는 표시내용에 해당하지 않는 것은? (단, 국제해상위험물규칙에 정한 기준 또는 소방청장이 정하여 고시하는 기준에 적합한 표시를 한 경우는 제외한다.)

① 운반용기의 제조년월
② 제조자의 명칭
③ 겹쳐쌓기 시험하중
④ 용기의 유효기간

≫ 기계에 의하여 하역하는 구조로 된 운반용기에는 일반적인 운반용기에 표시하는 내용 외에 다음의 내용을 추가로 표시하여야 한다.
1) 운반용기의 제조년월 및 제조자의 명칭
2) 겹쳐쌓기 시험하중
3) 운반용기의 종류에 따른 중량

41 다음은 위험물을 저장하는 탱크의 공간용적 산정기준이다. ( ) 안에 들어갈 수치로 옳은 것은?

• 위험물을 저장 또는 취급하는 탱크의 공간용적은 탱크 내용적의 (A) 이상 (B) 이하의 용적으로 한다. 단, 소화설비(소화약제 방출구를 탱크 안의 윗부분에 설치하는 것에 한한다)를 설치하는 탱크의 공간용적은 그 소화설비의 소화약제 방출구 아래의 0.3m 이상 1m 미만 사이 면으로부터 윗부분의 용적으로 한다. • 암반탱크에 있어서는 그 탱크 내에 용출하는 (C)일간의 지하수의 양에 상당하는 용적과 그 탱크 내용적의 (D)의 용적 중에서 보다 큰 용적을 공간용적으로 한다.

① A : 3/100, B : 10/100, C : 10, D : 1/100
② A : 5/100, B : 5/100, C : 10, D : 1/100
③ A : 5/100, B : 10/100, C : 7, D : 1/100
④ A : 5/100, B : 10/100, C : 10, D : 3/100

정답 37. ③ 38. ④ 39. ④ 40. ④ 41. ③

🅟 탱크의 공간용적 산정기준
1) 일반탱크의 공간용적 : 탱크의 내용적의 **100분의 5 이상 100분의 10 이하**
2) 소화설비(소화약제 방출구를 탱크 안의 윗부분에 설치하는 것에 한한다)를 설치하는 탱크의 공간용적 : 그 소화설비의 소화약제 방출구 아래의 0.3m 이상 1m 미만 사이의 면으로부터 윗부분의 용적으로 한다.
3) 암반탱크의 공간용적 : 해당 탱크 내에 용출하는 **7일간** 지하수의 양에 상당하는 용적과 해당 탱크 내용적의 **100분의 1**의 용적 중에서 보다 큰 용적을 공간용적으로 한다.

42 제조소등에 있어서 위험물의 저장하는 기준으로 잘못된 것은?

① 황린은 제3류 위험물이므로 물기가 없는 건조한 장소에 저장하여야 한다.
② 덩어리상태의 황은 위험물 용기에 수납하지 않고 옥내저장소에 저장할 수 있다.
③ 옥내저장소에서는 용기에 수납하여 저장하는 위험물의 온도가 55℃를 넘지 아니하도록 필요한 조치를 강구하여야 한다.
④ 이동저장탱크에는 저장 또는 취급하는 위험물의 유별, 품명, 최대수량 및 적재중량을 표시하고 잘 보일 수 있도록 관리하여야 한다.

🅟 ① 황린은 제3류 위험물 중 자연발화성 물질이므로 pH 9인 약알칼리성의 물속에 저장하여야 한다.

43 위험물안전관리법령은 위험물의 유별에 따른 저장 · 취급상의 유의사항을 규정하고 있다. 이 규정에서 특히 과열, 충격, 마찰을 피해야 할 류에 속하는 위험물의 품명을 바르게 나열한 것은?

① 하이드록실아민, 금속의 아지화합물
② 금속의 산화물, 칼슘의 탄화물
③ 무기금속화합물, 인화성 고체
④ 무기과산화물, 금속의 산화물

🅟 위험물의 저장 · 취급상 과열, 충격, 마찰을 피해야 할 유별은 제5류 위험물이다.
① **하이드록실아민(제5류 위험물), 금속의 아지화합물(행정안전부령이 정하는 제5류 위험물)**
② 금속의 산화물(비위험물), 칼슘의 탄화물(제3류 위험물)
③ 무기금속화합물(비위험물), 인화성 고체(제2류 위험물)
④ 무기과산화물(제1류 위험물), 금속의 산화물(비위험물)

44 위험물 운반에 관한 사항 중 위험물안전관리법령에서 정한 내용과 틀린 것은?

① 운반용기에 수납하는 위험물이 다이에틸에터라면 운반용기 중 최대용적이 1L 이하라 하더라도 규정에 따른 품명, 주의사항 등 표시사항을 부착하여야 한다.
② 운반용기에 담아 적재하는 물품이 황린이라면 파라핀, 경유 등 보호액으로 채워 밀봉한다.
③ 운반용기에 담아 적재하는 물품이 알킬알루미늄이라면 운반용기 내용적의 90% 이하의 수납률을 유지하여야 한다.
④ 기계에 의하여 하역하는 구조로 된 경질플라스틱제 운반용기는 제조된 때로부터 5년 이내의 것이어야 한다.

🅟 ② 운반용기에 담아 적재하는 물품이 황린이라면 자연발화성 물질이므로 파라핀, 경유가 아닌 물속에 보관해야 한다.

45 옥외저장소에 덩어리상태의 황만을 지반면에 설치한 경계표시의 안쪽에서 저장할 경우 하나의 경계표시의 내부면적은 몇 m^2 이하이어야 하는가?

① $75m^2$　② $100m^2$
③ $150m^2$　④ $300m^2$

🅟 옥외저장소에서 덩어리상태의 황만을 지반면에 설치한 경계표시의 안쪽에서 저장할 때 하나의 경계표시의 내부면적은 $100m^2$ 이하로 해야 한다.

정답 42. ① 43. ① 44. ② 45. ②

46 위험물안전관리법령상 제4류 위험물을 지정수량의 3천배 초과 4천배 이하로 저장하는 옥외탱크저장소의 보유공지는 얼마인가?

① 6m 이상　② 9m 이상
③ 12m 이상　④ 15m 이상

≫ 옥외탱크저장소의 보유공지

저장 또는 취급하는 위험물의 최대수량	공지의 너비
지정수량의 500배 이하	3m 이상
지정수량의 500배 초과 1,000배 이하	5m 이상
지정수량의 1,000배 초과 2,000배 이하	9m 이상
지정수량의 2,000배 초과 3,000배 이하	12m 이상
지정수량의 3,000배 초과 4,000배 이하	**15m 이상**
지정수량의 4,000배 초과	1. 탱크의 지름과 높이 중 큰 것 이상으로 한다. 2. 최소 15m 이상으로 하고 최대 30m 이하로 한다.

47 다음 중 위험물안전관리법령상 위험물제조소와의 안전거리가 가장 먼 것은?

① '고등교육법'에서 정하는 학교
② '의료법'에 따른 병원급 의료기관
③ '고압가스안전관리법'에 의하여 허가를 받은 고압가스제조시설
④ '문화유산의 보존 및 활용에 관한 법률'에 의한 지정문화유산

≫ 위험물제조소와의 안전거리기준
1) 주거용 건축물(제조소의 동일부지 외에 있는 것) : 10m 이상
2) 학교 · 병원 · 극장(300명 이상), 다수인 수용시설 : 30m 이상
3) **지정문화유산, 천연기념물 : 50m 이상**
4) 고압가스, 액화석유가스 등의 저장 · 취급 시설 : 20m 이상
5) 사용전압 7,000V 초과 35,000V 이하의 특고압가공전선 : 3m 이상
6) 사용전압 35,000V를 초과하는 특고압가공전선 : 5m 이상

48 위험물안전관리법령상 간이탱크저장소에 대한 설명 중 틀린 것은?

① 간이저장탱크의 용량은 600L 이하여야 한다.
② 하나의 간이탱크저장소에 설치하는 간이저장탱크는 5개 이하여야 한다.
③ 간이저장탱크는 두께 3.2mm 이상의 강판으로 흠이 없도록 제작하여야 한다.
④ 간이저장탱크는 70kPa의 압력으로 10분간의 수압시험을 실시하여 새거나 변형되지 않아야 한다.

≫ ② 하나의 간이탱크저장소에 설치할 수 있는 간이저장탱크의 수는 3개 이하이다.

49 위험물제조소에 설치하는 안전장치 중 위험물의 성질에 따라 안전밸브의 작동이 곤란한 가압설비에 한하여 설치하는 것은 어느 것인가?

① 파괴판
② 안전밸브를 병용하는 경보장치
③ 감압 측에 안전밸브를 부착한 감압밸브
④ 연성계

≫ 위험물을 가압하는 설비 또는 그 취급하는 위험물의 압력이 상승할 우려가 있는 설비에는 압력계 및 다음 중 하나에 해당하는 안전장치를 설치하여야 한다.
1) 자동으로 압력의 상승을 정지시키는 장치
2) 감압 측에 안전밸브를 부착한 감압밸브
3) 안전밸브를 병용하는 경보장치
4) **파괴판(위험물의 성질에 따라 안전밸브의 작동이 곤란한 가압설비에 한한다)**

50 위험물은 지정수량의 몇 배를 1소요단위로 하는가?

① 1배　② 10배
③ 50배　④ 100배

≫ 위험물의 1소요단위 : 지정수량의 10배

정답 46. ④ 47. ④ 48. ② 49. ① 50. ②

51 혼합물인 위험물이 복수의 성상을 가지는 경우에 적용하는 품명에 관한 설명으로 틀린 것은?

① 산화성 고체의 성상 및 가연성 고체의 성상을 가지는 경우 : 산화성 고체의 품명
② 산화성 고체의 성상 및 자기반응성 물질의 성상을 가지는 경우 : 자기반응성 물질의 품명
③ 가연성 고체의 성상 및 자연발화성 물질의 성상 및 금수성 물질의 성상을 가지는 경우 : 자연발화성 물질 및 금수성 물질의 품명
④ 인화성 액체의 성상 및 자기반응성 물질의 성상을 가지는 경우 : 자기반응성 물질의 품명

» 복수의 성상을 가지는 위험물(하나의 물질이 2가지의 위험물 성질을 동시에 가지고 있는 것)의 품명기준
(공식 : 제1류 < 제2류 < 제4류 < 제3류 < 제5류)
① **산화성 고체(제1류) < 가연성 고체(제2류) : 가연성 고체(제2류)**
② 산화성 고체(제1류) < 자기반응성 물질(제5류) : 자기반응성 물질(제5류)
③ 가연성 고체(제2류) < 자연발화성 및 금수성 물질(제3류) : 자연발화성 및 금수성 물질(제3류)
④ 인화성 액체(제4류) < 자기반응성 물질(제5류) : 자기반응성 물질(제5류)

52 위험물시설에 설치하는 소화설비와 관련한 소요단위의 산출방법에 관한 설명 중 옳은 것은?

① 제조소등의 옥외에 설치된 공작물은 외벽이 내화구조인 것으로 간주한다.
② 위험물은 지정수량의 20배를 1소요단위로 한다.
③ 취급소의 건축물은 외벽이 내화구조인 것은 연면적 $75m^2$를 1소요단위로 한다.
④ 제조소의 건축물은 외벽이 내화구조인 것은 연면적 $150m^2$를 1소요단위로 한다.

» 소요단위 : 소화설비의 설치대상이 되는 건축물 또는 그 밖의 공작물의 규모나 위험물량의 기준단위를 1소요단위라고 정하며 아래의 [표]와 같다.

구 분	외벽이 내화구조	외벽이 비내화구조
위험물 제조소 및 취급소	연면적 $100m^2$	연면적 $50m^2$
위험물저장소	연면적 $150m^2$	연면적 $75m^2$
위험물	지정수량의 10배	

① 제조소의 외벽과 제조소 옥외에 설치된 공작물의 외벽은 기본적으로 내화구조로 간주한다.
② 위험물은 지정수량의 10배를 1소요단위로 한다.
③ 취급소의 건축물은 외벽이 내화구조인 것은 연면적 $100m^2$를 1소요단위로 한다.
④ 제조소의 건축물은 외벽이 내화구조인 것은 연면적 $100m^2$를 1소요단위로 한다.

53 주유취급소 건축물 2층에 휴게음식점 용도로 사용하는 것에 있어 그 건축물 2층으로부터 직접 주유취급소의 부지 밖으로 통하는 출입구와 그 출입구로 통하는 통로 및 계단에 설치해야 하는 것은 무엇인가?

① 비상경보설비 ② 유도등
③ 비상조명등 ④ 확성장치

» 통로 및 계단에는 화재 시 부지 밖으로 나올 수 있는 통로 등에 유도등을 설치하여야 한다.

54 위험물제조소등에 자동화재탐지설비를 설치하는 경우 해당 건축물, 그 밖의 공작물의 주요한 출입구에서 그 내부 전체를 볼 수 있는 경우에 하나의 경계구역의 면적은 최대 몇 m^2까지 할 수 있는가?

① $300m^2$ ② $600m^2$
③ $1,000m^2$ ④ $1,200m^2$

» 자동화재탐지설비의 경계구역은 건축물의 2 이상의 층에 걸치지 아니하도록 하고 하나의 경계구역의 면적은 $600m^2$ 이하로 한다. 단, 건축물의 주요한 출입구에서 그 내부 전체를 볼 수 있는 경우는 면적을 **$1,000m^2$ 이하**로 할 수 있다.

정답 51. ① 52. ① 53. ② 54. ③

55 소화난이도등급 Ⅰ에 해당하는 위험물제조소는 연면적이 몇 m^2 이상인 것인가?

① $400m^2$　② $600m^2$
③ $800m^2$　④ $1,000m^2$

» 소화난이등급 Ⅰ에 해당하는 제조소등에서 제조소 및 일반취급소의 기준
1) 연면적 **$1,000m^2$** 이상인 것
2) 지정수량의 100배 이상인 것(고인화점 위험물만을 100℃ 미만의 온도에서 취급하는 것은 제외)
3) 지반면으로부터 6m 이상의 높이에 위험물 취급설비가 있는 것(고인화점 위험물만을 100℃ 미만의 온도에서 취급하는 것은 제외)

56 이동탱크저장소에 있어서 구조물 등의 시설을 변경하는 경우 변경허가를 받아야 하는 경우는?

① 펌프설비를 보수하는 경우
② 동일 사업장 내에서 상치장소의 위치를 이전하는 경우
③ 직경이 200mm인 이동저장탱크의 맨홀을 신설하는 경우
④ 탱크 본체를 절개하여 탱크를 보수하는 경우

» 이동탱크저장소의 변경허가를 받아야 하는 경우
1) 동일 사업장이 아닌 사업장으로 상치장소의 위치를 이전하는 경우
2) 탱크의 직경이 250mm 초과인 이동탱크에 맨홀을 신설하는 경우
3) 탱크의 본체를 절개하여 보수하는 경우

57 탱크 안전성능검사 내용의 구분에 해당하지 않는 것은?

① 기초, 지반 검사　② 충수, 수압 검사
③ 용접부 검사　④ 배관 검사

» 탱크 안전성능검사의 내용
1) 기초, 지반 검사
2) 충수, 수압 검사
3) 용접부 검사

58 과산화바륨에 대한 설명 중 틀린 것은?

① 약 840℃의 고온에서 산소를 발생한다.
② 알칼리금속의 과산화물에 해당된다.
③ 비중은 1보다 크다.
④ 유기물과의 접촉을 피한다.

» ① 제1류 위험물로서 약 840℃로 가열하면 분해하여 산소를 발생한다.
② 바륨(Ba)이라는 알칼리토금속에 속하는 원소를 포함한 과산화물이므로 알칼리토금속의 과산화물에 해당한다.
③ 제1류 위험물은 모두 비중이 1보다 크다.
④ 유기물(탄소를 포함하는 물질)은 가연성을 가지므로 산소공급원인 제1류 위험물과의 접촉을 피해야 한다.

59 다음 중 제2류 위험물이 아닌 것은?

① 황화인
② 황
③ 마그네슘
④ 칼륨

» ①, ②, ③ : 제2류 위험물
④ : 제3류 위험물

60 트라이에틸알루미늄의 안전관리에 관한 설명 중 틀린 것은 무엇인가?

① 물과의 접촉을 피한다.
② 냉암소에 저장한다.
③ 화재발생 시 팽창질석을 사용한다.
④ I_2 또는 Cl_2 가스의 분위기에서 저장한다.

» ① 제3류 위험물로서 물과 반응 시 에테인(C_2H_6) 가스를 발생한다.
– 트라이에틸알루미늄과 물과의 반응식
$(C_2H_5)_3Al + 3H_2O \rightarrow Al(OH)_3 + 3C_2H_6$
트라이에틸알루미늄　물　수산화알루미늄　에테인
④ F_2, Cl_2, Br_2, I_2는 할로젠원소로서 조연성(연소를 도와준다)을 가지는 산소공급원 역할을 한다. 따라서, 위험물을 저장할 때 사용하면 위험하다.

정답 55. ④ 56. ④ 57. ④ 58. ② 59. ④ 60. ④

2021

CBT 기출복원문제

제2회 위험물기능사

01 다음 고온체의 색상을 낮은 온도부터 나열한 것으로 옳은 것은?

① 암적색 < 황적색 < 백적색 < 휘적색
② 휘적색 < 백적색 < 황적색 < 암적색
③ 휘적색 < 암적색 < 황적색 < 백적색
④ 암적색 < 휘적색 < 황적색 < 백적색

» 고온체의 색상은 온도가 낮을수록 어두운 색이며 온도가 높을수록 밝은 색을 띠게 된다.
따라서, 암적색(700℃) < 휘적색(950℃) < 황적색(1,100℃) < 백적색(1,300℃)의 순서가 된다.

02 어떤 소화기에 'ABC'라고 표시되어 있다. 다음 중 사용할 수 없는 화재는?

① 금속화재 ② 유류화재
③ 전기화재 ④ 일반화재

» ① 'ABC'소화기는 D급(금속화재)에는 사용할 수 없다.
※ 소화기의 화재등급
1) 일반화재 : A급 화재(백색)
2) 유류화재 : B급 화재(황색)
3) 전기화재 : C급 화재(청색)
4) 금속화재 : D급 화재(무색)

03 다음 중 '인화점 50℃'의 의미를 가장 올바르게 설명한 것은?

① 주변의 온도가 50℃ 이상이 되면 자발적으로 점화원 없이 발화한다.
② 액체의 온도가 50℃ 이상이 되면 가연성 증기를 발생하여 점화원에 의해 인화한다.
③ 액체를 50℃ 이상으로 가열하면 발화한다.
④ 주변의 온도가 50℃일 경우 액체가 발화한다.

» 인화점이란 외부의 점화원에 의해 인화할 수 있는 최저온도이므로 인화점 50℃의 의미는 물질의 온도가 50℃ 이상이 되면 가연성 증기를 발생하여 점화원에 의해 인화한다는 것이다.

04 20℃의 물 100kg이 100℃ 수증기로 증발하면 최대 몇 kcal의 열량을 흡수할 수 있는가? (단, 물의 증발잠열은 540cal/g이다.)

① 540kcal ② 7,800kcal
③ 62,000kcal ④ 108,000kcal

» 1) 물 100kg이 20℃에서 100℃로 온도변화하는 데 필요한(흡수하는) 열량
$Q = c \times m \times \Delta t$
여기서, Q : 열량(cal)
c : 비열(cal/g · ℃)
m : 질량(g)
Δt : 최종온도 − 초기온도(℃)

$$Q_1 = 1\text{cal/g} \cdot ℃ \times 100\text{kg} \times \frac{1{,}000\text{g}}{1\text{kg}} \times (100-20)℃$$
$$= 8.0 \times 10^6\text{cal} \times \frac{1\text{kcal}}{1{,}000\text{cal}}$$
$$= 8{,}000\text{kcal}$$

2) 100℃에서 물 100kg이 수증기로 상태변화하는 데 필요한(흡수하는) 열량
$Q = \gamma \times m$
여기서, Q : 열량(cal)
γ : 증발잠열(cal/g)
m : 질량(g)

$$Q_2 = 540\text{cal/g} \cdot ℃ \times \left(100\text{kg} \times \frac{1{,}000\text{g}}{1\text{kg}}\right)$$
$$= 5.4 \times 10^7\text{cal} \times \frac{1\text{kcal}}{1{,}000\text{cal}}$$
$$= 54{,}000\text{kcal}$$

$$\therefore\ Q = Q_1 + Q_2 = 8{,}000\text{kcal} + 54{,}000\text{kcal} = 62{,}000\text{kcal}$$

정답 01. ④ 02. ① 03. ② 04. ③

05 위험물제조소등에 설치하는 불활성가스 소화설비의 소화약제 저장용기의 설치장소로 적합하지 않은 것은?

① 방호구역 외의 장소
② 온도가 40℃ 이하이고 온도변화가 적은 장소
③ 빗물이 침투할 우려가 적은 장소
④ 직사일광이 잘 들어오는 장소

» 불활성가스 소화약제 용기의 설치장소
1) 방호구역 외의 장소일 것
2) 온도가 40℃ 이하이고 온도변화가 적은 장소일 것
3) **직사광선 및 빗물이 침투할 우려가 없는 장소일 것**
4) 저장용기에는 안전장치를 설치할 것
5) 저장용기 외면에 소화약제의 종류와 양, 제조년도 및 제조자를 표시할 것

06 화재 시 이산화탄소를 방출하여 산소의 농도를 13vol%로 낮추어 소화하기 위해서는 혼합기체 중 이산화탄소는 몇 vol%가 되어야 하는가?

① 28.1vol%
② 38.1vol%
③ 42.86vol%
④ 48.36vol%

PLAY 풀이

» 이산화탄소 소화약제의 질식소화 원리

산소 21%	

⇩

이산화탄소 8%	산소 13%

이산화탄소는 공기 중에 포함된 산소의 농도에만 영향을 미친다. 산소 21%의 공간 안에 이산화탄소가 8% 들어오면 산소는 13%만 남게 된다. 문제는 이산화탄소와 산소의 농도를 합산한 농도 중 이산화탄소가 차지하는 비율을 구하는 것이므로 계산하면 다음과 같다.

$$\frac{\text{이산화탄소}}{\text{이산화탄소} + \text{산소}} \times 100 = \frac{8}{8+13} \times 100$$
$$= 38.1\text{vol\%}$$

07 위험물안전관리법령에서 정한 물분무소화설비의 설치기준으로 적합하지 않은 것은?

① 고압의 전기설비가 있는 장소에는 그 전기설비와 분무헤드 및 배관 사이에 전기절연을 위하여 필요한 공간을 보유한다.
② 스트레이너 및 일제개방밸브는 제어밸브의 하류 측 부근에 스트레이너, 일제개방밸브의 순으로 설치한다.
③ 물분무소화설비에 2 이상의 방사구역을 두는 경우에는 화재를 유효하게 소화할 수 있도록 인접하는 방사구역이 상호 중복되도록 한다.
④ 수원의 수위가 수평회전식 펌프보다 낮은 위치에 있는 가압송수장치의 물올림장치는 타 설비와 겸용하여 설치한다.

» ④ 소방시설은 기본적으로 소방행위만을 위해 전용으로 설치해야 한다.

08 포소화약제에 의한 소화방법으로 다음 중 가장 주된 소화효과는?

① 희석소화 ② 질식소화
③ 제거소화 ④ 자기소화

» 포소화약제의 주된 소화효과는 질식소화이다.

09 소화전용 물통 3개를 포함한 수조 80L의 능력단위는?

① 0.3 ② 0.5
③ 1.0 ④ 1.5

»

소화설비	용 량	능력단위
소화전용 물통	8L	0.3
수조 (소화전용 물통 3개 포함)	**80L**	**1.5**
수조 (소화전용 물통 6개 포함)	190L	2.5
마른모래 (삽 1개 포함)	50L	0.5
팽창질석 또는 팽창진주암 (삽 1개 포함)	160L	1.0

정답 05. ④ 06. ② 07. ④ 08. ② 09. ④

10 할로젠화합물의 소화약제 중 할론 2402의 화학식은?

① $C_2Br_4F_2$　② $C_2Cl_4F_2$
③ $C_2Cl_4Br_2$　④ $C_2F_4Br_2$

할로젠화합물 소화약제의 할론번호는 C－F－Cl－Br의 순으로 그 원소의 개수를 읽어준다. 할론 2402는 C 2개, F 4개, Cl 0개, Br 2개이므로 화학식은 $C_2F_4Br_2$이다.

11 위험물안전관리법령의 소화설비 설치기준에 의하면 옥외소화전설비 수원의 수량은 옥외소화전 설치개수(설치개수가 4 이상인 경우에는 4)에 몇 m^3를 곱한 양 이상이 되도록 하여야 하는가?

① $7.5m^3$　② $13.5m^3$
③ $20.5m^3$　④ $25.5m^3$

옥외소화전설비의 수원의 양은 $13.5m^3$에 옥외소화전의 개수(옥외소화전의 개수가 4개 이상이면 최대 4개)를 곱한 양 이상으로 정한다.

12 다음 중 위험물안전관리법령에 의한 지정수량이 가장 작은 품명은?

① 질산염류　② 인화성 고체
③ 금속분　④ 질산에스터류

① 질산염류(제1류 위험물) : 300kg
② 인화성 고체(제2류 위험물) : 1,000kg
③ 금속분(제2류 위험물) : 500kg
④ **질산에스터류(제5류 위험물) : 제1종 10kg, 제2종 100kg**

13 다음 중 위험물의 저장방법에 관한 설명으로 틀린 것은?

① 알킬알루미늄은 물속에 보관한다.
② 황린은 물속에 보관한다.
③ 금속나트륨은 등유 속에 보관한다.
④ 금속칼륨은 경유 속에 보관한다.

① 알킬알루미늄은 **물과 반응 시 가연성 가스가 발생**하므로 용기 상부에 불연성 가스를 봉입하여 밀폐용기에 보관해야 한다.

14 다음 물질 중에서 위험물안전관리법상 위험물의 범위에 포함되는 것은?

① 농도가 40중량%인 과산화수소 350kg
② 비중이 1.40인 질산 350kg
③ 직경 2.5mm의 막대모양인 마그네슘 500kg
④ 순도가 55중량%인 황 50kg

① 농도가 36중량% 이상의 과산화수소는 제6류 위험물의 기준에 해당하며 지정수량은 300kg이므로 **농도가 40중량%인 과산화수소 350kg은 지정수량 이상의 위험물에 해당**하는 조건이다.
② 비중이 1.49 이상의 질산은 제6류 위험물의 기준에 해당하며 지정수량은 300kg이므로 비중이 1.40인 질산 350kg은 위험물에 해당하지 않는 조건이다.
③ 직경 2mm 이상의 막대모양인 마그네슘은 제2류 위험물에서 제외되는 조건이므로 직경 2.5mm의 막대모양인 마그네슘은 위험물에 해당하지 않는 조건이다.
④ 순도가 60중량% 이상인 황은 제2류 위험물의 기준에 해당하며 지정수량은 100kg이므로 순도가 55중량%인 황 50kg은 위험물에 해당하지 않는 조건이다.

15 과산화나트륨 78g과 충분한 양의 물이 반응하여 생성되는 기체의 종류와 생성량을 올바르게 나타낸 것은?

① 수소, 1g
② 산소, 16g
③ 수소, 2g
④ 산소, 32g

PLAY▶풀이

과산화나트륨과 물과의 반응식

$$\underset{\text{과산화나트륨}}{2Na_2O_2} + \underset{\text{물}}{2H_2O} \rightarrow \underset{\text{수산화나트륨}}{4NaOH} + \underset{\text{산소}}{O_2}$$

과산화나트륨(Na_2O_2) 1mol의 분자량＝23g(Na)×2+16g(O)×2＝78g/mol임을 이용한다.

$$\therefore\ 78g\ Na_2O_2 \times \frac{1mol\ Na_2O_2}{78g\ Na_2O_2} \times \frac{1mol\ O_2}{2mol\ Na_2O_2} \times \frac{32g\ O_2}{1mol\ O_2} = 16g\ O_2$$

정답　10. ④ 11. ② 12. ④ 13. ① 14. ① 15. ②

16 과망가니즈산칼륨의 위험성에 대한 설명 중 틀린 것은?

① 진한 황산과 접촉하면 폭발적으로 반응한다.
② 알코올, 에터, 글리세린 등 유기물과 접촉을 금한다.
③ 가열하면 약 60℃에서 분해하여 수소를 방출한다.
④ 목탄, 황과 접촉 시 충격에 의해 폭발할 위험성이 있다.

③ 과망가니즈산칼륨은 제1류 위험물로서 어떤 반응을 하더라도 수소를 발생시키지 않는다.
– 과망가니즈산칼륨의 분해반응식

$2KMnO_4 \rightarrow K_2MnO_4 + MnO_2 + O_2$
과망가니즈산칼륨 망가니즈산칼륨 이산화망가니즈 산소

17 위험물안전관리법령상 염소화아이소사이아누르산은 몇 류 위험물인가?

① 제1류 ② 제2류
③ 제5류 ④ 제6류

염소화아이소사이아누르산은 행정안전부령으로 정하는 제1류 위험물로서 지정수량은 300kg이다.

18 흑색화약의 원료로 사용되는 위험물의 유별을 올바르게 나타낸 것은?

① 제1류, 제2류 ② 제1류, 제4류
③ 제2류, 제4류 ④ 제4류, 제5류

흑색화약의 원료로 사용되는 물질은 질산칼륨, 숯, 황이며, 이 중 질산칼륨은 제1류 위험물이고 황은 제2류 위험물이다.

19 제2류 위험물의 종류에 해당되지 않는 것은?

① 마그네슘 ② 고형 알코올
③ 칼슘 ④ 안티몬분

① 마그네슘 : 제2류 위험물
② 고형 알코올 : 제2류 위험물의 인화성 고체
③ **칼슘** : **제3류 위험물**의 알칼리토금속
④ 안티몬분 : 제2류 위험물의 금속분

20 삼황화인의 연소생성물을 올바르게 나열한 것은?

① P_2O_5, SO_2 ② P_2O_5, H_2S
③ H_3PO_4, SO_2 ④ H_3PO_4, H_2S

삼황화인의 연소반응식

$P_4S_3 + 8O_2 \rightarrow 2P_2O_5 + 3SO_2$
삼황화인 산소 오산화인 이산화황

21 적린의 성질에 대한 설명 중 옳지 않은 것은?

① 황린과 성분원소가 같다.
② 발화온도는 황린보다 낮다.
③ 물, 이황화탄소에 녹지 않는다.
④ 삼브로민화인에 녹는다.

① 적린(P)과 황린(P_4)의 성분원소는 P로 동일하다.
② 적린(P)의 발화온도는 260℃, 황린(P_4)의 발화온도는 34℃이므로 **황린이 더 낮다.**

22 황린의 저장방법으로 옳은 것은?

① 물속에 저장한다.
② 공기 중에 보관한다.
③ 벤젠 속에 저장한다.
④ 이황화탄소 속에 보관한다.

황린(제3류 위험물)은 자연발화를 방지하기 위해 pH 9인 약알칼리성의 물속에 저장해야 한다.

23 칼륨의 화재 시 사용 가능한 소화제는?

① 물 ② 마른모래
③ 이산화탄소 ④ 사염화탄소

칼륨(제3류 위험물)의 화재 시 소화약제로는 마른모래, 팽창질석, 팽창진주암, 탄산수소염류 분말소화약제만 사용할 수 있다.

24 제3류 위험물에 해당하는 것은?

① 황 ② 적린
③ 황린 ④ 삼황화인

①, ②, ④ : 제2류 위험물
③ : 제3류 위험물

정답 16. ③ 17. ① 18. ① 19. ③ 20. ① 21. ② 22. ① 23. ② 24. ③

25 위험물안전관리법령상 제3류 위험물 중 금수성 물질에 해당하는 것은?

① 황린
② 적린
③ 마그네슘
④ 칼륨

» ① 황린 : 제3류 위험물의 자연발화성 물질
② 적린 : 제2류 위험물의 가연성 고체
③ 마그네슘 : 제2류 위험물의 가연성 고체
④ **칼륨 : 제3류 위험물의 금수성 물질**

26 이황화탄소 저장 시 물속에 저장하는 이유로 가장 옳은 것은?

① 공기 중 수소와 접촉하여 산화되는 것을 방지하기 위하여
② 공기와 접촉 시 환원하기 때문에
③ 가연성 증기의 발생을 억제하기 위해서
④ 불순물을 제거하기 위하여

» 이황화탄소의 증기는 독성이 매우 강한 가연성 기체이므로 이 **가연성 가스의 발생을 억제**하기 위해서 차가운 물속에 보관한다.

27 1몰의 에틸알코올이 완전연소하였을 때 생성되는 이산화탄소는 몇 몰인가?

① 1몰
② 2몰
③ 3몰
④ 4몰

PLAY ▶ 풀이

» 에틸알코올의 연소반응식
$C_2H_5OH + 3O_2 \rightarrow \mathbf{2CO_2} + 3H_2O$
에틸알코올 산소 이산화탄소 물

28 벤젠 증기의 비중에 가장 가까운 값은?

① 0.7
② 0.9
③ 2.7
④ 3.9

PLAY ▶ 풀이

» $\text{증기비중} = \frac{\text{분자량}}{29}$
벤젠(C_6H_6)의 분자량은 78이므로, $\frac{78}{29} = 2.7$이다.

29 자연발화의 위험성이 가장 큰 물질은?

① 아마인유 ② 야자유
③ 올리브유 ④ 피마자유

» 제4류 위험물의 동식물유류 중 건성유는 자연발화의 위험성이 매우 높으며 건성유의 식물유 종류로 동유, 해바라기유, **아마인유**, 들기름이 있다.

똑똑한 풀이비법
동(**동**유), 해(**해**바라기유), 아(**아**마인유), 들(**들**기름)로 암기한다.

30 에틸렌글리콜의 성질로 옳지 않은 것은?

① 갈색의 액체로 방향성이 있고 쓴맛이 난다.
② 물, 알코올 등에 잘 녹는다.
③ 분자량은 약 62이고 비중은 약 1.1이다.
④ 부동액의 원료로 사용된다.

» ① **무색의 액체**로 방향성이 있고 **단맛**이 난다.

31 등유의 성질에 대한 설명 중 틀린 것은?

① 증기는 공기보다 가볍다.
② 인화점이 상온보다 높다.
③ 전기에 대해 불량도체이다.
④ 물보다 가볍다.

» ① **등유의 증기는 공기보다 무겁다.**
② 제4류 위험물 중 제2석유류이기 때문에 등유의 인화점은 21℃ 이상 70℃ 미만의 범위에 포함된다. 따라서, 등유의 인화점은 상온(20℃)보다 높다.

32 제2석유류에 해당하는 물질로만 짝지어진 것은?

① 등유, 경유
② 등유, 중유
③ 글리세린, 기계유
④ 글리세린, 장뇌유

정답 25. ④ 26. ③ 27. ② 28. ③ 29. ① 30. ① 31. ① 32. ①

»» ① **등유(제4류 위험물 중 제2석유류), 경유(제4류 위험물 중 제2석유류)**
② 등유(제4류 위험물 중 제2석유류), 중유(제4류 위험물 중 제3석유류)
③ 글리세린(제4류 위험물 중 제3석유류), 기계유(제4류 위험물 중 제4석유류)
④ 글리세린(제4류 위험물 중 제3석유류), 장뇌유(제4류 위험물 중 제2석유류)

33 나이트로글리세린에 관한 설명으로 틀린 것은?

① 상온에서 액체상태이다.
② 물에는 잘 녹지만 유기용매에는 녹지 않는다.
③ 충격 및 마찰에 민감하므로 주의해야 한다.
④ 다이너마이트의 원료로 쓰인다.

»» 나이트로글리세린(제5류 위험물)은 상온에서 액체상태이며 **물에 녹지 않고 유기용매에 잘 녹는다**. 또한 액체상태에서는 충격 및 마찰에 민감하여 운반조차 금지되어 있고 규조토에 흡수시키면 다이너마이트를 만들 수 있다.

34 과산화벤조일의 취급 시 주의사항에 대한 설명 중 틀린 것은?

① 수분을 포함하고 있으면 폭발하기 쉽다.
② 가열, 충격, 마찰을 피해야 한다.
③ 저장용기는 차고 어두운 곳에 보관한다.
④ 희석제를 첨가하여 폭발성을 낮출 수 있다.

»» 과산화벤조일(제5류 위험물)은 유기과산화물에 해당하는 고체상태의 물질로서 **수분을 포함하면 폭발성이 현저히 감소**하여 안정해지는 성질을 가지고 있다.

35 다음 중 나이트로글리세린을 다공질의 규조토에 흡수시켜 제조한 물질은?

① 흑색화약
② 나이트로셀룰로스
③ 다이너마이트
④ 면화약

»» 나이트로글리세린(제5류 위험물)을 다공질의 규조토에 흡수시키면 다이너마이트를 만들 수 있다.

36 위험물안전관리법령상 제5류 위험물에 적응성이 있는 소화설비는?

① 포소화설비
② 불활성가스 소화설비
③ 할로젠화합물 소화설비
④ 탄산수소염류 소화설비

»» 제5류 위험물은 자체적으로 산소공급원을 가지고 있으므로 질식소화는 불가능하며 물로 냉각소화를 해야 하는데 〈보기〉 중에서 포소화설비는 수분을 포함하고 있는 약제이기 때문에 제5류 위험물의 화재에도 적응성이 있다.

37 자기반응성 물질인 제5류 위험물에 해당하는 것은?

① $CH_3(C_6H_4)NO_2$
② CH_3COCH_3
③ $C_6H_2(NO_2)_3OH$
④ $C_6H_5NO_2$

»» ① $CH_3(C_6H_4)NO_2$(나이트로톨루엔) : 제4류 위험물의 제3석유류
② CH_3COCH_3(아세톤) : 제4류 위험물의 제1석유류
③ **$C_6H_2(NO_2)_3OH$**(트라이나이트로페놀) : **제5류 위험물**의 나이트로화합물
④ $C_6H_5NO_2$(나이트로벤젠) : 제4류 위험물의 제3석유류

38 다음 중 위험물안전관리법령상 제6류 위험물에 해당하는 것은?

① 황산 ② 염산
③ 질산염류 ④ 할로젠간화합물

»» ① 황산 : 비위험물
② 염산 : 비위험물
③ 질산염류 : 제1류 위험물
④ **할로젠간화합물 : 행정안전부령이 정하는 제6류 위험물**

정답 33. ② 34. ① 35. ③ 36. ① 37. ③ 38. ④

39 과산화수소의 성질에 대한 설명으로 옳지 않은 것은?

① 산화성이 강한 무색투명한 액체이다.
② 위험물안전관리법령상 일정 비중 이상일 때 위험물로 취급한다.
③ 가열에 의해 분해하면 산소가 발생한다.
④ 소독약으로 사용할 수 있다.

1) **일정 농도(36중량%) 이상 : 과산화수소가 제6류 위험물이 되는 조건**
2) 일정 비중(1.49) 이상 : 질산이 제6류 위험물이 되는 조건

40 가로로 설치한 원통형 위험물저장탱크의 내용적이 500L일 때 공간용적은 최소 몇 L로 해야 하는가?

① 15L　② 25L
③ 35L　④ 50L

탱크의 공간용적은 탱크 내용적의 100분의 5 이상 100분의 10 이하이므로 최소 공간용적은 탱크 내용적의 100분의 5 즉, 5%가 되는 양을 말한다.
∴ $500L \times 0.05 = 25L$

41 다음 중 옥내저장소의 동일한 실에 서로 1m 이상의 간격을 두고 저장할 수 없는 것은?

① 제1류 위험물과 제3류 위험물 중 자연발화성 물질(황린 또는 이를 함유한 것에 한한다)
② 제4류 위험물과 제2류 위험물 중 인화성 고체
③ 제1류 위험물과 제4류 위험물
④ 제1류 위험물과 제6류 위험물

옥내저장소 또는 옥외저장소에서는 서로 다른 유별끼리 함께 저장할 수 없다. 다만, 다음의 조건을 만족하면서 유별로 정리하여 서로 1m 이상의 간격을 두는 경우에는 저장할 수 있다.
1) 제1류 위험물(알칼리금속의 과산화물 제외)과 제5류 위험물
2) 제1류 위험물과 제6류 위험물
3) 제1류 위험물과 제3류 위험물 중 자연발화성 물질(황린)
4) 제2류 위험물 중 인화성 고체와 제4류 위험물
5) 제3류 위험물 중 알킬알루미늄등과 제4류 위험물(알킬알루미늄 또는 알킬리튬을 함유한 것)
6) 제4류 위험물 중 유기과산화물과 제5류 위험물 중 유기과산화물

42 위험물의 운반에 관한 기준에서 제4석유류와 혼재할 수 없는 위험물은? (단, 위험물은 각각 지정수량의 2배인 경우이다.)

① 황화인
② 칼륨
③ 유기과산화물
④ 과염소산

PLAY 풀이

〈문제〉의 제4석유류는 제4류 위험물에 속하며 운반 시 제1류와 제6류 위험물과는 혼재할 수 없다.
① 황화인 : 제2류 위험물
② 칼륨 : 제3류 위험물
③ 유기과산화물 : 제5류 위험물
④ **과염소산 : 제6류 위험물**

유별을 달리하는 위험물의 운반에 관한 혼재기준

위험물의 구분	제1류	제2류	제3류	제4류	제5류	제6류
제1류		×	×	×	×	○
제2류	×		×	○	○	×
제3류	×	×		○	×	×
제4류	×	○	○		○	×
제5류	×	○	×	○		×
제6류	○	×	×	×	×	

※ 이 표는 지정수량의 1/10 이하의 위험물에 대하여는 적용하지 아니한다.

43 $NaClO_2$을 수납하는 운반용기의 외부에 표시하여야 할 주의사항으로 옳은 것은?

① '화기엄금' 및 '충격주의'
② '화기주의' 및 '물기엄금'
③ '화기 · 충격 주의' 및 '가연물접촉주의'
④ '화기엄금' 및 '공기접촉엄금'

제1류 위험물인 아염소산나트륨($NaClO_2$)의 운반용기 외부에는 '화기 · 충격 주의' 및 '가연물접촉주의' 주의사항을 표시해야 한다.

정답　39. ②　40. ②　41. ③　42. ④　43. ③

44 운반을 위하여 위험물을 적재하는 경우에 차광성이 있는 피복으로 가려주어야 하는 것은?

① 특수인화물 ② 제1석유류
③ 알코올류 ④ 동식물유류

≫ 1) 차광성 피복 : 제1류 위험물, 제3류 위험물 중 자연발화성 물질, **제4류 위험물 중 특수인화물**, 제5류 위험물, 제6류 위험물
2) 방수성 피복 : 제1류 위험물 중 알칼리금속의 과산화물, 제2류 위험물 중 철분, 금속분, 마그네슘, 제3류 위험물 중 금수성 물질

똑똑한 풀이비법
제4류 위험물 중 운반 시 차광성 피복을 필요로 하는 품명은 제4류 위험물 중 가장 위험한 특수인화물뿐이다.

45 다음은 위험물안전관리법령에 따른 판매취급소에 대한 정의이다. ( ) 안에 알맞은 말은?

판매취급소라 함은 점포에서 위험물을 용기에 담아 판매하기 위하여 지정수량의 (A)배 이하의 위험물을 (B)하는 장소를 말한다.

① A : 20, B : 취급
② A : 40, B : 취급
③ A : 20, B : 저장
④ A : 40, B : 저장

≫ 판매취급소라 함은 점포에서 위험물을 용기에 담아 판매하기 위하여 **지정수량의 40배 이하의 위험물을 취급하는 장소**를 말한다.

46 위험물안전관리법령에 의해 옥외저장소에 저장을 허가받을 수 없는 위험물은?

① 제2류 위험물 중 황(금속제 드럼에 수납)
② 제4류 위험물 중 가솔린(금속제 드럼에 수납)
③ 제6류 위험물
④ 국제해상위험물규칙(IMDG Code)에 적합한 용기에 수납된 위험물

≫ ② 제4류 위험물 중 가솔린은 제1석유류로서 인화점이 −43∼−38℃이므로 옥외저장소에 저장할 수 없다.
※ 옥외저장소에 저장할 수 있는 위험물의 종류
1) 제2류 위험물 : 황, 인화성 고체(인화점이 0℃ 이상)
2) **제4류 위험물**
㉠ **제1석유류(인화점이 섭씨 0도 이상인 것에 한한다)**
㉡ 알코올류
㉢ 제2석유류
㉣ 제3석유류
㉤ 제4석유류
㉥ 동식물유류
3) 제6류 위험물
4) 제2류 위험물 및 제4류 위험물 중 특별시·광역시 또는 도의 조례에서 정하는 위험물
5) 국제해사기구에 관한 협약에 의하여 설치된 국제해사기구가 채택한 국제해상위험물규칙(IMDG Code)에 적합한 용기에 수납된 위험물

47 위험물제조소에서 국소방식 배출설비의 배출능력은 1시간당 배출장소 용적의 몇 배 이상인 것으로 하여야 하는가?

① 5배 ② 10배
③ 15배 ④ 20배

≫ 위험물제조소에서 배출설비의 배출능력
1) 국소방식 : 1시간당 **배출장소 용적의 20배 이상**을 배출시킬 수 있을 것
2) 전역방식 : 바닥면적 $1m^2$마다 $18m^3$ 이상의 양을 배출시킬 수 있을 것

48 제4류 위험물의 옥외저장탱크에 설치하는 밸브 없는 통기관은 직경이 얼마 이상인 것으로 설치해야 되는가? (단, 압력탱크는 제외한다.)

① 10mm
② 20mm
③ 30mm
④ 40mm

◀ 밸브 없는 통기관의 모습

≫ 옥외저장탱크에 설치하는 밸브 없는 통기관의 직경은 30mm 이상이다.

정답 44. ① 45. ② 46. ② 47. ④ 48. ③

49 자동화재탐지설비 일반점검표의 점검내용이 '변형 · 손상의 유무, 표시의 적부, 경계구역 일람도의 적부, 기능의 적부'인 점검항목은?

① 감지기
② 중계기
③ 수신기
④ 발신기

>>> 수신기의 일반점검표의 점검내용
1) 변형 · 손상의 유무
2) 표시의 적부
3) 경계구역일람도의 적부
4) 기능의 적부

50 위험물안전관리법령상 제4류 위험물과 제6류 위험물에 모두 적응성이 있는 소화설비는?

① 불활성가스 소화설비
② 할로젠화합물 소화설비
③ 탄산수소염류 소화설비
④ 인산염류 분말소화설비

>>> ④ 인산염류 분말소화설비는 제4류 및 제6류 위험물에 적응성이 있다.

소화설비의 구분 \ 대상물의 구분	건축물·그 밖의 공작물	전기설비	제1류 위험물: 알칼리금속의 과산화물등	제1류 위험물: 그 밖의 것	제2류 위험물: 철분·금속분·마그네슘 등	제2류 위험물: 인화성 고체	제2류 위험물: 그 밖의 것	제3류 위험물: 금수성 물품	제3류 위험물: 그 밖의것	제4류 위험물	제5류 위험물	제6류 위험물
옥내소화전 또는 옥외소화전 설비	○			○		○	○		○		○	○
스프링클러설비	○			○		○	○		○	△	○	○
물분무등 소화설비: 물분무 소화설비	○	○		○		○	○		○	○	○	○
물분무등 소화설비: 포소화설비	○			○		○	○		○	○	○	○
물분무등 소화설비: 불활성가스 소화설비		○				○				○		
물분무등 소화설비: 할로젠화합물 소화설비		○				○				○		
물분무등 소화설비: 분말소화설비: **인산염류등**	○	○		○		○	○			○		○
물분무등 소화설비: 분말소화설비: 탄산수소염류등		○	○		○	○		○		○		
물분무등 소화설비: 분말소화설비: 그 밖의 것			○		○			○				

51 위험물안전관리법령상 위험물의 운송에 있어서 운송책임자의 감독 또는 지원을 받아 운송하여야 하는 위험물에 속하지 않는 것은?

① $Al(CH_3)_3$　② CH_3Li
③ $Cd(CH_3)_2$　④ $Al(C_4H_9)_3$

>>> 운송책임자의 감독 또는 지원을 받아 운송하여야 하는 위험물은 알킬리튬 및 알킬알루미늄이다.
① $Al(CH_3)_3$: 트라이메틸알루미늄(알킬알루미늄에 해당)
② CH_3Li : 메틸리튬(알킬리튬에 해당)
③ $Cd(CH_3)_2$: 다이메틸카드뮴(**유기금속화합물**에 해당)
④ $Al(C_4H_9)_3$: 트라이뷰틸알루미늄(알킬알루미늄에 해당)

52 위험물제조소등에 설치하여야 하는 자동화재탐지설비의 설치기준에 대한 설명으로 틀린 것은 무엇인가?

① 자동화재탐지설비의 경계구역은 건축물, 그 밖의 공작물의 2 이상의 층에 걸치도록 할 것
② 하나의 경계구역에서 그 한 변의 길이는 50m(광전식 분리형 감지기를 설치할 경우에는 100m) 이하로 할 것
③ 자동화재탐지설비의 감지기는 지붕 또는 벽의 옥내에 면한 부분에 유효하게 화재의 발생을 감지할 수 있도록 설치할 것
④ 자동화재탐지설비에는 비상전원을 설치할 것

>>> ① 자동화재탐지설비의 경계구역은 건축물의 2 이상의 층에 걸치지 아니하도록 한다(다만, 하나의 경계구역의 면적이 $500m^2$ 이하이면 그러하지 아니하다).
② 하나의 경계구역에서 한 변의 길이는 50m(광전식 분리형 감지기의 경우에는 100m) 이하로 하고, 하나의 경계구역의 면적은 $600m^2$ 이하로 하며, 건축물의 주요한 출입구에서 그 내부 전체를 볼 수 있는 경우는 면적을 $1,000m^2$ 이하로 한다.
③ 자동화재탐지설비의 감지기는 지붕 또는 벽의 옥내에 면한 부분에 화재발생을 감지할 수 있도록 설치한다.
④ 자동화재탐지설비에는 비상전원을 설치한다.

정답 49. ③ 50. ④ 51. ③ 52. ①

53 제조소의 소화설비 설치 시 소요단위 산정에 관한 다음 내용에서 ( ) 안에 알맞은 수치를 차례대로 나열한 것은?

> 제조소 또는 취급소의 건축물은 외벽이 내화구조인 것은 연면적 ( )m^2를 1소요단위로 하며 외벽이 내화구조가 아닌 것은 연면적 ( )m^2를 1소요단위로 한다.

① 200, 100 ② 150, 100
③ 150, 50 ④ 100, 50

≫ 제조소 또는 취급소의 1소요단위의 기준
1) 외벽이 내화구조인 것 : 연면적 100m^2
2) 외벽이 비내화구조인 것 : 연면적 50m^2

54 소화난이도등급 I 의 옥내탱크저장소(인화점 70℃ 이상의 제4류 위험물만을 저장·취급하는 것)에 설치하여야 하는 소화설비가 아닌 것은?

① 고정식 포소화설비
② 이동식 외의 할로젠화합물 소화설비
③ 스프링클러설비
④ 물분무소화설비

≫ 소화난이도등급 I 의 옥내탱크저장소에 설치해야 하는 소화설비
1) 황만을 저장·취급하는 것 : 물분무소화설비
2) **인화점 70℃ 이상의 제4류 위험물만을 저장·취급하는 것** : 물분무소화설비, 고정식 포소화설비, 이동식 이외의 불활성가스 소화설비, 이동식 이외의 할로젠화합물 소화설비 또는 이동식 이외의 분말소화설비
3) 그 밖의 것 : 고정식 포소화설비, 이동식 이외의 불활성가스 소화설비, 이동식 이외의 할로젠화합물 소화설비 또는 이동식 이외의 분말소화설비
※ 일반적으로 스프링클러는 옥내탱크저장소등의 탱크에는 설치하지 않는다.

55 지정수량의 100배 이상을 저장 또는 취급하는 옥내저장소에 설치하여야 하는 경보설비는? (단, 고인화점 위험물만을 저장 또는 취급하는 것은 제외한다.)

① 비상경보설비 ② 자동화재탐지설비
③ 비상방송설비 ④ 확성장치

≫ 경보설비의 종류 중 반드시 자동화재탐지설비를 설치해야 하는 경우
1) 제조소 및 일반취급소로서 연면적 500m^2 이상인 것 또는 지정수량의 100배 이상을 취급하는 것은 반드시 자동화재탐지설비를 설치해야 한다.
2) **옥내저장소로서 지정수량의 100배 이상을 저장하는 것** 또는 연면적이 150m^2를 초과하는 것은 반드시 자동화재탐지설비를 설치해야 한다.

56 다음에서 ( ) 안에 들어갈 알맞은 용어를 모두 올바르게 나타낸 것은?

> ( ) 또는 ( )은 위험물의 운송에 따른 화재의 예방을 위하여 필요하다고 인정하는 경우에는 주행 중의 이동탱크저장소를 정지시켜 그 이동탱크저장소에 승차하고 있는 자에 대하여 위험물의 취급에 관한 국가기술자격증 또는 교육수료증의 제시를 요구할 수 있다.

① 지방소방공무원, 지방행정공무원
② 국가소방공무원, 국가행정공무원
③ 소방공무원, 경찰공무원
④ 국가행정공무원, 경찰공무원

≫ 운행 중인 차량을 정지시킬 수 있는 권한은 경찰공무원이 가지고 있고 위험물자격증 제시를 요구할 수 있는 권한은 소방공무원이 가지고 있다.

57 물과 반응하여 산소를 발생하는 것은?

① $KClO_3$ ② $NaNO_3$
③ Na_2O_2 ④ $KMnO_4$

≫ 제1류 위험물은 가열, 충격, 마찰 등에 의해 분해하여 산소를 발생하지만 알칼리금속의 과산화물(과산화칼륨, 과산화나트륨, 과산화리튬)은 가열, 충격, 마찰뿐만 아니라 물과 반응 시에도 산소를 발생한다.
① $KClO_3$: 염소산칼륨
② $NaNO_3$: 질산나트륨
③ Na_2O_2 : 과산화나트륨
④ $KMnO_4$: 과망가니즈산칼륨

정답 53. ④ 54. ③ 55. ② 56. ③ 57. ③

58 마그네슘을 저장 및 취급하는 장소에 설치하는 소화기는 무엇인가?

① 포소화기
② 이산화탄소 소화기
③ 할로젠화합물 소화기
④ 탄산수소염류 분말소화기

》》 제1류 위험물 중 알칼리금속의 과산화물, 제2류 위험물 중 철분, 금속분, **마그네슘**, 제3류 위험물 중 금수성 물질의 화재 시에는 **탄산수소염류 분말소화기** 또는 마른 모래, 팽창질석 및 팽창진주암만 가능하다.

59 탄화알루미늄이 물과 반응하여 생기는 현상이 아닌 것은 무엇인가?

① 산소가 발생한다.
② 수산화알루미늄이 생성된다.
③ 열이 발생한다.
④ 메테인가스가 발생한다.

》》 탄화알루미늄(제3류 위험물)의 물과의 반응으로 열과 함께 메테인가스가 발생하고 산소는 발생하지 않는다.
– 탄화알루미늄의 물과의 반응식
$Al_4C_3 + 12H_2O \rightarrow 4Al(OH)_3 + 3CH_4$
탄화알루미늄 물 수산화알루미늄 메테인

60 위험물안전관리법령에서 규정하고 있는 사항으로 틀린 것은?

① 법정 안전교육을 받아야 하는 사람은 안전관리자로 선임된 자, 탱크시험자의 기술인력으로 종사하는 자, 위험물운반자로 종사하는 자, 위험물운송자로 종사하는 자이다.
② 지정수량 150배 이상의 위험물을 저장하는 옥내저장소는 관계인이 예방규정을 정하여야 하는 제조소등에 해당한다.
③ 정기검사의 대상이 되는 것은 액체 위험물을 저장 또는 취급하는 10만L 이상의 옥외탱크저장소, 암반탱크저장소, 이송취급소이다.
④ 법정 안전관리자 교육이수자와 소방공무원으로 근무한 경력이 3년 이상인 자는 제4류 위험물에 대한 위험물취급자격자가 될 수 있다.

》》 1. 안전교육을 받아야 하는 대상
1) 위험물안전관리자로 선임한 자
2) 탱크시험자의 기술인력으로 종사하는 자
3) 위험물운반자로 종사하는 자
4) 위험물운송자로 종사하는 자
2. 예방규정을 정해야 하는 제조소등
1) 지정수량의 10배 이상의 위험물을 취급하는 제조소
2) 지정수량의 100배 이상의 위험물을 저장하는 옥외저장소
3) 지정수량의 150배 이상의 위험물을 저장하는 옥내저장소
4) 지정수량의 200배 이상의 위험물을 저장하는 옥외탱크저장소
5) 암반탱크저장소
6) 이송취급소
7) 지정수량의 10배 이상의 위험물을 취급하는 일반취급소
3. 정기검사대상의 제조소등
특정 옥외탱크저장소(위험물을 저장 또는 취급하는 50만L 이상의 옥외탱크저장소)
4. 위험물을 취급할 수 있는 자

위험물취급자격자의 구분	취급할 수 있는 위험물
위험물기능장, 위험물산업기사, 위험물기능사	모든 위험물
안전관리자 교육이수자	제4류 위험물
3년 이상의 소방공무원 경력자	제4류 위험물

정답 58. ④ 59. ① 60. ③

2021 CBT 기출복원문제 제3회 위험물기능사

01 폭발 시 연소파의 전파속도 범위는?

① 0.1~10m/s
② 100~1,000m/s
③ 2,000~3,500m/s
④ 5,000~10,000m/s

1) **폭발의 전파속도 : 0.1~10m/s**
2) 폭굉의 전파속도 : 1,000~3,500m/s

02 다음 중 기체연료가 완전연소하기에 유리한 이유로 가장 거리가 먼 것은?

① 활성화에너지가 크다.
② 공기 중에서 확산되기 쉽다.
③ 산소를 충분히 공급받을 수 있다.
④ 분자의 운동이 활발하다.

① **기체**는 분자의 운동이 활발하여 **활성화에너지**(물질을 활성화시키는 데 필요한 에너지의 양)**가 적다.**

03 양초, 고급 알코올 등과 같은 연료의 가장 일반적인 연소형태는?

① 분무연소
② 증발연소
③ 표면연소
④ 분해연소

황, 나프탈렌, 양초, 제4류 위험물의 특수인화물, 제1석유류, 알코올류의 연소형태는 증발연소이다.

04 탄소 80%, 수소 14%, 황 6%인 물질 1kg이 완전연소하기 위해 필요한 이론공기량은 약 몇 kg인가? (단, 공기 중 산소는 23wt%이다.)

① 3.31kg
② 7.05kg
③ 11.62kg
④ 14.41kg

PLAY▶ 풀이

1) 탄소의 연소반응식
$C + O_2 \rightarrow CO_2$

$(1{,}000g \times 0.8)g\,C \times \frac{1mol\,C}{12g\,C} \times \frac{1mol\,O_2}{1mol\,C} \times \frac{32g\,O_2}{1mol\,O_2}$

$= 2133.33g\,O_2$

2) 수소의 연소반응식
$2H_2 + O_2 \rightarrow 2H_2O$

$(1{,}000g \times 0.14)g\,H_2 \times \frac{1mol\,H_2}{2g\,H_2} \times \frac{1mol\,O_2}{2mol\,H_2} \times \frac{32g\,O_2}{1mol\,O_2}$

$= 1{,}120g\,O_2$

3) 황의 연소반응식
$S + O_2 \rightarrow SO_2$

$(1{,}000g \times 0.06)g\,S \times \frac{1mol\,S}{32g\,S} \times \frac{1mol\,O_2}{1mol\,S} \times \frac{32g\,O_2}{1mol\,O_2}$

$= 60g\,O_2$

3가지의 물질을 모두 연소시키는 데 필요한 산소의 양은 $2133.33g + 1{,}120g + 60g = 3313.33g\,O_2$이다. 산소는 공기의 23%의 양이므로 필요한 공기의 양은

$3313.33g\,O_2 \times \frac{100g\,공기}{23g\,O_2} \times \frac{1kg}{1{,}000g} = 14.41kg\,공기$

05 다음 중 분말소화약제를 방출시키기 위해 주로 사용되는 가압용 가스는?

① 산소
② 질소
③ 헬륨
④ 아르곤

분말소화기에 압력원으로 사용되는 **가압용 가스**는 **질소**(N_2) 또는 이산화탄소(CO_2)이다.

정답 01. ① 02. ① 03. ② 04. ④ 05. ②

06 다음 소화작용에 대한 설명 중 옳지 않은 것은 어느 것인가?

① 가연물의 온도를 낮추는 소화는 냉각작용이다.
② 물의 주된 소화작용 중 하나는 냉각작용이다.
③ 연소에 필요한 산소의 공급원을 차단하는 소화는 제거작용이다.
④ 가스화재 시 밸브를 차단하는 것은 제거작용이다.

1) 냉각소화 : 물이 증발하여 발생한 수증기가 연소면의 열을 흡수하여 연소면의 온도를 낮추어 소화하는 원리
2) **질식소화 : 산소공급원을 차단, 제거하여 소화하는 원리**
3) 제거소화 : 가연물을 제거하여 소화하는 원리

07 화재 시 이산화탄소를 사용하여 공기 중 산소의 농도를 21vol%에서 13vol%로 낮추려면 혼합 기체 중 이산화탄소의 농도는 약 몇 vol%가 되어야 하는가?

① 34.3vol%
② 38.1vol%
③ 42.5vol%
④ 45.8vol%

PLAY▶ 풀이

이산화탄소 소화약제의 질식소화 원리

산소 21%	

⇩

이산화탄소 8%	산소 13%

이산화탄소는 공기 중에 포함된 산소의 농도에만 영향을 미친다.
산소 21%의 공간 안에 이산화탄소가 8% 들어오면 산소는 13%만 남게 된다.
문제는 이산화탄소와 산소의 농도를 합산한 농도 중 이산화탄소가 차지하는 비율을 구하는 것이므로

$$\frac{\text{이산화탄소}}{\text{이산화탄소}+\text{산소}}\times 100=\frac{8}{8+13}\times 100$$
$$=38.1\text{vol\%}$$

08 위험물안전관리법령에 따른 대형수동식 소화기의 설치기준에서 방호대상물의 각 부분으로부터 하나의 대형수동식 소화기까지의 보행거리는 몇 m 이하가 되도록 설치하여야 하는가?

① 10m ② 15m
③ 20m ④ 30m

방호대상물의 각 부분으로부터 하나의 수동식 소화기까지의 보행거리
1) **대형수동식 소화기 : 30m 이하**
2) 소형수동식 소화기 : 20m 이하

09 제3종 분말소화약제의 열분해반응식을 올바르게 나타낸 것은?

① $NH_4H_2PO_4 \rightarrow HPO_3 + NH_3 + H_2O$
② $2KNO_3 \rightarrow 2KNO_2 + O_2$
③ $KClO_4 \rightarrow KCl + 2O_2$
④ $2CaHCO_3 \rightarrow 2CaO + H_2CO_3$

제3종 분말소화약제의 분해반응식
$NH_4H_2PO_4 \rightarrow HPO_3 + NH_3 + H_2O$
인산암모늄 메타인산 암모니아 물

10 위험물제조소등에 설치하는 옥외소화전설비의 기준에서 옥외소화전함은 옥외소화전으로부터 보행거리 몇 m 이하의 장소에 설치하여야 하는가?

① 1.5m ② 5m
③ 7.5m ④ 10m

옥외소화전함은 옥외소화전으로부터 보행거리 **5m 이하**의 장소에 설치해야 한다.

11 위험물의 지정수량이 틀린 것은?

① 과산화칼륨 : 50kg
② 질산나트륨 : 50kg
③ 과망가니즈산나트륨 : 1,000kg
④ 다이크로뮴산암모늄 : 1,000kg

② 질산나트륨 : 300kg

정답 06. ③ 07. ② 08. ④ 09. ① 10. ② 11. ②

12 국소방출방식 이산화탄소 소화설비의 분사헤드에서 방출되는 소화약제의 방사기준은?

① 10초 이내에 균일하게 방사할 수 있을 것
② 15초 이내에 균일하게 방사할 수 있을 것
③ 30초 이내에 균일하게 방사할 수 있을 것
④ 60초 이내에 균일하게 방사할 수 있을 것

» 불활성가스 소화설비 중 이산화탄소 소화약제의 방사시간
1) 전역방출방식 : 60초 이내
2) **국소방출방식 : 30초 이내**

13 황린과 적린의 성질에 대한 설명으로 가장 거리가 먼 것은?

① 황린과 적린은 이황화탄소에 녹는다.
② 황린과 적린은 물에 불용이다.
③ 적린은 황린에 비하여 화학적으로 활성이 작다.
④ 황린과 적린을 각각 연소시키면 P_2O_5가 생성된다.

» ① 황린은 이황화탄소에 녹지만 적린은 녹지 않는다.

14 위험물안전관리법령에 의한 지정수량이 나머지 셋과 다른 하나는?

① 황
② 적린
③ 황린
④ 황화인

» ①, ②, ④ : 제2류 위험물, 지정수량 100kg
③ : 제3류 위험물, 지정수량 20kg

15 알칼리금속의 과산화물 저장창고에 화재가 발생하였을 때 가장 적합한 소화약제는?

① 마른모래
② 물
③ 이산화탄소
④ 할론 1211

» 알칼리금속의 과산화물(제1류 위험물)의 화재에는 **마른모래** 및 팽창질석, 팽창진주암, 탄산수소염류 분말소화약제만 적응성을 가진다.

16 위험물안전관리법령에서 정한 위험물의 유별 성질을 잘못 나타낸 것은?

① 제1류 : 산화성
② 제4류 : 인화성
③ 제5류 : 자기반응성
④ 제6류 : 가연성

» ① 제1류 : 산화성 고체
② 제4류 : 인화성 액체
③ 제5류 : 자기반응성 물질
④ **제6류 : 산화성 액체**

17 과염소산칼륨의 성질에 대한 설명 중 틀린 것은?

① 무색, 무취의 결정으로 물에 잘 녹는다.
② 화학식은 $KClO_4$이다.
③ 에탄올, 에터에는 녹지 않는다.
④ 화약, 폭약, 섬광제 등에 쓰인다.

» 과염소산칼륨($KClO_4$)은 제1류 위험물로서 무색, 무취의 결정으로 **물에 잘 녹지 않고** 알코올, 에터에도 잘 녹지 않으며, 화약이나 폭약에 산소공급원으로 사용된다.

18 과산화칼륨과 과산화마그네슘이 염산과 각각 반응했을 경우 공통으로 나오는 물질의 지정수량은?

① 50L ② 100kg
③ 300kg ④ 1,000L

» 제1류 위험물의 무기과산화물인 과산화칼륨이나 과산화마그네슘은 염산이나 황산 등의 산과 반응 시 제6류 위험물인 과산화수소를 발생시키며 과산화수소의 지정수량은 300kg이다.
– 과산화칼륨과 염산과의 반응식

$$\underset{\text{과산화칼륨}}{K_2O_2} + \underset{\text{염산}}{2HCl} \rightarrow \underset{\text{염화칼륨}}{2KCl} + \underset{\text{과산화수소}}{H_2O_2}$$

정답 12. ③ 13. ① 14. ③ 15. ① 16. ④ 17. ① 18. ③

19 다음 중 삼황화인 연소 시 발생가스에 해당하는 것은?

① 이산화황 ② 황화수소
③ 산소 ④ 인산

» 삼황화인의 연소반응식
$P_4S_3 + 8O_2 \rightarrow 2P_2O_5 + 3\mathbf{SO_2}$
삼황화인 산소 오산화인 이산화황

20 다음 중 황에 대한 설명으로 옳지 않은 것은 어느 것인가?

① 연소 시 황색 불꽃을 보이며 유독한 이황화탄소를 발생한다.
② 미세한 분말상태에서 부유하면 분진폭발의 위험이 있다.
③ 마찰에 의해 정전기가 발생할 우려가 있다.
④ 고온에서 용융된 황은 수소와 반응한다.

» ① 연소 시 청색 불꽃을 보이며 유독한 이산화황(SO_2)을 발생한다.
– 황의 연소반응식
$S + O_2 \rightarrow SO_2$
황 산소 이산화황

21 적린의 위험성에 관한 설명 중 옳은 것은?

① 공기 중에 방치하면 폭발한다.
② 산소와 반응하여 포스핀가스를 발생한다.
③ 연소 시 적색의 오산화인이 발생한다.
④ 강산화제와 혼합하면 충격 · 마찰에 의해 발화할 수 있다.

» ① 공기 중에서 단독으로는 안정하다.
② 산소와 반응하여 오산화인(P_2O_5) 기체를 발생한다.
③ 연소 시 백색의 오산화인이 발생한다.

22 알킬리튬에 대한 설명으로 틀린 것은?

① 제3류 위험물이고 지정수량은 10kg이다.
② 가연성의 액체이다.
③ 이산화탄소와는 격렬하게 반응한다.
④ 소화방법으로는 물로 주수가 불가하며 할로젠화합물 소화약제를 사용하여야 한다.

» ④ 소화방법으로는 **물**, 이산화탄소, **할로젠화합물 소화약제는 사용할 수 없고** 마른모래, 팽창질석, 팽창진주암, 탄산수소염류 분말소화약제를 사용하여야 한다.

23 위험물저장소에서 다음과 같이 제3류 위험물을 저장하고 있는 경우 지정수량의 몇 배가 보관되어 있는가?

- 칼륨 : 20kg
- 황린 : 40kg
- 칼슘탄화물 : 300kg

① 4 ② 5
③ 6 ④ 7

» 1) 칼륨(제3류 위험물) : 지정수량 10kg
2) 황린(제3류 위험물) : 지정수량 20kg
3) 칼슘탄화물(제3류 위험물) : 지정수량 300kg
$\therefore \frac{20kg}{10kg} + \frac{40kg}{20kg} + \frac{300kg}{300kg} = 5$

24 다음 중 위험물안전관리법령에서 정한 제3류 위험물 중 금수성 물질의 소화설비로 적응성이 있는 것은?

① 불활성가스 소화설비
② 할로젠화합물 소화설비
③ 인산염류등 분말소화설비
④ 탄산수소염류등 분말소화설비

» 제3류 위험물 중 금수성 물질에 적응성이 있는 소화설비
1) **탄산수소염류 분말소화설비**
2) 마른모래
3) 팽창질석, 팽창진주암

정답 19. ① 20. ① 21. ④ 22. ④ 23. ② 24. ④

25 금속칼륨과 금속나트륨은 어떻게 보관하여야 하는가?

① 공기 중에 노출하여 보관
② 물속에 넣어서 밀봉하여 보관
③ 석유 속에 넣어서 밀봉하여 보관
④ 그늘지고 통풍이 잘되는 곳에 산소 분위기에서 보관

» 금속칼륨이나 금속나트륨은 공기 중에 노출되면 화재의 위험성이 있으므로 석유(등유, 경유, 유동파라핀 등) 속에 보관한다.

26 메틸알코올의 위험성 설명으로 틀린 것은?

① 겨울에는 인화의 위험이 여름보다 적다.
② 증기밀도는 가솔린보다 크다.
③ 독성이 있다.
④ 연소범위는 에틸알코올보다 넓다.

» ① 겨울에는 주변의 온도가 낮아서 여름보다 인화의 위험이 적다.
② 가솔린보다 분자량이 적기 때문에 **증기밀도** $\left(=\frac{\text{분자량}}{22.4\text{L}}\right)$**는 가솔린보다 작다.**
③ 시신경 장애를 일으키는 독성을 가진다.
④ 탄소수가 에틸알코올보다 작아 연소가 더 잘되기 때문에 연소범위는 에틸알코올보다 넓다.

27 건성유에 해당되지 않는 것은?

① 들기름 ② 동유
③ 아마인유 ④ 피마자유

» 동식물유류(제4류 위험물)는 건성유, 반건성유, 불건성유로 구분된다. 이 중 건성유의 종류에는 동유, 해바라기유, 아마인유, 들기름이 있다.

똑똑한 풀이비법
'동해아들'로 기억하자. 동(**동**유), 해(**해**바라기유), 아(**아**마인유), 들(**들**기름)

28 벤젠 1몰을 충분한 산소가 공급되는 표준상태에서 완전연소시켰을 때 발생하는 이산화탄소의 양은 몇 L인가?

① 22.4L ② 134.4L
③ 168.8L ④ 224.0L

» 벤젠 1몰 연소 시 이산화탄소는 6몰 발생한다. 표준상태에서 모든 기체 1몰은 22.4L이므로 이산화탄소 6몰의 부피는 6×22.4L = 134.4L이다.
– 벤젠의 연소반응식
$2C_6H_6 + 15O_2 \rightarrow 12CO_2 + 6H_2O$
(벤젠, 산소, 이산화탄소, 물)

29 동식물유류의 경우 1기압에서 인화점을 몇 ℃ 미만으로 규정하고 있는가?

① 150℃
② 250℃
③ 450℃
④ 600℃

» 동식물유류 : 1기압에서 인화점이 250℃ 미만인 것

30 위험물안전관리법령상 위험물의 품명이 다른 하나는?

① CH_3COOH
② C_6H_5Cl
③ $C_6H_5CH_3$
④ C_6H_5Br

» ① CH_3COOH(초산) : 제4류 위험물의 제2석유류
② C_6H_5Cl(클로로벤젠) : 제4류 위험물의 제2석유류
③ **$C_6H_5CH_3$(톨루엔) : 제4류 위험물의 제1석유류**
④ C_6H_5Br(브로모벤젠) : 제4류 위험물의 제2석유류

31 비스코스(레이온) 원료로, 비중이 약 1.3, 인화점이 약 −30℃이고, 연소 시 유독한 아황산가스를 발생시키는 위험물은?

① 황린
② 이황화탄소
③ 테레핀유
④ 장뇌유

» 이황화탄소(CS_2)의 성질
1) 실을 만드는 재료인 비스코스(레이온)의 원료로 사용되는 제4류 위험물의 특수인화물이다.
2) 물보다 무겁고 인화점은 −30℃이다.
3) 연소 시 이산화탄소(CO_2)와 아황산가스(SO_2)가 발생한다.
– 이황화탄소의 연소반응식
$CS_2 + 3O_2 \rightarrow CO_2 + 2SO_2$
(이황화탄소, 산소, 이산화탄소, 이산화황)

정답 25. ③ 26. ② 27. ④ 28. ② 29. ② 30. ③ 31. ②

32 제4류 위험물의 화재에 적응성이 없는 소화기는?

① 포소화기 ② 봉상수소화기
③ 인산염류소화기 ④ 이산화탄소소화기

» 제4류 위험물에 적응성이 있는 소화기는 포소화기, 이산화탄소소화기, 할로젠화합물소화기, 분말소화기(탄산수소염류 및 인산염류 포함)이다.

33 피크린산 제조에 사용되는 물질과 가장 관계가 있는 것은?

① C_6H_6 ② $C_6H_5CH_3$
③ $C_3H_5(OH)_3$ ④ C_6H_5OH

» ① C_6H_6 : 벤젠
② $C_6H_5CH_3$: 톨루엔
③ $C_3H_5(OH)_3$: 글리세린
④ C_6H_5OH : 페놀
피크린산(제5류 위험물)은 트라이나이트로페놀을 의미하며, 피크린산은 **페놀**에 질산과 황산을 반응시켜 제조한다.

34 제5류 위험물에 관한 내용으로 틀린 것은?

① $C_2H_5ONO_2$: 상온에서 액체이다.
② $C_6H_2OH(NO_2)_3$:공기 중 자연분해가 잘 된다.
③ $C_6H_3(NO_2)_2CH_3$: 담황색의 결정이다.
④ $C_3H_5(ONO_2)_3$: 혼산 중에 글리세린을 반응시켜 제조한다.

» ② $C_6H_2OH(NO_2)_3$(피크린산) : 단독으로는 마찰 · 충격에 둔감하여 **공기 중에서 자연분해되지 않지만** 금속과 반응 시 폭발성의 물질을 생성하여 위험하다.

35 과산화벤조일의 일반적인 성질로 옳은 것은?

① 비중은 약 0.33이다.
② 무미, 무취의 고체이다.
③ 물에 잘 녹지만 다이에틸에테르에는 녹지 않는다.
④ 녹는점은 약 300℃이다.

» 유기과산화물인 과산화벤조일(제5류 위험물)은 물보다 무겁고(비중이 1 이상) 무색, **무미, 무취의 고체**상태이며 물에 안 녹고 다이에틸에테르에는 잘 녹으며 녹는점은 약 105℃이다.

36 제5류 위험물의 일반적 성질에 관한 설명으로 옳지 않은 것은?

① 화재발생 시 소화가 곤란하므로 적은 양으로 나누어 저장한다.
② 운반용기 외부에 ‘충격주의’, ‘화기엄금’의 주의사항을 표시한다.
③ 자기연소를 일으키며 연소속도가 대단히 빠르다.
④ 가연성 물질이므로 질식소화하는 것이 가장 좋다.

» ④ 제5류 위험물은 가연성이기도 하지만 자체적으로 산소공급원을 포함하고 있는 물질이므로 질식소화는 효과가 없고 냉각소화를 해야 한다.

37 질산메틸에 대한 설명 중 틀린 것은?

① 액체형태이다.
② 물보다 무겁다.
③ 알코올에 녹는다.
④ 증기는 공기보다 가볍다.

» ④ 분자량이 77이므로 증기비중은 77/29=2.66으로서 1보다 크기 때문에 **증기는 공기보다 무겁다.**

38 다음 위험물의 지정수량 배수의 총합은?

질산 150kg, 과산화수소 420kg, 과염소산 300kg

① 2.5 ② 2.9
③ 3.4 ④ 3.9

» 1) 질산의 지정수량 : 300kg
2) 과산화수소의 지정수량 : 300kg
3) 과염소산의 지정수량 : 300kg
$\therefore \frac{150kg}{300kg}+\frac{420kg}{300kg}+\frac{300kg}{300kg}=2.9$

정답 32. ② 33. ④ 34. ② 35. ② 36. ④ 37. ④ 38. ②

39 HNO_3에 대한 설명으로 틀린 것은?

① Al, Fe은 진한 질산에서 부동태를 생성해 녹지 않는다.

② 질산과 염산을 3 : 1의 비율로 제조한 것을 왕수라고 한다.

③ 부식성이 강하고 흡습성이 있다.

④ 직사광선에서 분해하여 NO_2를 발생한다.

» ② **염산과 질산을 3 : 1의 부피비율로 혼합**하여 제조한 것을 왕수라고 한다.

④ 직사광선에서 분해하여 적갈색 기체인 NO_2(이산화질소)를 발생한다.

– 질산의 분해반응식

$$\underset{\text{질산}}{4HNO_3} \rightarrow \underset{\text{물}}{2H_2O} + \underset{\text{이산화질소}}{4NO_2} + \underset{\text{산소}}{O_2}$$

40 위험물을 운반 및 적재할 경우 혼재가 불가능한 것으로 연결된 것은? (단, 지정수량의 1/5 이상이다.)

① 제1류와 제6류

② 제4류와 제3류

③ 제2류와 제3류

④ 제5류와 제4류

◀ 위험물의 혼재기준

» 유별을 달리하는 위험물의 운반에 관한 혼재기준

위험물의 구분	제1류	제2류	제3류	제4류	제5류	제6류
제1류		×	×	×	×	○
제2류	×		×	○	○	×
제3류	×	×		○	×	×
제4류	×	○	○		○	×
제5류	×	○	×	○		×
제6류	○	×	×	×	×	

※ 이 표는 지정수량의 1/10 이하의 위험물에 대하여는 적용하지 아니한다.

41 위험물 저장탱크의 내용적이 300L일 때 탱크에 저장하는 위험물의 용량의 범위로 적합한 것은? (단, 원칙적인 경우에 한한다.)

① 240~270L　② 270~285L

③ 290~295L　④ 295~298L

» 탱크의 공간용적은 탱크 내용적의 5~10% 범위로 정해지기 때문에 탱크 용량은 탱크 내용적의 90~95%로 정한다. 탱크의 내용적이 300L이므로 90%의 양을 적용하면 300L×0.9=270L가 되고 95%의 양을 적용하면 300L×0.95=285L가 된다. 따라서 저장하는 위험물의 용량의 범위는 270~285L이다.

42 위험물안전관리법령상 제4류 위험물 운반용기의 외부에 표시하여야 하는 주의사항을 모두 올바르게 나타낸 것은?

① 화기엄금 및 충격주의

② 가연물접촉주의

③ 화기엄금

④ 화기주의 및 충격주의

» 운반용기 외부의 표시사항

1. 제1류 위험물
   1) 알칼리금속의 과산화물 : 화기 · 충격주의, 가연물접촉주의, 물기엄금
   2) 그 외의 것 : 화기 · 충격주의, 가연물접촉주의
2. 제2류 위험물
   1) 철분, 금속분, 마그네슘 : 화기주의, 물기엄금
   2) 인화성 고체 : 화기엄금
   3) 그 외의 것 : 화기주의
3. 제3류 위험물
   1) 금수성 물질 : 물기엄금
   2) 자연발화성 물질 : 화기엄금, 공기접촉엄금
4. **제4류 위험물 : 화기엄금**
5. 제5류 위험물 : 화기엄금, 충격주의
6. 제6류 위험물 : 가연물접촉주의

43 아염소산염류의 운반용기 중 적응성 있는 내장용기의 종류와 최대용적이나 중량을 올바르게 나타낸 것은? (단, 외장용기의 종류는 나무상자 또는 플라스틱상자이고, 외장용기의 최대중량은 125kg으로 한다.)

① 금속제용기 : 20L

② 종이포대 : 55kg

③ 플라스틱필름포대 : 60kg

④ 유리용기 : 10L

정답 39. ② 40. ③ 41. ② 42. ③ 43. ④

≫ 고체 위험물 운반용기의 기준

운반용기				수납위험물의 종류									
내장용기		외장용기		제1류			제2류		제3류			제5류	
용기의 종류	최대 용적 (중량)	용기의 종류	최대 용적 (중량)	Ⅰ	Ⅱ	Ⅲ	Ⅱ	Ⅲ	Ⅰ	Ⅱ	Ⅲ	Ⅰ	Ⅱ
유리 용기 또는 플라스틱 용기	10L	**나무상자 또는 플라스틱 상자**	**125kg**	○	○	○	○	○	○	○	○	○	○
			225kg		○	○		○		○	○		○
		파이버판 상자	40kg	○	○	○	○	○	○	○	○	○	○
			55kg		○	○		○		○	○		○
금속제 용기	30L	**나무상자 또는 플라스틱 상자**	**125kg**	○	○	○	○	○	○	○	○	○	○
			225kg		○	○		○		○	○		○
		파이버판 상자	40kg	○	○	○	○	○	○	○	○	○	○
			55kg		○	○		○		○	○		○
플라스틱 필름 포대 또는 종이 포대	5kg	나무상자 또는 플라스틱 상자	50kg	○	○	○	○	○		○	○	○	○
	50kg		50kg	○	○	○	○	○					○
	125kg		125kg		○	○	○	○					
	225kg		225kg			○		○					
	5kg	파이버판 상자	40kg	○	○	○	○	○		○	○	○	○
	40kg		40kg	○	○	○	○	○					○
	55kg		55kg			○		○					

아염소산염류(제1류 위험물)는 지정수량이 50kg이므로 위험등급 Ⅰ에 해당된다. 이 〈문제〉의 조건은 위험등급 Ⅰ에 해당하는 위험물의 외장용기의 종류가 나무상자 또는 플라스틱상자이고, 최대중량이 125kg일 때 이에 따른 내장용기는 그 종류별로 최대용적이 몇 L인지를 묻는다. 앞의 〈표〉에서 알 수 있듯이 내장용기의 종류가 **유리용기 또는 플라스틱용기의 경우 최대용적은 10L**이고, 금속제용기의 경우는 30L이다.

똑똑한 풀이비법

고체의 운반용기 중 내장용기인 유리 또는 플라스틱용기의 최대용량은 10L, 금속제용기는 30L만 암기해도 된다.

44 옥외저장탱크 중 압력탱크에 저장하는 다이에틸에터등의 저장온도는 몇 ℃ 이하이어야 하는가?

① 60℃ ② 40℃
③ 30℃ ④ 15℃

≫ 탱크에 저장할 경우 위험물의 저장온도

1. 옥외저장탱크, 옥내저장탱크 또는 지하저장탱크 중 압력탱크 외의 탱크에 저장하는 경우
   1) 아세트알데하이드 : 15℃ 이하
   2) 산화프로필렌과 다이에틸에터 : 30℃ 이하
2. **옥외저장탱크**, 옥내저장탱크 또는 지하저장탱크 중 **압력탱크**에 저장하는 경우
   – 아세트알데하이드, 산화프로필렌과 **다이에틸에터 : 40℃ 이하**
3. 보냉장치가 있는 이동저장탱크에 저장하는 경우
   – 아세트알데하이드, 산화프로필렌과 다이에틸에터 : 비점 이하
4. 보냉장치가 없는 이동저장탱크에 저장하는 경우
   – 아세트알데하이드, 산화프로필렌과 다이에틸에터 : 40℃ 이하

45 지하탱크저장소에 대한 설명으로 옳지 않은 것은?

① 탱크전용실 벽의 두께는 0.3m 이상이어야 한다.
② 지하저장탱크의 윗부분은 지면으로부터 0.6m 이상 아래에 있어야 한다.
③ 지하저장탱크와 탱크전용실 안쪽과의 간격은 0.1m 이상의 간격을 유지한다.
④ 지하저장탱크에는 두께 0.1m 이상의 철근콘크리트조로 된 뚜껑을 설치한다.

≫ ④ 지하탱크전용실은 **두께가 0.3m 이상**인 철근콘크리트조의 뚜껑으로 덮는다.

46 지정수량 20배의 알코올류를 저장하는 옥외탱크저장소의 경우 펌프실 외의 장소에 설치하는 펌프설비의 기준으로 옳지 않은 것은?

① 펌프설비 주위에는 3m 이상의 공지를 보유한다.
② 펌프설비 그 직하의 지반면 주위에 높이 0.15m 이상의 턱을 만든다.
③ 펌프설비 그 직하의 지반면의 최저부에는 집유설비를 만든다.
④ 집유설비에는 위험물이 배수구에 유입되지 않도록 유분리장치를 만든다.

≫ ④ 옥외탱크저장소의 펌프실 외의 장소에 설치하는 펌프설비의 기준으로 3m 이상의 공지, 지반면 주위에 높이 0.15m 이상의 턱, 집유설비, 유분리장치를 설치해야 하지만 **제4류 위험물 중 알코올류는 수용성이므로 물과 분리할 수가 없다. 따라서 유분리장치가 필요 없다.**

정답 44. ② 45. ④ 46. ④

47 위험물안전관리법령상 옥내저장탱크와 탱크전용실의 벽과의 사이 및 옥내저장탱크의 상호간에는 몇 m 이상의 간격을 유지하여야 하는가? (단, 탱크의 점검 및 보수에 지장이 없는 경우는 제외한다.)

① 0.5m ② 1m
③ 1.5m ④ 2m

» 옥내저장탱크와 탱크전용실의 벽과의 사이 및 옥내저장탱크의 상호간에는 **0.5m 이상**의 간격을 유지하여야 한다.

48 옥외저장소에서 저장 또는 취급할 수 있는 위험물이 아닌 것은? (단, 국제해상위험물규칙에 적합한 용기에 수납된 위험물의 경우는 제외한다.)

① 제2류 위험물 중 황
② 제1류 위험물 중 과염소산염류
③ 제6류 위험물
④ 제2류 위험물 중 인화점이 10℃인 인화성 고체

» ② 제1류 위험물은 어떠한 종류라도 옥외저장소에 저장할 수 없다.

49 위험물제조소등의 용도폐지신고에 대한 설명으로 옳지 않은 것은?

① 용도폐지 후 30일 이내에 신고하여야 한다.
② 완공검사필증을 첨부한 용도폐지신고서를 제출하는 방법으로 신고한다.
③ 전자문서로 된 용도폐지신고서를 제출하는 경우에도 완공검사필증을 제출하여야 한다.
④ 신고의무의 주체는 해당 제조소등의 관계인이다.

» 제조소등을 용도폐지하려는 제조소등의 관계인은 용도폐지신고서에 제조소등의 완공검사필증을 첨부하여 제조소등의 용도를 폐지한 날부터 **14일 이내에 시·도지사에게 신고**하여야 한다.

50 위험물안전관리법령상 운송책임자의 감독·지원을 받아 운송하여야 하는 위험물은?

① 알킬리튬
② 과산화수소
③ 가솔린
④ 경유

» 위험물의 운송 시 운송책임자의 감독·지원을 받아 운송하여야 하는 위험물은 **알킬리튬** 및 알킬알루미늄이다.

51 아염소산염류 500kg과 질산염류 3,000kg을 저장하는 경우 위험물의 소요단위는 얼마인가?

① 2 ② 4
③ 6 ④ 8

» 위험물의 소요단위는 지정수량의 10배이므로 다음과 같다.

$$\therefore \frac{500\text{kg}}{50\text{kg}\times 10} + \frac{3{,}000\text{kg}}{300\text{kg}\times 10} = 2$$

52 위험물제조소의 연면적이 몇 m^2 이상일 경우 경보설비 중 자동화재탐지설비를 설치하여야 하는가?

① $400m^2$
② $500m^2$
③ $600m^2$
④ $800m^2$

» 제조소 및 일반취급소는 연면적 **$500m^2$ 이상**이거나 지정수량의 100배 이상이면 자동화재탐지설비를 설치해야 한다.

53 소화난이도등급 Ⅱ의 옥내탱크저장소에는 대형수동식 소화기 및 소형수동식 소화기를 각각 몇 개 이상 설치하여야 하는가?

① 4개 ② 3개
③ 2개 ④ 1개

정답 47. ① 48. ② 49. ① 50. ① 51. ① 52. ② 53. ④

» 소화난이도등급 Ⅱ의 제조소등에 설치하여야 하는 소화설비의 기준

제조소등의 구분	소화설비
제조소, 옥내저장소, 옥외저장소, 주유취급소, 판매취급소, 일반취급소	방사능력범위 내에 해당 건축물, 그 밖의 공작물 및 위험물이 포함되도록 대형수동식 소화기를 설치하고, 해당 위험물 소요단위의 1/5 이상에 해당되는 능력단위의 소형수동식 소화기 등을 설치할 것
옥외탱크저장소, **옥내탱크저장소**	**대형수동식 소화기 및 소형수동식 소화기 등을 각각 1개 이상 설치**할 것

54 알코올류 20,000L에 대한 소화설비 설치 시 소요단위는?

① 5단위　② 10단위
③ 15단위　④ 20단위

» 위험물의 소요단위는 지정수량의 10배를 1소요단위로 하며 알코올류의 지정수량은 400L이다.

$\therefore \frac{20,000L}{400L \times 10} = 5$

55 제1종 판매취급소의 위치, 구조 및 설비의 기준으로 틀린 것은?

① 천장을 설치하는 경우에는 천장을 불연재료로 할 것
② 창 및 출입구에는 60분+방화문 · 60분 방화문 또는 30분 방화문을 설치할 것
③ 건축물의 지하 또는 1층에 설치할 것
④ 위험물배합실은 바닥면적 $6m^2$ 이상 $15m^2$ 이하로 할 것

» ③ 제1종 판매취급소는 건축물의 1층에 설치해야 한다.

56 다음 중 위험물안전관리법상 설치허가 및 완공검사 절차에 관한 설명으로 틀린 것은 무엇인가?

① 지정수량의 1천배 이상의 위험물을 취급하는 제조소는 한국소방산업기술원으로부터 해당 제조소의 구조설비에 관한 기술검토를 받아야 한다.
② 50만L 이상인 옥외탱크저장소는 한국소방산업기술원으로부터 해당 탱크의 기초 지반 및 탱크 본체에 관한 기술검토를 받아야 한다.
③ 지정수량의 1천배 이상의 제4류 위험물을 저장하는 저장소의 완공검사는 한국소방산업기술원이 실시한다.
④ 50만L 이상인 옥외탱크저장소의 완공검사는 한국소방산업기술원이 실시한다.

» 한국소방산업기술원이 위탁받아 수행하는 탱크의 설치 또는 변경에 따른 기술검토 및 완공검사 업무

1) 지정수량의 1천배 이상의 위험물을 취급하는 제조소 또는 일반취급소의 구조·설비에 관한 사항의 기술검토
2) 50만L 이상의 옥외탱크저장소 또는 암반탱크저장소의 탱크의 기초, 기반, 탱크 본체 및 소화설비에 관한 사항의 기술검토
3) **지정수량의 1천배 이상의 위험물을 취급하는 제조소 또는 일반취급소의 설치 또는 변경의 완공검사**
4) 50만L 이상의 옥외탱크저장소 또는 암반탱크저장소의 설치 또는 변경에 따른 완공검사

57 위험물제조소등의 지위승계에 관한 설명으로 옳은 것은?

① 양도는 승계 사유이지만 상속이나 법인의 합병은 승계 사유에 해당하지 않는다.
② 지위승계의 사유가 있는 날로부터 14일 이내에 승계신고를 하여야 한다.
③ 시·도지사에게 신고하여야 하는 경우와 소방서장에게 신고하여야 하는 경우가 있다.
④ 민사집행법에 의한 경매 절차에 따라 제조소등을 인수한 경우에는 지위승계신고를 한 것으로 간주한다.

정답　54. ①　55. ③　56. ③　57. ③

① 양도, 상속, 합병 또는 경매 등을 통해 인수한 경우에도 지위를 승계한 것으로 간주한다.
② 제조소등의 설치자의 지위를 승계한 자는 승계한 날부터 30일 이내에 시·도지사에게 신고하여야 한다.
④ 경매를 통해 인수한 경우 지위를 승계하였지만 지위승계신고를 별도로 행하여야 한다.

58 염소산칼륨의 성질에 대한 설명으로 옳은 것은 무엇인가?

① 가연성 액체이다.
② 강력한 산화제이다.
③ 물보다 가볍다.
④ 열분해하면 수소를 발생한다.

② 제1류 위험물로서 산소공급원을 가지므로 강력한 산화제(가연물을 태우는 성질의 물질)이다.
④ 모든 제1류 위험물은 열분해하면 산소를 발생한다.
– 염소산칼륨의 분해반응식
$2KClO_3 \rightarrow 2KCl + 3O_2$
염소산칼륨 염화칼륨 산소

59 인화칼슘이 물과 반응하여 발생하는 가스는 무엇인가?

① PH_3 ② H_2
③ CO_2 ④ N_2

인화칼슘의 물과의 반응식
$Ca_3P_2 + 6H_2O \rightarrow 3Ca(OH)_2 + 2PH_3$
인화칼슘 물 수산화칼슘 포스핀
※ 포스핀은 인화수소라고도 불린다.

60 황의 성상에 관한 설명으로 틀린 것은?

① 연소할 때 발생하는 가스는 냄새를 갖고 있으나 인체에 무해하다.
② 미분이 공기 중에 떠 있을 때 분진폭발의 우려가 있다.
③ 용융된 황을 물에서 급랭하면 고무상황을 얻을 수 있다.
④ 연소할 때 아황산가스를 발생한다.

① **연소 시 발생하는 아황산가스는 자극성 냄새를 가지며 인체에 유독성이 있다.**
– 황의 연소반응식
$S + O_2 \rightarrow SO_2$
황 산소 이산화황
(아황산가스)

정답 58. ② 59. ① 60. ①

2021

CBT 기출복원문제

제4회 위험물기능사

01 다음 중 증발연소를 하는 물질이 아닌 것은?

① 황 ② 석탄
③ 파라핀 ④ 나프탈렌

»» ①, ③, ④ : 증발연소
② : 분해연소

02 주된 연소형태가 나머지 셋과 다른 하나는 어느 것인가?

① 아연분 ② 양초
③ 코크스 ④ 목탄

»» ①, ③, ④ : 표면연소
② : 증발연소

03 다음 중 플래시오버에 대한 설명으로 옳은 것은?

① 대부분 화재 초기(발화기)에 발생한다.
② 대부분 화재 종기(쇠퇴기)에 발생한다.
③ 내장재의 종류와 개구부의 크기에 영향을 받는다.
④ 산소의 공급이 주요 요인이 되어 발생한다.

»» 플래시오버는 건물 내에서 화재가 진행되어 열이 축적되어 있다가 화염이 순간적으로 실내 전체로 확대되는 현상으로서 **산소의 공급이 주요 원인이 되지는 않으며** 화재의 성장기에서 최성기로 넘어가는 시점에 발생하고 내장재의 종류 또는 개구부의 크기에 따라 영향을 받을 수 있다.

04 표준상태에서 탄소 1몰이 완전히 연소하면 몇 L의 이산화탄소가 생성되는가?

① 11.2L ② 22.4L
③ 44.8L ④ 56.8L

»» 탄소의 연소반응식

$C + O_2 \rightarrow CO_2$
탄소 산소 이산화탄소

모든 기체 1몰은 표준상태에서 부피가 22.4L이기 때문에 이 연소반응식에서 발생하는 이산화탄소(CO_2) 1몰의 부피 또한 22.4L이다.

05 소화효과 중 부촉매효과를 기대할 수 있는 소화약제는?

① 물소화약제
② 포소화약제
③ 분말소화약제
④ 이산화탄소 소화약제

»» **부촉매효과**(억제효과)는 할로젠화합물 소화약제와 제3종 **분말소화약제**가 갖는 효과이다.

06 다음에서 소화기의 사용방법을 올바르게 설명한 것을 모두 나열한 것은?

㉠ 적응화재에만 사용할 것
㉡ 불과 최대한 멀리 떨어져서 사용할 것
㉢ 바람을 마주보고 풍하에서 풍상 방향으로 사용할 것
㉣ 양옆으로 비로 쓸듯이 골고루 사용할 것

① ㉠, ㉡ ② ㉠, ㉢
③ ㉠, ㉣ ④ ㉠, ㉢, ㉣

»» ㉡ 불과 최대한 가까이 접근해서 사용할 것
㉢ 바람을 등지고 풍상에서 풍하 방향으로 사용할 것

07 영하 20℃ 이하의 겨울철이나 한랭지에서 사용하기에 적합한 소화기는?

① 분무주수 소화기 ② 봉상주수 소화기
③ 물주수 소화기 ④ 강화액 소화기

정답 01. ② 02. ② 03. ③ 04. ② 05. ③ 06. ③ 07. ④

>>> ④ 겨울철이나 한랭지에서 사용하기에 적합한 소화기는 강화액 소화기이다.

08 다음은 어떤 화합물의 구조식인가?

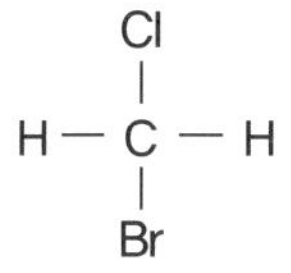

① 할론 1301　② 할론 1201
③ 할론 1011　④ 할론 2402

>>> C 1개, F 0개, Cl 1개, Br 1개이므로 할론 1011이라고 한다. 이때 수소의 개수는 할론번호에 포함되지 않는다.

09 소화기 속에 압축되어 있는 이산화탄소 1.1kg을 표준상태에서 분사하였다. 이산화탄소의 부피는 몇 m^3가 되는가?

① $0.56m^3$
② $5.6m^3$
③ $11.2m^3$
④ $24.6m^3$

>>> 이산화탄소(CO_2) 1mol의 분자량=12g(C)+16g(O)×2=44g/mol, 표준상태(0℃, 1기압)에서 기체 1몰의 부피=22.4L, 1kg=1,000g이고 $1m^3$=1,000L임을 이용한다.

$$\therefore 1{,}100g\ CO_2 \times \frac{1mol\ CO_2}{44g\ CO_2} \times \frac{22.4L}{1mol\ CO_2} \times \frac{1m^3}{1{,}000L} = 0.56m^3$$

10 위험물제조소등에 설치해야 하는 각 소화설비의 설치기준에 있어서 각 노즐 또는 헤드 끝부분의 방사압력기준이 나머지 셋과 다른 설비는?

① 옥내소화전설비
② 옥외소화전설비
③ 스프링클러설비
④ 물분무소화설비

>>> ①, ②, ④ : 350kPa
③ : 100kPa

11 스프링클러설비의 장점이 아닌 것은?

① 화재의 초기진압에 효율적이다.
② 사용약제를 쉽게 구할 수 있다.
③ 자동으로 화재를 감지하고 소화할 수 있다.
④ 다른 소화설비보다 구조가 간단하고 시설비가 적다.

>>> ④ 다른 소화설비보다 구조가 복잡하고 시설비가 많이 든다.

12 다음 중 위험등급 I 의 위험물이 아닌 것은 어느 것인가?

① 무기과산화물
② 적린
③ 나트륨
④ 과산화수소

>>> ① 무기과산화물(제1류 위험물) : 위험등급 I
② 적린(제2류 위험물) : 위험등급 II
③ 나트륨(제3류 위험물) : 위험등급 I
④ 과산화수소(제6류 위험물) : 위험등급 I

13 위험물안전관리법령상 유별이 같은 것으로만 나열된 것은?

① 금속의 인화물, 칼슘의 탄화물, 할로젠간화합물
② 아조벤젠, 염산하이드라진, 질산구아니딘
③ 황린, 적린, 무기과산화물
④ 유기과산화물, 질산에스터류, 알킬리튬

>>> ① 금속의 인화물(제3류 위험물), 칼슘의 탄화물(제3류 위험물), 할로젠간화합물(제6류 위험물)
② 아조벤젠(제5류 위험물의 아조화합물), 염산하이드라진(제5류 위험물의 하이드라진유도체), 질산구아니딘(제5류 위험물)
③ 황린(제3류 위험물), 적린(제2류 위험물), 무기과산화물(제1류 위험물)
④ 유기과산화물(제5류 위험물), 질산에스터류(제5류 위험물), 알킬리튬(제3류 위험물)

정답 08. ③ 09. ① 10. ③ 11. ④ 12. ② 13. ②

14 위험물안전관리법령상 지정수량이 다른 하나는?

① 인화칼슘 ② 루비듐
③ 칼슘 ④ 차아염소산칼륨

» ① **인화칼슘**(Ca_3P_2) : 제3류 위험물 중 금속의 인화물로서 **지정수량 300kg**
② 루비듐(Rb) : 제3류 위험물 중 알칼리금속으로서 지정수량 50kg
③ 칼슘(Ca) : 제3류 위험물 중 알칼리토금속으로서 지정수량 50kg
④ 차아염소산칼륨(KClO) : 제1류 위험물 중 행정안전부령으로 정하는 위험물로서 지정수량 50kg

15 다음 중 제1류 위험물에 속하지 않는 것은?

① 질산구아니딘
② 과아이오딘산
③ 납 또는 아이오딘의 산화물
④ 염소화아이소사이아누르산

» ① 질산구아니딘은 행정안전부령으로 정하는 제5류 위험물이다.

16 위험물의 품명이 질산염류에 속하지 않는 것은?

① 질산메틸 ② 질산칼륨
③ 질산나트륨 ④ 질산암모늄

» ① **질산메틸 : 제5류 위험물의 질산에스터류**
② 질산칼륨 : 제1류 위험물의 질산염류
③ 질산나트륨 : 제1류 위험물의 질산염류
④ 질산암모늄 : 제1류 위험물의 질산염류

똑똑한 풀이비법

시험에 자주 나오는 제1류 위험물의 염류는 K(칼륨), Na(나트륨), NH_4(암모늄)이다.

17 과산화칼륨의 저장창고에서 화재가 발생하였다. 다음 중 가장 적합한 소화약제는?

① 물 ② 이산화탄소
③ 마른모래 ④ 염산

» 과산화칼륨은 제1류 위험물 중 알칼리금속의 과산화물로서 적응성이 있는 소화약제는 **마른모래**, 팽창질석, 팽창진주암, 탄산수소염류 분말소화약제이다.

18 과산화나트륨이 물과 반응하면 어떤 물질과 산소를 발생하는가?

① 수산화나트륨
② 수산화칼륨
③ 질산나트륨
④ 아염소산나트륨

» 과산화나트륨이 물과 반응하면 **수산화나트륨**(NaOH)과 산소(O_2)가 발생한다.
– 과산화나트륨과 물과의 반응식

$$\underset{\text{과산화나트륨}}{2Na_2O_2} + \underset{\text{물}}{2H_2O} \rightarrow \underset{\text{수산화나트륨}}{4NaOH} + \underset{\text{산소}}{O_2}$$

19 제2류 위험물인 마그네슘에 대한 설명으로 옳지 않은 것은?

① 2mm의 체를 통과한 것만 위험물에 해당된다.
② 화재 시 이산화탄소 소화약제로 소화가 가능하다.
③ 가연성 고체로 산소와 반응하여 산화반응을 한다.
④ 주수소화를 하면 가연성의 수소가스가 발생한다.

» ② 마그네슘은 이산화탄소와 반응 시 산화마그네슘과 가연성 물질인 탄소 또는 유독성 기체인 일산화탄소가 발생하므로 이산화탄소 소화약제를 사용하여 소화할 수 없다.
– 마그네슘과 이산화탄소와의 반응식
1) $\underset{\text{마그네슘}}{2Mg} + \underset{\text{이산화탄소}}{CO_2} \rightarrow \underset{\text{산화마그네슘}}{2MgO} + \underset{\text{탄소}}{C}$
2) $\underset{\text{마그네슘}}{Mg} + \underset{\text{이산화탄소}}{CO_2} \rightarrow \underset{\text{산화마그네슘}}{MgO} + \underset{\text{일산화탄소}}{CO}$

20 다음은 위험물안전관리법령에서 정한 내용이다. ( ) 안에 알맞은 용어는?

> ( )라 함은 고형 알코올, 그 밖에 1기압에서 인화점이 섭씨 40도 미만인 고체를 말한다.

① 가연성 고체 ② 산화성 고체
③ 인화성 고체 ④ 자기반응성 고체

정답 14. ① 15. ① 16. ① 17. ③ 18. ① 19. ② 20. ③

» 제2류 위험물 중 인화성 고체라 함은 고형 알코올, 그 밖에 1기압에서 인화점이 섭씨 40도 미만인 고체를 말한다.

21 황의 성질을 설명한 것으로 옳은 것은?

① 전기의 양도체이다.
② 물에 잘 녹는다.
③ 연소하기 어려워 분진폭발의 위험성은 없다.
④ 높은 온도에서 탄소와 반응하여 이황화탄소가 생긴다.

» ① 전기의 불량도체이다.
② 물에 안 녹고 이황화탄소에 잘 녹는다.
③ 연소하기 쉽고 분진폭발의 위험성도 크다.
④ 황과 탄소의 반응식
$C + 2S \rightarrow CS_2$
탄소 황 이황화탄소

22 탄화칼슘의 취급방법에 대한 설명으로 옳지 않은 것은?

① 물, 습기와의 접촉을 피한다.
② 건조한 장소에 밀봉·밀전하여 보관한다.
③ 습기와 작용하여 다량의 메테인이 발생하므로 저장 중에 메테인가스의 발생 유무를 조사한다.
④ 저장용기에 질소가스 등 불활성 가스를 충전하여 저장한다.

» ③ 습기(물)와 반응 시 메테인이 아닌 아세틸렌(C_2H_2)가스를 발생한다.
– 탄화칼슘과 물의 반응식
$CaC_2 + 2H_2O \rightarrow Ca(OH)_2 + C_2H_2$
탄화칼슘 물 수산화칼슘 아세틸렌

23 다음 중 화재발생 시 물을 이용한 소화가 효과적인 물질은?

① 트라이메틸알루미늄 ② 황린
③ 나트륨 ④ 인화칼슘

» 자연발화성 물질인 황린(제3류 위험물)은 물속에 보관하며 화재 시 물로 냉각소화한다.

24 다음 중 알킬알루미늄의 소화방법으로 가장 적합한 것은?

① 팽창질석에 의한 소화
② 알코올포에 의한 소화
③ 주수에 의한 소화
④ 산, 알칼리 소화약제에 의한 소화

» 알킬알루미늄(제3류 위험물)의 화재 시에는 마른모래, **팽창질석**, 팽창진주암, 탄산수소염류 분말소화약제만 적응성이 있다.

25 위험물안전관리법령상 제3류 위험물 중 금수성 물질의 화재에 적응성이 있는 소화설비는?

① 탄산수소염류의 분말소화설비
② 불활성가스 소화설비
③ 할로젠화합물 소화설비
④ 인산염류의 분말소화설비

» 제1류 위험물의 알칼리금속의 과산화물, 제2류 위험물의 철분, 마그네슘, 금속분, **제3류 위험물의 금수성 물질의 화재에는 탄산수소염류 분말소화약제** 또는 마른모래, 팽창질석, 팽창진주암이 적응성을 가진다.

26 인화점이 상온 이상인 위험물은?

① 중유
② 아세트알데하이드
③ 아세톤
④ 이황화탄소

» ① **중유(제3석유류) : 인화점 70℃ 이상 200℃ 미만**
② 아세트알데하이드(특수인화물) : 발화점 100℃ 이하이거나 인화점 –20℃ 이하이고 비점 40℃ 이하인 것
③ 아세톤(제1석유류) : 인화점 21℃ 미만
④ 이황화탄소(특수인화물) : 발화점 100℃ 이하이거나 인화점 –20℃ 이하이고 비점 40℃ 이하인 것

똑똑한 풀이비법

상온이 1기압, 20℃를 의미하므로 제3석유류의 인화점은 상온 이상에 해당된다.

정답 21. ④ 22. ③ 23. ② 24. ① 25. ① 26. ①

27 이황화탄소에 관한 설명으로 틀린 것은?

① 비교적 무거운 무색의 고체이다.
② 인화점이 0℃ 이하이다.
③ 약 100℃에서 발화할 수 있다.
④ 이황화탄소의 증기는 유독하다.

» ① 제4류 위험물 중 특수인화물에 해당하는 물보다 무거운 **액체상태의 물질**이다.
② 인화점은 −30℃로서, 0℃ 이하이다.

28 등유의 지정수량에 해당하는 것은?

① 100L ② 200L
③ 1,000L ④ 2,000L

» 등유(제4류 위험물)는 제2석유류의 비수용성 물질로서 지정수량은 1,000L이다.

29 위험물 분류에서 제1석유류에 대한 설명으로 옳은 것은?

① 아세톤, 휘발유, 그 밖에 1기압에서 인화점이 섭씨 21도 미만인 것
② 등유, 경유, 그 밖의 액체로서 인화점이 섭씨 21도 이상 70도 미만의 것
③ 중유, 도료류로서 인화점이 섭씨 70도 이상 200도 미만의 것
④ 기계유, 실린더유, 그 밖의 액체로서 인화점이 섭씨 200도 이상 250도 미만의 것

» ① **제1석유류 : 아세톤, 휘발유, 그 밖에 1기압에서 인화점이 섭씨 21도 미만인 것**

30 다음 중 증기의 밀도가 가장 큰 것은?

① 다이에틸에터
② 벤젠
③ 가솔린(옥테인 100%)
④ 에틸알코올

» 증기밀도는 분자량을 22.4L로 나눈 값으로 분자량이 가장 크면 증기밀도도 가장 크다.

① 다이에틸에터($C_2H_5OC_2H_5$)
$12(C)\times4+1(H)\times10+16(O)=74$
증기밀도 $= \dfrac{74}{22.4} = 3.30$

② 벤젠(C_6H_6)
$12(C)\times6+1(H)\times6 = 78$
증기밀도 $= \dfrac{78}{22.4} = 3.48$

③ 옥테인 100%(C_8H_{18})
$12(C)\times8+1(H)\times18 = 114$
증기밀도 $= \dfrac{114}{22.4} = 5.09$

④ 에틸알코올(C_2H_5OH)
$12(C)\times2+1(H)\times6+16(O) = 46$
증기밀도 $= \dfrac{46}{22.4} = 2.05$

31 벤젠에 대한 설명으로 옳은 것은?

① 휘발성이 강한 액체이다.
② 물에 매우 잘 녹는다.
③ 증기의 비중은 1.5이다.
④ 순수한 것의 융점은 30℃이다.

» ② 물에 안 녹는다.
③ 증기비중은 벤젠의 분자량 78을 공기의 분자량 29로 나눈 값으로 $\dfrac{78}{29} = 2.69$이다.
④ 순수한 것의 융점은 5.5℃이다.

32 공기 중에서 산소와 반응하여 과산화물을 생성하는 물질은?

① 다이에틸에터 ② 이황화탄소
③ 에틸알코올 ④ 과산화나트륨

» **다이에틸에터**(제4류 위험물)의 과산화물 생성
1) 햇빛에 분해되거나 **공기 중 산소로 인해 과산화물을 생성**할 수 있으므로 갈색병에 밀전·밀봉해서 보관해야 한다.
2) 저장 시 과산화물이 생성되었는지를 확인하는 과산화물 검출시약은 KI(아이오딘화칼륨) 10% 용액이며 이를 반응시켰을 때 황색으로 변하면 과산화물이 생성되었다고 판단한다.
3) 과산화물이 생성되었다면 제거해야 하는데 과산화물 제거시약은 황산철(Ⅱ)을 이용한다.

정답 27. ① 28. ③ 29. ① 30. ③ 31. ① 32. ①

33 과산화벤조일에 대한 설명 중 틀린 것은?

① 진한 황산과 혼촉 시 위험성이 증가한다.
② 폭발성을 방지하기 위하여 희석제를 첨가할 수 있다.
③ 가열하면 약 100℃에서 흰 연기를 내면서 분해한다.
④ 물에 녹으며 무색, 무취의 액체이다.

》 과산화벤조일(제5류 위험물)은 유기과산화물에 포함되는 고체상태의 물질이며 물에는 녹지 않는다.

34 Ca_3P_2 600kg을 저장하려 한다. 지정수량의 배수는 얼마인가?

① 2배 ② 3배
③ 4배 ④ 5배

》 제3류 위험물 중 인화칼슘(Ca_3P_2)의 지정수량은 300kg이므로 저장량 600kg은 지정수량의 $\frac{600kg}{300kg}$ = 2배이다.

35 제5류 위험물의 화재 시 소화방법에 대한 설명으로 옳은 것은?

① 가연성 물질로서 연소속도가 빠르므로 질식소화가 효과적이다.
② 할로젠화합물 소화기가 적응성이 있다.
③ CO_2 및 분말소화기가 적응성이 있다.
④ 다량의 주수에 의한 냉각소화가 효과적이다.

》 제5류 위험물의 화재 시에는 다량의 주수에 의한 냉각소화가 효과적이다.

36 다음 중 나이트로화합물에 속하지 않은 것은?

① 나이트로벤젠
② 테트릴
③ 트라이나이트로톨루엔
④ 피크린산

》 ① : 제4류 위험물의 제3석유류
②, ③, ④ : 제5류 위험물의 나이트로화합물

37 다음 중 제5류 위험물이 아닌 것은?

① 나이트로글리세린
② 나이트로톨루엔
③ 나이트로글리콜
④ 트라이나이트로톨루엔

》 ① 나이트로글리세린 : 제5류 위험물의 질산에스터류
② **나이트로톨루엔** : **제4류 위험물**의 제3석유류
③ 나이트로글리콜 : 제5류 위험물의 질산에스터류
④ 트라이나이트로톨루엔 : 제5류 위험물의 나이트로화합물

38 다음에서 설명하는 물질은 무엇인가?

- 살균제 및 소독제로도 사용된다.
- 분해할 때 발생하는 발생기산소[O]는 난분해성 유기물질을 산화시킬 수 있다.

① $HClO_4$ ② CH_3OH
③ H_2O_2 ④ H_2SO_4

》 제6류 위험물인 과산화수소(H_2O_2)에 대한 설명이다.

39 질산이 직사일광에 노출될 때 어떻게 되는가?

① 분해되지는 않으나 붉은 색으로 변한다.
② 분해되지는 않으나 녹색으로 변한다.
③ 분해되어 질소를 발생한다.
④ 분해되어 이산화질소를 발생한다.

》 질산(제6류 위험물)은 분해하여 적갈색의 이산화질소(NO_2)가스를 발생한다.
– 질산의 분해반응식

$$\underset{\text{질산}}{4HNO_3} \rightarrow \underset{\text{물}}{2H_2O} + \underset{\text{이산화질소}}{4NO_2} + \underset{\text{산소}}{O_2}$$

40 제5류 위험물을 취급하는 위험물제조소에 설치하는 주의사항 게시판에서 표시하는 내용과 바탕색, 문자색으로 옳은 것은?

① 화기주의, 백색 바탕에 적색 문자
② 화기주의, 적색 바탕에 백색 문자
③ 화기엄금, 백색 바탕에 적색 문자
④ 화기엄금, 적색 바탕에 백색 문자

》 제5류 위험물의 제조소등에는 적색 바탕에 백색 문자로 '화기엄금'을 표시한다.

정답 33. ④ 34. ① 35. ④ 36. ① 37. ② 38. ③ 39. ④ 40. ④

41 위험물을 운반용기에 담아 지정수량의 1/10을 초과하여 적재하는 경우 위험물을 혼재하여도 무방한 것은?

① 제1류 위험물과 제6류 위험물
② 제2류 위험물과 제6류 위험물
③ 제2류 위험물과 제3류 위험물
④ 제3류 위험물과 제5류 위험물

» 제1류 위험물과 혼재 가능한 것은 제6류 위험물이다.

◀ 위험물의 혼재기준

42 과산화수소의 운반용기 외부에 표시하여야 하는 주의사항은?

① 화기주의 ② 충격주의
③ 물기엄금 ④ 가연물접촉주의

» 과산화수소(제6류 위험물)의 운반용기 외부에 표시하는 주의사항은 '가연물접촉주의'이다.

43 액체 위험물을 운반용기에 수납할 때 내용적 몇 % 이하의 수납률로 수납하여야 하는가?

① 95% ② 96%
③ 97% ④ 98%

» 운반용기 수납률의 기준
1) 고체 위험물 : 운반용기 내용적의 95% 이하
2) **액체 위험물** : 운반용기 내용적의 **98% 이하** (55℃에서 누설되지 않도록 공간용적을 유지)
3) 알킬알루미늄등 : 운반용기의 내용적의 90% 이하(50℃에서 5% 이상의 공간용적을 유지)

44 다음 ( ) 안에 알맞은 수치를 차례대로 올바르게 나열한 것은?

위험물 암반탱크의 공간용적은 해당 탱크 내에 용출하는 ( )일간의 지하수 양에 상당하는 용적과 해당 탱크 내용적의 100분의 ( )의 용적 중에서 보다 큰 용적을 공간용적으로 한다.

① 1, 1 ② 7, 1
③ 1, 5 ④ 7, 5

» 위험물 암반탱크의 공간용적은 해당 탱크 내에 용출하는 **7일**간의 지하수 양에 상당하는 용적과 해당 탱크 내용적의 **100분의 1**의 용적 중에서 보다 큰 용적을 공간용적으로 한다.

45 위험물안전관리법령에서 정한 제5류 위험물 이동저장탱크의 외부도장 색상은?

① 황색 ② 회색
③ 적색 ④ 청색

» 이동저장탱크의 외부도장 색상
1) 제1류 위험물 : 회색
2) 제2류 위험물 : 적색
3) 제3류 위험물 : 청색
4) 제4류 위험물 : 적색(색상에 대한 제한은 없으나 적색을 권장)
5) **제5류 위험물 : 황색**
6) 제6류 위험물 : 청색

46 위험물제조소의 건축물 구조기준 중 연소의 우려가 있는 외벽은 출입구 외의 개구부가 없는 내화구조의 벽으로 하여야 한다. 이때 연소의 우려가 있는 외벽은 제조소가 설치된 부지의 경계선에서 몇 m 이내에 있는 외벽을 말하는가? (단, 단층 건물일 경우이다.)

① 3m
② 4m
③ 5m
④ 6m

◀ 연소의 우려가 있는 외벽의 기준

» 연소의 우려가 있는 외벽은 다음에서 정한 선을 기산점으로 하여 **3m**(제조소등이 2층 이상의 층은 5m) **이내에 있는 외벽**을 말한다.
1) 제조소등이 설치된 부지의 경계선
2) 제조소 등에 인접한 도로의 중심선
3) 제조소등의 외벽과 동일부지 내 다른 건축물의 외벽 간의 중심선

47 위험물안전관리법령에서 정한 탱크 안전성능검사의 구분에 해당하지 않는 것은?

① 기초 · 지반 검사 ② 충수 · 수압 검사
③ 용접부 검사 ④ 배관 검사

정답 41. ① 42. ④ 43. ④ 44. ② 45. ① 46. ① 47. ④

» 탱크 안전성능검사의 종류
  1) 기초 · 지반 검사
  2) 충수 · 수압 검사
  3) 용접부 검사
  4) 암반탱크 검사

48 위험물안전관리법령에서 정한 아세트알데하이드등을 취급하는 제조소의 특례에 관한 내용이다. ( ) 안에 해당하는 물질이 아닌 것은?

아세트알데하이드등을 취급하는 설비는 ( ), ( ), ( ), ( ) 또는 이들을 성분으로 하는 합금으로 만들지 아니할 것

① 동 ② 은
③ 금 ④ 마그네슘

» 아세트알데하이드등을 취급하는 설비는 수은, 은, 구리(동), 마그네슘과의 반응으로 금속아세틸리드라는 폭발성 물질을 생성하므로 이들 금속과 접촉을 피해야 한다.

49 알킬알루미늄등 또는 아세트알데하이드등을 취급하는 제조소의 특례기준으로서 옳은 것은?

① 알킬알루미늄등을 취급하는 설비에는 불활성 기체 또는 수증기를 봉입하는 장치를 설치한다.
② 알킬알루미늄등을 취급하는 설비는 은, 수은, 동, 마그네슘을 성분으로 하는 것으로 만들지 않는다.
③ 아세트알데하이드등을 취급하는 탱크에는 냉각장치 또는 보냉장치 및 불활성 기체 봉입장치를 설치한다.
④ 아세트알데하이드등을 취급하는 설비의 주위에는 누설범위를 국한하기 위한 설비와 누설되었을 때 안전한 장소에 설치된 저장실에 유입시킬 수 있는 설비를 갖춘다.

» 위험물의 성질에 따른 각종 제조소의 특례
  1. 알킬알루미늄등을 취급하는 제조소
    1) 알킬알루미늄등을 취급하는 설비에는 불활성 기체를 봉입하는 장치를 갖출 것
    2) 알킬알루미늄등을 취급하는 설비의 주위에는 누설범위를 국한하기 위한 설비와 누설된 알킬알루미늄등을 안전한 장소에 설치된 저장실에 유입시킬수 있는 설비를 갖출 것
  2. 아세트알데하이드등을 취급하는 제조소등의 설비
    1) 아세트알데하이드등을 취급하는 제조소의 설비에는 은, 수은, 구리(동), 마그네슘을 성분으로 하는 합금으로 만들지 아니할 것
    2) 아세트알데하이드등을 취급하는 제조소의 설비에는 연소성 혼합기체의 폭발을 방지하기 위한 불활성 기체 또는 수증기 봉입장치를 갖출 것
    3) **아세트알데하이드등을 저장하는 탱크에는 냉각장치 또는 보냉장치(냉방을 유지하는 장치) 및 불활성 기체 봉입장치를 갖출 것**
    4) 아세트알데하이드등을 저장하는 탱크에는 냉각장치 또는 보냉장치를 2개 이상 설치하여 하나의 냉각장치 또는 보냉장치가 고장난 때에도 일정 온도를 유지할 수 있도록 할 것

50 이동탱크저장소에 의한 위험물의 운송 시 준수하여야 하는 기준에서 다음 중 어떤 위험물을 운송할 때 위험물운송자는 위험물안전카드를 휴대하여야 하는가?

① 특수인화물 및 제1석유류
② 알코올류 및 제2석유류
③ 제3석유류 및 동식물유류
④ 제4석유류

» 모든 위험물(제4류 위험물에 있어서는 특수인화물 및 제1석유류에 한한다)을 운송하게 하는 자는 위험물안전카드를 위험물운송자로 하여금 휴대하게 할 것

51 옥내에서 지정수량의 100배 이상을 취급하는 일반취급소에 설치하여야 하는 경보설비는? (단, 고인화점 위험물만을 취급하는 경우는 제외한다.)

① 비상경보설비
② 자동화재탐지설비
③ 비상방송설비
④ 비상벨설비 및 확성장치

정답 48. ③ 49. ③ 50. ① 51. ②

» 자동화재탐지설비을 설치해야 하는 제조소 및 일반취급소
1) 연면적 500m² 이상인 것
2) **지정수량의 100배 이상을 취급하는 것**

52 소화설비의 설치기준으로 옳은 것은?

① 제4류 위험물을 저장 또는 취급하는 소화난이도등급 Ⅰ인 옥외탱크저장소에는 대형수동식 소화기 및 소형수동식 소화기 등을 각각 1개 이상 설치할 것
② 소화난이도등급 Ⅱ인 옥내탱크저장소는 소형수동식 소화기 등을 2개 이상 설치할 것
③ 소화난이도등급 Ⅲ인 지하탱크저장소는 능력단위의 수치가 2 이상인 소형수동식 소화기 등을 2개 이상 설치할 것
④ 제조소등에 전기설비(전기배선, 조명기구 등은 제외한다)가 설치된 경우에는 해당 장소의 면적 100m²마다 소형수동식 소화기를 1개 이상 설치할 것

» ① 제4류 위험물을 저장 또는 취급하는 소화난이도등급 Ⅰ인 옥외탱크저장소 또는 옥내탱크저장소에는 소형수동식 소화기 등을 2개 이상 설치하여야 한다.
② 소화난이도등급 Ⅱ인 옥내탱크저장소에는 대형수동식 소화기 및 소형수동식 소화기 등을 각각 1개 이상 설치하여야 한다.
③ 소화난이도등급 Ⅲ인 지하탱크저장소의 소화설비의 기준은 다음 [표]와 같다.

소화설비	설치기준	
소형수동식 소화기 등	능력단위의 수치가 3 이상	2개 이상

53 옥내저장소에서 지정수량의 몇 배 이상을 저장 또는 취급할 경우 자동화재탐지설비만을 설치하여야 하는가?

① 지정수량의 10배 이상을 저장·취급할 경우
② 지정수량의 50배 이상을 저장·취급할 경우
③ 지정수량의 100배 이상을 저장·취급할 경우
④ 지정수량의 150배 이상을 저장·취급할 경우

» 옥내저장소에서 지정수량의 10배 이상을 취급하는 경우는 경보설비(비상방송설비, 비상경보설비, 확성장치, 자동화재탐지설비) 중 하나 이상의 것을 설치하면 되지만 **지정수량의 100배 이상**을 취급하는 경우는 **자동화재탐지설비만을 설치**해야 한다.

54 위험물제조소등에 설치하는 자동화재탐지설비의 설치기준에 대한 설명 중 틀린 것은?

① 자동화재탐지설비의 경계구역은 건축물, 공작물의 2 이상의 층에 걸치도록 할 것
② 하나의 경계구역에서 그 한 변의 길이는 50m 이하로 할 것
③ 자동화재탐지설비의 감지기는 지붕 또는 벽의 옥내에 면한 부분에 유효하게 화재의 발생을 감지할 수 있도록 설치할 것
④ 자동화재탐지설비에는 비상전원을 설치할 것

» 자동화재탐지설비의 경계구역기준
1) **건축물의 2 이상의 층에 걸치지 아니하도록 한다**(경계구역의 면적이 500m² 이하이면 그러하지 아니하다).
2) 하나의 경계구역의 면적은 600m² 이하로 한다.
3) 한 변의 길이는 50m(광전식 분리형 감지기의 경우에는 100m) 이하로 한다.
4) 건축물의 주요한 출입구에서 그 내부 전체를 볼 수 있는 경우는 면적을 1,000m² 이하로 한다.
5) 자동화재탐지설비의 감지기는 지붕 또는 벽의 옥내에 면한 부분에 화재발생을 감지할 수 있도록 설치한다.
6) 자동화재탐지설비에는 비상전원을 설치한다.

55 소화설비의 설치기준에서 무기과산화물 1,000kg은 몇 소요단위에 해당하는가?

① 2　② 3
③ 4　④ 5

정답 52. ④ 53. ③ 54. ① 55. ①

소요단위는 지정수량의 10배이며, 제1류 위험물인 무기과산화물의 지정수량은 50kg이다.

$\therefore \frac{1,000kg}{50kg \times 10} = 2$소요단위

56 한국소방산업기술원이 시·도지사로부터 위탁받아 수행하는 탱크 안전성능검사 업무와 관계없는 액체위험물탱크는 무엇인가?

① 암반탱크
② 지하탱크저장소의 이중벽탱크
③ 100만L 용량의 지하저장탱크
④ 옥외에 있는 50만L 용량의 취급탱크

1. 한국소방산업기술원이 시·도지사로부터 위탁받아 수행하는 **탱크 안전성능검사 업무에 해당하는 탱크**
   1) **암반탱크**
   2) **지하저장탱크 중 이중벽의 위험물탱크**
   3) **용량이 100만L 이상인 액체위험물 저장탱크**
2. 한국소방산업기술원이 시·도지사로부터 위탁받아 수행하는 탱크의 설치 또는 변경에 따른 완공검사 업무에 해당하는 제조소등
   1) 지정수량의 1천배 이상의 위험물을 취급하는 제조소 또는 일반취급소의 완공검사
   2) 50만L 이상의 옥외탱크저장소
   3) 암반탱크저장소

57 위험물안전관리자의 선임 등에 대한 설명으로 옳은 것은?

① 안전관리자는 국가기술자격 취득자 중에서만 선임하여야 한다.
② 안전관리자를 해임한 때에는 14일 이내에 다시 선임하여야 한다.
③ 제조소등의 관계인은 안전관리자가 일시적으로 직무를 수행할 수 없는 경우에는 14일 이내의 범위에서 안전관리자의 대리자를 지정하여 직무를 대행하게 하여야 한다.
④ 안전관리자를 선임한 때는 14일 이내에 신고하여야 한다.

① 안전관리자는 국가기술자격 취득자 또는 위험물안전관리자 교육이수자 또는 소방공무원 경력 3년 이상인 자 중에서 선임하여야 한다.
② 안전관리자가 해임되거나 퇴직한 때에는 해임되거나 퇴직한 날부터 30일 이내에 다시 안전관리자를 선임하여야 한다.
③ 안전관리자가 일시적으로 직무를 수행할 수 없거나 안전관리자의 해임 또는 퇴직과 동시에 다른 안전관리자를 선임하지 못하는 경우에는 대리자를 지정하여 30일 이내로만 대행하게 하여야 한다.

58 질산암모늄에 대한 설명으로 틀린 것은 무엇인가?

① 열분해하여 산화이질소가 발생한다.
② 폭약제조 시 산소공급제로 사용된다.
③ 물에 녹을 때 많은 열을 발생한다.
④ 무취의 결정이다.

③ 물, 알코올에 잘 녹으며, **물에 녹을 때 열을 흡수한다.**

※ 제1차 열분해반응식

$NH_4NO_3 \rightarrow N_2O + 2H_2O$
(질산암모늄 → 산화이질소 + 물)

최종 열분해반응식

$2NH_4NO_3 \rightarrow 2N_2 + O_2 + 4H_2O$
(질산암모늄 → 질소 + 산소 + 물)

59 일반적으로 알려진 황화인의 3종류에 속하지 않는 것은 무엇인가?

① P_4S_3　② P_2S_5
③ P_4S_7　④ P_2S_9

황화인(제2류 위험물)의 3가지 종류 : 삼황화인(P_4S_3), 오황화인(P_2S_5), 칠황화인(P_4S_7)

60 다음 중 발화점이 가장 낮은 것은?

① 황
② 삼황화인
③ 황린
④ 아세톤

제3류 위험물 중 황린은 자연발화성 물질이며 발화점이 34℃로 매우 낮다.
① 황 : 232℃
② 삼황화인 : 100℃
③ 황린 : 34℃
④ 아세톤 : 465℃

정답 56. ④ 57. ④ 58. ③ 59. ④ 60. ③

성공하려면
당신이 무슨 일을 하고 있는지를 알아야 하며,
하고 있는 그 일을 좋아해야 하며,
하는 그 일을 믿어야 한다.

-윌 로저스(Will Rogers)-

☆

때론 지치고 힘들지만 언제나 가슴에 큰 꿈을 안고 삽시다.
노력은 배반하지 않습니다.^^

2022

CBT 기출복원문제

제1회 위험물기능사

01 다음 물질 중 분진폭발의 위험이 가장 낮은 것은?

① 마그네슘가루 ② 아연가루
③ 밀가루 ④ 시멘트가루

» 1) 분진폭발을 하는 물질 : 금속분말, 합성수지, 쌀, 밀가루, 커피가루, 담뱃가루 등의 농산물
2) **분진폭발을 하지 않는 물질** : **시멘트분말**, 대리석분말, 가성소다(NaOH)분말 등

02 위험물안전관리법에서 정한 정전기를 유효하게 제거할 수 있는 방법에 해당하지 않는 것은?

① 위험물 이송 시 배관 내 유속을 빠르게 하는 방법
② 공기를 이온화하는 방법
③ 접지에 의한 방법
④ 공기 중의 상대습도를 70% 이상으로 하는 방법

» 정전기 제거방법
1) 공기를 이온화할 것
2) 접지할 것
3) 공기 중의 상대습도를 70% 이상으로 할 것

03 유류화재 시 발생하는 이상현상인 보일오버의 방지대책으로 가장 거리가 먼 것은?

① 탱크 하부에 배수관을 설치하여 탱크 저면의 수층을 방지한다.
② 적당한 시기에 모래나 팽창질석, 비등석을 넣어 물의 과열을 방지한다.
③ 냉각수를 대량 첨가하여 유류와 물의 과열을 방지한다.
④ 탱크 내용물의 기계적 교반을 통해 에멀션상태로 하여 수층형성을 방지한다.

» ③ 보일오버는 탱크 하부에 고여 있는 물이 끓어서 부피가 팽창하는 현상으로 냉각수를 대량 첨가하면 부피 팽창 현상이 더 심해져 위험한 상태가 된다.

04 다음 중 화학적 소화에 해당하는 것은 어느 것인가?

① 냉각소화 ② 질식소화
③ 제거소화 ④ 억제소화

» 억제소화는 연쇄반응을 억제시키는 반응을 이용해 소화하는 것으로 화학적 소화에 해당한다.

05 가연물이 되기 쉬운 조건이 아닌 것은?

① 산소와 친화력이 클 것
② 열전도율이 클 것
③ 발열량이 클 것
④ 활성화에너지가 작을 것

» ② 열전도율이 크다는 것은 자신이 가지고 있던 열을 상대에게 전달하는 양이 많아져 자신은 열을 가지지 못하게 되므로 가연물이 되기 힘든 조건이 되는 것이다.

06 위험물안전관리법령상 분말소화설비의 기준에서 규정한 전역방출방식 또는 국소방출방식 분말소화설비의 가압용 또는 축압용 가스에 해당하는 것은?

① 네온가스
② 아르곤가스
③ 수소가스
④ 이산화탄소가스

» 전역방출방식 또는 국소방출방식 분말소화설비는 가압용 또는 축압용 가스로 질소 또는 **이산화탄소**(탄산가스)를 이용하여 약제를 방출한다.

정답 01. ④ 02. ① 03. ③ 04. ④ 05. ② 06. ④

07 다음 중 물이 소화약제로 쓰이는 이유로 가장 거리가 먼 것은?

① 쉽게 구할 수 있다.
② 제거소화가 잘된다.
③ 취급이 간편하다.
④ 기화잠열이 크다.

≫ 물은 기화잠열(증발잠열)에 의해 연소면의 열을 흡수하여 연소면 온도를 발화점 이하로 낮추어 냉각소화하는 소화약제이며, 가연물을 제거하여 소화하는 제거소화와는 상관없는 소화약제이다.

08 다음 중 팽창진주암(삽 1개 포함)의 능력단위 1은 몇 L의 용량인가?

① 70L ② 100L
③ 130L ④ 160L

≫

소화설비	용 량	능력단위
소화전용 물통	8L	0.3
수조 (소화전용 물통 3개 포함)	80L	1.5
수조 (소화전용 물통 6개 포함)	190L	2.5
마른모래 (삽 1개 포함)	50L	0.5
팽창질석 또는 **팽창진주암** **(삽 1개 포함)**	**160L**	**1.0**

09 액화 이산화탄소 1kg이 25℃, 2atm에서 방출되어 모두 기체가 되었다. 방출된 기체상의 이산화탄소 부피는 약 몇 L인가?

① 278L
② 556L
③ 1,111L
④ 1,985L

PLAY ▶ 풀이

≫ $CO_2(l) \rightarrow CO_2(g)$
이상기체방정식 : $PV = nRT$
여기서, P : 압력(atm)
V : 부피(L)
n : 몰수(mol)
R : 기체상수(0.082atm·L/mol·K)
T : 온도(K)=273+섭씨온도

$n = \dfrac{\text{주어진 질량(g)}}{\text{분자량(g/mol)}}$, 이산화탄소($CO_2$) 1mol의 분자량=12g(C)+16g(O)×2=44g/mol임을 이용한다.

$$\therefore\ 2\text{atm} \times V(\text{L}) = \left(1{,}000\text{g } CO_2 \times \frac{1\text{mol } CO_2}{44\text{g } CO_2}\right) \times 0.082\text{atm}\cdot\text{L/mol}\cdot\text{K} \times (273+25)\text{K}$$

방출된 기체상의 이산화탄소 부피=277.68L

10 위험물안전관리법령상 옥내소화전설비의 설치기준에서 옥내소화전은 제조소등 건축물의 층마다 그 층의 각 부분에서 하나의 호스 접속구까지의 수평거리가 몇 m 이하가 되도록 설치하여야 하는가?

① 5m ② 10m
③ 15m ④ 25m

≫ 1) 옥내소화전설비의 기준에서 제조소등 건축물의 층마다 그 층의 각 부분에서 하나의 호스접속구까지의 **수평거리가 25m 이하**가 되도록 설치해야 한다.
2) 옥외소화전설비의 기준에서 방호대상물(제조소등의 건축물)의 각 부분에서 하나의 호스접속구까지의 수평거리가 40m 이하가 되도록 설치해야 한다.

11 위험물안전관리법령에서 정한 물분무등소화설비의 종류에 속하지 않는 것은?

① 스프링클러설비
② 포소화설비
③ 분말소화설비
④ 불활성가스 소화설비

≫ 물분무등소화설비의 종류
1) 물분무소화설비
2) 포소화설비
3) 불활성가스 소화설비
4) 할로젠화합물 소화설비
5) 분말소화설비

정답 07. ② 08. ④ 09. ① 10. ④ 11. ①

12 위험물의 저장 및 취급 방법에 대한 설명으로 틀린 것은?

① 적린은 화기와 멀리하고 가열, 충격이 가해지지 않도록 한다.

② 이황화탄소는 발화점이 낮으므로 물속에 저장한다.

③ 마그네슘은 산화제와 혼합되지 않도록 취급한다.

④ 알루미늄분은 분진폭발의 위험이 있으므로 분무주수하여 저장한다.

④ 알루미늄분은 분진폭발의 위험이 있으며 물을 뿌리면 수소를 발생하여 폭발을 일으킬 수 있기 때문에 **분무주수하여 저장하면 안 된다.**

– 알루미늄과 물과의 반응식

$2Al + 6H_2O \rightarrow 2Al(OH)_3 + 3H_2$

알루미늄 물 수산화알루미늄 수소

13 Mg, Na의 화재에 이산화탄소 소화기를 사용하였다. 화재현장에서 발생되는 현상은?

① 이산화탄소가 부착면을 만들어 질식소화된다.

② 이산화탄소가 방출되어 냉각소화된다.

③ 이산화탄소가 Mg, Na과 반응하여 화재가 확대된다.

④ 부촉매효과에 의해 소화된다.

Mg, Na의 화재에 이산화탄소 소화기를 사용하면 탄소(C)가 발생하여 오히려 화재가 더 커지게 된다.

14 다음 물질 중 위험물 유별에 따른 구분이 나머지 셋과 다른 하나는?

① 질산은 ② 질산메틸

③ 무수크로뮴산 ④ 질산암모늄

① 질산은 : 제1류 위험물의 질산염류

② **질산메틸 : 제5류 위험물**의 질산에스터류

③ 무수크로뮴산 : 제1류 위험물의 행정안전부령으로 정하는 크로뮴의 산화물

④ 질산암모늄 : 제1류 위험물의 질산염류

15 다음 중 물과의 반응성이 가장 낮은 것은?

① 인화알루미늄

② 트라이에틸알루미늄

③ 오황화인

④ 황린

① 인화알루미늄 : 제3류 위험물로서 물과 반응 시 독성이면서 가연성 가스인 포스핀(PH_3)을 발생한다.

② 트라이에틸알루미늄 : 제3류 위험물로서 물과 반응 시 가연성 가스인 에테인(C_2H_6)을 발생한다.

③ 오황화인 : 제2류 위험물로서 물과 반응 시 가연성 가스인 황화수소(H_2S)를 발생한다.

④ **황린** : 제3류 위험물로서 **물속에 보관**하는 물질이므로 물과의 반응성은 낮다.

16 과산화나트륨이 물과 반응하면 어떤 물질과 산소를 발생하는가?

① 수산화나트륨

② 수산화칼륨

③ 질산나트륨

④ 아염소산나트륨

과산화나트륨이 물과 반응하면 **수산화나트륨**(NaOH)과 산소(O_2)가 발생한다.

– 과산화나트륨과 물과의 반응식

$2Na_2O_2 + 2H_2O \rightarrow 4NaOH + O_2$

과산화나트륨 물 수산화나트륨 산소

17 과염소산암모늄에 대한 설명으로 옳은 것은?

① 물에 용해되지 않는다.

② 청록색의 침상 결정이다.

③ 130℃에서 분해하기 시작하여 CO_2가스를 방출한다.

④ 아세톤, 알코올에 용해된다.

① 물에 잘 녹는다.

② 무색의 결정이다.

③ 130℃에서 분해하기 시작하여 산소가스를 발생한다.

– 과염소산암모늄의 분해반응식

$2NH_4ClO_4 \rightarrow N_2 + Cl_2 + 2O_2 + 4H_2O$

과염소산암모늄 질소 염소 산소 물

정답 12. ④ 13. ③ 14. ② 15. ④ 16. ① 17. ④

18 염소산염류 250kg, 아이오딘산염류 600kg, 질산염류 900kg을 저장하고 있는 경우 지정수량의 몇 배가 보관되어 있는가?

① 5배 ② 7배
③ 10배 ④ 12배

1) 염소산염류 : 지정수량 50kg
2) 아이오딘산염류 : 지정수량 300kg
3) 질산염류 : 지정수량 300kg

$\therefore \frac{250kg}{50kg}+\frac{600kg}{300kg}+\frac{900kg}{300kg}=10$

19 칼륨을 물에 반응시키면 격렬한 반응이 일어난다. 이때 발생하는 기체는 무엇인가?

① 산소 ② 수소
③ 질소 ④ 이산화탄소

칼륨을 비롯한 대부분의 순수한 금속들은 물과 반응 시 수소를 발생한다.
– 칼륨과 물과의 반응식

$2K + 2H_2O \rightarrow 2KOH + H_2$
칼륨 물 수산화칼륨 수소

20 다음 중 위험물안전관리법령에 따라 정한 지정수량이 나머지 셋과 다른 것은?

① 황화인 ② 적린
③ 황 ④ 철분

①, ②, ③ : 100kg
④ : 500kg

21 다음 중 제2류 위험물에 대한 설명으로 옳지 않은 것은?

① 대부분 물보다 가벼우므로 주수소화는 어려움이 있다.
② 점화원으로부터 멀리하고 가열을 피한다.
③ 금속분은 물과의 접촉을 피한다.
④ 용기 파손으로 인한 위험물의 누설에 주의한다.

① 제2류 위험물은 모두 물보다 무겁고 철분, 금속분, 마그네슘 외의 물질들은 화재 시 주수소화를 해야 하는 물질들이다.

22 다음 위험물의 공통성질을 올바르게 설명한 것은?

나트륨, 황린, 트라이에틸알루미늄

① 상온, 상압에서 고체의 형태를 나타낸다.
② 상온, 상압에서 액체의 형태를 나타낸다.
③ 금수성 물질이다.
④ 자연발화의 위험이 있다.

1) 나트륨 : 고체로서 **자연발화성** 및 금수성 물질이다.
2) 황린 : 고체로서 **자연발화성** 물질이다.
3) 트라이에틸알루미늄 : 액체로서 **자연발화성** 및 금수성 물질이다.

23 시약(고체)의 명칭이 불분명한 시약병의 내용물을 확인하려고 뚜껑을 열어 시계접시에 소량을 담아 놓고 공기 중에서 햇빛을 받는 곳에 방치하던 중 시계접시에서 갑자기 연소현상이 일어났다. 다음 물질 중 이 시약의 명칭으로 예상할 수 있는 것은?

① 황
② 황린
③ 적린
④ 질산암모늄

공기 중에서 햇빛을 받아 갑자기 자연발화한 경우이므로 이 물질은 제3류 위험물 중 자연발화성 물질인 황린으로 예상할 수 있다.

24 트라이에틸알루미늄의 화재 시 사용할 수 있는 소화약제(설비)가 아닌 것은?

① 마른모래
② 팽창질석
③ 팽창진주암
④ 이산화탄소

트라이에틸알루미늄은 제3류 위험물 중 금수성 물질로서, 사용할 수 있는 소화약제는 탄산수소염류 분말소화약제 및 **마른모래**, **팽창질석** 또는 **팽창진주암**이다.

정답 18. ③ 19. ② 20. ④ 21. ① 22. ④ 23. ② 24. ④

25 제3류 위험물 중 금수성 물질에 적응성이 있는 소화설비는?

① 할로젠화합물 소화설비
② 포소화설비
③ 불활성가스 소화설비
④ 탄산수소염류등 분말소화설비

» 제1류 위험물 중 알칼리금속의 과산화물, 제2류 위험물 중 철분, 금속분, 마그네슘, 제3류 위험물 중 **금수성 물질에 적응성이 있는 소화설비는 탄산수소염류 분말소화설비**이다.

26 다이에틸에터에 대한 설명으로 옳은 것은?

① 연소하면 아황산가스를 발생하고, 마취제로 사용한다.
② 증기는 공기보다 무거우므로 물속에 보관한다.
③ 에탄올을 진한 황산을 이용해 축합반응시켜 제조할 수 있다.
④ 제4류 위험물 중 연소범위가 좁은 편에 속한다.

» ① 다이에틸에터(제4류 위험물)처럼 탄소(C)와 수소(H)를 포함하고 있는 물질을 연소시키면 CO_2와 H_2O만 발생한다.
– 다이에틸에터의 연소반응식

$$\underset{\text{다이에틸에터}}{C_2H_5OC_2H_5} + \underset{\text{산소}}{6O_2} \rightarrow \underset{\text{이산화탄소}}{4CO_2} + \underset{\text{물}}{5H_2O}$$

② 증기는 공기보다 무겁지만 액체상태는 물보다 가벼워 물에 저장할 수 없다.
③ 다이에틸에터는 **에틸알코올과 황산(촉매)을 탈수(축합)반응시켜 만들 수 있다.**

$$\underset{\text{에틸알코올}}{2C_2H_5OH} \xrightarrow{c-H_2SO_4} \underset{\text{다이에틸에터}}{C_2H_5OC_2H_5} + \underset{\text{물}}{H_2O}$$

④ 연소범위가 1.9~48%로 넓은 편에 속한다.

27 메틸알코올의 위험성으로 옳지 않은 것은?

① 나트륨과 반응하여 수소기체를 발생한다.
② 휘발성이 강하다.
③ 연소범위가 알코올류 중 가장 좁다.
④ 인화점이 상온(25℃)보다 낮다.

» ③ 메틸알코올(CH_3OH)은 알코올류 중에서 탄소의 수가 가장 적기 때문에 연소범위(7.3~36%)가 가장 넓다.

28 다음 중 제2석유류만으로 짝지어진 것은?

① 사이클로헥세인 – 피리딘
② 염화아세틸 – 휘발유
③ 사이클로헥세인 – 중유
④ 아크릴산 – 폼산

» ① 사이클로헥세인(C_6H_{12}) : 제1석유류, 비수용성, 피리딘(C_5H_5N) : 제1석유류, 수용성
② 염화아세틸(CH_3COCl) : 제1석유류, 비수용성, 휘발유(C_8H_{18}) : 제1석유류, 비수용성
③ 사이클로헥세인(C_6H_{12}) : 제1석유류, 비수용성, 중유 : 제3석유류, 비수용성
④ **아크릴산**($CH_2=CHCOOH$) : **제2석유류** 수용성, **폼산**(HCOOH) : **제2석유류** 수용성

29 등유에 관한 설명으로 틀린 것은?

① 물보다 가볍다.
② 녹는점은 상온보다 높다.
③ 발화점은 상온보다 높다.
④ 증기는 공기보다 무겁다.

» ② 녹는점은 녹기 시작하는 최저온도를 의미하기 때문에 상온(20℃)에서 액체상태로 존재하는 등유(제4류 위험물)는 이미 상온보다 훨씬 낮은 온도에서 녹기 시작했다는 것이다. **등유의 녹는점은 −51℃로 매우 낮은 편**이다.

30 위험물안전관리법령에서 정한 특수인화물의 발화점 기준으로 옳은 것은?

① 1기압에서 100℃ 이하
② 0기압에서 100℃ 이하
③ 1기압에서 25℃ 이하
④ 0기압에서 25℃ 이하

» 특수인화물(제4류 위험물)은 이황화탄소, 다이에틸에터, 그 밖의 **1기압에서 발화점 100℃ 이하**이거나 인화점 −20℃ 이하이고 비점이 40℃ 이하인 것이다.

31 다음 위험물 중 비중이 물보다 큰 것은?

① 다이에틸에터 ② 아세트알데하이드
③ 산화프로필렌 ④ 이황화탄소

정답 25. ④ 26. ③ 27. ③ 28. ④ 29. ② 30. ① 31. ④

≫ 이황화탄소(CS_2)는 물보다 무겁고 물에 녹지 않는 제4류 위험물로서 물속에 저장하는 물질이다.

32 사이클로헥세인에 관한 설명으로 가장 거리가 먼 것은?

① 고리형 분자구조를 가진 방향족 탄화수소화합물이다.
② 화학식은 C_6H_{12}이다.
③ 비수용성 위험물이다.
④ 제4류 제1석유류에 속한다.

≫ ① 방향족 탄화수소란 이중결합구조의 고리형 분자구조를 가지고 있는 벤젠을 포함하는 것인데 사이클로헥세인은 단일결합구조의 고리형 분자구조를 가진 물질이기 때문에 방향족 탄화수소로 분류되지 않는다.
※ 사이클로헥세인(C_6H_{12})은 제4류 위험물 중 제1석유류에 해당하는 비수용성 물질이다.

33 제4류 위험물에 대한 일반적인 설명으로 옳지 않은 것은?

① 대부분 연소하한값이 낮다.
② 발생증기는 가연성이며 대부분 공기보다 무겁다.
③ 대부분 무기화합물이므로 정전기 발생에 주의한다.
④ 인화점이 낮을수록 화재위험성이 높다.

≫ ③ 제4류 위험물은 탄소를 함유하고 있으므로 무기화합물이 아닌 유기화합물에 포함되며, 정전기의 발생 이유는 전기불량도체이기 때문이다.

34 휘발유의 성질 및 취급 시의 주의사항에 관한 설명 중 틀린 것은?

① 증기가 모여 있지 않도록 통풍을 잘 시킨다.
② 인화점이 상온이므로 상온 이상에서는 취급 시 각별한 주의가 필요하다.
③ 정전기 발생에 주의해야 한다.
④ 강산화제 등과 혼촉 시 발화할 위험이 있다.

≫ ② 휘발유의 인화점은 −43 ～ −38℃이므로 상온보다 훨씬 낮아 인화점 이상에서는 취급 시 주의가 필요하다.

35 아세트산에틸의 일반성질 중 틀린 것은?

① 과일 냄새를 가진 휘발성 액체이다.
② 증기는 공기보다 무거워 낮은 곳에 체류한다.
③ 강산화제와의 혼촉은 위험하다.
④ 인화점은 −20℃ 이하이다.

≫ 아세트산에틸(제4류 위험물)은 초산에틸이라고도 하며 제1석유류(비수용성 물질)의 **인화점이 −4℃**인 물질이다.

36 벤젠 100L와 아세톤을 함께 저장하려고 한다. 이때 지정수량의 1배로 저장하려면 아세톤 몇 L를 저장하여야 하는가?

① 50L
② 100L
③ 150L
④ 200L

≫ 1) 벤젠 : 제4류 위험물 중 제1석유류, 비수용성, 지정수량 200L
2) 아세톤 : 제4류 위험물 중 제1석유류, 수용성, 지정수량 400L

$$\frac{100L}{200L} + \frac{x(L)}{400L} = 1$$

$\therefore x(L) = 200L$

37 과산화벤조일의 취급 시 주의사항에 대한 설명 중 틀린 것은?

① 수분을 포함하고 있으면 폭발하기 쉽다.
② 가열, 충격, 마찰을 피해야 한다.
③ 저장용기는 차고 어두운 곳에 보관한다.
④ 희석제를 첨가하여 폭발성을 낮출 수 있다.

≫ 과산화벤조일(제5류 위험물)은 유기과산화물에 해당하는 고체상태의 물질로서 **수분을 포함하면 폭발성이 현저히 감소**하여 안정해지는 성질을 가지고 있다.

정답 32. ① 33. ③ 34. ② 35. ④ 36. ④ 37. ①

38 제5류 위험물의 위험성에 대한 설명으로 옳지 않은 것은?

① 가연성 물질이다.
② 대부분 외부의 산소 없이도 연소하며, 연소속도가 빠르다.
③ 물에 잘 녹지 않으며 물과 반응위험성이 크다.
④ 가열, 충격, 타격 등에 민감하며 강산화제 또는 강산류와 접촉 시 위험하다.

≫ ③ 제5류 위험물은 대부분 물에 녹지 않으며 물에 안정한 성질을 갖는다.

39 위험물안전관리법령상 해당하는 품명이 나머지 셋과 다른 하나는?

① 트라이나이트로페놀
② 트라이나이트로톨루엔
③ 나이트로셀룰로스
④ 테트릴

≫ ①, ②, ④ : 제5류 위험물의 나이트로화합물
③ : 제5류 위험물의 질산에스터류

40 다음 중 산화성 액체인 질산의 분자식으로 옳은 것은?

① HNO_2
② HNO_3
③ NO_2
④ NO_3

≫ 제6류 위험물인 질산의 분자식은 HNO_3이다.

41 나이트로셀룰로스의 위험성에 대하여 올바르게 설명한 것은?

① 물과 혼합하면 위험성이 감소된다.
② 공기 중에서 산화되지만 자연발화의 위험은 없다.
③ 건조할수록 발화의 위험성이 낮다.
④ 알코올과 반응하여 발화한다.

≫ 나이트로셀룰로스(제5류 위험물)는 질산에스터류에 해당하는 고체상태의 물질로서 건조하면 자연발화의 위험이 있으므로 **물 또는 알코올에 혼합 또는 습면**시켜 보관한다.

42 무색의 액체로 융점이 -112℃ 이고 물과 접촉하면 심하게 발열하는 제6류 위험물은?

① 과산화수소
② 과염소산
③ 질산
④ 오플루오린화아이오딘

≫ ② 과염소산은 융점 -112℃, 비점 39℃, 비중이 1.7인 물과 발열반응을 하는 제6류 위험물이다.

43 위험물안전관리법령상 산화성 액체에 대한 설명으로 옳은 것은?

① 과산화수소는 농도와 밀도가 비례한다.
② 과산화수소는 농도가 높을수록 끓는점이 낮아진다.
③ 질산은 상온에서 불연성이지만 고온으로 가열하면 스스로 발화한다.
④ 질산을 황산과 일정 비율로 혼합하여 왕수를 제조할 수 있다.

≫ ① 과산화수소는 농도가 높아지면 밀도도 높아지므로 **농도와 밀도의 관계는 비례**한다.
② 과산화수소의 농도가 높을수록 잘 끓지 않기 때문에 끓는점은 오히려 높아진다.
③ 질산은 불연성 물질이라 스스로 발화하지 않는다.
④ 왕수는 염산과 질산을 3 : 1의 부피비로 혼합하여 제조할 수 있다.

44 위험물안전관리법령에 따라 위험물 운반을 위해 적재하는 경우 제4류 위험물과 혼재가 가능한 액화석유가스 또는 압축천연가스의 용기 내용적은 몇 L 미만인가?

① 120L ② 150L
③ 180L ④ 200L

≫ 위험물과 혼재 가능한 고압가스는 **내용적이 120L 미만인 용기**에 충전한 불활성 가스, 액화석유가스 또는 압축천연가스이며, 액화석유가스와 압축천연가스의 경우에는 제4류 위험물과 혼재하는 경우에 한한다.

정답 38. ③ 39. ③ 40. ② 41. ① 42. ② 43. ① 44. ①

45 제4류 위험물을 저장 및 취급하는 위험물제조소에 설치한 '화기엄금' 게시판의 색상으로 맞는 것은?

① 적색 바탕에 흑색 문자
② 흑색 바탕에 적색 문자
③ 백색 바탕에 적색 문자
④ 적색 바탕에 백색 문자

» 주의사항 게시판은 내용에 "화기엄금" 또는 "화기주의"처럼 '**화기'가 포함되면 적색 바탕에 백색 문자**로 나타내고 "물기엄금"처럼 '물기'가 포함되면 청색 바탕에 백색 문자로 나타낸다.

46 위험물저장탱크의 공간용적은 탱크 내용적의 얼마 이상, 얼마 이하로 하는가?

① 2/100 이상, 3/100 이하
② 2/100 이상, 5/100 이하
③ 5/100 이상, 10/100 이하
④ 10/100 이상, 20/100 이하

» 위험물저장탱크의 공간용적은 탱크 내용적의 **5/100 이상, 10/100 이하**로 한다.

47 위험물안전관리법령상 제4류 위험물 운반용기의 외부에 표시해야 하는 사항이 아닌 것은?

① 규정에 의한 주의사항
② 위험물의 품명 및 위험등급
③ 위험물의 관리자 및 지정수량
④ 위험물의 화학명

» 위험물의 운반용기 외부에 표시하는 사항
1) 품명, 위험등급, 화학명 및 수용성(수용성에 해당하는 경우에만 표시)
2) 위험물의 수량
3) 위험물의 주의사항

48 위험물안전관리법령에 따라 위험물을 유별로 정리하여 서로 1m 이상의 간격을 두었을 때 옥내저장소에서 함께 저장하는 것이 가능한 경우가 아닌 것은?

① 제1류 위험물(알칼리금속의 과산화물 또는 이를 함유한 것을 제외한다)과 제5류 위험물을 저장하는 경우
② 제3류 위험물 중 알킬알루미늄과 제4류 위험물(알킬알루미늄 또는 알킬리튬을 함유한 것에 한한다)을 저장하는 경우
③ 제1류 위험물과 제3류 위험물 중 금수성 물질을 저장하는 경우
④ 제2류 위험물 중 인화성 고체와 제4류 위험물을 저장하는 경우

» ③ 제1류 위험물과 함께 저장할 수 있는 제3류 위험물은 금수성 물질이 아니라, 자연발화성 물질(황린 또는 이를 함유한 것에 한한다)이다.

49 제조소 옥외에 모두 3기의 휘발유취급탱크를 설치하고 그 주위에 방유제를 설치하고자 한다. 방유제 안에 설치하는 각 취급탱크의 용량이 5만L, 3만L, 2만L일 때 필요한 방유제의 용량은 몇 L 이상인가?

① 66,000L
② 60,000L
③ 33,000L
④ 30,000L

PLAY ▶ 풀이

» 제조소의 옥외에 위험물취급탱크가 2개 이상 설치되어 있는 경우 그 주위의 방유제의 용량은 가장 용량이 큰 위험물취급탱크 용량의 50%에 나머지 탱크들을 합한 용량의 10%를 가산한 양 이상으로 정한다.
- 가장 용량이 큰 취급탱크의 용량 : 50,000L × 1/2 = 25,000L
- 나머지 탱크들의 용량의 합 : (30,000L + 20,000L) × 0.1 = 5,000L

∴ 25,000L + 5,000L = 30,000L

50 제3류 위험물을 취급하는 제조소는 300명 이상을 수용할 수 있는 극장으로부터 몇 m 이상의 안전거리를 유지하여야 하는가?

① 5m
② 10m
③ 30m
④ 70m

» 제조소로부터 300명 이상을 수용할 수 있는 극장까지의 안전거리는 **30m 이상**으로 한다.

정답 45. ④ 46. ③ 47. ③ 48. ③ 49. ④ 50. ③

51 위험물제조소의 환기설비 중 급기구는 급기구가 설치된 실의 바닥면적 몇 m^2마다 1개 이상으로 설치하여야 하는가?

① $100m^2$　② $150m^2$
③ $200m^2$　④ $800m^2$

≫ 위험물제조소의 환기설비 중 급기구는 급기구가 설치된 실의 **바닥면적 $150m^2$마다 1개 이상**으로 설치해야 한다.

52 위험물안전관리자에 대한 설명 중 옳지 않은 것은?

① 이동탱크저장소는 위험물안전관리자 선임대상에 해당하지 않는다.
② 위험물안전관리자가 퇴직한 경우 퇴직한 날부터 30일 이내에 다시 안전관리자를 선임하여야 한다.
③ 위험물안전관리자를 선임한 경우에는 선임한 날로부터 14일 이내에 소방본부장 또는 소방서장에게 신고하여야 한다.
④ 위험물안전관리자가 일시적으로 직무를 수행할 수 없는 경우에는 안전교육을 받고 6개월 이상 실무경력이 있는 사람을 대리자로 지정할 수 있다.

≫ ④ 안전관리자 대리자의 자격
1) 안전교육을 받은 자
2) 제조소등의 위험물 안전관리업무에 있어서 안전관리자를 지휘 · 감독하는 직위에 있는 자

53 전기설비에 적응성이 없는 소화설비는?

① 불활성가스 소화설비
② 물분무소화설비
③ 포소화설비
④ 할로젠화합물 소화설비

≫ 전기설비의 화재에는 물을 사용할 수 없다. 물분무소화설비는 소화약제가 물이라 하더라도 물을 잘게 흩어 뿌리기 때문에 효과가 있지만 포소화약제의 경우 포함된 수분 때문에 효과가 없다.

소화설비의 구분 \ 대상물의 구분		건축물·그 밖의 공작물	전기설비	제1류 위험물: 알칼리금속의 과산화물등	제1류 위험물: 그 밖의 것	제2류 위험물: 철분·금속분·마그네슘 등	제2류 위험물: 인화성 고체	제2류 위험물: 그 밖의 것	제3류 위험물: 금수성 물품	제3류 위험물: 그 밖의 것	제4류 위험물	제5류 위험물	제6류 위험물
옥내소화전 또는 옥외소화전 설비		○			○		○	○		○		○	○
스프링클러설비		○			○		○	○		○	△	○	○
물분무등 소화설비	물분무 소화설비	○	○		○		○	○		○	○	○	○
물분무등 소화설비	포소화설비	○	×		○		○	○		○	○	○	○
물분무등 소화설비	불활성가스 소화설비		○				○				○		×
물분무등 소화설비	할로젠화합물 소화설비		○				○				○		
물분무등 소화설비 – 분말소화설비	인산염류등	○	○		○		○	○			○		○
물분무등 소화설비 – 분말소화설비	탄산수소염류등		○	○		○	○		○		○		
물분무등 소화설비 – 분말소화설비	그 밖의 것			○		○			○				

54 이동탱크저장소에 의한 위험물의 운송 시 준수하여야 하는 기준에서 다음 중 어떤 위험물을 운송할 때 위험물운송자는 위험물안전카드를 휴대하여야 하는가?

① 특수인화물 및 제1석유류
② 알코올류 및 제2석유류
③ 제3석유류 및 동식물유류
④ 제4석유류

≫ 위험물안전카드를 휴대해야 하는 위험물
1) 제1류 위험물
2) 제2류 위험물
3) 제3류 위험물
4) 제4류 위험물(**특수인화물** 및 **제1석유류**만 해당)
5) 제5류 위험물
6) 제6류 위험물

똑똑한 풀이비법

위험할수록 안전카드가 필요하기 때문에 이 문제에서 제4류 위험물 중 가장 위험한 품명을 찾으면 된다.

정답 51. ② 52. ④ 53. ③ 54. ①

55 소화설비의 기준에서 불활성가스 소화설비가 적응성이 있는 대상물은?

① 알칼리금속의 과산화물
② 철분
③ 인화성 고체
④ 금수성 물질

≫ 제1류 위험물의 알칼리금속의 과산화물과 제2류 위험물의 철분, 금속분, 마그네슘, 그리고 제3류 위험물의 금수성 물질은 마른모래 또는 팽창질석, 팽창진주암, 탄산수소염류 분말소화약제만 적응성이 있다. **제2류 위험물인 인화성 고체**의 성질은 제4류 위험물인 인화성 액체와 비슷하고, 불활성가스 소화약제가 적응성이 있다.

56 위험물안전관리법령상 자동화재탐지설비를 설치하지 않고 비상경보설비로 대신할 수 있는 것은?

① 일반취급소로서 연면적 $600m^2$인 것
② 지정수량의 20배를 저장하는 옥내저장소로서 처마높이가 8m인 단층 건물
③ 단층 건물 외에 건축물에 설치된 지정수량 15배의 옥내탱크저장소로서 소화난이도등급 Ⅱ에 속하는 것
④ 지정수량 20배를 저장·취급하는 옥내주유취급소

≫ 1. 자동화재탐지설비만을 설치해야 하는 경우
1) 연면적 $500m^2$ 이상인 제조소 및 일반취급소
2) 지정수량의 100배 이상을 취급하는 제조소 및 일반취급소, 옥내저장소
3) 연면적 $150m^2$를 초과하는 옥내저장소
4) 처마높이가 6m 이상인 단층 건물의 옥내저장소
5) 단층 건물 외의 건축물에 있는 옥내탱크저장소로서 **소화난이도등급 Ⅰ에 해당**하는 옥내탱크저장소
6) 옥내주유취급소
2. 자동화재탐지설비, 비상경보설비, 확성장치 또는 비상방송설비 중 1종 이상을 설치해야 하는 경우
– 1.에 해당하는 것 외의 것 중 지정수량의 10배 이상을 저장 또는 취급하는 제조소등

57 다음 중 위험물안전관리법령상 탄산수소염류 분말소화기가 적응성을 갖는 위험물이 아닌 것은?

① 과염소산 ② 철분
③ 톨루엔 ④ 아세톤

≫ 철분(제2류 위험물), 톨루엔과 아세톤(제4류 위험물)은 탄산수소염류 분말소화약제가 적응성을 갖지만 과염소산(제6류 위험물)은 적응성이 없다.

소화설비의 구분 \ 대상물의 구분	건축물·그 밖의 공작물	전기설비	제1류 위험물		제2류 위험물			제3류 위험물		제4류 위험물	제5류 위험물	제6류 위험물
			알칼리금속의 과산화물등	그 밖의 것	철분·금속분·마그네슘 등	인화성 고체	그 밖의 것	금수성 물품	그 밖의 것			
옥내소화전 또는 옥외소화전 설비	○			○		○	○		○		○	○
스프링클러설비	○			○		○	○		○	△	○	○
물분무등 소화설비 – 물분무 소화설비	○	○		○		○	○		○	○	○	○
물분무등 소화설비 – 포소화설비	○			○		○	○		○	○	○	○
물분무등 소화설비 – 불활성가스 소화설비		○				○				○		
물분무등 소화설비 – 할로젠화합물 소화설비		○				○				○		
물분무등 소화설비 – 분말소화설비 – 인산염류등	○	○		○		○	○			○		○
물분무등 소화설비 – 분말소화설비 – **탄산수소염류등**		○	○		○	○		○		○		×
물분무등 소화설비 – 분말소화설비 – 그 밖의 것			○		○			○				

58 아염소산염류 500kg과 질산염류 3,000kg을 함께 저장하는 경우 위험물의 소요단위는 얼마인가?

① 2 ② 4
③ 6 ④ 8

≫ 아염소산염류의 지정수량은 50kg, 질산염류의 지정수량은 300kg, 위험물의 1소요단위는 지정수량의 10배이므로 이들 위험물의 소요단위는 다음과 같다.

$$\therefore \frac{500kg}{50kg \times 10} + \frac{3,000kg}{300kg \times 10} = 2$$

정답 55. ③ 56. ③ 57. ① 58. ①

59 정기점검대상에 해당하지 않는 것은?

① 지정수량 15배의 제조소
② 지정수량 40배의 옥내탱크저장소
③ 지정수량 50배의 이동탱크저장소
④ 지정수량 20배의 지하탱크저장소

② 옥내탱크저장소는 정기점검대상에 해당하지 않는다.
정기점검대상의 제조소등
1. 예방규정대상에 해당하는 것
1) 지정수량의 10배 이상의 위험물을 취급하는 제조소
2) 지정수량의 100배 이상의 위험물을 저장하는 옥외저장소
3) **지정수량의 150배 이상의 위험물을 저장하는 옥내저장소**
4) 지정수량의 200배 이상의 위험물을 저장하는 옥외탱크저장소
5) 암반탱크저장소
6) 이송취급소
7) 지정수량의 10배 이상의 위험물을 취급하는 일반취급소
2. 지하탱크저장소
3. 이동탱크저장소
4. 위험물을 취급하는 탱크로서 지하에 매설된 탱크가 있는 제조소, 주유취급소 또는 일반취급소

60 허가량이 1,000만L인 위험물 옥외저장탱크의 바닥판을 전면 교체할 경우 법적 절차로 옳은 것은?

① 변경허가 – 기술검토 – 안전성능검사 – 완공검사
② 기술검토 – 변경허가 – 안전성능검사 – 완공검사
③ 변경허가 – 안전성능검사 – 기술검토 – 완공검사
④ 안전성능검사 – 변경허가 – 기술검토 – 완공검사

위험물 옥외저장탱크의 바닥판 전면 교체 시 법적 절차 : 기술검토 – 변경허가 – 안전성능검사 – 완공검사

정답 59. ② 60. ②

| 2022년 3월 27일 시행 |

2022

CBT 기출복원문제

제2회 위험물기능사

01 정전기로 인한 재해방지대책 중 틀린 것은?

① 접지를 한다.
② 실내를 건조하게 유지한다.
③ 공기 중의 상대습도를 70% 이상으로 유지한다.
④ 공기를 이온화한다.

정전기 제거방법
1) 접지를 한다.
2) 공기 중의 상대습도를 70% 이상으로 유지한다.
3) 공기를 이온화한다.

02 가연성 액화가스의 탱크 주위에서 화재가 발생한 경우에 탱크의 가열로 인하여 그 부분의 강도가 약해져 탱크가 파열됨으로 내부의 가열된 액화가스가 급속히 팽창하면서 폭발하는 현상은?

① 블레비(BLEVE) 현상
② 보일오버(Boil Over) 현상
③ 플래시백(Flash Back) 현상
④ 백드래프트(Back Draft) 현상

② 보일오버(Boil Over) 현상 : 탱크 밑면의 유류 아래쪽에 고여 있는 수분이 화재의 진행에 따라 급격히 증발하여 부피가 팽창함으로써 상부의 기름을 탱크 밖으로 분출시키는 현상
③ 플래시백(Flash Back) 현상 : 연소하고 있던 화염이 버너의 혼합기까지 되돌아오는 현상
④ 백드래프트(Back Draft) 현상 : 연소에 필요한 산소가 부족한 상태에서 실내에 산소가 갑자기 다량 공급될 때 연소가스가 순간적으로 발화하는 현상

03 화재의 종류와 가연물이 올바르게 연결된 것은?

① A급 – 플라스틱 ② B급 – 섬유
③ A급 – 페인트 ④ B급 – 나무

① **플라스틱 : A급**(일반화재)
② 섬유 : A급(일반화재)
③ 페인트 : B급(유류화재)
④ 나무 : A급(일반화재)

04 가연물이 연소할 때 공기 중의 산소농도를 떨어뜨려 연소를 중단시키는 소화방법은?

① 제거소화 ② 질식소화
③ 냉각소화 ④ 억제소화

공기 중의 산소농도를 떨어뜨려 연소를 중단시키는 소화방법을 질식소화라 한다.

05 연소의 연쇄반응을 차단 및 억제하여 소화하는 방법은?

① 냉각소화 ② 부촉매소화
③ 질식소화 ④ 제거소화

연소의 연쇄반응을 차단 및 억제하여 소화하는 방법을 억제소화 또는 부촉매소화라고 한다.

06 제1종, 제2종, 제3종 분말소화약제의 주성분에 해당하지 않는 것은?

① 탄산수소나트륨 ② 황산마그네슘
③ 탄산수소칼륨 ④ 인산암모늄

1) 제1종 분말소화약제 : 탄산수소나트륨
2) 제2종 분말소화약제 : 탄산수소칼륨
3) 제3종 분말소화약제 : 인산암모늄

07 B · C급 화재뿐만 아니라 A급 화재까지도 사용이 가능한 분말소화약제는?

① 제1종 분말소화약제
② 제2종 분말소화약제
③ 제3종 분말소화약제
④ 제4종 분말소화약제

정답 01. ② 02. ① 03. ① 04. ② 05. ② 06. ② 07. ③

»» ①, ②, ④ : B · C급 화재
③ : A · B · C급 화재

08 $NH_4H_2PO_4$이 열분해하여 생성되는 물질 중 암모니아와 수증기의 부피비율은?

① 1 : 1 ② 1 : 2
③ 2 : 1 ④ 3 : 2

»» 제3종 분말소화약제($NH_4H_2PO_4$)의 열분해반응식
$NH_4H_2PO_4 \rightarrow NH_3 + H_2O + HPO_3$
인산암모늄 암모니아 수증기 메타인산
균형화학반응식의 계수비=몰수비=부피비임을 이용한다.
∴ 암모니아와 수증기의 부피비는 1 : 1이다.

09 소화약제에 따른 주된 소화효과로 틀린 것은?

① 수성막포 소화약제 : 질식효과
② 제2종 분말소화약제 : 탈수탄화효과
③ 이산화탄소 소화약제 : 질식효과
④ 할로젠화합물 소화약제 : 화학억제효과

»» ② 제2종 분말소화약제 : 질식효과

10 위험물안전관리법령상 압력수조를 이용한 옥내소화전설비의 가압송수장치에서 압력수조의 최소압력(MPa)은? (단, 소방용 호스의 마찰손실수두압은 3MPa, 배관의 마찰손실수두압은 1MPa, 낙차의 환산수두압은 1.35MPa이다.)

① 5.35MPa ② 5.70MPa
③ 6.00MPa ④ 6.35MPa

»» 옥내소화전설비의 압력수조를 이용한 가압송수장치의 압력수조의 압력은 다음 식에 의하여 구한 수치 이상으로 한다.
$P = p_1 + p_2 + p_3 + 0.35\text{MPa}$
여기서, P : 필요한 압력(MPa)
p_1 : 소방용 호스의 마찰손실수두압(MPa)
p_2 : 배관의 마찰손실수두압(MPa)
p_3 : 낙차의 환산수두압(MPa)
∴ $P = 3+1+1.35+0.35 = 5.70\text{MPa}$

11 위험물안전관리법령상 전기설비에 적응성이 없는 소화설비는?

① 포소화설비
② 불활성가스 소화설비
③ 할로젠화합물 소화설비
④ 물분무소화설비

»» 전기설비의 화재는 주로 불활성가스 소화설비나 할로젠화합물 소화설비를 이용하는 질식효과에 적응성이 있다. 물분무소화설비는 물이 포함되어 있어도 분무형태라서 질식효과를 갖고 있지만 수분을 포함한 **포소화설비는 사용할 수 없다.**

12 위험물안전관리법령상 위험등급 Ⅰ의 위험물로 옳은 것은?

① 무기과산화물
② 황화인, 적린, 황
③ 제1석유류
④ 알코올류

»» ① **무기과산화물** : 제1류 위험물, 지정수량 50kg, **위험등급 Ⅰ**
② 황화인, 적린, 황 : 제2류 위험물, 지정수량 100kg, 위험등급 Ⅱ
③ 제1석유류 : 제4류 위험물, 지정수량 200L(비수용성) 또는 400L(수용성), 위험등급 Ⅱ
④ 알코올류 : 제4류 위험물, 지정수량 400L, 위험등급 Ⅱ

13 위험물과 그 보호액 또는 안정제의 연결이 틀린 것은?

① 황린 – 물
② 인화석회 – 물
③ 금속칼륨 – 등유
④ 알킬알루미늄 – 헥세인

»» ① 황린 : pH 9인 약알칼리성의 물
② **인화석회 : 물과 반응 시 포스핀이라는 가연성이고 독성인 가스를 발생**한다.
③ 금속칼륨 : 석유류(등유, 경유, 유동파라핀)
④ 알킬알루미늄 : 벤젠, 헥세인

정답 08. ① 09. ② 10. ② 11. ① 12. ① 13. ②

14 위험물의 품명과 지정수량이 잘못 짝지어진 것은?

① 황화인 – 50kg
② 마그네슘 – 500kg
③ 알킬알루미늄 – 10kg
④ 황린 – 20kg

① 황화인(제2류 위험물)의 지정수량은 100kg이다.

15 다음 위험물의 저장창고에 화재가 발생하였을 때 주수에 의한 소화가 오히려 더 위험한 것은?

① 염소산칼륨 ② 과염소산나트륨
③ 질산암모늄 ④ 탄화칼슘

④ 제3류 위험물 중 금수성 물질인 탄화칼슘(CaC_2)은 물과 반응 시 가연성 가스인 아세틸렌(C_2H_2)을 발생하므로 주수에 의한 소화는 위험하다.

16 과염소산칼륨과 가연성 고체 위험물이 혼합되는 것은 위험하다. 그 주된 이유는 무엇인가?

① 전기가 발생하고 자연 가열되기 때문이다.
② 중합반응을 하여 열이 발생되기 때문이다.
③ 혼합하면 과염소산칼륨이 연소하기 쉬운 액체로 변하기 때문이다.
④ 가열, 충격 및 마찰에 의하여 발화·폭발 위험이 높아지기 때문이다.

과염소산칼륨(제1류 위험물)은 산소공급원 역할을 하며 가연성 고체(제2류 위험물)는 가연물의 역할을 하기 때문에 가열, 충격 및 마찰 등의 점화원이 발생하면 발화·폭발 위험이 높아진다.

17 위험물안전관리법령상 제1류 위험물의 질산염류가 아닌 것은?

① 질산은 ② 질산암모늄
③ 질산섬유소 ④ 질산나트륨

③ 질산섬유소(나이트로셀룰로스)는 제5류 위험물의 질산에스터류에 해당한다.

18 무기과산화물의 일반적인 성질에 대한 설명으로 틀린 것은?

① 과산화수소의 수소가 금속으로 치환된 화합물이다.
② 산화력이 강해 스스로 쉽게 산화한다.
③ 가열하면 분해되어 산소를 발생한다.
④ 물과의 반응성이 크다.

① H_2O_2(과산화수소)의 수소 대신 금속 K(칼륨)으로 치환하는 경우 K_2O_2(과산화칼륨)라는 무기과산화물이 생성된다.
② 산화력이 강한 무기과산화물은 가연물을 태우기 위해 산소를 잃기 때문에 **자신은 환원하는 성질**이다.
③ 산소공급원이므로 가열하면 분해되어 산소를 발생한다.
④ 제1류 위험물 중 과산화물에 속하므로 물과의 반응으로 산소와 열을 발생한다.

19 황의 성상에 관한 설명으로 틀린 것은?

① 연소할 때 발생하는 가스는 냄새를 가지고 있으나 인체에 무해하다.
② 미분이 공기 중에 떠 있을 때 분진폭발의 우려가 있다.
③ 용융된 황을 물에서 급랭하면 고무상황을 얻을 수 있다.
④ 연소할 때 아황산가스를 발생한다.

① 가연성 고체(제2류 위험물)인 황(S)이 연소 시 발생하는 가스는 자극성 냄새를 가지고 있으며 인체에 유해한 아황산가스(SO_2)이다.
– 황의 연소반응식
$S + O_2 \rightarrow SO_2$
황 산소 이산화황

20 알루미늄분이 염산과 반응하였을 경우 생성되는 가연성 가스는?

① 산소 ② 질소
③ 메테인 ④ 수소

알루미늄은 염산과 반응하여 **수소를 발생**한다.
– 알루미늄과 염산의 반응식
$2Al + 6HCl \rightarrow 2AlCl_3 + 3H_2$
알루미늄 염산 염화알루미늄 수소

정답 14. ① 15. ④ 16. ④ 17. ③ 18. ② 19. ① 20. ④

21 위험물안전관리법령상 제2류 위험물의 위험등급에 대한 설명으로 옳은 것은?

① 제2류 위험물은 위험등급 Ⅰ에 해당되는 품명이 없다.
② 제2류 위험물 중 위험등급 Ⅲ에 해당되는 품명은 지정수량이 500kg인 품명만 해당된다.
③ 제2류 위험물 중 황화인, 적린, 황 등 지정수량이 100kg인 품명은 위험등급 Ⅰ에 해당한다.
④ 제2류 위험물 중 지정수량이 1,000kg인 인화성 고체는 위험등급 Ⅱ에 해당한다.

≫ ① **제2류 위험물에는 위험등급 Ⅰ의 품명은 존재하지 않는다.**
② 제2류 위험물 중 위험등급 Ⅲ에는 지정수량 500kg인 품명뿐만 아니라 지정수량 1,000kg인 품명도 있다.
③ 제2류 위험물 중 지정수량이 100kg인 품명은 위험등급 Ⅱ에 해당한다.
④ 제2류 위험물 중 지정수량이 1,000kg인 품명은 위험등급 Ⅲ에 해당한다.
※ 제2류 위험물의 품명과 위험등급
1) 황화인, 적린, 황 : 지정수량 100kg, 위험등급 Ⅱ
2) 철분, 금속분, 마그네슘 : 지정수량 500kg, 위험등급 Ⅲ
3) 인화성 고체 : 지정수량 1,000kg, 위험등급 Ⅲ

22 금속염을 불꽃반응실험을 한 결과 노란색의 불꽃이 나타났다. 이 금속염에 포함된 금속은?

① Cu ② K
③ Na ④ Li

≫ ① Cu : 청색 ② K : 보라색
③ **Na : 황색** ④ Li : 적색

23 제3류 위험물 중 금수성 물질에 적응성이 있는 소화설비는?

① 할로젠화합물 소화설비
② 포소화설비
③ 불활성가스 소화설비
④ 탄산수소염류등 분말소화설비

≫ 제1류 위험물 중 알칼리금속의 과산화물, 제2류 위험물 중 철분, 금속분, 마그네슘, 제3류 위험물 중 **금수성 물질에 적응성이 있는 소화설비는 탄산수소염류 분말소화설비**이다.

24 위험물의 지정수량이 잘못된 것은?

① $(C_2H_5)_3Al$: 10kg
② Ca : 50kg
③ LiH : 300kg
④ Al_4C_3 : 500kg

≫ ④ **Al_4C_3**(제3류 위험물의 칼슘 또는 알루미늄탄화물) : **300kg**

25 살충제의 원료로 사용되기도 하는 암회색 물질로 물과 반응하여 포스핀가스를 발생할 위험이 있는 것은?

① 인화아연 ② 수소화나트륨
③ 칼륨 ④ 나트륨

≫ 물과 반응하여 독성인 포스핀가스를 발생하는 것은 제3류 위험물 중 금속의 인화물(인화칼슘 또는 **인화아연** 등)이다.
– 인화아연과 물과의 반응식

$$Zn_3P_2 + 6H_2O \rightarrow 3Zn(OH)_2 + 2PH_3$$

인화아연 물 수산화아연 포스핀

26 다음 설명 중 제2석유류에 해당하는 것은? (단, 1기압상태이다.)

① 착화점이 21℃ 미만인 것
② 착화점이 30℃ 이상 50℃ 미만인 것
③ 인화점이 21℃ 이상 70℃ 미만인 것
④ 인화점이 21℃ 이상 90℃ 미만인 것

≫ 제4류 위험물 중 제2석유류의 인화점 기준은 21℃ 이상 70℃ 미만이다.

27 다음 중 발화점이 가장 낮은 것은?

① 이황화탄소 ② 산화프로필렌
③ 휘발유 ④ 메틸알코올

≫ ① **이황화탄소 : 90℃**
② 산화프로필렌 : 465℃
③ 휘발유 : 300℃
④ 메틸알코올 : 454℃

정답 21. ① 22. ③ 23. ④ 24. ④ 25. ① 26. ③ 27. ①

28 다음 반응식과 같이 벤젠 1kg이 연소할 때 발생되는 CO_2의 양은 약 몇 m^3인가? (단, 27℃, 750mmHg 기준이다.)

$$C_6H_6 + 7.5O_2 \rightarrow 6CO_2 + 3H_2O$$

① $0.72m^3$
② $1.22m^3$
③ $1.92m^3$
④ $2.42m^3$

PLAY▶ 풀이

» 이상기체방정식 : $PV=nRT$
여기서, P : 압력(atm)
V : 부피(L)
n : 몰수(mol)
R : 기체상수(0.082atm · L/mol · K)
T : 온도(K)=273+섭씨온도
벤젠(C_6H_6) 1mol의 분자량=12g(C)×6+1g(H)×6=78g/mol, 1atm=760mmHg, 1,000L=$1m^3$임을 이용한다.

$$\left(750\text{mmHg} \times \frac{1\text{atm}}{760\text{mmHg}}\right) \times V(\text{L})$$
$$=\left(1\text{kg } C_6H_6 \times \frac{1{,}000\text{g } C_6H_6}{1\text{kg } C_6H_6} \times \frac{1\text{mol } C_6H_6}{78\text{g } C_6H_6} \times \frac{6\text{mol } CO_2}{1\text{mol } C_6H_6}\right) \times 0.082\text{atm}\cdot\text{L/mol}\cdot\text{K} \times (273+27)\text{K}$$
$$\therefore V = 1.92\times10^3\text{L } CO_2 \times \frac{1m^3\ CO_2}{1{,}000\text{L } CO_2} = 1.92m^3\ CO_2$$

29 휘발유의 일반적인 성질에 관한 설명으로 틀린 것은?

① 인화점이 0℃보다 낮다.
② 위험물안전관리법령상 제1석유류에 해당한다.
③ 전기에 대해 비전도성 물질이다.
④ 순수한 것은 청색이나 안전을 위해 검은색으로 착색해서 사용해야 한다.

» ④ 휘발유를 포함하여 내부분의 순수한 제4류 위험물은 무색투명하며 판매를 위해 착색(휘발유는 황색)을 하는 것이 일반적이다.

30 다음 물질 중 인화점이 가장 낮은 것은?

① CH_3COCH_3
② $C_2H_5OC_2H_5$
③ $CH_3(CH_2)_3OH$
④ CH_3OH

» ① CH_3COCH_3(아세톤) – 제1석유류 : −18℃
② **$C_2H_5OC_2H_5$(다이에틸에터) – 특수인화물 : −45℃**
③ $CH_3(CH_2)_3OH$(뷰틸알코올) – 제2석유류 : 35℃
④ CH_3OH(메틸알코올) – 알코올류 : 11℃

31 다이에틸에터의 성질에 대한 설명으로 옳은 것은?

① 발화온도는 400℃이다.
② 증기는 공기보다 가볍고, 액상은 물보다 무겁다.
③ 알코올에 용해되지 않지만 물에 잘 녹는다.
④ 연소범위는 1.9~48% 정도이다.

» ① 발화온도는 180℃이다.
② 증기는 공기보다 무겁고 액상은 물보다 가볍다.
③ 알코올에 잘 녹지만 물에 안 녹는다.

32 다음 중 아이오딘값이 가장 낮은 것은?

① 해바라기유
② 오동유
③ 아마인유
④ 낙화생유

» ④ 낙화생유(땅콩유)는 아이오딘값이 100 이하인 불건성유에 해당한다.
※ 해바라기유, 오동유, 아마인유는 들기름과 함께 아이오딘값이 130 이상인 건성유에 해당한다.

33 다음 중 위험물안전관리법령에서 정한 지정수량이 나머지 셋과 다른 물질은?

① 아세트산 ② 하이드라진
③ 클로로벤젠 ④ 나이트로벤젠

» ①, ②, ④ : 2,000L
③ : 1,000L

정답 28. ③ 29. ④ 30. ② 31. ④ 32. ④ 33. ③

34 1차 알코올에 대한 설명으로 가장 적절한 것은?

① OH기의 수가 하나이다.
② OH기가 결합된 탄소원자에 붙은 알킬기의 수가 하나이다.
③ 가장 간단한 알코올이다.
④ 탄소의 수가 하나인 알코올이다.

» 알코올은 C_nH_{2n+1}(알킬)과 OH(수산기)의 결합물이다. 이 중 알킬기의 수에 따라 1차, 2차, 3차 알코올로 구분되고 수산기의 수에 따라 1가, 2가, 3가 알코올로 구분된다.
② 1차 알코올이란, OH기가 결합된 탄소원자에 붙은 알킬기의 수가 1개 존재하는 물질을 의미한다.

35 다음 물질 중 인화점이 가장 높은 것은?

① 아세톤 ② 다이에틸에터
③ 메탄올 ④ 벤젠

» ① 아세톤 : −18℃
② 다이에틸에터 : −45℃
③ **메탄올 : 11℃**
④ 벤젠 : −11℃

36 다음 중 나이트로셀룰로스의 저장방법으로 옳은 것은?

① 물이나 알코올로 습윤시킨다.
② 에탄올과 에터 혼액에 침윤시킨다.
③ 수은염을 만들어 저장한다.
④ 산에 용해시켜 저장한다.

» 나이트로셀룰로스는 함수알코올(물 또는 알코올)에 적셔서 보관한다.

37 위험물안전관리법령상 제5류 위험물의 공통된 취급방법으로 옳지 않은 것은?

① 용기의 파손 및 균열에 주의한다.
② 저장 시 과열, 충격, 마찰을 피한다.
③ 운반용기 외부에 주의사항으로 '화기주의' 및 '물기엄금'을 표기한다.
④ 불티, 불꽃, 고온체와의 접근을 피한다.

» ③ 제5류 위험물은 운반용기 외부에 표시하는 주의사항으로 '화기엄금' 및 '충격주의'를 표기한다.

38 제1류 위험물 중 무기과산화물 300kg과 브로민산염류 600kg을 함께 보관하는 경우 지정수량의 몇 배인가?

① 3배 ② 8배
③ 10배 ④ 18배

» 1) 무기과산화물의 지정수량 : 50kg
2) 브로민산염류의 지정수량 : 300kg
∴ 지정수량 배수의 합 $= \frac{300kg}{50kg} + \frac{600kg}{300kg} = 8$

39 페놀을 황산과 질산의 혼산으로 나이트로화하여 제조하는 제5류 위험물은?

① 아세트산 ② 피크르산
③ 나이트로글리콜 ④ 질산에틸

» 페놀을 황산과 질산으로 3번의 나이트로화반응을 하면 제5류 위험물의 나이트로화합물인 트라이나이트로페놀(피크르산)이 된다.
– 트라이나이트로페놀(피크르산)의 생성반응식

$$\underset{\text{페놀}}{C_6H_5OH} + \underset{\text{질산}}{3HNO_3} \xrightarrow{H_2SO_4} \underset{\text{트라이나이트로페놀}}{C_6H_2OH(NO_2)_3} + \underset{\text{물}}{3H_2O}$$

40 제5류 위험물을 저장 또는 취급하는 장소에 적응성이 있는 소화설비는?

① 포소화설비
② 분말소화설비
③ 불활성가스 소화설비
④ 할로젠화합물 소화설비

» 제5류 위험물은 자기반응성 물질로서 자체적으로 가연물과 산소공급원을 동시에 포함하므로 산소공급원을 제거하는 질식소화는 효과가 없다. 〈보기〉 중 분말소화설비, 불활성가스 소화설비는 질식소화원리를 이용하고 할로젠화합물 소화설비는 억제소화원리를 이용하지만 **포소화설비**의 경우 질식소화원리는 물론, 수분(물)을 함유하고 있어 냉각소화원리도 가능한 소화설비이므로 **제5류 위험물 화재에도 적응성**을 갖는다.

정답 34. ② 35. ③ 36. ① 37. ③ 38. ② 39. ② 40. ①

41 $C_6H_2(NO_2)_3OH$와 CH_3NO_3의 공통성질에 해당하는 것은?

① 나이트로화합물이다.
② 인화성과 폭발성이 있는 액체이다.
③ 무색의 방향성 액체이다.
④ 에탄올에 녹는다.

1. $C_6H_2(NO_2)_3OH$(트라이나이트로페놀)의 성질
   1) 제5류 위험물 중 나이트로화합물에 속한다.
   2) 휘황색의 고체이다.
   3) 물에 녹지 않고 **에탄올에 잘 녹는다.**
2. CH_3NO_3(질산메틸)의 성질
   1) 제5류 위험물 중 질산에스터류에 속한다.
   2) 무색투명한 액체이다.
   3) 물에 녹지 않고 **에탄올에 잘 녹는다.**

42 위험물 옥내저장소에 과염소산 300kg, 과산화수소 300kg을 저장하고 있다. 저장창고에는 지정수량 몇 배의 위험물을 저장하고 있는가?

① 4　② 3
③ 2　④ 1

과염소산과 과산화수소는 제6류 위험물로서 지정수량은 둘 다 300kg이다.

$\therefore \frac{300kg}{300kg}+\frac{300kg}{300kg}=2$

43 위험물안전관리법령상 다음 ( )에 알맞은 수치를 모두 합한 값은?

> • 과염소산의 지정수량은 ( )kg 이다.
> • 과산화수소는 농도가 ( )wt% 미만인 것은 위험물에 해당하지 않는다.
> • 질산은 비중이 ( ) 이상인 것만 위험물로 규정한다.

① 349.36　② 549.36
③ 337.49　④ 537.49

1) 과염소산의 지정수량은 300kg이다.
2) 과산화수소는 농도가 36wt% 이상을 위험물로 규정한다.
3) 질산은 비중이 1.49 이상인 것만 위험물로 규정한다.

$\therefore 300+36+1.49=337.49$

44 위험물안전관리법령상 위험물 운송 시 제1류 위험물과 혼재 가능한 위험물은?

① 제2류 위험물
② 제3류 위험물
③ 제5류 위험물
④ 제6류 위험물

PLAY▶풀이

제1류 위험물과 혼재 가능한 것은 제6류 위험물이다.

유별을 달리하는 위험물의 운반에 관한 혼재기준

위험물의 구분	제1류	제2류	제3류	제4류	제5류	제6류
제1류		×	×	×	×	○
제2류	×		×	○	○	×
제3류	×	×		○	×	×
제4류	×	○	○		○	×
제5류	×	○	×	○		×
제6류	◎	×	×	×	×	

※ 이 표는 지정수량의 1/10 이하의 위험물에 대하여는 적용하지 아니한다.

45 위험물안전관리법령상 제4류 위험물 운반용기의 외부에 표시하여야 하는 주의사항을 모두 올바르게 나타낸 것은?

① 화기엄금 및 충격주의
② 가연물접촉주의
③ 화기엄금
④ 화기주의 및 충격주의

운반용기 외부의 표시사항
1. 제1류 위험물
   1) 알칼리금속의 과산화물 : 화기·충격주의, 가연물접촉주의, 물기엄금
   2) 그 외의 것 : 화기·충격주의, 가연물접촉주의
2. 제2류 위험물
   1) 철분, 금속분, 마그네슘 : 화기주의, 물기엄금
   2) 인화성 고체 : 화기엄금
   3) 그 외의 것 : 화기주의
3. 제3류 위험물
   1) 금수성 물질 : 물기엄금
   2) 자연발화성 물질 : 화기엄금, 공기접촉엄금
4. **제4류 위험물 : 화기엄금**
5. 제5류 위험물 : 화기엄금, 충격주의
6. 제6류 위험물 : 가연물접촉주의

정답 41. ④ 42. ③ 43. ③ 44. ④ 45. ③

46 위험물안전관리법령상의 위험물 운반에 관한 기준에서 액체 위험물은 운반용기 내용적의 몇 % 이하의 수납률로 수납하여야 하는가?

① 80% ② 85%

③ 90% ④ 98%

>>> 1) 고체 위험물 : 운반용기 내용적의 95% 이하의 수납률로 수납할 것
2) **액체 위험물** : 운반용기 내용적의 **98% 이하의 수납률**로 수납하되, 55℃의 온도에서 누설되지 아니하도록 충분한 공간용적을 유지하도록 할 것

47 [그림]과 같이 가로로 설치한 원형 탱크의 용량은 약 몇 m^3인가? (단, 공간용적은 내용적의 10/100이다.)

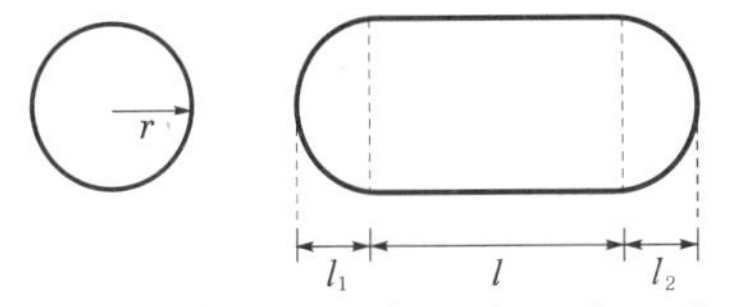

$(r = 5\text{m},\ l = 15\text{m},\ l_1 = 3\text{m},\ l_2 = 3\text{m})$

① $1,690.9\text{m}^3$

② $1,335.1\text{m}^3$

③ $1,268.4\text{m}^3$

④ $1,201.7\text{m}^3$

PLAY ▶ 풀이

>>> 내용적 $= \pi \times 5^2 \times \left(15 + \frac{3+3}{3}\right) = 1,335.18\text{m}^3$
공간용적이 내용적의 10%인 탱크 용량은 내용적의 90%이므로, $1,335.18\text{m}^3 \times 0.9 = 1,201.7\text{m}^3$

48 위험물안전관리법령상 위험물을 유별로 정리하여 저장하면서 서로 1m 이상의 간격을 두면 동일한 옥내저장소에 저장할 수 있는 경우는?

① 제1류 위험물과 제3류 위험물 중 금수성 물질을 저장하는 경우

② 제1류 위험물과 제4류 위험물을 저장하는 경우

③ 제1류 위험물과 제6류 위험물을 저장하는 경우

④ 제2류 위험물 중 금속분과 제4류 위험물 중 동식물유류를 저장하는 경우

>>> 옥내저장소 또는 옥외저장소에서는 서로 다른 유별끼리 함께 저장할 수 없다. 단, 다음의 조건을 만족하면서 유별로 정리하여 서로 1m 이상의 간격을 두는 경우에는 저장할 수 있다.
1) 제1류 위험물(알칼리금속의 과산화물 제외)과 제5류 위험물
2) 제1류 위험물과 제6류 위험물
3) 제1류 위험물과 제3류 위험물 중 자연발화성 물질(황린)
4) 제2류 위험물 중 인화성 고체와 제4류 위험물
5) 제3류 위험물 중 알킬알루미늄등과 제4류 위험물(알킬알루미늄 또는 알킬리튬을 함유한 것)
6) 제4류 위험물 중 유기과산화물과 제5류 위험물 중 유기과산화물

49 위험물안전관리법령상 판매취급소에 관한 설명으로 옳지 않은 것은?

① 건축물의 1층에 설치하여야 한다.

② 위험물을 저장하는 탱크시설을 갖추어야 한다.

③ 건축물의 다른 부분과는 내화구조의 격벽으로 구획하여야 한다.

④ 제조소와 달리 안전거리 또는 보유공지에 관한 규제를 받지 않는다.

>>> ② 판매취급소란 페인트점 또는 화공약품점이라서 위험물을 저장하는 탱크시설은 필요 없다.

50 주유취급소의 벽(담)에 유리를 부착할 수 있는 기준에 대한 설명으로 옳은 것은?

① 유리 부착위치는 주입구, 고정주유설비로부터 2m 이상 이격되어야 한다.

② 지반면으로부터 50cm를 초과하는 부분에 한하여 설치하여야 한다.

③ 하나의 유리판 가로의 길이는 2m 이내로 한다.

④ 유리의 구조는 기준에 맞는 강화유리로 하여야 한다.

>>> ① 유리 부착위치는 주입구, 고정주유설비로부터 4m 이상 이격되어야 한다.

정답 46. ④ 47. ④ 48. ③ 49. ② 50. ③

② 지반면으로부터 70cm를 초과하는 부분에 한하여 설치하여야 한다.
④ 유리의 구조는 기준에 맞는 접합유리로 하여야 한다.

51 위험물안전관리법령상 제4석유류를 저장하는 단층건물에 설치한 옥내저장탱크의 용량은 지정수량의 몇 배 이하이어야 하는가?

① 20배 ② 40배
③ 100배 ④ 150배

1. 단층 건물 또는 1층 이하의 층에 설치한 탱크전용실의 옥내저장탱크의 용량
   - 지정수량의 **40배 이하**(단, 제4석유류 및 동식물유류 외의 제4류 위험물은 당해 수량이 20,000L 초과할 때는 20,000L 이하)
2. 2층 이상의 층에 설치한 탱크전용실의 옥내저장탱크의 용량
   - 지정수량의 10배 이하(단, 제4석유류 및 동식물유류 외의 제4류 위험물은 당해 수량이 5,000L 초과할 때는 5,000L 이하)

52 위험물안전관리법령상 이동탱크저장소에 의한 위험물의 운송 시 장거리에 걸친 운송을 하는 때에는 2명 이상의 운전자로 하는 것이 원칙이다. 다음 중 예외적으로 1명의 운전자가 운송하여도 되는 경우의 기준으로 옳은 것은?

① 운송 도중에 2시간 이내마다 10분 이상씩 휴식하는 경우
② 운송 도중에 2시간 이내마다 20분 이상씩 휴식하는 경우
③ 운송 도중에 4시간 이내마다 10분 이상씩 휴식하는 경우
④ 운송 도중에 4시간 이내마다 20분 이상씩 휴식하는 경우

1. 운전자를 2명 이상으로 하는 경우
   1) 고속국도에 있어서는 340km 이상에 걸치는 운송을 하는 때
   2) 일반도로에 있어서는 200km 이상 걸치는 운송을 하는 때
2. 운전자를 1명으로 할 수 있는 경우
   1) 운송책임자를 동승시킨 경우
   2) 제2류 위험물, 제3류 위험물(칼슘 또는 알루미늄의 탄화물에 한함) 또는 제4류 위험물(특수인화물 제외)을 운송하는 경우
   3) **운송 도중에 2시간 이내마다 20분 이상씩 휴식하는 경우**

53 위험물안전관리법령상 운송책임자의 감독, 지원을 받아 운송하여야 하는 위험물에 해당하는 것은?

① 알킬알루미늄, 산화프로필렌, 알킬리튬
② 알킬알루미늄, 산화프로필렌
③ 알킬알루미늄, 알킬리튬
④ 산화프로필렌, 알킬리튬

위험물안전관리법령상 운송책임자의 감독, 지원을 받아 운송하여야 하는 위험물은 제3류 위험물 중 **알킬알루미늄** 및 **알킬리튬**이다.

54 건축물 외벽이 내화구조이며 연면적 $300m^2$인 위험물 옥내저장소의 건축물에 대하여 소화설비의 소화능력단위는 최소 몇 단위 이상이 되어야 하는가?

① 1단위 ② 2단위
③ 3단위 ④ 4단위

소요단위의 기준은 다음 [표]와 같다.

구 분	외벽이 내화구조	외벽이 비내화구조
위험물 제조소 및 취급소	연면적 $100m^2$	연면적 $50m^2$
위험물저장소	**연면적 $150m^2$**	연면적 $75m^2$
위험물	지정수량의 10배	

외벽이 내화구조인 옥내저장소는 연면적 $150m^2$가 1소요단위이므로 **연면적 $300m^2$는 2소요단위**에 해당한다. 소화능력단위와 소요단위는 같은 수치이므로 이 경우 소화능력단위는 2단위이다.

55 제5류 위험물인 트라이나이트로톨루엔 분해 시 주생성물에 해당하지 않는 것은?

① CO ② N_2
③ NH_3 ④ H_2

트라이나이트로톨루엔의 분해반응식

$$2C_6H_2CH_3(NO_2)_3 \rightarrow 12CO + 2C + 3N_2 + 5H_2$$

트라이나이트로톨루엔 일산화탄소 탄소 질소 수소

정답 51. ② 52. ② 53. ③ 54. ② 55. ③

56 질산의 비중이 1.5일 때 1소요단위는 몇 L 인가?

① 150L
② 200L
③ 1,500L
④ 2,000L

PLAY▶ 풀이

» $CO_2(l) \rightarrow CO_2(g)$
이상기체방정식 : $PV = nRT$
여기서, P : 압력(atm)
V : 부피(L)
n : 몰수(mol)
R : 기체상수(0.082atm·L/mol·K)
T : 온도(K=273+섭씨온도)

$n = \dfrac{\text{주어진 질량(g)}}{\text{분자량(g/mol)}}$, 이산화탄소($CO_2$) 1mol의 분자량=12g(C)+16g(O)×2=44g/mol임을 이용한다.

$\therefore\ 2\text{atm} \times V(\text{L}) = \left(1{,}000\text{g } CO_2 \times \dfrac{1\text{mol } CO_2}{44\text{g } CO_2}\right) \times 0.082\text{atm}\cdot\text{L/mol}\cdot\text{K} \times (273+25)\text{K}$

방출된 기체상의 이산화탄소 부피=277.68L

57 위험물안전관리법령에서 정한 자동화재탐지설비에 대한 기준으로 틀린 것은? (단, 원칙적인 경우에 한한다.)

① 경계구역은 건축물, 그 밖의 공작물의 2 이상의 층에 걸치지 아니하도록 할 것
② 하나의 경계구역의 면적은 $600m^2$ 이하로 할 것
③ 하나의 경계구역의 한 변의 길이는 30m 이하로 할 것
④ 자동화재탐지설비에는 비상전원을 설치할 것

» 자동화재탐지설비의 경계구역
1) 건축물의 2 이상의 층에 걸치지 아니하도록 할 것(다만, 2 이상의 경계구역의 면적의 합이 $500m^2$ 이하이면 그러하지 아니하다)
2) 하나의 경계구역의 면적은 $600m^2$ 이하로 할 것
3) **한 변의 길이는 50m(광전식 분리형 감지기의 경우에는 100m) 이하로 할 것**
4) 건축물의 주요한 출입구에서 그 내부 전체를 볼 수 있는 경우는 면적을 $1{,}000m^2$ 이하로 할 것
5) 자동화재탐지설비의 감지기는 지붕 또는 벽의 옥내에 면한 부분에 화재발생을 감지할 수 있도록 설치할 것
6) 자동화재탐지설비에는 비상전원을 설치할 것

58 지정수량 10배 이상의 위험물을 취급하는 제조소에는 피뢰침을 설치하여야 하지만 제 몇 류 위험물을 취급하는 경우에는 이를 제외할 수 있는가?

① 제2류 위험물 ② 제4류 위험물
③ 제5류 위험물 ④ 제6류 위험물

» 지정수량의 10배 이상의 위험물을 취급하는 제조소(단, **제6류 위험물제조소는 제외**)에는 피뢰설비를 설치해야 한다.

59 소화난이도등급 I에 해당하는 위험물제조소는 연면적이 몇 m^2 이상인 것인가?

① $400m^2$ ② $600m^2$
③ $800m^2$ ④ $1{,}000m^2$

» 소화난이등급 I에 해당하는 제조소등에서 제조소 및 일반취급소의 기준
1) **연면적 $1{,}000m^2$ 이상**인 것
2) 지정수량의 100배 이상인 것(고인화점 위험물만을 100℃ 미만의 온도에서 취급하는 것은 제외)
3) 지반면으로부터 6m 이상의 높이에 위험물 취급설비가 있는 것(고인화점 위험물만을 100℃ 미만의 온도에서 취급하는 것은 제외)

60 위험물안전관리자를 선임한 제조소등의 관계인은 그 안전관리자를 해임하거나 안전관리자가 퇴직한 때에는 해임하거나 퇴직한 날부터 며칠 이내에 다시 안전관리자를 선임해야 하는가?

① 10일 ② 20일
③ 30일 ④ 40일

» 안전관리자가 해임되거나 퇴직한 때에는 해임되거나 퇴직한 날부터 **30일 이내**에 다시 안전관리자를 선임하여야 한다.

정답 56. ④ 57. ③ 58. ④ 59. ④ 60. ③

2022 CBT 기출복원문제 제3회 위험물기능사

01 수소, 아세틸렌과 같은 가연성 가스가 공기 중 누출되어 연소하는 형식에 가장 가까운 것은?

① 확산연소 ② 증발연소
③ 분해연소 ④ 표면연소

≫ 가연성 가스가 공기 중 누출되어 연소하는 형태는 확산연소이다.

02 가연물이 고체 덩어리보다 분말가루일 때 화재 위험성이 큰 이유로 가장 옳은 것은?

① 공기와의 접촉면적이 크기 때문이다.
② 열전도율이 크기 때문이다.
③ 흡열반응을 하기 때문이다.
④ 활성에너지가 크기 때문이다.

≫ 분말상태는 덩어리상태보다 공기와 접촉하는 면적이 더 크기 때문에 화재 또는 폭발의 위험성도 크다.

03 연소의 3요소를 모두 포함하는 것은?

① 과염소산, 산소, 불꽃
② 마그네슘분말, 연소열, 수소
③ 아세톤, 수소, 산소
④ 불꽃, 아세톤, 질산암모늄

≫ ① 과염소산(제6류 위험물인 산소공급원), 산소(산소공급원), 불꽃(점화원)
② 마그네슘분말(제2류 위험물인 가연물), 연소열(점화원), 수소(가연물)
③ 아세톤(제4류 위험물인 가연물), 수소(가연물), 산소(산소공급원)
④ 불꽃(**점화원**), 아세톤(제4류 위험물인 **가연물**), 질산암모늄(제1류 위험물인 **산소공급원**)
※ 연소의 3요소
1) 가연물
2) 산소공급원
3) 점화원

04 수용성 가연성 물질의 화재 시 다량의 물을 방사하여 가연물질의 농도를 연소농도 이하가 되도록 하여 소화시키는 것은 무슨 소화원리인가?

① 제거소화 ② 촉매소화
③ 희석소화 ④ 억제소화

≫ 소화기의 종류
1) 제거소화 : 가연물을 제거해서 불을 소화시키는 것
2) **희석소화 : 가연물질의 농도를 연소농도 이하가 되도록 하여 소화시키는 것**
3) 억제소화 : 연쇄반응을 억제해서 소화시키는 것
4) 질식소화 : 산소공급원을 제거해서 소화시키는 것

05 건조사와 같은 불연성 고체로 가연물을 덮는 것은 어떤 소화에 해당하는가?

① 제거소화 ② 질식소화
③ 냉각소화 ④ 억제소화

≫ 건조사와 같은 불연성 고체로 가연물을 덮는 것은 산소공급원을 차단시키는 것으로서 질식소화에 해당한다.

06 소화효과에 대한 설명으로 틀린 것은?

① 기화잠열이 큰 소화약제를 사용할 경우 냉각소화효과를 기대할 수 있다.
② 이산화탄소에 의한 소화는 주로 질식소화로 화재를 진압한다.
③ 할로젠화합물 소화약제는 주로 냉각소화한다.
④ 분말소화약제는 질식효과와 부촉매효과 등으로 화재를 진압한다.

≫ ③ 할로젠화합물 소화약제의 주된 소화방법은 억제소화이다.

정답 01. ① 02. ① 03. ④ 04. ③ 05. ② 06. ③

07 할론 1301의 증기비중은? (단, 플루오린의 원자량은 19, 브로민의 원자량은 80, 염소의 원자량은 35.5이고, 공기의 분자량은 29이다.)

① 2.14 ② 4.15
③ 5.14 ④ 6.15

》 할론 1301의 화학식은 CF_3Br이며 분자량은 12(C)+19(F)×3+80(Br)=149이다. 증기비중은 물질의 분자량을 공기의 평균분자량인 29로 나누어 구하므로 증기비중$=\frac{149}{29}=5.14$이다.

08 식용유화재 시 제1종 분말소화약제를 이용하여 화재의 제어가 가능하다. 이때의 소화원리에 가장 가까운 것은?

① 촉매효과에 의한 질식소화
② 비누화반응에 의한 질식소화
③ 아이오딘화에 의한 냉각소화
④ 가수분해반응에 의한 냉각소화

》 ② 지방을 가수분해하는 비누화현상으로 식용유화재를 제어하여 질식소화하는 소화약제는 제1종 분말소화약제이다.
※ 비누($C_nH_{2n+1}COONa$)와 제1종 분말소화약제($NaHCO_3$)는 Na을 공통적으로 포함한다는 점을 응용한다.

09 할로젠화합물 소화약제의 주된 소화효과는?

① 부촉매효과 ② 희석효과
③ 파괴효과 ④ 냉각효과

》 할로젠화합물 소화약제의 주된 소화효과는 화학적 소화방법인 부촉매(억제)효과이다.

10 위험물제조소등에 옥외소화전을 6개 설치할 경우 수원의 수량은 몇 m^3 이상이어야 하는가?

① $48m^3$ 이상 ② $54m^3$ 이상
③ $60m^3$ 이상 ④ $81m^3$ 이상

》 옥외소화전의 수원의 양은 옥외소화전 개수에 $13.5m^3$를 곱한 양 이상으로 하되, 소화전 개수가 4개 이상이면 최대 4개의 옥외소화전의 수만 곱해주면 된다.
$\therefore 13.5m^3 \times 4 = 54m^3$

11 위험물안전관리법령에 따른 스프링클러헤드의 설치방법에 대한 설명으로 옳지 않은 것은?

① 개방형 헤드는 반사판으로부터 하방으로 0.45m, 수평방향으로 0.3m의 공간을 보유할 것
② 폐쇄형 헤드는 가연성 물질 수납부분에 설치 시 반사판으로부터 하방으로 0.9m, 수평방향으로 0.4m의 공간을 확보할 것
③ 폐쇄형 헤드 중 개구부에 설치하는 것은 해당 개구부의 상단으로부터 높이 0.15m 이내의 벽면에 설치할 것
④ 폐쇄형 헤드 설치 시 급배기용 덕트의 긴 변의 길이가 1.2m를 초과하는 것이 있는 경우에는 해당 덕트의 윗부분에만 헤드를 설치할 것

》 1. 개방형 스프링클러헤드는 스프링클러헤드의 반사판으로부터 하방으로 0.45m 이상, 수평방향으로 0.3m 이상의 공간을 보유해야 한다.
2. 폐쇄형 스프링클러헤드
1) 스프링클러헤드의 반사판과 헤드의 부착면과의 거리는 0.3m 이하이어야 한다.
2) 스프링클러헤드는 가연성 물질 수납부분에 설치 시 반사판으로부터 하방으로 0.9m 이상, 수평방향으로 0.4m 이상의 공간을 확보해야 한다.
3) 스프링클러헤드 중 개구부에 설치하는 것은 해당 개구부의 상단으로부터 높이 0.15m 이내의 벽면에 설치해야 한다.
4) **급배기용 덕트 등의 긴 변의 길이가 1.2m를 초과하는 것이 있는 경우**에는 **해당 덕트의 아랫면에도 헤드를 설치**해야 한다.

12 위험물을 저장할 때 필요한 보호물질을 올바르게 연결한 것은?

① 황린 – 석유
② 금속칼슘 – 에탄올
③ 이황화탄소 – 물
④ 금속나트륨 – 산소

》 ① 황린 – 물
② 금속칼슘 – 밀폐용기에 보관
④ 금속나트륨 – 석유류(등유, 경유, 유동파라핀)

정답 07. ③ 08. ② 09. ① 10. ② 11. ④ 12. ③

13 경유 2,000L, 글리세린 2,000L를 같은 장소에 저장하려 한다. 지정수량 배수의 합은 얼마인가?

① 2.5 ② 3.0
③ 3.5 ④ 4.0

1) 경유 : 제4류 위험물 중 제2석유류(비수용성), 지정수량 1,000L
2) 글리세린 : 제4류 위험물 중 제3석유류(수용성), 지정수량 4,000L

$\therefore \frac{2,000L}{1,000L} + \frac{2,000L}{4,000L} = 2.5$

14 다음 중 산화성 물질이 아닌 것은?

① 무기과산화물 ② 과염소산
③ 질산염류 ④ 마그네슘

① 무기과산화물 : 제1류 위험물(산화성 고체)
② 과염소산 : 제6류 위험물(산화성 액체)
③ 질산염류 : 제1류 위험물(산화성 고체)
④ **마그네슘 : 제2류 위험물(가연성 고체)**

15 위험물안전관리법령상 위험등급 Ⅰ의 위험물에 해당하는 것은?

① 무기과산화물 ② 황화인, 적린, 황
③ 제1석유류 ④ 알코올류

① **무기과산화물**(제1류 위험물) : **위험등급 Ⅰ**
② 황화인, 적린, 황(제2류 위험물) : 위험등급 Ⅱ
③ 제1석유류(제4류 위험물) : 위험등급 Ⅱ
④ 알코올류(제4류 위험물) : 위험등급 Ⅱ

16 질산칼륨에 대한 설명 중 옳은 것은?

① 유기물 및 강산에 보관할 때 매우 안정하다.
② 열에 안정하여 1,000℃를 넘는 고온에서도 분해되지 않는다.
③ 알코올에는 잘 녹으나 물, 글리세린에는 잘 녹지 않는다.
④ 무색, 무취의 결정 또는 분말로서 화약의 원료로 사용된다.

① 제1류 위험물로서 산소공급원의 역할을 하므로 유기물 및 강산에 매우 위험하다.
② 400℃에서 분해하여 산소를 발생한다.
– 질산칼륨의 분해반응식

$2KNO_3 \rightarrow 2KNO_2 + O_2$
(질산칼륨, 아질산칼륨, 산소)

③ 물, 글리세린에 잘 녹고 알코올에는 안 녹는다.

17 과산화나트륨의 화재 시 물을 사용한 소화가 위험한 이유는?

① 수소와 열을 발생하므로
② 산소와 열을 발생하므로
③ 수소를 발생하고 이 가스가 폭발적으로 연소하므로
④ 산소를 발생하고 이 가스가 폭발적으로 연소하므로

제1류 위험물 중 알칼리금속의 과산화물에 속하는 과산화칼륨, **과산화나트륨**, 과산화리튬은 화재 시 **물을 이용해 소화하면 산소와 열을 발생**하므로 물로 냉각소화하면 위험하다.

18 과산화바륨과 물이 반응하였을 때 발생하는 것은?

① 수소 ② 산소
③ 탄산가스 ④ 수성가스

과산화바륨은 제1류 위험물 중 무기과산화물로서, 물과 반응 시 산소를 발생한다.
– 과산화바륨과 물과의 반응식

$2BaO_2 + 2H_2O \rightarrow 2Ba(OH)_2 + O_2$
(과산화바륨, 물, 수산화바륨, 산소)

19 위험물안전관리법령상 품명이 금속분에 해당하는 것은? (단, 150μm의 체를 통과하는 것이 50wt% 이상인 경우이다.)

① 니켈분 ② 마그네슘분
③ 알루미늄분 ④ 구리분

제2류 위험물 중 금속분은 알칼리금속 · 알칼리토금속 · 철 및 마그네슘 외의 금속의 분말을 말하고, 구리분 · 니켈분은 제외하고 150μm(마이크로미터)의 체를 통과하는 것이 50중량% 미만인 것도 제외한다.

정답 13. ① 14. ④ 15. ① 16. ④ 17. ② 18. ② 19. ③

20 황의 특성 및 위험성에 대한 설명 중 틀린 것은?

① 산화성 물질이므로 환원성 물질과 접촉을 피해야 한다.
② 전기의 부도체이므로 전기절연체로 쓰인다.
③ 공기 중 연소 시 유해가스를 발생한다.
④ 분말상태인 경우 분진폭발의 위험성이 있다.

》 황(제2류 위험물)은 **환원성**(가연성) **물질**이므로 **산화성**(산소공급원의 성질) **물질과 접촉을 피해야 한다.**

21 다음 중 알루미늄분말의 저장방법으로 옳은 것은?

① 에틸알코올수용액에 넣어 보관한다.
② 밀폐용기에 넣어 건조한 곳에 보관한다.
③ 폴리에틸렌병에 넣어 수분이 많은 곳에 보관한다.
④ 염산수용액에 넣어 보관한다.

》 알루미늄분말(제2류 위험물)은 물(수용액) 또는 염산과 반응하여 수소를 발생하므로 밀폐용기에 넣어 **수분이 없는 장소에 보관**해야 한다.
– 알루미늄과 물과의 반응식

$2Al + 6H_2O \rightarrow 2Al(OH)_3 + 3H_2$

알루미늄 물 수산화알루미늄 수소

22 위험물안전관리법령상 제3류 위험물의 금수성 물질 화재 시 적응성이 있는 소화약제는 어느 것인가?

① 탄산수소염류 분말
② 물
③ 이산화탄소
④ 할로젠화합물

》 제3류 위험물 중 금수성 물질 화재 시에는 **탄산수소염류 분말소화약제**, 마른모래, 팽창질석 또는 팽창진주암이 적응성이 있다.

23 다음 2가지 물질을 섞었을 때 수소가 발생하는 것은?

① 칼륨과 에탄올
② 과산화마그네슘과 염화수소
③ 과산화칼륨과 탄산가스
④ 오황화인과 물

》 ① 칼륨과 에틸알코올의 반응식

$2K + 2C_2H_5OH \rightarrow 2C_2H_5OK + H_2$

칼륨 에틸알코올 칼륨에틸레이트 수소

24 금속나트륨, 금속칼륨 등을 보호액 속에 저장하는 이유에 대해 가장 올바르게 설명한 것은?

① 온도를 낮추기 위하여
② 승화하는 것을 막기 위하여
③ 공기와의 접촉을 막기 위하여
④ 운반 시 충격을 적게 하기 위하여

》 제3류 위험물인 금속나트륨과 금속칼륨은 공기 중에 포함된 수분과 반응하여 수소가스를 발생할 수 있고 산소와 반응하여 산화(녹이 스는 현상)될 수 있으므로 **공기와의 접촉을 막기 위하여** 석유(등유, 경유, 유동파라핀 등) 속에 저장한다.

25 다음 중 제2류 위험물에 대한 설명으로 옳지 않은 것은?

① 대부분 물보다 가벼우므로 주수소화는 어려움이 있다.
② 점화원으로부터 멀리하고 가열을 피한다.
③ 금속분은 물과의 접촉을 피한다.
④ 용기 파손으로 인한 위험물의 누설에 주의한다.

》 ① 제2류 위험물은 모두 물보다 무겁고 철분, 금속분, 마그네슘 외의 물질들은 화재 시 주수소화를 해야 하는 물질들이다.

26 다음 중 인화점이 0℃보다 작은 것은 모두 몇 개인가?

$C_2H_5OC_2H_5$, CS_2, CH_3CHO

① 0개 ② 1개
③ 2개 ④ 3개

》 1) 다이에틸에터($C_2H_5OC_2H_5$) : –45℃
2) 이황화탄소(CS_2) : –30℃
3) 아세트알데하이드(CH_3CHO) : –38℃

정답 20. ① 21. ② 22. ① 23. ① 24. ③ 25. ① 26. ④

27 위험물의 품명 분류가 잘못된 것은?

① 휘발유 : 제1석유류
② 경유 : 제2석유류
③ 폼산 : 제3석유류
④ 기어유 : 제4석유류

≫ ③ 폼산(HCOOH)은 제2석유류에 속한다.

28 위험물안전관리법령에서 정한 메틸알코올의 지정수량을 kg단위로 환산하면 얼마인가? (단, 메틸알코올의 밀도는 0.8g/mL이다.)

① 200kg　② 320kg
③ 400kg　④ 460kg

≫ 밀도 $= \frac{\text{질량}}{\text{부피}}$, 단위는 g/mL 또는 kg/L이다.
메틸알코올의 지정수량은 400L이다.
$\therefore\ 400\text{L} \times \frac{0.8\text{kg}}{1\text{L}} = 320\text{kg}$

29 1분자 내에 포함된 탄소의 수가 가장 많은 것은?

① 아세톤　② 톨루엔
③ 아세트산　④ 이황화탄소

≫ ① 아세톤(CH_3COCH_3) : 3개
② 톨루엔($C_6H_5CH_3$) : 7개
③ 아세트산(CH_3COOH) : 2개
④ 이황화탄소(CS_2) : 1개

30 벤젠(C_6H_6)의 일반성질로서 틀린 것은?

① 휘발성이 강한 액체이다.
② 인화점은 가솔린보다 낮다.
③ 물에 녹지 않는다.
④ 화학적으로 공명구조를 이루고 있다.

≫ ② 벤젠의 인화점은 −11℃로 가솔린의 인화점 −43∼−38℃보다 높다.

31 다음 물질 중 물에 대한 용해도가 가장 낮은 것은?

① 아크릴산　② 아세트알데하이드
③ 벤젠　④ 글리세린

≫ ① 아크릴산 : 제2석유류(수용성)
② 아세트알데하이드 : 특수인화물(수용성)
③ 벤젠 : 제1석유류(비수용성)
④ 글리세린 : 제3석유류(수용성)

32 다음 중 하이드라진에 대한 설명으로 틀린 것은 어느 것인가?

① 외관은 물과 같이 무색투명하다.
② 가열하면 분해하여 가스를 발생한다.
③ 위험물안전관리법령상 제4류 위험물에 해당한다.
④ 알코올, 물 등의 비극성 용매에 잘 녹는다.

≫ ④ 알코올, 물 등은 비극성 용매가 아닌 극성 용매로 분류되며 하이드라진은 수용성이므로 **극성 용매에 잘 녹는다.**
※ 하이드라진의 분해반응식
$3N_2H_4 \rightarrow 4NH_3 + N_2$
하이드라진　암모니아　질소

33 다음 아세톤의 완전연소반응식에서 ( ) 안에 알맞은 계수를 차례대로 올바르게 나타낸 것은?

$CH_3COCH_3 + (\ \ )O_2 \rightarrow (\ \ )CO_2 + 3H_2O$

① 3, 4
② 4, 3
③ 6, 3
④ 3, 6

PLAY ▶ 풀이

≫ ㉠ 1단계 : 탄소(C)의 수 맞추기
$CH_3COCH_3 + (\ \ )O_2 \rightarrow (\ 3\ )CO_2 + (\ \ )H_2O$
화살표 왼쪽 C의 수는 3개이므로, 화살표 오른쪽 C의 수를 3으로 맞춘다.
㉡ 2단계 : 수소(H)의 수 맞추기
$CH_3COCH_3 + (\ \ )O_2 \rightarrow (\ 3\ )CO_2 + (\ 3\ )H_2O$
화살표 왼쪽 H의 수는 6개이므로, 화살표 오른쪽 H의 수를 6으로 맞춘다.
㉢ 3단계 : 산소(O)의 수 맞추기
$CH_3COCH_3 + (\ 4\ )O_2 \rightarrow (\ 3\ )CO_2 + (\ 3\ )H_2O$
화살표 오른쪽 O의 수는 9개이므로, 화살표 왼쪽 O의 수를 9로 맞춘다.

정답　27. ③　28. ②　29. ②　30. ②　31. ③　32. ④　33. ②

34 다음 중 위험물 운반용기의 외부에 '제4류'와 '위험등급 Ⅱ'의 표시만 보이고 품명이 잘 보이지 않을 때 예상할 수 있는 수납위험물의 품명은?

① 제1석유류　② 제2석유류
③ 제3석유류　④ 제4석유류

≫ 제4류 위험물 중 위험등급 Ⅱ에 해당하는 품명은 **제1석유류**와 알코올류이다.

35 다음 중 산을 가하면 이산화염소를 발생시키는 물질로 분자량이 약 90.5인 것은?

① 아염소산나트륨
② 브로민산나트륨
③ 아이오딘산칼륨
④ 다이크로뮴산나트륨

≫ ① 아염소산염류(염소산염류 및 과염소산염류 포함)에 황산이나 질산 등의 산을 가하면 이산화염소(ClO_2)라는 독성 가스가 발생한다. 아염소산나트륨($NaClO_2$)의 분자량 = 23(Na) + 35.5(Cl) + 16(O) × 2 = 90.5이다.
– 아염소산나트륨과 염산과의 반응식
$3NaClO_2 + 2HCl \rightarrow 3NaCl + 2ClO_2 + H_2O_2$
아염소산나트륨　염산　염화나트륨　이산화염소　과산화수소

똑똑한 풀이비법

산을 가하여 이산화염소(ClO_2)를 발생시킬 수 있다는 것은 아염소산나트륨($NaClO_2$)처럼 그 물질 자체에 염소(Cl)가 포함되어 있어야 가능하다는 점을 이용하면 답을 쉽게 찾을 수 있다.

36 충격이나 마찰에 민감하고 가수분해반응을 일으키는 단점을 가지고 있어 이를 개선하여 다이너마이트를 발명하는 데 주원료로 사용한 위험물은?

① 셀룰로이드
② 나이트로글리세린
③ 트라이나이트로톨루엔
④ 트라이나이트로페놀

≫ ② 나이트로글리세린(제5류 위험물)은 동결된 것은 충격에 둔하나 액체는 충격에 매우 민감하여 운반도 금지되어 있으며, 규조토에 흡수시킨 것을 다이너마이트라고 한다.

37 과망가니즈산칼륨의 위험성에 대한 설명으로 틀린 것은?

① 황산과 격렬하게 반응한다.
② 유기물과 혼합 시 위험성이 증가한다.
③ 고온으로 가열하면 분해하여 산소와 수소를 방출한다.
④ 목탄, 황 등 환원성 물질과 격리하여 저장해야 한다.

≫ ③ 과망가니즈산칼륨은 제1류 위험물이므로 고온으로 가열하면 분해하여 산소를 방출한다.
– 과망가니즈산칼륨 분해반응식
$2KMnO_4 \rightarrow K_2MnO_4 + MnO_2 + O_2$
과망가니즈산칼륨　망가니즈산칼륨　이산화망가니즈　산소

똑똑한 풀이비법

제1류 위험물은 어떤 반응으로도 수소를 방출할 수는 없다.

38 유기과산화물의 저장 또는 운반 시 주의사항으로 옳은 것은?

① 일광이 드는 건조한 곳에 저장한다.
② 가능한 한 대용량으로 저장한다.
③ 알코올류 등 제4류 위험물과 혼재하여 운반할 수 있다.
④ 산화제이므로 다른 강산화제와 같이 저장해도 좋다.

≫ ① 모든 위험물은 일광이 드는 곳에 저장하면 안 된다.
② 화재발생을 대비해 가능한 한 소량을 여러 군데 분산하여 저장한다.
④ 산화제이면서 동시에 환원제(가연물)이므로 다른 산화제와 저장하면 위험하다.

39 과산화벤조일에 대한 설명으로 틀린 것은?

① 무색, 무취의 투명한 액체이다.
② 가급적 소분하여 저장한다.
③ 제5류 위험물에 해당한다.
④ 품명은 유기과산화물이다.

≫ ① 과산화벤조일은 제5류 위험물의 유기과산화물에 해당하는 고체이다.

정답 34. ① 35. ① 36. ② 37. ③ 38. ③ 39. ①

40 나이트로셀룰로스의 저장 · 취급 방법으로 틀린 것은?

① 직사광선을 피해 저장한다.
② 되도록 장기간 보관하여 안정화된 후에 사용한다.
③ 유기과산화물류, 강산화제와의 접촉을 피한다.
④ 건조상태에 이르면 위험하므로 습한 상태를 유지한다.

>>> 나이트로셀룰로스(제5류 위험물)는 자기반응성 물질이므로 장기간 보관하면 오히려 위험성을 증대시킬 수 있다.

41 위험물안전관리법령상 품명이 유기과산화물인 것으로만 나열된 것은?

① 과산화벤조일, 과산화메틸에틸케톤
② 과산화벤조일, 과산화마그네슘
③ 과산화마그네슘, 과산화메틸에틸케톤
④ 과산화초산, 과산화수소

>>> 제5류 위험물 중 유기과산화물은 유기물(C를 포함하는 물질)이 과산화된 상태(산소가 과한 상태)를 의미하며 탄소를 포함하고 있지 않는 과산화물은 무기과산화물로 분류된다.
〈보기〉 중 ①의 **과산화벤조일과 과산화메틸에틸케톤은 둘다 탄소를 포함하고 있는 유기과산화물**이다.
① 과산화벤조일 : $(C_6H_5CO)_2O_2$, 과산화메틸에틸케톤 : $(CH_3COC_2H_5)O_2$
② 과산화벤조일 : $(C_6H_5CO)_2O_2$, 과산화마그네슘 : MgO_2
③ 과산화마그네슘 : MgO_2, 과산화메틸에틸케톤 : $(CH_3COC_2H_5)O_2$
④ 과산화초산 : CH_3COOOH, 과산화수소 : H_2O_2

42 제6류 위험물을 저장하는 장소에 적응성이 있는 소화설비가 아닌 것은?

① 물분무소화설비
② 포소화설비
③ 불활성가스 소화설비
④ 옥내소화전설비

>>> 제6류 위험물은 산화성 액체로서 자체적으로 산소공급원을 포함하는 물질이므로 산소를 제거하는 질식소화는 불가능하고 물을 소화약제로 사용하는 소화설비가 적응성이 있다. 여기서, **불활성가스 소화설비는 질식소화원리**를 이용하는 대표적인 소화설비이며, 물분무소화설비, 포소화설비(질식소화도 가능) 및 옥내소화전설비는 물로 냉각소화가 가능한 소화설비들이다.

43 질산의 저장 및 취급 방법이 아닌 것은?

① 직사광선을 차단한다.
② 분해방지를 위해 요산, 인산 등을 가한다.
③ 유기물과 접촉을 피한다.
④ 갈색병에 넣어 보관한다.

>>> ② 요산, 인산, 아세트아닐리드 등은 과산화수소(제6류 위험물)의 분해방지안정제이지 질산(제6류 위험물)의 안정제가 아니다.

44 다음 ( ) 안에 적합한 숫자를 차례대로 나열한 것은?

자연발화성 물질 중 알킬알루미늄등은 운반용기 내용적의 ( )% 이하의 수납률로 수납하되 50℃의 온도에서 ( )% 이상의 공간용적을 유지하도록 할 것

① 90, 5　② 90, 10
③ 95, 5　④ 95, 10

>>> 운반용기의 수납률
1) 고체 위험물 : 운반용기 내용적의 95% 이하
2) 액체 위험물 : 운반용기 내용적의 98% 이하 (55℃에서 누설되지 않도록 공간용적을 유지)
3) **알킬알루미늄등** : 운반용기의 내용적의 **90% 이하**(50℃에서 **5% 이상의 공간용적**을 유지)

45 위험물안전관리법령상 위험물 운반 시 차광성이 있는 피복으로 덮지 않아도 되는 것은?

① 제1류 위험물
② 제2류 위험물
③ 제3류 위험물 중 자연발화성 물질
④ 제5류 위험물

정답 40. ② 41. ① 42. ③ 43. ② 44. ① 45. ②

≫ 1) 제1류 위험물, 제3류 위험물 중 자연발화성 물질, 제4류 위험물 중 특수인화물, 제5류 위험물 또는 제6류 위험물은 차광성이 있는 피복으로 가릴 것
2) 제1류 위험물 중 알칼리금속의 과산화물, 제2류 위험물 중 철분 · 금속분 · 마그네슘, 제3류 위험물 중 금수성 물질은 방수성이 있는 피복으로 덮을 것

46 제4류 위험물을 저장 및 취급하는 위험물제조소에 설치한 '화기엄금' 게시판의 색상으로 맞는 것은?

① 적색 바탕에 흑색 문자
② 흑색 바탕에 적색 문자
③ 백색 바탕에 적색 문자
④ 적색 바탕에 백색 문자

≫ 주의사항 게시판은 내용에 "화기엄금" 또는 "화기주의"처럼 **'화기'가 포함되면 적색 바탕에 백색 문자**로 나타내고 "물기엄금"처럼 '물기'가 포함되면 청색 바탕에 백색 문자로 나타낸다.

47 위험물탱크의 용량은 탱크의 내용적에서 공간용적을 뺀 용적으로 한다. 이 경우 소화약제 방출구를 탱크 안의 윗부분에 설치하는 탱크의 공간용적은 해당 소화설비의 소화약제 방출구 아래의 어느 범위의 면으로부터 윗부분의 용적으로 하는가?

① 0.1미터 이상 0.5미터 미만 사이의 면
② 0.3미터 이상 1미터 미만 사이의 면
③ 0.5미터 이상 1미터 미만 사이의 면
④ 0.5미터 이상 1.5미터 미만 사이의 면

≫ 소화설비(소화약제 방출구를 탱크 안의 윗부분에 설치하는 것에 한한다)를 설치하는 탱크의 공간용적은 해당 소화설비의 소화약제 방출구 아래의 **0.3미터 이상 1미터 미만 사이의 면**으로부터 윗부분의 용적으로 한다.

48 유별을 달리하는 위험물을 운반할 때 혼재할 수 있는 것은? (단, 지정수량의 1/10을 넘는 양을 운반하는 경우이다.)

① 제1류와 제3류
② 제2류와 제4류
③ 제3류와 제5류
④ 제4류와 제6류

PLAY▶풀이

≫ 유별을 달리하는 위험물의 운반에 관한 혼재기준

위험물의 구분	제1류	제2류	제3류	제4류	제5류	제6류
제1류		×	×	×	×	○
제2류	×		×	○	○	×
제3류	×	×		○	×	×
제4류	×	◎	○		○	×
제5류	×	○	×	○		×
제6류	○	×	×	×	×	

※ 이 표는 지정수량의 1/10 이하의 위험물에 대하여는 적용하지 아니한다.

49 위험물안전관리법령상 주유취급소에서의 위험물 취급기준으로 옳지 않은 것은?

① 자동차에 주유할 때에는 고정주유설비를 이용하여 직접 주유할 것
② 자동차에 경유 위험물을 주유할 때에는 자동차의 원동기를 반드시 정지시킬 것
③ 고정주유설비에는 해당 주유설비에 접속한 전용탱크 또는 간이탱크의 배관 외의 것을 통하여서는 위험물을 공급하지 아니할 것
④ 고정주유설비에 접속하는 탱크에 위험물을 주입할 때에는 해당 탱크에 접속된 고정주유설비의 사용을 중지할 것

≫ ② 자동차에 위험물을 주유할 때 자동차의 원동기를 정지시켜야 하는 경우는 인화점이 40℃ 미만인 위험물을 주유하는 경우이다. 하지만 경유는 제2석유류로서 인화점이 50~70℃이므로 경유를 주유할 경우에는 원동기를 반드시 정지시킬 필요는 없다.

정답 46. ④ 47. ② 48. ② 49. ②

50 위험물안전관리법령에서 정한 아세트알데하이드등을 취급하는 제조소의 특례에 따라, 다음 ( )에 해당하지 않는 것은?

아세트알데하이드등을 취급하는 설비는 ( ), ( ), 동, ( ) 또는 이들을 성분으로 하는 합금으로 만들지 아니할 것

① 금　② 은
③ 수은　④ 마그네슘

아세트알데하이드는 수은, 은, 구리(동), 마그네슘과 반응하면 금속아세틸라이드(폭발성 물질)를 생성하므로 이들을 성분으로 한 설비는 사용할 수 없다.

51 위험물안전관리법령에서 정한 소화설비의 설치기준에 따라, 다음 ( ) 안에 알맞은 숫자를 차례대로 나타낸 것은?

제조소등에 전기설비(전기배선, 조명기구 등은 제외한다)가 설치된 경우에는 해당 장소의 면적 ( )m^2마다 소형수동식 소화기를 ( )개 이상 설치할 것

① 50, 1　② 50, 2
③ 100, 1　④ 100, 2

제조소등에 전기설비(전기배선, 조명기구 등은 제외한다)가 설치된 경우에는 해당 장소의 **면적 100m^2**마다 소형수동식 소화기를 **1개 이상** 설치해야 한다.

52 위험물안전관리자를 해임할 때에는 해임한 날로부터 며칠 이내에 위험물안전관리자를 다시 선임하여야 하는가?

① 7일　② 14일
③ 30일　④ 60일

안전관리자가 해임되거나 퇴직한 때에는 해임되거나 퇴직한 날부터 **30일 이내**에 다시 안전관리자를 선임하여야 한다.

53 위험물안전관리법령상 예방규정을 정해야 하는 제조소등의 관계인은 위험물제조소등에 대하여 기술기준에 적합한지의 여부를 정기적으로 점검해야 한다. 법적 최소점검주기에 해당하는 것은? (단, 100만L 이상의 옥외탱크저장소는 제외한다.)

① 월 1회 이상
② 6개월 1회 이상
③ 연 1회 이상
④ 2년 1회 이상

위험물안전관리법상 위험물제조소등에 대한 정기점검은 **연 1회 이상** 실시해야 한다.

54 위험물제조소등에 경보설비를 설치해야 하는 경우가 아닌 것은?

① 이동탱크저장소
② 단층 건물로 처마높이가 6m인 옥내저장소
③ 단층 건물 외의 건축물에 설치된 옥내탱크저장소로서 소화난이도등급 Ⅰ에 해당하는 것
④ 옥내주유취급소

① 이동탱크저장소는 경보설비를 설치할 필요 없다.

1. 자동화재탐지설비만을 설치해야 하는 경우
   1) 연면적 500m^2 이상인 제조소 및 일반취급소
   2) 지정수량의 100배 이상을 취급하는 제조소 및 일반취급소, 옥내저장소
   3) 연면적이 150m^2를 초과하는 옥내저장소
   4) 처마높이가 6m 이상인 단층 건물의 옥내저장소
   5) 단층 건물 외의 건축물에 있는 옥내탱크저장소로서 소화난이도등급 Ⅰ에 해당하는 옥내탱크저장소
   6) 옥내주유취급소
2. 자동화재탐지설비, 비상경보설비, 확성장치 또는 비상방송설비 중 1종 이상을 설치해야 하는 경우
   - 1.에 해당하는 것 외의 것 중 지정수량의 10배 이상을 취급하는 제조소등

정답 50. ① 51. ③ 52. ③ 53. ③ 54. ①

55 전기설비에 대해 적응성이 없는 소화설비는?

① 물분무소화설비
② 불활성가스 소화설비
③ 포소화설비
④ 할로젠화합물 소화설비

소화설비의 구분 \ 대상물의 구분	건축물·그 밖의 공작물	전기설비	제1류 위험물		제2류 위험물			제3류 위험물		제4류 위험물	제5류 위험물	제6류 위험물
			알칼리금속의 과산화물 등	그 밖의 것	철분·금속분·마그네슘 등	인화성 고체	그 밖의 것	금수성 물품	그 밖의 것			
옥내소화전 또는 옥외소화전 설비	○			○		○	○		○		○	○
스프링클러설비	○			○		○	○		○	△	○	○
물분무등 소화설비 - 물분무소화설비	○	○		○		○	○		○	○	○	○
물분무등 소화설비 - 포소화설비	○	×		○		○	○		○	○	○	○
물분무등 소화설비 - 불활성가스 소화설비		○				○				○		
물분무등 소화설비 - 할로젠화합물 소화설비		○				○				○		
물분무등 소화설비 - 분말소화설비 - 인산염류등	○	○		○		○	○			○		○
물분무등 소화설비 - 분말소화설비 - 탄산수소염류등		○	○		○	○		○		○		
물분무등 소화설비 - 분말소화설비 - 그 밖의 것			○		○			○				

전기설비의 화재에는 물을 사용할 수 없다. 물분무소화설비는 소화약제가 물이라 하더라도 물을 잘게 흩어 뿌리기 때문에 질식효과가 있지만 포소화약제의 경우 포함된 수분 때문에 효과가 없다.

56 위험물안전관리법령상 할로젠화합물 소화기가 적응성이 있는 위험물은?

① 나트륨 ② 질산메틸
③ 이황화탄소 ④ 과산화나트륨

① 나트륨(제3류 위험물) : 탄산수소염류 분말소화약제
② 질산메틸(제5류 위험물) : 물
③ **이황화탄소**(제4류 위험물) : **할로젠화합물**·이산화탄소·포·분말소화약제
④ 과산화나트륨(제1류 위험물) : 탄산수소염류 분말소화약제

57 하이드록실아민을 취급하는 제조소에 두어야 하는 최소한의 안전거리(D)를 구하는 식으로 옳은 것은? (단, N은 해당 제조소에서 취급하는 하이드록실아민의 지정수량 배수를 나타낸다.)

① $D=31.1\times\sqrt[3]{N}$
② $D=51.1\times\sqrt[3]{N}$
③ $D=31.1\times\sqrt[4]{N}$
④ $D=51.1\times\sqrt[4]{N}$

하이드록실아민 제조소의 안전거리
$D=51.1\times\sqrt[3]{N}$
여기서, D : 안전거리(m)
N : 취급하는 하이드록실아민의 지정수량의 배수

58 제조소 및 일반취급소에 설치하는 자동화재탐지설비의 설치기준으로 틀린 것은?

① 하나의 경계구역은 $600m^2$ 이하로 하고, 한 변의 길이는 50m 이하로 한다.
② 주요한 출입구에서 내부 전체를 볼 수 있는 경우 경계구역은 $1,000m^2$ 이하로 할 수 있다.
③ 하나의 경계구역이 $300m^2$ 이하이면 2개 층을 하나의 경계구역으로 할 수 있다.
④ 비상전원을 설치하여야 한다.

제조소·일반취급소에 설치하는 자동화재탐지설비의 설치기준
1) 자동화재탐지설비의 경계구역은 **건축물의 2 이상의 층에 걸치지 아니하도록 한다**(다만, **하나의 경계구역의 면적이 $500m^2$ 이하이면 그러하지 아니하다**).
2) 하나의 경계구역의 면적은 $600m^2$ 이하로 하고, 건축물의 주요한 출입구에서 그 내부 전체를 볼 수 있는 경우는 면적을 $1,000m^2$ 이하로 한다.
3) 하나의 경계구역에서 한 변의 길이는 50m(광전식 분리형 감지기의 경우에는 100m) 이하로 한다.
4) 자동화재탐지설비의 감지기는 지붕 또는 벽의 옥내에 면한 부분에 화재발생을 감지할 수 있도록 설치한다.
5) 자동화재탐지설비에는 비상전원을 설치한다.

정답 55. ③ 56. ③ 57. ② 58. ③

59 이동탱크저장소의 위험물 운송에 있어서 운송책임자의 감독 · 지원을 받아 운송하여야 하는 위험물의 종류에 해당하는 것은?

① 칼륨
② 알킬알루미늄
③ 질산에스터류
④ 아염소산염류

이동탱크저장소의 위험물 운송에 있어서 운송책임자의 감독 · 지원을 받아 운송하여야 하는 위험물은 **알킬알루미늄**과 알킬리튬이다.

60 위험물안전관리법에서 정한 위험물의 운반에 관한 다음의 내용 중 ( ) 안에 들어갈 용어가 아닌 것은?

> 위험물의 운반은 ( ), ( ) 및 ( )에 관하여 법에서 정한 중요 기준과 세부 기준을 따라 행하여야 한다.

① 용기 ② 적재방법
③ 운반방법 ④ 검사방법

위험물의 운반은 **용기**, **적재방법** 및 **운반방법**에 관하여 위험물안전관리법에서 정한 중요 기준과 세부 기준을 따라 행하여야 한다.

정답 59. ② 60. ④

2022

CBT 기출복원문제

제4회 위험물기능사

01 플래시오버에 대한 설명으로 틀린 것은?

① 국소화재에서 실내의 가연물들이 연소하는 대화재로의 전이
② 환기지배형 화재에서 연료지배형 화재로의 전이
③ 실내의 천장 쪽에 축적된 미연소 가연성 증기나 가스를 통한 화염의 급격한 전파
④ 내화건축물의 실내화재 온도 상황으로 보아 성장기에서 최성기로의 진입

⋙ 건물 내에서 화재가 진행되어 열이 축적되어 있다가 화염이 순간적으로 실내 전체로 확대되는 현상으로서 화재의 성장기에서 최성기로 넘어가는 시점에 발생하며 **연료지배형 화재에서 환기지배형 화재로 전이**되는 경향이 크다.
1) 연료지배형 화재 : 화재발생 초기 가연물이 주위의 공기가 충분한 상태에서 연소하므로 화재가 연료량의 지배를 받는 형태
2) 환기지배형 화재 : 화재 중기 이후 가연물의 연소속도가 공급되는 공기의 양보다 빨라서 연료가 충분하므로 화재가 환기량의 지배를 받는 형태

02 가연성 물질과 주된 연소형태의 연결이 틀린 것은?

① 종이, 섬유 – 분해연소
② 셀룰로이드, TNT – 자기연소
③ 목재, 석탄 – 표면연소
④ 황, 알코올 – 증발연소

⋙ ③ 목재, 석탄, 플라스틱 등의 연소형태는 분해연소이다.

03 금속화재를 바르게 설명한 것은?

① C급 화재이고, 표시색상은 청색이다.
② C급 화재이고, 별도의 표시색상은 없다.
③ D급 화재이고, 표시색상은 청색이다.
④ D급 화재이고, 별도의 표시색상은 없다.

⋙ ④ 금속화재는 D급 화재이며 소화기에 표시하는 색상은 없다.

04 질식소화효과를 주로 이용하는 소화기는?

① 포소화기
② 강화액 소화기
③ 물소화기
④ 할로젠화합물 소화기

⋙ ① : 질식·소화효과
②, ③ : 냉각소화효과
④ : 억제소화효과

05 소화설비의 기준에서 용량 160L 팽창질석의 능력단위는?

① 0.5　② 1.0
③ 1.5　④ 2.5

⋙

소화설비	용 량	능력단위
소화전용 물통	8L	0.3
수조 (소화전용 물통 3개 포함)	80L	1.5
수조 (소화전용 물통 6개 포함)	190L	2.5
마른모래 (삽 1개 포함)	50L	0.5
팽창질석 또는 팽창진주암 (삽 1개 포함)	**160L**	**1.0**

06 소화약제로 사용할 수 없는 물질은?

① 이산화탄소　② 제1인산암모늄
③ 탄산수소나트륨　④ 브로민산암모늄

⋙ ④ 브로민산암모늄은 제1류 위험물에 해당하므로 소화약제로는 사용할 수 없다.

정답 01. ② 02. ③ 03. ④ 04. ① 05. ② 06. ④

07 탄소 80%, 수소 14%, 황 6%인 물질 1kg이 완전연소하기 위해 필요한 이론공기량은 약 몇 kg인가? (단, 공기 중 산소는 23wt%이다.)

① 3.31kg
② 7.05kg
③ 11.62kg
④ 14.41kg

PLAY ▶ 풀이

»» 1) 탄소의 연소반응식

$C + O_2 \rightarrow CO_2$

$$(1{,}000g \times 0.8)g\ C \times \frac{1mol\ C}{12g\ C} \times \frac{1mol\ O_2}{1mol\ C} \times \frac{32g\ O_2}{1mol\ O_2}$$

$= 2133.33g\ O_2$

2) 수소의 연소반응식

$2H_2 + O_2 \rightarrow 2H_2O$

$$(1{,}000g \times 0.14)g\ H_2 \times \frac{1mol\ H_2}{2g\ H_2} \times \frac{1mol\ O_2}{2mol\ H_2} \times \frac{32g\ O_2}{1mol\ O_2}$$

$= 1{,}120g\ O_2$

3) 황의 연소반응식

$S + O_2 \rightarrow SO_2$

$$(1{,}000g \times 0.06)g\ S \times \frac{1mol\ S}{32g\ S} \times \frac{1mol\ O_2}{1mol\ S} \times \frac{32g\ O_2}{1mol\ O_2}$$

$= 60g\ O_2$

3가지의 물질을 모두 연소시키는 데 필요한 산소의 양은 $2133.33g + 1{,}120g + 60g = 3313.33g\ O_2$ 이다.

산소는 공기의 23%의 양이므로, 필요로 하는 공기의 양은 다음과 같은 식으로 성립한다.

$$3313.33g\ O_2 \times \frac{100g\ 공기}{23g\ O_2} \times \frac{1kg}{1{,}000g} = 14.41kg\ 공기$$

08 제3종 분말소화약제의 주성분으로 사용되는 것은?

① $KHCO_3$
② H_2SO_4
③ $NaHCO_3$
④ $NH_4H_2PO_4$

»» ① $KHCO_3$(탄산수소칼륨) : 제2종 분말소화약제
② H_2SO_4(황산) : 유독물
③ $NaHCO_3$(탄산수소나트륨) : 제1종 분말소화약제
④ $NH_4H_2PO_4$(인산암모늄) : 제3종 분말소화약제

09 제1종 분말소화약제의 적응 화재 종류는?

① A급 ② B · C급
③ A · B급 ④ A · B · C급

»» 분말소화약제의 분류

분말의 종류	주성분	화학식	적응 화재	착 색
제1종 분말	탄산수소나트륨	$NaHCO_3$	**B, C**	백색
제2종 분말	탄산수소칼륨	$KHCO_3$	B, C	보라색
제3종 분말	인산암모늄	$NH_4H_2PO_4$	A, B, C	담홍색
제4종 분말	탄산수소칼륨과 요소의 반응생성물	$KHCO_3 + (NH_2)_2CO$	B, C	회색

10 위험물안전관리법령상 스프링클러설비가 제4류 위험물에 대하여 적응성을 갖는 경우는?

① 연기가 충만할 우려가 없는 경우
② 방사밀도(살수밀도)가 일정 수치 이상인 경우
③ 지하층의 경우
④ 수용성 위험물인 경우

»» 스프링클러설비는 제4류 위험물 화재에는 사용할 수 없지만 취급장소의 살수기준면적에 따라 스프링클러설비의 **살수밀도가 일정 기준 이상**이면 제4류 위험물 화재에도 사용할 수 있다.

11 위험물제조소등에 설치하는 고정식 포소화설비의 기준에서 포헤드방식의 포헤드는 방호대상물의 표면적 몇 m^2당 1개 이상의 헤드를 설치하여야 하는가?

① $3m^2$ ② $9m^2$
③ $15m^2$ ④ $30m^2$

»» 포헤드방식의 포헤드 기준

1) 설치해야 할 헤드 수 : 방호대상물의 **표면적 $9m^2$당 1개 이상**이어야 한다.
2) 방호대상물의 표면적 $1m^2$당의 방사량 : 6.5L/min 이상이어야 한다.
3) 방사구역 : $100m^2$ 이상(방호대상물의 표면적이 $100m^2$ 미만인 경우에는 그 표면적)이어야 한다.

정답 07. ④ 08. ④ 09. ② 10. ② 11. ②

12 위험물안전관리법령에서 정하는 위험등급 Ⅱ에 해당하지 않는 것은?

① 제1류 위험물 중 질산염류
② 제2류 위험물 중 적린
③ 제3류 위험물 중 유기금속화합물
④ 제4류 위험물 중 제2석유류

≫ ①, ②, ③ : 위험등급 Ⅱ
④ : 위험등급 Ⅲ

13 다음 중 지정수량이 나머지 셋과 다른 물질은 어느 것인가?

① 황화인
② 적린
③ 칼슘
④ 황

≫ ①, ②, ④ : 지정수량 100kg
③ : 지정수량 50kg

14 다음 중 위험성이 더욱 증가하는 경우는?

① 황린을 진한 농도의 수산화칼슘 수용액에 넣었다.
② 나트륨을 등유 속에 넣었다.
③ 트라이에틸알루미늄 보관용기 내에 아르곤가스를 봉입시켰다.
④ 나이트로셀룰로스를 알코올 수용액에 넣었다.

≫ ① 진한 농도의 수산화칼슘 수용액의 성분은 강알칼리성으로 약한 산성인 황린과 격렬하게 반응하여 포스핀(PH_3)이라는 독성 가스를 발생하여 위험성이 증가하게 된다. 따라서, 황린을 저장하는 보호액은 아주 소량의 수산화칼슘을 첨가하여 만든 pH 9인 약알칼리성의 물이다.

15 위험물안전관리법령에 의한 위험물에 속하지 않는 것은?

① CaC_2 ② S
③ P_2O_5 ④ K

≫ ① CaC_2(탄화칼슘) : 제3류 위험물
② S(황) : 제2류 위험물
③ P_2O_5(오산화인) : 흰색 기체로서 **위험물이 아니다.**
④ K(칼륨) : 제3류 위험물

16 다음 중 물과 접촉하면 열과 산소가 발생하는 것은?

① $NaClO_2$ ② $NaClO_3$
③ $KMnO_4$ ④ Na_2O_2

≫ 제1류 위험물 중 물과 접촉 시 열과 산소를 발생하는 것은 알칼리금속의 과산화물로서 그 종류는 다음과 같다.
1) Li_2O_2(과산화리튬)
2) **Na_2O_2(과산화나트륨)**
3) K_2O_2(과산화칼륨)

17 다음 중 과산화나트륨에 대한 설명으로 틀린 것은?

① 순수한 것은 백색이다.
② 상온에서 물과 반응하여 수소가스를 발생한다.
③ 화재발생 시 주수소화는 위험할 수 있다.
④ CO 및 CO_2 제거제를 제조할 때 사용된다.

≫ ② 상온에서 물과 반응하여 **산소가스를 발생**한다.
– 과산화나트륨과 물과의 반응식

$$\underset{\text{과산화나트륨}}{2Na_2O_2} + \underset{\text{물}}{2H_2O} \rightarrow \underset{\text{수산화나트륨}}{4NaOH} + \underset{\text{산소}}{O_2}$$

18 분자량이 약 110인 무기과산화물로 물과 접촉하여 발열하는 것은?

① 과산화마그네슘
② 과산화벤조일
③ 과산화칼슘
④ 과산화칼륨

≫ ④ 과산화칼륨은 물과 접촉하여 발열하는 제1류 위험물 중 알칼리금속의 과산화물에 해당한다. 또한, 화학식이 K_2O_2이므로 분자량은 39(K)×2+16(O)×2=110이다.
– 과산화나트륨과 물과의 반응식

$$\underset{\text{과산화칼륨}}{2K_2O_2} + \underset{\text{물}}{2H_2O} \rightarrow \underset{\text{수산화칼륨}}{4KOH} + \underset{\text{산소}}{O_2}$$

정답 12. ④ 13. ③ 14. ① 15. ③ 16. ④ 17. ② 18. ④

19 위험물에 대한 설명으로 틀린 것은?

① 적린은 연소하면 유독성 물질이 발생한다.
② 마그네슘은 연소하면 가연성의 수소가스가 발생한다.
③ 황은 분진폭발의 위험이 있다.
④ 황화인에는 P_4S_3, P_2S_5, P_4S_7 등이 있다.

» ② 마그네슘은 물과 반응 시 가연성의 수소가스가 발생하며 연소하면 산화마그네슘(MgO)이 발생한다.
- 마그네슘의 연소반응식
$2Mg + O_2 \rightarrow 2MgO$
마그네슘 산소 산화마그네슘

20 철분, 금속분, 마그네슘의 화재에 적응성이 있는 소화약제는?

① 탄산수소염류 분말
② 할로젠화합물
③ 물
④ 이산화탄소

» 제2류 위험물 중 철분, 금속분, 마그네슘의 화재에 적응성이 있는 소화약제는 **탄산수소염류 분말소화약제** 및 마른모래, 팽창질석 또는 팽창진주암이다.

21 황의 특성 및 위험성에 대한 설명 중 틀린 것은?

① 산화성 물질이므로 환원성 물질과 접촉을 피해야 한다.
② 전기의 부도체이므로 전기절연체로 쓰인다.
③ 공기 중 연소 시 유해가스를 발생한다.
④ 분말상태인 경우 분진폭발의 위험성이 있다.

» 황(제2류 위험물)은 **환원성**(가연성) **물질**이므로 **산화성**(산소공급원의 성질) **물질과 접촉을 피해야 한다.**

22 칼륨이 에틸알코올과 반응할 때 나타나는 현상은?

① 산소가스를 생성한다.
② 칼륨에틸레이트를 생성한다.
③ 칼륨과 물이 반응할 때와 동일한 생성물이 나온다.
④ 에틸알코올이 산화되어 아세트알데하이드를 생성한다.

» ①, ② 칼륨이 에틸알코올과 반응하면 **칼륨에틸레이트**(C_2H_5OK)와 수소(H_2)를 발생한다.
- 칼륨과 에틸알코올과의 반응식
$2K + 2CH_5OH \rightarrow 2C_2H_5OK + H_2$
칼륨 에틸알코올 칼륨에틸레이트 수소

③ 칼륨이 물과 반응하면 수산화칼륨(KOH)과 수소(H_2)를 발생한다.
- 칼륨과 물과의 반응식
$2K + 2H_2O \rightarrow 2KOH + H_2$
칼륨 물 수산화칼륨 수소

④ 에틸알코올이 산화되면 아세트알데하이드가 생성되는 것은 맞지만, 칼륨과의 반응으로 산화되지는 않는다.

23 위험물안전관리법령상 제3류 위험물에 해당하지 않는 것은?

① 적린
② 나트륨
③ 칼륨
④ 황린

» ① : 제2류 위험물
②, ③, ④ : 제3류 위험물

24 황린에 관한 설명 중 틀린 것은?

① 물에 잘 녹는다.
② 화재 시 물로 냉각소화할 수 있다.
③ 적린에 비해 불안정하다.
④ 적린과 동소체이다.

» ① 물속에 보관하는 물질이므로 **물에 녹지 않는다.**
② 화재 시 소화방법은 냉각소화이다.
③ 황린은 발화점이 34℃인 자연발화성 물질이므로 발화점이 260℃이고 공기중에서 안정한 적린에 비해 매우 불안정한 물질이다.
④ 적린(P)과 황린(P_4)은 단체(하나의 원소로만 구성된 물질)로서 성질은 다르지만, 연소 시 오산화인(P_2O_5)이라는 동일한 최종 생성물을 발생하므로 두 물질은 동소체의 관계에 있다.

정답 19. ② 20. ① 21. ① 22. ② 23. ① 24. ①

25 나트륨에 관한 설명으로 옳은 것은?

① 물보다 무겁다.
② 융점이 100℃보다 높다.
③ 물과 격렬히 반응하여 산소를 발생시키고 발열한다.
④ 등유는 반응이 일어나지 않아 저장에 사용된다.

》 ① 비중이 0.97로 물보다 가볍다.
② 융점은 97.8℃이다.
③ 물과 격렬히 반응하여 수소를 발생시키고 발열한다.

26 제4류 위험물에 속하지 않는 것은?

① 아세톤
② 실린더유
③ 트라이나이트로톨루엔
④ 나이트로벤젠

》 ① 아세톤 : 제4류 위험물 중 제1석유류
② 실린더유 : 제4류 위험물 중 제4석유류
③ **트라이나이트로톨루엔 : 제5류 위험물 중 나이트로화합물**
④ 나이트로벤젠 : 제4류 위험물 중 제3석유류

27 다음 중 물에 녹고 물보다 가벼운 물질로 인화점이 가장 낮은 것은?

① 아세톤 ② 이황화탄소
③ 벤젠 ④ 산화프로필렌

》 ① 아세톤 : 물보다 가벼운 수용성, 인화점 −18℃
② 이황화탄소 : 물보다 무거운 비수용성, 인화점 −30℃
③ 벤젠 : 물보다 가벼운 비수용성, 인화점 −11℃
④ **산화프로필렌 : 물보다 가벼운 수용성, 인화점 −37℃**

28 톨루엔에 대한 설명으로 틀린 것은?

① 휘발성이 있고 가연성 액체이다.
② 증기는 마취성이 있다.
③ 알코올, 에터, 벤젠 등과 잘 섞인다.
④ 노란색 액체로 냄새가 없다.

》 ④ 톨루엔(제4류 위험물)은 제1석유류에 포함되는 무색투명한 액체로 자극성 냄새를 갖는다.

29 아세톤의 성질에 대한 설명으로 옳은 것은?

① 자연발화성 때문에 유기용제로 사용할 수 없다.
② 무색, 무취이고 겨울철에 쉽게 응고한다.
③ 증기비중은 약 0.79이고 아이오도폼반응을 한다.
④ 물에 잘 녹으며 끓는점이 60℃보다 낮다.

》 ① 자연발화성은 없고 제4류 위험물이므로 유기용제로 사용할 수 있다.
② 무색이고 자극성 냄새를 가지고 있다.
③ 증기비중은 $\frac{58}{29}=2$이고, 반응을 통해 아이오도폼(CHI_3)이 아이오도폼반응을 한다.

30 위험물안전관리법령상 특수인화물의 정의에 관한 내용이다. ( ) 안에 알맞은 수치를 차례대로 나타낸 것은?

> '특수인화물'이라 함은 이황화탄소, 다이에틸에터, 그 밖에 1기압에서 발화점이 섭씨 100도 이하인 것 또는 인화점이 섭씨 영하 ( )도 이하이고 비점이 섭씨 ( )도 이하인 것을 말한다.

① 40, 20 ② 20, 40
③ 20, 100 ④ 40, 100

》 특수인화물이란 이황화탄소, 다이에틸에터, 그 밖에 1기압에서 발화점이 섭씨 100도 이하인 것 또는 **인화점이 섭씨 영하 20도 이하이고 비점이 섭씨 40도 이하**인 것을 말한다.

31 다이에틸에터의 보관 · 취급에 관한 설명으로 틀린 것은?

① 용기는 밀전하여 보관한다.
② 환기가 잘되는 곳에 보관한다.
③ 정전기가 발생하지 않도록 취급한다.
④ 저장용기에 빈 공간이 없도록 가득 채워 보관한다.

정답 25. ④ 26. ③ 27. ④ 28. ④ 29. ④ 30. ② 31. ④

④ 다이에틸에터뿐만 아니라 대부분의 액체 위험물을 용기에 저장할 때에는 적당한 공간용적을 두어야 한다.

32 위험물안전관리법령에서 정한 품명이 서로 다른 물질을 나열한 것은?

① 이황화탄소, 다이에틸에터
② 에틸알코올, 고형 알코올
③ 등유, 경유
④ 중유, 크레오소트유

① 이황화탄소 : 제4류 위험물의 특수인화물
다이에틸에터 : 제4류 위험물의 특수인화물
② 에틸알코올 : 제4류 위험물의 **알코올류**
고형 알코올 : 제2류 위험물의 **인화성 고체**
③ 등유 : 제4류 위험물의 제2석유류
경유 : 제4류 위험물의 제2석유류
④ 중유 : 제4류 위험물의 제3석유류
크레오소트유 : 제4류 위험물의 제3석유류

33 이황화탄소를 화재예방상 물속에 저장하는 이유는?

① 불순물을 물에 용해시키기 위해
② 가연성 증기의 발생을 억제하기 위해
③ 상온에서 수소가스를 발생시키기 때문에
④ 공기와 접촉하면 즉시 폭발하기 때문에

제4류 위험물 중 특수인화물인 이황화탄소(CS_2)의 증기는 독성이고 가연성이다. 가연성 증기의 발생을 억제하기 위해 차가운 물속에 보관한다.
– 물과의 반응식

$$CS_2 + 2H_2O \rightarrow 2H_2S + CO_2$$

이황화탄소 물 황화수소 이산화탄소

34 $CH_3COC_2H_5$의 명칭 및 지정수량을 올바르게 나타낸 것은?

① 메틸에틸케톤, 50L
② 메틸에틸케톤, 200L
③ 메틸에틸에터, 50L
④ 메틸에틸에터, 200L

메틸에틸케톤($CH_3COC_2H_5$)은 제4류 위험물 중 제1석유류 비수용성 물질로서 **지정수량은 200L**이다.

35 과염소산칼륨의 성질에 관한 설명 중 틀린 것은?

① 무색, 무취의 결정이다.
② 알코올, 에터에 잘 녹는다.
③ 진한 황산과 접촉하면 폭발할 위험이 있다.
④ 400℃ 이상으로 가열하면 분해하여 산소가 발생할 수 있다.

② 제1류 위험물 중 아염소산염류 및 염소산염류, 그리고 과염소산염류가 칼륨을 포함하는 경우 찬물에 녹지 않고 알코올, 에터 등에도 잘 녹지 않는 성질이 있다.

36 자기반응성 물질인 제5류 위험물에 해당하는 것은?

① $CH_3(C_6H_4)NO_2$
② CH_3COCH_3
③ $C_6H_2(NO_2)_3OH$
④ $C_6H_5NO_2$

① $CH_3(C_6H_4)NO_2$(나이트로톨루엔) : 제4류 위험물 중 제3석유류
② CH_3COCH_3(아세톤) : 제4류 위험물 중 제1석유류
③ **$C_6H_2(NO_2)_3OH$**(트라이나이트로페놀) : **제5류 위험물** 중 나이트로화합물
④ $C_6H_5NO_2$(나이트로벤젠) : 제4류 위험물 중 제3석유류

37 과산화벤조일에 대한 설명 중 틀린 것은?

① 환원성 물질과 격리하여 저장한다.
② 물에 녹지 않으나 유기용매에 녹는다.
③ 희석제로 묽은 질산을 사용한다.
④ 결정성의 분말형태이다.

① 자기반응성 물질이므로 환원성 물질(자신이 직접 타는 성질의 물질)과도 격리해야 하며 산화성 물질과도 격리하여 저장해야 한다.
② 제5류 위험물로서 물에 녹지 않고 유기용매에는 녹는 물질이다.
③ 산소공급원의 성질인 **묽은 질산을 사용하면 위험해진다.**
④ 무색, 무취의 고체 분말형태이다.

정답 32. ② 33. ② 34. ② 35. ② 36. ③ 37. ③

38 트라이나이트로톨루엔의 성질에 대한 설명 중 옳지 않은 것은?

① 담황색의 결정이다.
② 폭약으로 사용된다.
③ 자연분해의 위험성이 적어 장기간 저장이 가능하다.
④ 조해성과 흡습성이 매우 크다.

④ 트라이나이트로톨루엔(TNT)은 약한 습기에 안정하며 **조해성(수분을 흡수하여 녹는 성질)과 흡습성은 없다.**

39 제5류 위험물의 화재 시 적응성이 있는 소화설비는?

① 분말소화설비
② 할로젠화합물 소화설비
③ 물분무소화설비
④ 불활성가스 소화설비

제5류 위험물은 자체적으로 산소공급원을 포함하고 있기 때문에 질식소화는 효과가 없고 냉각소화를 원칙으로 한다. 따라서, 〈보기〉 중에서는 물이 포함된 물분무소화설비가 적응성이 있다.

40 나이트로셀룰로스의 안전한 저장을 위해 사용하는 물질은?

① 페놀
② 황산
③ 에탄올
④ 아닐린

질산에스터류에 포함되는 나이트로셀룰로스(제5류 위험물)는 고체 물질로서 건조하면 위험하므로 물 또는 **알코올에 습면**시켜 보관한다.

41 $C_6H_2CH_3(NO_2)_3$을 녹이는 용제가 아닌 것은?

① 물 ② 벤젠
③ 에터 ④ 아세톤

$C_6H_2CH_3(NO_2)_3$(트라이나이트로톨루엔 또는 TNT)는 제5류 위험물이며, 모든 제5류 위험물은 물에 녹지 않는다.

42 다음 과산화수소의 성질에 대한 설명 중 틀린 것은?

① 알칼리성 용액에 의해 분해될 수 있다.
② 산화제로 사용할 수 있다.
③ 농도가 높을수록 안정하다.
④ 열, 햇빛에 의해 분해될 수 있다.

③ 농도가 36중량% 이상이 위험물이며, 60중량% 이상이면 폭발도 가능하므로 **농도가 높을수록 불안정하다.**
– 과산화수소의 분해반응식
$2H_2O_2 \rightarrow 2H_2O + O_2$
과산화수소 물 산소

43 다음 중 과염소산의 성질로 옳지 않은 것은?

① 산화성 액체이다.
② 무기화합물이며 물보다 무겁다.
③ 불연성 물질이다.
④ 증기는 공기보다 가볍다.

④ 과염소산($HClO_4$)의 분자량은 1(H)+35.5(Cl)+16(O)×4=100.5이고, 증기비중은 100.5/29=3.47이므로 과염소산의 증기는 공기보다 3.47배 더 무겁다.

44 [그림]의 원통형 세로로 설치된 탱크에서 공간용적을 내용적의 10%라고 하면 탱크 용량(허가용량)은 약 몇 m^3인가?

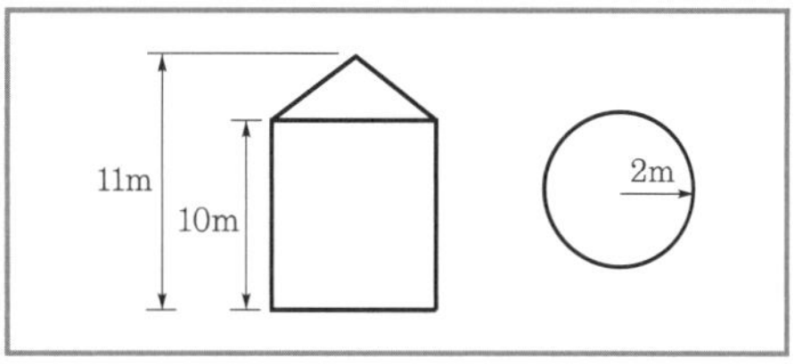

① $113.10m^3$
② $124.34m^3$
③ $129.06m^3$
④ $138.16m^3$

PLAY ▶ 풀이

탱크 내용적 $= \pi r^2 l$
공간용적이 10%이므로 탱크 용량은 탱크 내용적의 90%를 적용해야 한다.
∴ 탱크 용량 $= \pi \times 2^2 \times 10 \times 0.9 = 113.10m^3$

정답 38. ④ 39. ③ 40. ③ 41. ① 42. ③ 43. ④ 44. ①

45 위험물을 유별로 정리하여 상호 1m 이상의 간격을 유지하는 경우에도 동일한 옥내저장소에 저장할 수 없는 것은?

① 제1류 위험물(알칼리금속의 과산화물 또는 이를 함유한 것을 제외한다)과 제5류 위험물
② 제1류 위험물과 제6류 위험물
③ 제1류 위험물과 제3류 위험물 중 황린
④ 인화성 고체를 제외한 제2류 위험물과 제4류 위험물

» 유별이 다른 위험물끼리 동일한 저장소에 저장할 수 있는 경우(단, 유별끼리 정리하여 1m 이상의 간격을 두는 경우이다.)
1) 제1류 위험물(알칼리금속의 과산화물 제외)과 제5류 위험물
2) 제1류 위험물과 제6류 위험물
3) 제1류 위험물과 제3류 위험물 중 자연발화성 물질(황린)
4) **제2류 위험물 중 인화성 고체와 제4류 위험물**
5) 제3류 위험물 중 알킬알루미늄등과 제4류 위험물(알킬알루미늄 또는 알킬리튬을 함유한 것)
6) 제4류 위험물 중 유기과산화물과 제5류 위험물 중 유기과산화물

46 위험물안전관리법령상 혼재할 수 없는 위험물은? (단, 위험물은 지정수량의 1/10을 초과하는 경우이다.)

① 적린과 황린
② 질산염류와 질산
③ 칼륨과 특수인화물
④ 유기과산화물과 황

PLAY ▶ 풀이

» ① 위험물 운반의 혼재기준에서 적린(제2류 위험물)과 황린(제3류 위험물)은 혼재 불가능한 물질이다.

47 제4류 위험물을 저장 및 취급하는 위험물제조소에 설치한 '화기엄금' 게시판의 색상으로 맞는 것은?

① 적색 바탕에 흑색 문자
② 흑색 바탕에 적색 문자
③ 백색 바탕에 적색 문자
④ 적색 바탕에 백색 문자

» 주의사항 게시판은 내용에 "화기엄금" 또는 "화기주의"처럼 **'화기'가 포함되면 적색 바탕에 백색 문자**로 나타내고 "물기엄금"처럼 '물기'가 포함되면 청색 바탕에 백색 문자로 나타낸다.

48 다음 위험물을 저장하는 탱크의 공간용적 산정기준에서 ( ) 안에 알맞은 수치는?

> 암반탱크에 있어서는 해당 탱크 내에 용출하는 ( )일간의 지하수의 양에 상당하는 용적과 해당 탱크 내용적의 ( )의 용적 중에서 보다 큰 용적을 공간용적으로 한다.

① 7, 1/100　② 7, 5/100
③ 10, 1/100　④ 10, 5/100

» 암반탱크에 있어서는 해당 탱크 내에 용출하는 **7**일간의 지하수의 양에 상당하는 용적과 해당 탱크 내용적의 **1/100**의 용적 중에서 보다 큰 용적을 공간용적으로 한다.

49 위험물안전관리법령상 옥내주유취급소에 있어서 해당 사무소 등의 출입구 및 피난구와 해당 피난구로 통하는 통로, 계단 및 출입구에 무엇을 설치해야 하는가?

① 화재감지기
② 스프링클러설비
③ 자동화재탐지설비
④ 유도등

» 주유취급소의 피난구와 피난구로 통하는 통로, 계단 및 출입구에는 **유도등**을 설치한다.

50 위험물안전관리법령에서 정한 알킬알루미늄등을 저장 또는 취급하는 이동탱크저장소에 비치해야 하는 물품이 아닌 것은?

① 방호복　② 고무장갑
③ 비상조명등　④ 휴대용 확성기

정답 45. ④ 46. ① 47. ④ 48. ① 49. ④ 50. ③

③ 비상조명등은 피난설비이므로 이동저장탱크에 비치해야 하는 물품이 아니다.

51 위험물제조소등의 종류가 아닌 것은?

① 간이탱크저장소 ② 일반취급소
③ 이송취급소 ④ 이동판매취급소

위험물제조소등이란 제조소, 저장소, 취급소를 말한다.
④ 이동판매취급소라는 종류는 존재하지 않는다.
※ 취급소의 종류
1) 이송취급소
2) 주유취급소
3) 일반취급소
4) 판매취급소

52 위험물안전관리법령에 의한 위험물 운송에 관한 규정으로 틀린 것은?

① 이동탱크저장소에 의하여 위험물을 운송하는 자는 해당 위험물을 취급할 수 있는 국가기술자격자 또는 안전교육을 받은 자이어야 한다.
② 안전관리자 · 탱크시험자 · 위험물운반자 · 위험물운송자 등 위험물의 안전관리에 관련된 업무를 수행하는 자는 시 · 도지사가 실시하는 안전교육을 받아야 한다.
③ 운송책임자의 범위, 감독 또는 지원의 방법 등에 관한 구체적인 기준은 행정안전부령으로 정한다.
④ 위험물운송자는 이동탱크저장소에 의하여 위험물을 운송하는 때에는 행정안전부령으로 정하는 기준을 준수하는 등 해당 위험물의 안전확보를 위하여 세심한 주의를 기울여야 한다.

② 안전관리자, 탱크시험자, 위험물운반자, 위험물운송자 등 위험물의 안전관리에 관련된 업무를 수행하는 자는 **소방청장이 실시하는 안전교육**을 받아야 한다. 하지만, 소방청장은 안전관리자와 위험물운송자의 안전교육은 한국소방안전원에 위탁하고 탱크시험자의 기술인력으로 종사하는 자에 대한 교육은 한국소방산업기술원에 위탁하므로 실질적인 교육 실시자는 한국소방안전원장과 한국소방산업기술원장이 된다.

53 위험물안전관리법령상 정기점검대상인 제조소등의 조건이 아닌 것은?

① 예방규정작성대상인 제조소등
② 지하탱크저장소
③ 이동탱크저장소
④ 지정수량 5배의 위험물을 취급하는 옥외탱크를 둔 제조소

정기점검대상인 제조소등
1) 예방규정대상에 해당하는 것
2) 지하탱크저장소
3) 이동탱크저장소
4) 위험물을 취급하는 탱크로서 지하에 매설된 탱크가 있는 제조소, 주유취급소 또는 일반취급소

54 위험물법령에서 정한 경보설비가 아닌 것은?

① 자동화재탐지설비
② 비상조명설비
③ 비상경보설비
④ 비상방송설비

② 비상조명설비는 피난설비에 해당한다.
※ 위험물안전관리법에서 정한 경보설비의 종류 : 자동화재탐지설비, 비상경보설비, 비상방송설비, 확성장치, 자동화재속보설비

55 다음 ( ) 안에 알맞은 용어는?

> 주유취급소 중 건축물 2층 이상의 부분을 점포, 휴게음식점 또는 전시장의 용도로 사용하는 것에 있어서 그 건축물의 2층 이상으로부터 직접 주유취급소의 부지 밖으로 통하는 출입구와 그 출입구로 통하는 통로 계단 및 출입구에 ( )을 설치한다.

① 피난사다리 ② 경보기
③ 유도등 ④ CCTV

정답 51. ④ 52. ② 53. ④ 54. ② 55. ③

»» 주유취급소의 계단 및 출입구 등에는 **유도등**을 설치해야 한다.

56 위험물안전관리법령에 따른 건축물, 그 밖의 공작물 또는 위험물 소요단위의 계산방법의 기준으로 옳은 것은?

① 위험물은 지정수량 100배를 1소요단위로 할 것
② 저장소의 건축물은 외벽이 내화구조인 것은 연면적 $100m^2$를 1소요단위로 할 것
③ 저장소의 건축물은 외벽이 내화구조가 아닌 것은 연면적 $50m^2$를 1소요단위로 할 것
④ 제조소나 취급소용으로서 옥외공작물인 경우 최대수평투영면적 $100m^2$를 1소요단위로 할 것

»» ① 위험물은 지정수량 10배를 1소요단위로 한다.
② 저장소의 건축물은 외벽이 내화구조인 것은 연면적 $150m^2$를 1소요단위로 한다.
③ 저장소의 건축물은 외벽이 내화구조가 아닌 것은 연면적 $75m^2$를 1소요단위로 한다.

57 벤젠을 저장하는 옥외탱크저장소가 액표면적이 $45m^2$인 경우 소화난이도등급은?

① 소화난이도등급 Ⅰ
② 소화난이도등급 Ⅱ
③ 소화난이도등급 Ⅲ
④ 제시된 조건으로 판단할 수 없음

»» **소화난이도등급 Ⅰ에 해당하는 옥외탱크저장소**의 기준
1) **액표면적이 $40m^2$ 이상**인 것(제6류 위험물을 저장하는 것 및 고인화점 위험물만을 100℃ 미만의 온도에서 저장하는 것은 제외)
2) 지면으로부터 탱크 옆판 상단까지 높이가 6m 이상인 것(제6류 위험물을 저장하는 것 및 고인화점 위험물만을 100℃ 미만의 온도에서 저장하는 것은 제외)
※ 1)과 2) 중 어느 하나의 조건에 만족하는 경우 소화난이도등급 Ⅰ에 해당하는 옥외탱크저장소로 간주한다.

58 제조소등의 완공검사신청서는 어디에 제출해야 하는가?

① 소방청장
② 소방청장 또는 시·도지사
③ 소방청장, 소방서장 또는 한국소방산업기술원
④ 시·도지사, 소방서장 또는 한국소방산업기술원

»» 제조소등의 완공검사신청서는 시·도지사, 소방서장 또는 한국소방산업기술원에 제출한다.

똑똑한 풀이비법

완공검사신청서 접수 업무는 소방청장처럼 높은 사람이 해야 할 업무는 아니라고 생각하면 공부가 쉬워지겠죠?

59 제조소등의 관계인이 예방규정을 정하여야 하는 제조소등이 아닌 것은?

① 지정수량 100배의 위험물을 저장하는 옥외탱크저장소
② 지정수량 150배의 위험물을 저장하는 옥내저장소
③ 지정수량 10배의 위험물을 취급하는 제조소
④ 지정수량 5배의 위험물을 취급하는 이송취급소

»» 예방규정을 정해야 하는 제조소등
1) 지정수량의 10배 이상의 위험물을 취급하는 제조소
2) 지정수량의 100배 이상의 위험물을 저장하는 옥외저장소
3) 지정수량의 150배 이상의 위험물을 저장하는 옥내저장소
4) **지정수량의 200배 이상의 위험물을 저장하는 옥외탱크저장소**
5) 암반탱크저장소
6) 이송취급소
7) 지정수량의 10배 이상의 위험물을 취급하는 일반취급소

정답 56. ④ 57. ① 58. ④ 59. ①

60 지정수량 10배의 위험물을 저장 또는 취급하는 제조소에 있어서 연면적이 최소 몇 m^2이면 자동화재탐지설비를 설치해야 하는가?

① $100m^2$

② $300m^2$

③ $500m^2$

④ $1,000m^2$

≫ 자동화재탐지설비만을 설치해야 하는 제조소 및 일반취급소는 다음 중 어느 하나에 해당하는 것이다.

1) **연면적 $500m^2$** 이상인 것

2) 지정수량의 100배 이상을 취급하는 것

정답 60. ③

성공한 사람의 달력에는
"오늘(Today)"이라는 단어가
실패한 사람의 달력에는
"내일(Tomorrow)"이라는 단어가 적혀 있고,

성공한 사람의 시계에는
"지금(Now)"이라는 로고가
실패한 사람의 시계에는
"다음(Next)"이라는 로고가 찍혀 있다고 합니다.

☆

내일(Tomorrow)보다는 오늘(Today)을,
다음(Next)보다는 지금(Now)의 시간을 소중히 여기는
당신의 멋진 미래를 기대합니다. ^^

2023

CBT 기출복원문제

제1회 위험물기능사

01 다음 중 분진폭발의 원인물질로 작용할 위험성이 가장 낮은 것은?

① 마그네슘분말
② 밀가루
③ 담배분말
④ 시멘트분말

⋙ 분진폭발 불가능한 물질 : 시멘트분말, 대리석분말, 가성소다(NaOH) 분말 등

02 플래시오버에 관한 설명이 아닌 것은?

① 실내에서 발생하는 현상
② 순간적인 연소확대 현상
③ 발생시점은 초기에서 성장기로 넘어가는 분기점
④ 화재로 인한 온도가 급격히 상승하여 화재가 순간적으로 실내 전체에 확산되어 연소되는 현상

⋙ 플래시오버 : 화재로 인해 온도가 급격히 상승하여 화재가 순간적으로 실내 전체에 확산되어 연소되는 현상으로, **성장기에서 최성기로 넘어갈 때 발생**한다.

03 다음 중 전기설비에 적응성이 없는 소화설비는 어느 것인가?

① 불활성가스 소화설비
② 물분무소화설비
③ 포소화설비
④ 할로젠화합물 소화설비

⋙ 전기설비의 화재에는 물을 사용할 수 없다. 물분무소화설비는 소화약제가 물이라 하더라도 물을 잘게 흩어 뿌리기 때문에 효과가 있지만 포소화약제의 경우 포함된 수분때문에 효과가 없다.

소화설비의 구분 \ 대상물의 구분	건축물·그 밖의 공작물	전기설비	제1류 위험물: 알칼리금속의 과산화물등	제1류 위험물: 그 밖의 것	제2류 위험물: 철분·금속분·마그네슘 등	제2류 위험물: 인화성 고체	제2류 위험물: 그 밖의 것	제3류 위험물: 금수성 물품	제3류 위험물: 그 밖의 것	제4류 위험물	제5류 위험물	제6류 위험물
옥내소화전 또는 옥외소화전 설비	○			○		○	○		○		○	○
스프링클러설비	○			○		○	○		○	△	○	○
물분무등 소화설비 – 물분무소화설비	○	○		○		○	○		○	○	○	○
물분무등 소화설비 – 포소화설비	○	×		○		○	○		○	○	○	○
물분무등 소화설비 – 불활성가스 소화설비		○				○				○		×
물분무등 소화설비 – 할로젠화합물 소화설비		○				○				○		
물분무등 소화설비 – 분말소화설비 – 인산염류등	○	○		○		○	○			○		○
물분무등 소화설비 – 분말소화설비 – 탄산수소염류등		○	○		○	○		○		○		
물분무등 소화설비 – 분말소화설비 – 그 밖의 것			○		○			○				

04 다음 중 물질의 발화온도가 낮아지는 경우는 어느 것인가?

① 발열량이 작을 때
② 산소의 농도가 작을 때
③ 화학적 활성도가 클 때
④ 산소와 친화력이 작을 때

⋙ 발화온도가 낮아지는 조건(낮은 온도에서도 발화가 시작되므로 발화가 잘된다는 의미이다.)
1) 압력이 클수록
2) 발열량이 클수록
3) **화학적 활성이 클수록**
4) 산소와 친화력이 좋을수록

정답 01. ④ 02. ③ 03. ③ 04. ③

05 지정수량의 10배의 위험물을 운반할 때 혼재가 가능한 것은?

① 제1류 위험물과 제2류 위험물
② 제1류 위험물과 제4류 위험물
③ 제4류 위험물과 제5류 위험물
④ 제5류 위험물과 제3류 위험물

◀ 위험물의 혼재기준

» 유별을 달리하는 위험물의 혼재기준은 다음 [표]와 같다.

위험물의 구분	제1류	제2류	제3류	제4류	제5류	제6류
제1류		×	×	×	×	○
제2류	×		×	○	○	×
제3류	×	×		○	×	×
제4류	×	○	○		○	×
제5류	×	○	×	○		×
제6류	○	×	×	×	×	

06 동식물유류에 대한 설명으로 틀린 것은?

① 아마인유는 건성유이다.
② 불포화결합이 적을수록 자연발화의 위험이 커진다.
③ 아이오딘값이 100 이하인 것을 불건성유라 한다.
④ 건성유는 공기 중 산화중합으로 생긴 고체가 도막을 형성할 수 있다.

» 동식물유류의 종류 및 성질은 다음과 같다.
1) 제4류 위험물로서 건성유, 반건성유, 불건성유로 구분한다.
2) 건성유의 식물유로는 동유, 해바라기유, 아마인유, 들기름이 있으며, 이들은 공기 중 산화중합으로 막이 생겨 자연발화를 잘 일으킨다.

똑똑한 풀이비법

건성유는 '동해아들'로 암기

3) 아이오딘값은 유지 100g에 흡수되는 아이오딘의 g수로서 불포화도에 비례한다. 따라서 **불포화결합이 많을수록 건성유에 가까우므로 자연발화성도 높다.**
4) 건성유의 아이오딘값은 130 이상, 반건성유의 아이오딘값은 100에서 130 사이, 불건성유의 아이오딘값은 100 이하이다.

07 다음 중 화재 시 내알코올포 소화약제를 사용하는 것이 가장 적합한 위험물은?

① 아세톤
② 휘발유
③ 경유
④ 등유

» 제4류 위험물 중 수용성 물질의 화재 시 일반 포는 포가 소멸되기 때문에 효과가 없다. 따라서 소멸되지 않는 내알코올포 소화약제를 사용한다.
※ 아세톤은 대표적인 수용성 물질이다.

08 다음 중 물과 반응하여 아세틸렌을 발생하는 것은?

① NaH
② Al_4C_3
③ CaC_2
④ $(C_2H_5)_3Al$

» ① 수소화나트륨과 물과의 반응식
: $NaH + H_2O \rightarrow NaOH + H_2$
(수소화나트륨, 물, 수산화나트륨, 수소)

② 탄화알루미늄과 물과의 반응식
: $Al_4C_3 + 12H_2O \rightarrow 4Al(OH)_3 + 3CH_4$
(탄화알루미늄, 물, 수산화알루미늄, 메테인)

③ 탄화칼슘과 물과의 반응식
: $\mathbf{CaC_2 + 2H_2O \rightarrow Ca(OH)_2 + C_2H_2}$
(탄화칼슘, 물, 수산화칼슘, 아세틸렌)

④ 트라이에틸알루미늄과 물과의 반응식
: $(C_2H_5)_3Al + 3H_2O \rightarrow Al(OH)_3 + 3C_2H_6$
(트라이에틸알루미늄, 물, 수산화알루미늄, 에테인)

09 다음 중 과산화수소에 대한 설명으로 틀린 것은?

① 불연성이다.
② 물보다 무겁다.
③ 산화성 액체이다.
④ 지정수량은 300L이다.

» ④ 지정수량은 300kg이다.

정답 05. ③ 06. ② 07. ① 08. ③ 09. ④

10 제조소는 300명 이상을 수용할 수 있는 극장으로부터 몇 m 이상의 안전거리를 유지해야 하는가?

① 5m ② 10m
③ 30m ④ 70m

》 제조소로부터 다음 건축물 또는 공작물의 외벽(외측) 사이에는 다음과 같이 안전거리를 두어야 한다.
1) 주거용 건축물(제조소의 동일부지 외에 있는 것) : 10m 이상
2) 학교·병원·**극장(300명 이상)**, 다수인 수용시설 : **30m 이상**
3) 지정문화유산, 천연기념물 : 50m 이상
4) 고압가스, 액화석유가스 등의 저장·취급 시설 : 20m 이상
5) 사용전압 7,000V 초과 35,000V 이하의 특고압가공전선 : 3m 이상
6) 사용전압 35,000V를 초과하는 특고압가공전선 : 5m 이상

11 물의 소화능력을 향상시키고 동절기 또는 한랭지에서도 사용할 수 있도록 탄산칼륨 등의 알칼리금속염을 첨가한 소화약제는?

① 강화액 소화약제
② 할로젠화합물 소화약제
③ 이산화탄소 소화약제
④ 포(foam) 소화약제

》 강화액 소화약제는 탄산칼륨(K_2CO_3) 등의 금속염을 첨가하여 물의 소화능력을 향상시키고 동절기 또는 한랭지에서도 사용할 수 있도록 만든 소화약제이다.

12 위험물안전관리법령상 품명이 나머지 셋과 다른 하나는?

① 트라이나이트로톨루엔
② 나이트로글리세린
③ 나이트로글리콜
④ 셀룰로이드

》 ① : 나이트로화합물
②, ③, ④ : 질산에스터류

13 아염소산염류 500kg과 질산염류 3,000kg을 함께 저장하는 경우 위험물의 소요단위는 얼마인가?

① 2 ② 4
③ 6 ④ 8

》 아염소산염류의 지정수량은 50kg, 질산염류의 지정수량은 300kg, 위험물의 1소요단위는 지정수량의 10배이므로 이들 위험물의 소요단위는 다음과 같다.

$$\therefore \frac{500kg}{50kg \times 10} + \frac{3,000kg}{300kg \times 10} = 2$$

14 위험물의 저장 및 취급 방법에 대한 설명으로 틀린 것은?

① 적린은 화기와 멀리하고 가열, 충격이 가해지지 않도록 한다.
② 황린은 자연발화성이 있으므로 물속에 저장한다.
③ 마그네슘은 산화제와 혼합되지 않도록 취급한다.
④ 알루미늄분은 분진폭발의 위험이 있으므로 분무주수하여 저장한다.

》 알루미늄분(제2류 위험물)은 분진폭발의 위험이 있긴 하지만 물과 반응 시 수소가스를 발생시키므로 주수하여 소화하거나 취급할 수 없다.

15 다음 중 정기점검대상 제조소등에 해당하지 않는 것은?

① 이동탱크저장소
② 지정수량 100배 이상의 위험물 옥외저장소
③ 지정수량 100배 이상의 위험물 옥내저장소
④ 이송취급소

》 정기점검대상의 제조소등
1. 예방규정대상에 해당하는 것
1) 지정수량의 10배 이상의 위험물을 취급하는 제조소
2) 지정수량의 100배 이상의 위험물을 저장하는 옥외저장소
3) **지정수량의 150배 이상의 위험물을 저장하는 옥내저장소**

정답 10. ③ 11. ① 12. ① 13. ① 14. ④ 15. ③

4) 지정수량의 200배 이상의 위험물을 저장하는 옥외탱크저장소
5) 암반탱크저장소
6) 이송취급소
7) 지정수량의 10배 이상의 위험물을 취급하는 일반취급소

2. 지하탱크저장소
3. 이동탱크저장소
4. 위험물을 취급하는 탱크로서 지하에 매설된 탱크가 있는 제조소, 주유취급소 또는 일반취급소

16 다음 중 상온에서 CaC_2를 장기간 보관할 때 사용하는 물질로 가장 적합한 것은?

① 물 ② 알코올수용액
③ 질소가스 ④ 아세틸렌가스

» 탄화칼슘(CaC_2)은 제3류 위험물의 금수성 물질이며, 공기 중의 수분과 접촉하여 아세틸렌가스를 발생하기 때문에 이 가스의 발생을 방지하기 위해 **질소** 또는 아르곤 등의 불연성 가스를 탄화칼슘의 용기 상부에 채워 보관한다.

17 과산화벤조일의 위험성에 대한 설명으로 틀린 것은?

① 상온에서 분해되며 수분이 흡수되면 폭발성을 가지므로 건조된 상태로 보관·운반한다.
② 강산에 의해 분해 폭발의 위험이 있다.
③ 충격, 마찰에 의해 분해되어 폭발할 위험이 있다.
④ 가연성 물질과 접촉하면 발화의 위험이 높다.

» ① 과산화벤조일(제5류 위험물)은 수분이 흡수되면 폭발성이 감소되는 성질을 가지고 있다.

18 액화 이산화탄소 1kg이 25℃, 2atm에서 방출되어 모두 기체가 되었다. 방출된 기체상의 이산화탄소 부피는 약 몇 L인가?

① 278L
② 556L
③ 1,111L
④ 1,985L

PLAY ▶ 풀이

» $CO_2(l) \rightarrow CO_2(g)$

이상기체방정식 : $PV = nRT$

여기서, P : 압력(atm)
V : 부피(L)
n : 몰수(mol)
R : 기체상수(0.082atm·L/mol·K)
T : 온도(K)=273+섭씨온도

$n = \dfrac{\text{주어진 질량(g)}}{\text{분자량(g/mol)}}$, 이산화탄소($CO_2$) 1mol의 분자량=12g(C)+16g(O)×2=44g/mol임을 이용한다.

$$\therefore\ 2\text{atm} \times V(\text{L}) = \left(1{,}000\text{g } CO_2 \times \frac{1\text{mol } CO_2}{44\text{g } CO_2}\right) \times 0.082\text{atm}\cdot\text{L/mol}\cdot\text{K} \times (273+25)\text{K}$$

방출된 기체상의 이산화탄소 부피=277.68L

19 위험물의 화재위험에 관한 제반조건을 설명한 것으로 옳은 것은?

① 인화점이 높을수록, 연소범위가 넓을수록 위험하다.
② 인화점이 낮을수록, 연소범위가 좁을수록 위험하다.
③ 인화점이 높을수록, 연소범위가 좁을수록 위험하다.
④ 인화점이 낮을수록, 연소범위가 넓을수록 위험하다.

» 화재위험이 높아지는 조건
1) **인화점이 낮을수록**
2) 발화점이 낮을수록
3) **연소범위가 넓을수록**
4) 연소하한이 낮을수록
5) 온도 및 압력이 높을수록

20 제5류 위험물이 아닌 것은?

① 클로로벤젠
② 과산화벤조일
③ 염산하이드라진
④ 아조벤젠

» ① : 제4류 위험물
②, ③, ④ : 제5류 위험물

정답 16. ③ 17. ① 18. ① 19. ④ 20. ①

21 금속나트륨의 올바른 취급으로 가장 거리가 먼 것은?

① 보호액 속에서 노출되지 않도록 저장한다.
② 수분 또는 습기와 접촉되지 않도록 주의한다.
③ 용기에서 꺼낼 때는 손을 깨끗이 닦고 만져야 한다.
④ 다량 연소하면 소화가 어려우므로 가급적 소량으로 나누어 저장한다.

① 등유, 경유 등의 석유류에 담가 보관한다.
② 물과 반응 시 수소를 발생하므로 물과 접촉을 피한다.
③ **피부와 접촉 시 화상의 위험**이 있다.
④ 조금씩 분산시켜 소량으로 저장한다.

22 적린과 동소체 관계에 있는 위험물은?

① 오황화인 ② 인화알루미늄
③ 인화칼슘 ④ 황린

동소체란 단체로서 동일한 원소로 이루어져 있으며 성질은 다르지만 최종 연소생성물이 같은 물질을 말한다. 적린의 화학식은 P이고 황린의 화학식은 P_4인데 이 두 물질은 단체로서 성질은 서로 다르지만 두 물질 모두 연소 시 오산화인(P_2O_5)이라는 백색 연기를 발생하므로 서로 동소체의 관계에 있다.

23 다음 중 화재 시 사용하면 독성의 $COCl_2$가스를 발생시킬 위험이 가장 높은 소화약제는 어느 것인가?

① 액화 이산화탄소
② 제1종 분말
③ 사염화탄소
④ 공기포

③ 사염화탄소는 연소 및 물과의 반응을 통해 공통적으로 독성인 포스겐($COCl_2$)을 발생한다.
1) 사염화탄소의 연소반응식

$$2CCl_4 + O_2 \rightarrow 2COCl_2 + 2Cl_2$$
사염화탄소 산소 포스겐 염소

2) 사염화탄소와 물과의 반응식

$$CCl_4 + H_2O \rightarrow COCl_2 + 2HCl$$
사염화탄소 물 포스겐 염화수소

24 연소의 종류와 가연물을 잘못 연결한 것은?

① 증발연소 – 가솔린, 알코올
② 표면연소 – 코크스, 목탄
③ 분해연소 – 목재, 종이
④ 자기연소 – 에터, 나프탈렌

① 증발연소 – 제4류 위험물의 특수인화물, 제1석유류(가솔린), 알코올류(알코올), 제2석유류
② 표면연소 – 코크스, 목탄, 금속분
③ 분해연소 – 목재, 종이, 석탄, 플라스틱
④ 자기연소 – 제5류 위험물
※ 에터는 특수인화물(제4류 위험물), 나프탈렌은 특수가연물(비위험물)에 해당한다.

25 다음 중 물과 접촉하면 열과 산소가 발생하는 것은?

① $NaClO_2$
② $NaClO_3$
③ $KMnO_4$
④ Na_2O_2

제1류 위험물 중 물과 접촉 시 열과 산소가 발생하는 위험물은 알칼리금속의 과산화물이며, 그 종류로는 과산화칼륨(K_2O_2), 과산화나트륨(Na_2O_2), 과산화리튬(Li_2O_2)이 있다.

26 금속분의 연소 시 주수소화하면 위험한 원인으로 옳은 것은?

① 물에 녹아 산이 된다.
② 물과 작용하여 유독가스를 발생한다.
③ 물과 작용하여 수소가스를 발생한다.
④ 물과 작용하여 산소가스를 발생한다.

제2류 위험물의 금속분(알루미늄, 아연 등)은 물과 반응 시 수소를 발생한다.

27 옥외저장소에 덩어리상태의 황만을 지반면에 설치한 경계표시의 안쪽에서 저장할 경우 하나의 경계표시의 내부면적은 몇 m^2 이하이어야 하는가?

① $75m^2$ ② $100m^2$
③ $300m^2$ ④ $500m^2$

정답 21. ③ 22. ④ 23. ③ 24. ④ 25. ④ 26. ③ 27. ②

>>> 옥외저장소에 덩어리상태의 황만을 경계표시의 안쪽에 저장하는 경우의 기준
1) **하나의 경계표시의 내부면적 : $100m^2$ 이하**
2) 2개 이상의 경계표시 내부면적 전체의 합 : $1,000m^2$ 이하
3) 인접하는 경계표시와 경계표시와의 간격 : 보유공지 너비의 1/2 이상
4) 저장하는 위험물의 최대수량이 지정수량의 200배 이상인 경계표시끼리의 간격 : 10m 이상
5) 경계표시의 높이 : 1.5m 이하

28 운송책임자의 감독·지원을 받아 운송하는 위험물은?

① 알킬알루미늄
② 금속나트륨
③ 메틸에틸케톤
④ 트라이나이트로톨루엔

>>> 운송책임자의 감독·지원을 받아 운송하는 위험물은 **알킬알루미늄**과 알킬리튬이다.

29 적린과 황의 공통성질이 아닌 것은?

① 비중이 1보다 크다.
② 연소하기 쉽다.
③ 산화되기 쉽다.
④ 물에 잘 녹는다.

>>> 적린과 황은 모두 제2류 위험물로서 물보다 무겁고 연소하기 쉽지만 **둘 다 물에 녹지 않는다.**

30 제조소 및 일반취급소에 설치하는 자동화재탐지설비의 설치기준으로 틀린 것은?

① 하나의 경계구역은 $600m^2$ 이하로 하고, 한 변의 길이는 50m 이하로 한다.
② 주요한 출입구에서 내부 전체를 볼 수 있는 경우 경계구역은 $1,000m^2$ 이하로 할 수 있다.
③ 하나의 경계구역이 $300m^2$ 이하이면 2개 층을 하나의 경계구역으로 할 수 있다.
④ 비상전원을 설치하여야 한다.

>>> 제조소·일반취급소에 설치하는 자동화재탐지설비의 설치기준
1) 자동화재탐지설비의 경계구역은 **건축물의 2 이상의 층에 걸치지 아니하도록 한다**(다만, **하나의 경계구역의 면적이 $500m^2$ 이하이면 그러하지 아니하다**).
2) 하나의 경계구역의 면적은 $600m^2$ 이하로 하고, 건축물의 주요한 출입구에서 그 내부 전체를 볼 수 있는 경우는 면적을 $1,000m^2$ 이하로 한다.
3) 하나의 경계구역에서 한 변의 길이는 50m(광전식 분리형 감지기의 경우에는 100m) 이하로 한다.
4) 자동화재탐지설비의 감지기는 지붕 또는 벽의 옥내에 면한 부분에 화재발생을 감지할 수 있도록 설치한다.
5) 자동화재탐지설비에는 비상전원을 설치한다.

31 $KMnO_4$의 지정수량은 몇 kg인가?

① 50kg　② 100kg
③ 300kg　④ 1,000kg

>>> 과망가니즈산칼륨($KMnO_4$)은 제1류 위험물로서 지정수량은 **1,000kg**이다.

32 주유취급소에 설치하는 '주유중엔진정지' 표시를 한 게시판의 바탕과 문자의 색상을 차례대로 올바르게 나타낸 것은?

① 황색, 흑색
② 흑색, 황색
③ 백색, 흑색
④ 흑색, 백색

◀ 주유중 엔진정지 게시판

>>> 주유취급소의 '주유중엔진정지' 게시판의 색상은 **황색 바탕에 흑색 문자**이다.

33 유류화재의 급수와 색상은?

① A급, 백색
② B급, 백색
③ A급, 황색
④ B급, 황색

>>> 유류화재는 **B급 화재**이며, 소화기에는 **황색** 원형 표시를 해야 한다.

정답 28. ① 29. ④ 30. ③ 31. ④ 32. ① 33. ④

34 제2류 위험물을 수납하는 운반용기의 외부에 표시하여야 하는 주의사항으로 옳은 것은?

① 제2류 위험물 중 철분, 금속분, 마그네슘 또는 이들 중 어느 하나 이상을 함유한 것에 있어서는 '화기주의' 및 '물기주의', 인화성 고체에 있어서는 '화기엄금', 그 밖의 것에 있어서는 '화기주의'

② 제2류 위험물 중 철분, 금속분, 마그네슘 또는 이들 중 어느 하나 이상을 함유한 것에 있어서는 '화기주의' 및 '물기엄금', 인화성 고체에 있어서는 '화기주의', 그 밖의 것에 있어서는 '화기엄금'

③ 제2류 위험물 중 철분, 금속분, 마그네슘 또는 이들 중 어느 하나 이상을 함유한 것에 있어서는 '화기주의' 및 '물기엄금', 인화성 고체에 있어서는 '화기엄금', 그 밖의 것에 있어서는 '화기주의'

④ 제2류 위험물 중 철분, 금속분, 마그네슘 또는 이들 중 어느 하나 이상을 함유한 것에 있어서는 '화기엄금' 및 '물기엄금', 인화성 고체에 있어서는 '화기엄금', 그 밖의 것에 있어서는 '화기주의'

» 제2류 위험물의 운반용기 외부에 표시해야 하는 주의사항
1) 철분, 금속분, 마그네슘 또는 이들 중 어느 하나 이상을 함유한 것 : '화기주의' 및 '물기엄금'
2) 인화성 고체 : '화기엄금'
3) 그 밖의 것 : '화기주의'

35 위험물안전관리법의 규제에 대해 틀린 것은?

① 지정수량 미만 위험물의 저장 · 취급 및 운반은 시 · 도조례에 의해 규제한다.

② 항공기에 의한 위험물의 저장 · 취급 및 운반은 위험물안전관리법의 규제대상이 아니다.

③ 궤도에 의한 위험물의 저장 · 취급 및 운반은 위험물안전관리법의 규제대상이 아니다.

④ 선박법의 선박에 의한 위험물의 저장 · 취급 및 운반은 위험물안전관리법의 규제대상이 아니다.

» ① 지정수량 미만의 위험물의 저장 · 취급은 시 · 도조례에 의해 규제하지만, **지정수량 미만의 위험물의 운반은 위험물안전관리법으로 규제**한다.
항공기, 선박법의 선박, 철도 및 궤도에 의한 위험물의 저장 · 취급 및 운반은 위험물안전관리법의 규제대상이 아니다.

36 옥내에서 지정수량 100배 이상을 취급하는 일반취급소에 설치해야 하는 경보설비는? (단, 고인화점 위험물만을 취급하는 경우는 제외한다.)

① 비상경보설비

② 자동화재탐지설비

③ 비상방송설비

④ 비상벨설비 및 확성장치

» 경보설비의 종류 중 자동화재탐지설비만을 설치해야 하는 제조소 및 일반취급소의 조건은 연면적 $500m^2$ 이상 또는 옥내에서 **지정수량의 100배 이상**을 취급하는 것이다.

37 분말소화기의 소화약제로 사용되지 않는 것은?

① 탄산수소나트륨

② 탄산수소칼륨

③ 과산화나트륨

④ 인산암모늄

» ③ 과산화나트륨은 소화약제가 아닌 제1류 위험물이다.

38 제6류 위험물에 대한 설명으로 옳은 것은?

① 과염소산은 독성은 없지만 폭발의 위험이 있으므로 밀폐하여 보관한다.

② 과산화수소는 농도가 3% 이상일 때 단독으로 폭발하므로 취급에 주의한다.

③ 질산은 자연발화의 위험이 높으므로 저온으로 보관한다.

④ 할로젠간화합물의 지정수량은 300kg 이다.

정답 34. ③ 35. ① 36. ② 37. ③ 38. ④

>>> ① 과염소산은 독성이 강하지만 폭발의 위험은 없다.
② 과산화수소는 농도가 60% 이상일 때 단독으로 폭발한다.
③ 질산은 불연성 물질로 자연발화의 위험은 없다.
④ **할로젠간화합물은 행정안전부령으로 정하는 제6류 위험물이며, 지정수량은 300kg이다.**

39 Ca_3P_2 600kg을 저장하려 한다. 지정수량의 배수는 얼마인가?

① 2배 ② 3배
③ 4배 ④ 5배

>>> 제3류 위험물인 인화칼슘(Ca_3P_2)의 지정수량은 300kg이다.

$$\text{지정수량의 배수} = \frac{\text{저장수량}}{\text{지정수량}} = \frac{600\text{kg}}{300\text{kg}} = 2\text{배}$$

가 된다.

40 가로로 설치한 원통형 위험물저장탱크의 내용적이 500L일 때 공간용적은 최소 몇 L로 해야 하는가?

① 15L
② 25L
③ 35L
④ 50L

>>> 탱크의 공간용적은 탱크 내용적의 100분의 5 이상 100분의 10 이하이므로 최소 공간용적은 탱크 내용적의 100분의 5 즉, 5%가 되는 양을 말한다.
$\therefore$ 500L×0.05＝25L

41 위험물의 유별 구분이 나머지 셋과 다른 하나는?

① 나이트로글리콜
② 벤젠
③ 아조벤젠
④ 다이나이트로벤젠

>>> ① 나이트로글리콜 : 제5류 위험물의 질산에스터류
② **벤젠 : 제4류 위험물**의 제1석유류
③ 아조벤젠 : 제5류 위험물의 아조화합물
④ 다이나이트로벤젠 : 제5류 위험물의 나이트로화합물

42 건축물의 1층 및 2층 부분만을 방사능력범위로 하고 지하층 및 3층 이상의 층에 대하여 다른 소화설비를 설치해야 하는 소화설비는?

① 스프링클러 소화설비
② 포소화설비
③ 옥외소화전설비
④ 물분무소화설비

>>> ③ 옥외소화전설비는 건축물의 1층 및 2층 부분만을 방사능력범위로 한다.

43 이산화탄소의 특성에 대한 설명으로 옳지 않은 것은?

① 전기전도성이 우수하다.
② 냉각, 압축에 의하여 액화된다.
③ 과량 존재 시 질식할 수 있다.
④ 상온, 상압에서 무색무취의 불연성 기체이다.

>>> ① 이산화탄소는 전기불량도체이므로 전기전도성은 없다.

44 인화점이 낮은 것부터 높은 순서로 나열된 것은?

① 톨루엔 – 아세톤 – 벤젠
② 아세톤 – 톨루엔 – 벤젠
③ 톨루엔 – 벤젠 – 아세톤
④ 아세톤 – 벤젠 – 톨루엔

>>> 아세톤(−18℃) < 벤젠(−11℃) < 톨루엔(4℃)

45 유류화재 소화 시 분말소화약제를 사용할 경우 소화 후에 재발화현상이 가끔씩 발생할 수 있다. 이러한 현상을 예방하기 위하여 병용하여 사용하면 가장 효과적인 포소화약제는?

① 단백포 소화약제
② 수성막포 소화약제
③ 알코올형포 소화약제
④ 합성계면활성제포 소화약제

>>> 수성막포 소화약제의 현상을 설명하고 있는 문제이다.

정답 39. ① 40. ② 41. ② 42. ③ 43. ① 44. ④ 45. ②

46 소화효과 중 부촉매효과를 기대할 수 있는 소화약제는?

① 물소화약제
② 포소화약제
③ 분말소화약제
④ 이산화탄소 소화약제

부촉매효과(억제효과)는 할로젠화합물 소화약제와 제3종 **분말소화약제**가 갖는 효과이다.

47 위험물제조소에 옥외소화전 5개가 설치되어 있다면 수원의 법정 최소량은 몇 m^3인가?

① $28m^3$　② $35m^3$
③ $54m^3$　④ $67.5m^3$

위험물제조소의 옥외소화전의 수원의 양은 $13.5m^3$에 옥외소화전의 개수(최대 4개)를 곱한 양 이상이 되도록 설치한다.
∴ $13.5m^3 \times 4 = 54m^3$

48 인화칼슘이 물과 반응하였을 때 발생하는 가스에 대한 설명으로 옳은 것은?

① 폭발성인 수소를 발생한다.
② 유독한 인화수소를 발생한다.
③ 조연성인 산소를 발생한다.
④ 가연성인 아세틸렌을 발생한다.

인화칼슘(제3류 위험물)은 물과 반응 시 가연성이며, 맹독성인 포스핀(인화수소, PH_3)가스를 발생한다.
– 인화칼슘과 물과의 반응식
$Ca_3P_2 + 6H_2O \rightarrow 3Ca(OH)_2 + 2PH_3$
인화칼슘　물　수산화칼슘　포스핀

49 주유취급소에서 자동차 등에 위험물을 주유할 때 자동차 등의 원동기를 정지시켜야 하는 위험물의 인화점 기준은 몇 ℃ 미만인가? (단, 연료탱크에 위험물을 주유하는 동안 방출되는 가연성 증기 회수설비가 부착되지 않은 고정주유설비의 경우이다.)

① 20℃　② 30℃
③ 40℃　④ 50℃

주유취급소에서 자동차 등에 위험물을 주유할 때 자동차 등의 원동기를 정지시켜야 하는 위험물의 인화점 기준은 **40℃ 미만**이다.

50 산화성 고체의 저장 · 취급 방법으로 옳지 않은 것은?

① 가연물과 접촉 및 혼합을 피한다.
② 분해를 촉진하는 물품의 접근을 피한다.
③ 조해성 물질의 경우 물속에 보관하고, 과열, 충격, 마찰 등을 피하여야 한다.
④ 알칼리금속의 과산화물은 물과의 접촉을 피하여야 한다.

③ 조해성 물질은 수분을 흡수하여 녹는 성질이 있으므로 물속에 보관하여서는 안 된다.

51 삼황화인과 오황화인의 공통점이 아닌 것은?

① 물과 접촉하여 인화수소가 발생한다.
② 가연성 고체이다.
③ 분자식이 P와 S로 이루어져 있다.
④ 연소 시 오산화인과 이산화황이 생성된다.

1. 삼황화인(P_4S_3)과 오황화인(P_2S_5)의 공통성질
  1) 가연성 고체이다.
  2) 분자식이 P와 S로 이루어져 있다.
  3) 연소 시 오산화인(P_2O_5)과 이산화황(SO_2)이 생성된다.
2. 삼황화인(P_4S_3)의 성질
  – 물과 반응하지 않는다.
3. 오황화인(P_2S_5)의 성질
  – 물과 접촉하여 황화수소(H_2S)가 발생한다.

52 제2류 위험물인 황의 대표적인 연소형태는?

① 표면연소　② 분해연소
③ 증발연소　④ 자기연소

황(제2류 위험물)은 고체로서 연소형태는 증발연소에 해당한다.

53 에틸알코올의 증기비중은 약 얼마인가?

① 0.72　② 0.91
③ 1.13　④ 1.59

에틸알코올(C_2H_5OH)의 분자량 = 12(C)×2+1(H)×5+16(O)+1 = 46이다.
증기비중 = 분자량/29이므로, 46/29 = 1.59이다.

정답 46. ③ 47. ③ 48. ② 49. ③ 50. ③ 51. ① 52. ③ 53. ④

54 자연발화를 방지하기 위한 방법으로 옳지 않은 것은?

① 습도를 가능한 한 높게 유지한다.
② 열 축적을 방지한다.
③ 저장실의 온도를 낮춘다.
④ 정촉매작용을 하는 물질을 피한다.

» 자연발화의 방지법
1) **습도를 낮춰야 한다.**
2) 저장온도를 낮춰야 한다.
3) 퇴적 및 수납 시 열이 쌓이지 않도록 해야 한다.
4) 통풍을 잘되게 해야 한다.
5) 분해를 촉진하는 정촉매물질을 피해야 한다.

55 위험물제조소에서 지정수량 이상의 위험물을 취급하는 건축물(시설)에는 원칙상 최소 몇 m 이상의 보유공지를 확보하여야 하는가? (단, 최대수량은 지정수량의 10배이다.)

① 1m ② 3m
③ 5m ④ 7m

» 위험물제조소의 보유공지

지정수량의 배수	공지의 너비
지정수량의 10배 이하	**3m 이상**
지정수량의 10배 초과	5m 이상

56 주수소화를 하면 위험성이 증가하는 것은?

① 과산화칼륨 ② 과망가니즈산칼륨
③ 과염소산칼륨 ④ 브로민산칼륨

» 제1류 위험물 중 과산화칼륨, 과산화나트륨, 과산화리튬의 알칼리금속의 과산화물은 물과 반응 시 발열과 함께 산소를 발생하므로 주수(냉각)소화는 위험하다.

57 메테인 1g이 완전연소하면 발생되는 이산화탄소는 몇 g인가?

① 1.25g
② 2.75g
③ 14g
④ 44g

PLAY▶풀이

» 메테인의 연소반응식
$CH_4 + 2O_2 \rightarrow CO_2 + 2H_2O$
메테인 산소 이산화탄소 물
메테인(CH_4) 1mol의 분자량=12g(C)+1g(H)×4=16g/mol, 이산화탄소(CO_2) 1mol의 분자량=12g(C)+16g(O)×2=44g/mol임을 이용한다.

$$\therefore 1\,g\,CH_4 \times \frac{1\,mol\,CH_4}{16g\,CH_4} \times \frac{1\,mol\,CO_2}{1\,mol\,CH_4} \times \frac{44g\,CO_2}{1\,mol\,CO_2}$$
$=2.75g\ CO_2$

58 지정수량이 50kg이 아닌 위험물은?

① 염소산나트륨
② 리튬
③ 과산화나트륨
④ 나트륨

» ①, ②, ③ : 지정수량 50kg
④ : 지정수량 10kg

59 오황화인이 물과 작용했을 때의 발생기체는?

① 포스핀 ② 포스겐
③ 황산가스 ④ 황화수소

» 오황화인의 물과의 반응식
$P_2S_5 + 8H_2O \rightarrow 5\mathbf{H_2S} + 2H_3PO_4$
오황화인 물 황화수소 인산

60 위험물을 운반용기에 수납하여 적재할 때 차광성 피복으로 가려야 하는 위험물이 아닌 것은?

① 제1류 ② 제2류
③ 제5류 ④ 제6류

» 1) 차광성 피복으로 가려야 하는 위험물 : 제1류 위험물, 제3류 위험물 중 자연발화성 물질, 제4류 위험물 중 특수인화물, 제5류 위험물, 제6류 위험물
2) 방수성 피복으로 가려야 하는 위험물 : 제1류 위험물 중 알칼리금속의 과산화물, 제2류 위험물 중 철분, 금속분, 마그네슘, 제3류 위험물 중 금수성 물질

정답 54. ① 55. ② 56. ① 57. ② 58. ④ 59. ④ 60. ②

2023

CBT 기출복원문제

제2회 위험물기능사

01 제조소등에 전기설비(전기배선, 조명기구 등은 제외)가 설치된 경우에는 면적 몇 m^2마다 소형수동식 소화기를 1개 이상 설치하여야 하는가?

① $50m^2$ ② $100m^2$
③ $150m^2$ ④ $200m^2$

» 전기설비가 설치된 제조소등에는 **면적 $100m^2$마다** 소형수동식 소화기를 1개 이상 설치한다.

02 탱크 화재현상 중 BLEVE(Boiling Liquid Expanding Vapor Explosion)에 대한 설명으로 옳은 것은?

① 기름탱크에서의 수증기 폭발현상이다.
② 비등상태의 액화가스가 기화하여 팽창하고 폭발하는 현상이다.
③ 화재 시 기름 속의 수분이 급격히 증발하여 기름거품이 되고 팽창해서 기름탱크에서 밖으로 내뿜어져 나오는 현상이다.
④ 고점도의 기름 속에 수증기를 포함한 볼 형태의 물방울이 형성되어 탱크 밖으로 넘치는 현상이다.

» BLEVE(블레비)란 탱크 내에서 비등상태의 액화가스가 기화하여 팽창하고 폭발하는 현상이다.

03 위험물을 운반용기에 담아 지정수량의 1/10을 초과하여 적재하는 경우 위험물을 혼재하여도 무방한 것은?

① 제1류 위험물과 제6류 위험물
② 제2류 위험물과 제6류 위험물
③ 제2류 위험물과 제3류 위험물
④ 제3류 위험물과 제5류 위험물

» 제1류 위험물과 혼재 가능한 것은 제6류 위험물이다.

◀ 위험물의 혼재기준

04 금속분, 목탄, 코크스 등의 연소형태에 해당하는 것은?

① 자기연소 ② 증발연소
③ 분해연소 ④ 표면연소

» 고체의 연소형태와 물질
1) **표면연소** : **코크스**(탄소), **목탄**(숯), **금속분**
2) 분해연소 : 목재, 종이, 석탄, 플라스틱, 합성수지 등
3) 자기연소(내부연소) : 제5류 위험물
4) 증발연소 : 황(S), 나프탈렌($C_{10}H_8$), 양초(파라핀) 등

05 일반취급소의 형태가 옥외의 공작물로 되어 있는 경우에 있어서 그 최대수평투영면적이 $500m^2$일 때 설치하여야 하는 소화설비의 소요단위는 몇 단위인가?

① 5단위 ② 10단위
③ 15단위 ④ 20단위

» 소요단위

구 분	외벽이 내화구조	외벽이 비내화구조
위험물 제조소 및 취급소	연면적 $100m^2$	연면적 $50m^2$
위험물저장소	연면적 $150m^2$	연면적 $75m^2$
위험물	지정수량의 10배	

일반취급소의 옥외에 설치된 공작물은 외벽이 내화구조인 것으로 간주하고 **공작물의 최대수평투영면적을 연면적으로 간주**하기 때문에, 소요단위는 $500m^2/100m^2 = 5$단위가 된다.

정답 01. ② 02. ② 03. ① 04. ④ 05. ①

06 건물의 외벽이 내화구조로서 연면적 $300m^2$의 옥내저장소에 필요한 소화기의 소요단위는 몇 단위인가?

① 1단위 ② 2단위
③ 3단위 ④ 4단위

≫ 소요단위

구 분	외벽이 내화구조	외벽이 비내화구조
위험물 제조소 및 취급소	연면적 $100m^2$	연면적 $50m^2$
위험물저장소	**연면적 $150m^2$**	연면적 $75m^2$
위험물	지정수량의 10배	

외벽이 내화구조인 옥내저장소는 연면적 $150m^2$가 1소요단위이므로 연면적 $300m^2$는 $\frac{300m^2}{150m^2}$ =2단위이다.

07 위험물판매취급소에 대한 설명 중 틀린 것은?

① 제1종 판매취급소라 함은 저장 또는 취급하는 위험물의 수량이 지정수량의 20배 이하인 판매취급소를 말한다.
② 위험물을 배합하는 실의 바닥면적은 $6m^2$ 이상 $15m^2$ 이하이어야 한다.
③ 판매취급소에서는 도료류 외의 제1석유류를 배합하거나 옮겨 담는 작업을 할 수 없다.
④ 제1종 판매취급소는 건축물의 2층까지만 설치가 가능하다.

≫ ① 제1종 판매취급소의 저장 또는 취급하는 위험물의 수량은 지정수량의 20배 이하이다.
② 위험물 배합실의 기준은 다음과 같다.
1) 바닥면적은 $6m^2$ 이상 $15m^2$ 이하로 할 것
2) 내화구조 또는 불연재료로 된 벽으로 구획할 것
3) 바닥은 적당한 경사를 두고 집유설비를 할 것
4) 출입구에는 자동폐쇄식 60분+방화문 또는 60분 방화문을 설치할 것
5) 출입구 문턱의 높이는 바닥면으로부터 0.1m 이상으로 할 것
6) 가연성의 증기 또는 미분을 지붕 위로 방출하는 설비를 할 것
③ 판매취급소의 배합실에서 배합하거나 옮겨 담는 작업을 할 수 있는 위험물은 다음과 같다.
1) 도료류
2) 제1류 위험물 중 염소산염류
3) 황
4) 인화점이 38℃ 이상인 제4류 위험물
④ 제1종 판매취급소는 **건축물의 1층에 설치**해야 한다.

08 다음 각 위험물의 지정수량의 총 합은 몇 kg 인가?

알킬리튬, 리튬, 수소화나트륨,
인화칼슘, 탄화칼슘

① 820kg
② 900kg
③ 960kg
④ 1,260kg

≫ 1) 알킬리튬 : 10kg
2) 리튬 : 50kg
3) 수소화나트륨 : 300kg
4) 인화칼슘 : 300kg
5) 탄화칼슘 : 300kg
∴ 10kg + 50kg + 300kg + 300kg + 300kg = 960kg

09 다이크로뮴산칼륨에 대한 설명으로 틀린 것은?

① 열분해하여 산소를 발생한다.
② 물과 알코올에 잘 녹는다.
③ 등적색의 결정으로 쓴맛이 있다.
④ 산화제, 의약품 등에 사용된다.

≫ ② 물에 녹으며 **알코올에는 녹지 않는다.**

10 위험물의 운반에 관한 기준에서 제4석유류와 혼재할 수 없는 위험물은? (단, 위험물은 각각 지정수량의 2배인 경우이다.)

① 황화인
② 칼륨
③ 유기과산화물
④ 과염소산

PLAY▶풀이

정답 06. ② 07. ④ 08. ③ 09. ② 10. ④

〈문제〉의 제4석유류는 제4류 위험물에 속하며, 운반 시 제1류와 제6류 위험물과는 혼재할 수 없다.
① 황화인 : 제2류 위험물
② 칼륨 : 제3류 위험물
③ 유기과산화물 : 제5류 위험물
④ **과염소산 : 제6류 위험물**

유별을 달리하는 위험물의 운반에 관한 혼재기준

위험물의 구분	제1류	제2류	제3류	제4류	제5류	제6류
제1류		×	×	×	×	○
제2류	×		×	○	○	×
제3류	×	×		○	×	×
제4류	×	○	○		○	×
제5류	×	○	×	○		×
제6류	○	×	×	×	×	

※ 이 표는 지정수량의 1/10 이하의 위험물에 대하여는 적용하지 아니한다.

11 탄화알루미늄이 물과 반응하여 폭발의 위험이 있는 것은 어떤 가스가 발생하기 때문인가?

① 수소
② 메테인
③ 아세틸렌
④ 암모니아

탄화알루미늄과 물과의 반응식

$$\underset{\text{탄화알루미늄}}{Al_4C_3} + \underset{\text{물}}{12H_2O} \rightarrow \underset{\text{수산화알루미늄}}{4Al(OH)_3} + \underset{\text{메테인}}{3CH_4}$$

12 아세톤의 위험도를 구하면 얼마인가? (단, 아세톤의 연소범위는 2~13vol%이다.)

① 0.846
② 1.23
③ 5.5
④ 7.5

$$위험도(H) = \frac{연소상한(U) - 연소하한(L)}{연소하한(L)}$$

연소범위의 낮은 점을 연소하한(2%), 높은 점을 연소상한(13%)이라고 한다.

$$\therefore H = \frac{13-2}{2} = 5.5$$

13 위험물제조소등에 설치하는 옥외소화전설비의 기준에서 옥외소화전함은 옥외소화전으로부터 보행거리 몇 m 이하의 장소에 설치하여야 하는가?

① 1.5m ② 5m
③ 7.5m ④ 10m

옥외소화전함은 옥외소화전으로부터 보행거리 **5m 이하**의 장소에 설치해야 한다.

14 과산화수소의 운반용기 외부에 표시하여야 하는 주의사항은?

① 화기주의 ② 충격주의
③ 물기엄금 ④ 가연물접촉주의

과산화수소(제6류 위험물)의 운반용기 외부에 표시하는 주의사항은 **'가연물접촉주의'**이다.

15 다음 중 제4류 위험물에 대한 설명으로 가장 옳은 것은?

① 물과 접촉하면 발열하는 것
② 자기연소성 물질
③ 많은 산소를 함유하는 강산화제
④ 상온에서 액상인 가연성 액체

① 물과 접촉하면 발열하는 것은 제1류 위험물의 알칼리금속의 과산화물, 제3류 위험물의 금수성 물질, 제6류 위험물의 성질이다.
② 자기연소성 물질은 제5류 위험물의 성질이다.
③ 많은 산소를 함유하는 강산화제는 제1류 위험물과 제6류 위험물의 성질이다.
④ **상온에서 액상인 가연성 액체는 제4류 위험물**(인화성 액체)의 성질이다.

16 제4류 위험물의 옥외저장탱크에 대기밸브부착 통기관을 설치할 때 몇 kPa 이하의 압력차이로 작동하여야 하는가?

① 5kPa
② 10kPa
③ 15kPa
④ 20kPa

◀ 대기밸브부착 통기관의 모습

옥외저장탱크에 설치하는 대기밸브부착 통기관은 **5kPa 이하**의 압력차이로 작동하여야 한다.

정답 11. ② 12. ③ 13. ② 14. ④ 15. ④ 16. ①

17 제조소에서 다음과 같이 위험물을 취급하고 있는 경우 각 지정수량 배수의 총합은 얼마인가?

- 브로민산나트륨 300kg
- 과산화나트륨 150kg
- 다이크로뮴산나트륨 500kg

① 3.5 ② 4.0
③ 4.5 ④ 5.0

1) 브로민산나트륨 : 300kg
2) 과산화나트륨 : 50kg
3) 다이크로뮴산나트륨 : 1,000kg

$\therefore \frac{300kg}{300kg} + \frac{150kg}{50kg} + \frac{500kg}{1,000kg} = 4.5$

18 이황화탄소에 관한 설명으로 틀린 것은?

① 비교적 무거운 무색의 고체이다.
② 인화점이 0℃ 이하이다.
③ 약 100℃에서 발화할 수 있다.
④ 이황화탄소의 증기는 유독하다.

① 제4류 위험물 중 특수인화물에 해당하는 물보다 무거운 **액체상태의 물질**이다.
② 인화점은 −30℃로서, 0℃ 이하이다.
③ 발화점은 100℃이다.
④ 이황화탄소의 증기는 유독하여 중추신경계통에 마비를 일으킬 수 있다.

19 폭발 시 연소파의 전파속도 범위는?

① 0.1~10m/s
② 100~1,000m/s
③ 2,000~3,500m/s
④ 5,000~10,000m/s

1) **폭발의 전파속도 : 0.1~10m/s**
2) 폭굉의 전파속도 : 1,000~3,500m/s

20 위험물제조소의 안전거리기준으로 틀린 것은?

① 초·중등교육법 및 고등교육법에 의한 학교 – 20m 이상
② 의료법에 의한 병원급 의료기관 – 30m 이상
③ 문화유산의 보존 및 활용에 관한 법률에 의한 지정문화유산 – 50m 이상
④ 사용전압이 35,000V를 초과하는 특고압가공전선 – 5m 이상

제조소로부터 다음 건축물 또는 공작물의 외벽(외측) 사이에는 다음과 같이 안전거리를 두어야 한다.
1) 주거용 건축물(제조소의 동일부지 외에 있는 것) : 10m 이상
2) **학교**·병원·극장(300명 이상), 다수인 수용시설 : **30m 이상**
3) 지정문화유산, 천연기념물 : 50m 이상
4) 고압가스, 액화석유가스 등의 저장·취급 시설 : 20m 이상
5) 사용전압 7,000V 초과 35,000V 이하의 특고압가공전선 : 3m 이상
6) 사용전압 35,000V를 초과하는 특고압가공전선 : 5m 이상

21 위험물안전관리법령상 위험물제조소 등에서 전기설비가 있는 곳에 적응하는 소화설비는?

① 옥내소화전설비
② 스프링클러설비
③ 포소화설비
④ 할로젠화합물 소화설비

전기설비의 화재 시에는 질식 또는 억제 소화가 효과적이므로 〈보기〉 중에서는 억제소화효과를 가지는 **할로젠화합물 소화설비**가 적응성이 있다.

똑똑한 풀이비법

포소화설비는 제4류 위험물의 화재 시에는 질식효과가 있지만,
전기설비의 화재 시에는 수분이 포함되어 있어서 사용해서는 안 된다.

22 스프링클러설비의 장점이 아닌 것은?

① 화재의 초기진압에 효율적이다.
② 사용약제를 쉽게 구할 수 있다.
③ 자동으로 화재를 감지하고 소화할 수 있다.
④ 다른 소화설비보다 구조가 간단하고, 시설비가 적다.

정답 17. ③ 18. ① 19. ① 20. ① 21. ④ 22. ④

④ 다른 소화설비보다 구조가 복잡하고, 시설비가 많이 든다.

23 다음 중 황화인에 대한 설명으로 옳지 않은 것은?

① 삼황화인은 황색 결정으로 공기 중 약 100℃에서 발화할 수 있다.
② 오황화인은 담황색 결정으로 조해성이 있다.
③ 오황화인은 물과 접촉하여 유독성 가스를 발생할 위험이 있다.
④ 삼황화인은 연소하여 황화수소가스를 발생할 위험이 있다.

④ 삼황화인은 연소 시 이산화황과 오산화인을 발생시키며 황화수소가스는 발생시키지 않는다.

1. 삼황화인(P_4S_3)은 황색 고체로서 착화점 100℃이며, 물, 염산, 황산에 안 녹고 질산, 알칼리, 끓는물, 이황화탄소에는 녹는다.
 - 삼황화인의 연소반응식
 $P_4S_3 + 8O_2 \rightarrow 3SO_2 + 2P_2O_5$
 삼황화인 산소 이산화황 오산화인
2. 오황화인(P_2S_5)의 착화점은 142℃이며, 황색 고체로서 조해성이 있다.
 1) 오황화인의 연소반응식
 $2P_2S_5 + 15O_2 \rightarrow 2P_2O_5 + 10SO_2$
 오황화인 산소 오산화인 이산화황
 2) 오황화인과 물과의 반응식
 $P_2S_5 + 8H_2O \rightarrow 5H_2S + 2H_3PO_4$
 오황화인 물 황화수소 인산

24 탄화칼슘의 취급방법에 대한 설명으로 옳지 않은 것은?

① 물, 습기와의 접촉을 피한다.
② 건조한 장소에 밀봉·밀전하여 보관한다.
③ 습기와 작용하여 다량의 메테인이 발생하므로 저장 중에 메테인가스의 발생 유무를 조사한다.
④ 저장용기에 질소가스 등 불활성 가스를 충전하여 저장한다.

③ 습기(물)와 반응 시 메테인이 아닌 아세틸렌(C_2H_2)가스를 발생한다.
 - 탄화칼슘과 물의 반응식
 $CaC_2 + 2H_2O \rightarrow Ca(OH)_2 + C_2H_2$
 탄화칼슘 물 수산화칼슘 아세틸렌

25 벤젠 1몰을 충분한 산소가 공급되는 표준상태에서 완전연소시켰을 때 발생하는 이산화탄소의 양은 몇 L인가?

① 22.4L
② 134.4L
③ 168.8L
④ 224.0L

벤젠의 연소반응식
$2C_6H_6 + 15O_2 \rightarrow 12CO_2 + 6H_2O$
벤젠 산소 이산화탄소 물

$$\therefore\ 1mol\ C_6H_6 \times \frac{12mol\ CO_2}{2mol\ C_6H_6} \times \frac{22.4L\ CO_2}{12mol\ CO_2} = 134.4L\ CO_2$$

26 다음 중 자연발화의 위험성이 가장 큰 물질은?

① 아마인유
② 야자유
③ 올리브유
④ 피마자유

제4류 위험물의 동식물유류 중 건성유는 자연발화의 위험성이 매우 높으며, 건성유의 식물유 종류로 동유, 해바라기유, **아마인유**, 들기름이 있다.

똑똑한 풀이비법

동(**동**유), 해(**해**바라기유), 아(**아**마인유), 들(**들**기름)로 암기한다.

27 황린의 저장방법으로 옳은 것은?

① 물속에 저장한다.
② 공기 중에 보관한다.
③ 벤젠 속에 저장한다.
④ 이황화탄소 속에 보관한다.

황린(제3류 위험물)은 자연발화를 방지하기 위해 pH 9인 약알칼리성의 물속에 저장해야 한다.

정답 23. ④ 24. ③ 25. ② 26. ① 27. ①

28 위험물제조소등의 허가에 관계된 설명으로 옳은 것은?

① 제조소등을 변경하고자 하는 경우에는 언제나 허가를 받아야 한다.
② 위험물의 품명을 변경하고자 하는 경우에는 언제나 허가를 받아야 한다.
③ 농예용으로 필요한 난방시설을 위한 지정수량 20배 이하의 저장소는 허가대상이 아니다.
④ 저장하는 위험물의 변경으로 지정수량의 배수가 달라지는 경우는 언제나 허가대상이 아니다.

① 제조소등에 대한 변경사항이 있을 때 변경허가를 받아야 하는 경우는 별도로 정해져 있으며 언제나 허가를 받아야 하는 것은 아니다.
② 위험물의 품명, 수량, 지정수량의 배수를 변경하고자 하는 경우에는 변경허가가 아닌 변경신고를 해야 한다.
③ 허가를 받지 않고 제조소등을 설치하거나 위치 · 구조 또는 설비를 변경할 수 있고, 신고를 하지 아니하고 위험물의 품명 · 수량 또는 지정수량의 배수를 변경할 수 있는 경우는 다음과 같다.
1) 주택의 난방시설(공동주택의 중앙난방시설을 제외한다)을 위한 저장소 또는 취급소
2) **농예용** · 축산용 또는 수산용으로 필요한 **난방시설** 또는 건조시설을 위한 **지정수량 20배 이하의 저장소**
④ 위험물의 품명 등의 변경으로 지정수량의 배수가 달라지면서 제조소등의 위치 · 구조 또는 설비의 기준이 달라지는 경우는 변경허가를 받아야 한다.

29 과산화수소의 위험성으로 옳지 않은 것은?

① 산화제로서 불연성 물질이지만 산소를 함유하고 있다.
② 이산화망가니즈 촉매하에서 분해가 촉진된다.
③ 분해를 막기 위해 하이드라진을 안정제로 사용할 수 있다.
④ 고농도의 것은 피부에 닿으면 화상의 위험이 있다.

③ 과산화수소(제6류 위험물)는 분해를 막기 위해 인산, 요산 등의 분해방지안정제를 사용한다.
※ 하이드라진(N_2H_4)은 제4류 위험물의 제2석유류이기 때문에 안정제로 사용할 수 없다.

30 위험물안전관리법령상 스프링클러설비가 제4류 위험물에 대하여 적응성을 갖는 경우는?

① 연기가 충만할 우려가 없는 경우
② 방사밀도(살수밀도)가 일정 수치 이상인 경우
③ 지하층의 경우
④ 수용성 위험물인 경우

스프링클러설비는 제4류 위험물 화재에는 사용할 수 없지만, 취급장소의 살수기준면적에 따라 스프링클러설비의 **살수밀도가 일정 기준 이상**이면 제4류 위험물 화재에도 사용할 수 있다.

31 금속은 덩어리상태보다 분말상태일 때 연소위험성이 증가하기 때문에 금속분을 제2류 위험물로 분류하고 있다. 연소위험성이 증가하는 이유로 잘못된 것은?

① 비표면적이 증가하여 반응면적이 증대되기 때문에
② 비열이 증가하여 열축적이 용이하기 때문에
③ 복사열의 흡수율이 증가하여 열의 축적이 용이하기 때문에
④ 대전성이 증가하여 정전기가 발생되기 쉽기 때문에

② 비열은 물질 1g의 온도를 1℃ 올리는 데 필요한 열량으로, 비열이 증가하면 온도를 올리는 데 많은 열을 필요로 하기 때문에 열축적은 어려워지고 연소위험성은 낮아지게 된다.

32 영하 20℃ 이하의 겨울철이나 한랭지에서 사용하기에 적합한 소화기는?

① 분무주수 소화기 ② 봉상주수 소화기
③ 물주수 소화기 ④ 강화액 소화기

④ 겨울철이나 한랭지에서 사용하기에 적합한 소화기는 강화액 소화기이다.

정답 28. ③ 29. ③ 30. ② 31. ② 32. ④

33 다음 물질 중에서 위험물안전관리법상 위험물의 범위에 포함되는 것은?

① 농도가 40중량%인 과산화수소 350kg
② 비중이 1.40인 질산 350kg
③ 직경 2.5mm의 막대모양인 마그네슘 500kg
④ 순도가 55중량%인 황 50kg

» ① 농도가 36중량% 이상의 과산화수소는 제6류 위험물의 기준에 해당하며 지정수량은 300kg이므로, **농도가 40중량%인 과산화수소 350kg은 지정수량 이상의 위험물에 해당**하는 조건이다.
② 비중이 1.49 이상의 질산은 제6류 위험물의 기준에 해당하며 지정수량은 300kg이므로, 비중이 1.40인 질산 350kg은 위험물에 해당하지 않는 조건이다.
③ 직경 2mm 이상의 막대모양인 마그네슘은 제2류 위험물에서 제외되는 조건이므로, 직경 2.5mm의 막대모양인 마그네슘은 위험물에 해당하지 않는 조건이다.
④ 순도가 60중량% 이상인 황은 제2류 위험물의 기준에 해당하며 지정수량은 100kg이므로, 순도가 55중량%인 황 50kg은 위험물에 해당하지 않는 조건이다.

34 제1류 위험물 중 과산화칼륨을 다음과 같이 반응시켰을 때 공통적으로 발생되는 기체는?

- 물과 반응을 시켰다.
- 가열하였다.
- 탄산가스와 반응시켰다.

① 수소 ② 이산화탄소
③ 산소 ④ 이산화황

» 제1류 위험물 중 **과산화칼륨**, 과산화나트륨, 과산화리튬은 물과의 반응은 물론 가열, 충격, 마찰 등 점화원의 유입 및 이산화탄소와 반응 시 모두 **산소를 발생**시킨다.
– 과산화칼륨과 물과의 반응식
$2K_2O_2 + 2H_2O \rightarrow 4KOH + O_2$
과산화칼륨 물 수산화칼륨 산소
– 과산화칼륨의 분해반응식
$2K_2O_2 \rightarrow 2K_2O + O_2$
과산화칼륨 산화칼륨 산소
– 과산화칼륨과 이산화탄소와의 반응식
$2K_2O_2 + 2CO_2 \rightarrow 2K_2CO_3 + O_2$
과산화칼륨 이산화탄소 탄산칼륨 산소

35 HNO_3에 대한 설명으로 틀린 것은?

① Al, Fe은 진한 질산에서 부동태를 생성해 녹지 않는다.
② 질산과 염산을 3 : 1의 비율로 제조한 것을 왕수라고 한다.
③ 부식성이 강하고 흡습성이 있다.
④ 직사광선에서 분해하여 NO_2를 발생한다.

» ② **염산과 질산을 3 : 1의 부피비율로 혼합**하여 제조한 것을 왕수라고 한다.

36 위험물을 유별로 정리하여 상호 1m 이상의 간격을 유지하는 경우에도 동일한 옥내저장소에 저장할 수 없는 것은?

① 제1류 위험물(알칼리금속의 과산화물 또는 이를 함유한 것을 제외한다)과 제5류 위험물
② 제1류 위험물과 제6류 위험물
③ 제1류 위험물과 제3류 위험물 중 황린
④ 인화성 고체를 제외한 제2류 위험물과 제4류 위험물

» 유별이 다른 위험물끼리 동일한 저장소에 저장할 수 있는 경우(단, 유별끼리 정리하여 1m 이상의 간격을 두는 경우이다.)
1) 제1류 위험물(알칼리금속의 과산화물 제외)과 제5류 위험물
2) 제1류 위험물과 제6류 위험물
3) 제1류 위험물과 제3류 위험물 중 자연발화성 물질(황린)
4) **제2류 위험물 중 인화성 고체와 제4류 위험물**
5) 제3류 위험물 중 알킬알루미늄등과 제4류 위험물(알킬알루미늄 또는 알킬리튬을 함유한 것)
6) 제4류 위험물 중 유기과산화물과 제5류 위험물 중 유기과산화물

37 플래시오버에 대한 설명으로 옳은 것은?

① 대부분 화재 초기(발화기)에 발생한다.
② 대부분 화재 종기(쇠퇴기)에 발생한다.
③ 내장재의 종류와 개구부의 크기에 영향을 받는다.
④ 산소의 공급이 주요 요인이 되어 발생한다.

정답 33. ① 34. ③ 35. ② 36. ④ 37. ③

>>> 플래시오버는 건물 내에서 화재가 진행되어 열이 축적되어 있다가 화염이 순간적으로 실내 전체로 확대되는 현상으로서 **산소의 공급이 주요 원인이 되지는 않으며** 화재의 성장기에서 최성기로 넘어가는 시점에 발생하고 내장재의 종류 또는 개구부의 크기에 따라 영향을 받을 수 있다.

38 다음 중 나이트로글리세린을 다공질의 규조토에 흡수시켜 제조한 물질은?

① 흑색화약 ② 나이트로셀룰로스
③ 다이너마이트 ④ 면화약

>>> 나이트로글리세린(제5류 위험물)을 다공질의 규조토에 흡수시키면 다이너마이트를 만들 수 있다.

39 소화기 속에 압축되어 있는 이산화탄소 1.1kg을 표준상태에서 분사하였다. 이산화탄소의 부피는 몇 m^3가 되는가?

① $0.56m^3$ ② $5.6m^3$
③ $11.2m^3$ ④ $24.6m^3$

>>> 이산화탄소(CO_2) 1mol의 분자량=12g(C)+16g(O)×2=44g/mol, 표준상태(0℃, 1기압)에서 기체 1몰의 부피=22.4L이며, 1kg=1,000g, 1,000L=$1m^3$임을 이용한다.

$$\therefore 1{,}100g\ CO_2 \times \frac{1mol\ CO_2}{44g\ CO_2} \times \frac{22.4L}{1mol\ CO_2} \times \frac{1m^3}{1{,}000L} = 0.56m^3$$

40 다음 ( ) 안에 적합한 숫자를 차례대로 나열한 것은?

자연발화성 물질 중 알킬알루미늄등은 운반용기 내용적의 ( )% 이하의 수납률로 수납하되 50℃의 온도에서 ( )% 이상의 공간용적을 유지하도록 할 것

① 90, 5 ② 90, 10
③ 95, 5 ④ 95, 10

>>> 운반용기의 수납률
1) 고체 위험물 : 운반용기 내용적의 95% 이하
2) 액체 위험물 : 운반용기 내용적의 98% 이하 (55℃에서 누설되지 않도록 공간용적을 유지)
3) **알킬알루미늄등** : 운반용기의 내용적의 **90% 이하**(50℃에서 **5% 이상의 공간용적**을 유지)

41 위험물안전관리법령상 염소화아이소사이아누르산은 몇 류 위험물인가?

① 제1류 ② 제2류
③ 제5류 ④ 제6류

>>> 염소화아이소사이아누르산은 행정안전부령으로 정하는 제1류 위험물로서 지정수량은 300kg이다.

42 다음 중 인화점이 0℃보다 작은 것은 모두 몇 개인가?

$C_2H_5OC_2H_5$, CS_2, CH_3CHO

① 0개 ② 1개
③ 2개 ④ 3개

>>> 1) $C_2H_5OC_2H_5$(다이에틸에터) : −45℃
2) CS_2(이황화탄소) : −30℃
3) CH_3CHO(아세트알데하이드) : −38℃

43 위험물안전관리법령에 따른 위험물의 운송에 관한 설명 중 틀린 것은?

① 알킬리튬과 알킬알루미늄 또는 이 중 어느 하나 이상을 함유한 것은 운송책임자의 감독·지원을 받아야 한다.
② 이동탱크저장소에 의하여 위험물을 운송할 때의 운송책임자에는 법정 교육을 이수하고 관련 업무에 2년 이상 경력이 있는 자도 포함된다.
③ 서울에서 부산까지 금속의 인화물 300kg을 1명의 운전자가 휴식 없이 운송해도 규정 위반이 아니다.
④ 운송책임자의 감독 또는 지원 방법에는 동승하는 방법과 별도의 사무실에서 대기하면서 규정된 사항을 이행하는 방법이 있다.

>>> ③ 서울에서 부산까지의 거리는 413km이기 때문에 제3류 위험물 중 금속의 인화물의 운송은 2명 이상의 운전자로 해야 한다.
※ 위험물운송자는 다음의 경우 2명 이상의 운전자로 해야 한다.
1) 고속국도에 있어서 340km 이상에 걸치는 운송을 하는 때

정답 38. ③ 39. ① 40. ① 41. ① 42. ④ 43. ③

2) 일반도로에 있어서 200km 이상 걸치는 운송을 하는 때
3) 1명의 운전자로 할 수 있는 경우
   ㉠ 운송책임자를 동승시킨 경우
   ㉡ 제2류 위험물, 제3류 위험물(칼슘 또는 알루미늄의 탄화물에 한한다) 또는 제4류 위험물(특수인화물 제외)을 운송하는 경우
   ㉢ 운송 도중에 2시간 이내마다 20분 이상씩 휴식하는 경우

44 다음 설명 중 제2석유류에 해당하는 것은? (단, 1기압상태이다.)

① 착화점이 21℃ 미만인 것
② 착화점이 30℃ 이상 50℃ 미만인 것
③ 인화점이 21℃ 이상 70℃ 미만인 것
④ 인화점이 21℃ 이상 90℃ 미만인 것

≫ 제4류 위험물 중 제2석유류의 인화점 기준은 21℃ 이상 70℃ 미만이다.

45 [그림]의 원통형 세로로 설치된 탱크에서 공간용적을 내용적의 10%라고 하면 탱크 용량(허가용량)은 약 몇 m^3인가?

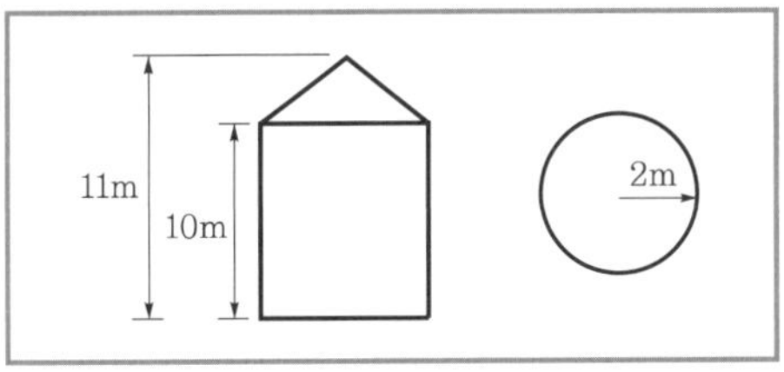

① $113.10m^3$
② $124.34m^3$
③ $129.06m^3$
④ $138.16m^3$

PLAY 풀이

≫ 탱크 내용적 $= \pi r^2 l$
공간용적이 10%이므로 탱크 용량은 탱크 내용적의 90%를 적용해야 한다.
∴ 탱크 용량 $= \pi \times 2^2 \times 10 \times 0.9 = 113.10m^3$

46 제3종 분말소화약제의 열분해반응식을 올바르게 나타낸 것은?

① $NH_4H_2PO_4 \rightarrow HPO_3 + NH_3 + H_2O$
② $2KNO_3 \rightarrow 2KNO_2 + O_2$
③ $KClO_4 \rightarrow KCl + 2O_2$
④ $2CaHCO_3 \rightarrow 2CaO + H_2CO_3$

≫ 제3종 분말소화약제의 열분해반응식
$NH_4H_2PO_4 \rightarrow HPO_3 + NH_3 + H_2O$
(인산암모늄 → 메타인산 + 암모니아 + 물)

47 위험물안전관리법령상 제2류 위험물 중 지정수량이 500kg인 물질에 의한 화재는 어느 것인가?

① A급 화재 ② B급 화재
③ C급 화재 ④ D급 화재

≫ 제2류 위험물 중 지정수량이 500kg인 것은 철분, 금속분, 마그네슘이며, 이들에 의한 화재는 D급 화재(금속화재)이다.

48 위험물제조소등에 설치하여야 하는 자동화재탐지설비의 설치기준에 대한 설명 중 틀린 것은?

① 자동화재탐지설비의 경계구역은 건축물, 그 밖의 공작물의 2 이상의 층에 걸치도록 할 것
② 하나의 경계구역에서 그 한 변의 길이는 50m(광전식 분리형 감지기를 설치할 경우에는 100m) 이하로 할 것
③ 자동화재탐지설비의 감지기는 지붕 또는 벽의 옥내에 면한 부분에 유효하게 화재의 발생을 감지할 수 있도록 설치할 것
④ 자동화재탐지설비에는 비상전원을 설치할 것

≫ 자동화재탐지설비의 경계구역
1) **건축물의 2 이상의 층에 걸치지 아니하도록 한다**(경계구역의 면적이 $500m^2$ 이하이면 그러하지 아니하다).
2) 하나의 경계구역의 면적은 $600m^2$ 이하로 한다.
3) 한 변의 길이는 50m(광전식 분리형 감지기의 경우에는 100m) 이하로 한다.
4) 건축물의 주요한 출입구에서 그 내부 전체를 볼 수 있는 경우는 면적을 $1{,}000m^2$ 이하로 한다.
5) 자동화재탐지설비의 감지기는 지붕 또는 벽의 옥내에 면한 부분에 화재발생을 감지할 수 있도록 설치한다.
6) 자동화재탐지설비에는 비상전원을 설치한다.

정답 44. ③ 45. ① 46. ① 47. ④ 48. ①

49 건조사와 같은 불연성 고체로 가연물을 덮는 것은 어떤 소화에 해당하는가?

① 제거소화
② 질식소화
③ 냉각소화
④ 억제소화

》 건조사와 같은 불연성 고체로 가연물을 덮는 것은 산소공급원을 차단시키는 것으로서 질식소화에 해당한다.

50 Mg, Na의 화재에 이산화탄소 소화기를 사용하였다. 화재현장에서 발생되는 현상은?

① 이산화탄소가 부착면을 만들어 질식소화된다.
② 이산화탄소가 방출되어 냉각소화된다.
③ 이산화탄소가 Mg, Na과 반응하여 화재가 확대된다.
④ 부촉매효과에 의해 소화된다.

》 Mg, Na의 화재에 이산화탄소 소화기를 사용하면 탄소(C)가 발생하여 오히려 화재가 더 커지게 된다.
– 나트륨과 이산화탄소와의 반응식
$4Na + 3CO_2 \rightarrow 2Na_2CO_3 + C$
나트륨 이산화탄소 탄산나트륨 탄소

51 다음 중 위험성이 더욱 증가하는 경우는?

① 황린을 수산화칼슘 수용액에 넣었다.
② 나트륨을 등유 속에 넣었다.
③ 트라이에틸알루미늄 보관용기 내에 아르곤가스를 봉입시켰다.
④ 나이트로셀룰로스를 알코올 수용액에 넣었다.

》 ① 수산화칼슘 수용액의 성분은 강알칼리성으로 약한 산성인 황린과 격렬하게 반응하여 포스핀(PH_3)이라는 독성 가스를 발생하여 위험성이 증가하게 된다. 따라서, 황린을 저장하는 보호액은 아주 소량의 수산화칼슘을 첨가하여 만든 pH 9인 약알칼리성의 물이다.

52 위험물안전관리법령상 위험물 운반 시 차광성이 있는 피복으로 덮지 않아도 되는 것은?

① 제1류 위험물
② 제2류 위험물
③ 제3류 위험물 중 자연발화성 물질
④ 제5류 위험물

》 1) 제1류 위험물, 제3류 위험물 중 자연발화성 물질, 제4류 위험물 중 특수인화물, 제5류 위험물 또는 제6류 위험물은 차광성이 있는 피복으로 가릴 것
2) 제1류 위험물 중 알칼리금속의 과산화물, 제2류 위험물 중 철분 · 금속분 · 마그네슘, 제3류 위험물 중 금수성 물질은 방수성이 있는 피복으로 덮을 것

53 흑색화약의 원료로 사용되는 위험물의 유별을 올바르게 나타낸 것은?

① 제1류, 제2류 ② 제1류, 제4류
③ 제2류, 제4류 ④ 제4류, 제5류

》 흑색화약의 원료로 사용되는 물질은 질산칼륨, 숯, 황이며, 이 중 질산칼륨은 **제1류 위험물**이고 황은 **제2류 위험물**이다.

54 다음의 위험물 중 비중이 물보다 큰 것은 모두 몇 개인가?

과염소산, 과산화수소, 질산

① 0 ② 1
③ 2 ④ 3

》 과염소산, 과산화수소, 질산은 모두 제6류 위험물이며, 모든 **제6류 위험물은 물보다 무겁고** 물에 잘 녹는다.

55 위험물제조소의 건축물 구조기준 중 연소의 우려가 있는 외벽은 출입구 외의 개구부가 없는 내화구조의 벽으로 하여야 한다. 이때 연소의 우려가 있는 외벽은 제조소가 설치된 부지의 경계선에서 몇 m 이내에 있는 외벽을 말하는가? (단, 단층 건물일 경우이다.)

① 3m
② 4m
③ 5m
④ 6m

◀ 연소의 우려가 있는 외벽의 기준

정답 49. ② 50. ③ 51. ① 52. ② 53. ① 54. ④ 55. ①

» 연소의 우려가 있는 외벽은 다음에서 정한 선을 기산점으로 하여 **3m**(제조소등이 2층 이상의 층은 5m) **이내에 있는 외벽**을 말한다.
1) 제조소등이 설치된 부지의 경계선
2) 제조소에 인접한 도로의 중심선
3) 제조소등의 외벽과 동일부지 내 다른 건축물의 외벽 간의 중심선

56 다음 중 위험물안전관리법령상 제6류 위험물에 해당하는 것은?

① 황산 ② 염산
③ 질산염류 ④ 할로젠간화합물

» ① 황산 : 비위험물
② 염산 : 비위험물
③ 질산염류 : 제1류 위험물
④ **할로젠간화합물 : 행정안전부령이 정하는 제6류 위험물**

57 위험물안전관리법에서 정한 정전기를 유효하게 제거할 수 있는 방법에 해당하지 않는 것은?

① 위험물 이송 시 배관 내 유속을 빠르게 하는 방법
② 공기를 이온화하는 방법
③ 접지에 의한 방법
④ 공기 중의 상대습도를 70% 이상으로 하는 방법

» 정전기 제거방법
1) 공기를 이온화할 것
2) 접지할 것
3) 공기 중의 상대습도를 70% 이상으로 할 것

58 B · C급 화재뿐만 아니라 A급 화재까지도 사용이 가능한 분말소화약제는?

① 제1종 분말소화약제
② 제2종 분말소화약제
③ 제3종 분말소화약제
④ 제4종 분말소화약제

» ①, ②, ④ : B · C급 화재
③ : A · B · C급 화재

59 할론 1301의 증기비중은? (단, 플루오린의 원자량은 19, 브로민의 원자량은 80, 염소의 원자량은 35.5이고, 공기의 분자량은 29이다.)

① 2.14 ② 4.15
③ 5.14 ④ 6.15

» 할론 1301의 화학식은 CF_3Br이며, 분자량은 12(C) + 19(F) × 3 + 80(Br) = 149이다. 증기비중은 물질의 분자량을 공기의 평균분자량인 29로 나누어 구하므로 증기비중 $= \frac{149}{29} = 5.14$이다.

60 20℃의 물 100kg이 100℃ 수증기로 증발하면 최대 몇 kcal의 열량을 흡수할 수 있는가? (단, 물의 증발잠열은 540cal/g이다.)

① 540kcal ② 7,800kcal
③ 62,000kcal ④ 108,000kcal

» 1) 물 100kg이 20℃에서 100℃로 온도변화하는 데 필요한(흡수하는) 열량
$Q = c \times m \times \Delta t$
여기서, Q : 열량(cal)
c : 비열(cal/g · ℃)
m : 질량(g)
Δt : 최종온도 − 초기온도(℃)

$$Q_1 = 1\text{cal/g} \cdot ℃ \times 100\text{kg} \times \frac{1{,}000\text{g}}{1\text{kg}} \times (100-20)℃$$
$$= 8.0 \times 10^6\text{cal} \times \frac{1\text{kcal}}{1{,}000\text{cal}}$$
$$= 8{,}000\text{kcal}$$

2) 100℃에서 물 100kg이 수증기로 상태변화하는 데 필요한(흡수하는) 열량
$Q = \gamma \times m$
여기서, Q : 열량(cal)
γ : 증발잠열(cal/g)
m : 질량(g)

$$Q_2 = 540\text{cal/g} \cdot ℃ \times \left(100\text{kg} \times \frac{1{,}000\text{g}}{1\text{kg}}\right)$$
$$= 5.4 \times 10^7\text{cal} \times \frac{1\text{kcal}}{1{,}000\text{cal}}$$
$$= 54{,}000\text{kcal}$$

$$\therefore Q = Q_1 + Q_2 = 8{,}000\text{kcal} + 54{,}000\text{kcal} = 62{,}000\text{kcal}$$

정답 56. ④ 57. ① 58. ③ 59. ③ 60. ③

2023

CBT 기출복원문제

제3회 위험물기능사

01 소화전용 물통 8L의 능력단위는 얼마인가?

① 0.1

② 0.3

③ 0.5

④ 1.0

》》

소화설비	용 량	능력단위
소화전용 물통	**8L**	**0.3**
수조 (소화전용 물통 3개 포함)	80L	1.5
수조 (소화전용 물통 6개 포함)	190L	2.5
마른모래 (삽 1개 포함)	50L	0.5
팽창질석 또는 팽창진주암 (삽 1개 포함)	160L	1.0

02 반지름 5m, 직선 10m, 곡선 5m인 양쪽으로 볼록한 탱크의 공간용적이 5%라면 탱크 용량은 몇 m^3인가?

① $196.3m^3$

② $261.6m^3$

③ $785.0m^3$

④ $994.8m^3$

PLAY ▶ 풀이

》》 내용적 $= \pi \times r^2 \times \left(l + \frac{l_1 + l_2}{3}\right)$

탱크의 공간용적이 5%이면 탱크 용량은 탱크 내용적의 95%이다.

$\therefore$ 탱크 용량 $= \pi \times 5^2 \times \left(10 + \frac{5+5}{3}\right) \times 0.95$

$= 994.84m^3$

03 위험물안전관리법령에 따른 자동화재탐지설비의 설치기준에서 하나의 경계구역 면적은 얼마 이하로 하여야 하는가? (단, 해당 건축물, 그 밖의 공작물의 주요한 출입구에서 그 내부 전체를 볼 수 없는 경우이다.)

① $500m^2$

② $600m^2$

③ $800m^2$

④ $1,000m^2$

》》 자동화재탐지설비의 경계구역

1) 자동화재탐지설비의 경계구역은 건축물의 2 이상의 층에 걸치지 아니하도록 한다(다만, 하나의 경계구역의 면적이 $500m^2$ 이하이면 그러하지 아니하다).
2) **하나의 경계구역의 면적은 $600m^2$ 이하**로 하고, 건축물의 주요한 출입구에서 그 내부 전체를 볼 수 있는 경우는 면적을 $1,000m^2$ 이하로 한다.
3) 하나의 경계구역에서 한 변의 길이는 50m(광전식 분리형 감지기를 설치한 경우에는 100m) 이하로 한다.
4) 자동화재탐지설비의 감지기는 지붕 또는 벽의 옥내에 면한 부분에 화재발생을 감지할 수 있도록 설치한다.
5) 자동화재탐지설비에는 비상전원을 설치한다.

04 위험물안전관리법령상 염소화규소화합물은 제 몇 류 위험물에 해당하는가?

① 제1류

② 제2류

③ 제3류

④ 제5류

》》 염소화규소화합물은 행정안전부령으로 정하는 **제3류 위험물**이다.

정답 01. ② 02. ④ 03. ② 04. ③

05 수소화칼슘이 물과 반응하였을 때의 생성물은 어느 것인가?

① 칼슘과 수소
② 수산화칼슘과 수소
③ 칼슘과 산소
④ 수산화칼슘과 산소

» 수소화칼슘과 물과의 반응식

$CaH_2 + 2H_2O \rightarrow Ca(OH)_2 + 2H_2$

수소화칼슘 물 수산화칼슘 수소

06 위험물안전관리법령상 옥내저장탱크와 탱크전용실의 벽과의 사이 및 옥내저장탱크의 상호간에는 몇 m 이상의 간격을 유지하여야 하는가? (단, 탱크의 점검 및 보수에 지장이 없는 경우는 제외한다.)

① 0.5m ② 1m
③ 1.5m ④ 2m

» 옥내저장탱크와 탱크전용실의 벽과의 사이 및 옥내저장탱크의 상호간에는 **0.5m 이상**의 간격을 유지하여야 한다.

07 위험물제조소에서 국소방식 배출설비의 배출능력은 1시간당 배출장소 용적의 몇 배 이상인 것으로 하여야 하는가?

① 5배 ② 10배
③ 15배 ④ 20배

» 위험물제조소에서 배출설비의 배출능력
1) 국소방식 : 1시간당 **배출장소 용적의 20배 이상**을 배출시킬 수 있을 것
2) 전역방식 : 바닥면적 $1m^2$마다 $18m^3$ 이상의 양을 배출시킬 수 있을 것

08 위험물안전관리법령상 해당하는 품명이 나머지 셋과 다른 하나는?

① 트라이나이트로페놀
② 트라이나이트로톨루엔
③ 나이트로셀룰로스
④ 테트릴

» ①, ②, ④ : 나이트로화합물
③ : 질산에스터류

09 위험물안전관리법령상 혼재할 수 없는 위험물은? (단, 위험물은 지정수량의 1/10을 초과하는 경우이다.)

① 적린과 황린
② 질산염류와 질산
③ 칼륨과 특수인화물
④ 유기과산화물과 황

» ① 위험물 운반의 혼재기준에서 적린(제2류 위험물)과 황린(제3류 위험물)은 혼재 불가능한 물질이다.

10 위험물안전관리법령상 특수인화물의 정의에 관한 내용이다. ( ) 안에 알맞은 수치를 차례대로 나타낸 것은?

> '특수인화물'이라 함은 이황화탄소, 다이에틸에터, 그 밖에 1기압에서 발화점이 섭씨 100도 이하인 것 또는 인화점이 섭씨 영하 ( )도 이하이고 비점이 섭씨 ( )도 이하인 것을 말한다.

① 40, 20 ② 20, 40
③ 20, 100 ④ 40, 100

» 특수인화물이란 이황화탄소, 다이에틸에터, 그 밖에 1기압에서 발화점이 섭씨 100도 이하인 것 또는 **인화점이 섭씨 영하 20도 이하이고 비점이 섭씨 40도 이하**인 것을 말한다.

11 위험물안전관리법령에서 정한 아세트알데하이드등을 취급하는 제조소의 특례에 관한 내용이다. ( ) 안에 해당하는 물질이 아닌 것은?

> 아세트알데하이드등을 취급하는 설비는 ( ), ( ), ( ), ( ) 또는 이들을 성분으로 하는 합금으로 만들지 아니할 것

① 동 ② 은
③ 금 ④ 마그네슘

정답 05. ② 06. ① 07. ④ 08. ③ 09. ① 10. ② 11. ③

≫ 아세트알데하이드등을 취급하는 설비는 수은, 은, 구리(동), 마그네슘과의 반응으로 금속아세틸리드라는 폭발성 물질을 생성하므로 이들 금속과 접촉을 피해야 한다.

12 페놀을 황산과 질산의 혼산으로 나이트로화하여 제조하는 제5류 위험물은?

① 아세트산 ② 피크르산
③ 나이트로글리콜 ④ 질산에틸

≫ 페놀을 황산과 질산으로 3번의 나이트로화반응을 하면 제5류 위험물의 나이트로화합물인 트라이나이트로페놀(피크르산)이 된다.
– 트라이나이트로페놀 제조방법

$$\underset{\text{페놀}}{C_6H_5OH} + \underset{\text{질산}}{3HNO_3} \xrightarrow{C-H_2SO_4} \underset{\text{트라이나이트로페놀}}{C_6H_2OH(NO_2)_3} + \underset{\text{물}}{3H_2O}$$

13 다음 위험물의 공통성질을 올바르게 설명한 것은?

나트륨, 황린, 트라이에틸알루미늄

① 상온, 상압에서 고체의 형태를 나타낸다.
② 상온, 상압에서 액체의 형태를 나타낸다.
③ 금수성 물질이다.
④ 자연발화의 위험이 있다.

≫ 1) 나트륨 : 고체로서 **자연발화성** 및 금수성 물질이다.
2) 황린 : 고체로서 **자연발화성** 물질이다.
3) 트라이에틸알루미늄 : 액체로서 **자연발화성** 및 금수성 물질이다.

14 2가지 물질을 섞었을 때 수소가 발생하는 것은?

① 칼륨과 에탄올
② 과산화마그네슘과 염화수소
③ 과산화칼륨과 탄산가스
④ 오황화인과 물

≫ ① 칼륨과 에틸알코올과의 반응식

$$\underset{\text{칼륨}}{2K} + \underset{\text{에틸알코올}}{2C_2H_5OH} \rightarrow \underset{\text{칼륨에틸레이트}}{2C_2H_5OK} + \underset{\text{수소}}{H_2}$$

15 금속분의 연소 시 주수소화를 하면 위험한 이유로 옳은 것은?

① 물에 녹아 산이 된다.
② 물과 작용하여 유독가스를 발생한다.
③ 물과 작용하여 수소가스를 발생한다.
④ 물과 작용하여 산소가스를 발생한다.

≫ 제2류 위험물에 속하는 금속분(알루미늄, 아연 등)은 **물과 반응하여 수소**라는 폭발성 가스를 발생하기 때문에 위험하다.

16 정전기 방지대책으로 가장 거리가 먼 것은?

① 접지를 한다.
② 공기를 이온화한다.
③ 21% 이상의 산소농도를 유지하도록 한다.
④ 공기의 상대습도를 70% 이상으로 한다.

≫ 정전기 제거방법
1) 접지를 한다.
2) 공기 중의 상대습도를 70% 이상으로 한다.
3) 공기를 이온화한다.

17 과염소산의 화재예방에 요구되는 주의사항에 대한 설명으로 옳은 것은?

① 유기물과 접촉 시 발화의 위험이 있기 때문에 가연물과 접촉시키지 않는다.
② 자연발화의 위험이 높으므로 냉각시켜 보관한다.
③ 공기 중 발화하므로 공기와의 접촉을 피해야 한다.
④ 액체상태는 위험하므로 고체상태로 보관한다.

≫ 산소공급원의 역할을 하는 과염소산(제6류 위험물)의 화재예방을 위해 가장 중요한 점은 유기물 등 **가연물과의 접촉을 방지**하는 것이다.

18 분말소화약제 중 제1종과 제2종 분말이 각각 열분해될 때 공통적으로 생성되는 물질은?

① N_2, CO_2 ② N_2, O_2
③ H_2O, CO_2 ④ H_2O, N_2

정답 12. ② 13. ④ 14. ① 15. ③ 16. ③ 17. ① 18. ③

1) 제1종 분말소화약제의 열분해반응식
$2NaHCO_3 \rightarrow Na_2CO_3 + CO_2 + H_2O$
탄산수소나트륨 탄산나트륨 이산화탄소 물
2) 제2종 분말소화약제의 열분해반응식
$2KHCO_3 \rightarrow K_2CO_3 + CO_2 + H_2O$
탄산수소칼륨 탄산칼륨 이산화탄소 물

19 위험물안전관리법령상 소화설비의 적응성에 관한 내용이다. 다음 중 옳은 것은?

① 마른모래는 대상물 중 제1류~제6류 위험물에 적응성이 있다.
② 팽창질석은 전기설비를 포함한 모든 대상물에 적응성이 있다.
③ 분말소화약제는 셀룰로이드류의 화재에 가장 적당하다.
④ 물분무소화설비는 전기설비에 사용할 수 없다.

② 마른모래와 팽창질석 또는 팽창진주암은 제1류 위험물부터 제6류 위험물까지 모든 위험물의 화재에 적응성을 가지며, 건축물, 그 밖의 공작물이나 전기설비의 화재에는 적응성이 없다.
③ 셀룰로이드와 같은 제5류 위험물의 화재에는 냉각소화가 적응성이 있고, 질식소화의 원리를 이용하는 분말소화약제는 적응성이 없다.
④ 물분무소화설비는 소화약제가 물이라 하더라도 물을 잘게 흩어 뿌려 연소면으로부터 공기를 차단하는 질식효과를 가지기 때문에 전기설비의 화재에 적응성이 있다.

20 다음 중 질산과 과염소산의 공통성질이 아닌 것은?

① 가연성이며, 강산화제이다.
② 비중이 1보다 크다.
③ 가연물과 혼합으로 발화의 위험이 있다.
④ 물과 접촉하면 발열한다.

제6류 위험물인 질산과 과염소산은 산소를 포함하고 있는 강산화제로서 자신은 **불연성 물질**이다. 물보다 무겁고 물에 잘 녹지만, 물과 접촉 시 발열현상을 나타낸다.

21 인화칼슘이 물과 반응할 경우에 대한 설명 중 틀린 것은?

① 발생가스는 가연성이다.
② 포스겐가스가 발생한다.
③ 발생가스는 독성이 강하다.
④ $Ca(OH)_2$가 생성된다.

인화칼슘(Ca_3P_2)은 물과 반응 시 수산화칼슘[$Ca(OH)_2$]과 포스핀(PH_3)이라는 독성이면서 가연성인 가스를 발생한다.
– 인화칼슘과 물과의 반응식
$Ca_3P_2 + 6H_2O \rightarrow 3Ca(OH)_2 + 2PH_3$
인화칼슘 물 수산화칼슘 포스핀
② 포스겐($COCl_2$)가스는 사염화탄소(CCl_4)가 물과 반응하거나 연소할 때 발생하는 독성 가스이다.

22 주수소화를 할 수 없는 위험물은?

① 금속분 ② 적린
③ 유황 ④ 과망가니즈산칼륨

제2류 위험물에 속하는 **금속분**(알루미늄, 아연 등)은 **주수소화하면 수소라는 폭발성 가스를 발생**하기 때문에 질식소화를 해야 한다.

23 제1류 위험물 중 흑색화약의 원료로 사용되는 것은?

① KNO_3 ② $NaNO_3$
③ BaO_2 ④ NH_4NO_3

제1류 위험물인 **질산칼륨(KNO_3)**에 숯과 제2류 위험물인 황(S)을 혼합하면 **흑색화약**을 만들 수 있다.

24 다음 중 제4류 위험물에 해당하는 것은?

① $Pb(N_3)_2$ ② CH_3ONO_2
③ N_2H_4 ④ NH_2OH

각 〈보기〉에 해당하는 위험물의 성질은 다음과 같다.

화학식	명 칭	유 별	품 명	지정수량
$Pb(N_3)_2$	아지화납	(행정안전부령으로 정하는) 제5류 위험물	금속의 아지 화합물	제1종 : 10kg, 제2종 : 100kg
CH_3ONO_2	질산메틸	제5류 위험물	질산 에스터류	
N_2H_4	하이드라진	**제4류 위험물**	제2석유류 (수용성)	2,000L
NH_2OH	하이드록실아민	제5류 위험물	하이드록실아민	제1종 : 10kg, 제2종 : 100kg

정답 19. ① 20. ① 21. ② 22. ① 23. ① 24. ③

25 인화칼슘, 탄화알루미늄, 나트륨이 물과 반응하였을 때 발생하는 가스에 해당하지 않는 것은?

① 포스핀가스 ② 수소
③ 이황화탄소 ④ 메테인

≫ 1) 인화칼슘은 물과 반응 시 수산화칼슘[$Ca(OH)_2$]과 포스핀(PH_3)을 생성한다.
 – 인화칼슘과 물과의 반응식
 $Ca_3P_2 + 6H_2O \rightarrow 3Ca(OH)_2 + 2PH_3$
 인화칼슘 물 수산화칼슘 포스핀
2) 탄화알루미늄은 물과 반응 시 수산화알루미늄[$Al(OH)_3$]과 메테인(CH_4)을 생성한다.
 – 탄화알루미늄과 물과의 반응식
 $Al_4C_3 + 12H_2O \rightarrow 4Al(OH)_3 + 3CH_4$
 탄화알루미늄 물 수산화알루미늄 메테인
3) 나트륨은 물과 반응 시 수산화나트륨($NaOH$)과 수소(H_2)를 생성한다.
 – 나트륨과 물과의 반응식
 $2Na + 2H_2O \rightarrow 2NaOH + H_2$
 나트륨 물 수산화나트륨 수소

26 질산칼륨을 약 400℃에서 가열하여 열분해시킬 때 주로 생성되는 물질은?

① 질산과 산소
② 질산과 칼륨
③ 아질산칼륨과 산소
④ 아질산칼륨과 질소

≫ 질산칼륨(KNO_3)은 열분해 시 **아질산칼륨**(KNO_2)과 **산소**를 발생한다.
 – 질산칼륨의 열분해반응식
 $2KNO_3 \rightarrow 2KNO_2 + O_2$
 질산칼륨 아질산칼륨 산소

27 각각 지정수량의 10배인 위험물을 운반할 경우 제5류 위험물과 혼재 가능한 위험물에 해당하는 것은?

① 제1류 위험물
② 제2류 위험물
③ 제3류 위험물
④ 제6류 위험물

≫ 운반 시 제5류 위험물과 혼재 가능한 것은 **제2류 위험물**과 제4류 위험물이다.

28 위험물안전관리법령상 제조소등의 관계인이 정기적으로 점검하여야 할 대상이 아닌 것은?

① 지정수량의 10배 이상의 위험물을 취급하는 제조소
② 지하탱크저장소
③ 이동탱크저장소
④ 지정수량의 100배 이상의 위험물을 저장하는 옥외탱크저장소

≫ 정기점검대상의 제조소등
1) 예방규정대상에 해당하는 것
 ㉠ 지정수량의 10배 이상의 위험물을 취급하는 제조소
 ㉡ 지정수량의 100배 이상의 위험물을 저장하는 옥외저장소
 ㉢ 지정수량의 150배 이상의 위험물을 저장하는 옥내저장소
 ㉣ **지정수량의 200배 이상의 위험물을 저장하는 옥외탱크저장소**
 ㉤ 암반탱크저장소
 ㉥ 이송취급소
 ㉦ 지정수량의 10배 이상의 위험물을 취급하는 일반취급소
2) 지하탱크저장소
3) 이동탱크저장소
4) 위험물을 취급하는 탱크로서 지하에 매설된 탱크가 있는 제조소, 주유취급소 또는 일반취급소

29 위험물안전관리법령상 위험물제조소의 옥외에 있는 하나의 액체 위험물 취급탱크 주위에 설치하는 방유제의 용량은 해당 탱크 용량의 몇 % 이상으로 하여야 하는가?

① 50% ② 60%
③ 100% ④ 110%

≫ 위험물제조소의 옥외에 있는 위험물취급탱크 주위에 설치하는 방유제의 용량
1) 하나의 위험물취급탱크 주위에 설치하는 방유제의 용량 : **탱크 용량의 50% 이상**
2) 2개 이상의 위험물취급탱크 주위에 설치하는 방유제의 용량 : 탱크 중 용량이 최대인 것의 50%에 나머지 탱크 용량 합계의 10%를 가산한 양 이상

정답 25. ③ 26. ③ 27. ② 28. ④ 29. ①

30 연소의 3요소인 산소의 공급원이 될 수 없는 것은?

① H_2O_2 ② KNO_3
③ HNO_3 ④ CO_2

》 ① H_2O_2(과산화수소) : 제6류 위험물(산소공급원)
② KNO_3(질산칼륨) : 제1류 위험물(산소공급원)
③ HNO_3(질산) : 제6류 위험물(산소공급원)
④ CO_2(이산화탄소) : 불연성 가스로서 **소화약제**로 사용

31 위험물의 자연발화를 방지하는 방법으로 가장 거리가 먼 것은?

① 통풍을 잘 시킬 것
② 저장실의 온도를 낮출 것
③ 습도가 높은 곳에 저장할 것
④ 정촉매 작용을 하는 물질과의 접촉을 피할 것

》 자연발화를 방지하기 위해서는 온도 및 습도를 모두 낮추어야 한다.

32 위험물안전관리법령상 제3류 위험물 중 금수성 물질의 제조소에 설치하는 주의사항 게시판의 바탕색과 문자색을 올바르게 나타낸 것은?

① 청색 바탕에 황색 문자
② 황색 바탕에 청색 문자
③ 청색 바탕에 백색 문자
④ 백색 바탕에 청색 문자

》 제3류 위험물 중 금수성 물질을 취급하는 제조소에는 **청색 바탕에 백색 문자**로 '물기엄금'이라는 주의사항을 표시해야 한다.

33 위험물안전관리법령상 알칼리금속의 과산화물에 적응성이 있는 소화설비는?

① 할로젠화합물 소화설비
② 탄산수소염류 분말소화설비
③ 물분무소화설비
④ 스프링클러설비

》 제1류 위험물 중 알칼리금속의 과산화물에 적응성이 있는 소화설비의 종류에는 **탄산수소염류 분말소화설비**, 마른모래, 팽창질석, 팽창진주암이 있다.

34 다음 중 강화액 소화약제의 주된 소화원리에 해당하는 것은?

① 냉각소화 ② 절연소화
③ 제거소화 ④ 발포소화

》 강화액 소화약제는 주된 소화원리가 **냉각소화**이며, 응고점이 낮아 잘 얼지 않기 때문에 한랭지에서나 겨울철에 많이 쓰인다.

35 이산화탄소 소화약제에 관한 설명 중 틀린 것은?

① 소화약제에 의한 오손이 없다.
② 소화약제 중 증발잠열이 가장 크다.
③ 전기 절연성이 있다.
④ 장기간 저장이 가능하다.

》 ② 물의 증발잠열은 539kcal/kg이고 이산화탄소의 증발잠열은 56.13kcal/kg이므로, 물의 증발잠열이 이산화탄소의 증발잠열보다 더 크다.

36 다음 중 제6류 위험물이 아닌 것은?

① 할로젠간화합물 ② 과염소산
③ 아염소산 ④ 과산화수소

》 ③ 아염소산($HClO_2$)은 위험물에 속하지 않는다.
※ 제6류 위험물의 구분
1) 위험물안전관리법에서 정하는 것 : 과염소산, 과산화수소, 질산
2) 행정안전부령으로 정하는 것 : 할로젠간화합물

37 나이트로글리세린에 대한 설명으로 옳은 것은?

① 물에 매우 잘 녹는다.
② 공기 중에서 점화하면 연소하나 폭발의 위험은 없다.
③ 충격에 민감하여 폭발을 일으키기 쉽다.
④ 제5류 위험물의 나이트로화합물에 속한다.

정답 30. ④ 31. ③ 32. ③ 33. ② 34. ① 35. ② 36. ③ 37. ③

① 물에 녹지 않고 알코올, 벤젠에 잘 녹는다.
② 공기 중에서 점화하면 연소와 함께 폭발의 위험이 높다.
④ 제5류 위험물 중 질산에스터류에 속한다.

38 다음 중 인화점이 가장 높은 것은?

① 등유 ② 벤젠
③ 아세톤 ④ 아세트알데하이드

① **등유**(제2석유류) : **25~50℃**
② 벤젠(제1석유류) : −11℃
③ 아세톤(제1석유류) : −18℃
④ 아세트알데하이드(특수인화물) : −38℃

39 제4류 위험물인 클로로벤젠의 지정수량으로 옳은 것은?

① 200L ② 400L
③ 1,000L ④ 2,000L

클로로벤젠(C_6H_5Cl)
1) 제4류 위험물 중 제2석유류 비수용성 물질로서 **지정수량은 1,000L**이다.
2) 인화점 32℃, 발화점 593℃, 비점 132℃, 비중 1.11이며, 물보다 무겁다.

40 다음 중 위험물안전관리법령상 위험물제조소에 설치하는 배출설비에 대한 내용으로 틀린 것은?

① 배출설비는 예외적인 경우를 제외하고는 국소방식으로 하여야 한다.
② 배출설비는 강제배출방식으로 한다.
③ 급기구는 낮은 장소에 설치하고 인화방지망을 설치한다.
④ 배출구는 지상 2m 이상 높이의 연소의 우려가 없는 곳에 설치한다.

① 배출설비는 국소방식을 원칙으로 하며 1시간당 배출장소용적의 20배 이상을 배출할 수 있는 능력을 갖추어야 한다.
② 배출설비는 강제배기(배출)방식으로 한다.
③ **급기구는 높은 곳에 설치**하고 가는 눈의 구리망 등으로 인화방지망을 설치한다.
④ 배출구는 덕트 또는 후드 등을 이용하여 지상 2m 이상의 높이에 설치한다.

41 위험물의 운반에 관한 기준에서 다음 ( ) 안에 들어갈 알맞은 온도는 몇 ℃인가?

> 적재하는 제5류 위험물 중 ( )℃ 이하의 온도에서 분해될 우려가 있는 것은 보냉 컨테이너에 수납하는 등 적정한 온도관리를 유지하여야 한다.

① 40 ② 50
③ 55 ④ 60

제5류 위험물 중 **55℃ 이하**의 온도에서 분해될 우려가 있는 것은 보냉컨테이너에 수납하는 등 적정한 온도관리를 해야 한다.

42 다음 중 제1류 위험물에 해당되지 않는 것은?

① 염소산칼륨 ② 과염소산암모늄
③ 과산화바륨 ④ 질산구아니딘

④ 질산구아니딘과 함께 금속의 아지화합물은 행정안전부령이 정하는 제5류 위험물에 속한다.

43 위험물안전관리법령상 배출설비를 설치해야 하는 옥내저장소의 기준에 해당하는 것은?

① 가연성 증기가 액화할 우려가 있는 장소
② 모든 장소의 옥내저장소
③ 가연성 미분이 체류할 우려가 있는 장소
④ 인화점이 70℃ 미만인 위험물의 옥내저장소

제조소 및 옥내저장소에는 기본적으로 환기설비를 설치해야 하지만, 배출설비를 설치해야 하는 경우는 다음과 같다.
1) 제조소 : 가연성 증기 또는 미분이 체류할 우려가 있는 장소
2) **옥내저장소 : 인화점이 70℃ 미만인 위험물**을 저장하는 저장창고

44 폼산에 대한 설명으로 옳지 않은 것은?

① 물, 알코올, 에터에 잘 녹는다.
② 개미산이라고도 한다.
③ 강한 산화제이다.
④ 녹는점이 상온보다 낮다.

정답 38. ① 39. ③ 40. ③ 41. ③ 42. ④ 43. ④ 44. ③

③ 직접연소가 가능한 제4류 위험물로 **강한 환원제**이다.
④ 녹는점은 8.5℃로서 상온(20℃)보다 낮다.

45 위험물 옥외저장소에서 지정수량 200배 초과의 위험물을 저장할 경우 경계표시 주위의 보유공지 너비는 몇 m 이상으로 하여야 하는가? (단, 제4류 위험물과 제6류 위험물이 아닌 경우이다.)

① 0.5m ② 2.5m
③ 10m ④ 15m

옥외저장소의 보유공지

저장 또는 취급하는 위험물의 최대수량	공지의 너비
지정수량의 10배 이하	3m 이상
지정수량의 10배 초과 20배 이하	5m 이상
지정수량의 20배 초과 50배 이하	9m 이상
지정수량의 50배 초과 200배 이하	12m 이상
지정수량의 200배 초과	**15m 이상**

※ 보유공지를 공지 너비의 1/3로 단축할 수 있는 위험물의 종류
1) 제4류 위험물 중 제4석유류
2) 제6류 위험물

46 이동저장탱크에 알킬알루미늄을 저장하는 경우에 불활성 기체를 봉입하는데 이때의 압력은 몇 kPa 이하이어야 하는가?

① 10kPa
② 20kPa
③ 30kPa
④ 40kPa

이동탱크저장소의 취급기준은 다음과 같다.
1) 알킬알루미늄의 이동탱크로부터 알킬알루미늄을 꺼낼 때에는 동시에 200kPa 이하의 압력으로 불활성 기체를 봉입할 것
2) **알킬알루미늄의 이동탱크에 알킬알루미늄을 저장할 때에는 20kPa 이하의 압력으로 불활성 기체를 봉입하여 둘 것**
3) 아세트알데하이드의 이동탱크로부터 아세트알데하이드를 꺼낼 때에는 동시에 100kPa 이하의 압력으로 불활성 기체를 봉입할 것

47 할론 1301의 화학식은 무엇인가?

① CCl_4 ② CH_3Br
③ CF_3Br ④ CF_2Br_2

할로젠화합물 소화약제는 할론명명법에 의해 번호를 부여한다. 그 방법으로는 C－F－Cl－Br의 순서대로 개수를 표시하는데, 원소의 위치가 바뀌어 있더라도 C－F－Cl－Br의 순서대로만 표시하면 된다. Halon 1301은 **CF_3Br**이 된다.

48 다음 중 화재발생 시 물을 이용한 소화가 효과적인 물질은?

① 트라이메틸알루미늄
② 황린
③ 나트륨
④ 인화칼슘

자연발화성 물질인 황린(제3류 위험물)은 물속에 보관하며, 화재 시 물로 냉각소화한다.

49 위험물안전관리법령상 자동화재탐지설비를 설치하지 않고 비상경보설비로 대신할 수 있는 것은?

① 일반취급소로서 연면적 $600m^2$인 것
② 지정수량 20배를 저장하는 옥내저장소로서 처마높이가 8m인 단층 건물
③ 단층 건물 외에 건축물에 설치된 지정수량 15배의 옥내탱크저장소로서 소화난이도등급 Ⅱ에 속하는 것
④ 지정수량 20배를 저장 · 취급하는 옥내주유취급소

경보설비의 종류 중 자동화재탐지설비만을 설치해야 하는 경우
1) 제조소 및 일반취급소로서 연면적 $500m^2$ 이상인 것
2) 옥내저장소로서 지정수량의 100배 이상을 저장하거나 처마높이가 6m 이상인 단층 건물의 것
3) 옥내탱크저장소로서 단층 건물 외의 건축물에 설치된 **옥내탱크저장소로서 소화난이도등급 Ⅰ에 해당하는 것**
4) 주유취급소로서 옥내주유취급소에 해당하는 것

정답 45. ④ 46. ② 47. ③ 48. ② 49. ③

50 위험물안전관리법령에 따른 대형수동식 소화기의 설치기준에서 방호대상물의 각 부분으로부터 하나의 대형수동식 소화기까지의 보행거리는 몇 m 이하가 되도록 설치하여야 하는가?

① 10m ② 15m
③ 20m ④ 30m

방호대상물의 각 부분으로부터 하나의 수동식 소화기까지의 보행거리
1) **대형수동식 소화기 : 30m 이하**
2) 소형수동식 소화기 : 20m 이하

51 위험물안전관리법령에서 정한 소화설비의 소요단위 산정방법에 대한 설명 중 옳은 것은?

① 위험물은 지정수량의 100배를 1소요단위로 함
② 저장소용 건축물로 외벽이 내화구조인 것은 연면적 $100m^2$를 1소요단위로 함
③ 제조소용 건축물로 외벽이 내화구조가 아닌 것은 연면적 $50m^2$를 1소요단위로 함
④ 저장소용 건축물로 외벽이 내화구조가 아닌 것은 연면적 $25m^2$를 1소요단위로 함

① 위험물은 지정수량의 10배를 1소요단위로 함
② 저장소용 건축물로 외벽이 내화구조인 것은 연면적 $150m^2$를 1소요단위로 함
④ 저장소용 건축물로 외벽이 내화구조가 아닌 것은 연면적 $75m^2$를 1소요단위로 함

52 다음 중 주된 연소형태가 나머지 셋과 다른 하나는?

① 아연분
② 양초
③ 코크스
④ 목탄

①, ③, ④ : 표면연소
② : 증발연소

53 위험물제조소등에 옥외소화전을 6개 설치할 경우 수원의 수량은 몇 m^3 이상이어야 하는가?

① $48m^3$ 이상
② $54m^3$ 이상
③ $60m^3$ 이상
④ $81m^3$ 이상

옥외소화전의 수원의 양은 옥외소화전 개수에 $13.5m^3$를 곱한 양 이상으로 하되, 소화전 개수가 4개 이상이면 최대 4개의 옥외소화전의 수만 곱해 주면 된다.
$\therefore 13.5m^3 \times 4 = 54m^3$

54 등유의 성질에 대한 설명 중 틀린 것은?

① 증기는 공기보다 가볍다.
② 인화점이 상온보다 높다.
③ 전기에 대해 불량도체이다.
④ 물보다 가볍다.

① **등유의 증기는 공기보다 무겁다.**
② 제4류 위험물 중 제2석유류이기 때문에 등유의 인화점은 21℃ 이상 70℃ 미만의 범위에 포함된다. 따라서, 등유의 인화점은 상온(20℃)보다 높다.
③ 금속성분이 아니기 때문에 전기에 대해 불량도체이다.
④ 물보다 가볍고 비수용성이다.

55 이황화탄소 기체는 수소 기체보다 20℃, 1기압에서 몇 배 더 무거운가?

① 11배 ② 22배
③ 32배 ④ 38배

$$증기비중 = \frac{물질의\ 분자량}{공기의\ 평균분자량(29)}$$

두 기체의 분자량을 29로 각각 나누어 주면 각 기체의 증기비중을 알 수 있지만 두 기체의 분자량의 차이가 바로 증기비중의 차이와 같은 값이므로 두 기체의 분자량의 배수를 구하면 된다.
이황화탄소(CS_2)의 분자량 : 12(C)+32(S)×2=76
수소(H_2)의 분자량 : 1(H)×2=2
$\therefore \frac{76}{2} = 38$배

정답 50. ④ 51. ③ 52. ② 53. ② 54. ① 55. ④

56 옥외저장탱크 중 압력탱크에 저장하는 다이에틸에터등의 저장온도는 몇 ℃ 이하이어야 하는가?

① 60℃ ② 40℃
③ 30℃ ④ 15℃

≫ 탱크에 저장할 경우 위험물의 저장온도
1. 옥외저장탱크, 옥내저장탱크 또는 지하저장탱크 중 압력탱크 외의 탱크에 저장하는 경우
   1) 아세트알데하이드 : 15℃ 이하
   2) 산화프로필렌과 다이에틸에터 : 30℃ 이하
2. **옥외저장탱크**, 옥내저장탱크 또는 지하저장탱크 중 **압력탱크**에 저장하는 경우
   – 아세트알데하이드, 산화프로필렌과 **다이에틸에터 : 40℃ 이하**
3. 보냉장치가 있는 이동저장탱크에 저장하는 경우
   – 아세트알데하이드, 산화프로필렌과 다이에틸에터 : 비점 이하
4. 보냉장치가 없는 이동저장탱크에 저장하는 경우
   – 아세트알데하이드, 산화프로필렌과 다이에틸에터 : 40℃ 이하

57 위험물을 저장할 때 필요한 보호물질을 올바르게 연결한 것은?

① 황린 – 석유
② 금속칼슘 – 에탄올
③ 이황화탄소 – 물
④ 금속나트륨 – 산소

≫ ① 황린 – 물
② 금속칼슘 – 밀폐용기에 보관
④ 금속나트륨 – 석유류(등유, 경유, 유동파라핀)

58 나이트로셀룰로스의 저장방법으로 옳은 것은?

① 물이나 알코올로 습윤시킨다.
② 에탄올과 에터 혼액에 침윤시킨다.
③ 수은염을 만들어 저장한다.
④ 산에 용해시켜 저장한다.

≫ 나이트로셀룰로스는 **함수알코올(물 또는 알코올)**에 적셔서 보관한다.

59 질산의 비중이 1.5일 때 1소요단위는 몇 L인가?

① 150L
② 200L
③ 1,500L
④ 2,000L

PLAY ▶ 풀이

≫ $\text{비중} = \dfrac{\text{물질의 밀도(g/mL)}}{\text{4℃ 물의 밀도(g/mL)}}$

질산의 밀도 : 1.5g/mL=1.5kg/L
(∵ 4℃ 물의 밀도=1g/mL)
1소요단위=위험물의 지정수량×10, 질산의 지정수량은 300kg이므로 질산의 1소요단위는 300kg×10=3,000kg이다.

$\therefore 3{,}000\text{kg } HNO_3 \times \dfrac{1\text{L } HNO_3}{1.5\text{kg } HNO_3}$

$= 2{,}000\text{L } HNO_3$

60 삼황화인 연소 시 발생가스에 해당하는 것은?

① 이산화황
② 황화수소
③ 산소
④ 인산

≫ 삼황화인의 연소반응식
$P_4S_3 + 8O_2 \rightarrow 2P_2O_5 + 3SO_2$
(삼황화인, 산소, 오산화인, 이산화황)

정답 56. ② 57. ③ 58. ① 59. ④ 60. ①

2023

CBT 기출복원문제

제4회 위험물기능사

01 액체 연료의 연소형태가 아닌 것은?

① 확산연소 ② 증발연소
③ 액면연소 ④ 분무연소

» 확산연소는 기체 연료의 대표적인 연소형태이다.

02 화학식과 Halon 번호를 올바르게 연결한 것은?

① CBr_2F_2 - 1202
② $C_2Br_2F_2$ - 2422
③ $CBrClF_2$ - 1102
④ $C_2Br_2F_4$ - 1242

» 할론 번호는 화학식에서의 F, Cl, Br의 위치에 관계없이 C-F-Cl-Br의 순서대로 원소의 개수를 읽어준다.
② $C_2Br_2F_2$ - 존재하지 않는 화학식이다.
③ $CBrClF_2$ - 1211
④ $C_2Br_2F_4$ - 2402

03 팽창질석(삽 1개 포함) 160L의 소화능력단위는?

① 0.5 ② 1.0
③ 1.5 ④ 2.0

» 기타 소화설비의 능력단위기준은 다음 [표]와 같다.

소화설비	용 량	능력단위
소화전용 물통	8L	0.3
수조 (소화전용 물통 3개 포함)	80L	1.5
수조 (소화전용 물통 6개 포함)	190L	2.5
마른모래 (삽 1개 포함)	50L	0.5
팽창질석 또는 팽창진주암 (삽 1개 포함)	**160L**	**1.0**

04 제조소등의 관계인이 예방규정을 정하여야 하는 제조소등에 해당하지 않는 것은?

① 지정수량의 200배 이상의 위험물을 저장하는 옥외탱크저장소
② 지정수량의 10배 이상의 위험물을 취급하는 제조소
③ 암반탱크저장소
④ 지하탱크저장소

» 예방규정을 정해야 하는 제조소등
1) 지정수량의 10배 이상의 위험물을 취급하는 제조소
2) 지정수량의 100배 이상의 위험물을 저장하는 옥외저장소
3) 지정수량의 150배 이상의 위험물을 저장하는 옥내저장소
4) 지정수량의 200배 이상의 위험물을 저장하는 옥외탱크저장소
5) 암반탱크저장소
6) 이송취급소
7) 지정수량의 10배 이상의 위험물을 취급하는 일반취급소

05 다음 중 위험물안전관리자 책무에 해당하지 않는 것은?

① 화재 등의 재난이 발생한 경우 소방관서에 대한 연락 업무
② 화재 등의 재난이 발생한 경우 응급조치
③ 위험물 취급에 관한 일지의 작성 기록
④ 위험물안전관리자의 선임신고

» 위험물안전관리자가 위험물안전관리자의 선임신고 업무를 하는 것은 불가능하다. 현재 위험물안전관리자가 없는 상태에서 신규로 위험물안전관리자의 신임신고를 하고자 한다면 이 신고업무를 해야 할 위험물안전관리자가 없는 상태라 할 수 있기 때문에 위험물안전관리자의 선임신고는 위험물안전관리자가 아닌 관계인이 해야 한다.

정답 01. ① 02. ① 03. ② 04. ④ 05. ④

06 황린과 적린의 공통성질이 아닌 것은?

① 물에 녹지 않는다.
② 이황화탄소에 잘 녹는다.
③ 연소 시 오산화인을 생성한다.
④ 화재 시 물을 사용하여 소화를 할 수 있다.

>>> 적린(P)은 이황화탄소에 녹지 않고, 황린(P_4)은 이황화탄소에 잘 녹는다.

07 메틸알코올의 연소범위를 더 좁게 하기 위하여 첨가하는 물질이 아닌 것은?

① 질소 ② 산소
③ 이산화탄소 ④ 아르곤

>>> 연소범위를 좁게 하는 것은 불연성 가스나 불활성 가스(질소, 이산화탄소, 아르곤)를 첨가하는 경우이고, 산소를 첨가하면 연소를 촉진시켜 연소범위는 더 넓어진다.

08 지정과산화물 옥내저장소의 저장창고 출입구 및 창의 설치기준으로 틀린 것은?

① 창은 바닥면으로부터 2m 이상의 높이에 설치한다.
② 하나의 창의 면적은 $0.4m^2$ 이내로 한다.
③ 하나의 벽면에 두는 창의 면적의 합계는 해당 벽면 면적의 80분의 1이 초과되도록 한다.
④ 출입구에는 60분+방화문 또는 60분 방화문을 설치한다.

>>> 지정과산화물 옥내저장소의 기준
1) 바닥면적 $150m^2$ 이내마다 격벽으로 구획할 것
2) 격벽의 두께 : 철근콘크리트조 또는 철골철근콘크리트조의 경우 30cm 이상으로 하고 보강콘크리트블록조의 경우 40cm 이상으로 할 것
3) 격벽의 돌출길이 : 창고 양측의 외벽으로부터 1m 이상으로 하고 창고 상부의 지붕으로부터 50cm 이상으로 할 것
4) 저장창고의 출입구에는 60분+방화문 또는 60분 방화문을 설치할 것
5) 저장창고의 창은 바닥으로부터 2m 이상의 높이에 설치할 것
6) 하나의 창의 면적 : $0.4m^2$ 이내로 할 것
7) 벽면에 부착된 모든 창의 면적의 합 : **벽면 면적의 80분의 1 이내**로 할 것

09 다음 [그림]과 같은 위험물저장탱크의 내용적은 약 몇 m^3인가? (단, r=10m, l=18m, l_1=3m, l_2=3m이다.)

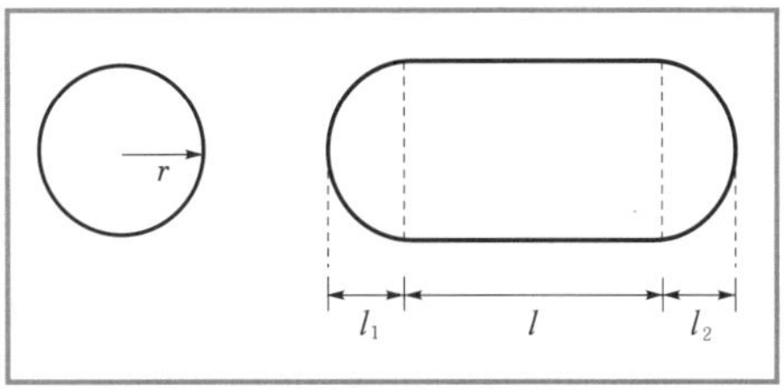

① $4,681m^3$
② $5,482m^3$
③ $6,283m^3$
④ $7,080m^3$

PLAY 풀이

>>>
$$내용적 = \pi \times r^2 \times \left(l + \frac{l_1 + l_2}{3}\right)$$
$$= \pi \times 10^2 \times \left(18 + \frac{3+3}{3}\right)$$
$$= 6,283m^3$$

10 위험물안전관리법령상 품명이 질산에스터류에 속하지 않는 것은?

① 질산에틸
② 나이트로글리세린
③ 나이트로톨루엔
④ 나이트로셀룰로스

>>> ③ 나이트로톨루엔은 제4류 위험물의 **제3석유류**에 해당한다.
※ 제5류 위험물의 질산에스터류의 종류
1) 질산메틸
2) 질산에틸
3) 나이트로글리콜
4) 나이트로글리세린
5) 나이트로셀룰로스
6) 셀룰로이드

정답 06. ② 07. ② 08. ③ 09. ③ 10. ③

11 위험물의 유별과 성질을 잘못 연결한 것은?

① 제2류 – 가연성 고체
② 제3류 – 자연발화성 및 금수성 물질
③ 제5류 – 자기반응성 물질
④ 제6류 – 산화성 고체

» ④ 제6류 – 산화성 액체

12 지정수량 10배의 위험물을 저장 또는 취급하는 제조소에 있어서 연면적이 최소 몇 m^2이면 자동화재탐지설비를 설치해야 하는가?

① $100m^2$ ② $300m^2$
③ $500m^2$ ④ $1,000m^2$

» 자동화재탐지설비만을 설치해야 하는 제조소 및 일반취급소는 다음 중 어느 하나에 해당하는 것이다.
1) 연면적 **$500m^2$ 이상**인 것
2) 지정수량의 100배 이상을 취급하는 것

13 화재의 종류 중 금속화재에 해당하는 것은?

① A급 ② B급
③ C급 ④ D급

» ① A급 : 일반화재
② B급 : 유류화재
③ C급 : 전기화재
④ **D급 : 금속화재**

14 화재 시 물을 이용한 냉각소화를 할 경우 오히려 위험성이 증가하는 물질은?

① 질산에틸 ② 마그네슘
③ 적린 ④ 황

» ② 마그네슘(제2류 위험물)을 물과 반응시키면 수소가 발생하여 위험성이 증가한다.
– 마그네슘과 물과의 반응식
$Mg + 2H_2O \rightarrow Mg(OH)_2 + H_2$
마그네슘 물 수산화마그네슘 수소

15 탄화칼슘에 대한 설명으로 틀린 것은?

① 시판품은 흑회색이며, 불규칙한 형태의 고체이다.
② 물과 작용하여 산화칼슘과 아세틸렌을 만든다.
③ 고온에서 질소와 반응하여 칼슘사이안아마이드(석회질소)가 생성된다.
④ 비중은 약 2.2이다.

» 탄화칼슘의 성질
② 물과의 반응으로 **수산화칼슘**(소석회)과 아세틸렌을 생성한다.
– 탄화칼슘과 물과의 반응식
$CaC_2 + 2H_2O \rightarrow Ca(OH)_2 + C_2H_2$
탄화칼슘 물 수산화칼슘 아세틸렌

16 제1류 위험물에 해당하지 않는 것은?

① 납의 산화물
② 질산구아니딘
③ 퍼옥소이황산염류
④ 염소화아이소사이아누르산

» ①, ③, ④ : 행정안전부령으로 정한 제1류 위험물
② 질산구아니딘 : 행정안전부령으로 정한 제5류 위험물

17 강화액 소화기에 대한 설명이 아닌 것은?

① 알칼리금속염류가 포함된 고농도의 수용액이다.
② A급 화재에 적응성이 있다.
③ 어는점이 낮아서 동절기에도 사용이 가능하다.
④ 물의 표면장력을 강화시킨 것으로 심부화재에 효과적이다.

» 강화액 소화기의 특징
1) 탄산칼륨이라는 알칼리금속염류가 포함된 고농도의 수용액으로 pH가 12인 강알칼리성이다.
2) A급 화재에 적응성이 있으며, 무상주수의 경우 A · B · C급 화재에도 적응성이 있다.
3) 어는점이 낮아서 동절기에도 사용이 가능하다.

18 다음 중 수소화나트륨 소화약제로 적당하지 않은 것은?

① 물 ② 건조사
③ 팽창질석 ④ 팽창진주암

정답 11. ④ 12. ③ 13. ④ 14. ② 15. ② 16. ② 17. ④ 18. ①

⋙ 수소화나트륨(제3류 위험물)은 금수성 물질이므로 마른모래, 팽창질석, 팽창진주암, 탄산수소염류 분말소화약제만이 적응성이 있으며, 물과 반응 시 수소를 발생하므로 물을 소화약제로 사용하면 안 된다.
– 수소화나트륨과 물과의 반응식
$NaH + H_2O \rightarrow NaOH + H_2$
수소화나트륨 물 수산화나트륨 수소

19 다음 위험물 중 인화점이 가장 낮은 것은?

① 아세톤 ② 이황화탄소
③ 클로로벤젠 ④ 다이에틸에터

⋙ ① 아세톤(제4류 위험물 제1석유류) : –18℃
② 이황화탄소(제4류 위험물 특수인화물) : –30℃
③ 클로로벤젠(제4류 위험물 제2석유류) : 32℃
④ **다이에틸에터(제4류 위험물 특수인화물) : –45℃**

똑똑한 풀이비법
인화점은 특수인화물과 제1석유류, 알코올류까지만 암기하고, 나머지 석유류들은 품명에 따른 인화점의 범위만 알고 있어도 된다.

20 분말소화약제 중 제1종과 제2종 분말이 각각 열분해될 때 공통적으로 생성되는 물질은?

① N_2, CO_2 ② N_2, O_2
③ H_2O, CO_2 ④ H_2O, N_2

⋙ 1) 제1종 분말소화약제의 열분해반응식(270℃)
$2NaHCO_3 \rightarrow Na_2CO_3 + \mathbf{CO_2} + \mathbf{H_2O}$
탄산수소나트륨 탄산나트륨 이산화탄소 물
2) 제2종 분말소화약제의 열분해반응식(190℃)
$2KHCO_3 \rightarrow K_2CO_3 + \mathbf{CO_2} + \mathbf{H_2O}$
탄산수소칼륨 탄산칼륨 이산화탄소 물

똑똑한 풀이비법
대부분의 소화약제의 반응에서는 CO_2, H_2O가 발생하여 CO_2는 질식작용, H_2O는 냉각작용을 한다.

21 다음 중 금속칼륨의 보호액으로서 적당하지 않은 것은?

① 등유 ② 유동파라핀
③ 경유 ④ 에탄올

⋙ ④ 에탄올은 칼륨과 반응하여 수소가스를 발생하므로 보호액으로 사용할 수 없다.
※ 칼륨(제3류 위험물)의 보호액은 석유류(등유, 경유, 유동파라핀 등)이다.
– 칼륨과 에탄올과의 반응식
$2K + 2C_2H_5OH \rightarrow 2C_2H_5OK + H_2$
칼륨 에탄올 칼륨에틸레이트 수소

22 염소산칼륨 20kg과 아염소산나트륨 10kg을 과염소산과 함께 저장하는 경우 지정수량의 1배로 저장하려면 과염소산은 얼마나 저장할 수 있는가?

① 20kg
② 40kg
③ 80kg
④ 120kg

⋙ 염소산칼륨의 지정수량은 50kg, 아염소산나트륨의 지정수량은 50kg, 과염소산의 지정수량은 300kg이므로 다음과 같다.

$$\frac{20kg}{50kg} + \frac{10kg}{50kg} + \frac{x(kg)}{300kg} = 1$$
$$0.4 + 0.2 + \frac{x}{300} = 1$$
$$\therefore x = 0.4 \times 300 = 120kg$$

23 단백포 소화약제의 제조공정에서 부동제로 사용하는 것은?

① 에틸렌글리콜
② 물
③ 가수분해단백질
④ 황산철(Ⅱ)

⋙ 포소화약제의 부동제(부동액)로 사용하는 것은 제4류 위험물의 제3석유류인 **에틸렌글리콜**이다.

24 15℃의 기름 100g에 8,000J의 열량을 주면 기름의 온도는 몇 ℃가 되겠는가? (단, 기름의 비열은 2J/g · ℃이다.)

① 25℃
② 45℃
③ 50℃
④ 55℃

정답 19. ④ 20. ③ 21. ④ 22. ④ 23. ① 24. ④

$Q=c\times m\times \Delta t$
여기서, Q : 열량(J)
c : 비열(J/g · ℃)
m : 질량(g)
Δt : 최종온도－초기온도(℃)
기름의 비열=2J/g · ℃, 최종온도를 t로 두면
$\Delta t=t-15$(℃)
∴ 8,000J = 2J/g · ℃×100g×(t−15)℃
t =55℃

25 위험물의 성질에 따라 강화된 기준을 적용하는 지정과산화물을 저장하는 옥내저장소에서 지정과산화물에 대한 설명으로 옳은 것은?

① 지정과산화물이란 제5류 위험물 중 유기과산화물 또는 이를 함유한 것으로서 지정수량이 10kg인 것을 말한다.
② 지정과산화물에는 제4류 위험물에 해당하는 것도 포함된다.
③ 지정과산화물이란 유기과산화물과 알킬알루미늄을 말한다.
④ 지정과산화물이란 유기과산화물 중 소방청장이 고시로 지정한 물질을 말한다.

지정과산화물이란 제5류 위험물 중 유기과산화물로서 지정수량이 10kg인 것을 말한다.

26 옥내저장탱크의 상호간에는 특별한 경우를 제외하고 최소 몇 m 이상의 간격을 유지하여야 하는가?

① 0.1m ② 0.2m
③ 0.3m ④ 0.5m

옥내저장탱크는 전용실의 안쪽 면과 탱크 사이의 거리 및 2개 이상의 탱크 사이의 상호거리를 모두 **0.5m 이상**으로 해야 한다.

27 다음 중 위험물의 저장방법에 관한 설명으로 틀린 것은?

① 알킬알루미늄은 물속에 보관한다.
② 황린은 물속에 보관한다.
③ 금속나트륨은 등유 속에 보관한다.
④ 금속칼륨은 경유 속에 보관한다.

① 알킬알루미늄은 **물과 반응 시 가연성 가스가 발생**하므로 용기 상부에 불연성 가스를 봉입하여 밀폐용기에 보관해야 한다.
② 자연발화성 물질인 황린은 물속에 보관한다.
③, ④ 나트륨과 칼륨은 등유, 경유 및 유동파라핀 속에 보관한다.

28 이송취급소의 교체밸브, 제어밸브 등의 설치기준으로 틀린 것은?

① 밸브는 원칙적으로 이송기지 또는 전용부지 내에 설치할 것
② 밸브는 그 개폐상태를 설치장소에서 쉽게 확인할 수 있도록 할 것
③ 밸브를 지하에 설치하는 경우에는 점검상자 안에 설치할 것
④ 밸브는 그 밸브의 관리에 관계하는 자가 아니면 수동으로만 개폐할 수 있도록 할 것

④ 이송취급소의 밸브는 그 밸브의 관리에 관계하는 자 외의 자가 수동으로 개폐할 수 없도록 한다.

29 건성유에 해당되지 않는 것은?

① 들기름 ② 동유
③ 아마인유 ④ 피마자유

동식물유류(제4류 위험물)는 건성유, 반건성유, 불건성유로 구분된다. 이 중 건성유의 종류에는 동유, 해바라기유, 아마인유, 들기름이 있다.

똑똑한 풀이비법
'동해아들'로 기억하자. 동(**동**유), 해(**해**바라기유), 아(**아**마인유), 들(**들**기름)

30 규조토에 흡수시켜 다이너마이트를 제조할 때 사용되는 위험물은?

① 다이나이트로톨루엔
② 질산에틸
③ 나이트로글리세린
④ 나이트로셀룰로스

나이트로글리세린(제5류 위험물)을 규조토에 흡수시키면 다이너마이트를 제조할 수 있다.

정답 25. ① 26. ④ 27. ① 28. ④ 29. ④ 30. ③

31 다음 중 제5류 위험물이 아닌 것은?

① 나이트로글리세린
② 나이트로톨루엔
③ 나이트로글리콜
④ 트라이나이트로톨루엔

» ① 나이트로글리세린 : 제5류 위험물의 질산에스터류
② **나이트로톨루엔** : **제4류 위험물**의 제3석유류
③ 나이트로글리콜 : 제5류 위험물의 질산에스터류
④ 트라이나이트로톨루엔 : 제5류 위험물의 나이트로화합물

32 다음 ( ) 안에 알맞은 수치를 차례대로 올바르게 나열한 것은?

> 위험물 암반탱크의 공간용적은 해당 탱크 내에 용출하는 ( )일간의 지하수 양에 상당하는 용적과 해당 탱크 내용적의 100분의 ( )의 용적 중에서 보다 큰 용적을 공간용적으로 한다.

① 1, 1　　② 7, 1
③ 1, 5　　④ 7, 5

» 위험물 암반탱크의 공간용적은 해당 탱크 내에 용출하는 **7일**간의 지하수 양에 상당하는 용적과 해당 탱크 내용적의 **100분의 1**의 용적 중에서 보다 큰 용적을 공간용적으로 한다.

33 수소, 아세틸렌과 같은 가연성 가스가 공기 중 누출되어 연소하는 형식에 가장 가까운 것은?

① 확산연소　　② 증발연소
③ 분해연소　　④ 표면연소

» 가연성 가스가 공기 중 누출되어 연소하는 형태는 **확산연소**이다.

34 위험물안전관리법령에 따른 스프링클러헤드의 설치방법에 대한 설명으로 옳지 않은 것은?

① 개방형 헤드는 반사판으로부터 하방으로 0.45m, 수평방향으로 0.3m의 공간을 보유할 것
② 폐쇄형 헤드는 가연성 물질 수납부분에 설치 시 반사판으로부터 하방으로 0.9m, 수평방향으로 0.4m의 공간을 확보할 것
③ 폐쇄형 헤드 중 개구부에 설치하는 것은 해당 개구부의 상단으로부터 높이 0.15m 이내의 벽면에 설치할 것
④ 폐쇄형 헤드 설치 시 급배기용 덕트의 긴 변의 길이가 1.2m를 초과하는 것이 있는 경우에는 해당 덕트의 윗부분에만 헤드를 설치할 것

» 1. 개방형 스프링클러헤드는 스프링클러헤드의 반사판으로부터 하방으로 0.45m 이상, 수평방향으로 0.3m 이상의 공간을 보유해야 한다.
2. 폐쇄형 스프링클러헤드
1) 스프링클러헤드의 반사판과 헤드의 부착면과의 거리는 0.3m 이하이어야 한다.
2) 스프링클러헤드는 가연성 물질 수납부분에 설치 시 반사판으로부터 하방으로 0.9m 이상, 수평방향으로 0.4m 이상의 공간을 확보해야 한다.
3) 스프링클러헤드 중 개구부에 설치하는 것은 해당 개구부의 상단으로부터 높이 0.15m 이내의 벽면에 설치해야 한다.
4) **급배기용 덕트 등의 긴 변의 길이가 1.2m를 초과하는 것이 있는 경우**에는 **해당 덕트의 아랫면에도 헤드를 설치**해야 한다.

35 과산화나트륨이 물과 반응하면 어떤 물질과 산소를 발생하는가?

① 수산화나트륨　　② 수산화칼륨
③ 질산나트륨　　④ 아염소산나트륨

» 과산화나트륨이 물과 반응하면 **수산화나트륨**(NaOH)과 산소(O_2)가 발생한다.
– 과산화나트륨과 물과의 반응식

$$\underset{\text{과산화나트륨}}{2Na_2O_2} + \underset{\text{물}}{2H_2O} \rightarrow \underset{\text{수산화나트륨}}{4NaOH} + \underset{\text{산소}}{O_2}$$

36 다음 중 물이 소화약제로 쓰이는 이유로 가장 거리가 먼 것은?

① 쉽게 구할 수 있다.
② 제거소화가 잘된다.
③ 취급이 간편하다.
④ 기화잠열이 크다.

정답 31. ② 32. ② 33. ① 34. ④ 35. ① 36. ②

≫ 물은 기화잠열(증발잠열)에 의해 연소면의 열을 흡수하여 연소면 온도를 발화점 이하로 낮추어 냉각소화하는 소화약제이며, 가연물을 제거하여 소화하는 제거소화와는 상관없는 소화약제이다.

37 질산과 과염소산의 공통성질에 해당하지 않는 것은?

① 산소를 함유하고 있다.
② 불연성 물질이다.
③ 강산이다.
④ 비점이 상온보다 낮다.

≫ ④ 과염소산의 비점은 39℃이고 질산의 비점은 86℃로 모두 상온(20℃)보다 높다.

38 제3류 위험물 중 금수성 물질에 적응성이 있는 소화설비는?

① 할로젠화합물 소화설비
② 포소화설비
③ 불활성가스 소화설비
④ 탄산수소염류등 분말소화설비

≫ 제1류 위험물 중 알칼리금속의 과산화물, 제2류 위험물 중 철분, 금속분, 마그네슘, 제3류 위험물 중 **금수성 물질에 적응성이 있는 소화설비는 탄산수소염류 분말소화설비**이다.

39 제6류 위험물을 저장하는 장소에 적응성이 있는 소화설비가 아닌 것은?

① 물분무소화설비
② 포소화설비
③ 불활성가스 소화설비
④ 옥내소화전설비

≫ 제6류 위험물은 산화성 액체로서 자체적으로 산소공급원을 포함하는 물질이므로 산소를 제거하는 질식소화는 불가능하고 물을 소화약제로 사용하는 소화설비가 적응성이 있다. 여기서, **불활성가스 소화설비는 질식소화원리**를 이용하는 대표적인 소화설비이며, 물분무소화설비, 포소화설비(질식소화도 가능) 및 옥내소화전설비는 물로 냉각소화가 가능한 소화설비들이다.

40 다음 중 물과의 반응성이 가장 낮은 것은?

① 인화알루미늄 ② 트라이에틸알루미늄
③ 오황화인 ④ 황린

≫ ① 인화알루미늄 : 제3류 위험물로서 물과 반응 시 독성이면서 가연성 가스인 포스핀(PH_3)을 발생한다.
② 트라이에틸알루미늄 : 제3류 위험물로서 물과 반응 시 가연성 가스인 에테인(C_2H_6)을 발생한다.
③ 오황화인 : 제2류 위험물로서 물과 반응 시 가연성 가스인 황화수소(H_2S)를 발생한다.
④ **황린** : 제3류 위험물로서 **물속에 보관**하는 물질이므로 물과의 반응성은 낮다.

41 위험물 옥내저장소에 과염소산 300kg, 과산화수소 300kg을 저장하고 있다. 저장창고에는 지정수량 몇 배의 위험물을 저장하고 있는가?

① 4 ② 3
③ 2 ④ 1

≫ 과염소산과 과산화수소는 제6류 위험물로서 지정수량은 둘 다 300kg이다.

$$\therefore \frac{300kg}{300kg} + \frac{300kg}{300kg} = 2$$

42 주유취급소의 벽(담)에 유리를 부착할 수 있는 기준에 대한 설명으로 옳은 것은?

① 유리 부착위치는 주입구, 고정주유설비로부터 2m 이상 이격되어야 한다.
② 지반면으로부터 50cm를 초과하는 부분에 한하여 설치하여야 한다.
③ 하나의 유리판 가로의 길이는 2m 이내로 한다.
④ 유리의 구조는 기준에 맞는 강화유리로 하여야 한다.

≫ ① 유리 부착위치는 주입구, 고정주유설비로부터 4m 이상 이격되어야 한다.
② 지반면으로부터 70cm를 초과하는 부분에 한하여 설치하여야 한다.
④ 유리의 구조는 기준에 맞는 접합유리로 하여야 한다.

정답 37. ④ 38. ④ 39. ③ 40. ④ 41. ③ 42. ③

43 위험물제조소의 환기설비 중 급기구는 급기구가 설치된 실의 바닥면적 몇 m^2마다 1개 이상으로 설치하여야 하는가?

① $100m^2$ ② $150m^2$
③ $200m^2$ ④ $800m^2$

》 위험물제조소의 환기설비 중 급기구는 급기구가 설치된 실의 바닥면적 **$150m^2$마다** 1개 이상으로 설치해야 한다.

44 공기를 차단하고 황린을 약 몇 ℃로 가열하면 적린이 생성되는가?

① 60℃
② 100℃
③ 150℃
④ 260℃

》 공기를 차단하고 황린(제3류 위험물)을 250℃ 내지 **260℃**로 가열하면 적린(제2류 위험물)이 만들어진다.

45 다음 물질 중 물에 대한 용해도가 가장 낮은 것은?

① 아크릴산
② 아세트알데하이드
③ 벤젠
④ 글리세린

》 ① 아크릴산 : 제2석유류(수용성)
② 아세트알데하이드 : 특수인화물(수용성)
③ **벤젠 : 제1석유류(비수용성)**
④ 글리세린 : 제3석유류(수용성)

46 위험물안전관리법령상 다음 ( ) 안에 알맞은 수치를 모두 합한 값은?

- 과염소산의 지정수량은 ( )kg이다.
- 과산화수소는 농도가 ( )wt% 미만인 것은 위험물에 해당하지 않는다.
- 질산은 비중이 ( ) 이상인 것만 위험물로 규정한다.

① 349.36 ② 549.36
③ 337.49 ④ 537.49

》 1) 과염소산의 지정수량은 300kg이다.
2) 과산화수소는 농도가 36wt% 이상을 위험물로 규정한다.
3) 질산은 비중이 1.49 이상인 것만 위험물로 규정한다.
∴ 300+36+1.49=337.49

47 연소가 잘 이루어지는 조건으로 거리가 먼 것은?

① 가연물의 발열량이 클 것
② 가연물의 열전도율이 클 것
③ 가연물과 산소와의 접촉표면적이 클 것
④ 가연물의 활성화에너지가 작을 것

》 ② 열전도율이 크면 자신이 가지고 있던 열을 상대에게 전달하는 양이 많아져 자신은 열을 갖지 못하게 되므로 가연물이 되기 힘들어진다.

48 다음 중 연소의 3요소를 모두 갖춘 것은?

① 휘발유+공기+수소
② 적린+수소+성냥불
③ 성냥불+황+염소산암모늄
④ 알코올+수소+염소산암모늄

》 ① 휘발유+공기+수소 = 가연물+산소공급원+가연물
② 적린+수소+성냥불 = 가연물+가연물+점화원
③ **성냥불+황+염소산암모늄 = 점화원+가연물+산소공급원**
④ 알코올+수소+염소산암모늄 = 가연물+가연물+산소공급원

49 위험물안전관리법령상 옥내저장소에서 기계에 의하여 하역하는 구조로 된 용기만을 겹쳐 쌓아 위험물을 저장하는 경우 그 높이는 몇 m를 초과하지 않아야 하는가?

① 2m ② 4m
③ 6m ④ 8m

정답 43. ② 44. ④ 45. ③ 46. ③ 47. ② 48. ③ 49. ③

》 옥내저장소 또는 옥외저장소의 저장용기를 쌓는 높이의 기준
1) **기계에 의하여 하역하는 구조로 된 용기 : 6m 이하**
2) 제4류 위험물 중 제3석유류, 제4석유류 및 동식물유류의 용기 : 4m 이하
3) 그 밖의 경우 : 3m 이하
4) 옥외저장소에서 용기를 선반에 저장하는 경우 : 6m 이하

50 화재발생 시 이를 알릴 수 있는 경보설비를 설치하여야 하는 제조소는 지정수량의 몇 배 이상인 위험물을 취급하는 제조소인가?

① 5배 ② 10배
③ 20배 ④ 100배

》 **지정수량의 10배 이상**을 저장 또는 취급하는 제조소등(이동탱크저장소는 제외)에는 자동화재탐지설비, 비상경보설비, 확성장치 또는 비상방송설비 중 1종 이상의 **경보설비를 설치**해야 한다.
※ 지정수량의 100배 이상을 저장 또는 취급하는 제조소 또는 일반취급소, 옥내저장소에는 자동화재탐지설비만을 설치해야 한다.

51 위험물안전관리법령상 위험물 운반 시 방수성 덮개를 하지 않아도 되는 위험물은?

① 나트륨
② 적린
③ 철분
④ 과산화칼륨

》 ① 나트륨 : 제3류 위험물의 금수성 물질
② **적린 : 제2류 위험물**
③ 철분 : 제2류 위험물
④ 과산화칼륨 : 제1류 위험물의 알칼리금속의 과산화물
※ 운반 시 위험물의 성질에 따른 조치의 기준
1. 차광성 피복으로 가려야 하는 위험물
1) 제1류 위험물
2) 제3류 위험물 중 자연발화성 물질
3) 제4류 위험물 중 특수인화물
4) 제5류 위험물
5) 제6류 위험물
2. 방수성 피복으로 가려야 하는 위험물
1) 제1류 위험물 중 알칼리금속의 과산화물
2) 제2류 위험물 중 철분, 금속분, 마그네슘
3) 제3류 위험물 중 금수성 물질

52 정기점검대상 제조소등에 해당하지 않는 것은?

① 이동탱크저장소
② 지정수량 120배의 위험물을 저장하는 옥외저장소
③ 지정수량 120배의 위험물을 저장하는 옥내저장소
④ 이송취급소

》 정기점검의 대상이 되는 제조소등
1) 예방규정대상에 해당하는 것
㉠ 지정수량의 10배 이상의 위험물을 취급하는 제조소
㉡ 지정수량의 100배 이상의 위험물을 저장하는 옥외저장소
㉢ **지정수량의 150배 이상의 위험물을 저장하는 옥내저장소**
㉣ 지정수량의 200배 이상의 위험물을 저장하는 옥외탱크저장소
㉤ 암반탱크저장소
㉥ 이송취급소
㉦ 지정수량의 10배 이상의 위험물을 취급하는 일반취급소
2) 지하탱크저장소
3) 이동탱크저장소
4) 위험물을 취급하는 탱크로서 지하에 매설된 탱크가 있는 제조소, 주유취급소 또는 일반취급소

53 위험물안전관리법령상 이동탱크저장소에 의한 위험물 운송 시 위험물운송자는 장거리에 걸치는 운송을 하는 때에는 2명 이상의 운전자로 하여야 한다. 다음 중 그러하지 않아도 되는 경우가 아닌 것은?

① 적린을 운송하는 경우
② 알루미늄의 탄화물을 운송하는 경우
③ 이황화탄소를 운송하는 경우
④ 운송 도중에 2시간 이내마다 20분 이상씩 휴식하는 경우

》 위험물의 운송기준
1. 운전자를 2명 이상으로 하는 경우
1) 고속국도에 있어서는 340km 이상에 걸치는 운송을 하는 때
2) 일반도로에 있어서는 200km 이상에 걸치는 운송을 하는 때

정답 50. ② 51. ② 52. ③ 53. ③

2. 운전자를 1명으로 할 수 있는 경우
   1) 운송책임자를 동승시킨 경우
   2) 제2류 위험물, 제3류 위험물(칼슘 또는 알루미늄의 탄화물에 한함) 또는 **제4류 위험물(특수인화물 제외)**을 운송하는 경우
   3) 운송 도중에 2시간 이내마다 20분 이상씩 휴식하는 경우

③ 이황화탄소는 제4류 위험물 중 특수인화물에 해당한다.

54 다음 중 위험물안전관리법이 적용되는 영역은 어느 것인가?

① 항공기에 의한 대한민국 영공에서의 위험물의 저장 · 취급 및 운반
② 궤도에 의한 위험물의 저장 · 취급 및 운반
③ 철도에 의한 위험물의 저장 · 취급 및 운반
④ 자가용승용차에 의한 지정수량 이하 위험물의 저장 · 취급 및 운반

» 육상에서의 위험물의 저장 · 취급 및 운반은 위험물안전관리법의 적용을 받지만 항공기, 선박, 철도 및 궤도에 의한 위험물의 저장 · 취급 및 운반은 위험물안전관리법의 적용을 받지 않는다.

55 인화칼슘이 물과 반응하였을 때 발생하는 가스는?

① 수소 ② 포스겐
③ 포스핀 ④ 아세틸렌

» 인화칼슘은 물과 반응 시 가연성이면서 동시에 유독성인 **포스핀**(PH_3)가스를 발생한다.
– 인화칼슘과 물과의 반응식
$Ca_3P_2 + 6H_2O \rightarrow 3Ca(OH)_2 + 2PH_3$
인화칼슘 물 수산화칼슘 포스핀

56 다음 중 수성막포 소화약제에 사용되는 계면활성제는?

① 염화단백포 계면활성제
② 산소계 계면활성제
③ 황산계 계면활성제
④ 플루오린계 계면활성제

» 소화약제에 따라 사용되는 계면활성제의 종류
1) 단백포 소화약제 : 단백질의 가수분해물 또는 단백질의 가수분해물과 플루오린계 계면활성제의 혼합물
2) 합성계면활성제포 소화약제 : 탄화수소계 계면활성제
3) **수성막포 소화약제 : 플루오린계 계면활성제**

57 다음 중 알루미늄분의 성질에 대한 설명으로 옳은 것은?

① 금속 중에서 연소열량이 가장 작다.
② 끓는물과 반응해서 수소를 발생한다.
③ 수산화나트륨 수용액과 반응해서 산소를 발생한다.
④ 안전한 저장을 위해 할로젠원소와 혼합한다.

» ① 철, 구리 등의 금속보다 더 큰 연소열량을 가진다.
② **끓는물과 반응**해서 수산화알루미늄[$Al(OH)_3$]과 **수소**(H_2)를 발생한다.
– 알루미늄과 물과의 반응식
$2Al + 6H_2O \rightarrow 2Al(OH)_3 + 3H_2$
알루미늄 물 수산화알루미늄 수소
③ 수산화나트륨 수용액과 반응해서 알루민산나트륨($NaAlO_2$)과 수소(H_2)를 발생한다.
– 알루미늄과 수산화나트륨 수용액과의 반응식
$2Al + 2NaOH + 2H_2O \rightarrow 2NaAlO_2 + 3H_2$
수소 수산화나트륨 물 알루민산나트륨 수소
④ 할로젠원소는 산소공급원의 성질이므로 혼합하면 위험하다.

58 위험물안전관리법령상 연면적이 450m^{2}인 저장소의 건축물 외벽이 내화구조가 아닌 경우 이 저장소의 소화기 소요단위는?

① 3 ② 4.5
③ 6 ④ 9

» 소요단위

구 분	외벽이 내화구조	외벽이 비내화구조
위험물 제조소 및 취급소	연면적 100m^2	연면적 50m^2
위험물저장소	연면적 150m^2	연면적 75m^2
위험물	지정수량의 10배	

외벽이 내화구조가 아닌 저장소는 연면적 75m^{2}가 1소요단위이므로, 연면적이 450m^{2}인 저장소는 450m^2/75m^2=6소요단위이다.

정답 54. ④ 55. ③ 56. ④ 57. ② 58. ③

59 일반적으로 알려진 황화인의 3종류에 속하지 않는 것은 무엇인가?

① P_4S_3

② P_2S_5

③ P_4S_7

④ P_2S_9

≫ 제2류 위험물 중 황화인의 3가지 종류
1) 삼황화인(P_4S_3)
2) 오황화인(P_2S_5)
3) 칠황화인(P_4S_7)

60 다음 중 원자량이 가장 큰 것은?

① K ② O

③ Na ④ Li

≫ 원자량은 원소 한 개의 질량을 의미한다.
원자번호가 짝수일 때 원자량 = 원자번호 × 2
원자번호가 홀수일 때 원자량 = (원자번호 × 2) + 1
① K : 원자번호 19이므로
원자량 = (19 × 2) + 1 = 39
② O : 원자번호 8이므로
원자량 = 8 × 2 = 16
③ Na : 원자번호 11이므로
원자량 = (11 × 2) + 1 = 23
④ Li : 원자번호 3이므로
원자량 = (3 × 2) + 1 = 7

정답 59. ④ 60. ①

2024 CBT 기출복원문제 제1회 위험물기능사

01 다음 중 산화성 액체 위험물의 화재예방상 가장 주의해야 할 점은?

① 0℃ 이하로 냉각시킨다.
② 공기와의 접촉을 피한다.
③ 가연물과의 접촉을 피한다.
④ 금속용기에 저장한다.

» 산화성 액체(제6류 위험물)는 산소공급원이기 때문에 가장 주의해야 할 점은 가연물과의 접촉이다.

02 다음 중 아세톤의 성질에 관한 설명으로 옳은 것은?

① 비중은 1.02이다.
② 물에 불용이고, 에터에 잘 녹는다.
③ 증기 자체는 무해하나 피부에 탈지작용이 있다.
④ 인화점이 0℃보다 낮다.

» ① 비중은 0.79로 1보다 작다.
② 물에 잘 녹는 수용성이고, 에터에도 잘 녹는다.
③ 증기는 유해하고, 피부에 탈지작용이 있다.
④ 인화점은 −18℃로 0℃보다 낮다.

03 다이에틸에터의 성질에 대한 설명으로 옳은 것은?

① 발화온도는 400℃이다.
② 증기는 공기보다 가볍고, 액상은 물보다 무겁다.
③ 알코올에 용해되지 않지만, 물에 잘 녹는다.
④ 연소범위는 1.9~48% 정도이다.

» ① 발화온도는 180℃이다.
② 증기는 공기보다 무겁고, 액상은 물보다 가볍다.
③ 알코올에 잘 녹지만, 물에는 안 녹는다.

04 위험물제조소 및 일반취급소에 설치하는 자동화재탐지설비의 설치기준으로 틀린 것은?

① 하나의 경계구역은 600m^2 이하로 하고, 한 변의 길이는 50m 이하로 한다.
② 주요한 출입구에서 내부 전체를 볼 수 있는 경우 경계구역은 1,000m^2 이하로 할 수 있다.
③ 광전식 분리형 감지기를 설치할 경우에는 하나의 경계구역을 1,000m^2 이하로 할 수 있다.
④ 비상전원을 설치하여야 한다.

» 자동화재탐지설비의 경계구역
1) 건축물의 2 이상의 층에 걸치지 아니하도록 할 것(하나의 경계구역의 면적이 500m^2 이하이면 그러하지 아니하다)
2) 하나의 경계구역의 면적은 600m^2 이하로 할 것
3) 한 변의 길이는 50m(**광전식 분리형 감지기의 경우에는 100m**) 이하로 할 것
4) 건축물의 주요한 출입구에서 그 내부 전체를 볼 수 있는 경우는 면적을 1,000m^2 이하로 할 것
5) 자동화재탐지설비의 감지기는 지붕 또는 벽의 옥내에 면한 부분에 화재발생을 감지할 수 있도록 설치할 것
6) 자동화재탐지설비에는 비상전원을 설치할 것

05 위험물안전관리법령상 옥내저장소 저장창고의 바닥은 물이 스며나오거나 스며들지 아니하는 구조로 하여야 한다. 다음 중 반드시 이 구조로 하지 않아도 되는 위험물은?

① 제1류 위험물 중 알칼리금속의 과산화물
② 제4류 위험물
③ 제5류 위험물
④ 제2류 위험물 중 철분

정답 01. ③ 02. ④ 03. ④ 04. ③ 05. ③

⋙ 물이 스며나오거나 스며들지 아니하는 바닥구조로 해야 하는 위험물
1) 제1류 위험물 중 알칼리금속의 과산화물
2) 제2류 위험물 중 철분, 금속분, 마그네슘
3) 제3류 위험물 중 금수성 물질
4) 제4류 위험물

06 위험물안전관리법령상 제4류 위험물에 적응성이 없는 소화설비는?

① 옥내소화전설비
② 포소화설비
③ 불활성가스 소화설비
④ 할로젠화합물 소화설비

⋙ 제4류 위험물의 화재에는 질식소화의 원리를 이용한 소화설비가 적응성이 있기 때문에 물을 소화약제로 이용하는 냉각소화 원리의 소화설비는 효과가 없다.
1) 냉각소화 원리의 소화설비 : **옥내소화전설비**, 옥외소화전설비, 스프링클러설비
2) 질식소화 원리의 소화설비 : 물분무소화설비, 포소화설비, 불활성가스 소화설비, 할로젠화합물 소화설비(억제소화도 포함), 분말소화설비

07 제조소등에서 위험물을 유출·방출 또는 확산시켜 사람을 상해에 이르게 한 경우의 벌칙에 관한 기준에 해당하는 것은?

① 3년 이상 10년 이하의 징역
② 무기 또는 10년 이하의 징역
③ 무기 또는 3년 이상의 징역
④ 무기 또는 5년 이상의 징역

⋙ 제조소등에서 위험물을 유출·방출 또는 확산시켜 사람을 상해에 이르게 한 때에는 **무기 또는 3년 이상의 징역에** 처하며, 사망에 이르게 한 때에는 무기 또는 5년 이상의 징역에 처한다.

08 위험물 적재방법 중 위험물을 수납한 운반용기를 겹쳐 쌓는 경우 높이는 몇 m 이하로 하여야 하는가?

① 2m ② 3m
③ 4m ④ 6m

⋙ 1. 옥내저장소 또는 옥외저장소의 저장용기를 쌓는 높이의 기준
1) 기계에 의하여 하역하는 구조로 된 용기 : 6m 이하
2) 제4류 위험물 중 제3석유류, 제4석유류 및 동식물유류 용기 : 4m 이하
3) 그 밖의 경우 : 3m 이하
4) 옥외저장소에서 용기를 선반에 저장하는 경우 : 6m 이하
2. 운반용기의 경우에는 위험물의 종류에 관계없이 겹쳐 쌓는 높이를 **3m 이하**로 한다.

09 탄화칼슘 취급 시 주의해야 할 사항은?

① 산화성 물질과 혼합하여 저장할 것
② 물의 접촉을 피할 것
③ 은, 구리 등의 금속용기에 저장할 것
④ 화재발생 시 이산화탄소 소화약제를 사용할 것

⋙ 탄화칼슘(제3류 위험물)은 물과 반응 시 아세틸렌(C_2H_2)가스를 발생하므로 물의 접촉을 피해야 한다.
– 탄화칼슘과 물과의 반응식

$$\underset{\text{탄화칼슘}}{CaC_2} + \underset{\text{물}}{2H_2O} \rightarrow \underset{\text{수산화칼슘}}{Ca(OH)_2} + \underset{\text{아세틸렌}}{C_2H_2}$$

10 [그림]과 같이 가로로 설치한 원형 탱크의 용량은 약 몇 m^3인가? (단, 공간용적은 내용적의 10/100이다.)

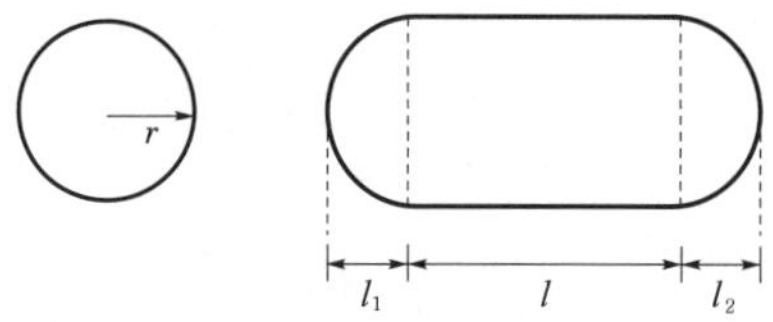

($r=5m$, $l=15m$, $l_1=3m$, $l_2=3m$)

① $1690.3m^3$
② $1335.1m^3$
③ $1268.4m^3$
④ $1201.7m^3$

⋙ 내용적 $= \pi \times r^2 \times \left(l + \frac{l_1 + l_2}{3}\right)$

탱크의 용적은 공간용적 10%를 뺀 내용적의 90%이다.

$\therefore$ 탱크 용적 $= \pi \times 5^2 \times \left(15 + \frac{3+3}{3}\right) \times 0.9$
$= 1201.7m^3$

정답 06. ① 07. ③ 08. ② 09. ② 10. ④

11 다음 중 분말소화약제의 분류가 바르게 연결된 것은?

① 제1종 분말약제 : $KHCO_3$
② 제2종 분말약제 : $KHCO_3 + (NH_2)_2CO$
③ 제3종 분말약제 : $NH_4H_2PO_4$
④ 제4종 분말약제 : $NaHCO_3$

» ① 제1종 분말약제 : $NaHCO_3$
② 제2종 분말약제 : $KHCO_3$
③ 제3종 분말약제 : $NH_4H_2PO_4$
④ 제4종 분말약제 : $KHCO_3 + (NH_2)_2CO$

12 다음 중 제2류 위험물이 아닌 것은?

① 황화인
② 황
③ 마그네슘
④ 칼륨

» ①, ②, ③ : 제2류 위험물
④ : 제3류 위험물

13 제5류 위험물에 관한 내용으로 틀린 것은?

① $C_2H_5ONO_2$: 상온에서 액체이다.
② $C_6H_2OH(NO_2)_3$: 공기 중 자연분해가 매우 잘된다.
③ $C_6H_3(NO_2)_2CH_3$: 담황색의 결정이다.
④ $C_3H_5(ONO_2)_3$: 혼산 중에 글리세린을 반응시켜 제조한다.

» ② $C_6H_2OH(NO_2)_3$[피크린산] : 단독으로는 마찰, 충격 등에 둔감하여 자연분해가 되지 않으며, 금속과 반응하면 피크린산염을 만들어 위험해진다.

14 분말소화약제 중 제1종과 제2종 분말이 각각 열분해될 때 공통으로 생성되는 물질은?

① N_2, CO_2
② N_2, O_2
③ H_2O, CO_2
④ H_2O, N_2

» 1) 제1종 분말소화약제의 분해반응식(270℃)

$2NaHCO_3 \rightarrow Na_2CO_3 + H_2O + CO_2$
탄산수소나트륨 → 탄산나트륨 + 물 + 이산화탄소

2) 제2종 분말소화약제의 분해반응식(190℃)

$2KHCO_3 \rightarrow K_2CO_3 + H_2O + CO_2$
탄산수소칼륨 → 탄산칼륨 + 물 + 이산화탄소

15 물과 반응하여 수소를 발생하는 물질로 불꽃반응 시 노란색을 나타내는 것은?

① 칼륨
② 과산화칼륨
③ 과산화나트륨
④ 나트륨

» 나트륨(제3류 위험물)은 물과 반응 시 수소를 발생하며 노란색 불꽃반응을 한다.
※ 칼륨(제3류 위험물)은 보라색 불꽃반응을 한다.

16 위험물안전관리법령상 소화설비의 구분에서 물분무등소화설비의 종류가 아닌 것은?

① 스프링클러설비
② 할로젠화합물 소화설비
③ 불활성가스 소화설비
④ 분말소화설비

» 물분무등소화설비의 종류
1) 물분무소화설비
2) 포소화설비
3) 불활성가스 소화설비
4) 할로젠화합물 소화설비
5) 분말소화설비

17 다음 중 화학식과 Halon 번호를 올바르게 연결한 것은?

① $CBr_2F_2 - 1202$ ② $C_2Br_2F_2 - 2422$
③ $CBrClF_2 - 1102$ ④ $C_2Br_2F_4 - 1242$

» 할론 번호는 화학식에서의 F, Cl, Br의 위치에 관계없이 C-F-Cl-Br의 순서대로 원소의 개수를 읽어준다.
② $C_2Br_2F_2$ – 존재하지 않는 화학식이다.
③ $CBrClF_2$ – 1211
④ $C_2Br_2F_4$ – 2402

정답 11. ③ 12. ④ 13. ② 14. ③ 15. ④ 16. ① 17. ①

18 위험물제조소등에 자체소방대를 두어야 할 대상으로 옳은 것은?

① 지정수량의 300배 이상의 제4류 위험물을 취급하는 저장소
② 지정수량의 300배 이상의 제4류 위험물을 취급하는 제조소
③ 지정수량의 3,000배 이상의 제4류 위험물을 취급하는 저장소
④ 지정수량의 3,000배 이상의 제4류 위험물을 취급하는 제조소

» 자체소방대를 설치해야 하는 기준은 지정수량 **3,000배 이상**의 제4류 위험물을 취급하는 **제조소** 또는 **일반취급소**이다.

19 위험물제조소의 건축물 구조기준 중 연소의 우려가 있는 외벽은 출입구 외에 개구부가 없는 내화구조의 벽으로 하여야 한다. 이때 연소의 우려가 있는 외벽은 제조소가 설치된 부지의 경계선에서 몇 m 이내에 있는 외벽을 말하는가? (단, 단층 건물일 경우이다.)

① 3m
② 4m
③ 5m
④ 6m

◀ 연소의 우려가 있는 외벽의 기준

» 연소의 우려가 있는 외벽은 다음에서 정한 선을 기산점으로 하여 **3m**(2층 이상의 층은 5m) 이내에 있는 외벽을 말한다.
1) 제조소등이 설치된 부지의 경계선
2) 제조소등에 인접한 도로의 중심선
3) 제조소등의 외벽과 동일부지 내의 다른 건축물의 외벽 간의 중심선

20 액체 연료의 연소형태가 아닌 것은?

① 확산연소
② 증발연소
③ 액면연소
④ 분무연소

» 확산연소는 기체 연료의 대표적인 연소형태이다.

21 다음 중 품명이 제4석유류인 위험물은 어느 것인가?

① 중유
② 기어유
③ 등유
④ 크레오소트유

» ① 중유 : 제3석유류
② 기어유 : 제4석유류
③ 등유 : 제2석유류
④ 크레오소트유 : 제3석유류

22 다음 중 질산에 대한 설명으로 옳은 것은 어느 것인가?

① 산화력은 없고, 강한 환원력이 있다.
② 자체 연소성이 있다.
③ 크산토프로테인반응을 한다.
④ 조연성과 부식성이 없다.

» 질산(제6류 위험물)은 산화력, 조연성, 부식성을 갖지만 자신은 불연성이며, 단백질과 반응 시 노란색으로 변하는데 이를 크산토프로테인반응이라 한다.
※ 산화력 : 태우는 힘
조연성 : 연소를 돕는 성질

23 다음 중 오황화인이 물과 반응하였을 때 생성된 가스를 연소시키면 발생하는 독성이 있는 가스는?

① 이산화질소
② 포스핀
③ 염화수소
④ 이산화황

» 물과 반응 시 발생하는 가스는 황화수소(H_2S)이며, 이를 연소시킬 경우 이산화황(SO_2)이 발생한다.
1) 오황화인과 물과의 반응식
$P_2S_5 + 8H_2O \rightarrow 5H_2S + 2H_3PO_4$
오황화인 물 황화수소 인산
2) 황화수소의 연소반응식
$2H_2S + 3O_2 \rightarrow 2H_2O + 2SO_2$
황화수소 산소 물 이산화황

정답 18. ④ 19. ① 20. ① 21. ② 22. ③ 23. ④

24 위험물의 성질에 따라 강화된 기준을 적용하는 지정과산화물을 저장하는 옥내저장소에서 지정과산화물에 대한 설명으로 옳은 것은 어느 것인가?

① 지정과산화물이란 제5류 위험물 중 유기과산화물 또는 이를 함유한 것으로서 지정수량이 10kg인 것을 말한다.

② 지정과산화물에는 제4류 위험물에 해당하는 것도 포함된다.

③ 지정과산화물이란 유기과산화물과 알킬알루미늄을 말한다.

④ 지정과산화물이란 유기과산화물 중 소방청장이 고시로 지정한 물질을 말한다.

» 지정과산화물이란 제5류 위험물 중 유기과산화물 또는 이를 함유한 것으로 지정수량이 10kg인 것을 말한다.

25 위험물관리법령상 소화설비의 적응성에서 소화설비의 종류가 아닌 것은?

① 물분무소화설비

② 방화설비

③ 옥내소화전설비

④ 물통

» 소화설비의 종류는 옥내소화전설비, 옥외소화전설비, 스프링클러설비, 물분무소화설비 외에도 물통과 수조, 마른 모래, 팽창질석, 팽창진주암 등이 있다.

26 다음 중 탄화칼슘에 대한 설명으로 틀린 것은 어느 것인가?

① 시판품은 흑회색이며, 불규칙한 형태의 고체이다.

② 물과 작용하여 산화칼슘과 아세틸렌을 만든다.

③ 고온에서 질소와 반응하여 칼슘사이안아마이드(석회질소)가 생성된다.

④ 비중은 약 2.2이다.

» 탄화칼슘의 성질
1) 흑회색의 물질로 비중은 2.2이다.
2) 상온에서는 질소와 반응하지 않지만 고온에서 반응하여 석회질소를 만든다.
3) 물과의 반응으로 **수산화칼슘**(소석회)과 아세틸렌을 생성한다.
– 탄화칼슘과 물과의 반응식

$$\underset{\text{탄화칼슘}}{CaC_2} + \underset{\text{물}}{2H_2O} \rightarrow \underset{\text{수산화칼슘}}{Ca(OH)_2} + \underset{\text{아세틸렌}}{C_2H_2}$$

27 다음 중 강화액 소화기에 대한 설명이 아닌 것은?

① 알칼리금속염류가 포함된 고농도의 수용액이다.

② A급 화재에 적응성이 있다.

③ 어는점이 낮아서 동절기에도 사용이 가능하다.

④ 물의 표면장력을 강화시킨 것으로 심부화재에 효과적이다.

» 강화액 소화기의 특징
1) 탄산칼륨이라는 알칼리금속염류가 포함된 고농도의 수용액으로 pH가 12인 강알칼리성이다.
2) A급 화재에 적응성이 있으며, 무상주수의 경우 A · B · C급 화재에도 적응성이 있다.
3) 어는점이 낮아서 동절기에도 사용이 가능하다.

28 15℃의 기름 100g에 8,000J의 열량을 주면 기름의 온도는 몇 ℃가 되겠는가? (단, 기름의 비열은 2J/g · ℃이다.)

① 25℃

② 45℃

③ 50℃

④ 55℃

PLAY ▶ 풀이

» $Q = c \times m \times \Delta t$
여기서, Q : 열량(J)
c : 비열(J/g · ℃)
m : 질량(g)
Δt : 최종온도 − 초기온도(℃)
기름의 비열=2J/g · ℃, 최종온도를 t로 두면 $\Delta t = t - 15$(℃)
∴ 8,000J = 2J/g · ℃ × 100g × (t−15)℃
t = 55℃

정답 24. ① 25. ② 26. ② 27. ④ 28. ④

29 지정수량의 10배의 위험물을 운반할 때 혼재가 가능한 것은?

① 제1류 위험물과 제2류 위험물
② 제1류 위험물과 제4류 위험물
③ 제4류 위험물과 제5류 위험물
④ 제5류 위험물과 제3류 위험물

◀ 위험물의 혼재기준

» 유별을 달리하는 위험물의 혼재기준은 다음 [표]와 같다.

위험물의 구분	제1류	제2류	제3류	제4류	제5류	제6류
제1류		×	×	×	×	○
제2류	×		×	○	○	×
제3류	×	×		○	×	×
제4류	×	○	○		○	×
제5류	×	○	×	◎		×
제6류	○	×	×	×	×	

30 건물의 외벽이 내화구조로서 연면적 $300m^2$의 옥내저장소에 필요한 소화기의 소요단위는 몇 단위인가?

① 1단위
② 2단위
③ 3단위
④ 4단위

» 소요단위

구 분	외벽이 내화구조	외벽이 비내화구조
위험물 제조소 및 취급소	연면적 $100m^2$	연면적 $50m^2$
위험물저장소	**연면적 $150m^2$**	연면적 $75m^2$
위험물	지정수량의 10배	

외벽이 내화구조인 옥내저장소는 연면적 $150m^2$가 1소요단위이므로 연면적 $300m^2$는 $\frac{300m^2}{150m^2}$ = 2단위이다.

31 단백포 소화약제의 제조공정에서 부동제로 사용하는 것은?

① 에틸렌글리콜
② 물
③ 가수분해 단백질
④ 황산철(Ⅱ)

» 포소화약제의 부동제(부동액)로 사용하는 것은 제4류 위험물의 제3석유류인 **에틸렌글리콜**이다.

32 염소산나트륨과 반응하여 ClO_2가스를 발생시키는 것은?

① 글리세린　　② 질소
③ 염산　　④ 산소

» 염소산나트륨(제1류 위험물)은 **염산**, 황산, 질산 등의 산과 반응 시 이산화염소(ClO_2)를 발생한다.
– 염소산나트륨과 염산과의 반응식

$$\underset{\text{염소산나트륨}}{2NaClO_3} + \underset{\text{염산}}{2HCl} \rightarrow \underset{\text{염화나트륨}}{2NaCl} + \underset{\text{이산화염소}}{2ClO_2} + \underset{\text{과산화수소}}{H_2O_2}$$

33 금속칼륨의 보호액으로서 적당하지 않은 것은?

① 등유
② 유동파라핀
③ 경유
④ 에탄올

» ④ 에탄올은 칼륨과 반응하여 수소가스를 발생하므로 보호액으로 사용할 수 없다.
※ 칼륨(제3류 위험물)의 보호액은 석유류(등유, 경유, 유동파라핀 등)이다.

34 위험물안전관리법령상 산화성 액체에 해당하지 않는 것은?

① 과염소산
② 과산화수소
③ 과염소산나트륨
④ 질산

» ①, ②, ④ : 제6류 위험물, 산화성 액체
③ : 제1류 위험물, 산화성 고체

정답　29. ③　30. ②　31. ①　32. ③　33. ④　34. ③

35 벤젠의 저장 및 취급 시 주의사항에 대한 설명으로 틀린 것은?

① 정전기 발생에 주의한다.
② 피부에 닿지 않도록 주의한다.
③ 증기는 공기보다 가벼워 높은 곳에 체류하므로 환기에 주의한다.
④ 통풍이 잘되는 서늘하고 어두운 곳에 저장한다.

>>> ③ 벤젠을 포함한 대부분의 제4류 위험물의 증기는 공기보다 무거워 낮게 체류하기 쉽다.

36 질산에스터류에 속하지 않는 것은?

① 나이트로셀룰로스
② 질산에틸
③ 나이트로글리세린
④ 다이나이트로페놀

>>> ①, ②, ③ : 질산에스터류
④ : 나이트로화합물

37 다음 중 적린과 동소체 관계에 있는 위험물은 어느 것인가?

① 오황화인
② 인화알루미늄
③ 인화칼슘
④ 황린

>>> 동소체란 단체로서 동일한 원소로 이루어져 있으며 성질은 다르지만 최종 연소생성물이 같은 물질을 말한다. 적린의 화학식은 P이고 황린의 화학식은 P_4인데 이 두 물질은 단체로서 성질은 서로 다르지만 두 물질 모두 연소 시 오산화인(P_2O_5)이라는 백색 연기를 발생하므로 서로 동소체의 관계에 있다.

38 경유에 대한 설명으로 틀린 것은?

① 물에 녹지 않는다.
② 비중은 1 이하이다.
③ 발화점이 인화점보다 높다.
④ 인화점은 상온 이하이다.

>>> ③ 인화점 50~70℃, 발화점 200℃이므로 발화점이 인화점보다 높다.
④ 제4류 위험물의 제2석유류이므로 인화점은 21℃ 이상 70℃ 미만으로 **상온(20℃) 이상**이다.

39 인화칼슘이 물과 반응하여 발생하는 가스는 무엇인가?

① PH_3
② H_2
③ CO_2
④ N_2

>>> 인화칼슘의 물과의 반응식
: $Ca_3P_2 + 6H_2O \rightarrow 3Ca(OH)_2 + 2PH_3$
(인화칼슘, 물, 수산화칼슘, 포스핀)
※ 포스핀은 인화수소라고도 불린다.

40 다음 중 물이 소화약제로 쓰이는 이유로 가장 거리가 먼 것은?

① 쉽게 구할 수 있다.
② 제거소화가 잘된다.
③ 취급이 간편하다.
④ 기화잠열이 크다.

>>> 물은 기화잠열(증발잠열)에 의해 연소면의 열을 흡수하여 연소면 온도를 발화점 이하로 낮추어 냉각소화하는 소화약제이며, 가연물을 제거하여 소화하는 제거소화와는 상관없는 소화약제이다.

41 다음 중 물과의 반응성이 가장 낮은 것은?

① 인화알루미늄
② 트라이에틸알루미늄
③ 오황화인
④ 황린

>>> ① 인화알루미늄 : 제3류 위험물로서 물과 반응 시 독성이면서 가연성 가스인 포스핀(PH_3)을 발생한다.
② 트라이에틸알루미늄 : 제3류 위험물로서 물과 반응 시 가연성 가스인 에테인(C_2H_6)을 발생한다.
③ 오황화인 : 제2류 위험물로서 물과 반응 시 가연성 가스인 황화수소(H_2S)를 발생한다.
④ **황린** : 제3류 위험물로서 **물속에 보관**하는 물질이므로 물과의 반응성은 낮다.

정답 35. ③ 36. ④ 37. ④ 38. ④ 39. ① 40. ② 41. ④

42 주유취급소의 벽(담)에 유리를 부착할 수 있는 기준에 대한 설명으로 옳은 것은?

① 유리 부착위치는 주입구, 고정주유설비로부터 2m 이상 이격되어야 한다.
② 지반면으로부터 50cm를 초과하는 부분에 한하여 설치하여야 한다.
③ 하나의 유리판 가로의 길이는 2m 이내로 한다.
④ 유리의 구조는 기준에 맞는 강화유리로 하여야 한다.

① 유리 부착위치는 주입구, 고정주유설비로부터 4m 이상 이격되어야 한다.
② 지반면으로부터 70cm를 초과하는 부분에 한하여 설치하여야 한다.
④ 유리의 구조는 기준에 맞는 접합유리로 하여야 한다.

43 위험물안전관리법령상 이동탱크저장소에 의한 위험물의 운송 시 장거리에 걸친 운송을 하는 때에는 2명 이상의 운전자로 하는 것이 원칙이다. 다음 중 예외적으로 1명의 운전자가 운송하여도 되는 경우의 기준으로 옳은 것은?

① 운송 도중에 2시간 이내마다 10분 이상씩 휴식하는 경우
② 운송 도중에 2시간 이내마다 20분 이상씩 휴식하는 경우
③ 운송 도중에 4시간 이내마다 10분 이상씩 휴식하는 경우
④ 운송 도중에 4시간 이내마다 20분 이상씩 휴식하는 경우

1. 운전자를 2명 이상으로 하는 경우
 1) 고속국도에 있어서는 340km 이상에 걸치는 운송을 하는 때
 2) 일반도로에 있어서는 200km 이상 걸치는 운송을 하는 때
2. 운전자를 1명으로 할 수 있는 경우
 1) 운송책임자를 동승시킨 경우
 2) 제2류 위험물, 제3류 위험물(칼슘 또는 알루미늄의 탄화물에 한함) 또는 제4류 위험물(특수인화물 제외)을 운송하는 경우
 3) **운송 도중에 2시간 이내마다 20분 이상씩 휴식하는 경우**

44 수소, 아세틸렌과 같은 가연성 가스가 공기 중 누출되어 연소하는 형식에 가장 가까운 것은?

① 확산연소 ② 증발연소
③ 분해연소 ④ 표면연소

가연성 가스가 공기 중 누출되어 연소하는 형태는 확산연소이다.

45 위험물제조소등의 종류가 아닌 것은?

① 간이탱크저장소 ② 일반취급소
③ 이송취급소 ④ 이동판매취급소

위험물제조소등이란 제조소, 저장소, 취급소를 말한다.
④ 이동판매취급소라는 종류는 존재하지 않는다.
※ 취급소의 종류
 1) 이송취급소 2) 주유취급소
 3) 일반취급소 4) 판매취급소

46 분말소화기의 소화약제로 사용되지 않는 것은?

① 탄산수소나트륨 ② 탄산수소칼륨
③ 과산화나트륨 ④ 인산암모늄

③ 과산화나트륨은 소화약제가 아닌 제1류 위험물이다.

47 제2류 위험물인 황의 대표적인 연소형태는?

① 표면연소 ② 분해연소
③ 증발연소 ④ 자기연소

황(제2류 위험물)은 고체로서 연소형태는 **증발연소**에 해당한다.

48 위험물안전관리법령상 알칼리금속의 과산화물에 적응성이 있는 소화설비는?

① 할로젠화합물 소화설비
② 탄산수소염류 분말소화설비
③ 물분무소화설비
④ 스프링클러설비

제1류 위험물 중 알칼리금속의 과산화물에 적응성이 있는 소화설비의 종류에는 **탄산수소염류 분말소화설비**, 마른 모래, 팽창질석, 팽창진주암이 있다.

정답 42. ③ 43. ② 44. ① 45. ④ 46. ③ 47. ③ 48. ②

49 삼황화인 연소 시 발생가스에 해당하는 것은?

① 이산화황 ② 황화수소
③ 산소 ④ 인산

>>> 삼황화인의 연소반응식

$P_4S_3 + 8O_2 \rightarrow 2P_2O_5 + 3SO_2$
삼황화인 산소 오산화인 이산화황

50 다음 중 수성막포 소화약제에 사용되는 계면활성제는?

① 염화단백포 계면활성제
② 산소계 계면활성제
③ 황산계 계면활성제
④ 플루오린계 계면활성제

>>> 소화약제에 따라 사용되는 계면활성제의 종류
1) 단백포 소화약제 : 단백질의 가수분해물 또는 단백질의 가수분해물과 플루오린계 계면활성제의 혼합물
2) 합성계면활성제포 소화약제 : 탄화수소계 계면활성제
3) **수성막포 소화약제 : 플루오린계 계면활성제**

51 다음 중 원자량이 가장 큰 것은?

① K ② O
③ Na ④ Li

>>> 원자량은 원소 한 개의 질량을 의미한다.
원자번호가 짝수일 때 원자량＝원자번호×2
원자번호가 홀수일 때 원자량＝(원자번호×2)＋1
① K : 원자번호 19이므로
원자량＝(19×2)＋1＝39
② O : 원자번호 8이므로
원자량＝8×2＝16
③ Na : 원자번호 11이므로
원자량＝(11×2)＋1＝23
④ Li : 원자번호 3이므로
원자량＝(3×2)＋1＝7

52 염소산칼륨의 성질에 대한 설명으로 옳은 것은 무엇인가?

① 가연성 액체이다.
② 강력한 산화제이다.
③ 물보다 가볍다.
④ 열분해하면 수소를 발생한다.

>>> 제1류 위험물로서 산소공급원을 가지므로 강력한 산화제(가연물을 태우는 성질의 물질)이다.
① 산화성 고체이다.
③ 모든 제1류 위험물은 물보다 무겁다.
④ 모든 제1류 위험물은 열분해하면 산소를 발생한다.

53 과산화칼륨이 물 또는 이산화탄소와 반응할 경우 공통적으로 발생하는 물질은?

① 산소 ② 과산화수소
③ 수산화칼륨 ④ 수소

>>> 과산화칼륨은 물 또는 이산화탄소와 반응하여 산소를 발생한다.
– 과산화칼륨과 물과의 반응식
$2K_2O_2 + 2H_2O \rightarrow 4KOH + O_2$
과산화칼륨 물 수산화칼륨 산소
– 과산화칼륨과 이산화탄소와의 반응식
$2K_2O_2 + 2CO_2 \rightarrow 2K_2CO_3 + O_2$
과산화칼륨 이산화탄소 탄산칼륨 산소

54 취급하는 장치가 구리나 마그네슘으로 되어 있을 때 반응을 일으켜서 폭발성의 아세틸라이드를 생성하는 물질은?

① 이황화탄소
② 아이소프로필알코올
③ 산화프로필렌
④ 아세톤

>>> 제4류 위험물 중 특수인화물에 속하는 **산화프로필렌** 또는 아세트알데하이드는 수은, 은, 구리 및 마그네슘과 반응을 일으켜 폭발성의 아세틸라이드를 생성한다.

55 등유에 대한 설명 중 틀린 것은?

① 비중은 물보다 작다.
② 증기비중은 공기보다 크다.
③ 전기에 대한 도체이므로 정전기 발생으로 인한 화재를 방지해야 한다.
④ 물에는 녹지 않지만, 유기용제에 녹고 유지 등을 녹인다.

>>> ③ 등유는 제4류 위험물로서 **전기에 대한 도체가 아니라 불량도체**이므로 정전기를 발생하며 이로 인한 화재를 방지해야 한다.

정답 49. ① 50. ④ 51. ① 52. ② 53. ① 54. ③ 55. ③

56 화재의 종류 중 유류화재에 해당하는 것은?

① A급　② B급
③ C급　④ K급

① A급 : 일반화재
② **B급 : 유류화재**
③ C급 : 전기화재
④ K급 : 주방화재

57 트라이나이트로페놀에 대한 일반적인 설명으로 틀린 것은?

① 가연성 물질이다.
② 황색의 액체 상태로 존재하며, 독성이 있다.
③ 알코올에 잘 녹는다.
④ 구리, 아연 등과 반응하여 예민한 금속을 만든다.

① 자기반응성이므로 자체적으로 가연성 물질과 산소공급원을 모두 포함하고 있다.
② 황색의 침상결정인 **고체 상태로 존재**한다.
③ 찬물에는 안 녹고, 온수, 알코올, 벤젠, 에터에는 잘 녹는다.
④ 단독으로는 충격 · 마찰 등에 둔감하지만, 구리, 아연 등 금속염류와의 혼합물은 피크린산염을 생성하여 마찰 · 충격 등에 위험해진다.

58 제4류 위험물의 저장 및 취급 방법에 대한 설명으로 틀린 것은?

① 인화점이 높은 위험물일수록 저장 시 용기 상부에 질소와 같은 불연성 가스 또는 아르곤 같은 불활성 기체를 봉입해야 한다.
② 발생된 증기는 높은 곳으로 배출해야 한다.
③ 휘발성이 있으므로 용기를 밀전 · 밀봉하여 보관한다.
④ 이황화탄소는 냉수에 보관한다.

① 특수인화물인 **아세트알데하이드(인화점 −38℃), 산화프로필렌(인화점 −37℃)**은 저장 시 용기 상부에 질소와 같은 불연성 가스 또는 아르곤 같은 불활성 기체를 봉입한다.

59 공기 중의 산소농도를 한계산소량 이하로 낮추어 연소를 중지시키는 소화방법은 어느 것인가?

① 냉각소화　② 제거소화
③ 억제소화　④ 질식소화

① 냉각소화 : 물이 고온에서 증발하였을 때 발생하는 증발잠열을 이용하여 연소면의 열을 흡수함으로써 온도를 발화점 미만으로 낮추어 소화하는 방법
② 제거소화 : 가연물을 제거하여 소화하는 방법
③ 억제소화 : 연쇄반응의 속도를 빠르게 하는 정촉매의 역할을 억제시켜 소화하는 방법
④ 질식소화 : 공기 중의 산소와 연소물과의 접촉을 차단시켜 연소에 필요한 **산소의 농도를 낮추어 소화하는 방법**

60 위험물제조소등에서 위험물안전관리법상 안전거리 규제대상이 아닌 것은?

① 충전하는 일반취급소
② 이송취급소
③ 옥내저장소
④ 옥내탱크저장소

제조소등의 안전거리를 제외할 수 있는 조건
1) 제6류 위험물을 취급하는 제조소, 취급소 또는 저장소
2) 주유취급소
3) 판매취급소
4) 지하탱크저장소
5) **옥내탱크저장소**
6) 이동탱크저장소
7) 간이탱크저장소
8) 암반탱크저장소

정답 56. ② 57. ② 58. ① 59. ④ 60. ④

2024

CBT 기출복원문제

제2회 위험물기능사

01 염소산칼륨의 성질에 대한 설명으로 옳은 것은 무엇인가?

① 가연성 액체이다.
② 강력한 산화제이다.
③ 물보다 가볍다.
④ 열분해하면 수소를 발생한다.

≫ ① 산화성 고체이다.
③ 모든 제1류 위험물은 물보다 무겁다.
④ 모든 제1류 위험물은 열분해하면 산소를 발생한다.

02 지중탱크 누액방지판의 구조에 관한 기준으로 틀린 것은?

① 두께 4.5mm 이상의 강판으로 할 것
② 용접은 맞대기용접으로 할 것
③ 침하 등에 의한 지중탱크 본체의 변위영향을 흡수하지 아니할 것
④ 일사 등에 의한 열의 영향 등에 대하여 안전할 것

≫ 지중탱크의 누액방지판은 두께 4.5mm 이상의 강판으로 하며, **누액방지판의 용접은 맞대기용접으로 한다. 또한 누액방지판은 침하 등에 의한 지중탱크 본체의 변위영향을 흡수할 수 있는 것**으로 해야 하며, 누액방지판은 일사 등에 의한 열영향, 콘크리트의 건조·수축 등에 의한 응력에 대하여 안전한 것으로 한다.

03 다음 중 전기설비에 적응성이 없는 소화설비는 어느 것인가?

① 불활성가스 소화설비
② 물분무소화설비
③ 포소화설비
④ 할로젠화합물 소화설비

≫ 전기설비의 화재에는 물을 사용할 수 없다. 물분무소화설비는 소화약제가 물이라 하더라도 물을 잘게 흩어 뿌리기 때문에 효과가 있지만 포소화약제의 경우 포함된 수분 때문에 효과가 없다.

소화설비의 구분 \ 대상물의 구분			건축물·그 밖의 공작물	전기설비	제1류 위험물: 알칼리금속의 과산화물등	제1류 위험물: 그 밖의 것	제2류 위험물: 철분·금속분·마그네슘 등	제2류 위험물: 인화성 고체	제2류 위험물: 그 밖의 것	제3류 위험물: 금수성 물품	제3류 위험물: 그 밖의 것	제4류 위험물	제5류 위험물	제6류 위험물
옥내소화전 또는 옥외소화전 설비			○			○		○	○		○		○	○
스프링클러설비			○			○		○	○		○	△	○	○
물분무등 소화설비	물분무소화설비		○	○		○		○	○		○	○	○	○
물분무등 소화설비	포소화설비		○	×		○		○	○		○	○	○	○
물분무등 소화설비	불활성가스 소화설비			○				○				○		
물분무등 소화설비	할로젠화합물 소화설비			○				○				○		
물분무등 소화설비	분말소화설비	인산염류등	○	○		○		○	○			○		○
물분무등 소화설비	분말소화설비	탄산수소염류등		○	○		○	○		○		○		
물분무등 소화설비	분말소화설비	그 밖의 것			○		○			○				

04 이동탱크저장소의 위험물 운송에 있어서 운송책임자의 감독·지원을 받아 운송하여야 하는 위험물의 종류에 해당하는 것은?

① 칼륨
② 알킬알루미늄
③ 질산에스터류
④ 아염소산염류

≫ 이동탱크저장소의 위험물 운송에 있어서 운송책임자의 감독·지원을 받아 운송하여야 하는 위험물은 **알킬알루미늄**과 알킬리튬이다.

정답 01. ② 02. ③ 03. ③ 04. ②

05 제1종 분말소화약제의 화학식과 색상이 바르게 연결된 것은?

① $NaHCO_3$ – 백색
② $KHCO_3$ – 백색
③ $NaHCO_3$ – 담홍색
④ $KHCO_3$ – 담홍색

≫ 종별 분말소화약제의 종류 및 성질

분말의 종류	주성분	화학식	적응 화재	착 색
제1종 분말	탄산수소나트륨	$NaHCO_3$	B, C	**백색**
제2종 분말	탄산수소칼륨	$KHCO_3$	B, C	보라색
제3종 분말	인산암모늄	$NH_4H_2PO_4$	A, B, C	담홍색
제4종 분말	탄산수소칼륨과 요소의 반응생성물	$KHCO_3 + (NH_2)_2CO$	B, C	회색

06 다음 중 탄화칼슘의 저장소에 수분이 침투하여 반응하였을 때 발생하는 가연성 가스는 어느 것인가?

① 메테인
② 아세틸렌
③ 에테인
④ 프로페인

≫ 탄화칼슘의 물과의 반응식

$CaC_2 + 2H_2O \rightarrow Ca(OH)_2 + C_2H_2$

탄화칼슘 물 수산화칼슘 아세틸렌

07 다음 중 품명이 나머지 셋과 다른 하나는 어느 것인가?

① 질산메틸
② 트라이나이트로페놀
③ 나이트로글리세린
④ 나이트로셀룰로스

≫ ①, ③, ④ : 질산에스터류
② : 나이트로화합물

08 다음 중 제5류 위험물에 관한 내용으로 틀린 것은?

① $C_2H_5ONO_2$: 상온에서 액체이다.
② $C_6H_2OH(NO_2)_3$: 공기 중 자연분해가 매우 잘된다.
③ $C_6H_3(NO_2)_2CH_3$: 담황색의 결정이다.
④ $C_3H_5(ONO_2)_3$: 혼산 중에 글리세린을 반응시켜 제조한다.

≫ ② $C_6H_2OH(NO_2)_3$[피크린산] : 단독으로는 마찰, 충격 등에 둔감하여 자연분해가 되지 않으며, 금속과 반응하면 피크린산염을 만들어 위험해진다.

09 위험물의 운반에 관한 기준에서 다음 ( ) 안에 알맞은 온도는 몇 ℃인가?

> 적재하는 제5류 위험물 중 ( )℃ 이하의 온도에서 분해될 우려가 있는 것은 보냉 컨테이너에 수납하는 등 적정한 온도관리를 하여야 한다.

① 40
② 50
③ 55
④ 60

≫ 적재하는 제5류 위험물 중 **55℃ 이하**의 온도에서 분해될 우려가 있는 것은 보냉 컨테이너에 수납하는 등 적정한 온도관리를 하여야 한다.

10 다음 중 B급 화재에 해당하는 것은 어느 것인가?

① 유류화재
② 목재화재
③ 금속분화재
④ 전기화재

≫ A급 화재는 일반화재, **B급 화재는 유류화재**, C급 화재는 전기화재, D급 화재는 금속화재이다.

정답 05. ① 06. ② 07. ② 08. ② 09. ③ 10. ①

11 다음 중 과산화수소에 대한 설명으로 틀린 것은?

① 열에 의해 분해된다.
② 농도가 높을수록 안정하다.
③ 인산, 요산과 같은 분해방지안정제를 사용한다.
④ 강력한 산화제이다.

① 과산화수소(제6류 위험물)는 농도가 36중량% 이상이 위험물이며 열에 의해 분해된다.
② 농도가 60중량% 이상으로 높아지면 폭발도 가능한 위험한 상태가 된다.

12 일반건축물 화재에서 내장재로 사용한 폴리스타이렌폼이 화재 중 연소를 했다면 이 플라스틱의 연소형태는?

① 증발연소 ② 자기연소
③ 분해연소 ④ 표면연소

분해연소를 하는 물질의 종류로는 플라스틱, 목재, 종이, 석탄 등이 있다.

13 위험물안전관리법에 의하면 옥외소화전이 6개 있을 경우 수원의 수량은 몇 m^3 이상이어야 하는가?

① $48m^3$ ② $54m^3$
③ $60m^3$ ④ $81m^3$

옥외소화전의 수원의 양＝$13.5m^3$×옥외소화전의 수
옥외소화전이 6개 있더라도 최대 4개만을 고려한다.
∴ $13.5m^3 \times 4 = 54m^3$

14 물과 반응하여 수소를 발생하는 물질로 불꽃반응 시 노란색을 나타내는 것은?

① 칼륨
② 과산화칼륨
③ 과산화나트륨
④ 나트륨

나트륨(제3류 위험물)은 물과 반응 시 수소를 발생하며 노란색 불꽃반응을 한다.
※ 칼륨(제3류 위험물)은 보라색 불꽃반응을 한다.

15 식용유화재 시 제1종 분말소화약제를 이용하여 화재의 제어가 가능하다. 이때의 소화원리에 가장 가까운 것은?

① 촉매효과에 의한 질식소화
② 비누화반응에 의한 질식소화
③ 아이오딘화에 의한 냉각소화
④ 가수분해반응에 의한 냉각소화

식용유화재에 지방을 가수분해하는 비누화현상으로 거품을 생성하여 질식소화하는 원리이다.
※ 비누($C_nH_{2n+1}COONa$)와 제1종 분말소화약제($NaHCO_3$)는 Na을 공통적으로 포함한다는 점을 응용한다.

16 이산화탄소 소화약제의 저장용기 설치기준으로 옳은 것은?

① 저압식 저장용기 충전비 : 1.0 이상 1.3 이하
② 고압식 저장용기 충전비 : 1.3 이상 1.7 이하
③ 저압식 저장용기 충전비 : 1.1 이상 1.4 이하
④ 고압식 저장용기 충전비 : 1.7 이상 2.1 이하

이산화탄소 소화약제의 저장용기의 충전비(전역방출방식과 국소방출방식 공통)
1) **저압식 : 1.1 이상 1.4 이하**
2) 고압식 : 1.5 이상 1.9 이하

17 과산화나트륨의 화재 시 물을 사용한 소화가 위험한 이유는?

① 수소와 열을 발생하므로
② 산소와 열을 발생하므로
③ 수소를 발생하고 이 가스가 폭발적으로 연소하므로
④ 산소를 발생하고 이 가스가 폭발적으로 연소하므로

제1류 위험물 중 알칼리금속의 과산화물에 속하는 과산화칼륨, **과산화나트륨**, 과산화리튬은 화재 시 **물을 이용해 소화하면 산소와 열을 발생**하므로 물로 냉각소화하면 위험하다.

정답 11. ② 12. ③ 13. ② 14. ④ 15. ② 16. ③ 17. ②

18 오황화인이 물과 반응하였을 때 생성된 가스를 연소시키면 발생하는 독성이 있는 가스는?

① 이산화질소 ② 포스핀
③ 염화수소 ④ 이산화황

≫ 물과 반응 시 발생하는 가스는 황화수소(H_2S)이며, 이를 연소시킬 경우 이산화황(SO_2)이 발생한다.
1) 오황화인과 물과의 반응식
$P_2S_5 + 8H_2O \rightarrow 5H_2S + 2H_3PO_4$
오황화인 물 황화수소 인산
2) 황화수소의 연소반응식
$2H_2S + 3O_2 \rightarrow 2H_2O + 2SO_2$
황화수소 산소 물 이산화황

19 1기압 20℃에서 액체인 미상의 위험물을 측정하였더니 인화점이 32.2℃, 발화점이 257℃로 측정되었다. 다음 제4류 위험물 중 해당하는 품명은?

① 특수인화물 ② 제1석유류
③ 제2석유류 ④ 제3석유류

≫ 제4류 위험물의 제2석유류의 인화점 범위 : 21℃ 이상 70℃ 미만

20 위험물법령에서 정한 경보설비가 아닌 것은?

① 자동화재탐지설비
② 비상조명설비
③ 비상경보설비
④ 비상방송설비

≫ ② 비상조명설비는 피난설비에 해당한다.
※ 위험물안전관리법에서 정한 경보설비의 종류 : 자동화재탐지설비, 비상경보설비, 비상방송설비, 확성장치, 자동화재속보설비

21 위험물안전관리법에서 규정하고 있는 내용으로 틀린 것은?

① 민사집행법에 의한 경매, 국세징수법 또는 지방세법에 의한 압류재산의 매각절차에 따라 세소소등의 시설의 전부를 인수한 자는 그 설치자의 지위를 승계한다.
② 금치산자나 한정치산자, 탱크시험자의 등록이 취소된 날로부터 2년이 지나지 아니한 자의 탱크시험자로 등록하거나 탱크시험자의 업무에 종사할 수 없다.
③ 농예용 · 축산용으로 필요한 난방시설 또는 건조시설물을 위한 지정수량 20배 이하의 취급소는 신고를 하지 아니하고 위험물의 품명 및 수량을 변경할 수 있다.
④ 법정의 완공검사를 받지 아니하고 제조소등을 사용한 때 시·도지사는 허가를 취소하거나 6월 이내의 기간을 정하여 사용정지를 명할 수 있다.

≫ ③ 다음에 해당하는 제조소등의 경우에는 허가를 받지 않고 제조소등을 설치하거나 위치·구조 또는 설비를 변경할 수 있고 신고를 하지 아니하고 위험물의 품명·수량 또는 지정수량의 배수를 변경할 수 있다.
1) 주택의 난방시설(공동주택의 중앙난방시설을 제외한다)을 위한 저장소 또는 취급소
2) 농예용·축산용 또는 수산용으로 필요한 난방시설 또는 건조시설을 위한 **지정수량 20배 이하의 저장소**

22 소화기 속에 압축되어 있는 이산화탄소 1.1kg을 표준상태에서 분사하였다. 이산화탄소의 부피는 몇 m^3가 되는가?

① $0.56m^3$
② $5.6m^3$
③ $11.2m^3$
④ $24.6m^3$

≫ 이산화탄소(CO_2) 1mol의 분자량=12g(C)+16g(O)×2=44g/mol, 표준상태(0℃, 1기압)에서 기체 1몰의 부피=22.4L, 1kg=1,000g이고 $1m^3$=1,000L임을 이용한다.

$$\therefore 1{,}100g\ CO_2 \times \frac{1mol\ CO_2}{44g\ CO_2} \times \frac{22.4L}{1mol\ CO_2} \times \frac{1m^3}{1{,}000L} = 0.56m^3$$

정답 18. ④ 19. ③ 20. ② 21. ③ 22. ①

23 품명이 제4석유류인 위험물은?

① 중유 ② 기어유
③ 등유 ④ 크레오소트유

» ① 중유 : 제3석유류
② **기어유 : 제4석유류**
③ 등유 : 제2석유류
④ 크레오소트유 : 제3석유류

24 제5류 위험물의 화재에 적응성이 없는 소화설비는?

① 옥외소화전설비
② 스프링클러설비
③ 물분무소화설비
④ 할로젠화합물 소화설비

» 제5류 위험물은 자체적으로 가연물과 산소공급원을 동시에 포함하고 있으므로 질식소화는 효과가 없고 물로 냉각소화를 해야 한다.
④ 할로젠화합물 소화설비의 대표적인 소화방법은 억제소화이다.

25 다음 중 질산에 대한 설명으로 옳은 것은?

① 산화력은 없고, 강한 환원력이 있다.
② 자체 연소성이 있다.
③ 크산토프로테인반응을 한다.
④ 조연성과 부식성이 없다.

» 질산(제6류 위험물)은 산화력, 조연성, 부식성을 갖지만 자신은 불연성이며, 단백질과 반응 시 노란색으로 변하는데 이를 크산토프로테인반응이라 한다.

26 위험물을 운반 및 적재할 경우 혼재가 불가능한 것으로 연결된 것은? (단, 지정수량의 1/5 이상이다.)

① 제1류와 제6류
② 제4류와 제3류
③ 제2류와 제3류
④ 제5류와 제4류

◀ 위험물의 혼재기준

» 유별을 달리하는 위험물의 운반에 관한 혼재기준

위험물의 구분	제1류	제2류	제3류	제4류	제5류	제6류
제1류		×	×	×	×	○
제2류	×		×	○	○	×
제3류	×	×		○	×	×
제4류	×	○	○		○	×
제5류	×	○	×	○		×
제6류	○	×	×	×	×	

※ 이 표는 지정수량의 1/10 이하의 위험물에 대하여는 적용하지 아니한다.

27 위험물제조소의 위치, 구조 및 설비의 기준에 대한 설명 중 틀린 것은?

① 벽, 기둥, 바닥, 보, 서까래는 내화재료로 하여야 한다.
② 제조소의 표지판은 한 변이 30cm, 다른 한 변이 60cm 이상의 크기로 한다.
③ '화기엄금'을 표시하는 게시판은 적색 바탕에 백색 문자로 한다.
④ 지정수량 10배를 초과한 위험물을 취급하는 제조소는 보유공지의 너비가 5m 이상이어야 한다.

» ① **벽, 기둥, 바닥, 보, 서까래는 불연재료**로 하고, 연소의 우려가 있는 외벽은 개구부가 없는 내화구조로 하여야 한다.
② 제조소등의 표지는 한 변이 30cm, 다른 한 변이 60cm 이상의 크기로 한다.
③ '화기엄금' 또는 '화기주의'를 표시하는 게시판은 적색 바탕에 백색 문자로 하고, '물기엄금'을 표시하는 게시판은 청색 바탕에 백색 문자로 한다.
④ 지정수량 10배 이하의 위험물을 취급하는 제조소는 보유공지의 너비가 3m 이상이고, 지정수량 10배 초과의 위험물을 취급하는 제조소는 보유공지의 너비가 5m 이상이어야 한다.

정답 23. ② 23. ④ 25. ③ 26. ③ 27. ①

28 **위험물안전관리법령에 의해 위험물을 취급함에 있어서 발생하는 정전기를 유효하게 제거하는 방법으로 옳지 않은 것은?**

① 인화방지망 설치
② 접지 실시
③ 공기 이온화
④ 상대습도를 70% 이상으로 유지

» 정전기 제거방법
1) 접지한다.
2) 공기를 이온화시킨다.
3) 공기 중 상대습도를 70% 이상으로 유지한다.

29 **탄화칼슘에 대한 설명으로 틀린 것은?**

① 시판품은 흑회색이며, 불규칙한 형태의 고체이다.
② 물과 작용하여 산화칼슘과 아세틸렌을 만든다.
③ 고온에서 질소와 반응하여 칼슘사이안아마이드(석회질소)가 생성된다.
④ 비중은 약 2.2이다.

» ② 물과의 반응으로 **수산화칼슘**(소석회)과 아세틸렌을 생성한다.
- 탄화칼슘과 물과의 반응식
$CaC_2 + 2H_2O \rightarrow Ca(OH)_2 + C_2H_2$
탄화칼슘 물 수산화칼슘 아세틸렌

30 **위험물을 유별로 정리하여 상호 1m 이상의 간격을 유지하는 경우에도 동일한 옥내저장소에 저장할 수 없는 것은?**

① 제1류 위험물(알칼리금속의 과산화물 또는 이를 함유한 것을 제외한다)과 제5류 위험물
② 제1류 위험물과 제6류 위험물
③ 제1류 위험물과 제3류 위험물 중 황린
④ 인화성 고체를 제외한 제2류 위험물과 제4류 위험물

» 유별이 다른 위험물끼리 동일한 저장소에 저장할 수 있는 경우(단, 각각 모아서 간격은 1m 이상 두어야 한다.)
1) 제1류 위험물(알칼리금속의 과산화물 제외)과 제5류 위험물
2) 제1류 위험물과 제6류 위험물
3) 제1류 위험물과 제3류 위험물 중 자연발화성 물질(황린)
4) **제2류 위험물 중 인화성 고체와 제4류 위험물**
5) 제3류 위험물 중 알킬알루미늄등과 제4류 위험물(알킬알루미늄 또는 알킬리튬을 함유한 것)
6) 제4류 위험물 중 유기과산화물과 제5류 위험물 중 유기과산화물

31 **다음 중 할로젠화합물 소화약제의 가장 주된 소화효과에 해당하는 것은?**

① 제거소화 ② 억제소화
③ 냉각소화 ④ 질식소화

» 할로젠화합물 소화약제의 가장 주된 소화효과는 **억제효과** 또는 **부촉매효과**이다.

32 **제3류 위험물 중 금수성 물질을 제외한 위험물에 적응성이 있는 소화설비가 아닌 것은?**

① 분말소화설비
② 스프링클러설비
③ 팽창질석
④ 포소화설비

» 제3류 위험물 중 금수성 물질을 제외한 위험물은 황린이며, 이 물질은 물에 저장하는 위험물로서 물을 포함한 소화약제가 적응성이 있다. 〈보기〉 중 스프링클러설비, 포소화설비처럼 물을 포함하고 있는 약제와 팽창질석은 적응성이 있지만 분말소화설비는 적응성이 없다.

33 **염소산나트륨과 반응하여 ClO_2가스를 발생시키는 것은?**

① 글리세린 ② 질소
③ 염산 ④ 산소

» 염소산나트륨(제1류 위험물)은 **염산**, 황산, 질산 등의 산과 반응 시 이산화염소(ClO_2)를 발생한다.
- 염소산나트륨과 염산과의 반응식
$2NaClO_3 + 2HCl \rightarrow 2NaCl + 2ClO_2 + H_2O_2$
염소산나트륨 염산 염화나트륨 이산화염소 과산화수소

정답 28. ① 29. ② 30. ④ 31. ② 32. ① 33. ③

34 위험물안전관리법령상 산화성 액체에 해당하지 않는 것은?

① 과염소산
② 과산화수소
③ 과염소산나트륨
④ 질산

》 ①, ②, ④ : 제6류 위험물, 산화성 액체
③ : 제1류 위험물, 산화성 고체

35 다음 중 다이에틸에터에 관한 설명으로 틀린 것은?

① 비전도성이므로 정전기를 발생하지 않는다.
② 무색투명한 유동성의 액체이다.
③ 휘발성이 매우 높고, 마취성을 가진다.
④ 공기와 장시간 접촉하면 폭발성의 과산화물이 생성된다.

》 ① 제4류 위험물로서 비전도성이므로 정전기를 발생한다.

36 다음 중 위험물의 저장방법에 대한 설명으로 옳은 것은?

① 황화인은 알코올, 과산화물에 저장하여 보관한다.
② 마그네슘은 건조하면 분진폭발의 위험성이 있으므로 물에 습윤하여 저장한다.
③ 적린은 화재예방을 위해 할로젠원소와 혼합하여 저장한다.
④ 수소화리튬은 저장용기에 아르곤과 같은 불활성 기체를 봉입한다.

》 ① 황화인은 제2류 위험물인 가연성 고체이므로 산소공급원인 과산화물에 저장하면 안 된다.
② 마그네슘은 물과 반응 시 수소를 발생하므로 물에 습윤하는 것은 위험하다.
③ 제2류 위험물인 적린은 산소공급원인 할로젠원소와 혼합하면 위험하다.

37 위험물제조소등의 허가에 관계된 설명으로 옳은 것은?

① 제조소등을 변경하고자 하는 경우에는 언제나 허가를 받아야 한다.
② 위험물의 품명을 변경하고자 하는 경우에는 언제나 허가를 받아야 한다.
③ 농예용으로 필요한 난방시설을 위한 지정수량 20배 이하의 저장소는 허가대상이 아니다.
④ 저장하는 위험물의 변경으로 지정수량의 배수가 달라지는 경우는 언제나 허가대상이 아니다.

》 ① 제조소등에 대한 변경사항이 있을 때 변경허가를 받아야 하는 경우는 별도로 정해져 있으며 언제나 허가를 받아야 하는 것은 아니다.
② 위험물의 품명, 수량, 지정수량의 배수를 변경하고자 하는 경우에는 변경허가가 아닌 변경신고를 해야 한다.
③ 허가를 받지 않고 제조소등을 설치하거나 위치 · 구조 또는 설비를 변경할 수 있고 신고를 하지 아니하고 위험물의 품명 · 수량 또는 지정수량의 배수를 변경할 수 있는 경우는 다음과 같다.
1) 주택의 난방시설(공동주택의 중앙난방시설을 제외한다)을 위한 저장소 또는 취급소
2) **농예용** · 축산용 또는 수산용으로 필요한 **난방시설** 또는 건조시설을 위한 **지정수량 20배 이하의 저장소**
④ 위험물의 품명 등의 변경으로 지정수량의 배수가 달라지면서 제조소등의 위치 · 구조 또는 설비의 기준이 달라지는 경우는 변경허가를 받아야 한다.

38 적린과 동소체 관계에 있는 위험물은?

① 오황화인 ② 인화알루미늄
③ 인화칼슘 ④ 황린

》 동소체란 단체로서 동일한 원소로 이루어져 있으며 성질은 다르지만 최종 연소생성물이 같은 물질을 말한다. 적린의 화학식은 P이고 황린의 화학식은 P_4인데 이 두 물질은 단체로서 성질은 서로 다르지만 두 물질 모두 연소 시 오산화인(P_2O_5)이라는 백색 연기를 발생하므로 서로 동소체의 관계에 있다.

정답 34. ③ 35. ① 36. ④ 37. ③ 38. ④

39 과산화칼륨이 물 또는 이산화탄소와 반응할 경우 공통적으로 발생하는 물질은?

① 산소
② 과산화수소
③ 수산화칼륨
④ 수소

» 과산화칼륨(제1류 위험물 중 알칼리금속의 과산화물)은 물 또는 이산화탄소와 반응하여 산소를 발생한다.
- 과산화칼륨과 물과의 반응식
$2K_2O_2 + 2H_2O \rightarrow 4KOH + O_2$
과산화칼륨 물 수산화칼륨 산소
- 과산화칼륨과 이산화탄소와의 반응식
$2K_2O_2 + 2CO_2 \rightarrow 2K_2CO_3 + O_2$
과산화수소 이산화탄소 탄산칼륨 산소

40 인화칼슘이 물과 반응하였을 때 발생하는 가스는?

① 수소 ② 포스겐
③ 포스핀 ④ 아세틸렌

» 인화칼슘은 물과 반응 시 가연성이면서 동시에 유독성인 **포스핀**(PH_3)가스를 발생한다.
- 인화칼슘과 물과의 반응식
$Ca_3P_2 + 6H_2O \rightarrow 3Ca(OH)_2 + 2PH_3$
인화칼슘 물 수산화칼슘 포스핀

41 제조소등에서 위험물을 유출시켜 사람의 신체 또는 재산에 위험을 발생시킨 자에 대한 벌칙기준으로 옳은 것은?

① 1년 이상 3년 이하의 징역
② 1년 이상 5년 이하의 징역
③ 1년 이상 7년 이하의 징역
④ 1년 이상 10년 이하의 징역

» 1) 제조소등에서 위험물을 유출 · 방출 또는 확산시켜 사람의 생명, 신체 또는 재산에 대하여 위험을 발생시킨 자는 **1년 이상 10년 이하의 징역**에 처한다.
2) 제조소등에서 위험물을 유출 · 방출 또는 확산시켜 사람을 상해에 이르게 한 때에는 무기 또는 3년 이상의 징역에 처하며, 사망에 이르게 한 때에는 무기 또는 5년 이상의 징역에 처한다.

42 제2류 위험물의 종류에 해당되지 않는 것은?

① 마그네슘 ② 고형 알코올
③ 칼슘 ④ 안티몬분

» ①, ②, ④ : 제2류 위험물
③ : 제3류 위험물

43 액체 위험물을 운반용기에 수납할 때 내용적 몇 % 이하의 수납률로 수납하여야 하는가?

① 95% ② 96%
③ 97% ④ 98%

» 운반용기 수납률의 기준
1) 고체 위험물 : 운반용기 내용적의 95% 이하
2) **액체 위험물** : 운반용기 내용적의 **98% 이하** (55℃에서 누설되지 않도록 공간용적을 유지)
3) 알킬알루미늄등 : 운반용기 내용적의 90% 이하 (50℃에서 5% 이상의 공간용적을 유지)

44 이동탱크저장소에 의한 위험물의 운송 시 준수하여야 하는 기준에서 다음 중 어떤 위험물을 운송할 때 위험물운송자는 위험물안전카드를 휴대하여야 하는가?

① 특수인화물 및 제1석유류
② 알코올류 및 제2석유류
③ 제3석유류 및 동식물유류
④ 제4석유류

» 모든 위험물(제4류 위험물에 있어서는 특수인화물 및 제1석유류에 한한다)을 운송하게 하는 자는 위험물안전카드를 위험물운송자로 하여금 휴대하게 할 것

45 다음 중 화학적 소화에 해당하는 것은 어느 것인가?

① 냉각소화
② 질식소화
③ 제거소화
④ 억제소화

» 억제소화는 연쇄반응을 억제시키는 반응을 이용해 소화하는 것으로 화학적 소화에 해당한다.

정답 39. ① 40. ③ 41. ④ 42. ③ 43. ④ 44. ① 45. ④

46 제4류 위험물에 대한 일반적인 설명으로 옳지 않은 것은?

① 대부분 연소하한값이 낮다.
② 발생증기는 가연성이며, 대부분 공기보다 무겁다.
③ 대부분 무기화합물이므로 정전기 발생에 주의한다.
④ 인화점이 낮을수록 화재위험성이 높다.

③ 제4류 위험물은 탄소를 함유하고 있으므로 무기화합물이 아닌 유기화합물에 포함되며, 정전기의 발생 이유는 전기불량도체이기 때문이다.

47 위험물안전관리법령상 위험물에 해당하는 것은?

① 황산
② 비중이 1.41인 질산
③ 54μm의 표준체를 통과하는 것이 50중량% 미만인 철의 분말
④ 농도가 40중량%인 과산화수소

① 황산 : 비위험물이다.
② 질산 : 비중이 1.49 이상인 것이 위험물이다.
③ 철분 : 53μm(마이크로미터)의 표준체를 통과하는 것이 50중량% 이상인 것이 위험물이다.
④ **과산화수소** : **농도가 36중량% 이상**인 것이 위험물이다.

48 위험물의 자연발화를 방지하는 방법으로 가장 거리가 먼 것은?

① 통풍을 잘 시킬 것
② 저장실의 온도를 낮출 것
③ 습도가 높은 곳에 저장할 것
④ 정촉매 작용을 하는 물질과의 접촉을 피할 것

자연발화를 방지하기 위해서는 **온도 및 습도를 모두 낮추어야 한다.**

49 이산화탄소의 특성에 대한 설명으로 옳지 않은 것은?

① 전기전도성이 우수하다.
② 냉각, 압축에 의하여 액화된다.
③ 과량 존재 시 질식할 수 있다.
④ 상온, 상압에서 무색무취의 불연성 기체이다.

① 이산화탄소는 전기불량도체이므로 전기전도성은 없다.

50 위험물안전관리법령상 위험물제조소의 옥외에 있는 하나의 액체 위험물 취급탱크 주위에 설치하는 방유제의 용량은 해당 탱크 용량의 몇 % 이상으로 하여야 하는가?

① 50% ② 60%
③ 100% ④ 110%

위험물제조소의 옥외에 있는 위험물취급탱크 주위에 설치하는 방유제의 용량
1) 하나의 위험물 취급탱크 주위에 설치하는 방유제의 용량 : **탱크 용량의 50% 이상**
2) 2개 이상의 위험물 취급탱크 주위에 설치하는 방유제의 용량 : 탱크 중 용량이 최대인 것의 50%에 나머지 탱크 용량 합계의 10%를 가산한 양 이상

51 연쇄반응을 억제하여 소화하는 소화약제는?

① 할론 1301 ② 물
③ 이산화탄소 ④ 포

억제효과를 갖는 소화약제는 할로젠화합물 소화약제이고, 〈보기〉 중 **할론 1301(CF_3Br)**이 할로젠화합물 소화약제의 종류이다.

52 위험물안전관리법령상 개방형 스프링클러헤드를 이용하는 스프링클러설비에서 수동식 개방밸브를 개방 조작하는 데 필요한 힘은 얼마 이하가 되도록 설치하여야 하는가?

① 5kg ② 10kg
③ 15kg ④ 20kg

개방형 스프링클러헤드를 이용하는 스프링클러설비의 수동식 개방밸브를 개방 조작하는 데 필요한 힘은 **15kg 이하**이다.

정답 46. ③ 47. ④ 48. ③ 49. ① 50. ① 51. ① 52. ③

53 위험물안전관리법령상 제조소에서 취급하는 제4류 위험물의 최대수량의 합이 지정수량의 12만배 미만인 사업소에 두어야 하는 화학소방자동차 및 자체소방대원 수의 기준으로 옳은 것은?

① 1대, 5인 ② 2대, 10인
③ 3대, 15인 ④ 4대, 20인

1) 자체소방대의 설치기준 : 제4류 위험물을 지정수량의 3천배 이상 취급하는 제조소 또는 일반취급소와 50만배 이상으로 저장하는 옥외탱크저장소에 설치한다.
2) 자체소방대에 두는 화학소방자동차 및 자체소방대원의 수의 기준

사업소의 구분	화학소방 자동차의 수	자체소방 대원의 수
제조소 또는 일반취급소에서 취급하는 제4류 위험물의 최대수량의 합이 지정수량의 **3천배 이상 12만배 미만**인 사업소	**1대**	**5인**
제조소 또는 일반취급소에서 취급하는 제4류 위험물의 최대수량의 합이 지정수량의 12만배 이상 24만배 미만인 사업소	2대	10인
제조소 또는 일반취급소에서 취급하는 제4류 위험물의 최대수량의 합이 지정수량의 24만배 이상 48만배 미만인 사업소	3대	15인
제조소 또는 일반취급소에서 취급하는 제4류 위험물의 최대수량의 합이 지정수량의 48만배 이상인 사업소	4대	20인
옥외탱크저장소에서 저장하는 제4류 위험물의 최대수량이 지정수량의 50만배 이상인 사업소	2대	10인

54 다음 중 탄산칼륨을 물에 용해시킨 강화액 소화약제의 pH에 가장 가까운 값은?

① 1 ② 4
③ 7 ④ 12

강화액 소화약제는 물에 탄산칼륨(K_2CO_3)을 첨가하여 만든 **pH 12**인 강알칼리성의 수용액이다.

55 다음 중 옥외탱크저장소의 제4류 위험물의 저장탱크에 설치하는 통기관에 관한 설명으로 틀린 것은?

① 제4류 위험물을 저장하는 압력탱크 외에 탱크에는 밸브 없는 통기관 또는 대기밸브부착 통기관을 설치하여야 한다.
② 밸브 없는 통기관은 직경을 30mm 미만으로 하고, 끝부분은 수평면보다 45도 이상 구부려 빗물 등의 침투를 막는 구조로 한다.
③ 인화점 70℃ 이상의 위험물만을 해당 위험물의 인화점 미만의 온도로 저장 또는 취급하는 탱크에 설치하는 통기관에는 인화방지장치를 설치하지 않아도 된다.
④ 옥외저장탱크 중 압력탱크란 탱크의 최대상용압력이 부압 또는 정압 5kPa을 초과하는 탱크를 말한다.

② **직경은 30mm 이상**으로 하고, 끝부분은 수평면보다 45도 이상 구부려 빗물 등의 침투를 막는 구조로 한다.

56 다음 중 열전도율이 가장 낮은 것은 어느 것인가?

① 알루미늄
② 물
③ 공기
④ 동(구리)

〈문제〉 물질들의 열전도율은 다음과 같다.
① 알루미늄 : 237W/m · K
② 물 : 0.6W/m · K
③ 공기 : 0.025W/m · K
④ 동(구리) : 400W/m · K
열전도율의 크기 순서대로 나타내면 동(구리) > 알루미늄 > 물 > 공기 순서가 되고, 열전도율이 가장 낮은 물질은 **공기**이다.

정답 53. ① 54. ④ 55. ② 56. ③

57 아세톤의 성질에 관한 설명으로 틀린 것은?

① 비중은 0.79이다.
② 물에 불용이고, 에터에 잘 녹는다.
③ 인화점이 0℃보다 낮다.
④ 휘발성 있는 가연성 액체이다.

① 비중은 0.79로 물보다 가벼운 무색 액체이다.
② 물에 잘 녹는 수용성이고, 에터에도 잘 녹는다.
③ 인화점은 −18℃로 0℃보다 낮다.

58 등유에 관한 설명으로 틀린 것은?

① 전기의 불량도체로서 정전기의 축적이 용이하다.
② 증기는 공기보다 무겁다.
③ 발화점이 인화점보다 높다.
④ 물보다 무겁고, 비수용성이다.

② 증기비중은 4~5로 공기보다 무겁다.
③ 인화점은 25~50℃, 발화점은 220℃, 연소범위는 1.1~6%이다.
④ 물보다 가볍고, 비수용성이다.

59 트라이나이트로페놀에 대한 설명 중 틀린 것은?

① 가연성 물질이다.
② 상온에서 액체상태이며, 독성이 있다.
③ 알코올과 벤젠에 잘 녹는다.
④ 납과 화합하여 예민한 금속염을 만든다.

② 황색의 침상결정인 고체상태로 존재하며, 독성이 있다.

60 물이 일반적인 소화약제로 사용될 수 있는 특징에 대한 설명 중 틀린 것은?

① 비교적 쉽게 구해서 이용이 가능하다.
② 비극성 물질이므로 증발잠열이 크다.
③ 증발잠열이 커서 기화 시 냉각효과가 뛰어나다.
④ 기화팽창률이 커서 질식효과가 있다.

② 물은 굽은 구조로 알짜쌍극자가 있는 **극성 물질**이고, 증발잠열(539kcal/kg)이 커서 냉각소화효과가 뛰어나다.

정답 57. ② 58. ④ 59. ② 60. ②

2024 CBT 기출복원문제 제3회 위험물기능사

01 다음 중 전기설비에 적응성이 없는 소화설비는 어느 것인가?

① 불활성가스 소화설비
② 물분무소화설비
③ 포소화설비
④ 할로젠화합물 소화설비

전기설비의 화재에는 물을 사용할 수 없다. 물분무소화설비는 소화약제가 물이라 하더라도 물을 잘게 흩어 뿌리기 때문에 효과가 있지만 포소화약제의 경우 포함된 수분 때문에 효과가 없다.

소화설비의 구분 \ 대상물의 구분	건축물·그 밖의 공작물	전기설비	제1류 위험물: 알칼리금속의 과산화물등	제1류 위험물: 그 밖의 것	제2류 위험물: 철분·금속분·마그네슘 등	제2류 위험물: 인화성 고체	제2류 위험물: 그 밖의 것	제3류 위험물: 금수성 물품	제3류 위험물: 그 밖의 것	제4류 위험물	제5류 위험물	제6류 위험물
옥내소화전 또는 옥외소화전 설비	○			○		○	○		○		○	○
스프링클러설비	○			○		○	○		○	△	○	○
물분무등 소화설비 - 물분무소화설비	○	○		○		○	○		○	○	○	○
물분무등 소화설비 - 포소화설비	○	×		○		○	○		○	○	○	○
물분무등 소화설비 - 불활성가스 소화설비		○				○				○		
물분무등 소화설비 - 할로젠화합물 소화설비		○				○				○		
물분무등 소화설비 - 분말소화설비 - 인산염류등	○	○		○		○	○			○		○
물분무등 소화설비 - 분말소화설비 - 탄산수소염류등		○	○		○	○		○		○		
물분무등 소화설비 - 분말소화설비 - 그 밖의 것			○		○			○				

02 다음 중 적린과 동소체 관계에 있는 위험물은 어느 것인가?

① 오황화인　② 인화알루미늄
③ 인화칼슘　④ 황린

동소체란 단체로서 동일한 원소로 이루어져 있으며 성질은 다르지만 최종 연소생성물이 같은 물질을 말한다. 적린의 화학식은 P이고 황린의 화학식은 P_4인데 이 두 물질은 단체로서 성질은 서로 다르지만 두 물질 모두 연소 시 오산화인(P_2O_5)이라는 백색 연기를 발생하므로 서로 동소체의 관계에 있다.

03 운송책임자의 감독·지원을 받아 운송하는 위험물은?

① 알킬알루미늄
② 금속나트륨
③ 메틸에틸케톤
④ 트라이나이트로톨루엔

운송책임자의 감독·지원을 받아 운송하는 위험물은 **알킬알루미늄**과 알킬리튬이다.

04 등유의 성질에 대한 설명 중 틀린 것은?

① 증기는 공기보다 가볍다.
② 인화점이 상온보다 높다.
③ 전기에 대해 불량도체이다.
④ 물보다 가볍다.

① **등유의 증기는 공기보다 무겁다.**
② 제4류 위험물 중 제2석유류이기 때문에 등유의 인화점은 21℃ 이상 70℃ 미만의 범위에 포함된다. 따라서 등유의 인화점은 상온(20℃)보다 높다.
③ 금속성분이 아니기 때문에 전기에 대해 불량도체이다.
④ 물보다 가볍고, 비수용성이다.

정답 01. ③ 02. ④ 03. ① 04. ①

05 위험물안전관리법령에서 정한 소화설비의 소요단위 산정방법에 대한 설명 중 옳은 것은 어느 것인가?

① 위험물은 지정수량의 100배를 1소요단위로 한다.
② 저장소용 건축물로 외벽이 내화구조인 것은 연면적 $100m^2$를 1소요단위로 한다.
③ 제조소용 건축물로 외벽이 내화구조가 아닌 것은 연면적 $50m^2$를 1소요단위로 한다.
④ 저장소용 건축물로 외벽이 내화구조가 아닌 것은 연면적 $25m^2$를 1소요단위로 한다.

≫ ① 위험물은 지정수량의 10배를 1소요단위로 한다.
② 저장소용 건축물로 외벽이 내화구조인 것은 연면적 $150m^2$를 1소요단위로 한다.
④ 저장소용 건축물로 외벽이 내화구조가 아닌 것은 연면적 $75m^2$를 1소요단위로 한다.

06 다음 중 제6류 위험물이 아닌 것은?

① 할로젠간화합물
② 과염소산
③ 아염소산
④ 과산화수소

≫ ③ 아염소산($HClO_2$)은 위험물에 속하지 않는다.
※ 제6류 위험물의 구분
1) 위험물안전관리법에서 정하는 것 : 과염소산, 과산화수소, 질산
2) 행정안전부령으로 정하는 것 : 할로젠간화합물

07 탄화칼슘에 대한 설명으로 틀린 것은?

① 시판품은 흑회색이며, 불규칙한 형태의 고체이다.
② 물과 작용하여 산화칼슘과 아세틸렌을 만든다.
③ 고온에서 질소와 반응하여 칼슘사이안아마이드(석회질소)가 생성된다.
④ 비중은 약 2.2이다.

≫ ② 물과의 반응으로 **수산화칼슘**(소석회)과 아세틸렌을 생성한다.
– 탄화칼슘과 물과의 반응식

$$\underset{\text{탄화칼슘}}{CaC_2} + \underset{\text{물}}{2H_2O} \rightarrow \underset{\text{수산화칼슘}}{Ca(OH)_2} + \underset{\text{아세틸렌}}{C_2H_2}$$

08 다음 ( ) 안에 알맞은 수치를 차례대로 올바르게 나열한 것은?

> 위험물 암반탱크의 공간용적은 해당 탱크 내에 용출하는 ( )일간의 지하수 양에 상당하는 용적과 해당 탱크 내용적의 100분의 ( )의 용적 중에서 보다 큰 용적을 공간용적으로 한다.

① 1, 1　　② 7, 1
③ 1, 5　　④ 7, 5

≫ 위험물 암반탱크의 공간용적은 해당 탱크 내에 용출하는 **7일**간의 지하수 양에 상당하는 용적과 해당 탱크 내용적의 **100분의 1**의 용적 중에서 보다 큰 용적을 공간용적으로 한다.

09 분말소화약제 중 인산염류를 주성분으로 하는 것은 제 몇 종 분말인가?

① 제1종 분말
② 제2종 분말
③ 제3종 분말
④ 제4종 분말

≫ ① 제1종 분말 : 탄산수소나트륨($NaHCO_3$)
② 제2종 분말 : 탄산수소칼륨($KHCO_3$)
③ **제3종 분말 : 인산암모늄($NH_4H_2PO_4$)**
※ 염류의 종류 : K, Na, NH_4 등
④ 제4종 분말 : 탄산수소칼륨($KHCO_3$) + 요소[$(NH_2)_2CO$]의 부산물

10 제3류 위험물 중 금수성 물질에 적응성이 있는 소화설비는?

① 할로젠화합물 소화설비
② 포소화설비
③ 불활성가스 소화설비
④ 탄산수소염류등 분말소화설비

정답 05. ③ 06. ③ 07. ② 08. ② 09. ③ 10. ④

» 제1류 위험물 중 알칼리금속의 과산화물, 제2류 위험물 중 철분, 금속분, 마그네슘, 제3류 위험물 중 **금수성 물질에 적응성이 있는 소화설비는 탄산수소염류 분말소화설비**이다.

11 다이에틸에터의 안전관리에 관한 설명 중 틀린 것은?

① 증기는 마취성이 있으므로 증기 흡입에 주의한다.
② 폭발성의 과산화물 생성을 아이오딘화칼륨 수용액으로 확인한다.
③ 물에 잘 녹으므로 대규모 화재 시 집중 주수하여 소화한다.
④ 정전기불꽃에 의한 발화에 주의한다.

» ③ 다이에틸에터는 제4류 위험물의 특수인화물로서 화재 시 물을 이용하게 되면 연소면을 확대할 위험이 있으므로 물을 사용할 수 없고, 이산화탄소, 할로젠화합물, 분말, 포소화약제 등을 이용한 질식소화가 효과적이다.

12 정전기의 발생요인에 대한 설명으로 틀린 것은 어느 것인가?

① 접촉면적이 클수록 정전기 발생량은 많아진다.
② 분리속도가 빠를수록 정전기 발생량은 많아진다.
③ 대전서열에서 먼 위치에 있을수록 정전기 발생량은 많아진다.
④ 접촉과 분리가 반복됨에 따라 정전기 발생량은 증가한다.

» 접촉면적이 크고 접촉과 분리속도가 빠를수록 정전기 발생량은 많아지지만, 접촉과 분리의 반복으로는 정전기 발생량은 증가하지 않으며, 대전(전기를 띠는)서열에서 먼 위치에 있는 물질(비전도체)의 정전기 발생량은 많아진다.

13 다음 중 제2류 위험물이 아닌 것은?

① 황화인　　② 황
③ 마그네슘　　④ 칼륨

» ①, ②, ③ : 제2류 위험물
④ : 제3류 위험물

14 위험물안전관리자의 선임 등에 대한 설명으로 옳은 것은?

① 안전관리자는 국가기술자격 취득자 중에서만 선임하여야 한다.
② 안전관리자를 해임한 때에는 14일 이내에 다시 선임하여야 한다.
③ 제조소등의 관계인은 안전관리자가 일시적으로 직무를 수행할 수 없는 경우에는 14일 이내의 범위에서 안전관리자의 대리자를 지정하여 직무를 대행하게 하여야 한다.
④ 안전관리자를 선임한 때는 14일 이내에 신고하여야 한다.

» ① 안전관리자는 국가기술자격 취득자 또는 위험물안전관리자 교육이수자 또는 소방공무원 경력 3년 이상인 자 중에서 선임하여야 한다.
② 안전관리자가 해임되거나 퇴직한 때에는 해임되거나 퇴직한 날부터 30일 이내에 다시 안전관리자를 선임하여야 한다.
③ 안전관리자가 일시적으로 직무를 수행할 수 없거나 안전관리자의 해임 또는 퇴직과 동시에 다른 안전관리자를 선임하지 못하는 경우에는 대리자를 지정하여 30일 이내로만 대행하게 하여야 한다.

15 염소산칼륨의 성질에 대한 설명으로 옳은 것은 무엇인가?

① 가연성 액체이다.
② 강력한 산화제이다.
③ 물보다 가볍다.
④ 열분해하면 수소를 발생한다.

정답 11. ③ 12. ④ 13. ④ 14. ④ 15. ②

» 제1류 위험물로서 산소공급원을 가지므로 강력한 산화제(가연물을 태우는 성질의 물질)이다.
① 산화성 고체이다.
③ 모든 제1류 위험물은 물보다 무겁다.
④ 모든 제1류 위험물은 열분해하면 산소를 발생한다.

16 위험물제조소에서 연소 우려가 있는 외벽은 기산점이 되는 선으로부터 3m(2층 이상의 층에 대해서는 5m) 이내에 있는 외벽을 말하는데, 이 기산점이 되는 선에 해당하지 않는 것은?

① 동일부지 내의 다른 건축물과 제조소 부지 간의 중심선
② 제조소등에 인접한 도로의 중심선
③ 제조소등이 설치된 부지의 경계선
④ 제조소등의 외벽과 동일부지 내 다른 건축물의 외벽 간의 중심선

» 연소의 우려가 있는 외벽의 기산점
1) 제조소등이 설치된 부지의 경계선
2) 제조소등에 인접한 도로의 중심선
3) 제조소등의 외벽과 동일부지 내의 다른 건축물의 외벽 간의 중심선

17 화학식과 Halon 번호를 올바르게 연결한 것은?

① CBr_2F_2 – 1202 ② $C_2Br_2F_2$ – 2422
③ $CBrClF_2$ – 1102 ④ $C_2Br_2F_4$ – 1242

» 할론 번호는 화학식에서의 F, Cl, Br의 위치에 관계없이 C–F–Cl–Br의 순서대로 원소의 개수를 읽어준다.
② $C_2Br_2F_2$ – 존재하지 않는 화학식이다.
③ $CBrClF_2$ – 1211
④ $C_2Br_2F_4$ – 2402

18 오황화인이 물과 반응하였을 때 생성된 가스를 연소시키면 발생하는 독성이 있는 가스는?

① 이산화질소 ② 포스핀
③ 염화수소 ④ 이산화황

» 물과 반응 시 발생하는 가스는 황화수소(H_2S)이며, 이를 연소시킬 경우 이산화황(SO_2)이 발생한다.
1) 오황화인과 물과의 반응식
– $P_2S_5 + 8H_2O \rightarrow 5H_2S + 2H_3PO_4$
(오황화인, 물, 황화수소, 인산)
2) 황화수소의 연소반응식
– $2H_2S + 3O_2 \rightarrow 2H_2O + 2SO_2$
(황화수소, 산소, 물, 이산화황)

19 다음 중 할로젠화합물 소화약제의 가장 주된 소화효과에 해당하는 것은?

① 제거소화 ② 억제소화
③ 냉각소화 ④ 질식소화

» 할로젠화합물 소화약제의 가장 주된 소화효과는 억제효과이다.

20 벤젠을 저장하는 옥외탱크저장소가 액표면적이 $45m^2$인 경우 소화난이도등급은?

① 소화난이도등급 Ⅰ
② 소화난이도등급 Ⅱ
③ 소화난이도등급 Ⅲ
④ 제시된 조건으로 판단할 수 없음

» **소화난이도등급 Ⅰ**에 해당하는 옥외탱크저장소의 기준
1) **액표면적이 $40m^2$ 이상**인 것(제6류 위험물을 저장하는 것 및 고인화점 위험물만을 100℃ 미만의 온도에서 저장하는 것은 제외)
2) 지면으로부터 탱크 옆판 상단까지 높이가 6m 이상인 것(제6류 위험물을 저장하는 것 및 고인화점 위험물만을 100℃ 미만의 온도에서 저장하는 것은 제외)
※ 1)과 2) 중 어느 하나의 조건에 만족하는 경우 소화난이도등급 Ⅰ에 해당하는 옥외탱크저장소로 간주한다.

21 이산화탄소 소화기 사용 시 줄 – 톰슨 효과에 의해 생성되는 물질은?

① 포스겐 ② 일산화탄소
③ 드라이아이스 ④ 수성 가스

» 줄 – 톰슨 효과란 이산화탄소약제를 방출할 때 액체 이산화탄소가 가는 관을 통과하게 되는데 이때 압력과 온도의 급감으로 인해 **드라이아이스가 관 내에 생성됨**으로써 노즐이 막히는 현상을 의미한다.

정답 16. ① 17. ① 18. ④ 19. ② 20. ① 21. ③

22 제5류 위험물에 관한 내용으로 틀린 것은 어느 것인가?

① $C_2H_5ONO_2$: 상온에서 액체이다.
② $C_6H_2OH(NO_2)_3$: 공기 중 자연분해가 잘 된다.
③ $C_6H_3(NO_2)_2CH_3$: 담황색의 결정이다.
④ $C_3H_5(ONO_2)_3$: 혼산 중에 글리세린을 반응시켜 제조한다.

》 ① 질산에틸($C_2H_5ONO_2$)
② 피크린산[$C_6H_2OH(NO_2)_3$] : 단독으로는 마찰·충격에 둔감하여 **공기 중에서 자연분해되지 않지만**, 금속과 반응 시 폭발성의 물질을 생성하여 위험하다.
③ 다이나이트로톨루엔[$C_6H_3(NO_2)_2CH_3$]
④ 나이트로글리세린[$C_3H_5(ONO_2)_3$]

23 트라이에틸알루미늄의 화재 시 사용할 수 있는 소화약제(설비)가 아닌 것은?

① 마른 모래
② 팽창질석
③ 팽창진주암
④ 이산화탄소

》 트라이에틸알루미늄은 제3류 위험물 중 금수성 물질로서, 사용할 수 있는 소화약제는 **탄산수소염류 분말소화약제 및 마른 모래, 팽창질석 또는 팽창진주암**이다.

24 휘발유의 성질 및 취급 시의 주의사항에 관한 설명 중 틀린 것은?

① 증기가 모여 있지 않도록 통풍을 잘 시킨다.
② 인화점이 상온이므로 상온 이상에서는 취급 시 각별한 주의가 필요하다.
③ 정전기 발생에 주의해야 한다.
④ 강산화제 등과 혼촉 시 발화할 위험이 있다.

》 ② 휘발유의 인화점은 −43 ~ −38℃이므로 상온보다 훨씬 낮아 인화점 이상에서는 취급 시 주의가 필요하다.

25 다음 설명 중 제2석유류에 해당하는 것은? (단, 1기압상태이다.)

① 착화점이 21℃ 미만인 것
② 착화점이 30℃ 이상 50℃ 미만인 것
③ 인화점이 21℃ 이상 70℃ 미만인 것
④ 인화점이 21℃ 이상 90℃ 미만인 것

》 제4류 위험물 중 제2석유류의 인화점 기준은 **21℃ 이상 70℃ 미만**이다.

26 다음 중 발화점이 가장 낮은 것은?

① 이황화탄소　② 산화프로필렌
③ 휘발유　④ 메틸알코올

》 ① **이황화탄소 : 90℃**
② 산화프로필렌 : 465℃
③ 휘발유 : 300℃
④ 메틸알코올 : 454℃

27 제5류 위험물을 저장 또는 취급하는 장소에 적응성이 있는 소화설비는?

① 포소화설비
② 분말소화설비
③ 불활성가스 소화설비
④ 할로젠화합물 소화설비

》 제5류 위험물은 자기반응성 물질로서 자체적으로 가연물과 산소공급원을 동시에 포함하므로 산소공급원을 제거하는 질식소화는 효과가 없다. 〈보기〉 중 분말소화설비, 불활성가스 소화설비는 질식소화원리를 이용하고 할로젠화합물 소화설비는 억제소화원리를 이용하지만 **포소화설비**의 경우 질식소화원리는 물론, 수분(물)을 함유하고 있어 냉각소화원리도 가능한 소화설비이므로 **제5류 위험물 화재에도 적응성**을 갖는다.

28 연소의 3요소를 모두 포함하는 것은?

① 과염소산, 산소, 불꽃
② 마그네슘분말, 연소열, 수소
③ 아세톤, 수소, 산소
④ 불꽃, 아세톤, 질산암모늄

정답 22. ② 23. ④ 24. ② 25. ③ 26. ① 27. ① 28. ④

≫ ① 과염소산(제6류 위험물인 산소공급원), 산소(산소공급원), 불꽃(점화원)
② 마그네슘분말(제2류 위험물인 가연물), 연소열(점화원), 수소(가연물)
③ 아세톤(제4류 위험물인 가연물), 수소(가연물), 산소(산소공급원)
④ 불꽃(**점화원**), 아세톤(제4류 위험물인 **가연물**), 질산암모늄(제1류 위험물인 **산소공급원**)
※ 연소의 3요소
1) 가연물
2) 산소공급원
3) 점화원

29 다음 중 과산화벤조일에 대한 설명으로 틀린 것은?

① 무색, 무취의 투명한 액체이다.
② 가급적 소분하여 저장한다.
③ 제5류 위험물에 해당한다.
④ 품명은 유기과산화물이다.

≫ ① 과산화벤조일은 제5류 위험물의 유기과산화물에 해당하는 고체이다.

30 탄소 80%, 수소 14%, 황 6%인 물질 1kg이 완전연소 하기 위해 필요한 이론공기량은 약 몇 kg인가? (단, 공기 중 산소는 23wt%이다.)

① 3.31kg
② 7.05kg
③ 11.62kg
④ 14.41kg

PLAY 풀이

≫ 1) 탄소의 연소반응식
$C + O_2 \rightarrow CO_2$
$(1{,}000g \times 0.8)g\ C \times \frac{1mol\ C}{12g\ C} \times \frac{1mol\ O_2}{1mol\ C} \times \frac{32g\ O_2}{1mol\ O_2}$
$= 2133.33g\ O_2$
2) 수소의 연소반응식
$2H_2 + O_2 \rightarrow 2H_2O$
$(1{,}000g \times 0.14)g\ H_2 \times \frac{1mol\ H_2}{2g\ H_2} \times \frac{1mol\ O_2}{2mol\ H_2} \times \frac{32g\ O_2}{1mol\ O_2}$
$= 1{,}120g\ O_2$
3) 황의 연소반응식
$S + O_2 \rightarrow SO_2$
$(1{,}000g \times 0.06)g\ S \times \frac{1mol\ S}{32g\ S} \times \frac{1mol\ O_2}{1mol\ S} \times \frac{32g\ O_2}{1mol\ O_2}$
$= 60g\ O_2$
3가지의 물질을 모두 연소시키는 데 필요한 산소의 양은 $2133.33g + 1{,}120g + 60g = 3313.33g\ O_2$이다.
산소는 공기의 23%의 양이므로, 필요로 하는 공기의 양은 다음과 같은 식으로 성립한다.
$3313.33g\ O_2 \times \frac{100g\ 공기}{23g\ O_2} \times \frac{1kg}{1{,}000g} =$ **14.41kg 공기**

31 위험물제조소등의 종류가 아닌 것은?

① 간이탱크저장소
② 일반취급소
③ 이송취급소
④ 이동판매취급소

≫ 위험물제조소등이란 제조소, 저장소, 취급소를 말한다.
④ 이동판매취급소라는 종류는 존재하지 않는다.
※ 취급소의 종류
1) 이송취급소
2) 주유취급소
3) 일반취급소
4) 판매취급소

32 염소산나트륨과 반응하여 ClO_2가스를 발생시키는 것은?

① 글리세린 ② 질소
③ 염산 ④ 산소

≫ 염소산나트륨(제1류 위험물)은 **염산**, 황산, 질산 등의 산과 반응 시 이산화염소(ClO_2)를 발생한다.
– 염소산나트륨과 염산과의 반응식
$2NaClO_3 + 2HCl \rightarrow 2NaCl + 2ClO_2 + H_2O_2$
염소산나트륨 염산 염화나트륨 이산화염소 과산화수소

33 위험물안전관리법령에서 제3류 위험물에 해당하지 않는 것은?

① 알칼리금속 ② 칼륨
③ 황화인 ④ 황린

≫ ①, ②, ④ : 제3류 위험물
③ : 제2류 위험물

정답 29. ① 30. ④ 31. ④ 32. ③ 33. ③

34 위험물제조소 내의 위험물을 취급하는 배관에 대한 설명으로 옳지 않은 것은?

① 배관을 지하에 매설하는 경우 접합부분에는 점검구를 설치하여야 한다.
② 배관을 지하에 매설하는 경우 금속성 배관의 외면에는 부식방지조치를 하여야 한다.
③ 최대상용압력의 1.5배 이상의 압력으로 수압시험을 실시하여 이상이 없어야 한다.
④ 지상에 설치하는 경우에는 안전한 구조의 지지물로 지면에 밀착하여 설치하여야 한다.

④ 배관을 지상에 설치하는 경우에는 지면에 밀착해서는 안된다.

35 다음 중 품명이 나머지 셋과 다른 하나는?

① 질산메틸
② 트라이나이트로페놀
③ 나이트로글리세린
④ 나이트로셀룰로스

①, ③, ④ : 질산에스터류
② : 나이트로화합물

36 정전기를 제거하려 할 때 공기 중 상대습도는 몇 % 이상으로 해야 하나?

① 50% ② 60%
③ 70% ④ 80%

정전기 제거방법
1) 접지할 것
2) 공기 중 상대습도를 **70% 이상**으로 할 것
3) 공기를 이온화시킬 것

37 지정수량 10배의 과산화벤조일 운송 시 혼재할 수 있는 위험물류로 옳은 것은?

① 제1류 ② 제2류
③ 제3류 ④ 제6류

과산화벤조일(제5류 위험물)의 운송 시 혼재 가능한 유별은 **제2류**, 제4류이다.

38 1기압 20℃에서 액체인 미상의 위험물을 측정하였더니 인화점이 32.2℃, 발화점이 257℃로 측정되었다. 다음 제4류 위험물 중 해당하는 품명은?

① 특수인화물 ② 제1석유류
③ 제2석유류 ④ 제3석유류

제4류 위험물의 **제2석유류**의 인화점 범위 : 21℃ 이상 70℃ 미만

39 톨루엔의 화재 시 가장 적합한 소화방법은?

① 산·알칼리 소화기에 의한 소화
② 포에 의한 소화
③ 다량의 강화액에 의한 소화
④ 다량의 주수에 의한 냉각소화

톨루엔 등 제4류 위험물의 화재 시에는 포로 질식소화 하는 것이 가장 일반적이며 이산화탄소, 할로젠화합물 등도 이용할 수 있다.

40 위험물안전관리법령상 고정주유설비는 주유설비의 중심선을 기점으로 하여 도로경계선까지 몇 m 이상의 거리를 유지해야 하는가?

① 1m ② 3m
③ 4m ④ 6m

고정주유설비의 중심선을 기점으로 하여 확보해야 하는 거리
1) **도로경계선까지 4m 이상**
2) 부지경계선, 담 및 벽까지 2m 이상
3) 개구부가 없는 벽까지 1m 이상
4) 고정급유설비까지 4m 이상

41 품명이 제4석유류인 위험물은?

① 중유 ② 기어유
③ 등유 ④ 크레오소트유

① 중유 : 제3석유류
② **기어유 : 제4석유류**
③ 등유 : 제2석유류
④ 크레오소트유 : 제3석유류

정답 34. ④ 35. ② 36. ③ 37. ② 38. ③ 39. ② 40. ③ 41. ②

42 위험물안전관리법령에 의한 안전교육에 대한 설명으로 옳은 것은?

① 제조소등의 관계인은 교육대상자에 대하여 안전교육을 받게 할 의무가 있다.
② 안전관리자, 탱크시험자의 기술인력, 위험물운반자 및 위험물운송자 등은 안전교육을 받을 의무가 없다.
③ 탱크시험자의 업무에 대한 강습교육을 받으면 탱크시험자의 기술인력이 될 수 있다.
④ 소방서장은 교육대상자가 교육을 받지 아니한 때에는 그 자격을 정지하거나 취소할 수 있다.

>>> ② 안전관리자와 위험물운송자 등은 한국소방안전원으로부터, 탱크시험자의 기술인력종사자는 한국소방산업기술원으로부터 안전교육을 받아야 한다.
③ 탱크시험자의 기술인력은 신규종사 후 6개월 이내에 8시간 이내의 실무교육을 받아야 한다.
④ 소방서장은 교육대상자가 교육을 받지 아니한 때에는 교육을 받을 때까지 그 자격으로 행하는 행위를 제한할 수 있다.

43 제5류 위험물의 화재예방상 주의사항으로 거리가 먼 것은?

① 점화원의 접근을 피한다.
② 통풍이 양호한 찬 곳에 저장한다.
③ 소화설비는 질식소화가 있는 것을 위주로 준비한다.
④ 가급적 소분하여 저장한다.

>>> ③ 제5류 위험물은 자체적으로 가지고 있는 산소공급원을 지속적으로 방출할 수 있기 때문에 산소공급원을 제거하는 소화방법인 **질식소화는 효과가 없어, 물로 냉각소화를 해야 한다**.

44 공장 창고에 보관되었던 톨루엔이 유출되어 미상의 점화원에 의해 착화되어 화재가 발생하였다면 이 화재의 분류로 옳은 것은?

① A급 화재 ② B급 화재
③ C급 화재 ④ D급 화재

>>> 톨루엔은 물보다 가볍고 비수용성인 제4류 위험물이므로 **유류화재인 B급 화재**에 해당한다.

45 석유류가 연소할 때 발생하는 가스로 강한 자극성 냄새가 나며 취급하는 장치를 부식시키는 것은?

① H_2 ② CH_4
③ NH_3 ④ SO_2

>>> 〈보기〉의 가스 중에서 부식성을 갖는 가스는 이산화황(SO_2)밖에 없다.

46 과산화칼륨이 물 또는 이산화탄소와 반응할 경우 공통적으로 발생하는 물질은?

① 산소 ② 과산화수소
③ 수산화칼륨 ④ 수소

>>> 과산화칼륨(제1류 위험물 중 알칼리금속의 과산화물)은 물 또는 이산화탄소와 반응하여 산소를 발생한다.
– 과산화칼륨과 물과의 반응식
$2K_2O_2 + 2H_2O \rightarrow 4KOH + O_2$
과산화칼륨 물 수산화칼륨 산소
– 과산화칼륨과 이산화탄소와의 반응식
$2K_2O_2 + 2CO_2 \rightarrow 2K_2CO_3 + O_2$
과산화칼륨 이산화탄소 탄산칼륨 산소

47 위험물안전관리법령상 개방형 스프링클러헤드를 이용하는 스프링클러설비에서 수동식 개방밸브를 개방 조작하는 데 필요한 힘은 얼마 이하가 되도록 설치하여야 하는가?

① 5kg ② 10kg
③ 15kg ④ 20kg

>>> 개방형 스프링클러헤드를 이용하는 스프링클러설비의 수동식 개방밸브를 개방 조작하는 데 필요한 힘은 **15kg 이하**이다.

48 위험물안전관리법령에 명기된 위험물의 운반용기 재질에 포함되지 않는 것은?

① 고무류 ② 유리
③ 도자기 ④ 종이

정답 42. ① 43. ③ 44. ② 45. ④ 46. ① 47. ③ 48. ③

» 운반용기의 재질로는 강판, 알루미늄판, 양철판, **유리**, 금속판, **종이**, 플라스틱, 섬유판, **고무류**, 합성섬유, 삼, 짚 또는 나무 등이 있다.

똑똑한 풀이비법

도자기는 쉽게 깨지기 때문에 운반용기 재질로는 사용할 수 없겠죠?

49 공기 중의 산소농도를 한계산소량 이하로 낮추어 연소를 중지시키는 소화방법은 어느 것인가?

① 냉각소화 ② 제거소화
③ 억제소화 ④ 질식소화

» ① 냉각소화 : 물이 고온에서 증발하였을 때 발생하는 증발잠열을 이용하여 연소면의 열을 흡수함으로써 온도를 발화점 미만으로 낮추어 소화하는 방법
② 제거소화 : 가연물을 제거하여 소화하는 방법
③ 억제소화 : 연쇄반응의 속도를 빠르게 하는 정촉매의 역할을 억제시켜 소화하는 방법
④ 질식소화 : 공기 중의 산소와 연소물과의 접촉을 차단시켜 연소에 필요한 **산소의 농도를 낮추어 소화하는 방법**

50 다음 중 위험물안전관리법에 따른 소화설비의 구분에서 물분무등소화설비에 속하지 않는 것은?

① 불활성가스 소화설비
② 포소화설비
③ 스프링클러설비
④ 분말소화설비

» 물분무등소화설비의 종류 : 물분무소화설비, 포소화설비, 불활성가스 소화설비, 할로젠화합물 소화설비, 분말소화설비

51 경유 옥외탱크저장소에서 10,000L 탱크 1기가 설치된 곳의 방유제 용량은 얼마 이상인가?

① 5,000L
② 10,000L
③ 11,000L
④ 20,000L

PLAY▶풀이

» 위험물 옥외저장탱크 방유제의 용량(인화성 액체를 저장하는 경우에 한함)
1) 하나의 옥외저장탱크 방유제 용량 : 탱크 용량의 110% 이상
2) 2개 이상의 옥외저장탱크 방유제 용량 : 탱크 중 용량이 최대인 것의 110% 이상
∴ 10,000L × 1.1 = 11,000L

52 다음 중 소화약제에 따른 주된 소화효과로 틀린 것은?

① 수성막포 소화약제 : 질식효과
② 제2종 분말소화약제 : 탈수·탄화효과
③ 이산화탄소 소화약제 : 질식효과
④ 할로젠화합물 소화약제 : 화학억제효과

» 소화효과별 소화약제의 구분
1) **질식효과** : 포소화약제, 이산화탄소 소화약제, **분말소화약제**
2) 억제효과 : 할로젠화합물 소화약제
3) 냉각효과 : 물을 이용한 소화약제

53 자기반응성 물질인 제5류 위험물에 해당하는 것은?

① $CH_3(C_6H_4)NO_2$ ② CH_3COCH_3
③ $C_6H_2(NO_2)_3OH$ ④ $C_6H_5NO_2$

» ① $CH_3(C_6H_4)NO_2$(나이트로톨루엔) : 제4류 위험물 중 제3석유류
② CH_3COCH_3(아세톤) : 제4류 위험물 중 제1석유류
③ **$C_6H_2(NO_2)_3OH$**(트라이나이트로페놀) : **제5류 위험물** 중 나이트로화합물
④ $C_6H_5NO_2$(나이트로벤젠) : 제4류 위험물 중 제3석유류

54 경유에 대한 설명으로 틀린 것은?

① 물에 녹지 않는다.
② 비중은 1 이하이다.
③ 발화점이 인화점보다 높다.
④ 인화점은 상온 이하이다.

» ③ 인화점 50~70℃, 발화점 200℃이므로 발화점이 인화점보다 높다.
④ 제4류 위험물의 제2석유류이므로 인화점은 21℃ 이상 70℃ 미만으로 **상온(20℃) 이상**이다.

정답 49. ④ 50. ③ 51. ③ 52. ② 53. ③ 54. ④

55 불활성가스 소화설비의 구성 성분은?

① 염소 ② 플루오린
③ 질소 ④ 브로민

» 불활성가스의 종류별 구성 성분
1) IG-100 : 질소(N_2) 100%
2) IG-55 : 질소(N_2) 50%와 아르곤(Ar) 50%
3) IG-541 : 질소(N_2) 52%와 아르곤(Ar) 40%와 이산화탄소(CO_2) 8%

56 산화프로필렌의 저장 또는 보관 방법으로 옳은 것은?

① pH 9인 약알칼리성 물속에 보관한다.
② 용기 상부에 질소, 아르곤 등의 기체를 봉입한다.
③ 등유나 경유 속에 보관한다.
④ 함수알코올에 습면시켜 저장한다.

» **산화프로필렌**은 저장 시 용기 상부에 **질소(N_2)와** 같은 불연성 가스 또는 **아르곤(Ar)**과 같은 불활성 기체를 봉입한다.

57 오존파괴지수(ODP)의 기준이 되는 물질은?

① O_3 ② Cl
③ Halon 1301 ④ CFC11

» 오존파괴지수(ODP)는

$$\frac{\text{물질 1kg에 의해 파괴되는 오존량}}{\text{CFC11 1kg에 의해 파괴되는 오존량}}$$ 으로 정의되며, **기준물질은 CFC11($CFCl_3$)**이다.

58 자연발화를 방지하기 위한 방법으로 옳지 않은 것은?

① 습도를 가능한 한 낮게 유지한다.
② 열 축적을 방지한다.
③ 통풍을 막는다.
④ 정촉매작용을 하는 물질을 피한다.

» 자연발화의 방지법
1) 습도를 낮춰야 한다.
2) 저장온도를 낮춰야 한다.
3) 퇴적 및 수납 시 열이 쌓이지 않도록 해야 한다.
4) **통풍이 잘되도록 해야 한다.**
5) 분해를 촉진하는 정촉매 물질을 피해야 한다.

59 트라이나이트로페놀의 성상에 대한 설명 중 틀린 것은?

① 쓴맛이 있으며, 독성이 있다.
② 비중 1.8인 액체 상태로 존재한다.
③ 단독으로는 마찰, 충격에 비교적 안정하다.
④ 알코올, 에터, 벤젠에 녹는다.

» 트라이나이트로페놀의 성질
1) 발화점 300℃, 융점 121℃, 비중 1.8이다.
2) **황색의 침상결정인 고체상태**로 존재한다.
3) 찬물에는 안 녹고, 온수, 알코올, 벤젠, 에터에는 잘 녹는다.
4) 쓴맛이 있고, 독성이 있다.
5) 단독으로는 충격, 마찰 등에 둔감하나, 구리, 아연 등 금속염류와의 혼합물은 피크린산염을 생성하여 충격, 마찰 등에 위험해진다.
6) 고체 물질이므로 건조하면 위험하고 약한 습기에 저장하면 안정하다.
7) 주수하여 냉각소화 해야 한다.

60 위험물을 저장할 때 필요한 보호물질로 잘못 연결한 것은?

① 황린 – 물
② 알킬알루미늄 – 물
③ 이황화탄소 – 물
④ 나트륨 – 석유

» **알킬알루미늄**은 금수성 물질이므로 저장 시에는 용기 상부에 **질소(N_2) 또는 아르곤(Ar)** 등의 불연성 가스를 봉입한다.

정답 55. ③ 56. ② 57. ④ 58. ③ 59. ② 60. ②

2024

CBT 기출복원문제

제4회 위험물기능사

01 다음 중 제5류 위험물이 아닌 것은?

① 나이트로글리세린
② 나이트로톨루엔
③ 나이트로글리콜
④ 트라이나이트로톨루엔

» ① 나이트로글리세린 : 제5류 위험물 중 질산에스터류
② **나이트로톨루엔** : **제4류 위험물** 중 제3석유류
③ 나이트로글리콜 : 제5류 위험물 중 질산에스터류
④ 트라이나이트로톨루엔 : 제5류 위험물 중 나이트로화합물

02 다음 중 위험물안전관리법령에 따라 정한 지정수량이 나머지 셋과 다른 것은?

① 황화인 ② 적린
③ 황 ④ 철분

» ①, ②, ③ : 지정수량 100kg
④ : 지정수량 500kg

03 B · C급 화재뿐만 아니라 A급 화재까지도 사용이 가능한 분말소화약제는?

① 제1종 분말소화약제
② 제2종 분말소화약제
③ 제3종 분말소화약제
④ 제4종 분말소화약제

» ①, ②, ④ : B · C급 화재
③ : A · B · C급 화재

04 위험물안전관리법령상 운송책임자의 감독, 지원을 받아 운송하여야 하는 위험물에 해당하는 것은?

① 알킬알루미늄, 산화프로필렌, 알킬리튬
② 알킬알루미늄, 산화프로필렌
③ 알킬알루미늄, 알킬리튬
④ 산화프로필렌, 알킬리튬

» 위험물안전관리법령상 운송책임자의 감독, 지원을 받아 운송하여야 하는 위험물은 제3류 위험물 중 **알킬알루미늄** 및 **알킬리튬**이다.

05 과산화바륨과 물이 반응하였을 때 발생하는 것은?

① 수소
② 산소
③ 탄산가스
④ 수성가스

» 과산화바륨은 제1류 위험물 중 무기과산화물로서, 물과 반응 시 수산화바륨[$Ba(OH_2)$]과 산소(O_2)를 발생한다.
– 과산화바륨과 물과의 반응식

$$\underset{\text{과산화바륨}}{2BaO_2} + \underset{\text{물}}{2H_2O} \rightarrow \underset{\text{수산화바륨}}{2Ba(OH)_2} + \underset{\text{산소}}{O_2}$$

06 위험물을 저장하는 탱크의 공간용적 산정 기준에서 ( ) 안에 알맞은 수치는?

> 암반탱크에 있어서는 해당 탱크 내에 용출하는 ( )일간의 지하수의 양에 상당하는 용적과 해당 탱크 내용적의 ( )의 용적 중에서 보다 큰 용적을 공간용적으로 한다.

① 7, 1/100 ② 7, 5/100
③ 10, 1/100 ④ 10, 5/100

» 암반탱크에 있어서는 해당 탱크 내에 용출하는 **7**일간의 지하수의 양에 상당하는 용적과 해당 탱크 내용적의 **1/100**의 용적 중에서 보다 큰 용적을 공간용적으로 한다.

정답 01. ② 02. ④ 03. ③ 04. ③ 05. ② 06. ①

07 BCF(Bromochlorodifluoromethane) 소화약제의 화학식으로 옳은 것은?

① CCl_4
② CH_2ClBr
③ CF_3Br
④ CF_2ClBr

≫ BCF(bromochlorodifluoromethane) 소화약제의 화학식은 CF_2ClBr이며, 탄소(C)와 함께 B(Br), C(Cl), F를 모두 포함하는 할로젠화합물 소화약제를 의미한다.

08 다음 중 황 분말과 혼합했을 때 가열 또는 충격에 의해서 폭발할 위험이 가장 높은 것은?

① 질산암모늄 ② 물
③ 이산화탄소 ④ 마른모래

≫ 황(제2류 위험물)은 가연성 고체이며 이와 함께 연소하기 위해서는 점화원과 산소공급원이 필요한데 〈보기〉 중 제1류 위험물인 **질산암모늄은 산소공급원** 역할을 하므로 폭발의 위험이 가장 높다.

09 다음 중 위험물안전관리법령상 위험물제조소와의 안전거리가 가장 먼 것은?

① '고등교육법'에서 정하는 학교
② '의료법'에 따른 병원급 의료기관
③ '고압가스안전관리법'에 의하여 허가를 받은 고압가스제조시설
④ '문화유산의 보존 및 활용에 관한 법률'에 의한 지정문화유산

≫ 위험물제조소와의 안전거리기준
1) 주거용 건축물(제조소의 동일부지 외에 있는 것) : 10m 이상
2) 학교 · 병원 · 극장(300명 이상), 다수인 수용시설 : 30m 이상
3) **지정문화유산, 천연기념물 : 50m 이상**
4) 고압가스, 액화석유가스 등의 저장 · 취급 시설 : 20m 이상
5) 사용전압 7,000V 초과 35,000V 이하의 특고압가공전선 : 3m 이상
6) 사용전압 35,000V를 초과하는 특고압가공전선 : 5m 이상

10 혼합물인 위험물이 복수의 성상을 가지는 경우에 적용하는 품명에 관한 설명으로 틀린 것은?

① 산화성 고체의 성상 및 가연성 고체의 성상을 가지는 경우 : 산화성 고체의 품명
② 산화성 고체의 성상 및 자기반응성 물질의 성상을 가지는 경우 : 자기반응성 물질의 품명
③ 가연성 고체의 성상 및 자연발화성 물질의 성상 및 금수성 물질의 성상을 가지는 경우 : 자연발화성 물질 및 금수성 물질의 품명
④ 인화성 액체의 성상 및 자기반응성 물질의 성상을 가지는 경우 : 자기반응성 물질의 품명

≫ 복수의 성상을 가지는 위험물(하나의 물질이 2가지의 위험물 성질을 동시에 가지고 있는 것)의 품명기준
(공식 : 제1류 < 제2류 < 제4류 < 제3류 < 제5류)
① **산화성 고체(제1류) < 가연성 고체(제2류) : 가연성 고체(제2류)**
② 산화성 고체(제1류) < 자기반응성 물질(제5류) : 자기반응성 물질(제5류)
③ 가연성 고체(제2류) < 자연발화성 및 금수성 물질(제3류) : 자연발화성 및 금수성 물질(제3류)
④ 인화성 액체(제4류) < 자기반응성 물질(제5류) : 자기반응성 물질(제5류)

11 다음 중 제3류 위험물에 해당하는 것은 어느 것인가?

① 황
② 적린
③ 황린
④ 삼황화인

≫ ①, ②, ④ : 제2류 위험물
③ : 제3류 위험물

정답 07. ④ 08. ① 09. ④ 10. ① 11. ③

12 위험물안전관리법령상 위험등급이 나머지 셋과 다른 하나는?

① 알코올류 ② 제2석유류
③ 제3석유류 ④ 동식물유류

》 제4류 위험물의 위험등급 구분
1) 특수인화물 : 위험등급 Ⅰ
2) 제1석유류 및 **알코올류 : 위험등급 Ⅱ**
3) 제2석유류, 제3석유류, 제4석유류, 동식물유류 : 위험등급 Ⅲ

13 옥내저장소의 저장창고에 $150m^2$ 이내마다 일정 규격의 격벽을 설치하여 저장하여야 하는 위험물은?

① 지정과산화물
② 알킬알루미늄등
③ 아세트알데하이드등
④ 하이드록실아민등

》 **지정과산화물**(제5류 위험물 중 유기과산화물로서 지정수량이 10kg인 것) 옥내저장소의 격벽 기준
1) **바닥면적 $150m^2$ 이내마다 격벽으로 구획**
2) 격벽의 두께
㉠ 철근콘크리트조 또는 철골철근콘크리트조 : 30cm 이상
㉡ 보강콘크리트블록조 : 40cm 이상
3) 격벽의 돌출길이
㉠ 창고 양측의 외벽으로부터 1m 이상
㉡ 창고 상부의 지붕으로부터 50cm 이상

14 제4류 위험물만으로 나열된 것은?

① 특수인화물, 황산, 질산
② 알코올, 황린, 나이트로화합물
③ 동식물유류, 질산, 무기과산화물
④ 제1석유류, 알코올류, 특수인화물

》 ① 특수인화물(제4류 위험물), 황산(비위험물), 질산(제6류 위험물),
② 알코올(제4류 위험물), 황린(제3류 위험물), 나이트로화합물(제5류 위험물)
③ 동식물유류(제4류 위험물), 질산(제6류 위험물), 무기과산화물(제1류 위험물)
④ **제1석유류(제4류 위험물), 알코올류(제4류 위험물), 특수인화물(제4류 위험물)**

15 위험물안전관리법에서 정의하는 다음 용어는 무엇인가?

인화성 또는 발화성 등의 성질을 가지는 것으로서 대통령령이 정하는 물품을 말한다.

① 위험물
② 인화성 물질
③ 자연발화성 물질
④ 가연물

》 인화성 또는 발화성 등의 성질을 가지는 것으로서 대통령령이 정하는 물품은 위험물의 정의이다.

16 위험물제조소등의 전기설비에 적응성이 있는 소화설비는?

① 봉상수소화기 ② 포소화설비
③ 옥외소화전설비 ④ 물분무소화설비

》 위험물제조소등의 전기설비에 적응성이 있는 소화설비는 **물분무소화설비**, 이산화탄소 소화설비, 할로젠화합물 소화설비, 분말소화설비 등이 있다.

17 알코올에 관한 설명으로 옳지 않은 것은?

① 1가 알코올은 OH기의 수가 1개인 알코올을 말한다.
② 2차 알코올은 1차 알코올이 산화된 것이다.
③ 2차 알코올이 수소를 잃으면 케톤이 된다.
④ 알데하이드가 환원되면 1차 알코올이 된다.

》 ① 1가 알코올은 OH의 수가 1개인 것이고, 2가 알코올은 OH의 수가 2개인 것이다.
② 2차 알코올은 알킬의 수가 2개인 것이고, 1차 알코올은 알킬의 수가 1개인 것이다. 1차 알코올이 산화(수소를 잃거나 산소를 얻는 것)하더라도 알킬의 수는 변하지 않으므로 **1차 알코올의 산화와 2차 알코올과는 아무런 연관성이 없다.**
③ 2차 알코올인 $(CH_3)_2CHOH$(아이소프로필알코올)이 수소를 잃으면 CH_3COCH_3(다이메틸케톤=아세톤)이 된다.
④ CH_3CHO(아세트알데하이드)가 환원(수소를 얻는다)되면 1차 알코올인 C_2H_5OH(에틸알코올)이 된다.

정답 12. ① 13. ① 14. ④ 15. ① 16. ④ 17. ②

18 서로 반응할 때 수소가 발생하지 않는 것은?

① 리튬 + 염산
② 탄화칼슘 + 물
③ 수소화칼슘 + 물
④ 루비듐 + 물

» ① $2Li + 2HCl \rightarrow 2LiCl + H_2$
(리튬, 염산, 염화리튬, 수소)
② $CaC_2 + 2H_2O \rightarrow Ca(OH)_2 + C_2H_2$
(탄화칼슘, 물, 수산화칼슘, 아세틸렌)
③ $CaH_2 + 2H_2O \rightarrow Ca(OH)_2 + 2H_2$
(수소화칼슘, 물, 수산화칼슘, 수소)
④ $2Rb + H_2O \rightarrow Rb_2O + H_2$
(루비듐, 물, 산화루비듐, 수소)

19 위험물안전관리법령상 품명이 나머지 셋과 다른 하나는?

① 트라이나이트로톨루엔
② 나이트로글리세린
③ 나이트로글리콜
④ 셀룰로이드

» ① : 나이트로화합물
②, ③, ④ : 질산에스터류

20 열의 이동원리 중 '복사'에 관한 예로 적당하지 않은 것은?

① 그늘이 시원한 이유
② 더러운 눈이 빨리 녹는 현상
③ 보온병 내부를 거울병으로 만드는 것
④ 해풍과 육풍이 일어나는 원리

» ①, ②, ③ : 복사
④ : 대류
※ 열의 이동원리
1) 전도 : 각기 다른 온도를 가지고 있는 물체의 접촉으로 인한 분자들 간의 충돌로 발생하는 열의 전달방식
2) 대류 : 액체와 기체의 온도가 상승하면 분자들이 가벼워지면서 위로 상승하게 되고 위에 있던 분자들을 밀어내는 순환방식에 의한 열전달
3) 복사 : 매개체 없이도 열이 전달되는 방식의 열전달

21 액화 이산화탄소 1kg이 25℃, 2atm에서 방출되어 모두 기체가 되었다. 방출된 기체상의 이산화탄소 부피는 약 몇 L인가?

① 278L
② 556L
③ 1,111L
④ 1,985L

» $CO_2(l) \rightarrow CO_2(g)$
이상기체방정식 : $PV = nRT$
여기서, P : 압력(atm)
V : 부피(L)
n : 몰수(mol)
R : 기체상수(0.082atm·L/mol·K)
T : 온도(K)=273+섭씨온도

$n = \dfrac{\text{주어진 질량(g)}}{\text{분자량(g/mol)}}$, 이산화탄소($CO_2$) 1mol의 분자량=12g(C)+16g(O)×2=44g/mol임을 이용한다.

$$\therefore\ 2\text{atm} \times V(\text{L}) = \left(1{,}000\text{g } CO_2 \times \frac{1\text{mol } CO_2}{44\text{g } CO_2}\right) \times 0.082\text{atm}\cdot\text{L/mol}\cdot\text{K} \times (273+25)\text{K}$$

방출된 기체상의 이산화탄소 부피=277.68L

22 일반취급소의 형태가 옥외의 공작물로 되어 있는 경우에 있어서 그 최대수평투영면적이 $500m^2$일 때 설치하여야 하는 소화설비의 소요단위는 몇 단위인가?

① 5단위
② 10단위
③ 15단위
④ 20단위

» 소요단위

구 분	외벽이 내화구조	외벽이 비내화구조
위험물 제조소 및 취급소	연면적 $100m^2$	연면적 $50m^2$
위험물저장소	연면적 $150m^2$	연면적 $75m^2$
위험물	지정수량의 10배	

정답 18. ② 19. ① 20. ④ 21. ① 22. ①

일반취급소의 옥외에 설치된 공작물은 외벽이 내화구조인 것으로 간주하고 **공작물의 최대수평투영면적을 연면적으로 간주**하기 때문에, 소요단위는 $500m^2/100m^2=5$단위가 된다.

23 산화성 고체의 저장 · 취급 방법으로 옳지 않은 것은?

① 가연물과 접촉 및 혼합을 피한다.
② 분해를 촉진하는 물품의 접근을 피한다.
③ 조해성 물질의 경우 물속에 보관하고, 과열, 충격, 마찰 등을 피하여야 한다.
④ 알칼리금속의 과산화물은 물과의 접촉을 피하여야 한다.

» ③ 조해성 물질은 수분을 흡수하여 녹는 성질이 있으므로 물속에 보관하여서는 안 된다.

24 다음 중 가연물이 되기 쉬운 조건이 아닌 것은?

① 산화반응의 활성이 크다.
② 표면적이 넓다.
③ 활성화에너지가 크다.
④ 열전도율이 낮다.

» ③ **활성화에너지**(점화에너지라고도 하며 물질을 활성화(점화)시키기 위해 필요한 에너지의 양)**가 적어야 한다.**

25 다음 중 자기반응성 물질에 해당하는 물질은 어느 것인가?

① 과산화칼륨
② 과산화벤조일
③ 트라이에틸알루미늄
④ 메틸에틸케톤

» ① 제1류 위험물, 산화성 고체
② **제5류 위험물, 자기반응성 물질**
③ 제3류 위험물, 금수성 물질
④ 제4류 위험물, 인화성 액체

26 지하탱크저장소 탱크전용실의 안쪽과 지하저장탱크 사이는 몇 m 이상의 간격을 유지하여야 하는가?

① 0.1m ② 0.2m
③ 0.3m ④ 0.5m

» 지하탱크저장소의 탱크전용실의 간격
1) 지하의 벽, 가스관, 대지경계선과 탱크전용실과의 사이 : 0.1m 이상
2) 지하저장탱크와 탱크전용실 안쪽과의 사이 : **0.1m 이상**

27 지정수량 10배의 위험물을 저장 또는 취급하는 제조소에 있어서 연면적이 최소 몇 m^2이면 자동화재탐지설비를 설치해야 하는가?

① $100m^2$ ② $300m^2$
③ $500m^2$ ④ $1,000m^2$

» 자동화재탐지설비만을 설치해야 하는 제조소 및 일반취급소는 다음 중 어느 하나에 해당하는 것이다.
1) **연면적 $500m^2$ 이상**인 것
2) 지정수량의 100배 이상을 취급하는 것

28 지정수량의 몇 배 이상의 위험물을 취급하는 제조소에 경보설비를 설치하여야 하는가?

① 5배
② 10배
③ 20배
④ 100배

» 1. 경보설비의 종류 중 자동화재탐지설비만을 설치해야 하는 제조소 및 일반취급소
1) 연면적 $500m^2$ 이상인 것
2) 지정수량의 100배 이상을 취급하는 것
2. 자동화재탐지설비, 비상경보설비, 확성장치 또는 비상방송설비 중 1종 이상의 **경보설비를 설치**할 수 있는 제조소 및 일반취급소
– 지정수량의 **10배 이상**을 저장 또는 취급하는 것
3. 자동화재탐지설비 및 자동화재속보설비를 설치해야 하는 경우
– 특수인화물, 제1석유류 및 알코올류를 저장 또는 취급하는 탱크의 용량이 1,000만L 이상인 옥외탱크저장소

정답 23. ③ 24. ③ 25. ② 26. ① 27. ③ 28. ②

29 다음 중 연소범위가 약 1.4~7.6%인 제4류 위험물은?

① 가솔린
② 다이에틸에터
③ 이황화탄소
④ 아세톤

≫ ② 다이에틸에터 : 1.9~48%
③ 이황화탄소 : 1~50%
④ 아세톤 : 2.6~12.8%

30 제3류 위험물 중 금수성 물질을 취급하는 제조소에 설치하는 주의사항 게시판의 내용과 색상을 연결한 것으로 옳은 것은 어느 것인가?

① 물기엄금 – 백색 바탕에 청색 문자
② 물기엄금 – 청색 바탕에 백색 문자
③ 물기주의 – 백색 바탕에 청색 문자
④ 물기주의 – 청색 바탕에 백색 문자

≫ 제3류 위험물 중 금수성 물질을 취급하는 제조소의 주의사항은 **'물기엄금'**이며, **청색 바탕에 백색 문자**로 표시한다.

31 위험물안전관리법의 규정상 운반차량에 혼재해서 적재할 수 없는 것은? (단, 지정수량의 10배인 경우이다.)

① 염소화규소화합물 – 특수인화물
② 고형 알코올 – 나이트로화합물
③ 염소산염류 – 질산
④ 질산구아니딘 – 황린

≫ ① 염소화규소화합물(제3류 위험물) – 특수인화물(제4류 위험물)
② 고형 알코올(제2류 위험물) – 나이트로화합물(제5류 위험물)
③ 염소산염류(제1류 위험물) – 질산(제6류 위험물)
④ 질산구아니딘(제5류 위험물) –황린(제3류 위험물)

◀ 위험물의 혼재기준

위험물의 유별 혼재기준

위험물의 구분	제1류	제2류	제3류	제4류	제5류	제6류
제1류		×	×	×	×	○
제2류	×		×	○	○	×
제3류	×	×		○	×	×
제4류	×	○	○		○	×
제5류	×	○	×	○		×
제6류	○	×	×	×	×	

위의 [표]에서 알 수 있듯이 **질산구아니딘(제5류 위험물)과 황린(제3류 위험물)은 운반차량에 서로 혼재하여 적재할 수 없는 위험물**이다.

32 다음 중 연소 시 이산화황을 발생하는 것은?

① 황
② 적린
③ 황린
④ 인화칼슘

≫ 황의 연소반응식
$S + O_2 \rightarrow SO_2$
황 산소 이산화황(아황산가스)

33 자연발화의 방지법이 아닌 것은?

① 습도를 높게 유지할 것
② 저장실의 온도를 낮출 것
③ 퇴적 및 수납 시 열축적이 없을 것
④ 통풍을 잘 시킬 것

≫ 자연발화를 방지하기 위해서는 온도 및 **습도**를 모두 **낮추어야 한다**.

34 다음 중 산화열에 의해 자연발화의 위험이 높은 것은?

① 건성유
② 나이트로셀룰로스
③ 퇴비
④ 목탄

≫ 동식물유류(제4류 위험물)는 건성유, 반건성유, 불건성유로 구분되는데, 그 중 **건성유**는 산화열에 의한 자연발화를 일으키는 성질이 있다.

정답 29. ① 30. ② 31. ④ 32. ① 33. ① 34. ①

35 화재발생 시 물을 이용한 소화를 하면 오히려 위험성이 증대되는 것은?

① 황린
② 적린
③ 탄화알루미늄
④ 나이트로셀룰로스

① 황린(제3류 위험물) : 물속에 저장
② 적린(제2류 위험물) : 물과 반응하지 않음
③ **탄화알루미늄(제3류 위험물) : 물과 반응 시 메테인(CH_4)가스 발생**
④ 나이트로셀룰로스(제5류 위험물) : 물 또는 알코올에 습면

36 물은 냉각소화가 대표적인 소화약제이다. 물의 소화효과를 높이기 위하여 무상주수를 함으로써 부가적으로 적용하는 소화효과로 이루어진 것은?

① 질식소화 작용, 제거소화 작용
② 질식소화 작용, 유화소화 작용
③ 타격소화 작용, 유화소화 작용
④ 타격소화 작용, 피복소화 작용

무상주수는 안개모양의 형태로 물을 잘게 흩어 뿌리는 방식으로 **산소를 차단시키는 질식효과**도 갖고 있지만, 흩어 뿌려진 물이 얇은 막을 형성함으로써 **유류 표면을 덮는 유화효과**도 가진다.

37 염소산나트륨을 가열하여 분해시킬 때 발생하는 기체는 무엇인가?

① 산소 ② 질소
③ 나트륨 ④ 수소

염소산나트륨(제1류 위험물)을 포함하여, 모든 제1류 위험물은 분해 시 **산소가 발생**한다.
– 염소산나트륨의 분해반응식

$$\underset{\text{염소산나트륨}}{2NaClO_3} \rightarrow \underset{\text{염화나트륨}}{2NaCl} + \underset{\text{산소}}{3O_2}$$

38 [그림]과 같이 가로로 설치한 원통형 위험물 탱크에 대하여 탱크의 용량을 구하면 약 몇 m^3인가? (단, 공간용적은 탱크 내용적의 100분의 5로 한다.)

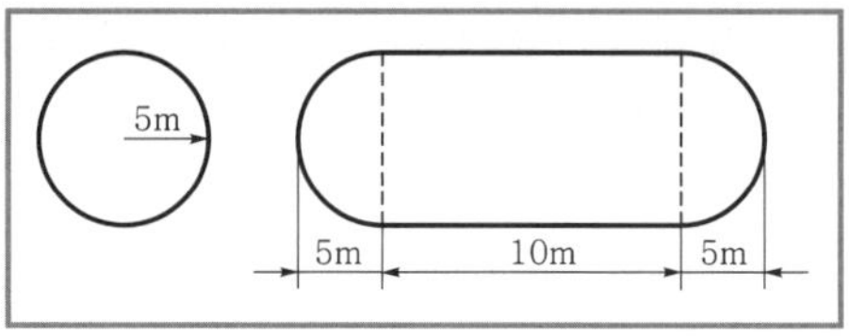

① $52.4m^3$ ② $261.6m^3$
③ $994.8m^3$ ④ $1,047.5m^3$

내용적 $= \pi \times r^2 \times \left(l + \frac{l_1 + l_2}{3}\right)$
탱크의 공간용적이 5%이면 탱크용량은 탱크 내용적의 95%이다.

$\therefore$ 탱크 용적 $= \pi \times 5^2 \times \left(10 + \frac{5+5}{3}\right) \times 0.95$
$= 994.84m^3$

39 다음 중 산화성 고체 위험물에 속하지 않는 것은?

① Na_2O_2 ② $HClO_4$
③ NH_4ClO_4 ④ $KClO_3$

①, ③, ④ : 제1류 위험물, 산화성 고체
② : 제6류 위험물, 산화성 액체

40 다음 중 분자량이 가장 큰 위험물은?

① 과염소산
② 과산화수소
③ 질산
④ 하이드라진

① **과염소산**($HClO_4$) = 1(H)+35.5(Cl)+16(O)×4 = **100.5**
② 과산화수소(H_2O_2) = 1(H)×2+16(O)×2 = 34
③ 질산(HNO_3) = 1(H)+14(N)+16(O)×3 = 63
④ 하이드라진(N_2H_4) = 14(N)×2+1(H)×4 = 32

41 염소산나트륨에 대한 설명으로 틀린 것은?

① 조해성이 크기 때문에 보관용기는 밀봉하는 것이 좋다.
② 무색, 무취의 고체이다.
③ 산과 반응하여 유독성의 이산화나트륨 가스가 발생한다.
④ 물, 알코올, 글리세린에 녹는다.

정답 35. ③ 36. ② 37. ① 38. ③ 39. ② 40. ① 41. ③

③ 염소산나트륨($NaClO_3$)은 산과 반응 시 독성인 **ClO_2(이산화염소)가스가 발생**한다.
– 염소산나트륨과 염산과의 반응식

$$\underset{\text{염소산나트륨}}{2NaClO_3} + \underset{\text{염산}}{2HCl} \rightarrow \underset{\text{염화나트륨}}{2NaCl} + \underset{\text{이산화염소}}{2ClO_2} + \underset{\text{과산화수소}}{H_2O_2}$$

42 알코올류 20,000L에 대한 소화설비 설치 시 소요단위는?

① 5 ② 10
③ 15 ④ 20

위험물의 1소요단위는 지정수량의 10배이고 알코올류의 지정수량은 400L이다. 따라서 알코올류 1소요단위는 400L × 10 = 4,000L이므로, 알코올류 20,000L는 $\frac{20,000\text{L}}{4,000\text{L}}$ = **5소요단위**가 된다.

43 과산화칼륨의 저장창고에서 화재가 발생하였다. 다음 중 가장 적합한 소화약제는?

① 물 ② 이산화탄소
③ 마른모래 ④ 염산

과산화칼륨은 제1류 위험물 중 알칼리금속의 과산화물로서 적응성이 있는 소화약제는 **마른모래**, 팽창질석, 팽창진주암, 탄산수소염류 분말소화약제이다.

44 칼륨을 물에 반응시키면 격렬한 반응이 일어난다. 이때 발생하는 기체는 무엇인가?

① 산소 ② 수소
③ 질소 ④ 이산화탄소

칼륨을 비롯한 대부분의 순수한 금속들은 물과 반응 시 수소를 발생한다.
– 칼륨과 물의 반응식

$$\underset{\text{칼륨}}{2K} + \underset{\text{물}}{2H_2O} \rightarrow \underset{\text{수산화칼륨}}{2KOH} + \underset{\text{수소}}{H_2}$$

45 다음 위험물의 저장창고에 화재가 발생하였을 때 주수에 의한 소화가 오히려 더 위험한 것은?

① 염소산칼륨 ② 과염소산나트륨
③ 질산암모늄 ④ 탄화칼슘

④ **제3류 위험물 중 금수성 물질**인 탄화칼슘(CaC_2)은 물과 반응 시 가연성 가스인 아세틸렌(C_2H_2)을 발생하므로 **주수에 의한 소화는 위험**하다.
– 탄화칼슘과 물과의 반응식

$$\underset{\text{탄화칼슘}}{CaC_2} + \underset{\text{물}}{2H_2O} \rightarrow \underset{\text{수산화칼슘}}{Ca(OH)_2} + \underset{\text{아세틸렌}}{C_2H_2}$$

46 다음 중 증발연소를 하는 물질이 아닌 것은?

① 황
② 석탄
③ 파라핀
④ 나프탈렌

①, ③, ④ : 증발연소
② : 분해연소

47 황의 성질에 대한 설명 중 틀린 것은?

① 물에 녹지 않으나 이황화탄소에 녹는다.
② 공기 중에서 연소하여 이산화황을 발생한다.
③ 전도성 물질이므로 정전기 발생에 유의하여야 한다.
④ 분진폭발의 위험성에 주의하여야 한다.

③ **비전도성 물질**이므로 정전기 발생에 유의하여야 한다.

48 위험물안전관리법령상 제조소등에 대한 긴급 사용정지명령 등을 할 수 있는 권한이 없는 자는?

① 시 · 도지사
② 소방본부장
③ 소방서장
④ 소방청장

제조소등에 대한 긴급 사용정지명령 등을 할 수 있는 권한이 있는 자는 **시 · 도지사, 소방본부장, 소방서장**이다.

똑똑한 풀이비법

소방청장은 직위가 너무 높아 이런 종류의 일은 하지 않는 것으로 이해하면 된다.

정답 42. ① 43. ③ 44. ② 45. ④ 46. ② 47. ③ 48. ④

49 위험물안전관리법령상 제5류 위험물의 공통된 취급방법으로 옳지 않은 것은?

① 용기의 파손 및 균열에 주의한다.
② 저장 시 과열, 충격, 마찰을 피한다.
③ 운반용기 외부에 주의사항으로 '화기주의' 및 '물기엄금'을 표기한다.
④ 불티, 불꽃, 고온체와의 접근을 피한다.

≫ ③ 제5류 위험물은 운반용기 외부에 표시하는 주의사항으로 '**화기엄금**' 및 '**충격주의**'를 표기한다.

50 위험물저장탱크 중 부상지붕구조로 탱크의 직경이 53m 이상 60m 미만인 경우 고정식 포소화설비의 포방출구 종류 및 수량으로 옳은 것은?

① Ⅰ형 8개 이상
② Ⅱ형 8개 이상
③ Ⅲ형 8개 이상
④ 특형 10개 이상

≫ 탱크에 설치하는 고정식 포소화설비의 포방출구

탱크지붕의 구분	포방출구 형태	포주입법
고정지붕 구조의 탱크	Ⅰ형 방출구	상부포주입법 (고정포방출구를 탱크 옆판의 상부에 설치하여 액표면상에 포를 방출하는 방법)
	Ⅱ형 방출구	
	Ⅲ형 방출구	저부포주입법 (탱크의 액면하에 설치된 포방출구로부터 포를 탱크 내에 주입하는 방법)
	Ⅳ형 방출구	
부상지붕 구조의 탱크	**특형 방출구**	상부포주입법 (고정포방출구를 탱크 옆판의 상부에 설치하여 액표면상에 포를 방출하는 방법)

부상지붕구조의 탱크에 설치하는 포방출구의 종류는 탱크의 직경에 상관없이 특형밖에 없다.

51 유기과산화물의 화재예방상 주의사항으로 틀린 것은?

① 열원으로부터 멀리한다.
② 직사광선을 피해야 한다.
③ 용기의 파손에 의해 누출되면 위험하므로 정기적으로 점검하여야 한다.
④ 산화제와 격리하고 환원제와 접촉시켜야 한다.

≫ ④ 유기과산화물(제5류 위험물)은 자체적으로 가연물과 산소공급원을 동시에 포함하고 있으므로 **산화제(산소공급원)와 환원제(가연물) 모두를 격리**해야 한다.

52 분말소화약제 중 인산염류를 주성분으로 하는 것은?

① 제1종 분말　　② 제2종 분말
③ 제3종 분말　　④ 제4종 분말

≫ 종별 분말소화약제의 종류 및 성질

분말의 종류	주성분	화학식	적응 화재	착 색
제1종 분말	탄산수소나트륨	$NaHCO_3$	B, C	백색
제2종 분말	탄산수소칼륨	$KHCO_3$	B, C	보라색
제3종 분말	**인산암모늄**	$NH_4H_2PO_4$	A, B, C	담홍색
제4종 분말	탄산수소칼륨과 요소의 반응생성물	$KHCO_3 + CO(NH_2)_2$	B, C	회색

53 Halon 1301에 해당하는 할로젠화합물의 분자식을 바르게 나타낸 것은?

① CBr_3F　　② CF_3Br
③ CH_3Cl　　④ CCl_3H

≫ 할로젠화합물 소화약제의 할론번호는 C－F－Cl－Br의 순서대로 각 원소의 개수를 나타낸 것이다. Halon 1301은 C 1개, F 3개, Cl 0개, Br 1개로 구성되므로 화학식은 $\mathbf{CF_3Br}$이다.

정답 49. ③ 50. ④ 51. ④ 52. ③ 53. ②

54 다음 중 피크린산의 품명으로 옳은 것은?

① 나이트로화합물
② 나이트로소화합물
③ 아조화합물
④ 하이드록실아민염류

>>> 피크린산은 트라이나이트로페놀이라고도 하며, 제5류 위험물로서 **품명은 나이트로화합물**이고 화학식은 $C_6H_2OH(NO_2)_3$이다.

55 제4류 위험물을 취급하는 제조소 및 일반취급소는 지정수량의 몇 배 이상의 위험물을 취급하는 경우 자체소방대를 두어야 하는가?

① 2,000배
② 2,500배
③ 3,000배
④ 3,500배

>>> 제4류 위험물을 **지정수량의 3천배 이상** 취급하는 제조소 및 일반취급소와 50만배 이상 저장하는 옥외탱크저장소에는 자체소방대를 설치하여야 한다.

56 다이에틸에터에 관한 설명 중 틀린 것은?

① 물에 안 녹고 알코올에 녹는다.
② 공기와 장시간 접촉하면 폭발성의 과산화물이 생성된다.
③ 전도성이므로 정전기 발생에 주의해야 한다.
④ 물보다 가벼운 무색투명한 액체로 증기는 마취성이 있다.

>>> ③ 다이에틸에터는 **비전도성이므로 저장 시 정전기를 방지하기 위해** 소량의 염화칼슘($CaCl_2$)을 넣어준다.

57 다음 위험물 중 수용성 제1석유류인 것은?

① 아세톤 ② 벤젠
③ 톨루엔 ④ 휘발유

>>> ① : 수용성, 지정수량 400L
②, ③, ④ : 비수용성, 지정수량 200L

58 다음 중 줄-톰슨효과에 의해 드라이아이스가 생성되는 소화기는?

① 강화액소화기
② 포소화기
③ 할로젠화합물소화기
④ 이산화탄소소화기

>>> **이산화탄소소화기**는 용기에 이산화탄소(탄산가스)가 액화되어 충전되어 있으며, 공기보다 1.52배 무거운 가스가 발생하게 된다. 줄-톰슨 효과는 이산화탄소 약제를 방출할 때 액체 이산화탄소가 가는 관을 통과하게 되는데 이때 압력과 온도의 급감으로 인해 드라이아이스가 관 내에 생성됨으로써 노즐이 막히는 현상이다.

59 리튬이 물과 반응해서 생성되는 것은?

① 수소화리튬, 수소
② 수소화리튬, 산소
③ 수산화리튬, 수소
④ 수산화리튬, 산소

>>> 리튬(Li)은 물과 반응 시 **수산화리튬(LiOH)과 수소(H_2)가 발생**한다.
– 리튬과 물과의 반응식

$$2Li + H_2O \rightarrow LiOH + H_2$$

리튬 물 수산화리튬 수소

60 다음 중 나이트로셀룰로스에 대한 설명으로 틀린 것은?

① 물에는 안 녹고 알코올, 에터에 녹는다.
② 셀룰로스에 염기와 반응시켜 제조한다.
③ 질화도가 클수록 폭발의 위험성이 커진다.
④ 강면약과 약면약으로 구분된다.

>>> ② 나이트로셀룰로스는 **셀룰로스에 질산과 황산을 반응시켜 제조한다.**

정답 54. ① 55. ③ 56. ③ 57. ① 58. ④ 59. ③ 60. ②

빨리 성장하는 것은 쉬 시들고,

서서히 성장하는 것은 영원히 존재한다.

-호란드-

☆

빠른 것만이 꼭 좋은 것이 아닙니다.
주위를 두리번거리면서 느릿느릿, 서서히 커나가야
인생이 알차지고 단단해집니다.
이른바 "느림의 미학"이지요.

2025

CBT 기출복원문제

제1회 위험물기능사

01 분말소화약제 중 제1종과 제2종 분말이 각각 열분해될 때 공통으로 생성되는 물질은?

① N_2, CO_2

② N_2, O_2

③ H_2O, CO_2

④ H_2O, N_2

1) 제1종 분말소화약제의 분해반응식(270℃)

$2NaHCO_3 \rightarrow Na_2CO_3 + \mathbf{H_2O} + \mathbf{CO_2}$

탄산수소나트륨 탄산나트륨 물 이산화탄소

2) 제2종 분말소화약제의 분해반응식(190℃)

$2KHCO_3 \rightarrow K_2CO_3 + \mathbf{H_2O} + \mathbf{CO_2}$

탄산수소칼륨 탄산칼륨 물 이산화탄소

02 위험물안전관리법령상 알칼리금속의 과산화물에 적응성이 있는 소화설비는?

① 할로젠화합물 소화설비

② 탄산수소염류 분말소화설비

③ 물분무소화설비

④ 스프링클러설비

제1류 위험물 중 알칼리금속의 과산화물에 적응성이 있는 소화설비의 종류에는 **탄산수소염류 분말소화설비**, 마른 모래, 팽창질석, 팽창진주암이 있다.

03 다음 중 전기설비에 적응성이 없는 소화설비는 어느 것인가?

① 불활성가스 소화설비

② 물분무소화설비

③ 포소화설비

④ 할로젠화합물 소화설비

전기설비의 화재에는 물을 사용할 수 없다. 물분무소화설비는 소화약제가 물이라 하더라도 물을 잘게 흩어 뿌리기 때문에 효과가 있지만, **포소화약제의 경우 포함된 수분 때문에 효과가 없다.**

소화설비의 구분 \ 대상물의 구분		건축물·그 밖의 공작물	전기설비	제1류 위험물: 알칼리금속의 과산화물등	제1류 위험물: 그 밖의 것	제2류 위험물: 철분·금속분·마그네슘 등	제2류 위험물: 인화성 고체	제2류 위험물: 그 밖의 것	제3류 위험물: 금수성 물품	제3류 위험물: 그 밖의 것	제4류 위험물	제5류 위험물	제6류 위험물
옥내소화전 또는 옥외소화전 설비		○			○		○	○		○		○	○
스프링클러설비		○			○		○	○		○	△	○	○
물분무등 소화설비	물분무소화설비	○	○		○		○	○		○	○	○	○
물분무등 소화설비	포소화설비	○	×		○		○	○		○	○	○	○
물분무등 소화설비	불활성가스 소화설비		○				○				○		
물분무등 소화설비	할로젠화합물 소화설비		○				○				○		
물분무등 소화설비 – 분말소화설비	인산염류등	○	○		○		○	○			○		○
물분무등 소화설비 – 분말소화설비	탄산수소염류등		○	○		○	○		○		○		
물분무등 소화설비 – 분말소화설비	그 밖의 것			○		○			○				

04 다음 중 품명이 나이트로화합물인 것은 어느 것인가?

① 질산메틸

② 나이트로글리세린

③ 피크린산

④ 과산화벤조일

〈보기〉의 위험물은 제5류 위험물이고, 품명은 다음과 같다.

① 질산메틸 : 질산에스터류

② 나이트로글리세린 : 질산에스터류

③ **피크린산(트라이나이트로페놀) : 나이트로화합물**

④ 과산화벤조일 : 유기과산화물

정답 01. ③ 02. ② 03. ③ 04. ③

05 이동탱크저장소의 위험물 운송에 있어서 운송책임자의 감독 · 지원을 받아 운송해야 하는 위험물의 종류에 해당하는 것은?

① 칼륨
② 알킬알루미늄
③ 질산에스터류
④ 아염소산염류

이동탱크저장소의 위험물 운송에 있어서 운송책임자의 감독·지원을 받아 운송해야 하는 위험물은 **알킬알루미늄**과 알킬리튬이다.

06 위험물제조소에 옥외소화전이 5개 있을 경우 수원의 양은 몇 m^3 이상이어야 하는가?

① $28m^3$ ② $35m^3$
③ $54m^3$ ④ $67.5m^3$

위험물제조소의 옥외소화전의 수원의 양은 $13.5m^3$에 옥외소화전의 개수(최대 4개)를 곱한 양 이상이 되도록 설치한다.
∴ $13.5m^3 \times 4 = \mathbf{54m^3}$

07 염소산나트륨과 반응하여 ClO_2가스를 발생시키는 것은?

① 글리세린 ② 질소
③ 염산 ④ 산소

염소산나트륨(제1류 위험물)은 **염산, 황산, 질산 등의 산과 반응 시 이산화염소(ClO_2)를 발생**한다.
– 염소산나트륨과 염산과의 반응식

$$\underset{\text{염소산나트륨}}{2NaClO_3} + \underset{\text{염산}}{2HCl} \rightarrow \underset{\text{염화나트륨}}{2NaCl} + \underset{\text{이산화염소}}{2ClO_2} + \underset{\text{과산화수소}}{H_2O_2}$$

08 다이에틸에터의 안전관리에 관한 설명 중 틀린 것은?

① 증기는 마취성이 있으므로 증기 흡입에 주의한다.
② 폭발성의 과산화물 생성을 아이오딘화칼륨 수용액으로 확인한다.
③ 물에 잘 녹으므로 대규모 화재 시 집중주수하여 소화한다.
④ 정전기불꽃에 의한 발화에 주의한다.

다이에틸에터는 제4류 위험물의 특수인화물로 물보다 가볍고 물에 녹지 않아 화재 시 물을 이용하게 되면 연소면을 확대할 위험이 있으므로 사용할 수 없으며 이산화탄소·할로젠화합물·분말·포 소화약제를 이용한 질식소화를 해야 한다.

09 다음 중 제5류 위험물을 저장 또는 취급하는 장소에 적응성이 있는 소화설비는 어느 것인가?

① 포소화설비
② 분말소화설비
③ 불활성가스 소화설비
④ 할로젠화합물 소화설비

제5류 위험물은 자기반응성 물질로서 자체적으로 가연물과 산소공급원을 동시에 포함하므로 산소공급원을 제거하는 질식소화는 효과가 없다. 〈보기〉 중 분말소화설비, 불활성가스 소화설비는 질식소화원리를 이용하고 할로젠화합물 소화설비는 억제소화원리를 이용하지만 **포소화설비**의 경우 질식소화원리는 물론, 수분(물)을 함유하고 있어 냉각소화원리도 가능한 소화설비이므로 **제5류 위험물 화재에도 적응성**을 갖는다.

10 석유류가 연소할 때 발생하는 가스로 강한 자극성 냄새가 나며 취급하는 장치를 부식시키는 것은?

① H_2
② CH_4
③ NH_3
④ SO_2

〈보기〉의 가스 중에서 부식성을 갖는 가스는 **이산화황(SO_2)**밖에 없다.

11 다음 중 A · B · C급 화재에 사용 가능한 분말소화약제는?

① 제1종 분말소화약제
② 제2종 분말소화약제
③ 제3종 분말소화약제
④ 제4종 분말소화약제

정답 05. ② 06. ③ 07. ③ 08. ③ 09. ① 10. ④ 11. ③

구 분	주성분	화학식	적응 화재	착 색
제1종 분말	탄산수소나트륨	$NaHCO_3$	B, C급	백색
제2종 분말	탄산수소칼륨	$KHCO_3$	B, C급	보라색
제3종 분말	인산암모늄	$NH_4H_2PO_4$	A, B, C급	담홍색
제4종 분말	탄산수소칼륨 + 요소의 반응생성물	$KHCO_3 + (NH_2)_2CO$	B, C급	회색

12 산화성 고체의 저장 · 취급 방법으로 옳지 않은 것은?

① 가연물과 접촉 및 혼합을 피한다.
② 분해를 촉진하는 물품의 접근을 피한다.
③ 조해성 물질의 경우 물속에 보관하고, 과열, 충격, 마찰 등을 피하여야 한다.
④ 알칼리금속의 과산화물은 물과의 접촉을 피하여야 한다.

③ 조해성 물질은 수분을 흡수하여 녹는 성질이 있으므로 **물속에 보관하여서는 안 된다.**

13 위험물안전관리법령상 제조소등에 대한 긴급사용정지명령 등을 할 수 있는 권한이 없는 자는?

① 시 · 도지사　② 소방본부장
③ 소방서장　④ 소방청장

제조소등에 대한 긴급사용정지명령 등을 할 수 있는 권한이 있는 자는 **시 · 도지사, 소방본부장, 소방서장**이다.

똑똑한 풀이비법

소방청장은 직위가 너무 높아 이런 종류의 일은 하지 않는 것으로 이해하면 된다.

14 다음 중 아세톤에 관한 설명으로 틀린 것은 어느 것인가?

① 무색이고, 휘발성이 강한 액체이다.
② 조해성이 있으며, 물과 반응 시 발열한다.
③ 겨울철에도 인화의 위험성이 있다.
④ 증기는 공기보다 무거우며, 액체는 물보다 가볍다.

② 수용성으로 물과 잘 섞인다.
③ 인화점이 −18℃이므로 겨울철에도 인화할 수 있다.
④ 아세톤의 비중은 0.79로 물보다 가볍고, 증기비중은 $\frac{58}{29}=2$로 공기보다 무겁다.

15 탱크의 지름이 10m, 높이가 15m라고 할 때 방유제는 탱크 옆판으로부터 몇 m 이상의 거리를 유지해야 하는가? (단, 인화점 200℃ 미만의 위험물을 저장한다.)

① 2m
② 3m
③ 4m
④ 5m

PLAY ▶ 풀이

방유제로부터 옥외저장탱크 옆판까지의 거리는 다음의 기준으로 한다.
1) 탱크 지름이 15m 미만 : 탱크 높이의 3분의 1 이상
2) 탱크 지름이 15m 이상 : 탱크 높이의 2분의 1 이상
탱크 지름이 10m이므로, 탱크 높이에 1/3을 곱하여 15m × 1/3 = 5m 이상으로 한다.

16 위험물탱크의 용량은 탱크의 내용적에서 공간용적을 뺀 용적으로 한다. 이 경우 소화약제 방출구를 탱크 안의 윗부분에 설치하는 탱크의 공간용적은 해당 소화설비의 소화약제 방출구 아래 어느 범위의 면으로부터 윗부분의 용적으로 하는가?

① 0.1m 이상 0.5m 미만 사이의 면
② 0.3m 이상 1m 미만 사이의 면
③ 0.5m 이상 1m 미만 사이의 면
④ 0.5m 이상 1.5m 미만 사이의 면

소화설비(소화약제 방출구를 탱크 안의 윗부분에 설치하는 것에 한한다)를 설치하는 탱크의 공간용적은 그 소화설비의 소화약제 방출구 아래 **0.3m 이상 1m 미만 사이의 면**으로부터 윗부분의 용적으로 한다.

정답　12. ③　13. ④　14. ②　15. ④　16. ②

17 소화약제 중 오존파괴지수(ODP)가 가장 큰 것은?

① IG−541
② Halon 2402
③ Halon 1211
④ Halon 1301

〈보기〉 소화약제의 오존파괴지수(ODP)는 다음과 같다.
① IG−541 : 0
② Halon 2402 : 6
③ Halon 1211 : 3
④ **Halon 1301 : 10**
오존파괴지수 : Halon 1301 > Halon 2402 > Halon 1211

18 위험물의 품명, 수량 또는 지정수량 배수의 변경신고에 대한 설명으로 옳은 것은 어느 것인가?

① 허가청과 협의하여 설치한 군용 위험물 시설의 경우에도 적용된다.
② 변경신고는 변경한 날로부터 7일 이내 완공검사필증을 첨부하여 신고하여야 한다.
③ 위험물의 품명이나 수량의 변경을 위해 제조소등의 위치, 구조 또는 설비를 변경하는 경우에 신고한다.
④ 위험물의 품명, 수량 및 지정수량의 배수를 모두 변경할 때에는 신고를 할 수 없고 허가를 신청하여야 한다.

① 허가청과 협의하여 설치한 군용 위험물시설이라 하더라도 **위험물의 품명, 수량 또는 지정수량의 배수의 변경신고는 별도로 해야 한다.**
② 변경신고는 변경한 날이 아닌, 변경하고자 하는 날의 1일 전까지 완공검사필증을 첨부하여 신고하여야 한다.
③ 제조소등의 위치, 구조 또는 설비를 변경하는 경우에는 변경신고가 아닌 변경신청을 해야 한다.
④ 위험물의 품명, 수량 및 지정수량의 배수를 모두 변경할 때에도 변경신청이 아닌 변경신고를 해야 한다.

똑똑한 풀이비법

제조소등의 위치, 구조 또는 설비를 변경할 때에는 변경**신청**을 해야 하고,
품명, 수량 또는 지정수량의 배수를 변경할 때에는 변경**신고**를 해야 한다.

19 위험물제조소등의 소화설비기준에 관한 설명으로 옳은 것은?

① 제조소등 중에서 소화난이도등급 Ⅰ, Ⅱ, Ⅲ에 해당하지 않는 것도 있다.
② 옥외탱크저장소의 소화난이도등급을 판단하는 기준 중 탱크의 높이는 기초를 제외한 탱크 측판의 높이를 말한다.
③ 제조소의 소요단위를 판단하는 기준 중 면적에 관한 기준은 건축물 외에 설치된 것에 대해서는 수평투영면적을 기준으로 한다.
④ 제4류 위험물을 저장 · 취급하는 제조소등에도 스프링클러 소화설비가 적응성이 인정되는 경우가 있으며 이는 수원의 기준으로 판단한다.

① 제조소등의 소화난이도등급은 Ⅰ, Ⅱ, Ⅲ으로 구분된다.
② 옥외탱크저장소의 소화난이도등급 Ⅰ에 해당하는 것은 기초를 제외한 탱크 측판의 높이가 아닌 바닥면으로부터 탱크 옆판 상단까지의 높이가 6m 이상인 것이다.
④ 제4류 위험물을 저장 · 취급하는 제조소등에도 스프링클러 소화설비가 적응성이 인정되는 경우가 있는데 이는 취급장소의 살수기준면적에 따른 스프링클러설비의 살수밀도로 판단한다.

20 다음 중 유기금속화합물이 아닌 것은 어느 것인가?

① 트라이에틸알루미늄
② 트라이에틸갈륨
③ 다이에틸아연
④ 트라이에틸인듐

정답 17. ④ 18. ① 19. ③ 20. ①

»» 유기금속화합물(제3류 위험물)은 유기물(C와 H로 이루어진 물질)과 금속의 화합물로서 지정수량은 50kg이다.
알킬리튬과 알킬알루미늄은 알킬기(C_nH_{2n+1})를 포함하는 금속이지만 제3류 위험물의 유기금속화합물이 아닌 별도의 품명인 **알킬리튬**과 **알킬알루미늄**으로 구분되며 지정수량은 10kg이다.
① : 알킬알루미늄
②, ③, ④ : 유기금속화합물

21 그림과 같은 타원형 위험물탱크의 내용적을 구하는 식으로 옳은 것은?

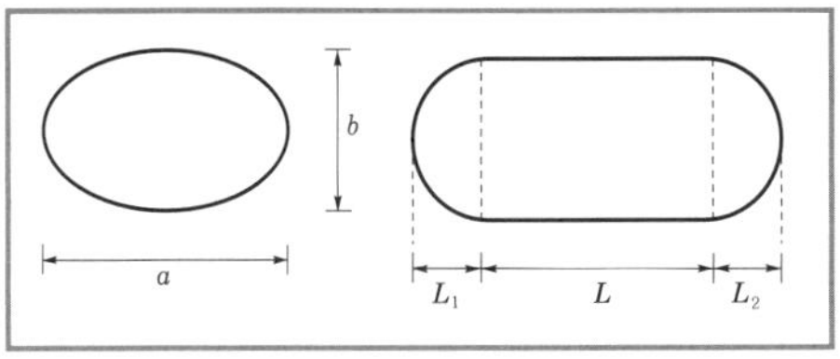

① $\frac{\pi ab}{4}\left(L+\frac{L_1+L_2}{3}\right)$

② $\frac{\pi ab}{4}\left(L+\frac{L_1-L_2}{3}\right)$

③ $\pi ab\left(L+\frac{L_1-L_2}{3}\right)$

④ πabL^2

»» 타원형 위험물탱크의 내용적 계산
1) 탱크가 양옆으로 볼록한 경우에는 L_1과 L_2를 더해서 3으로 나누어 준다.
$\frac{\pi ab}{4}\left(L+\frac{L_1+L_2}{3}\right)$
2) 탱크가 한쪽(L_2)이 오목한 경우에는 L_1에서 L_2를 빼서 3으로 나누어 준다.
$\frac{\pi ab}{4}\left(L+\frac{L_1-L_2}{3}\right)$

22 유기과산화물의 화재예방상 주의사항으로 틀린 것은?

① 직사광선을 피하고 냉암소에 저장한다.
② 불꽃, 불티 등의 화기, 열원으로부터 멀리한다.
③ 산화제와 접촉하지 않도록 주의한다.
④ 대형 화재 시 분말소화기를 이용한 질식소화가 유효하다.

»» 유기과산화물(제5류 위험물)은 자체적으로 산소공급원을 가지므로 질식소화는 효과가 없고 **물로 냉각소화** 하는 것이 효과적이다.

23 메탄올과 비교한 에탄올의 성질에 대한 설명 중 틀린 것은?

① 인화점이 낮다. ② 발화점이 낮다.
③ 증기비중이 크다. ④ 비점이 높다.

»» 메탄올과 에탄올의 성질을 비교해보면 다음 [표]와 같다.

구 분	메탄올(CH_3OH)	에탄올(C_2H_5OH)
인화점	**11℃**	**13℃**
발화점	464℃	363℃
증기비중	32/29 = 1.1	46/29 = 1.59
비점	65℃	80℃

24 탄화알루미늄이 물과 반응하여 폭발의 위험이 있는 것은 어떤 가스가 발생되기 때문인가?

① 수소 ② 메테인
③ 아세틸렌 ④ 암모니아

»» 탄화알루미늄과 물과의 반응식
$Al_4C_3 + 12H_2O \rightarrow 4Al(OH)_3 + 3CH_4$
탄화알루미늄 물 수산화알루미늄 **메테인**

25 제조소등에 전기설비가 설치된 경우에는 면적 몇 m^2마다 소형수동식 소화기를 1개 이상 설치하여야 하는가?

① $50m^2$ ② $100m^2$
③ $150m^2$ ④ $200m^2$

»» 전기설비가 설치된 제조소등에는 **면적 100m^2마다** 소형수동식 소화기를 1개 이상 설치한다.

26 황린의 저장 및 취급에 있어서 주의해야 할 사항 중 옳지 않은 것은?

① 독성이 있으므로 취급에 주의할 것
② 물과의 접촉을 피할 것
③ 산화제와의 접촉을 피할 것
④ 화기의 접근을 피할 것

정답 21. ① 22. ④ 23. ① 24. ② 25. ② 26. ②

» 황린(제3류 위험물)은 자연발화를 방지하기 위해 pH 9인 약알칼리성의 **물속에 저장**해야 한다.

27 다음과 같은 반응에서 5m^{3}의 탄산가스를 만들기 위해 필요한 탄산수소나트륨의 양은 약 몇 kg인가? (단, 표준상태이고, 나트륨의 원자량은 23이다.)

$$2NaHCO_3 \rightarrow Na_2CO_3 + CO_2 + H_2O$$

① 18.75kg
② 37.5kg
③ 56.25kg
④ 75kg

PLAY ▶ 풀이

» $NaHCO_3$ 1mol의 분자량은 23g(Na) + 1g(H) + 12g(C) + 16g(O) × 3 = 84g/mol이다.
1m^3 = 1,000L이고, 표준상태에서 기체 1mol의 부피는 22.4L임을 이용한다.

$$5m^3\ CO_2 \times \frac{1{,}000L\ CO_2}{1m^3\ CO_2} \times \frac{1mol\ CO_2}{22.4L\ CO_2} \times \frac{2mol\ NaHCO_3}{1mol\ CO_2} \times \frac{84g\ NaHCO_3}{1mol\ NaHCO_3} \times \frac{1kg}{1{,}000g}$$
$$= 37.5kg\ NaHCO_3$$

28 제1류 위험물 중 과산화칼륨을 다음과 같이 반응시켰을 때 공통적으로 발생되는 기체는?

• 물과 반응을 시켰다.
• 가열하였다.
• 탄산가스와 반응시켰다.

① 수소　② 이산화탄소
③ 산소　④ 이산화황

» – 과산화칼륨과 물과의 반응식
$2K_2O_2 + 2H_2O \rightarrow 4KOH + O_2$
과산화칼륨 물 수산화칼륨 **산소**
– 과산화칼륨의 열분해반응식
$2K_2O_2 \rightarrow 2K_2O + O_2$
과산화칼륨 산화칼륨 **산소**
– 과산화칼륨과 탄산가스(이산화탄소)와의 반응식
$2K_2O_2 + 2CO_2 \rightarrow 2K_2CO_3 + O_2$
과산화칼륨 이산화탄소 탄산칼륨 **산소**

29 운반을 위하여 위험물을 적재하는 경우에 차광성이 있는 피복으로 가려주어야 하는 것은?

① 아세트산
② 아세톤
③ 에탄올
④ 이황화탄소

» 1) 차광성 피복 : 제1류 위험물, 제3류 위험물 중 자연발화성 물질, **제4류 위험물 중 특수인화물**, 제5류 위험물, 제6류 위험물
2) 방수성 피복 : 제1류 위험물 중 알칼리금속의 과산화물, 제2류 위험물 중 철분, 금속분, 마그네슘, 제3류 위험물 중 금수성 물질
〈보기〉의 위험물들은 제4류 위험물이며, 품명은 다음과 같다.
① 아세트산 : 제2석유류
② 아세톤 : 제1석유류
③ 에탄올 : 알코올류
④ **이황화탄소 : 특수인화물**

30 등유에 대한 설명으로 틀린 것은?

① 물에 녹지 않는다.
② 물보다 가볍다.
③ 증기는 공기보다 무겁다.
④ 인화점은 상온 이하이다.

» 등유는 제4류 위험물 중 품명이 제2석유류이며 비수용성인 인화성 액체이다. 제2석유류이므로 **인화점**은 21℃ 이상 70℃ 미만으로 **상온(20℃) 이상**이다.

31 다음 위험물 중 비중이 물보다 큰 것은 어느 것인가?

① 다이에틸에터
② 아세트알데하이드
③ 산화프로필렌
④ 이황화탄소

» 이황화탄소(CS_2)는 **비중 1.26으로 물보다 무겁고** 물에 녹지 않는 제4류 위험물로서 물(냉수) 속에 저장하는 물질이다.

정답　27. ②　28. ③　29. ④　30. ④　31. ④

32 위험물안전관리법령에서 정한 제5류 위험물 이동저장탱크의 외부도장 색상은?

① 회색
② 황색
③ 적색
④ 청색

이동저장탱크의 외부도장 색상
1) 제1류 위험물 : 회색
2) 제2류 위험물 : 적색
3) 제3류 위험물 : 청색
4) 제4류 위험물 : 적색
(색상에 대한 제한은 없으나 적색을 권장)
5) **제5류 위험물 : 황색**
6) 제6류 위험물 : 청색

33 위험물시설에 설치하는 소화설비와 관련한 소요단위의 산출방법에 관한 설명 중 옳은 것은?

① 소화기의 소화능력을 표시하는 것을 소요단위라고 한다.
② 제조소등의 옥외에 설치된 공작물은 외벽이 내화구조인 것으로 간주한다.
③ 취급소의 건축물은 외벽이 내화구조인 것은 연면적 $75m^2$를 1소요단위로 한다.
④ 제조소의 건축물은 외벽이 내화구조인 것은 연면적 $150m^2$를 1소요단위로 한다.

① 소화기의 소화능력을 표시하는 것을 능력단위라고 한다. 소화설비의 설치대상이 되는 건축물 또는 그 밖의 공작물의 규모나 위험물량의 기준단위를 1소요단위라고 정하며 다음의 [표]와 같다.

구 분	외벽이 내화구조	외벽이 비내화구조
위험물 제조소 및 취급소	연면적 $100m^2$	연면적 $50m^2$
위험물저장소	연면적 $150m^2$	연면적 $75m^2$
위험물	지정수량의 10배	

③ 취급소의 건축물은 외벽이 내화구조인 것은 연면적 $100m^2$를 1소요단위로 한다.
④ 제조소의 건축물은 외벽이 내화구조인 것은 연면적 $100m^2$를 1소요단위로 한다.

34 다음 중 산을 가하면 이산화염소를 발생시키는 물질로, 분자량이 약 90.5인 것은 어느 것인가?

① 아염소산나트륨
② 브로민산나트륨
③ 아이오딘산칼륨
④ 다이크로뮴산나트륨

① 아염소산염류(염소산염류 및 과염소산염류 포함)에 염산이나 황산 등의 산을 가하면 이산화염소(ClO_2)라는 독성 가스가 발생한다. 아염소산나트륨($NaClO_2$)의 분자량 = 23(Na) + 35.5(Cl) + 16(O) × 2 = 90.5이다.
– 아염소산나트륨과 염산과의 반응식

$$3NaClO_2 + 2HCl \rightarrow 3NaCl + 2ClO_2 + H_2O_2$$

아염소산나트륨 염산 염화수소 **이산화염소** 과산화수소

똑똑한 풀이비법

산을 가하여 이산화염소(ClO_2)를 발생시킬 수 있다는 것은 아염소산나트륨($NaClO_2$)처럼 그 물질 자체에 염소(Cl)가 포함되어 있어야 가능하다는 점을 이용하면 답을 쉽게 찾을 수 있다.

35 트라이나이트로톨루엔의 성질에 대한 설명 중 옳지 않은 것은?

① 담황색의 결정이다.
② 폭약으로 사용된다.
③ 자연분해의 위험성이 적어 장기간 저장이 가능하다.
④ 조해성과 흡습성이 매우 크다.

④ TNT는 약한 습기에 안정하며, **조해성(수분을 흡수하여 녹는 성질)과 흡습성은 없다.**

36 위험물안전관리법령상 혼재할 수 없는 위험물은? (단, 위험물은 지정수량의 1/10을 초과하는 경우이다.)

① 유기과산화물과 황
② 질산염류와 질산
③ 칼륨과 특수인화물
④ 적린과 황린

정답 32. ② 33. ② 34. ① 35. ④ 36. ④

» ① 유기과산화물(제5류 위험물)과 황(제2류 위험물)
② 질산염류(제1류 위험물)와 질산(제6류 위험물)
③ 칼륨(제3류 위험물)과 특수인화물(제4류 위험물)
④ 적린(제2류 위험물)과 황린(제3류 위험물)
제2류 위험물인 적린과 제3류 위험물인 황린은 혼재할 수 없다.

Check **위험물 운반에 관한 혼재 기준**
423, 524, 61의 숫자 조합으로 표를 만들 수 있다.

위험물의 구분	제1류	제2류	제3류	제4류	제5류	제6류
제1류		×	×	×	×	○
제2류	×		×	○	○	×
제3류	×	×		○	×	×
제4류	×	○	○		○	×
제5류	×	○	×	○		×
제6류	○	×	×	×	×	

※ 단, 지정수량의 1/10 이하의 양에 대해서는 이 기준을 적용하지 않는다.

37 다음 중 인화점이 낮은 것부터 높은 순서로 나열된 것은?

① 톨루엔 – 아세톤 – 벤젠
② 아세톤 – 톨루엔 – 벤젠
③ 톨루엔 – 벤젠 – 아세톤
④ 아세톤 – 벤젠 – 톨루엔

» **아세톤(−18℃) < 벤젠(−11℃) < 톨루엔(4℃)**

38 건물의 외벽이 내화구조로서 연면적 300m^{2}인 옥내저장소에서 필요한 소화기의 소요단위는 몇 단위인가?

① 1단위 ② 2단위
③ 3단위 ④ 4단위

» 소요단위

구 분	외벽이 내화구조	외벽이 비내화구조
위험물 제조소 및 취급소	연면적 100m^2	연면적 50m^2
위험물저장소	**연면적 150m^2**	연면적 75m^2
위험물	지정수량의 10배	

외벽이 내화구조인 옥내저장소는 연면적 150m^{2}가 1소요단위이므로 연면적 300m^{2}는 $\frac{300m^2}{150m^2}$ =**2단위**이다.

39 다음 중 제6류 위험물이 아닌 것은?

① 과아이오딘산
② 농도가 50중량%인 과산화수소
③ 비중이 1.50인 질산
④ 삼플루오린화브로민

» 제6류 위험물에 해당되는 품명은 다음과 같다.
1) 과염소산
2) 과산화수소(농도가 36중량% 이상인 경우만 해당)
3) 질산(비중이 1.49 이상인 경우만 해당)
4) 할로젠간화합물
① 과아이오딘산은 행정안전부령으로 정한 제1류 위험물이다.

40 다음 중 주수소화를 할 수 없는 위험물은 어느 것인가?

① 금속분
② 적린
③ 황
④ 과망가니즈산칼륨

» 제2류 위험물에 속하는 **금속분**(알루미늄, 아연 등)은 **주수소화하면 폭발성 가스를 발생**하기 때문에 질식소화를 해야 한다.

41 위험물안전관리법령상 옥내저장탱크와 탱크전용실의 벽과의 사이 및 옥내저장탱크의 상호간에는 몇 m 이상의 간격을 유지해야 하는가?

① 0.5m ② 1m
③ 1.5m ④ 2m

» 옥내저장탱크와 탱크전용실의 벽과의 사이 및 옥내저장탱크의 상호간에는 **0.5m 이상**의 간격을 유지해야 한다.

정답 37. ④ 38. ② 39. ① 40. ① 41. ①

42 탄화칼슘에 대한 설명으로 틀린 것은?

① 시판품은 흑회색이며, 불규칙한 형태의 고체이다.
② 물과 반응하여 수산화칼슘과 아세틸렌을 생성한다.
③ 저온에서 질소와 반응하여 흡열한다.
④ 물보다 무겁다.

» 탄화칼슘(CaC_2)은 700℃ 이상의 **고온에서 질소와 반응** 시 석회질소($CaCN_2$)와 탄소(C)가 발생한다.
– 탄화칼슘과 질소와의 반응식

$$\underset{\text{탄화칼슘}}{CaC_2} + \underset{\text{질소}}{N_2} \rightarrow \underset{\text{석회질소}}{CaCN_2} + \underset{\text{탄소}}{C}$$

43 상온에서 고체인 위험물로만 나열한 것은?

① 제3류, 제4류 위험물
② 제1류, 제6류 위험물
③ 제1류, 제2류 위험물
④ 제5류, 제6류 위험물

» 1) 제1류 위험물 : 산화성 **고체**
2) 제2류 위험물 : 가연성 **고체**
3) 제3류 위험물 : 자연발화성 물질 및 금수성 물질(고체 또는 액체)
4) 제4류 위험물 : 인화성 액체
5) 제5류 위험물 : 자기반응성 물질(고체 또는 액체)
6) 제6류 위험물 : 산화성 액체

44 다음 중 수소화나트륨의 소화약제로 적당하지 않은 것은?

① 물
② 건조사
③ 팽창질석
④ 팽창진주암

» **수소화나트륨(제3류 위험물)은 금수성 물질**이므로 마른 모래, 팽창질석, 팽창진주암, 탄산수소염류 분말소화약제만이 적응성이 있으며, 물과 반응 시 수소를 발생하므로 **물을 소화약제로 사용하면 안 된다.**

45 위험물안전관리법령상 옥내저장소에서 기계에 의하여 하역하는 구조로 된 용기만을 겹쳐 쌓아 위험물을 저장하는 경우 그 높이는 몇 m를 초과하지 않아야 하는가?

① 2m
② 4m
③ 6m
④ 8m

» 옥내저장소 또는 옥외저장소의 저장용기를 쌓는 높이의 기준
1) **기계에 의하여 하역하는 구조로 된 용기 : 6m 이하**
2) 제4류 위험물 중 제3석유류, 제4석유류 및 동식물유류의 용기 : 4m 이하
3) 그 밖의 경우 : 3m 이하
4) 옥외저장소에서 용기를 선반에 저장하는 경우 : 6m 이하

46 제1종 분말소화약제의 주성분으로 사용되는 것은?

① $NH_4H_2PO_4$
② $KHCO_3$
③ $NaHCO_3$
④ $(NH_2)_2CO$

» ① $NH_4H_2PO_4$: 제3종 분말소화약제
② $KHCO_3$: 제2종 분말소화약제
③ $NaHCO_3$: **제1종** 분말소화약제
④ $(NH_2)_2CO$: 제4종 분말소화약제

47 위험물안전관리법령상의 위험물 운반에 관한 기준에서 알킬알루미늄 운반용기 내용적의 몇 % 이하의 수납률로 수납해야 하는가?

① 85%
② 90%
③ 95%
④ 98%

» 운반용기의 수납률
1) 고체 위험물 : 운반용기 내용적의 95% 이하
2) 액체 위험물 : 운반용기 내용적의 98% 이하 (55℃에서 누설되지 않도록 공간용적을 유지)
3) 알킬알루미늄등 : 운반용기의 내용적의 **90% 이하**(50℃에서 5% 이상의 공간용적을 유지)

48 마그네슘이 이산화탄소와 반응하였을 때 발생하는 물질은?

① 이산화탄소
② 수소
③ 산소
④ 탄소

» 제2류 위험물인 마그네슘은 이산화탄소와 반응 시 **산화마그네슘**과 가연성 물질인 **탄소** 또는 유독성 기체인 **일산화탄소**가 발생한다.
– 이산화탄소와의 반응식

$$\underset{\text{마그네슘}}{2Mg} + \underset{\text{이산화탄소}}{CO_2} \rightarrow \underset{\text{산화마그네슘}}{2MgO} + \underset{\textbf{탄소}}{\mathbf{C}}$$

$$\underset{\text{마그네슘}}{Mg} + \underset{\text{이산화탄소}}{CO_2} \rightarrow \underset{\text{산화마그네슘}}{MgO} + \underset{\text{일산화탄소}}{CO}$$

정답 42. ③ 43. ③ 44. ① 45. ③ 46. ③ 47. ② 48. ④

49 다음 중 물속에 보관해야 하는 위험물은?

① 아세톤　② 다이에틸에터
③ 이황화탄소　④ 클로로벤젠

≫ 제4류 위험물은 휘발성이 있는 인화성 액체이므로 용기를 밀전·밀봉하여 보관한다. 그 중 이황화탄소(CS_2)는 물보다 무겁고 물에 녹지 않으며 이황화탄소의 증기는 가연성 독성 가스이므로 증기 발생을 방지하기 위해 차가운 물속에 저장한다.

50 다음 중 B급 화재에 해당하는 것은?

① 석유　② 나무
③ 철　④ 플라스틱

≫ 소화기의 적응화재별 표시

화재 분류	화재 종류	소화기의 적응 화재별 표시
일반화재 (A급 화재)	나무, 섬유, 종이, 고무, 플라스틱류와 같은 일반 가연물이 타고 나서 재가 남는 화재	A
유류화재 (**B급** 화재)	인화성 액체, 가연성 액체, **석유**, 알코올 및 인화성 가스와 같은 유류가 타고 나서 재가 남지 않는 화재	B
전기화재 (C급 화재)	전류가 흐르고 있는 전기기기, 배선과 관련된 화재	C
금속화재 (D급 화재)	마그네슘, 합금 등 가연성 금속에서 일어나는 화재	D
주방화재 (K급 화재)	주방에서 동식물유를 취급하는 조리기구에서 일어나는 화재	K

51 알칼리금속의 과산화물의 운반용기 외부에 표시해야 하는 주의사항이 아닌 것은?

① 화기·충격주의
② 가연물접촉주의
③ 공기접촉엄금
④ 물기엄금

≫ 운반용기 외부에 표시해야 하는 주의사항

유 별	품 명	운반용기 외부에 표시하는 주의사항
제1류	**알칼리금속의 과산화물**	**화기·충격주의, 가연물접촉주의, 물기엄금**
	그 밖의 것	화기·충격주의, 가연물접촉주의
제2류	철분, 금속분, 마그네슘	화기주의, 물기엄금
	인화성 고체	화기엄금
	그 밖의 것	화기주의
제3류	금수성 물질	물기엄금
	자연발화성 물질	화기엄금, 공기접촉엄금
제4류	인화성 액체	화기엄금
제5류	자기반응성 물질	화기엄금, 충격주의
제6류	산화성 액체	가연물접촉주의

52 제6류 위험물인 과산화수소가 이산화망간과 함께 분해 시 발생하는 기체는?

① 수소
② 산소
③ 질소
④ 아세틸렌

≫ **과산화수소(H_2O_2)는 상온에서 불안정해 분해하여 산소(O_2)를 발생**시키며, 이때 발생한 산소의 압력으로 용기를 파괴할 수 있어 이를 방지하기 위해 용기는 구멍이 뚫린 마개로 막는다. 촉매로는 이산화망간(MnO_2)과 아이오딘화칼륨(KI)이 사용되며, 수용액에는 분해방지안정제로 인산 또는 요산을 첨가한다.

– 과산화수소의 분해반응식

$$\underset{\text{과산화수소}}{2H_2O_2} \xrightarrow{MnO_2} \underset{\text{물}}{2H_2O} + \underset{\text{산소}}{O_2}$$

53 고온체의 색상이 적색일 경우의 온도는 약 몇 ℃ 정도인가?

① 250℃　② 850℃
③ 1,100℃　④ 1,500℃

정답 49. ③ 50. ① 51. ③ 52. ② 53. ②

» 고온체의 색상별 온도는 다음과 같이 구분한다.
1) 암적색 : 700℃
2) **적색 : 850℃**
3) 휘적색 : 950℃
4) 황적색 : 1,100℃
5) 백적색 : 1,300℃

54 다음 중 위험등급이 다른 하나는 어느 것인가?

① 무기과산화물
② 황린
③ 알킬리튬
④ 알칼리금속

»

품 명	유 별	지정수량	위험등급
무기과산화물	제1류	50kg	Ⅰ
황린	제3류	20kg	Ⅰ
알킬리튬	제3류	10kg	Ⅰ
알칼리금속	제3류	50kg	Ⅱ

55 화학적 소화에 해당하는 것은?

① 할로젠화합물 소화약제를 사용하는 경우
② 유전화재 시 폭발로 인해 가연성 가스를 날리는 경우
③ 타고 있는 연소물에 다량의 물을 붓는 경우
④ 입으로 불어서 촛불을 끄는 경우

» 물리적 소화방법에는 제거소화, 질식소화, 냉각소화, 희석소화, 유화소화가 있고, 화학적 소화방법에는 억제소화(부촉매소화)가 있다.
① **억제소화 : 화학적 소화방법**
② 제거소화 : 물리적 소화방법
③ 냉각소화 : 물리적 소화방법
④ 제거소화 : 물리적 소화방법

56 다음 중 질산에 대한 설명이 아닌 것은?

① 분해하면 질소가 발생한다.
② 환원성 물질과 혼합하면 발화할 수 있다.
③ 비중이 1보다 크며, 물에 잘 녹는 액체상태이다.
④ 증기는 부식성과 독성이 있다.

» 질산은 햇빛에 의해 분해하면 적갈색 기체인 **이산화질소(NO_2)가 발생**하기 때문에 이를 방지하기 위해 착색병에 보관한다.
– 질산의 분해반응식

$$\underset{\text{질산}}{4HNO_3} \rightarrow \underset{\text{물}}{2H_2O} + \underset{\text{이산화질소}}{4NO_2} + \underset{\text{산소}}{O_2}$$

57 스프링클러설비의 설치기준 중 제어밸브의 설치높이는 바닥으로부터 몇 m 이하로 해야 하는가?

① 0.5m
② 1m
③ 1.5m
④ 2m

» 스프링클러설비의 설치기준 중 제어밸브의 설치높이는 **바닥으로부터 0.8m 이상 1.5m 이하**로 해야 한다.

58 위험물의 자연발화를 방지하는 방법으로 가장 거리가 먼 것은?

① 통풍을 잘 시킬 것
② 저장실의 온도를 낮출 것
③ 습도가 높은 곳에 저장할 것
④ 정촉매 작용을 하는 물질과의 접촉을 피할 것

» 자연발화를 방지하기 위해서는 **온도 및 습도를 모두 낮추어야 한다.**

59 다음 중 인화점이 가장 낮은 것은?

① 다이에틸에터
② 이황화탄소
③ 에탄올
④ 아세트산

»

위험물	화학식	품 명	인화점
다이에틸에터	$C_2H_5OC_2H_5$	특수인화물	–45℃
이황화탄소	CS_2	특수인화물	–30℃
에탄올	C_2H_2OH	알코올류	13℃
아세트산	CH_3COOH	제2석유류	40℃

정답 54. ④ 55. ① 56. ① 57. ③ 58. ③ 59. ①

60 황의 특성 및 위험성에 대한 설명 중 틀린 것은?

① 산화성 물질이므로 환원성 물질과 접촉을 피해야 한다.
② 전기의 부도체이므로 전기절연체로 쓰인다.
③ 공기 중 연소 시 유해가스를 발생한다.
④ 분말상태인 경우 분진폭발의 위험성이 있다.

>>> 황(제2류 위험물)은 **환원성**(가연성) 물질이므로 산화성(산소공급원의 성질) 물질과 접촉을 피해야 한다.

정답 60. ①

| 2025년 4월 10일 시행 |

2025

CBT 기출복원문제

제2회 위험물기능사

01 탄화알루미늄이 물과 반응하여 폭발의 위험이 있는 것은 어떤 가스가 발생하기 때문인가?

① 에틸렌 ② 메테인
③ 에테인 ④ 프로페인

>>> 탄화알루미늄과 물과의 반응식

$Al_4C_3 + 12H_2O \rightarrow 4Al(OH)_3 + 3CH_4$

탄화알루미늄 물 수산화알루미늄 **메테인**

02 A·B·C급 화재에 사용이 가능한 분말소화약제는?

① 제1종 분말소화약제
② 제2종 분말소화약제
③ 제3종 분말소화약제
④ 제4종 분말소화약제

>>> ① 제1종 분말소화약제 : B · C급 화재
② 제2종 분말소화약제 : B · C급 화재
③ **제3종 분말소화약제 : A · B · C급 화재**
④ 제4종 분말소화약제 : B · C급 화재

03 제1종 분말소화약제의 화학식으로 옳은 것은?

① $NaHCO_3$ ② H_2SO_4
③ $KHCO_3$ ④ $NH_4H_2PO_4$

>>> 분말소화약제의 분류

분말의 종류	주성분	화학식	적응 화재	착 색
제1종 분말	탄산수소나트륨	**$NaHCO_3$**	B, C	백색
제2종 분말	탄산수소칼륨	$KHCO_3$	B, C	보라색
제3종 분말	인산암모늄	$NH_4H_2PO_4$	A, B, C	담홍색
제4종 분말	탄산수소칼륨과 요소의 반응생성물	$KHCO_3 + (NH_2)_2CO$	B, C	회색

04 위험물제조소의 건축물 구조 기준 중 연소의 우려가 있는 외벽은 출입구 외에 개구부가 없는 내화구조의 벽으로 하여야 한다. 이때 연소의 우려가 있는 외벽은 제조소가 설치된 부지의 경계선에서 몇 m 이내에 있는 외벽을 말하는가? (단, 단층 건물일 경우이다.)

① 3m
② 4m
③ 5m
④ 6m

◀ 연소의 우려가 있는 외벽의 기준

>>> 연소의 우려가 있는 외벽은 다음에서 정한 선을 기산점으로 하여 **3m**(2층 이상의 층은 5m) **이내**에 있는 외벽을 말한다.
1) 제조소등이 설치된 부지의 경계선
2) 제조소등에 인접한 도로의 중심선
3) 제조소등의 외벽과 동일부지 내의 다른 건축물의 외벽 간의 중심선

05 주된 연소형태가 나머지 셋과 다른 하나는?

① 양초 ② 코크스
③ 목탄 ④ 금속

>>> ① : 증발연소
②, ③, ④ : 표면연소

06 다음 중 품명이 제4석유류인 위험물은?

① 중유
② 기어유
③ 등유
④ 크레오소트유

>>> ① 중유 : 제3석유류
② **기어유 : 제4석유류**
③ 등유 : 제2석유류
④ 크레오소트유 : 제3석유류

정답 01. ② 02. ③ 03. ① 04. ① 05. ① 06. ②

07 분말소화약제 중 제1종과 제2종 분말이 각각 열분해될 때 공통적으로 생성되는 물질은?

① N_2, CO_2

② N_2, O_2

③ H_2O, CO_2

④ H_2O, N_2

1) 제1종 분말소화약제의 분해반응식(270℃)

$2NaHCO_3 \rightarrow Na_2CO_3 + H_2O + CO_2$

탄산수소나트륨 탄산나트륨 물 이산화탄소

2) 제2종 분말소화약제의 분해반응식(190℃)

$2KHCO_3 \rightarrow K_2CO_3 + H_2O + CO_2$

탄산수소칼륨 탄산칼륨 물 이산화탄소

08 각각 지정수량의 10배인 위험물을 운반할 경우 제4류 위험물과 혼재 가능한 위험물이 아닌 것은?

① 제1류 위험물

② 제2류 위험물

③ 제3류 위험물

④ 제5류 위험물

제4류 위험물은 제2류, 제3류, 제5류 위험물과 혼재 가능하다.

유별을 달리하는 위험물의 운반에 관한 혼재기준

위험물의 구분	제1류	제2류	제3류	제4류	제5류	제6류
제1류		×	×	×	×	○
제2류	×		×	○	○	×
제3류	×	×		○	×	×
제4류	×	○	○		○	×
제5류	×	○	×	○		×
제6류	○	×	×	×	×	

※ 이 표는 지정수량의 1/10 이하의 위험물에 대하여는 적용하지 아니한다.

09 다음 중 위험물이 아닌 것은?

① CCl_4 ② BrF_3

③ IF_5 ④ BrF_5

① **할로젠화합물소화약제**로 연소 및 물과의 반응을 통해 독성물질인 포스겐($COCl_2$)가스를 발생하므로 사용을 금지하고 있다.

– 사염화탄소의 연소반응식

$2CCl_4 + O_2 \rightarrow 2COCl_2 + 2Cl_2$

사염화탄소 산소 포스겐 염소

– 사염화탄소와 물과의 반응식

$CCl_4 + H_2O \rightarrow COCl_2 + 2HCl$

사염화탄소 물 포스겐 염화수소

②, ③, ④ : 제6류 위험물로 품명은 할로젠간화합물이다.

10 위험물안전관리법에서 사용하는 용어의 정의 중 틀린 것은?

① '지정수량'은 위험물의 종류별로 위험 정도를 알리는 최저의 기준이 되는 수량을 말한다.

② '제조소'는 위험물을 제조할 목적으로 지정수량 이상의 위험물을 취급하기 위하여 허가를 받은 장소를 말한다.

③ '저장소'는 지정수량 이상의 위험물을 저장하기 위한 대통령령이 정하는 장소를 말한다.

④ '제조소등'은 제조소, 저장소 및 취급소를 말한다.

① '지정수량'은 위험물의 종류별로 위험성을 고려하여 대통령령이 정하는 수량으로서 **제조소등의 설치허가 등에 있어서 최저의 기준이 되는 수량**을 말한다.

11 다음 중 인화점이 가장 높은 것은?

① 나이트로벤젠

② 클로로벤젠

③ 톨루엔

④ 에틸벤젠

① **나이트로벤젠**(제4류 위험물의 제3석유류)
: **70℃ 이상 200℃ 미만**

② 클로로벤젠(제4류 위험물의 제2석유류)
: 21℃ 이상 70℃ 미만

③ 톨루엔(제4류 위험물의 제1석유류)
: 21℃ 미만

④ 에틸벤젠(제4류 위험물의 제1석유류)
: 21℃ 미만

정답 07. ③ 08. ① 09. ① 10. ① 11. ①

12 다음 중 휘발유의 연소범위는?

① 1.4~7.6%
② 2.0~23.0%
③ 1.8~36.5%
④ 1.0~50.0%

» 휘발유의 연소범위는 **1.4~7.6%**이다.

13 다음 중 정기점검대상 제조소등에 해당하지 않는 것은?

① 이동탱크저장소
② 지정수량 120배의 위험물을 저장하는 옥외저장소
③ 지정수량 120배의 위험물을 저장하는 옥내저장소
④ 이송취급소

» 정기점검의 대상이 되는 제조소등
1) 예방규정대상에 해당하는 것
㉠ 지정수량의 10배 이상의 위험물을 취급하는 제조소
㉡ 지정수량의 100배 이상의 위험물을 저장하는 옥외저장소
㉢ **지정수량의 150배 이상의 위험물을 저장하는 옥내저장소**
㉣ 지정수량의 200배 이상의 위험물을 저장하는 옥외탱크저장소
㉤ 암반탱크저장소
㉥ 이송취급소
㉦ 지정수량의 10배 이상의 위험물을 취급하는 일반취급소
2) 지하탱크저장소
3) 이동탱크저장소
4) 위험물을 취급하는 탱크로서 지하에 매설된 탱크가 있는 제조소, 주유취급소 또는 일반취급소

14 염소산나트륨에 대한 설명으로 틀린 것은?

① 조해성과 흡습성이 있다.
② 철제용기를 부식시키므로 철제용기 사용을 금지해야 한다.
③ 물과 알코올에 잘 녹는다.
④ 산을 가하면 이산화나트륨을 발생한다.

» 염소산나트륨에 **산을 가하면 독성가스인 이산화염소(ClO_2)가 발생**된다.
– 염소산나트륨과 염산과의 반응식

$$\underset{\text{염소산나트륨}}{2NaClO_3} + \underset{\text{염산}}{2HCl} \rightarrow \underset{\text{염화나트륨}}{2NaCl} + \underset{\text{이산화염소}}{\mathbf{2ClO_2}} + \underset{\text{과산화수소}}{H_2O_2}$$

15 다음 중 금속화재에 대한 설명으로 틀린 것은 어느 것인가?

① 마그네슘 등의 금속분말에 의한 가연성 금속화재이다.
② C급 화재로 소화기의 표시 색상은 청색이다.
③ 금속화재 시 금속화재 전용 분말소화약제를 사용한다.
④ 주수소화 시 물과 반응하여 가연성 가스를 발생하기도 한다.

» ② 금속화재는 **D급 화재**로 소화기의 표시 색상은 **무색**이다.

화재의 등급 및 종류	화재의 구분	소화기의 표시색상
A급 화재 (일반화재)	나무, 섬유, 종이, 고무, 플라스틱류와 같은 일반 가연물이 타고 나서 재가 남는 화재	백색
B급 화재 (유류화재)	인화성 액체, 가연성 액체, 석유, 알코올 및 인화성 가스와 같은 유류가 타고 나서 재가 남지 않는 화재	황색
C급 화재 (전기화재)	전류가 흐르고 있는 전기기기, 배선과 관련된 화재	청색
D급 화재 (금속화재)	마그네슘, 합금 등 가연성 금속에서 일어나는 화재	무색
K급 화재 (주방화재)	주방에서 동식물유를 취급하는 조리기구에서 일어나는 화재	–

정답 12. ① 13. ③ 14. ④ 15. ②

16 액화 이산화탄소 1kg이 25℃, 2atm에서 방출되어 모두 기체가 되었다. 방출된 기체상의 이산화탄소 부피는 약 몇 L인가?

① 278L
② 556L
③ 1,111L
④ 1,985L

PLAY▶풀이

$CO_2(l) \rightarrow CO_2(g)$
이상기체방정식 : $PV=nRT$
여기서, P : 압력(atm)
V : 부피(L)
n : 몰수(mol)
R : 기체상수(0.082atm·L/mol·K)
T : 온도(K=273+섭씨온도)

$n=\dfrac{\text{주어진 질량(g)}}{\text{분자량(g/mol)}}$, 이산화탄소($CO_2$) 1mol의 분자량=12g(C)+16g(O)×2=44g/mol임을 이용한다.

$$\therefore\ 2\text{atm}\times V(\text{L})=\left(1{,}000\text{g } CO_2\times\frac{1\text{mol } CO_2}{44\text{g } CO_2}\right)\times 0.082\text{atm}\cdot\text{L/mol}\cdot\text{K}\times(273+25)\text{K}$$

방출된 기체상의 이산화탄소 부피=**277.68L**

17 이동탱크저장소의 위험물 운송에 있어서 운송책임자의 감독·지원을 받아 운송해야 하는 위험물은?

① 알킬알루미늄
② 금속나트륨
③ 메틸에틸케톤
④ 트라이나이트로톨루엔

이동탱크저장소의 위험물 운송에 있어서 운송책임자의 감독·지원을 받아 운송하여야 하는 위험물은 **알킬알루미늄과 알킬리튬**이다.

18 다음 중 전기설비에 적응성이 없는 소화설비는 어느 것인가?

① 불활성가스 소화설비
② 분말소화설비
③ 포소화설비
④ 할로젠화합물 소화설비

전기설비의 화재에는 물을 사용할 수 없다. 물분무소화설비는 소화약제가 물이라 하더라도 물을 잘게 흩어 뿌리기 때문에 효과가 있지만, **포소화약제의 경우 포함된 수분때문에 효과가 없다.**

소화설비의 구분 \ 대상물의 구분		건축물·그 밖의 공작물	전기설비	제1류 위험물: 알칼리금속의 과산화물 등	제1류 위험물: 그 밖의 것	제2류 위험물: 철분·금속분·마그네슘 등	제2류 위험물: 인화성 고체	제2류 위험물: 그 밖의 것	제3류 위험물: 금수성 물품	제3류 위험물: 그 밖의 것	제4류 위험물	제5류 위험물	제6류 위험물
옥내소화전 또는 옥외소화전 설비		○			○		○	○		○		○	○
스프링클러설비		○			○		○	○		○	△	○	○
물분무등 소화설비	물분무소화설비	○	○		○		○	○		○	○	○	○
물분무등 소화설비	포소화설비	○	×		○		○	○		○	○	○	○
물분무등 소화설비	불활성가스 소화설비		○				○				○		
물분무등 소화설비	할로젠화합물 소화설비		○				○				○		
물분무등 소화설비 – 분말소화설비	인산염류등	○	○		○		○	○			○		○
물분무등 소화설비 – 분말소화설비	탄산수소염류등		○	○		○	○		○		○		
물분무등 소화설비 – 분말소화설비	그 밖의 것			○		○			○				

19 칸막이로 구획된 부분의 용량이 4,000L인 이동저장탱크의 방파판의 두께는 얼마 이상이어야 하는가?

① 1.6mm
② 3.2mm
③ 2.3mm
④ 4.6mm

칸막이로 구획된 부분의 용량이 4,000L인 이동저장탱크의 방파판의 두께는 **1.6mm 이상**이어야 한다.

정답 16. ① 17. ① 18. ③ 19. ①

20 다음 중 물과 반응하여 산소를 발생하는 것은?

① $KClO_3$ ② $NaNO_3$
③ Na_2O_2 ④ $KMnO_4$

≫ 제1류 위험물은 가열, 충격, 마찰 등에 의해 분해하여 산소를 발생하지만, 제1류 위험물 중 알칼리금속의 과산화물(과산화칼륨, 과산화나트륨, 과산화리튬)은 가열, 충격, 마찰뿐만 아니라 물과 반응 시에도 산소를 발생한다.
– 과산화나트륨과 물과의 반응식

$$2Na_2O_2 + 2H_2O \rightarrow 4NaOH + O_2$$

과산화나트륨 물 수산화나트륨 산소

21 위험물의 유별과 성질을 잘못 연결한 것은?

① 제1류 – 산화성
② 제4류 – 인화성
③ 제5류 – 자기반응성
④ 제6류 – 가연성

≫ ④ 제6류 – 산화성
※ 위험물의 유별과 성질
- 제1류 위험물 – 산화성 고체
- 제2류 위험물 – 가연성 고체
- 제3류 위험물 – 자연발화성 및 금수성 물질
- 제4류 위험물 – 인화성 액체
- 제5류 위험물 – 자기반응성 물질
- 제6류 위험물 – 산화성 액체

22 제4류 위험물의 일반적인 성질이 아닌 것은?

① 인화성 ② 비휘발성
③ 유동성 ④ 연소성

≫ ② 제4류 위험물은 **휘발성**이 있으므로 용기를 밀전·밀봉하여 보관하여야 한다.

23 다음 중 위험물과 지정수량이 잘못 연결된 것은?

① 과망가니즈산칼륨 – 1,000kg
② 질산나트륨 – 50kg
③ 다이크로뮴산칼륨 – 1,000kg
④ 염소산나트륨 – 50kg

≫ ② 질산나트륨의 품명은 질산염류이며, 지정수량은 300kg이다.

24 다음 중 경보설비인 것은?

① 확성장치 ② 피난기구
③ 비상조명등 ④ 인명구조기구

≫ 1. 경보설비 : 자동화재탐지설비, 자동화재속보설비, 비상경보설비, **확성장치**, 비상방송설비 등
2. 피난설비 : 피난기구, 인명구조기구, 비상조명등, 유도등 및 유도표지 등

25 제5류 위험물의 화재에 적응성이 없는 소화설비는?

① 옥외소화전설비
② 스프링클러설비
③ 물분무소화설비
④ 할로젠화합물 소화설비

≫ **제5류 위험물**은 자체적으로 가연물과 산소공급원을 동시에 포함하고 있으므로 질식소화는 효과가 없고 물로 **냉각소화**를 해야 한다.
④ **할로젠화합물 소화설비**의 대표적인 소화방법은 **억제소화**이다.

소화설비의 적응성

소화설비의 구분 \ 대상물의 구분			건축물·그 밖의 공작물	전기설비	제1류 위험물: 알칼리금속의 과산화물 등	제1류 위험물: 그 밖의 것	제2류 위험물: 철분·금속분·마그네슘 등	제2류 위험물: 인화성 고체	제2류 위험물: 그 밖의 것	제3류 위험물: 금수성 물품	제3류 위험물: 그 밖의 것	제4류 위험물	제5류 위험물	제6류 위험물
옥내소화전 또는 옥외소화전 설비			○			○		○	○		○		○	○
스프링클러설비			○			○		○	○		○	△	○	○
물분무등 소화설비	물분무 소화설비		○	○		○		○	○		○	○	○	○
물분무등 소화설비	포소화설비		○			○		○	○		○	○	○	○
물분무등 소화설비	불활성가스 소화설비			○				○				○		
물분무등 소화설비	할로젠화합물 소화설비			○				○				○		
물분무등 소화설비	분말 소화설비	인산 염류등	○	○		○		○	○			○		○
물분무등 소화설비	분말 소화설비	탄산 수소 염류등		○	○		○	○		○		○		
물분무등 소화설비	분말 소화설비	그 밖의 것			○		○			○				

정답 20. ③ 21. ④ 22. ② 23. ② 24. ① 25. ④

26 위험물안전관리법령에 의한 안전교육에 대한 설명으로 옳은 것은?

① 제조소등의 관계인은 교육대상자에 대하여 안전교육을 받게 할 의무가 있다.
② 안전관리자, 탱크시험자의 기술인력, 위험물운반자 및 위험물운송자 등은 안전교육을 받을 의무가 없다.
③ 탱크시험자의 업무에 대한 강습교육을 받으면 탱크시험자의 기술인력이 될 수 있다.
④ 소방서장은 교육대상자가 교육을 받지 아니한 때에는 그 자격을 정지하거나 취소할 수 있다.

② 안전관리자와 위험물운송자 등은 한국소방안전원으로부터, 탱크시험자의 기술인력종사자는 한국소방산업기술원으로부터 안전교육을 받아야 한다.
③ 탱크시험자의 기술인력은 신규종사 후 6개월 이내에 8시간 이내의 실무교육을 받아야 한다.
④ 소방서장은 교육대상자가 교육을 받지 아니한 때에는 교육을 받을 때까지 그 자격으로 행하는 행위를 제한할 수 있다.

27 상온에서 액체인 물질로만 나열된 것은?

① 질산에틸, 나이트로글리세린
② 피크린산, 질산메틸
③ 트라이나이트로톨루엔, 다이나이트로벤젠
④ 나이트로글리콜, 테트릴

① **질산에틸**(제5류 위험물 중 질산에스터류 – **액체**), **나이트로글리세린**(제5류 위험물 중 질산에스터류 – **액체**)
② 피크린산(제5류 위험물 중 나이트로화합물 – 고체), 질산메틸(제5류 위험물 중 질산에스터류 – 액체)
③ 트라이나이트로톨루엔(제5류 위험물 중 나이트로화합물 – 고체), 다이나이트로벤젠(제5류 위험물 중 나이트로화합물 – 고체)
④ 나이트로글리콜(제5류 위험물 중 질산에스터류 – 액체), 테트릴(제5류 위험물 중 나이트로화합물 – 고체)

28 다음 중 pH가 가장 높은 것은?

① 0.1N–HCl
② 0.1N–NaOH
③ $[OH^-]=10^{-3}M$
④ $[H^+]=10^{-2}M$

① $pH=-\log[H^+]=-\log 0.1=1.0$
② $pOH=-\log[OH^-]=-\log 0.1=1.0$
$\therefore pH=14-pOH=14-1=\mathbf{13}$
③ $pOH=-\log[OH^-]=-\log 10^{-3}=3.0$
$\therefore pH=14-pOH=14-3.0=11$
④ $pH=-\log[H^+]=-\log 10^{-2}=2.0$

29 다음 소화약제 중 오존파괴지수(ODP)가 가장 큰 것은?

① IG–541
② Halon 2402
③ Halon 1211
④ Halon 1301

〈보기〉 소화약제의 오존파괴지수(ODP)는 다음과 같다.
① IG–541 : 0
② Halon 2402 : 6
③ Halon 1211 : 3
④ **Halon 1301 : 10**

30 황의 성질로 옳은 것은?

① 물에 녹는다.
② 미분상태로 공기 중에 떠 있을 때 분진폭발의 위험이 있다.
③ 전기도체이다.
④ 이산화탄소와 반응한다.

① 물에 녹지 않고, 고무상황을 제외한 사방황과 단사황은 이황화탄소(CS_2)에 녹는다.
③ 비금속성 물질이므로 전기 불량도체이며, 정전기가 발생할 수 있는 위험이 있다.
④ 이산화탄소와 반응하지 않는다.

정답 26. ① 27. ① 28. ② 29. ④ 30. ②

31 다음 ( ) 안에 알맞은 수치를 차례대로 나열한 것은?

> 위험물 암반탱크의 공간용적은 해당 탱크 내에 용출하는 ( )일간의 지하수 양에 상당하는 용적과 해당 탱크 내용적의 ( )의 용적 중에서 보다 큰 용적을 공간용적으로 한다.

① 1, $\frac{1}{100}$ ② 7, $\frac{1}{100}$
③ 1, $\frac{5}{100}$ ④ 7, $\frac{5}{100}$

위험물 암반탱크의 공간용적은 해당 탱크 내에 용출하는 **7일간**의 지하수 양에 상당하는 용적과 해당 탱크 내용적의 **100분의 1**의 용적 중에서 보다 큰 용적을 공간용적으로 한다.

32 다음 ( ) 안에 알맞은 수치를 차례대로 나열한 것은?

> 위험물 제조소 및 취급소의 외벽이 내화구조일 경우 연면적 ( )m^2, 외벽이 비내화구조인 경우 1소요단위는 연면적 ( )m^2를 1 소요단위로 정한다.

① 150, 50 ② 150, 75
③ 100, 50 ④ 100, 75

소요단위 : 소화설비의 설치대상이 되는 건축물 또는 그 밖의 공작물의 규모나 위험물 양의 기준 단위를 1소요단위라고 정하며, 아래의 [표]와 같다.

구 분	외벽이 내화구조	외벽이 비내화구조
위험물 제조소 및 취급소	연면적 **100m^2**	연면적 **50m^2**
위험물저장소	연면적 150m^2	연면적 75m^2
위험물	지정수량의 10배	

33 유기과산화물의 화재예방상 주의사항으로 틀린 것은?

① 열원으로부터 멀리한다.
② 직사광선을 피해야 한다.
③ 용기의 파손에 의해 누출되면 위험하므로 정기적으로 점검하여야 한다.
④ 산화제와 격리하고 환원제와 접촉시켜야 한다.

유기과산화물(제5류 위험물)은 자체적으로 가연물과 산소공급원을 동시에 포함하고 있으므로 **산화제(산소공급원)와 환원제(가연물) 모두를 격리**해야 한다.

34 인화성 고체를 저장하는 연면적이 400m^2인 옥내저장소의 소화난이도 등급은?

① Ⅰ등급 ② Ⅱ등급
③ Ⅲ등급 ④ 해당 없음

옥내저장소의 규모에 따른 **소화난이도 등급 Ⅰ : 연면적이 150m^2를 초과하는 옥내저장소**(단, 150m^2 이내마다 불연재료로 개구부 없이 구획된 것 및 인화성 고체 외의 제2류 위험물 또는 인화점 70℃ 이상의 제4류 위험물만을 저장하는 것은 제외한다.)

35 트라이에틸알루미늄이 물과 반응할 때 생성되는 가스는?

① 메테인 ② 에테인
③ 에틸렌 ④ 수소

트라이에틸알루미늄[$(C_2H_5)_3Al$]은 제3류 위험물로서 물과 반응 시 가연성 가스인 **에테인(C_2H_6)을 발생**한다.

– 트라이에틸알루미늄과 물과의 반응식

$(C_2H_5)_3Al + 3H_2O \rightarrow Al(OH)_3 + 3C_2H_6$

트라이에틸알루미늄 물 수산화알루미늄 **에테인**

36 Na_2O_2의 화재 시 사용할 수 없는 소화설비는?

① 팽창질석
② 팽창진주암
③ 물
④ 마른모래

과산화나트륨(Na_2O_2)은 제1류 위험물의 알칼리금속의 과산화물로 마른모래, 팽창질석, 팽창진주암, 탄산수소염류 분말소화약제만이 적응성이 있으며, **물과 반응 시 산소와 많은 열을 발생하므로 물을 소화약제로 사용하면 안 된다.**

정답 31. ② 32. ③ 33. ④ 34. ① 35. ② 36. ③

37 다음 중 톨루엔의 화재 시 가장 적합한 소화방법은?

① 산·알칼리소화기에 의한 소화
② 포에 의한 소화
③ 다량의 강화액에 의한 소화
④ 다량의 주수에 의한 냉각소화

» **톨루엔 등 제4류 위험물의 화재 시에는 포로 질식소화 하는 것이 가장 일반적**이며, 이산화탄소, 할로젠화합물 등도 이용할 수 있다.

38 다음 중 휘발유에 대한 설명으로 틀린 것은 어느 것인가?

① 가연성 증기를 발생하기 쉬우므로 주의한다.
② 발생된 증기는 공기보다 무거워서 바닥에 체류하기 쉽다.
③ 전기를 잘 통하지 않는 전기불량도체이므로 정전기를 발생시키지 않도록 조치한다.
④ 인화점이 상온보다 높으므로 여름철에 각별한 주의가 필요하다.

» ④ 인화점이 −43~−38℃로 **상온(20~25℃)보다 낮으므로** 여름철에 각별한 주의가 필요하다.

39 메탄올과 에탄올의 공통점에 대한 설명으로 틀린 것은?

① 증기비중이 같다.
② 무색 투명한 액체이다.
③ 비중이 1보다 작다.
④ 물에 잘 녹는다.

» ① 증기비중은 물질의 분자량을 공기의 분자량인 29로 나눈 값이다. 증기비중이 같으려면 분자량이 같아야 하는데, 메틸알코올(CH_3OH)의 분자량은 12(C)+1(H)×4+16(O)=32이고 에틸알코올(C_2H_5OH)의 분자량은 12(C)×2+1(H)×6+16(O)=46으로 서로 다르기 때문에 이 두 물질의 **증기비중도 서로 다르다.**

40 제4류 위험물을 취급하는 제조소에 설치해야 하는 주의사항 게시판의 내용은?

① 화기주의
② 화기엄금
③ 화기엄금, 충격주의
④ 화기엄금, 가연물접촉주의

» 위험물에 따른 주의사항 내용 및 색상

위험물의 종류	주의사항 내용	색 상
• 제2류 위험물 중 인화성 고체 • 제3류 위험물 중 자연발화성 물질 • **제4류 위험물** • 제5류 위험물	**화기엄금**	적색 바탕, 백색 문자
• 제2류 위험물(인화성 고체 제외)	화기주의	적색 바탕, 백색 문자
• 제1류 위험물 중 일칼리금속의 과산화물 • 제3류 위험물 중 금수성 물질	물기엄금	청색 바탕, 백색 문자

41 다음 중 화재 발생 시 물을 이용한 소화가 효과적인 물질은?

① 트라이메틸알루미늄
② 황린
③ 나트륨
④ 인화칼슘

» 자연발화성 물질인 황린(제3류 위험물)은 물속에 보관하며, **화재 시 물로 냉각소화**한다.

42 위험물제조소등에 설치하는 옥외소화전설비의 기준에서 옥외소화전함은 옥외소화전으로부터 보행거리 몇 m 이하의 장소에 설치하여야 하는가?

① 1.5m　② 5m
③ 7.5m　④ 10m

» 옥외소화전함은 옥외소화전으로부터 보행거리 **5m 이하**의 장소에 설치해야 한다.

정답 37. ② 38. ④ 39. ① 40. ② 41. ② 42. ②

43 제2류 위험물과 산화제를 혼합하면 위험한 이유로 가장 적합한 것은?

① 제2류 위험물이 가연성 액체이기 때문에
② 제2류 위험물이 환원제로 작용하기 때문에
③ 제2류 위험물은 자연발화의 위험이 있기 때문에
④ 제2류 위험물은 물, 습기를 잘 머금고 있기 때문에

» 제2류 위험물은 직접 탈 수 있는 가연성 고체(환원제)이므로 산화제(산소공급원)와 반응 시 **연소의 위험**이 있다.

44 제4류 위험물의 옥외저장탱크에 대기밸브부착 통기관을 설치할 때 몇 kPa 이하의 압력 차이로 작동하여야 하는가?

① 5kPa
② 10kPa
③ 15kPa
④ 20kPa

◀ 대기밸브부착 통기관의 모습

» 옥외저장탱크에 설치하는 대기밸브부착 통기관은 **5kPa 이하**의 압력 차이로 작동하여야 한다.

45 제5류 위험물의 위험성 시험방법 중 폭발성 시험에 해당되는 것은?

① 연소 시험
② 열분석 시험
③ 낙구타격감도 시험
④ 압력용기 시험

» 위험물의 유별에 따른 위험성 시험방법
1) 제1류 위험물
   ㉠ 산화성 시험 : 연소 시험
   ㉡ 충격민감성 시험 : 낙구타격감도 시험
2) 제2류 위험물
   ㉠ 착화위험성 시험 : 작은 불꽃 착화 시험
   ㉡ 고체의 인화위험성 시험 : 가연성 고체의 인화점 측정 시험
3) 제3류 위험물
   ㉠ 자연발화성 물질의 시험 : 고체의 공기 중 발화위험성의 시험
   ㉡ 금수성 물질의 시험 : 물과 접촉하여 발화하거나 가연성 가스를 발생할 위험성의 시험
4) 제4류 위험물
   인화성 액체의 인화점 시험
5) **제5류 위험물**
   ㉠ **폭발성 시험 : 열분석 시험**
   ㉡ 가열분해성 시험 : 압력용기 시험
6) 제6류 위험물
   연소시간의 측정 시험

46 다음 2가지 물질을 섞었을 때 수소가 발생하는 것은?

① 칼륨과 에탄올
② 과산화마그네슘과 염화수소
③ 과산화칼륨과 탄산가스
④ 오황화인과 물

» ① 칼륨과 에틸알코올의 반응식

$$2K + 2C_2H_5OH \rightarrow 2C_2H_5OK + H_2$$

칼륨 / 에틸알코올 / 칼륨에틸레이트 / **수소**

47 이동저장탱크에 알킬알루미늄을 저장하는 경우에 불활성 기체를 봉입하는데, 이때의 압력은 몇 kPa 이하이어야 하는가?

① 10kPa　② 20kPa
③ 30kPa　④ 40kPa

» 이동탱크저장소의 취급기준은 다음과 같다.
1) 알킬알루미늄의 이동탱크로부터 알킬알루미늄을 꺼낼 때에는 동시에 200kPa 이하의 압력으로 불활성 기체를 봉입할 것
2) **알킬알루미늄의 이동탱크에 알킬알루미늄을 저장할 때에는 20kPa 이하의 압력으로 불활성 기체를 봉입하여 둘 것**
3) 아세트알데하이드의 이동탱크로부터 아세트알데하이드를 꺼낼 때에는 동시에 100kPa 이하의 압력으로 불활성 기체를 봉입할 것

48 주택, 학교 등 보호대상물과의 사이에 안전거리를 두지 않아도 되는 제조조등에 해당되는 것은?

① 옥내저장소　② 옥내탱크저장소
③ 옥외저장소　④ 일반취급소

정답 43. ② 44. ① 45. ② 46. ① 47. ② 48. ②

» 안전거리를 제외할 수 있는 제조소등
㉠ 제6류 위험물을 취급하는 제조소, 취급소 또는 저장소
㉡ 주유취급소
㉢ 판매취급소
㉣ 지하탱크저장소
㉤ **옥내탱크저장소**
㉥ 이동탱크저장소
㉦ 간이탱크저장소
㉧ 암반탱크저장소

49 다음 중 위험등급 Ⅱ인 물질로 나열된 것은 어느 것인가?

① P_4S_3, P
② CH_3CHO, Mg
③ NaH, P_4
④ Zn, S

» ① P_4S_3[삼황화인, 황화인(제2류 위험물), 지정수량 100kg, **위험등급 Ⅱ**], P[적린(제2류 위험물), 지정수량 100kg, **위험등급 Ⅱ**]
② CH_3CHO[아세트알데하이드, 특수인화물(제4류 위험물), 지정수량 50L, 위험등급 Ⅰ], Mg[마그네슘(제2류 위험물), 지정수량 500kg, 위험등급 Ⅲ]
③ NaH[수소화나트륨, 금속의 수소화물(제3류 위험물), 지정수량 300kg, 위험등급 Ⅲ], P_4[황린(제3류 위험물), 지정수량 20kg, 위험등급 Ⅰ]
④ Zn[금속분(제2류 위험물), 지정수량 500kg, 위험등급 Ⅲ], S[황(제2류 위험물), 지정수량 100kg, 위험등급 Ⅱ]

50 아염소산염류의 운반용기 중 적응성 있는 내장용기의 종류와 최대용적이나 중량을 올바르게 나타낸 것은? (단, 외장용기의 종류는 플라스틱상자이고, 외장용기의 최대중량은 125kg이다.)

① 금속제용기 : 20L
② 종이포대 : 55kg
③ 플라스틱필름포대 : 60kg
④ 유리용기 : 10L

» 고체 위험물 운반용기의 기준

운반용기				수납위험물의 종류									
내장용기		외장용기		제1류			제2류		제3류			제5류	
용기의 종류	최대용적(중량)	용기의 종류	최대용적(중량)	Ⅰ	Ⅱ	Ⅲ	Ⅱ	Ⅲ	Ⅰ	Ⅱ	Ⅲ	Ⅰ	Ⅱ
유리용기 또는 플라스틱용기	10L	나무상자 또는 **플라스틱상자**	**125kg**	○	○	○	○	○	○	○	○	○	○
			225kg		○	○		○		○	○		○
		파이버판상자	40kg	○	○	○	○	○	○	○	○	○	○
			55kg		○	○		○		○	○		○
금속제용기	30L	나무상자 또는 플라스틱상자	125kg	○	○	○	○	○	○	○	○	○	○
			225kg		○	○		○		○	○		○
		파이버판상자	40kg	○	○	○	○	○	○	○	○	○	○
			55kg		○	○		○		○	○		○
플라스틱필름포대 또는 종이포대	5kg	나무상자 또는 플라스틱상자	50kg	○	○	○	○	○		○	○	○	○
	50kg		50kg	○	○	○	○	○					○
	125kg		125kg		○	○	○	○					
	225kg		225kg			○		○					
	5kg	파이버판상자	40kg	○	○	○	○	○		○	○	○	○
	40kg		40kg	○	○	○	○	○					○
	55kg		55kg			○		○					

아염소산염류(제1류 위험물)는 지정수량이 50kg이므로 위험등급 Ⅰ에 해당된다. 이 〈문제〉의 조건은 위험등급 Ⅰ에 해당하는 위험물의 외장용기의 종류가 나무상자 또는 플라스틱상자이고, 최대중량이 125kg일 때 이에 따른 내장용기는 그 종류별로 최대용적이 몇 L인지를 묻는다. 앞의 〈표〉에서 알 수 있듯이 내장용기의 종류가 **유리용기 또는 플라스틱용기의 경우 최대용적은 10L**이고, 금속제용기의 경우는 30L이다.

똑똑한 풀이비법

고체의 운반용기 중 내장용기인 유리 또는 플라스틱용기의 최대용량은 10L, 금속제용기는 30L만 암기해도 된다.

51 다음 중 물에 대한 용해도가 가장 큰 물질은?

① 이황화탄소 ② 아세트알데하이드
③ 톨루엔 ④ 벤젠

» ①, ③, ④ : 비수용성인 제4류 위험물
② : **수용성**인 제4류 위험물

정답 49. ① 50. ④ 51. ②

52 마그네슘이 이산화탄소와 반응 시 생성되는 물질은?

① 질소 ② 산소
③ 수소 ④ 탄소

마그네슘이 이산화탄소와 반응 시 산화마그네슘과 가연성 물질인 **탄소(C)** 또는 유독성 기체인 일산화탄소(CO)가 **발생**된다.
– 마그네슘과 이산화탄소와의 반응식
$2Mg + CO_2 \rightarrow 2MgO + \mathbf{C}$
마그네슘 이산화탄소 산화마그네슘 **탄소**
$Mg + CO_2 \rightarrow MgO + CO$
마그네슘 이산화탄소 산화마그네슘 일산화탄소

53 나이트로셀룰로스에 대한 설명으로 옳은 것은?

① 셀룰로스(섬유소)와 염산을 반응시켜 제조한다.
② 액체 상태의 물질이다.
③ 함수알코올에 습면시켜 저장한다.
④ 질화도가 작을수록 폭발의 위험성이 커서 용기 파손 위험이 있다.

나이트로셀룰로스는 건조하면 발화 위험이 있으므로 **함수알코올에 습면시켜 저장**한다.
① 셀룰로스(섬유소)와 질산과 황산을 반응시켜 제조한다.
② 고체 상태의 물질이다.
④ 질화도가 클수록 폭발의 위험성이 크다.

54 이동탱크저장소에 의한 위험물의 운송 시 준수하여야 하는 기준에서 다음 중 어떤 위험물을 운송할 때 위험물운송자는 위험물안전카드를 휴대하여야 하는가?

① 특수인화물 및 제1석유류
② 알코올류 및 제2석유류
③ 제3석유류 및 동식물유류
④ 제4석유류

모든 위험물(**제4류 위험물에 있어서는 특수인화물 및 제1석유류에 한한다**)을 운송하게 하는 자는 위험물안전카드를 위험물운송자로 하여금 휴대하게 해야 한다.

55 위험물의 운반에 관한 기준에 따르면 아세톤의 위험등급은 얼마인가?

① 위험등급 Ⅰ ② 위험등급 Ⅱ
③ 위험등급 Ⅲ ④ 위험등급 Ⅳ

아세톤은 제4류 위험물 중 제1석유류로서 **위험등급 Ⅱ**에 속하는 물질이다.

56 다음 중 이산화탄소 소화기의 장점으로 옳은 것은?

① 전기설비 화재 시 유용하다.
② 마그네슘과 같은 금속분 화재 시 유용하다.
③ 자기반응성 물질 화재 시 유용하다.
④ 알칼리금속의 과산화물 화재 시 유용하다.

① **전기설비 화재 : 이산화탄소** · 할로젠화합물 · 분말 소화기
② 마그네슘과 같은 금속분의 화재 : 탄산수소염류 분말소화기, 마른모래, 팽창질석 및 팽창진주암
③ 자기반응성 물질의 화재 : 물, 포소화기 등
④ 알칼리금속의 과산화물의 화재 : 탄산수소염류 분말소화기, 마른모래, 팽창질석 및 팽창진주암

57 다음 물질 중 물과 반응하여 유독성 가스를 발생하지 않지만 화재의 위험성이 증가하는 것은?

① 인화칼슘 ② 황
③ 적린 ④ 나트륨

① 인화칼슘과 물과의 반응 시 수산화칼슘과 유독성이면서 가연성 기체인 포스핀(PH_3)이 발생된다.
– 인화칼슘과 물과의 반응식
$Ca_3P_2 + 6H_2O \rightarrow 3Ca(OH)_2 + 2PH_3$
인화칼슘 물 수산화칼슘 포스핀
②, ③ : 물과 반응하지 않는다.
④ **나트륨과 물과의 반응 시** 수산화나트륨과 **가연성 기체인 수소(H_2)가 발생**된다.
– 나트륨과 물과의 반응식
$2Na + 2H_2O \rightarrow 2NaOH + H_2$
나트륨 물 수산화나트륨 수소

정답 52. ④ 53. ③ 54. ① 55. ② 56. ① 57. ④

58 다이에틸에터에 관한 설명 중 틀린 것은?

① 비전도성이므로 정전기를 발생하지 않는다.
② 무색 투명한 유동성의 액체이다.
③ 휘발성이 매우 높고, 마취성을 가진다.
④ 공기와 장시간 접촉하면 폭발성의 과산화물이 생성된다.

》① 제4류 위험물로서 **비전도성**, **전기불량도체**이므로 **정전기**가 **축적**, **발생**된다.

59 황린의 저장 및 취급에 있어서 주의해야 할 사항 중 옳지 않은 것은?

① 독성이 있으므로 취급에 주의할 것
② 물과의 접촉을 피할 것
③ 산화제와의 접촉을 피할 것
④ 화기의 접근을 피할 것

》황린(제3류 위험물)은 자연발화를 방지하기 위해 pH 9인 약알칼리성의 **물속에 저장**해야 한다.

60 위험물안전관리법령상 위험물 운반 시 차광성이 있는 피복으로 덮지 않아도 되는 것은?

① 제1류 위험물
② 제2류 위험물
③ 제3류 위험물 중 자연발화성 물질
④ 제5류 위험물

》1) 제1류 위험물, 제3류 위험물 중 자연발화성 물질, 제4류 위험물 중 특수인화물, 제5류 위험물 또는 제6류 위험물은 차광성이 있는 피복으로 가릴 것
2) 제1류 위험물 중 알칼리금속의 과산화물, 제2류 위험물 중 철분 · 금속분 · 마그네슘, 제3류 위험물 중 금수성 물질은 방수성이 있는 피복으로 덮을 것

정답 58. ① 59. ② 60. ②

2025

CBT 기출복원문제

제3회 위험물기능사

01 가연물이 되기 쉬운 조건이 아닌 것은?

① 산소와 친화력이 클 것
② 열전도율이 클 것
③ 발열량이 클 것
④ 활성화에너지가 작을 것

② 열전도율이 크다는 것은 자신이 가지고 있던 열을 상대에게 전달하는 양이 많아져 자신은 열을 가지지 못하게 되므로 가연물이 되기 힘든 조건이 되는 것이다.

02 물과 친화력이 있는 수용성 용매의 화재에 보통의 포소화약제를 사용하면 포가 파괴되기 때문에 소화효과를 잃게 된다. 이러한 단점을 보완한 소화약제로 가연성인 수용성 용매의 화재에 유효한 효과를 가지고 있는 것은?

① 알코올형포 소화약제
② 단백포 소화약제
③ 합성계면활성제포 소화약제
④ 수성막포 소화약제

수용성 물질의 화재 시 일반 포를 사용하면 포가 파괴(소포성)되기 때문에 소화효과가 없다. 따라서 수용성 물질의 화재에는 내알코올포 소화약제 또는 알코올형포 소화약제를 사용해야 한다.

03 위험물안전관리법령에 근거하여 자체소방대에 두어야 하는 제독차의 경우 가성소다 및 규조토를 각각 몇 kg 이상 비치하여야 하는가?

① 30kg
② 50kg
③ 60kg
④ 100kg

화학소방자동차에 갖추어야 하는 소화 능력 및 설비

소방차의 구분	소화 능력 및 설비의 기준
포 수용액 방사차	포수용액의 방사능력이 매분 2,000L 이상일 것
	소화약액탱크 및 소화약액혼합장치를 비치할 것
	10만L 이상의 포수용액을 방사할 수 있는 양의 소화약제를 비치할 것
분말 방사차	분말의 방사능력이 매초 35kg 이상일 것
	분말탱크 및 가압용 가스설비를 비치할 것
	1,400kg 이상의 분말을 비치할 것
할로젠화합물 방사차	할로젠화합물의 방사능력이 매초 40kg 이상일 것
	할로젠화합물탱크 및 가압용 가스설비를 비치할 것
	1,000kg 이상의 할로젠화합물을 비치할 것
이산화탄소 방사차	이산화탄소의 방사능력이 매초 40kg 이상일 것
	이산화탄소 저장용기를 비치할 것
	3,000kg 이상의 이산화탄소를 비치할 것
제독차	**가성소다 및 규조토를 각각 50kg 이상 비치할 것**

04 위험물안전관리법령에 따른 소화설비의 적응성에 관한 다음 내용 중 ( ) 안에 적합한 것은?

> 제6류 위험물을 저장 · 취급하는 장소로서 폭발의 위험이 없는 장소에 한하여 ( )가(이) 제6류 위험물에 대하여 적응성이 있다.

① 할로젠화합물 소화기
② 분말소화기-탄산수소염류 소화기
③ 분말소화기-그 밖의 것
④ 이산화탄소 소화기

정답 01. ② 02. ① 03. ② 04. ④

>>> 이산화탄소 소화기는 제6류 위험물을 저장 · 취급하는 장소에서는 사용할 수 없지만, 폭발의 위험이 없는 장소에 한하여는 **이산화탄소 소화기**도 제6류 위험물에 대해 적응성이 있다.

05 8L 용량인 소화전용 물통의 능력단위는?

① 0.3 ② 0.5

③ 1.0 ④ 1.5

>>>

소화설비	용 량	능력단위
소화전용 물통	**8L**	**0.3**
수조 (소화전용 물통 3개 포함)	80L	1.5
수조 (소화전용 물통 6개 포함)	190L	2.5
마른모래 (삽 1개 포함)	50L	0.5
팽창질석 또는 팽창진주암 (삽 1개 포함)	160L	1.0

06 위험물시설에 설치하는 자동화재탐지설비의 하나의 경계구역 면적과 그 한 변의 길이의 기준으로 옳은 것은? (단, 광전식 분리형 감지기를 설치하지 않은 경우이다.)

① $300m^2$ 이하, 50m 이하

② $300m^2$ 이하, 100m 이하

③ $600m^2$ 이하, 50m 이하

④ $600m^2$ 이하, 100m 이하

>>> 자동화재탐지설비의 설치기준

1) 건축물의 2 이상의 층에 걸치지 아니하도록 할 것(하나의 경계구역의 면적이 $500m^2$ 이하이면 그러하지 아니하다)
2) **하나의 경계구역의 면적은 $600m^2$ 이하**로 할 것
3) **한 변의 길이는 50m**(광전식 분리형 감지기의 경우에는 100m) **이하**로 할 것
4) 건축물의 주요한 출입구에서 그 내부 전체를 볼 수 있는 경우는 면적을 $1,000m^2$ 이하로 할 것
5) 자동화재탐지설비의 감지기는 지붕 또는 벽의 옥내에 면한 부분에 화재 발생을 감지할 수 있도록 설치할 것
6) 자동화재탐지설비에는 비상전원을 설치할 것

07 Halon 1301 소화약제에 대한 설명으로 틀린 것은?

① 저장용기에 액체상으로 충전한다.

② 화학식은 CF_3Br이다.

③ 비점이 낮아서 기화가 용이하다.

④ 공기보다 가볍다.

>>> ④ **공기보다 무거운 불연성 기체**상으로 방사된다.

08 다음 중 분말소화약제를 방출시키기 위해 주로 사용되는 가압용 가스는?

① 산소

② 질소

③ 헬륨

④ 아르곤

>>> 분말소화기에 압력원으로 사용되는 **가압용 가스**는 **질소**(N_2) 또는 이산화탄소(CO_2)이다.

09 제4류 위험물의 화재에 적응성이 없는 소화기는?

① 포소화기

② 봉상수소화기

③ 인산염류소화기

④ 이산화탄소소화기

>>> 제4류 위험물에 적응성이 있는 소화기는 포소화기, 이산화탄소소화기, 할로젠화합물소화기, 분말소화기(탄산수소염류 및 인산염류 포함)이다.

10 전기설비에 적응성이 없는 소화설비는?

① 불활성가스소화설비

② 물분무소화설비

③ 포소화설비

④ 할로젠화합물소화설비

>>> 전기설비의 화재에는 물을 사용할 수 없다. 물분무소화설비는 소화약제가 물이라 하더라도 물을 잘게 흩어 뿌리기 때문에 효과가 있지만 포소화약제의 경우 포함된 수분 때문에 효과가 없다.

정답 05. ① 06. ③ 07. ④ 08. ② 09. ② 10. ③

소화설비의 구분 \ 대상물의 구분	건축물·그 밖의 공작물	전기설비	제1류 위험물: 알칼리금속의 과산화물등	제1류 위험물: 그 밖의 것	제2류 위험물: 철분·금속분·마그네슘등	제2류 위험물: 인화성고체	제2류 위험물: 그 밖의 것	제3류 위험물: 금수성물품	제3류 위험물: 그 밖의 것	제4류 위험물	제5류 위험물	제6류 위험물
옥내소화전 또는 옥외소화전 설비	○			○		○	○		○		○	○
스프링클러설비	○			○		○	○		○	△	○	○
물분무등 소화설비 - 물분무 소화설비	○	○		○		○	○		○	○	○	○
물분무등 소화설비 - 포소화설비	○	×		○		○	○		○	○	○	○
물분무등 소화설비 - 불활성가스 소화설비		○				○				○		×
물분무등 소화설비 - 할로젠화합물 소화설비		○				○				○		
물분무등 소화설비 - 분말소화설비 - 인산염류등	○	○		○		○	○			○		○
물분무등 소화설비 - 분말소화설비 - 탄산수소염류등		○	○		○	○		○		○		
물분무등 소화설비 - 분말소화설비 - 그 밖의 것			○		○			○				

11 다음 중 소화약제로 사용할 수 없는 물질은 어느 것인가?

① 이산화탄소
② 제1인산암모늄
③ 탄산수소나트륨
④ 브로민산암모늄

④ 브로민산암모늄은 제1류 위험물에 해당하므로 소화약제로는 사용할 수 없다.

12 물의 소화능력을 향상시키고 동절기 또는 한랭지에서도 사용할 수 있도록 탄산칼륨 등의 알칼리금속염을 첨가한 소화약제는 어느 것인가?

① 강화액 소화약제
② 할로젠화합물 소화약제
③ 이산화탄소 소화약제
④ 포(foam) 소화약제

강화액 소화약제는 탄산칼륨(K_2CO_3) 등의 금속염을 첨가하여 물의 소화능력을 향상시키고 동절기 또는 한랭지에서도 사용할 수 있도록 만든 소화약제이다.

13 화재의 종류 중 유류화재에 해당하는 것은?

① A급
② B급
③ C급
④ K급

① A급 : 일반화재
② **B급 : 유류화재**
③ C급 : 전기화재
④ K급 : 주방화재

14 정전기를 제거하려 할 때 공기 중 상대습도는 몇 % 이상으로 해야 하나?

① 50%
② 60%
③ 70%
④ 80%

정전기 제거방법
1) 접지할 것
2) 공기 중 상대습도를 **70% 이상**으로 할 것
3) 공기를 이온화시킬 것

15 물소화설비의 소화효능이 아닌 것은?

① 억제소화
② 희석소화
③ 질식소화
④ 유화소화

물의 소화효능
1) 냉각소화 : 증발 시 증발잠열(539cal/g)이 발생하여 연소면의 열을 흡수함으로써 연소면의 온도를 낮추어 소화
2) 질식소화 : 기화 시 수증기 팽창으로 인해 공기 중의 산소 또는 산소공급원을 막아 소화
3) 희석소화 : 가연물의 농도를 낮추어 소화
4) 유화소화 : 물보다 무거운 비수용성 화재 시 물을 안개형태로 흩어뿌림으로써 유류 표면을 덮어 증기 발생을 억제하여 소화

정답 11. ④ 12. ① 13. ② 14. ③ 15. ①

16 분말소화약제의 주성분이 탄산수소칼륨과 요소인 것은?

① 제1종 분말소화약제
② 제2종 분말소화약제
③ 제3종 분말소화약제
④ 제4종 분말소화약제

» 분말소화약제의 분류

분말의 종류	주성분	화학식	적응 화재	착 색
제1종 분말	탄산수소나트륨	$NaHCO_3$	B, C급	백색
제2종 분말	탄산수소칼륨	$KHCO_3$	B, C급	보라색
제3종 분말	인산암모늄	$NH_4H_2PO_4$	A, B, C급	담홍색
제4종 분말	**탄산수소칼륨**과 **요소**의 반응생성물	$KHCO_3 + (NH_2)_2CO$	B, C급	회색

17 일반적으로 고급알코올황산에스터염을 기포제로 사용하며 냄새가 없는 황색의 액체로서 밀폐 또는 준밀폐 구조물의 화재 시 고팽창포로 사용하여 화재를 진압할 수 있는 포소화약제는?

① 단백포 소화약제
② 합성계면활성제포 소화약제
③ 불화단백포 소화약제
④ 수성막포 소화약제

» ① 단백포 소화약제 : 동물성 단백질이 주성분이며, 포소화약제를 대표하는 유류화재용으로 사용한다.
③ 불화단백포 소화약제 : 단백포와 플루오린계 계면활성제가 주성분이며, 기름 표면 위에 얇은 수용성막을 형성하여 재발화 방지 효과가 있다.
④ 수성막포 소화약제 : 플루오린계 계면활성제와 합성계면활성제가 주성분이며, 포소화약제 중 소화속도가 가장 빠르다. 분말소화약제를 사용할 경우 소화 후 재발화현상이 발생할 수 있는데 이러한 현상을 예방하기 위해 병용하여 사용하면 가장 효과적인 포소화약제이다.

18 펌프와 발포기의 중간에 설치된 벤투리관의 벤투리작용에 의하여 포소화약제를 흡입 및 혼합하는 방식은?

① 프레셔 프로포셔너
② 펌프 프로포셔너
③ 프레셔사이드 프로포셔너
④ 라인 프로포셔너

» 포소화약제 혼합장치
① 프레셔 프로포셔너방식 : 펌프와 발포기의 중간에 설치된 벤투리관의 벤투리작용과 펌프 가압수가 포소화약제 저장탱크에 제공하는 압력에 의하여 포소화약제를 흡입 및 혼합하는 방식을 말한다.
② 펌프 프로포셔너방식 : 펌프에서 토출된 물의 일부를 펌프의 토출관과 흡입관 사이의 배관에 설치해 놓은 흡입기에 보내고 포소화약제 탱크와 연결된 자동농도조절밸브를 통해 얻어진 포소화약제를 펌프의 흡입 측으로 다시 보내어 약제를 흡입 및 혼합하는 방식을 말한다.
③ 프레셔사이드 프로포셔너방식 : 펌프의 토출관에 압입기를 설치하여 포소화약제 압입용 펌프로 포소화약제를 압입시켜 혼합하는 방식을 말한다.

19 20℃의 구리 50g의 온도를 100℃로 만드는 데 필요한 열량(cal)은 얼마인가? (단, 구리의 비열은 0.093cal/g · ℃이다.)

① 93cal
② 372cal
③ 465cal
④ 744cal

» 현열
$Q = c \times m \times \Delta t$
여기서, Q : 현열의 열량(cal)
c : 비열(물질 1g의 온도를 1℃ 올리는 데 필요한 열량)(cal/g · ℃)
m : 질량(g)
Δt : 온도 변화(℃)
$\therefore Q = 0.093\text{cal/g} \cdot ℃ \times 50\text{g} \times (100-20)℃ = 372\text{cal}$

정답 16. ④ 17. ② 18. ④ 19. ②

20 위험물안전관리법에서 규정하고 있는 내용으로 틀린 것은?

① 민사집행법에 의한 경매, 국세징수법 또는 지방세법에 의한 압류재산의 매각절차에 따라 제조소등의 시설의 전부를 인수한 자는 그 설치자의 지위를 승계한다.
② 금치산자나 한정치산자, 탱크시험자의 등록이 취소된 날로부터 2년이 지나지 아니한 자는 탱크시험자로 등록하거나 탱크시험자의 업무에 종사할 수 없다.
③ 농예용 · 축산용으로 필요한 난방시설 또는 건조시설물을 위한 지정수량 20배 이하의 취급소는 신고를 하지 아니하고 위험물의 품명 및 수량을 변경할 수 있다.
④ 법정의 완공검사를 받지 아니하고 제조소등을 사용한 때 시·도지사는 허가를 취소하거나 6월 이내의 기간을 정하여 사용정지를 명할 수 있다.

③ 다음에 해당하는 제조소등의 경우에는 허가를 받지 않고 제조소등을 설치하거나 위치·구조 또는 설비를 변경할 수 있으며, 신고를 하지 아니하고 위험물의 품명·수량 또는 지정수량의 배수를 변경할 수 있다.
1) 주택의 난방시설(공동주택의 중앙난방시설을 제외한다)을 위한 저장소 또는 취급소
2) 농예용·축산용 또는 수산용으로 필요한 난방시설 또는 건조시설을 위한 **지정수량 20배 이하의 저장소**

21 마그네슘분의 일반적인 성질에 대한 설명 중 틀린 것은?

① 은백색의 광택이 있는 금속 분말이다.
② 더운물과 반응하여 산소를 발생한다.
③ 열전도율 및 전기전도도가 큰 금속이다.
④ 염산과 반응하여 수소가스를 발생한다.

마그네슘(제2류 위험물)은 물 또는 산(염산, 황산 등)과 반응하여 수소가스를 발생한다.
1) 마그네슘의 물과의 반응식
: $Mg + 2H_2O \rightarrow Mg(OH)_2 + H_2$
마그네슘 물 수산화마그네슘 수소
2) 마그네슘의 염산과의 반응식
: $Mg + 2HCl \rightarrow MgCl_2 + H_2$
마그네슘 염산 염화마그네슘 수소

22 과산화수소가 녹지 않는 것은?

① 물 ② 벤젠
③ 에터 ④ 알코올

과산화수소(제6류 위험물)는 물, 에터(다이에틸에터), 알코올에 녹지만 석유 및 벤젠에는 녹지 않는다.

23 제1류 위험물인 과산화나트륨의 보관용기에 화재가 발생하였다. 소화약제로 가장 적당한 것은?

① 포소화약제 ② 물
③ 마른모래 ④ CO_2 소화약제

과산화나트륨(제1류 위험물)은 알칼리금속의 과산화물로서 **마른모래**, 팽창질석, 팽창진주암, 탄산수소염류 분말소화약제로 질식소화한다.

24 제5류 위험물이 아닌 것은?

① 염화벤조일 ② 아지화나트륨
③ 질산구아니딘 ④ 아세틸퍼옥사이드

① 염화벤조일 : 제4류 위험물의 제3석유류
② 아지화나트륨 : 제5류 위험물의 금속의 아지화합물
③ 질산구아니딘 : 제5류 위험물의 질산구아니딘
④ 아세틸퍼옥사이드 : 제5류 위험물의 유기과산화물

25 다음 중 칼륨의 저장 시 사용하는 보호물질로 가장 적합한 것은?

① 에탄올 ② 사염화탄소
③ 등유 ④ 이산화탄소

칼륨, 나트륨의 보호액은 석유류로서 그 종류는 등유, 경유, 유동파라핀이 있다.

26 위험물취급소의 건축물은 외벽이 내화구조인 경우 연면적 몇 m^2를 1소요단위로 하는가?

① $50m^2$ ② $100m^2$
③ $150m^2$ ④ $200m^2$

정답 20. ③ 21. ② 22. ② 23. ③ 24. ① 25. ③ 26. ②

>>> 소요단위

구 분	외벽이 내화구조	외벽이 비내화구조
위험물 제조소 및 취급소	**연면적 100m²**	연면적 50m²
위험물저장소	연면적 150m²	연면적 75m²
위험물	지정수량의 10배	

27 탄화알루미늄이 물과 반응하여 폭발의 위험이 있는 것은 어떤 가스가 발생하기 때문인가?

① 수소 ② 메테인
③ 아세틸렌 ④ 암모니아

>>> 탄화알루미늄과 물과의 반응식

$$Al_4C_3 + 12H_2O \rightarrow 4Al(OH)_3 + 3CH_4$$

탄화알루미늄 물 수산화알루미늄 메테인

28 다음 위험물 중 특수인화물이 아닌 것은?

① 메틸에틸케톤퍼옥사이드
② 산화프로필렌
③ 아세트알데하이드
④ 이황화탄소

>>> ① **메틸에틸케톤퍼옥사이드 : 제5류 위험물의 유기과산화물**
② 산화프로필렌 : 제4류 위험물의 특수인화물
③ 아세트알데하이드 : 제4류 위험물의 특수인화물
④ 이황화탄소 : 제4류 위험물의 특수인화물

29 메탄올과 에탄올의 공통점을 설명한 내용으로 틀린 것은?

① 휘발성의 무색 액체이다.
② 인화점이 0℃ 이하이다.
③ 증기는 공기보다 무겁다.
④ 비중이 물보다 작다.

>>> ② 메탄올의 인화점은 11℃, 에탄올의 인화점은 13℃이므로, 모두 인화점이 0℃ 이상이다.

30 다이에틸에터의 보관 · 취급에 관한 설명으로 틀린 것은?

① 용기는 밀봉하여 보관한다.
② 환기가 잘되는 곳에 보관한다.
③ 정전기가 발생하지 않도록 취급한다.
④ 저장용기에 빈 공간이 없게 가득 채워 보관한다.

>>> ④ 다이에틸에터(제4류 위험물)는 보관 · 취급 시 저장용기에 공간용적을 2% 이상 두어야 한다.

31 질산에스터류에 속하지 않는 것은?

① 나이트로셀룰로스
② 질산에틸
③ 나이트로글리세린
④ 다이나이트로페놀

>>> ①, ②, ③ : 질산에스터류
④ : 나이트로화합물

32 다음 중 질산메틸의 성질에 대한 설명으로 틀린 것은?

① 비점은 약 66℃이다.
② 증기는 공기보다 가볍다.
③ 무색 투명한 액체이다.
④ 자기반응성 물질이다.

>>> ② 분자량이 77이므로 증기비중은 77/29=2.66으로 **증기는 공기보다 무겁다.**

33 혼합물인 위험물이 복수의 성상을 가지는 경우 적용하는 품명에 관한 설명으로 틀린 것은?

① 산화성 고체의 성상 및 가연성 고체의 성상을 가지는 경우 : 산화성 고체의 품명
② 산화성 고체의 성상 및 자기반응성 물질의 성상을 가지는 경우 : 자기반응성 물질의 품명
③ 가연성 고체의 성상 및 자연발화성 물질의 성상 및 금수성 물질의 성상을 가지는 경우 : 자연발화성 물질 및 금수성 물질의 품명
④ 인화성 액체의 성상 및 자기반응성 물질의 성상을 가지는 경우 : 자기반응성 물질의 품명

정답 27. ② 28. ① 29. ② 30. ④ 31. ④ 32. ② 33. ①

PLAY ▶ 풀이

» 복수의 성상을 가지는 위험물(하나의 물질이 2가지의 위험물 성질을 동시에 가지고 있는 것)의 품명기준
(공식 : 제1류 < 제2류 < 제4류 < 제3류 < 제5류)
① **산화성 고체(제1류) < 가연성 고체(제2류) : 가연성 고체(제2류)**
② 산화성 고체(제1류) < 자기반응성 물질(제5류) : 자기반응성 물질(제5류)
③ 가연성 고체(제2류) < 자연발화성 및 금수성 물질(제3류) : 자연발화성 및 금수성 물질(제3류)
④ 인화성 액체(제4류) < 자기반응성 물질(제5류) : 자기반응성 물질(제5류)

34 다음 중 '인화점 50℃'의 의미를 가장 올바르게 설명한 것은?

① 주변의 온도가 50℃ 이상이 되면 자발적으로 점화원 없이 발화한다.
② 액체의 온도가 50℃ 이상이 되면 가연성 증기를 발생하여 점화원에 의해 인화한다.
③ 액체를 50℃ 이상으로 가열하면 발화한다.
④ 주변의 온도가 50℃일 경우 액체가 발화한다.

» 인화점이란 외부의 점화원에 의해 인화할 수 있는 최저온도이므로 인화점 50℃의 의미는 물질의 온도가 50℃ 이상이 되면 가연성 증기를 발생하여 점화원에 의해 인화한다는 것이다.

35 마그네슘을 저장 및 취급하는 장소에 설치하는 소화기는?

① 포소화기
② 이산화탄소 소화기
③ 할로젠화합물 소화기
④ 탄산수소염류 분말소화기

» 제1류 위험물 중 알칼리금속의 과산화물, 제2류 위험물 중 철분, 금속분, **마그네슘**, 제3류 위험물 중 금수성 물질의 화재 시에는 **탄산수소염류 분말소화기** 또는 마른모래, 팽창질석 및 팽창진주암만 가능하다.

36 위험물안전관리법령상 제4류 위험물 운반용기의 외부에 표시하여야 하는 주의사항을 모두 올바르게 나타낸 것은?

① 화기엄금 및 충격주의
② 가연물접촉주의
③ 화기엄금
④ 화기주의 및 충격주의

» 운반용기 외부의 표시사항
1. 제1류 위험물
 1) 알칼리금속의 과산화물 : 화기 · 충격주의, 가연물접촉주의, 물기엄금
 2) 그 외의 것 : 화기 · 충격주의, 가연물접촉주의
2. 제2류 위험물
 1) 철분, 금속분, 마그네슘 : 화기주의, 물기엄금
 2) 인화성 고체 : 화기엄금
 3) 그 외의 것 : 화기주의
3. 제3류 위험물
 1) 금수성 물질 : 물기엄금
 2) 자연발화성 물질 : 화기엄금, 공기접촉엄금
4. **제4류 위험물 : 화기엄금**
5. 제5류 위험물 : 화기엄금, 충격주의
6. 제6류 위험물 : 가연물접촉주의

37 표준상태에서 탄소 1몰이 완전히 연소하면 몇 L의 이산화탄소가 생성되는가?

① 11.2L
② 22.4L
③ 44.8L
④ 56.8L

» 탄소의 연소반응식
$C + O_2 \rightarrow CO_2$
탄소 산소 이산화탄소
모든 기체 1몰은 표준상태에서 부피가 22.4L이기 때문에 이 연소반응식에서 발생하는 이산화탄소(CO_2) 1몰의 부피 또한 22.4L이다.

38 과산화나트륨이 물과 반응하면 산소와 어떤 물질을 발생하는가?

① 수산화나트륨
② 수산화칼륨
③ 질산나트륨
④ 아염소산나트륨

정답 34. ② 35. ④ 36. ③ 37. ② 38. ①

» 과산화나트륨이 물과 반응하면 **수산화나트륨**(NaOH)과 산소(O_2)가 발생한다.
- 과산화나트륨과 물과의 반응식
$2Na_2O_2 + 2H_2O \rightarrow 4NaOH + O_2$
과산화나트륨 물 수산화나트륨 산소

39 공기 중에서 산소와 반응하여 과산화물을 생성하는 물질은?

① 다이에틸에터 ② 이황화탄소
③ 에틸알코올 ④ 과산화나트륨

» **다이에틸에터**(제4류 위험물)의 과산화물 생성
1) 햇빛에 분해되거나 **공기 중 산소로 인해 과산화물을 생성**할 수 있으므로 갈색병에 밀전·밀봉해서 보관해야 한다.
2) 저장 시 과산화물이 생성되었는지를 확인하는 과산화물 검출시약은 KI(아이오딘화칼륨) 10% 용액이며, 이를 반응시켰을 때 황색으로 변하면 과산화물이 생성되었다고 판단한다.
3) 과산화물이 생성되었다면 제거해야 하는데 과산화물 제거시약은 황산철(Ⅱ)을 이용한다.

40 다음 중 상온에서 CaC_2를 장기간 보관할 때 사용하는 물질로 가장 적합한 것은?

① 물 ② 알코올수용액
③ 질소가스 ④ 아세틸렌가스

» 탄화칼슘(CaC_2)은 제3류 위험물의 금수성 물질이며, 공기 중의 수분과 접촉하여 아세틸렌가스를 발생하기 때문에 이 가스의 발생을 방지하기 위해 **질소** 또는 아르곤 등의 불연성 가스를 탄화칼슘의 용기 상부에 채워 보관한다.
- 물과의 반응식
$CaC_2 + 2H_2O \rightarrow Ca(OH)_2 + C_2H_2$
탄화칼슘 물 수산화칼슘 아세틸렌

41 $KMnO_4$의 지정수량은 몇 kg인가?

① 50kg ② 100kg
③ 300kg ④ 1,000kg

» 과망가니즈산칼륨($KMnO_4$)은 제1류 위험물로서 지정수량은 **1,000kg**이다.

42 인화칼슘이 물과 반응할 때 발생하는 가스는?

① 수소 ② 포스겐
③ 포스핀 ④ 아세틸렌

» 인화칼슘은 물과 반응 시 가연성이면서 동시에 독성인 **포스핀**(PH_3)가스를 발생한다.
- 물과의 반응식
$Ca_3P_2 + 6H_2O \rightarrow 3Ca(OH)_2 + 2PH_3$
인화칼슘 물 수산화칼슘 포스핀

43 다음 중 유별이 나머지 셋과 다른 것은?

① 황 ② 황린
③ 황화인 ④ 인화성 고체

» ①, ③, ④ : 제2류 위험물
② : 제3류 위험물

유 별	성 질	위험등급	품 명	지정수량
제2류	가연성 고체	Ⅱ	1. **황화인**	100kg
			2. 적린	100kg
			3. 황	100kg
		Ⅲ	4. 금속분	500kg
			5. 철분	500kg
			6. 마그네슘	500kg
		Ⅱ, Ⅲ	7. 그 밖에 행정안전부령으로 정하는 것	100kg 또는 500kg
			8. 제1호 내지 제7호의 어느 하나 이상을 함유한 것	
		Ⅲ	9. **인화성 고체**	1,000kg

44 적갈색 분말로 융점은 1,600℃이며 물과 반응 시 포스핀가스를 발생하는 제3류 위험물의 지정수량은?

① 10kg ② 20kg
③ 50kg ④ 300kg

» 인화칼슘(Ca_3P_2)
비중 2.51, 융점 1,600℃, 적갈색 분말인 제3류 위험물로 품명은 금속의 인화물이다. 물과 반응 시 수산화칼슘[$Ca(OH)_2$]과 함께 가연성이며 독성인 포스핀(PH_3)가스가 발생한다.
- 물과의 반응식
$Ca_3P_2 + 6H_2O \rightarrow 3Ca(OH)_2 + 2PH_3$
인화칼슘 물 수산화칼슘 포스핀

정답 39. ① 40. ③ 41. ④ 42. ③ 43. ② 44. ④

45 질산과 과염소산의 공통성질에 대한 설명으로 옳은 것은?

① 물에 녹는다.
② 물보다 가볍다.
③ 쉽게 연소한다.
④ 환원제이다.

》 제6류 위험물인 질산과 과염소산은 산소를 포함하고 있는 산화제로서 물보다 무겁고 물에 잘 녹으며, 자신은 불연성인 산화성 액체이다.

46 다음 물질 중 발화점이 가장 낮은 것은?

① 황
② 적린
③ 황린
④ 삼황화인

》 ① 황(S) : 232℃
② 적린(P) : 260℃
③ 황린(P_4) : 34℃
④ 삼황화인(P_4S_3) : 100℃

47 이황화탄소를 물속에 저장하는 이유로 가장 타당한 것은?

① 공기와 접촉하면 즉시 폭발하므로
② 가연성 증기의 발생을 방지하므로
③ 온도의 상승을 방지하므로
④ 불순물을 물에 용해시키므로

》 이황화탄소(CS_2)는 물에 녹지 않고 물보다 무거운 제4류 위험물로서 증기는 독성이 있는 가연성이다. 가연성 증기의 발생을 방지하기 위해 차가운 물속에 저장한다.

48 제5류 위험물을 저장 또는 취급하는 장소에 적응성이 있는 소화설비는?

① 포소화설비
② 분말소화설비
③ 불활성가스 소화설비
④ 할로젠화합물소화설비

》 제5류 위험물은 자기반응성 물질로서 자체적으로 가연물과 산소공급원을 동시에 포함하므로 산소공급원을 제거하는 질식소화는 효과가 없다. 〈보기〉 중 분말소화설비, 불활성가스소화설비는 질식소화원리를 이용하고 할로젠화합물소화설비는 억제소화원리를 이용하지만 **포소화설비**의 경우 질식소화원리는 물론, 수분(물)을 함유하고 있어 냉각소화원리도 가능한 소화설비이므로 **제5류 위험물 화재에도 적응성**을 갖는다.

49 위험물제조소의 환기설비의 설치기준에서 급기구는 바닥면적 150m^{2}마다 1개 이상으로 하고 그 크기는 몇 cm^2 이상으로 해야 하는가?

① 150 ② 600
③ 450 ④ 800

》 위험물제조소의 환기설비의 설치기준
1) 환기구는 지붕 위 또는 지상 2m 이상의 높이에 설치할 것
2) 급기구는 바닥면적 150m^{2}마다 1개 이상으로 하고 그 크기는 800cm^2 이상으로 할 것
3) 환기는 자연배기방식으로 할 것
4) 급기구는 낮은 곳에 설치하고 인화방지망을 설치할 것

50 위험물안전관리법령상 위험등급 Ⅰ의 위험물이 아닌 것은?

① 지정수량이 20kg인 제3류 위험물
② 제1류 위험물 중 무기과산화물
③ 지정수량이 100kg인 제5류 위험물
④ 제4류 위험물 중 특수인화물

》 위험등급 Ⅰ
1) 제1류 위험물 : 지정수량 50kg인 아염소산염류, 염소산염류, 과염소산염류, 무기과산화물, 차아염소산염류
2) 제3류 위험물 : 지정수량 10kg인 칼륨, 나트륨, 알킬리튬, 알킬알루미늄과 지정수량 20kg인 황린
3) 제4류 위험물 : 지정수량 50L인 특수인화물
4) 제5류 위험물 : 지정수량 10kg인 제1종
5) 제6류 위험물 : 지정수량 300kg인 과염소산, 과산화수소, 질산

정답 45. ① 46. ③ 47. ② 48. ① 49. ④ 50. ③

51 다음 중 지정수량이 6,000L인 것은?

① 제3석유류 비수용성
② 제4석유류
③ 제3석유류 수용성
④ 동식물유류

유 별	성 질	위험등급	품 명		지정수량
제4류	인화성 액체	Ⅰ	1. 특수인화물		50L
		Ⅱ	2. 제1석유류	비수용성 액체	200L
				수용성 액체	400L
			3. 알코올류		400L
		Ⅲ	4. 제2석유류	비수용성 액체	1,000L
				수용성 액체	2,000L
			5. 제3석유류	비수용성 액체	2,000L
				수용성 액체	4,000L
			6. **제4석유류**		**6,000L**
			7. 동식물유류		10,000L

52 알킬리튬 5kg과 금속의 수소화물을 함께 저장하는 경우 지정수량의 1배로 저장하려면 금속의 수소화물은 얼마나 저장할 수 있는가?

① 5kg
② 10kg
③ 150kg
④ 300kg

알킬리튬의 지정수량은 10kg, 금속의 수소화물의 지정수량은 300kg이므로 두 위험물의 지정수량 배수의 합이 1이 되기 위한 금속의 수소화물의 저장수량은 다음과 같다.

$$\frac{5\text{kg}}{10\text{kg}}+\frac{x(\text{kg})}{300\text{kg}}=1$$

$\therefore\ x=150\text{kg}$

53 자동화재속보설비의 구성요소 중에서 화재 시 발생하는 열, 연기, 불꽃, 가스 등 물리적·화학적 변화를 자동으로 감지하여 신호를 수신기에 보내는 장치는?

① 감지기 ② 발신기
③ 수신기 ④ 송신기

② 발신기 : 사람이 화재를 발견했을 때 수동으로 누르는 장치로 수신기로 신호를 보냄
③ 수신기 : 감지기 또는 발신기에서 전달된 화재신호를 수신하여 경보장치 작동 및 송신기로 정보 전달
④ 송신기 : 수신기의 신호를 받아 소방서에 자동 통보

54 한국소방산업기술원이 시·도지사로부터 위탁받아 수행하는 탱크 안전성능검사 업무와 관계없는 액체위험물탱크는 무엇인가?

① 암반탱크
② 지하탱크저장소의 이중벽탱크
③ 100만L 용량의 지하저장탱크
④ 옥외에 있는 50만L 용량의 취급탱크

1. 한국소방산업기술원이 시·도지사로부터 위탁받아 수행하는 **탱크 안전성능검사 업무에 해당하는 탱크**
   1) **암반탱크**
   2) **지하저장탱크 중 이중벽의 위험물탱크**
   3) **용량이 100만L 이상인 액체위험물 저장탱크**
2. 한국소방산업기술원이 시·도지사로부터 위탁받아 수행하는 탱크의 설치 또는 변경에 따른 완공검사 업무에 해당하는 제조소등
   1) 지정수량의 1천배 이상의 위험물을 취급하는 제조소 또는 일반취급소
   2) 50만L 이상의 옥외탱크저장소
   3) 암반탱크저장소

55 위험물제조소에 설치하는 안전장치 중 위험물의 성질에 따라 안전밸브의 작동이 곤란한 가압설비에 한하여 설치하는 것은?

① 파괴판
② 안전밸브를 병용하는 경보장치
③ 감압 측에 안전밸브를 부착한 감압밸브
④ 연성계

정답 51. ② 52. ③ 53. ① 54. ④ 55. ①

» 위험물을 가압하는 설비 또는 그 취급하는 위험물의 압력이 상승할 우려가 있는 설비에는 압력계 및 다음 중 하나에 해당하는 안전장치를 설치하여야 한다.
1) 자동으로 압력의 상승을 정지시키는 장치
2) 감압 측에 안전밸브를 부착한 감압밸브
3) 안전밸브를 병용하는 경보장치
4) **파괴판(위험물의 성질에 따라 안전밸브의 작동이 곤란한 가압설비에 한한다)**

56 제4류 위험물을 저장 및 취급하는 위험물제조소에 설치한 "화기엄금" 게시판의 색상으로 맞는 것은?

① 적색 바탕에 흑색 문자
② 흑색 바탕에 적색 문자
③ 백색 바탕에 적색 문자
④ 적색 바탕에 백색 문자

» 주의사항 게시판은 내용에 "화기엄금" 또는 "화기주의"처럼 **'화기'가 포함되면 적색 바탕에 백색 문자**로 나타내고, "물기엄금"처럼 '물기'가 포함되면 청색 바탕에 백색 문자로 나타낸다.

57 제3류 위험물을 취급하는 제조소는 300명 이상을 수용할 수 있는 극장으로부터 몇 m 이상의 안전거리를 유지하여야 하는가?

① 5m ② 10m
③ 30m ④ 70m

» 제조소로부터 300명 이상을 수용할 수 있는 극장까지의 안전거리는 **30m 이상**으로 한다.

58 위험물안전관리자를 선임한 제조소등의 관계인은 그 안전관리자를 해임하거나 안전관리자가 퇴직한 때에는 해임하거나 퇴직한 날부터 며칠 이내에 다시 안전관리자를 선임해야 하는가?

① 10일 ② 20일
③ 30일 ④ 40일

» 안전관리자가 해임되거나 퇴직한 때에는 해임되거나 퇴직한 날부터 **30일 이내**에 다시 안전관리자를 선임하여야 한다.

59 각각 지정수량의 10배인 위험물을 운반할 경우 제5류 위험물과 혼재 가능한 위험물에 해당하는 것은?

① 제1류 위험물
② 제2류 위험물
③ 제3류 위험물
④ 제6류 위험물

PLAY ▶ 풀이

» 운반 시 제5류 위험물과 혼재 가능한 것은 **제2류 위험물**과 제4류 위험물이다.

60 위험물안전관리법령상 위험물 운반 시 방수성 덮개를 하지 않아도 되는 위험물은?

① 나트륨
② 적린
③ 철분
④ 과산화칼륨

» ① 나트륨 : 제3류 위험물의 금수성 물질
② **적린 : 제2류 위험물**
③ 철분 : 제2류 위험물
④ 과산화칼륨 : 제1류 위험물의 알칼리금속의 과산화물
※ 운반 시 위험물의 성질에 따른 조치의 기준
1. 차광성 피복으로 가려야 하는 위험물
  1) 제1류 위험물
  2) 제3류 위험물 중 자연발화성 물질
  3) 제4류 위험물 중 특수인화물
  4) 제5류 위험물
  5) 제6류 위험물
2. 방수성 피복으로 가려야 하는 위험물
  1) 제1류 위험물 중 알칼리금속의 과산화물
  2) 제2류 위험물 중 철분, 금속분, 마그네슘
  3) 제3류 위험물 중 금수성 물질

정답 56. ④ 57. ③ 58. ③ 59. ② 60. ②

2025 CBT 기출복원문제 제4회 위험물기능사

01 Halon 1211의 화학식으로 옳은 것은?

① CH_3Br ② CF_2ClBr
③ CF_3Br ④ $C_2F_4Br_2$

≫ Halon 번호는 화학식에서 F, Cl, Br의 위치에 관계없이 C－F－Cl－Br의 순서대로 원소의 개수를 읽어준다.
① CH_3Br － Halon 1001
② **CF_2ClBr － Halon 1211**
③ CF_3Br － Halon 1301
④ $C_2F_4Br_2$ － Halon 2402

02 다음 중 유별이 다른 것은?

① 벤젠 ② 나이트로벤젠
③ 나이트로글리콜 ④ 글리세린

≫

구 분	유 별	품 명	지정수량	화학식
벤젠	제4류 위험물	제1 석유류	200L	C_6H_6
나이트로벤젠	제4류 위험물	제3 석유류	2,000L	$C_6H_5NO_2$
나이트로글리콜	**제5류** 위험물	질산 에스터류	제1종 : 10kg 제2종 : 100kg	$C_2H_4(ONO_2)_2$
글리세린	제4류 위험물	제3 석유류	4,000L	$C_3H_5(OH)_3$

03 다음 중 지방족 탄화수소가 아닌 것은?

① 톨루엔 ② 헥세인
③ 다이에틸에터 ④ 아세틸렌

≫ 1. 지방족 탄화수소 : 구조식으로 표현했을 때 사슬형으로 연결되어 있는 물질을 의미한다. 헥세인(C_6H_{14}), 다이에틸에터($C_2H_5OC_2H_5$), 아세틸렌(C_2H_2), 아세톤(CH_3COCH_3), 아세트알데하이드(CH_3CHO) 등
2. **방향족 탄화수소** : 벤젠 고리를 포함하고 있는 물질을 의미한다. 벤젠(C_6H_6), **톨루엔**($C_6H_5CH_3$), 크실렌[$C_6H_4(CH_3)_2$] 등

04 위험물안전관리법령에서 정한 알킬알루미늄 등을 저장 또는 취급하는 이동탱크저장소에 비치해야 하는 물품이 아닌 것은?

① 방호복 ② 고무장갑
③ 비상조명등 ④ 휴대용 확성기

≫ ③ **비상조명등**은 **피난설비**이므로 이동저장탱크에 비치해야 하는 물품이 아니다.

05 다음 중 아이오딘값이 가장 낮은 것은?

① 해바라기유 ② 오동유
③ 아마인유 ④ 낙화생유

≫ ④ **낙화생유**(땅콩유)는 **아이오딘값이 100 이하**인 불건성유에 해당한다.
※ **해바라기유, 오동유, 아마인유**는 들기름과 함께 **아이오딘값이 130 이상**인 건성유에 해당한다.

06 다음은 인화점에 대한 설명이다. 빈칸에 들어갈 알맞은 말을 순서대로 나열한 것은?

> 인화점은 가연성 가스가 연소범위의 ( )에 도달했을 때의 온도를 의미하며, 또한 외부 점화원에 의해서 연소할 수 있는 ( )온도를 의미한다.

① 상한, 최저 ② 상한, 최고
③ 하한, 최저 ④ 하한, 최고

≫ 1. 인화점
1) 가연성 가스가 **연소범위의 하한**에 도달했을 때의 온도를 의미한다.
2) 외부 점화원에 의해서 연소할 수 있는 **최저 온도**를 의미한다.
2. 발화점
외부의 점화원에 관계없이 직접적인 점화원에 의한 발화가 아닌 스스로 열의 축적에 의하여 발화 또는 연소되는 최저온도를 의미한다.

정답 01. ② 02. ③ 03. ① 04. ③ 05. ④ 06. ③

07 다음 중 삼황화인 연소 시 발생하는 가스에 해당하는 것은?

① SO_2
② H_2S
③ O_2
④ H_3PO_4

▶ 삼황화인의 연소반응식
$P_4S_3 + 8O_2 \rightarrow 2P_2O_5 + 3SO_2$
삼황화인 산소 오산화인 이산화황

08 위험물안전관리법에서 정한 정전기를 유효하게 제거할 수 있는 방법에 해당하지 않는 것은?

① 공기 중의 산소의 농도를 21% 이하로 하는 방법
② 공기를 이온화하는 방법
③ 접지에 의한 방법
④ 공기 중의 상대습도를 70% 이상으로 하는 방법

▶ 정전기 제거방법
1) 공기를 이온화할 것
2) 접지할 것
3) 공기 중의 상대습도를 70% 이상으로 할 것

09 다음 중 화재 시 사용하면 독성의 $COCl_2$가스를 발생시킬 위험이 가장 높은 소화약제는 어느 것인가?

① 액화 이산화탄소
② 제1종 분말
③ 사염화탄소
④ 공기포

▶ ③ **사염화탄소**는 연소 및 물과의 반응을 통해 공통적으로 **독성인 포스겐($COCl_2$)을 발생**한다.
1) 사염화탄소의 연소반응식
$2CCl_4 + O_2 \rightarrow 2COCl_2 + 2Cl_2$
사염화탄소 산소 포스겐 염소
2) 사염화탄소와 물과의 반응식
$CCl_4 + H_2O \rightarrow COCl_2 + 2HCl$
사염화탄소 물 포스겐 염화수소

10 다음 중 위험등급이 다른 것은?

① 과망가니즈산염류
② 금속의 인화물
③ 알코올류
④ 금속분

▶

구 분	유 별	지정수량	위험등급	성 질
과망가니즈산염류	제1류 위험물	1,000kg	Ⅲ	산화성 고체
금속의 인화물	제3류 위험물	300kg	Ⅲ	금수성 물질
알코올류	제4류 위험물	400L	Ⅱ	인화성 액체
금속분	제2류 위험물	500kg	Ⅲ	가연성 고체

11 위험물을 유별로 정리하여 상호 1m 이상의 간격을 유지하는 경우에도 동일한 옥내저장소에 저장할 수 없는 것은?

① 제1류 위험물(알칼리금속의 과산화물 또는 이를 함유한 것을 제외한다)과 제5류 위험물
② 제1류 위험물과 제6류 위험물
③ 제1류 위험물과 제3류 위험물 중 황린
④ 인화성 고체를 제외한 제2류 위험물과 제4류 위험물

▶ 유별이 다른 위험물끼리 동일한 저장소에 저장할 수 있는 경우(단, 유별끼리 정리하여 1m 이상의 간격을 두는 경우이다.)
1) 제1류 위험물(알칼리금속의 과산화물 제외)과 제5류 위험물
2) 제1류 위험물과 제6류 위험물
3) 제1류 위험물과 제3류 위험물 중 자연발화성 물질(황린)
4) **제2류 위험물 중 인화성 고체와 제4류 위험물**
5) 제3류 위험물 중 알킬알루미늄등과 제4류 위험물(알킬알루미늄 또는 알킬리튬을 함유한 것)
6) 제4류 위험물 중 유기과산화물과 제5류 위험물 중 유기과산화물

정답 07. ① 08. ① 09. ③ 10. ③ 11. ④

12 질화면이라 불리는 물질로서 질산기의 수에 따라 강면약과 약면약으로 구분되는 위험물은?

① 나이트로셀룰로스
② 셀룰로이드
③ 나이트로글리세린
④ 나이트로글리콜

▶ **나이트로셀룰로스**(=질화면)
1) 제5류 위험물로 품명은 질산에스터류이며, 물에는 안 녹고 알코올, 에터에 녹는 고체상태의 자기반응성 물질이다.
2) **질화도는 질산기의 수에 따라 결정되며, 질화도가 클수록 폭발의 위험성이 크다.**
3) 분해반응식

$$2C_{24}H_{29}O_9(ONO_2)_{11} \rightarrow 24CO + 24CO_2 + 17H_2 + 12H_2O + 11N_2$$

나이트로셀룰로스 → 일산화탄소 + 이산화탄소 + 수소 + 물 + 질소

4) 건조하면 발화 위험이 있으므로 함수알코올(수분 또는 알코올)을 습면시켜 저장한다.
5) 물에 녹지 않고 직사일광에서 자연발화할 수 있다.

13 제거소화의 예가 아닌 것은?

① 가스화재 시 가스공급을 차단하기 위해 밸브를 잠궈 소화한다.
② 유전화재 시 다량의 물을 사용하여 소화한다.
③ 산불화재 시 벌목으로 소화한다.
④ 촛불을 입으로 바람을 불어서 소화한다.

▶ 제거소화는 가연물을 제거하여 연소를 중단시키는 소화방법을 의미한다.
① 가스화재 시 밸브를 잠궈 소화하는 경우 : 밸브를 잠금으로써 가스공급을 차단하게 되므로 제거소화에 해당한다.
② **유전화재 시 다량의 물의 사용은 위험성을 증가시키는 방법**으로 적절한 소화방법이 아니다.
※ 유전화재 시 폭발로 인해 가연성 가스를 날리는 경우 : 폭약의 폭발을 이용하여 순간적으로 회염을 날려비리는 원리이므로 제거소화에 해당한다.
③ 산불화재 시 벌목으로 불을 끄는 경우 : 산불이 진행될 때 가연물은 산에 심어진 나무이므로 나무를 잘라 벌목하게 되면 가연물을 제거하는 제거소화 원리에 해당한다.
④ 입으로 불어서 촛불을 끄는 경우 : 양초가 연소할 때 액체상태의 촛농이 증발하면서 가연성 가스가 지속적으로 타게 된다. 이 촛불을 바람을 불어 소화하면 촛농으로부터 공급되는 가연성 가스를 제거하는 원리이므로 이 방법은 제거소화에 해당된다. 한편, 손가락으로 양초 심지를 꼭 쥐어서 소화했다면 이는 질식소화 원리에 해당한다.

14 물소화약제에 의한 소화방법으로 다음 중 가장 주된 소화효과는?

① 냉각소화
② 질식소화
③ 희석소화
④ 유화소화

▶ 물의 소화효능
① **냉각소화** : 증발 시 증발잠열(539cal/g)이 발생하여 연소면의 열을 흡수함으로써 연소면의 온도를 낮추어 소화. **물의 주된 소화효능**
② 질식소화 : 기화 시 수증기 팽창으로 인해 공기 중의 산소 또는 산소공급원을 막아 소화
③ 희석소화 : 가연물의 농도를 낮추어 소화
④ 유화소화 : 물보다 무거운 비수용성 화재 시 물을 안개형태로 흩어뿌림으로써 유류 표면을 덮어 증기발생을 억제하여 소화

15 다음 중 제3류 위험물에 대한 설명으로 옳지 않은 것은?

① 황린은 공기 중에 노출되면 자연발화하므로 물속에 저장하여야 한다.
② 나트륨은 물보다 무거우며, 석유 등의 보호액 속에 저장하여야 한다.
③ 트라이에틸알루미늄은 상온에서 액체이다.
④ 인화칼슘은 물과 반응하여 유독성의 포스핀을 발생한다.

▶ ② **나트륨은 물보다 가볍고**, 석유(등유, 경유, 유동파라핀 등)의 보호액 속에 저장하여야 한다.

정답 12. ① 13. ② 14. ① 15. ②

16 위험물제조소등에 자체소방대를 두어야 할 대상으로 옳은 것은?

① 지정수량의 3,000배 이상의 제4류 위험물만을 저장하는 저장소
② 지정수량의 3,000배 이상의 위험물을 취급하는 제조소
③ 지정수량의 3,000배 이상의 특수인화물만을 취급하는 저장소
④ 지정수량의 3,000배 이상의 제4류 위험물을 취급하는 제조소

1. 자체소방대의 설치기준
제4류 위험물을 지정수량의 3천배 이상 취급하는 제조소 및 일반취급소와 50만배 이상 저장하는 옥외탱크저장소에 설치한다.
2. 자체소방대에 두는 화학소방자동차와 자체소방대원의 수의 기준

사업소의 구분	화학소방 자동차의 수	자체소방 대원의 수
제조소 또는 일반취급소에서 취급하는 제4류 위험물의 최대수량의 합이 지정수량의 3천배 이상 12만배 미만인 사업소	1대	5인
제조소 또는 일반취급소에서 취급하는 제4류 위험물의 최대수량의 합이 지정수량의 12만배 이상 24만배 미만인 사업소	2대	10인
제조소 또는 일반취급소에서 취급하는 제4류 위험물의 최대수량의 합이 지정수량의 24만배 이상 48만배 미만인 사업소	3대	15인
제조소 또는 일반취급소에서 취급하는 제4류 위험물의 최대수량의 합이 지정수량의 48만배 이상인 사업소	4대	20인
옥외탱크저장소에서 저장하는 제4류 위험물의 최대수량이 지정수량의 50만배 이상인 사업소	2대	10인

17 위험물안전관리법령상 다음 ( ) 안에 알맞은 내용은?

> 옥내저장소에서 위험물을 저장하는 경우 기계에 의하여 하역하는 구조로 된 용기만을 겹쳐 쌓는 경우에 있어서는 ( )m 높이를 초과하여 용기를 겹쳐 쌓지 아니하여야 한다.

① 2 ② 3
③ 4 ④ 6

옥내저장소 또는 옥외저장소의 저장용기를 쌓는 높이의 기준
1) 기계에 의하여 하역하는 구조로 된 용기 : **6m 이하**
2) 제4류 위험물 중 제3석유류, 제4석유류 및 동식물유류 용기 : 4m 이하
3) 그 밖의 경우 : 3m 이하
4) 옥외저장소에서 용기를 선반에 저장하는 경우 : 6m 이하

18 다음 중 과산화나트륨에 대한 설명으로 틀린 것은?

① 순수한 것은 백색이다.
② 이산화탄소와 반응하여 탄산나트륨을 발생한다.
③ 화재 발생 시 주수소화는 위험할 수 있다.
④ 에틸알코올과 반응하여 산소와 수소를 발생한다.

과산화나트륨(Na_2O_2)은 제1류 위험물로 품명은 무기과산화물이며, 지정수량은 50kg, 위험등급 I인 산화성 고체이다. **알코올에 잘 녹지 않고 물과의 반응으로 산소 및 많은 열이 발생**하므로 물기엄금해야 한다. 또한 **이산화탄소와 반응 시 탄산나트륨과 산소가 발생**한다.
– 이산화탄소와의 반응식

$$2Na_2O_2 + 2CO_2 \rightarrow 2Na_2CO_3 + O_2$$

과산화나트륨 이산화탄소 탄산나트륨 산소

정답 16. ④ 17. ④ 18. ④

19 다음 중 품명이 다른 것은?

① 다이에틸에터
② 메틸에틸케톤
③ 이황화탄소
④ 아이소프로필아민

»

구 분	품 명	지정수량	위험등급	화학식
다이에틸에터	특수인화물	50L	Ⅰ	$C_2H_5OC_2H_5$
메틸에틸케톤	**제1석유류**	200L	Ⅱ	$CH_3COC_2H_5$
이황화탄소	특수인화물	50L	Ⅰ	CS_2
아이소프로필아민	특수인화물	50L	Ⅰ	$(CH_3)_2CHNH_2$

20 제조소에서 다음과 같이 위험물을 취급하고 있는 경우 각 지정수량 배수의 총합은 얼마인가?

- 브로민산나트륨 300kg
- 과산화나트륨 150kg
- 다이크로뮴산나트륨 500kg

① 3.5　　② 4.0
③ 4.5　　④ 5.0

» 1) 브로민산나트륨 : 지정수량 300kg
2) 과산화나트륨 : 지정수량 50kg
3) 다이크로뮴산나트륨 : 지정수량 1,000kg

$$\therefore \frac{300kg}{300kg} + \frac{150kg}{50kg} + \frac{500kg}{1,000kg} = 4.5$$

21 위험물안전관리법에서 규정하고 있는 내용으로 틀린 것은?

① 민사집행법에 의한 경매, 국세징수법 또는 지방세법에 의한 압류재산의 매각절차에 따라 제조소등의 시설의 전부를 인수한 자는 그 설치자의 지위를 승계한다.
② 금치산자나 한정치산자, 탱크시험자의 등록이 취소된 날로부터 2년이 지나지 아니한 자의 탱크시험자로 등록하거나 탱크시험자의 업무에 종사할 수 없다.
③ 농예용 · 축산용으로 필요한 난방시설 또는 건조시설물을 위한 지정수량 20배 이하의 취급소는 신고를 하지 아니하고 위험물의 품명 및 수량을 변경할 수 있다.
④ 법정의 완공검사를 받지 아니하고 제조소등을 사용한 때 시·도지사는 허가를 취소하거나 6월 이내의 기간을 정하여 사용정지를 명할 수 있다.

» ③ 다음에 해당하는 제조소등의 경우에는 허가를 받지 않고 제조소등을 설치하거나 위치·구조 또는 설비를 변경할 수 있고, 신고를 하지 아니하고 위험물의 품명·수량 또는 지정수량의 배수를 변경할 수 있다.
1) 주택의 난방시설(공동주택의 중앙난방시설을 제외한다)을 위한 저장소 또는 취급소
2) 농예용·축산용 또는 수산용으로 필요한 난방시설 또는 건조시설을 위한 **지정수량 20배 이하의 저장소**

22 위험물제조소등에 설치하여야 하는 자동화재탐지설비의 설치기준에 대한 설명으로 틀린 것은?

① 자동화재탐지설비의 경계구역은 건축물, 그 밖의 공작물의 2 이상의 층에 걸치도록 할 것
② 하나의 경계구역에서 그 한 변의 길이는 50m(광전식 분리형 감지기를 설치할 경우에는 100m) 이하로 할 것
③ 자동화재탐지설비의 감지기는 지붕 또는 벽의 옥내에 면한 부분에 유효하게 화재의 발생을 감지할 수 있도록 설치할 것
④ 자동화재탐지설비에는 비상전원을 설치할 것

» ① 자동화재탐지설비의 경계구역은 **건축물의 2 이상의 층에 걸치지 아니하도록 한다**(다만, 하나의 경계구역의 면적이 $500m^2$ 이하이면 그러하지 아니하다).

정답 19. ② 20. ③ 21. ③ 22. ①

23 위험물안전관리법령상 제4류 위험물 운반용기의 외부에 표시해야 하는 사항이 아닌 것은?

① 규정에 의한 주의사항
② 위험물의 품명 및 위험등급
③ 위험물의 지정수량
④ 위험물의 화학명

위험물의 운반용기 외부에 표시하는 사항
1) **품명**, **위험등급**, **화학명** 및 수용성(수용성에 해당하는 경우에만 표시)
2) 위험물의 수량
3) 위험물의 **주의사항**

24 다음 중 CH_3ONO_2의 성질에 대한 설명으로 틀린 것은?

① 비점은 약 66℃이다.
② 비중은 2.7이고, 증기는 공기보다 무겁다.
③ 무색투명한 액체이다.
④ 인화하기 쉽다.

질산메틸(CH_3ONO_2)은 제5류 위험물로 품명은 질산에스터류인 자기반응성 물질이다. **비중은 1.2**이고, 증기비중 $= \frac{\text{질산메틸의 분자량}}{\text{공기의 평균분자량}} = \frac{77}{29}$ = 2.7로 증기는 공기보다 무겁다. 또한 인화하기 쉽고 제4류 위험물과 성질이 비슷하다.

25 위험물안전관리법령에 따른 대형수동식 소화기의 설치기준에서 방호대상물의 각 부분으로부터 하나의 대형수동식 소화기까지의 보행거리는 몇 m 이하가 되도록 설치하여야 하는가?

① 10m
② 15m
③ 20m
④ 30m

방호대상물의 각 부분으로부터 하나의 수동식 소화기까지의 보행거리
1) **대형수동식 소화기 : 30m 이하**
2) 소형수동식 소화기 : 20m 이하

26 그림은 포소화설비의 소화약제 혼합장치이다. 이 혼합방식의 명칭은?

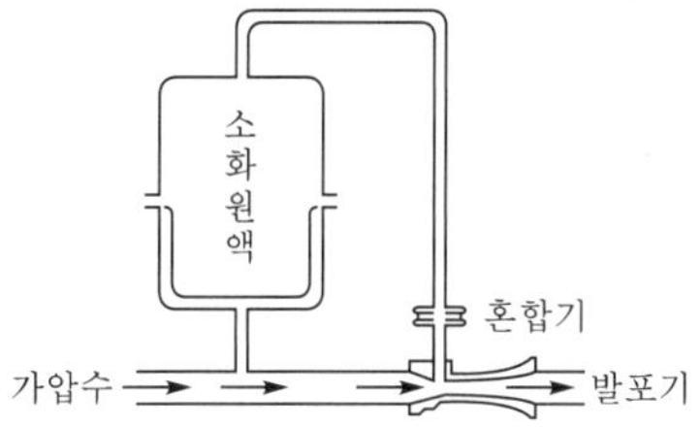

① 라인 프로포셔너
② 펌프 프로포셔너
③ 프레셔 프로포셔너
④ 프레셔사이드 프로포셔너

프레셔 프로포셔너방식 : 펌프와 발포기의 중간에 설치된 벤투리관(직경이 달라지는 관의 일종)의 벤투리작용과 펌프 가압수가 포소화약제 저장탱크에 제공하는 압력에 의하여 포소화약제를 흡입 및 혼합하는 방식을 의미한다.

27 옥외저장소에서 저장 또는 취급할 수 있는 위험물은? (단, 국제해상위험물규칙에 적합한 용기에 수납된 위험물의 경우는 제외한다.)

① 특수인화물
② 무기과산화물
③ 알코올류
④ 칼륨

옥외저장소에 저장할 수 있는 위험물의 종류
1) 제2류 위험물
  ㉠ 황
  ㉡ 인화성 고체(인화점이 섭씨 0도 이상)
2) 제4류 위험물
  ㉠ 제1석유류(인화점이 섭씨 0도 이상)
  ㉡ **알코올류**
  ㉢ 제2석유류
  ㉣ 제3석유류
  ㉤ 제4석유류
  ㉥ 동식물유류
3) 제6류 위험물
4) 시 · 도조례로 정하는 제2류 또는 제4류 위험물
5) 국제해상위험물규칙(IMDG Code)에 적합한 용기에 수납된 위험물

정답 23. ③ 24. ② 25. ④ 26. ③ 27. ③

28 다음 중 위험물안전관리법령상 스프링클러 설비가 제4류 위험물에 대하여 적응성을 갖는 경우는?

① 연기가 충만할 우려가 없는 경우
② 방사밀도(살수밀도)가 일정 수치 이상인 경우
③ 지하층의 경우
④ 수용성 위험물인 경우

》 스프링클러설비는 제4류 위험물 화재에는 사용할 수 없지만 취급장소의 살수기준면적에 따라 스프링클러설비의 **살수밀도가 일정 기준 이상**이면 제4류 위험물 화재에도 사용할 수 있다.

29 다음 중 황린에 관한 설명으로 틀린 것은 어느 것인가?

① 약알칼리성의 물속에 저장한다.
② 자극적인 냄새가 나고, 독성이 강하다.
③ 연소 시 흑색 연기를 발생한다.
④ 자연발화의 우려가 있다.

》 황린(P_4)은 제3류 위험물로 품명은 황린, 지정수량 20kg, 위험등급 Ⅰ인 자연발화성 물질이다. 발화온도가 매우 낮아서 공기 중에서 자연발화할 수 있기 때문에 물속에 보관한다. 하지만, 강알칼리성의 물에서는 독성인 포스핀가스를 발생하기 때문에 소량의 수산화칼슘[$Ca(OH)_2$]을 넣어 만든 pH 9인 약알칼리성의 물속에 보관한다. 또한 공기 중에서 연소 시 오산화인(P_2O_5)이라는 **흰 연기가 발생**한다.

– 연소반응식

$$\underset{\text{황린}}{P_4} + \underset{\text{산소}}{5O_2} \rightarrow \underset{\text{오산화인}}{2P_2O_5}$$

30 산화성 액체 화재 시 적응성이 없는 소화설비는?

① 인산염류분말소화설비
② 할로젠화합물소화설비
③ 건조사
④ 물분무소화설비

》 소화설비의 적응성

소화설비의 구분 \ 대상물의 구분	건축물·그 밖의 공작물	전기설비	제1류 위험물: 알칼리금속의 과산화물 등	제1류 위험물: 그 밖의 것	제2류 위험물: 철분·금속분·마그네슘 등	제2류 위험물: 인화성 고체	제2류 위험물: 그 밖의 것	제3류 위험물: 금수성 물품	제3류 위험물: 그 밖의 것	제4류 위험물	제5류 위험물	제6류 위험물
옥내소화전 또는 옥외소화전 설비	○			○		○	○		○		○	○
스프링클러설비	○			○		○	○		○	△	○	○
물분무 등 소화설비: 물분무소화설비	○	○		○		○	○		○	○	○	○
물분무 등 소화설비: 포소화설비	○			○		○	○		○	○	○	○
물분무 등 소화설비: 불활성가스소화설비		○				○				○		
물분무 등 소화설비: 할로젠화합물소화설비		○				○				○		
물분무 등 소화설비: 분말소화설비: 인산염류등	○	○		○		○	○			○		○
물분무 등 소화설비: 분말소화설비: 탄산수소염류등		○	○		○	○		○		○		
물분무 등 소화설비: 분말소화설비: 그 밖의 것			○		○			○				
대형·소형 수동식 소화기: 봉상수(棒狀水)소화기	○			○		○	○		○		○	○
대형·소형 수동식 소화기: 무상수(霧狀水)소화기	○	○		○		○	○		○		○	○
대형·소형 수동식 소화기: 봉상강화액소화기	○			○		○	○		○		○	○
대형·소형 수동식 소화기: 무상강화액소화기	○	○		○		○	○		○	○	○	○
대형·소형 수동식 소화기: 포소화기	○			○		○	○		○	○	○	○
대형·소형 수동식 소화기: 이산화탄소소화기		○				○				○		△
대형·소형 수동식 소화기: 할로젠화합물소화기		○				○				○		
대형·소형 수동식 소화기: 분말소화기: 인산염류소화기	○	○		○		○	○			○		○
대형·소형 수동식 소화기: 분말소화기: 탄산수소염류소화기		○	○		○	○		○		○		
대형·소형 수동식 소화기: 분말소화기: 그 밖의 것			○		○			○				
기타: 물통 또는 수조	○			○		○	○		○		○	○
기타: 건조사			○	○	○	○	○	○	○	○	○	○
기타: 팽창질석 또는 팽창진주암			○	○	○	○	○	○	○	○	○	○

산화성 액체는 제6류 위험물로 다량의 물로 냉각소화하며, 산소를 포함하고 있어 질식소화는 소화효능이 없다.

정답 28. ② 29. ③ 30. ②

31 다음 중 소화약제로 사용되지 않는 것은?

① CO_2
② $NaClO_4$
③ H_2SO_4
④ $NaHCO_3$

과염소산나트륨($NaClO_4$)은 제1류 위험물로 품명은 과염소산염류이고, 지정수량 50kg, 위험등급 I인 **산화성 고체**이다.

32 제4류 위험물 중 수용성 물질의 화재에 적응성이 있는 포소화기는?

① 수성막포소화기
② 단백질포소화기
③ 내알코올포소화기
④ 합성계면활성제포소화기

제4류 위험물의 소화방법
1) 물보다 가볍고 물에 녹지 않기 때문에 화재 시 물을 이용하게 되면 연소면 확대의 위험이 있으므로 사용할 수 없으며, 이산화탄소 · 할로젠화합물 · 분말 · 포 소화약제를 이용한 질식소화가 효과적이다.
2) **수용성 물질의 화재 시**에는 일반 포소화약제는 소포성때문에 효과가 없으므로 이에 견딜 수 있는 **알코올포(내알코올포) 소화약제를 사용**한다.

33 다음 중 과염소산칼륨과 혼합했을 때 발화폭발의 위험이 가장 높은 것은?

① 목탄　② 석면
③ 유리　④ 금

과염소산칼륨은 제1류 위험물로 가연물과의 접촉 · 혼합이나 분해를 촉진하는 물품과의 접근 또는 과열, 충격, 마찰 등을 피해야 한다. 보기 중 **목탄은 가연물이므로** 산소공급원인 과염소산칼륨과의 혼합 시 **가장 위험한 물질**이다.

34 옥외탱크저장소에 보유공지를 두는 목적과 가장 거리가 먼 것은?

① 위험물시설의 화염이 인근의 시설이나 건축물 등으로의 연소확대방지를 위한 완충공간 기능을 하기 위함
② 위험물시설의 주변에 장애물이 없도록 공간을 확보함으로 소화활동이 쉽도록 하기 위함
③ 위험물시설의 주변에 있는 시설과 50m 이상을 이격하여 폭발 발생 시 피해를 방지하기 위함
④ 위험물시설의 주변에 장애물이 없도록 공간을 확보함으로 피난자가 피난이 쉽도록 하기 위함

옥외탱크저장소 보유공지의 기준
1) 제6류 위험물 외의 위험물을 저장하는 옥외저장탱크의 보유공지

저장 또는 취급하는 위험물의 최대수량	공지의 너비
지정수량의 500배 이하	3m 이상
지정수량의 500배 초과 1,000배 이하	5m 이상
지정수량의 1,000배 초과 2,000배 이하	9m 이상
지정수량의 2,000배 초과 3,000배 이하	12m 이상
지정수량의 3,000배 초과 4,000배 이하	15m 이상
지정수량의 4,000배 초과	1. 탱크의 지름과 높이 중 큰 것 이상으로 한다. 2. 최소 15m 이상으로 하고 최대 30m 이하로 한다.

2) 제6류 위험물을 저장하는 옥외저장탱크의 보유공지 : 위 [표]의 보유공지의 1/3 이상(최소 1.5m 이상)

35 황린과 적린의 공통성질이 아닌 것은?

① 물에 녹지 않는다.
② 이황화탄소에 잘 녹는다.
③ 연소 시 오산화인을 생성한다.
④ 화재 시 물을 사용하여 소화를 할 수 있다.

황린(P_4)은 이황화탄소에 잘 녹지만, **적린(P)은 이황화탄소에 녹지 않는다.**

정답　31. ②　32. ③　33. ①　34. ③　35. ②

36 제조소등의 관계인이 예방규정을 정하여야 하는 제조소등이 아닌 것은?

① 지정수량 10배의 위험물을 취급하는 제조소
② 암반탱크저장소
③ 이송취급소
④ 지정수량 200배의 위험물을 취급하는 옥내탱크저장소

» 예방규정을 정해야 하는 제조소등
1) 지정수량 10배 이상의 위험물을 취급하는 제조소
2) 지정수량 100배 이상의 위험물을 저장하는 옥외저장소
3) 지정수량 150배 이상의 위험물을 저장하는 옥내저장소
4) **지정수량 200배 이상의 위험물을 저장하는 옥외탱크저장소**
5) 암반탱크저장소
6) 이송취급소
7) 지정수량 10배 이상의 위험물을 취급하는 일반취급소

37 벤조일퍼옥사이드의 위험성에 대한 설명으로 틀린 것은?

① 상온에서 분해되며 수분이 흡수되면 폭발성을 가지므로 건조된 상태로 보관·운반한다.
② 강산에 의한 분해폭발의 위험이 있다.
③ 충격, 마찰에 의해 분해되어 폭발할 위험이 있다.
④ 가연성 물질과 접촉하면 발화의 위험이 높다.

» ① 벤조일퍼옥사이드는 건조한 상태에서는 마찰 등으로 폭발의 위험이 있고, 수분 포함 시 폭발성이 현저하게 줄어든다.

38 위험물이 물과 반응하였을 때 발생하는 가연성 가스를 잘못 나타낸 것은?

① 오황화인 – 포스핀
② 트라이에틸알루미늄 – 에테인
③ 인화칼슘 – 포스핀
④ 탄화칼슘 – 아세틸렌

» ① **오황화인(P_2S_5)**은 제2류 위험물 중 품명은 황화인으로 지정수량 100kg, 위험등급 Ⅱ인 가연성 고체이다. **물과의 반응 시 황화수소(H_2S)와 인산(H_3PO_4)이 발생**한다.
– 물과의 반응식
$P_2S_5 + 8H_2O \rightarrow 5H_2S + 2H_3PO_4$
오황화인　물　황화수소　인산

② 트라이에틸알루미늄[$(C_2H_5)_3Al$]은 제3류 위험물 중 품명은 알킬알루미늄으로 지정수량 10kg, 위험등급 Ⅰ인 자연발화성 및 금수성 물질이다. 물과의 반응 시 수산화알루미늄[$Al(OH)_3$]과 에테인(C_2H_6)이 발생한다.
– 물과의 반응식
$(C_2H_5)_3Al + 3H_2O \rightarrow Al(OH)_3 + 3C_2H_6$
트라이에틸알루미늄　물　수산화알루미늄　에테인

③ 인화칼슘(Ca_3P_2)은 제3류 위험물 중 품명은 금속의 인화물로 지정수량 300kg, 위험등급 Ⅲ인 금수성 물질이다. 물과의 반응 시 수산화칼슘[$Ca(OH)_2$]과 포스핀(PH_3)이 발생한다.
– 물과의 반응식
$Ca_3P_2 + 6H_2O \rightarrow 3Ca(OH)_2 + 2PH_3$
인화칼슘　물　수산화칼슘　포스핀

④ 탄화칼슘(CaC_2)은 제3류 위험물 중 품명은 칼슘 또는 알루미늄의 탄화물로 지정수량 300kg, 위험등급 Ⅲ인 금수성 물질이다. 물과의 반응 시 수산화칼슘[$Ca(OH)_2$]과 아세틸렌(C_2H_2)이 발생한다.
– 물과의 반응식
$CaC_2 + 2H_2O \rightarrow Ca(OH)_2 + C_2H_2$
탄화칼슘　물　수산화칼슘　아세틸렌

39 나트륨과 물의 반응에 해당하는 것은?

① 발열반응
② 흡열반응
③ 에스터반응
④ 산화반응

» 나트륨(Na)은 제3류 위험물 중 품명은 나트륨, 지정수량 10kg, 위험등급 Ⅰ인 자연발화성 및 금수성 물질이다. 물과 반응하여 폭발성 가스인 수소와 열을 발생(**발열반응**)한다.
– 물과의 반응식
$2Na + 2H_2O \rightarrow 2NaOH + H_2$
나트륨　물　수산화나트륨　수소

정답　36. ④ 37. ① 38. ① 39. ①

40 화재의 종류가 올바르게 연결되지 않은 것은?

① A급 화재 : 일반화재
② B급 화재 : 유류화재
③ C급 화재 : 전기화재
④ K급 화재 : 섬유화재

≫ 화재 종류 및 소화기의 표시색상

화재의 등급 및 종류	화재의 구분	소화기의 표시색상
A급 (일반화재)	나무, 섬유, 종이, 고무, 플라스틱류와 같은 일반가연물이 타고 나서 재가 남는 화재	백색
B급 (유류화재)	인화성 액체, 가연성 액체, 석유 및 인화성 가스와 같은 유류가 타고 나서 재가 남지 않는 화재	황색
C급 (전기화재)	전류가 흐르고 있는 전기기기, 배선과 관련된 화재	청색
D급 (금속화재)	마그네슘, 합금 등 가연성 금속에서 일어나는 화재	무색

* **K급(주방화재)** : 주방에서 동식물유류를 취급하는 조리기구에서 일어나는 화재

41 다음 중 1분자 내에 포함된 탄소수가 가장 많은 것은?

① 아세톤
② 톨루엔
③ 아세트산
④ 이황화탄소

≫ ① 아세톤(CH_3COCH_3) : 3개
② **톨루엔($C_6H_5CH_3$) : 7개**
③ 아세트산(CH_3COOH) : 2개
④ 이황화탄소(CS_2) : 1개

42 다이에틸에터의 안전관리에 관한 설명 중 틀린 것은?

① 증기는 마취성이 있으므로 증기 흡입에 주의한다.
② 폭발성의 과산화물 생성을 아이오딘화칼륨 수용액으로 확인한다.
③ 물에 잘 녹으므로 대규모 화재 시 집중주수하여 소화한다.
④ 정전기불꽃에 의한 발화에 주의한다.

≫ ③ 다이에틸에터는 제4류 위험물의 특수인화물로서 화재 시 물을 이용하게 되면 연소면을 확대할 위험이 있으므로 **물을 사용할 수 없고**, 이산화탄소, 할로젠화합물, 분말, 포소화약제 등을 이용한 질식소화가 효과적이다.

43 제1종 분말소화약제의 주성분에 해당하는 것은?

① $NaHCO_3$
② $KHCO_3$
③ $NH_4H_2PO_4$
④ H_2SO_4

≫ 분말소화약제의 분류

분말의 구분	주성분	화학식	적응 화재	착 색
제1종 분말	탄산수소나트륨	$NaHCO_3$	B·C급	백색
제2종 분말	탄산수소칼륨	$KHCO_3$	B·C급	보라색
제3종 분말	인산암모늄	$NH_4H_2PO_4$	A·B·C급	담홍색
제4종 분말	탄산수소칼륨과 요소의 반응생성물	$KHCO_3+(NH_2)_2CO$	B·C급	회색

44 자연발화를 방지하기 위한 방법으로 옳지 않은 것은?

① 습도를 가능한 한 높게 유지한다.
② 열 축적을 방지한다.
③ 저장실의 온도를 낮춘다.
④ 정촉매작용을 하는 물질을 피한다.

≫ 자연발화의 방지법
1) **습도를 낮춰야 한다.**
2) 저장온도를 낮춰야 한다.
3) 퇴적 및 수납 시 열이 쌓이지 않도록 해야 한다.
4) 통풍이 잘되게 해야 한다.
5) 분해를 촉진하는 정촉매물질을 피해야 한다.

정답 40. ④ 41. ② 42. ③ 43. ① 44. ①

45 위험물안전관리법령에 명기된 위험물의 운반용기 재질에 포함되지 않는 것은?

① 고무류
② 유리
③ 도자기
④ 종이

≫ 운반용기의 재질로는 강판, 알루미늄판, 양철판, **유리**, 금속판, **종이**, 플라스틱, 섬유판, **고무류**, 합성섬유, 삼, 짚 또는 나무 등이 있다.

46 탄화칼슘을 습한 공기 중에 보관하면 위험한 이유로 가장 옳은 것은?

① 아세틸렌과 공기가 혼합된 폭발성 가스가 생성될 수 있으므로
② 에틸렌과 공기 중 질소가 혼합된 폭발성 가스가 생성될 수 있으므로
③ 분진폭발의 위험성이 증가하기 때문에
④ 포스핀과 같은 독성 가스가 발생하기 때문에

≫ 탄화칼슘(제3류 위험물)은 습한 공기 중에 포함된 수분과 반응하여 **아세틸렌가스를 발생**하고 이 가스와 공기가 혼합되어 **폭발을 일으키므로** 습한 공기 중에 보관하면 위험하다.
- 물과의 반응식

$$\underset{\text{탄화칼슘}}{CaC_2} + \underset{\text{물}}{2H_2O} \rightarrow \underset{\text{수산화칼슘}}{Ca(OH)_2} + \underset{\text{아세틸렌}}{C_2H_2}$$

47 탄소 80%, 수소 14%, 황 6%인 물질 1kg이 완전연소하기 위해 필요한 이론공기량은 약 몇 kg인가? (단, 공기 중 산소는 23wt%이다.)

① 3.31kg
② 7.05kg
③ 11.62kg
④ 14.41kg

PLAY ▶ 풀이

≫ 1) 탄소의 연소반응식

$C + O_2 \rightarrow CO_2$

$$(1{,}000g \times 0.8)g\ C \times \frac{1mol\ C}{12g\ C} \times \frac{1mol\ O_2}{1mol\ C} \times \frac{32g\ O_2}{1mol\ O_2}$$

$= 2133.33g\ O_2$

2) 수소의 연소반응식

$2H_2 + O_2 \rightarrow 2H_2O$

$$(1{,}000g \times 0.14)g\ H_2 \times \frac{1mol\ H_2}{2g\ H_2} \times \frac{1mol\ O_2}{2mol\ H_2} \times \frac{32g\ O_2}{1mol\ O_2}$$

$= 1{,}120g\ O_2$

3) 황의 연소반응식

$S + O_2 \rightarrow SO_2$

$$(1{,}000g \times 0.06)g\ S \times \frac{1mol\ S}{32g\ S} \times \frac{1mol\ O_2}{1mol\ S} \times \frac{32g\ O_2}{1mol\ O_2}$$

$= 60g\ O_2$

3가지의 물질을 모두 연소시키는 데 필요한 산소의 양은 $2133.33g + 1{,}120g + 60g = 3313.33g\ O_2$이다. 산소는 공기의 23%의 양이므로 필요한 공기의 양은 다음과 같다.

$$3313.33g\ O_2 \times \frac{100g\ \text{공기}}{23g\ O_2} \times \frac{1kg}{1{,}000g} = \mathbf{14.41kg\ \text{공기}}$$

48 다음 중 물의 융해잠열은?

① 80cal/g
② 0.5cal/g · ℃
③ 539cal/g
④ 1cal/g · ℃

≫ ① **80cal/g : 물의 융해잠열**
② 0.5cal/g · ℃ : 얼음의 비열
③ 539cal/g : 물의 증발잠열
④ 1cal/g · ℃ : 물의 비열

49 다음 중 무색투명한 휘발성 액체로서 물에 녹지 않고 물보다 무거워서 물속에 보관하는 위험물은?

① 경유
② 황린
③ 황
④ 이황화탄소

≫ **액체이면서 물속에 보관하는 물질은 제4류 위험물의 이황화탄소**이며, 고체이면서 물속에 보관하는 물질은 제3류 위험물의 황린이다.

정답 45. ③ 46. ① 47. ④ 48. ① 49. ④

50 다음의 위험물 중 비중이 물보다 큰 것은 모두 몇 개인가?

과염소산, 과산화수소, 질산

① 0　② 1
③ 2　④ 3

>>> 과염소산, 과산화수소, 질산은 모두 제6류 위험물이며, 모든 **제6류 위험물은 물보다 무겁고** 물에 잘 녹는다.

51 제1류 위험물 중 운반용기 외부에 표시하여야 하는 주의사항이 "화기 · 충격주의", "물기엄금" 및 "가연물접촉주의"인 품명은?

① 과염소산염류
② 무기과산화물
③ 질산염류
④ 과망가니즈산염류

>>> 위험물에 따른 운반용기 외부에 표시해야 하는 주의사항

유 별	구 분	운반용기의 주의사항
제1류	알칼리금속의 과산화물	화기충격주의, 가연물접촉주의, 물기엄금
	그 밖의 것	화기충격주의, 가연물접촉주의
제2류	철분, 금속분, 마그네슘	화기주의, 물기엄금
	인화성 고체	화기엄금
	그 밖의 것	화기주의
제3류	금수성 물질	물기엄금
	자연발화성 물질	화기엄금, 공기접촉엄금
제4류	인화성 액체	화기엄금
제5류	자기반응성 물질	화기엄금, 충격주의
제6류	산화성 액체	가연물접촉주의

[표]에서 제1류 위험물 중 운반용기의 주의사항이 "화기 · 충격주의", "물기엄금" 및 "가연물접촉주의"인 위험물은 알칼리금속의 과산화물이며, **알칼리금속의 과산화물의 품명은 무기과산화물**이다.

52 다음 알루미늄분의 위험성에 대한 설명 중 틀린 것은?

① 할로젠원소와 접촉 시 자연발화의 위험이 있다.
② 산과 반응하여 가연성 가스인 수소를 발생한다.
③ 발화하면 다량의 열이 발생한다.
④ 뜨거운 물과 격렬히 반응하여 수소화알루미늄을 발생한다.

>>> ④ 뜨거운 물과 격렬히 반응하여 **수산화알루미늄** [$Al(OH)_3$]과 수소(H_2)가스를 발생한다.
– 물과의 반응식

$$2Al + 6H_2O \rightarrow 2Al(OH)_3 + 3H_2$$

알루미늄　물　수산화알루미늄　수소

53 나이트로셀룰로스의 저장 · 취급 방법으로 옳은 것은?

① 건조한 상태로 보관하여야 한다.
② 물 또는 알코올 등을 첨가하여 습윤시켜야 한다.
③ 물기에 접촉하면 위험하므로 제습제를 첨가한다.
④ 알코올에 접촉하면 자연발화의 위험이 있으므로 주의하여야 한다.

>>> ② 나이트로셀룰로스는 건조하면 발화위험이 있으므로 함수알코올(수분 또는 알코올)을 습면시켜 저장한다.

54 위험물안전관리법령상 옥내주유취급소에 있어서 해당 사무소 등의 출입구 및 피난구와 해당 피난구로 통하는 통로, 계단 및 출입구에 무엇을 설치해야 하는가?

① 화재감지기
② 스프링클러설비
③ 자동화재탐지설비
④ 유도등

>>> 주유취급소의 피난구와 피난구로 통하는 통로, 계단 및 출입구에는 **유도등**을 설치한다.

정답 50. ④ 51. ② 52. ④ 53. ② 54. ④

55 위험물안전관리법령에 의한 위험물 운송에 관한 규정으로 틀린 것은?

① 이동탱크저장소에 의하여 위험물을 운송하는 자는 해당 위험물을 취급할 수 있는 국가기술자격자 또는 안전교육을 받은 자이어야 한다.

② 안전관리자 · 탱크시험자 · 위험물운반자 · 위험물운송자 등 위험물의 안전관리에 관련된 업무를 수행하는 자는 시 · 도지사가 실시하는 안전교육을 받아야 한다.

③ 운송책임자의 범위, 감독 또는 지원의 방법 등에 관한 구체적인 기준은 행정안전부령으로 정한다.

④ 위험물운송자는 이동탱크저장소에 의하여 위험물을 운송하는 때에는 행정안전부령으로 정하는 기준을 준수하는 등 해당 위험물의 안전확보를 위하여 세심한 주의를 기울여야 한다.

» ② 안전관리자, 탱크시험자, 위험물운반자, 위험물운송자 등 위험물의 안전관리에 관련된 업무를 수행하는 자는 **소방청장이 실시하는 안전교육**을 받아야 한다. 하지만, 소방청장은 안전관리자와 위험물운송자의 안전교육은 한국소방안전원에 위탁하고 탱크시험자의 기술인력으로 종사하는 자에 대한 교육은 한국소방산업기술원에 위탁하므로 실질적인 교육 실시자는 한국소방안전원장과 한국소방산업기술원장이 된다.

56 살충제의 원료로 사용되기도 하는 암회색 물질로 물과 반응하여 포스핀가스를 발생할 위험이 있는 것은?

① 인화아연 ② 수소화나트륨
③ 칼륨 ④ 나트륨

» 물과 반응하여 독성인 포스핀가스를 발생하는 것은 제3류 위험물 중 금속의 인화물(인화칼슘 또는 **인화아연** 등)이다.
– 인화아연과 물과의 반응식

$$\underset{\text{인화아연}}{Zn_3P_2} + \underset{\text{물}}{6H_2O} \rightarrow \underset{\text{수산화아연}}{3Zn(OH)_2} + \underset{\text{포스핀}}{2PH_3}$$

57 다음 위험물의 저장창고에 화재가 발생하였을 때 주수에 의한 소화가 오히려 더 위험한 것은?

① 염소산칼륨
② 과염소산나트륨
③ 질산암모늄
④ 탄화칼슘

» ④ 제3류 위험물 중 **금수성 물질인 탄화칼슘**(CaC_2)은 물과 반응 시 가연성 가스인 아세틸렌(C_2H_2)을 발생하므로 주수에 의한 소화는 위험하다.

58 위험물 저장탱크의 내용적이 300L일 때 탱크에 저장하는 위험물의 용량의 범위로 적합한 것은? (단, 원칙적인 경우에 한한다.)

① 240~270L ② 270~285L
③ 290~295L ④ 295~298L

» 탱크의 공간용적은 탱크 내용적의 5~10% 범위로 정해지기 때문에 탱크 용량은 탱크 내용적의 90~95%로 정한다. 탱크의 내용적이 300L이므로 90%의 양을 적용하면 300L×0.9=270L가 되고 95%의 양을 적용하면 300L×0.95=285L가 된다. 따라서 저장하는 위험물의 용량의 범위는 **270~285L**이다.

59 소화작용에 대한 설명 중 옳지 않은 것은?

① 가연물의 온도를 낮추는 소화는 냉각작용이다.
② 물의 주된 소화작용 중 하나는 냉각작용이다.
③ 연소에 필요한 산소의 공급원을 차단하는 소화는 제거작용이다.
④ 가스화재 시 밸브를 차단하는 것은 제거작용이다.

» 1) 냉각소화 : 물이 증발하여 발생한 수증기가 연소면의 열을 흡수하여 연소면의 온도를 낮추어 소화하는 원리
2) **질식소화 : 산소공급원을 차단, 제거하여 소화하는 원리**
3) 제거소화 : 가연물을 제거하여 소화하는 원리

정답 55. ② 56. ① 57. ④ 58. ② 59. ③

60 위험물제조소등의 소화설비기준에 관한 설명으로 옳은 것은?

① 제조소등 중에서 소화난이도등급 Ⅰ 또는 Ⅱ의 어느 것에도 해당하지 않는 것도 있다.

② 옥외탱크저장소의 소화난이도등급을 판단하는 기준 중 탱크의 높이는 기초를 제외한 탱크 측판의 높이를 말한다.

③ 제조소의 소화난이도등급을 판단하는 기준 중 면적에 관한 기준은 건축물 외에 설치된 것에 대해서는 수평투영면적을 기준으로 한다.

④ 제4류 위험물을 저장 · 취급하는 제조소등에도 스프링클러 소화설비가 적응성이 인정되는 경우가 있으며 이는 수원의 기준으로 판단한다.

② 옥외탱크저장소의 소화난이도등급 Ⅰ에 해당하는 것은 기초를 제외한 탱크 측판의 높이가 아닌 **바닥면으로부터 탱크 옆판 상단까지의 높이가 6m 이상**인 것이다.

③ 제조소의 **소요단위**를 판단하는 기준 중 건축물 외의 것에 대한 면적은 수평투영면적을 기준으로 한다.

④ 제4류 위험물을 저장 · 취급하는 제조소등에도 스프링클러 소화설비가 적응성이 인정되는 경우가 있는데 이는 **취급장소의 살수기준면적에 따른 스프링클러설비의 살수밀도로 판단**한다.

정답 60. ①

M · E · M · O

M · E · M · O

M · E · M · O

M · E · M · O

위험물기능사 기출문제집 필기

2018. 5. 30. 초 판 1쇄 발행
2026. 1. 7. 개정 8판 1쇄(통산 10쇄) 발행

지은이 | 박수경
펴낸이 | 이종춘
펴낸곳 | BM (주)도서출판 성안당
주소 | 04032 서울시 마포구 양화로 127 첨단빌딩 3층(출판기획 R&D 센터)
10881 경기도 파주시 문발로 112 파주 출판 문화도시(제작 및 물류)
전화 | 02) 3142-0036
031) 950-6300
팩스 | 031) 955-0510
등록 | 1973. 2. 1. 제406-2005-000046호
출판사 홈페이지 | **www.cyber.co.kr**
ISBN | 978-89-315-8524-7 (13570)
정가 | 28,000원

이 책을 만든 사람들
책임 | 최옥현
진행 | 이용화
전산편집 | 이지연
표지 디자인 | 임흥순
홍보 | 김계향, 임진성, 김주승, 최정민, 이해솜
국제부 | 이선민, 조혜란
마케팅 | 구본철, 차정욱, 오영일, 나진호, 강호묵
마케팅 지원 | 장상범
제작 | 김유석